金牌网站设计师系列丛书

PHP + MySQL + Dreamweaver 动态网站开发从入门到精通

第 2 版

环博文化　组　编
陈益材　等编著

机 械 工 业 出 版 社

PHP 是应用非常广泛的互联网开发语言之一，而 PHP + MySQL + Dreamweaver 是目前最热门的网站开发组合。全书共 10 章，通过大量实际项目的案例，详尽地讲解了 PHP 的技术要点和开发过程，精选动态功能模块实例，通过实例的讲解来让读者理解 PHP + MySQL + Dreamweaver 的动态开发方法。全书包括用户管理系统、新闻发布系统、留言板管理系统、投票管理系统、BBS 论坛管理系统和网上购物系统等 6 个综合案例。

本书内容丰富，实用性和操作性强，配备有素材光盘，适合学习 PHP + MySQL + Dreamweaver 动态网页制作的初级读者，也适合作为高等院校本、专科相关专业动态网页制作课程的教材，还可以作为网站开发爱好者的自学参考书。

图书在版编目（CIP）数据

PHP + MySQL + Dreamweaver 动态网站开发从入门到精通/环博文化等编著. —2版. —北京：机械工业出版社，2015.8（2016.9 重印）
（金牌网站设计师系列丛书）
ISBN 978-7-111-51961-4

Ⅰ. ①P… Ⅱ. ①环… Ⅲ. ①PHP 语言-程序设计 ②关系数据库系统 ③网页制作工具 Ⅳ. ①TP312 ②TP311.138 ③TP393.092

中国版本图书馆 CIP 数据核字（2015）第 256660 号

机械工业出版社（北京市百万庄大街 22 号　邮政编码 100037）
责任编辑：丁　诚　师沫迪　　责任校对：张艳霞
责任印制：李　洋
保定市中画美凯印刷有限公司印刷

2016 年 9 月第 2 版 · 第 2 次印刷
184mm×260mm · 27.5 印张 · 679 千字
4001－5800 册
标准书号：ISBN 978-7-111-51961-4
定价：69.00 元

凡购本书，如有缺页、倒页、脱页，由本社发行部调换

电话服务
服务咨询热线：（010）88361066
读者购书热线：（010）68326294
（010）88379203
封面无防伪标均为盗版

网络服务
机 工 官 网：www.cmpbook.com
机 工 官 博：weibo.com/cmp1952
教育服务网：www.cmpedu.com
金 书 网：www.golden-book.com

前　言

PHP 是当前最流行的 Web 编程语言之一，具有开源和免费的优势。MySQL 是一个广受欢迎的中型关系数据库管理系统，它免费、快速、跨平台，并且支持多线程、多用户，满足重负载的性能要求。使用 PHP + MySQL 进行 Web 应用系统开发是一种非常理想的选择。

与其他类似的计算机图书相比，本书具有以下几点特色：

Dw 内容选编简明扼要

一般的 PHP 书籍会介绍很多理论知识，但本书选编内容简明扼要，适合初学者学习使用。介绍 PHP + MySQL 的基础知识时，利用每一节介绍一个知识点并同步配以实例加以理解应用。全书主题鲜明、要点明确，介绍了制作网页的技巧和规范，可以让读者快速学会使用 Dreamweaver CC 2014 按照规范进行网站开发。

Dw 从入门到高手导向清晰

书中的所有实例均出自作者多年来开发的商业应用实例，认真学习第 1 ~ 3 章即可以掌握平台的搭建、PHP 和 MySQL 配合开发的基础知识。第 4 ~ 6 章结合 Dreamweaver 的集成动态功能，快速掌握在 Dreamweaver 中开发 PHP 动态系统的功能。第 7 ~ 10 章学习手写 PHP 代码实现动态系统的开发，成为真正的 PHP 网页开发高手。每章的实例均符合所讲解的知识点，实现了实践与理论相结合，对于读者在制作中的思路整理、开发创意会有所帮助。

Dw 附赠资源丰富

读者可以从 www. cmpbook. com 下载本书的教学多媒体 PPT 文件及书中所用网站源代码和素材，是读者轻松掌握 PHP 网站开发的最佳素材宝典。读者也可以加入本书专用 QQ 群（群号：298191658）获得附赠资源并与作者及其他读者交流经验技巧。

本书详细介绍了 PHP 和 MySQL 开发的基础知识、技术要点，并结合 PHP 和 MySQL 阐述了动态网站的开发方法。全书共分 10 章，各章的详细内容如下。

第 1 章介绍了 PHP + MySQL 开发平台搭建的知识，详细说明了 PHP 5.0 的基础知识，集成环境 Xammp 的搭建和使用，Apache 服务器的安装与配置，PHP 环境的安装与配置，MySQL 数据库的安装与管理以及解决数据库中文乱码问题。

第 2 章介绍了 PHP 的编程基础，这是使用 Dreamweaver 开发网站的第一步，介绍了在 Dreamweaver 中进行 PHP 开发平台的搭建，PHP 程序编写的基础知识，PHP 表单变量的使用，PHP 程序中常量、变量、表达式以及函数的基础，其中要重点掌握 PHP 和 MySQL 数据库的操作。

第 3 章介绍了在 Dreamweaver 中实现动态功能的基础操作，重点介绍了 PHP 开发的流程，搭建 PHP 动态系统开发的平台，检查数据库记录的常见操作和编辑记录的常见操作。

第 4 章介绍了一个典型的用户管理系统。在动态网站中，用户管理系统是非常必要的。通过用户注册信息的统计，可以让管理员了解到网站的访问情况；通过用户权限的设置，可以限制网站页面的访问权限。一个用户管理系统，一般应该具备用户注册功能、资料修改功能、取回密码功能以及用户注销身份等功能。

第 5 章着重介绍了新闻发布系统的实现方法。新闻发布系统是常见的网站系统，尤其是政府单位、教育单位或企业网站。新闻发布系统的作用就是在网上传播信息，通过对新闻的不断更新，让用户及时了解行业信息、企业状况。所以新闻发布系统中涉及的主要操作就是访问者的新闻查询功能和系统管理员对新闻的新增、修改、删除功能，使用 PHP 实现这些功能相对比较简单。

第 6 章介绍了留言板管理系统的制作方法。留言板可以实现网站与访问者之间的沟通，收集用户意见和信息，也是网站建设必不可少的一个重要系统。利用留言板，可以为访问人员提供发言的机会，让他们及时、准确地发表自己的观点。这些观点被保留在服务器上的数据库中，而且可以被任何一个访问站点的人看到。

第 7 章介绍了投票管理系统的开发方法。一个投票管理系统大体可分为 3 个模块：选票模块、选票处理模块以及结果显示模块。投票管理系统首先给出选票选题，即供投票者选择的表单对象，当投票者单击选择投票按钮后，选票处理模块激活，对服务器传送过来的数据做出相应的处理，先判断用户选择的是哪一项，把相应字段的值加 1，然后对数据进行更新，最后将结果显示出来。

第 8 章介绍了 BBS 论坛管理系统的开发。将学习使用 PHP 实现 BBS 论坛的开发方法。BBS 论坛通常按不同的主题划分为很多版块，按照版块或者栏目的不同，可以由管理员设立不同的版主，版主可以对自己的栏目或版块进行删除、修改或者锁定等操作。

第 9 章制作了一个电子商务网站的前台开发方法。主要介绍使用 PHP 进行网上购物系统前台开发的方法，系统地介绍了网上购物系统的设计。数据库的规划以及常用的几个功能模块前台的开发。

第 10 章介绍电子商务网站的后台功能开发方法。一个完善的网上购物系统并不只是提供给用户注册、进行购物等功能。它还要给网站所有者一个功能齐全的后台管理功能。网站所有者登录后台管理即可发布新公告、管理会员注册、回复留言、维护商品，以及管理订单。

本书是为 PHP 开发初、中级读者特别编写的图书，书中应用到了 Dreamweaver CC 2014 的扩展应用如“服务器行为”面板的绑定，可以方便初学者快速实现 PHP 的动态功能开发，读者在下载 Dreamweaver CC 版本后需要安装 Adobe Extension Manage CC，然后再下载 Deprecated_ServerBehaviorsPanel_Support. zxp 扩展安装即可以完全使用。

本书由拥有将近 10 年网站建设经验的资深设计师编写，实现了理论、实践相结合，章节安排合理，注重了内容的实用性、可操作性。本书由环博文化的陈益材主编，另有于荷云、官斯文、邹亮、王炎光、耿国续、陈益红、秦树德、张铭运、赵红、陈章、任霖参与了编写工作。由于作者水平有限，加之创作时间仓促，本书疏漏之处在所难免，欢迎各位读者与专家批评指正。

作　者

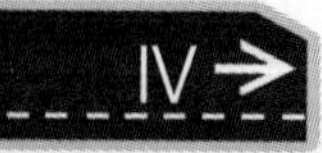

目 录

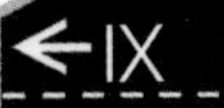

第1章 搭建 PHP 网站建设平台

PHP 是一项很有前途的动态网页技术，是最普及、应用最广泛的 Web 开发语言之一，其独特的语法混合了 C、Java、Perl 以及 PHP 自创的新的语法。它具有开放的源代码和多种数据库的支持，并且支持跨平台的操作和面向对象的编程，而且是完全免费的。掌握这个技术的开发也并不困难。在学习实际的网页程序编写之前，首要的就是利用自己的操作系统搭建一个适合 PHP 开发的操作平台。现在的操作系统只要是 Windows XP、Windows 7 等，从操作角度上来说可以搭建集成的 XAMPP 环境；也可以独立在这几个操作平台搭建 PHP，只需使用 Apache（或者 IIS 因特网信息服务系统） + Dreamweaver + MySQL 即可。由于 Windows 7 操作系统比较普及，本章就将讲解如何在 Windows 7 中进行 PHP 操作平台的配置。对于初学者建议直接安装 XAMPP 集成环境进行学习。

从入门到精通

主要掌握以下知识点：

- PHP 5.0 的基础知识
- XAMPP 集成环境的安装和使用
- Apache 服务器的安装与配置
- PHP 环境的安装与配置
- MySQL 数据库的安装与管理

Section

1.1 PHP 基础知识

PHP 是一种多用途脚本语言，尤其适合于 Web 应用程序开发。利用 PHP 强大的扩展性，可以在服务端连接 Java 应用程序，还可以与 .NET 建立有效的沟通甚至更广阔的扩展，从而可以建立一个强大的环境，以充分利用现有的和其他技术开发的资源。同时，开源和跨平台的特性使得使用 PHP 架构能够快速、高效地开发出可移植的、跨平台的、具有强大功能的企业级 Web 应用程序。

1.1.1 PHP 5.0 特性

PHP 是超文本预处理语言 PHP：Hypertext Preprocessor 的递归缩写，是一种 HTML 内嵌式的语言。它与微软的 ASP 相似，都是一种在服务器端执行、嵌入 HTML 文档的脚本语言，语言的风格又类似于 C 语言，现在被很多的网站编程人员广泛地应用。

与其他编程语言做出的动态页面相比，PHP 是将程序嵌入到 HTML 文档中去执行，执行效率比完全生成 HTML 标记的 CGI 要高许多。与同样是嵌入 HTML 文档的脚本语言 JavaScript 相比，PHP 在服务器端执行，充分利用了服务器的性能。PHP 执行引擎还会将用户经常访问的 PHP 程序驻留在内存中，其他用户再一次访问这个程序时就不需要重新编译程序，只要直接执行内存中的代码就可以，这也是 PHP 高效率的体现之一。图 1-1 所示为 PHP 的运行模式。PHP 还具有非常强大的功能，所有的 CGI 或者 JavaScript 的功能 PHP 都能实现，而且支持几乎所有流行的数据库以及操作系统。

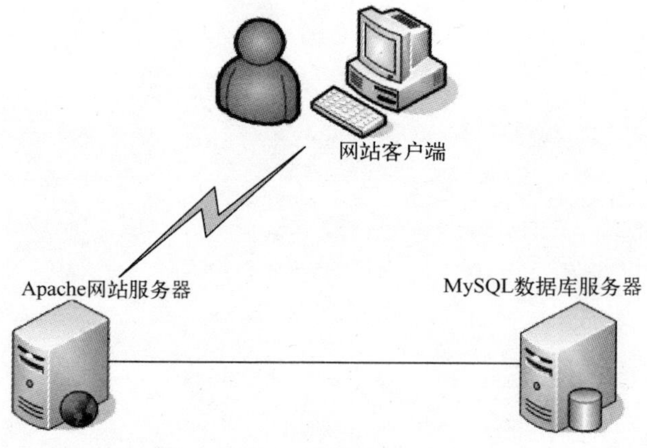

图 1-1　PHP 运行模式

PHP 最初只是用 Perl 语言编写的简单的程序，用来统计网站的访问量。后来又用 C 语言重新编写，增加了可以访问数据库等功能，并在 1995 年发布了 PHP 1.0。2004 年 7 月 13 日 PHP 5.0 正式版本的发布，标志着一个全新的 PHP 时代的到来。它的核心是第二代 Zend 引擎，并引入了对全新的 PECL 模块的支持。在不断更新的同时，PHP 5.0 依然保留了对旧 PHP 4.0 程序的兼容。随着 MySQL 数据库的发展，PHP 5.0 还绑定了新的 MySQL 扩展模块，

提供了一些更加有效的方法和实用工具用于处理数据库操作。PHP 5.0 添加了面向对象的PDO（PHP Data Objects）模块，提供了另外一种数据库操作的方案，统一数据库操作的API。另外，PHP 5.0 中还改进了创建动态图片的功能，目前能够支持多种图片格式（如PNG、GIF、TIF、JPEG 等）。PHP 5.0 已经内置了对 GD2 库的支持，因此安装 GD2 库（主要指 UNIX 系统中）也不再是件难事，这使得处理图像十分简单和高效。

PHP 5.0 还增加了只有成熟的编程语言体系结构中才有的一些特性，如下面列出的这些特性。

(1) 增强的面向对象能力。PHP 5.0 的最大特点是引入了面向对象的全部机制，并且保留了向下的兼容性。程序员不必再编写缺乏功能性的类，并且能够以多种方法实现类的保护。另外，在对象的集成等方面也不再存在问题。使用 PHP 5.0 引进的类型提示和异常处理机制，能更有效地处理和避免错误的发生。PHP 5.0 增加了很多功能，例如，显式构造函数和析构函数、对象克隆、类抽象、变量作用域和接口等。

(2) try/catch 异常处理。从 PHP 5.0 开始支持异常处理。在许多语言中，如 C ++、C#、Python 和 Java 等，异常处理长期以来一直都是错误管理方面的中流砥柱，为建立标准化的错误报告逻辑提供了一种绝佳的方法。

(3) 字符串处理。之前版本的 PHP 默认将字符串看作数组，这也反映了 PHP 原先的数据类型观点不够严密。这种策略在版本 5.0 中有所调整，引入了一种专门的字符串偏移量（offset）语法，而之前的方法已经废弃不用。

(4) XML 和 Web 服务支持。现在的 XML 支持建立在 libxml2 库基础上，并引入一个很新并且非常有前途的扩展包来解析和处理 XML：SimpleXML。此外，PHP 5.0 还支持 SOAP 扩展。

(5) 对 SQLite 的内置支持。PHP 5.0 为功能强大、简洁的 SQLite 数据库服务器（http://www.sqlite.org）提供了支持。如果开发人员需要使用一些只有重量级数据库产品中才有的特性，同时不希望带来相应的管理开销，则 SQLite 是一个很好的解决方案。

1.1.2 PHP 开发环境

在开始学习 PHP 之前，首先需要配置 PHP 的运行环境。PHP 的运行环境需要两个软件的支持：一个是 PHP 运行的 Web 服务器 Apache，而在具体安装 Apache 服务器之前首先要在运行的系统上安装支持 Apache 服务器的 Java 2 SDK；另一个是 PHP 运行时需要加载的主要软件包，该软件包主要是解释执行 PHP 页面的脚本程序，如解释 PHP 页面的函数。本书主要介绍 Windows 操作系统下使用 Apache + PHP 配置环境的方法。

PHP 开发运行环境的需求如图 1-2 所示。

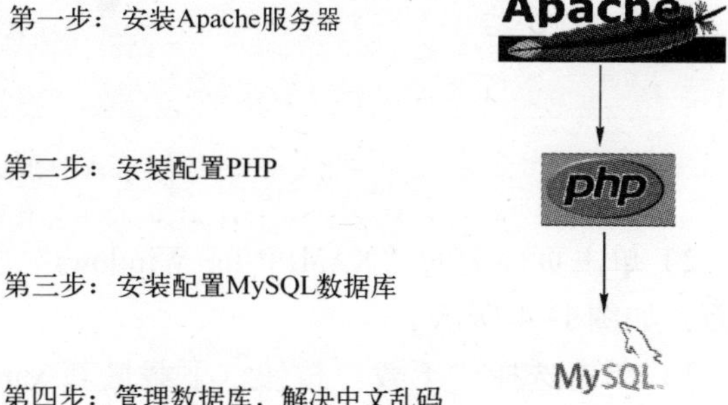

图 1-2 PHP 环境配置步骤

Section 1.2 XAMPP 环境安装和使用

XAMPP（Apache + MySQL + PHP + PERL）是一个功能强大的开发动态 PHP 网站的集成软件包。非常适合新手安装使用，这个软件包原来的名字是 LAMPP，但是为了避免误解，最新的几个版本改名为 XAMPP。它可以在 Windows、Linux、Solaris 三种操作系统下安装使用，支持多语言：英文、简体中文、繁体中文、韩文、俄文、日文等。

1.2.1 XAMPP 集成套件下载

XAMPP 是到目前为止最好用的一款 Apache + MySQL + PHP 套件，它同时支持 Zend Optimizer，支持插件安装。最新 XAMPP 的版本是 5.6.3。下载的方法如下：

1）打开浏览器，输入官方网址：http://www.apachefriends.org/，按下〈Enter〉键后，再单击“简体中文”切换到中文版本页面，再单击导航栏上的 XAMPP 下载按钮，进入下载页面，如图 1-3 所示。

图 1-3　进入下载页面

2）单击页面上的“XAMPP for Windows”文字链接，进入“XAMPP for Windows”下载页面，如图 1-4 所示。

3）单击选择“下载”按钮，下载最新 xampp-win32-5.6.3-0-VC11-installer.exe 安装包，如图 1-5 所示。

XAMPP 完全免费并且遵循 GNU 通用公众许可，XAMPP 目前包含的功能模块如下：

- Use PHP version for XAMPP version。

图 1-4　Windows 版的下载页面

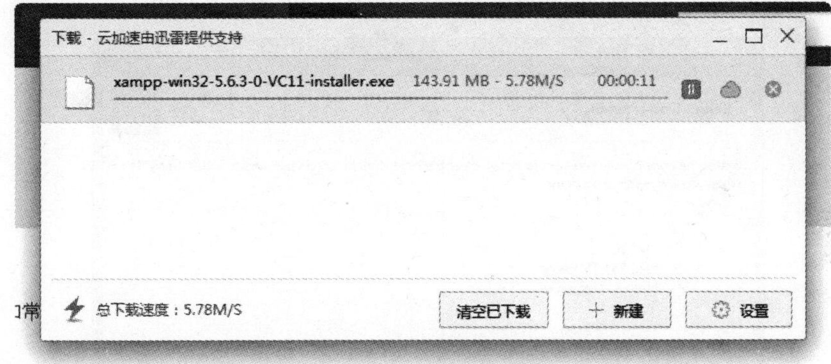

图 1-5　下载最新版的安装包

- Updated PHP to 5. 6. 3。
- Updated MySQL to 5. 6. 21。
- Updated phpMyAdmin to 4. 2. 11。
- Update OpenSSL to 1. 0. 1j。
- New XAMPP welcome page（beta）。

1. 2. 2　XAMPP 的安装测试过程

XAMPP 的安装过程很简单，解压包等就更简单一点。本书以 Windows 7 操作系统中安装 XAMPP 为例具体步骤如下：

1）安装时最好放置到 C:盘，但要注意在 Windows 7 中可能需要修改写入权限，双击下载的文件安装包，打开如图 1-6 所示的提示安装注意事项。

2）单击“OK”按钮，提示将开始安装 XAMPP 组件，如图 1-7 所示。

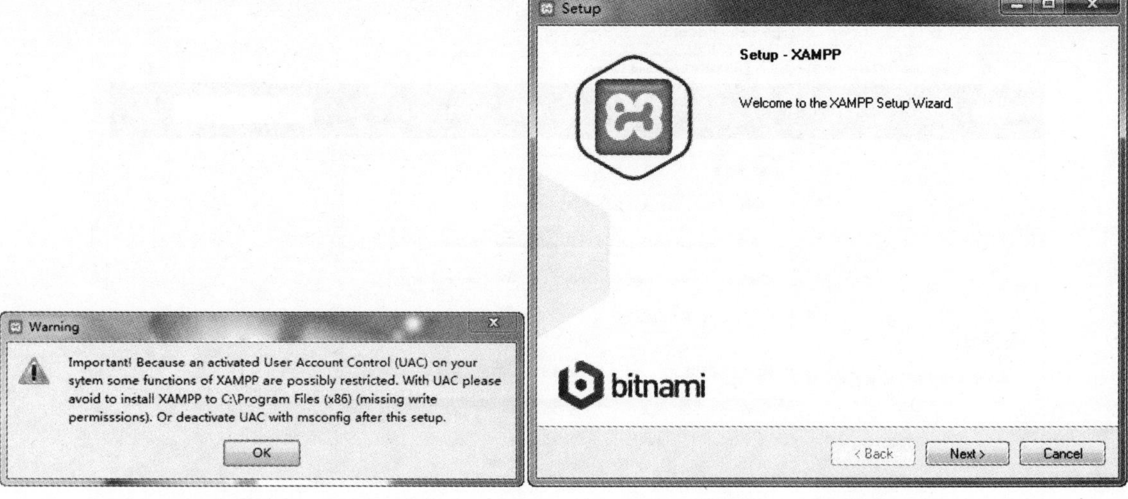

图 1-6　开始安装　　　　图 1-7　开始安装面板

3）单击“Next”（下一步）按钮，打开“Select Components（选择安装组件）”对话框，这里选择需要安装的软件，勾选相应的组件进行安装，如图 1-8 所示。

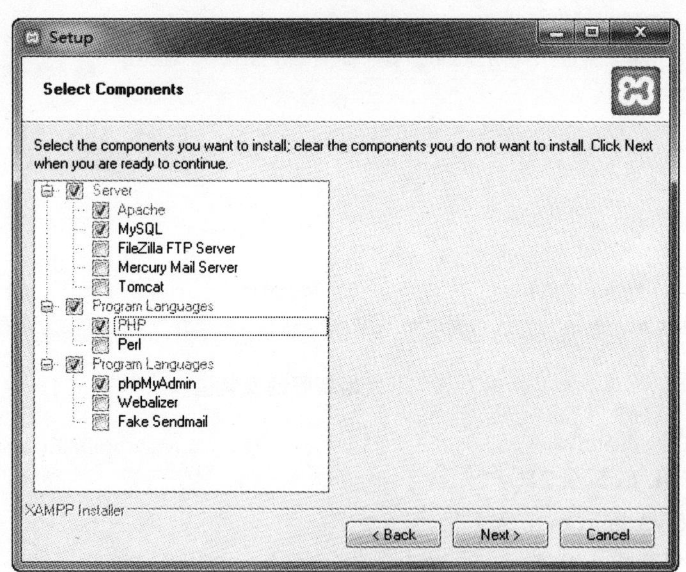

图 1-8　选择安装的组件

4）单击“Next（下一步）”按钮，打开“Installation folder（选择安装路径）”对话框，这里选择在 C:盘下安装，如图 1-9 所示。

Vista 以上操作系统由于对 Vista 默认安装的 C:\program files 文件夹没有足够的写权限，推荐为 XAMPP 安装创建新的路径，如 C:\XAMPP 或 D:\XAMPP。

5）设置完路径之后，单击“Next（下一步）”按钮，打开“Bitnami for XAMPP（Bitnami 对 XAMPP 环境安装的支持）”对话框，取消 Learn more about Bitnami for XAMPP（了解更多的知识）复选框，如图 1-10 所示。

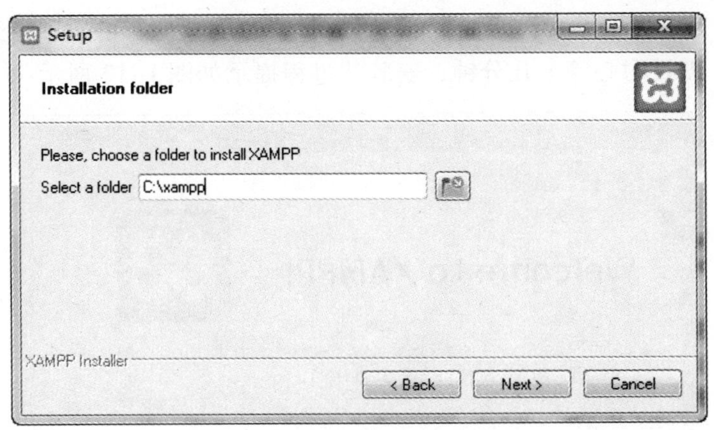

图 1-9　选择安装路径

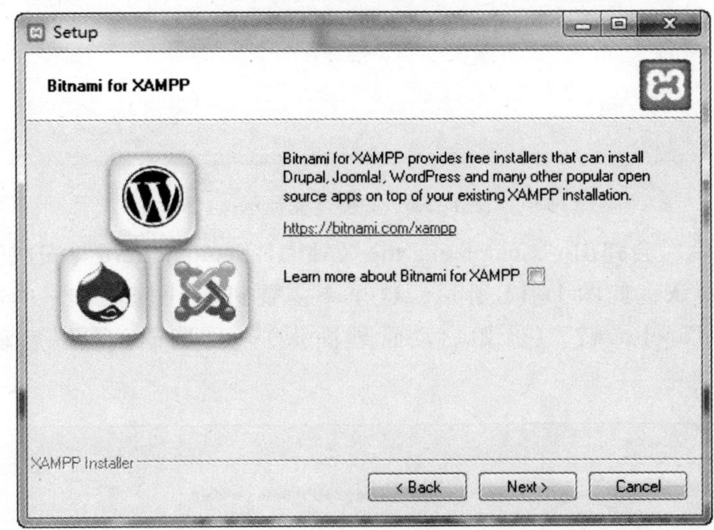

图 1-10　取消复选框

6）单击“Next（下一步）”按钮，打开“Ready to Install（准备安装）”对话框，如图 1-11 所示。

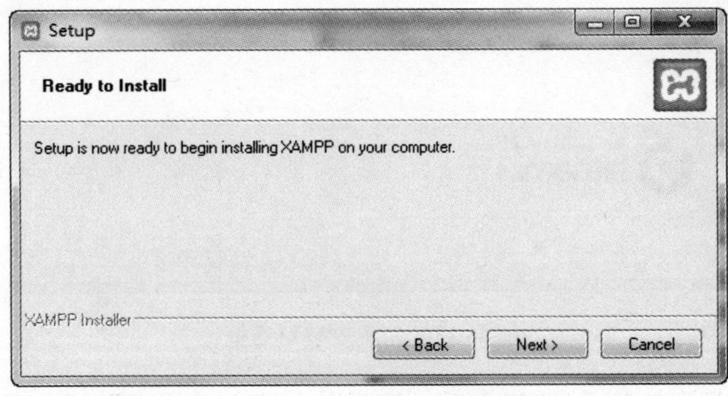

图 1-11　提示开始安装

7）再单击“Next（下一步）”按钮，组件即开始安装到计算机上，安装的组件比较多，大小近 1.13 GB，需要耐心等上几分钟，安装的过程提示如图 1-12 所示。

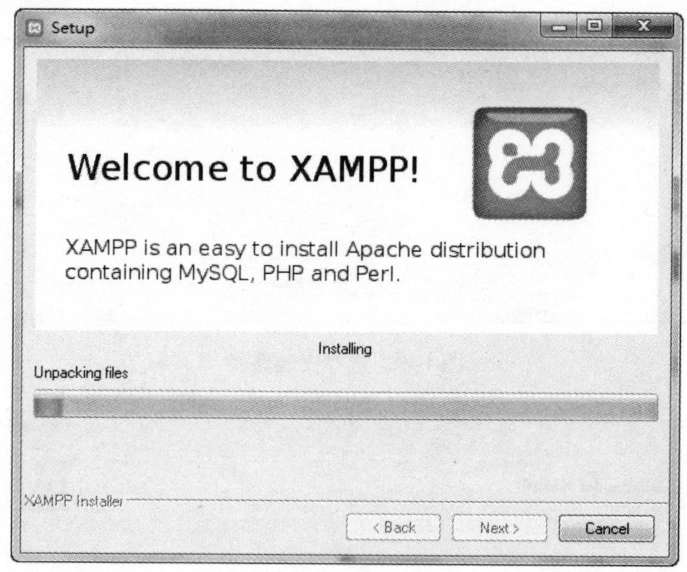

图 1-12　安装过程提示

8）安装完成后，会弹出“Completing the XAMMP Setup Wizard（安成安装）”对话框，进行文件的最后确认，如图 1-13 所示，这里不需要进行任何操作，单击“Do you want to start the Control Panel now?（开始启动管理面板）”复选框，可以启动管理面板开始使用。

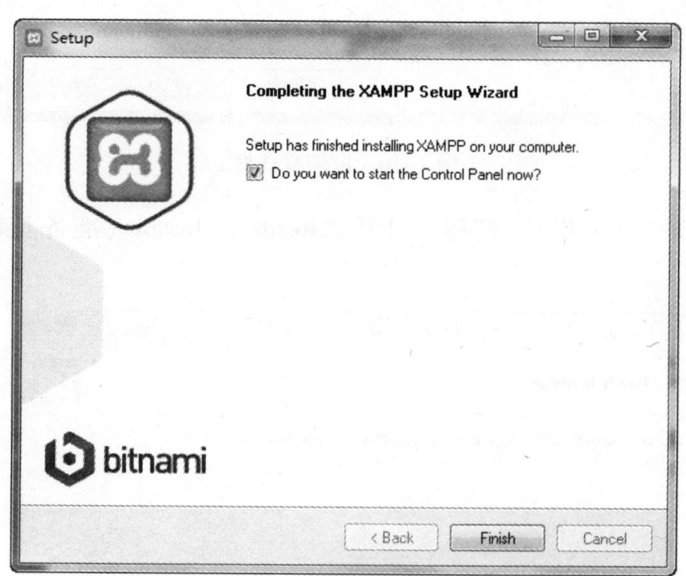

图 1-13　完成安装对话框

9）单击“Finish（完成）”按钮之后，就可以自动启动管理面板。下面来看一下 XAMPP 的控制面板如图 1-14 所示。

图 1-14　XAMPP 的控制面板

10）单击面板上各软件组件后面的 Start 按钮，开启 Apache、MySQL 两个核心程序，最后设置完毕的对话框如图 1-15 所示。图中，可以看到 XAMPP 的一些基本控制功能，注意不建议把这些功能注册为服务（开机启动），每次用到时再启用即可（桌面上已经有图标），这样在不使用 XAMPP 时更节省资源。

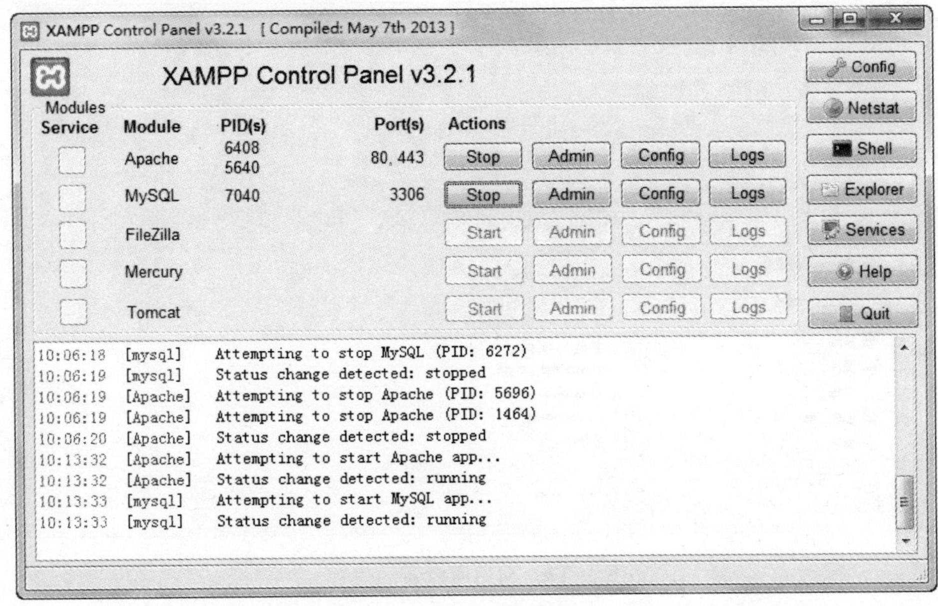

图 1-15　启动组件服务

11）启动成功之后打开 IE 浏览器，输入服务器默认 IP 地址：127.0.0.1，按下〈Enter〉键之后打开如图 1-16 所示的欢迎界面，就说明已经安装成功可以开始使用了。

图 1-16　欢迎界面

这里要特别注意的是：

对初学者而言，开发后的 PHP 网站程序不知道要放在哪里。其实很简单，只要将整个网站程序放在 htdocs 文件夹下即可进行访问，如图 1-17 所示。同时还需要将数据库文件放在 Mysql/data 文件夹下，数据库的连接用户名命名为 root，密码为空（XAMPP 默认安装下的用户名和密码）。

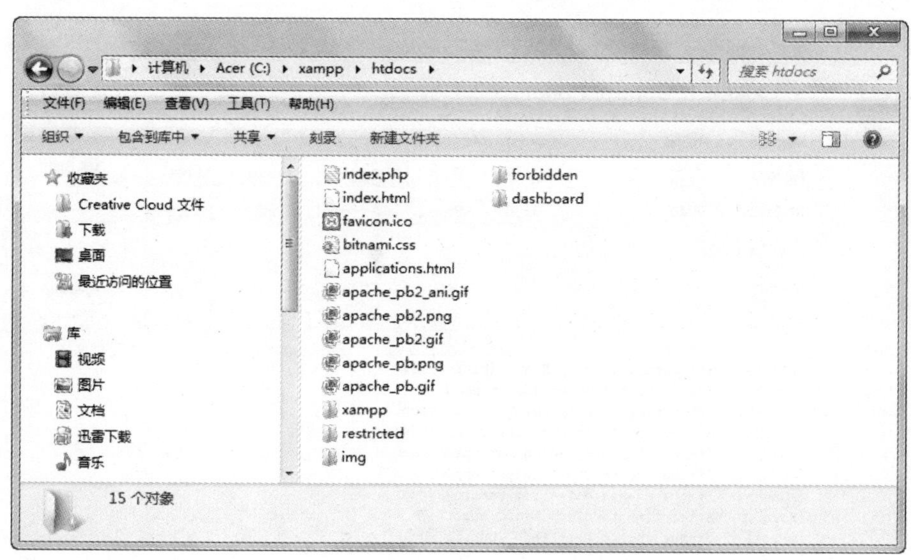

图 1-17　网站所放置的位置

1.2.3　XAMPP 基本使用方法

XAMPP 安装完成之后，使用方法如下：

1）XAMPP 的启动路径：xampp\xampp－control. exe。

2）XAMPP 服务的启动和停止脚本路径。

- 启动 Apache 和 MySQL：xampp\xampp_start. exe。
- 停止 Apache 和 MySQL：xampp\xampp_stop. exe。
- 启动 Apache：xampp\apache_start. bat。
- 停止 Apache：xampp\apache_stop. bat。
- 启动 MySQL：xampp\mysql_start. bat。
- 停止 MySQL：xampp\mysql_stop. bat。
- 启动 Mercury 邮件服务器：xampp\mercury_start. bat。
- 设置 FileZilla FTP 服务器：xampp\filezilla_setup. bat。
- 启动 FileZilla FTP 服务器：xampp\filezilla_start. bat。
- 停止 FileZilla FTP 服务器：xampp\filezilla_stop. bat。

3）XAMPP 的配置文件路径。

- Apache 基本配置：xampp\apache\conf\httpd. conf。
- Apache SSL：xampp\apache\conf\ssl. conf。
- Apache Perl（仅限插件）：xampp\apache\conf\perl. conf。
- Apache Tomcat（仅限插件）：xampp\apache\conf\java. conf。
- Apache Python（仅限插件）：xampp\apache\conf\python. conf。
- PHP：xampp\php\php. ini。
- MySQL：xampp\mysql\bin\my. ini。
- phpMyAdmin：xampp\phpMyAdmin\config. inc. php。
- FileZilla FTP 服务器：xampp\FileZillaFTP\FileZilla Server. xml。
- Mercury 邮件服务器基本配置：xampp\MercuryMail\MERCURY. INI。
- Sendmail：xampp\sendmail\sendmail. ini。

4）XAMPP 的其他常用路径。

- 网站根目录的默认路径：xampp\htdocs。
- MySQL 数据库默认路径：xampp\mysql\data。

5）日常使用只需要使用 XAMPP 的控制面板即可随时控制 Apache、PHP、MySQL 以及 FTP 服务的启动和终止。

6）附 XAMPP 的默认密码。

- MySQL。

User：root　Password：（空）

- FileZilla FTP。

User：newuser　Password：wampp

User：anonymous　Password：some@ mail. net

- Mercury。

Postmaster：postmaster（postmaster@ localhost）

Administrator：Admin（admin@ localhost）

TestUser：newuser　Password：wampp

- WEBDAV。

User：wampp　Password：xampp

参照上文 XAMPP 安装和配置完成后，即可安装 Dreamweaver 等网页程序编辑软件进行网页编程测试了。

Section 1.3 Apache 服务器的安装与操作

对于想深入了解基础环境搭建的读者可以学习本小节以后的内容。如果是初学者建议在搭建好集成环境之后，直接开始第 2 章的学习。基于 Windows 操作系统支持 PHP 开发的服务器主要有 IIS 和 Apache 两款，其中 Apache 服务器是专门为 PHP 设置的解析服务器，本小节重点介绍 Apache 服务器的安装和设置。

1.3.1 Apache 服务器基础

自从 PHP 发布之后，推出了各式各样的 PHP 引擎，最为经典的配置就是 Apache 服务器。Apache 是一种开源的 HTTP 服务器软件，可以在包括 UNIX、Linux 以及 Windows 在内的大多数主流计算机操作系统中运行，由于其支持多平台和良好的安全性而被广泛使用。

Apache 作为常驻的后台任务运行，在 UNIX 系统中为守候进程（Daemon），在 Windows 系统中为服务（Service）。由于 Apache 服务器的启动阶段比较耗费时间和资源，因此它一般在操作系统启动时被启动并一直运行。

Apache 的运行分为启动阶段和运行阶段。启动阶段，Apache 以特权用户 root 启动，进行解析配置文件、加载模块和初始化一些系统资源（例如，日志文件、共享内存段、数据库连接）等操作。处于运行阶段时，Apache 放弃特权用户级别，使用非特权用户来接收和处理网络中用户的服务请求。这种基本安全机制可以阻止 Apache 中由于一个简单软件错误（也可能是模块或脚本）而导致的严重系统安全漏洞，例如，微软的 IIS 就曾遭受“红色代码（Code Red）”和“尼姆达（Nimda）”等恶意代码的溢出攻击。

Apache 的主配置文件通常为 httpd. conf。但是由于这种命名方式为一般惯例，并非强制要求，因此对于提供 rpm 或者 deb 包的第三方，Apache 发行版本可能使用不同的命名机制。另外，httpd. conf 文件可能是单一文件，也可能是通过使用 Include 指令包含不同配置文件的多个文件集合。有些发行版本的配置非常复杂。httpd. conf 文件是一个文本文件，在系统启动时被逐行解析。该文件由指令、容器和注释组成。配置文件内允许有空行和空格，它们在解析时被忽略不计。

1.3.2 下载 Apache 服务器

Apache 软件和其他免费软件一样，可以直接到其官方网站进行下载，地址是 http://httpd. apache. org/download. cgi。下载 Apache 的最新版本步骤如下：

1）打开 IE 浏览器，在地址栏输入 http://httpd. apache. org/download. cgi 链接至 Apache

的官方网站，如图 1-18 所示。

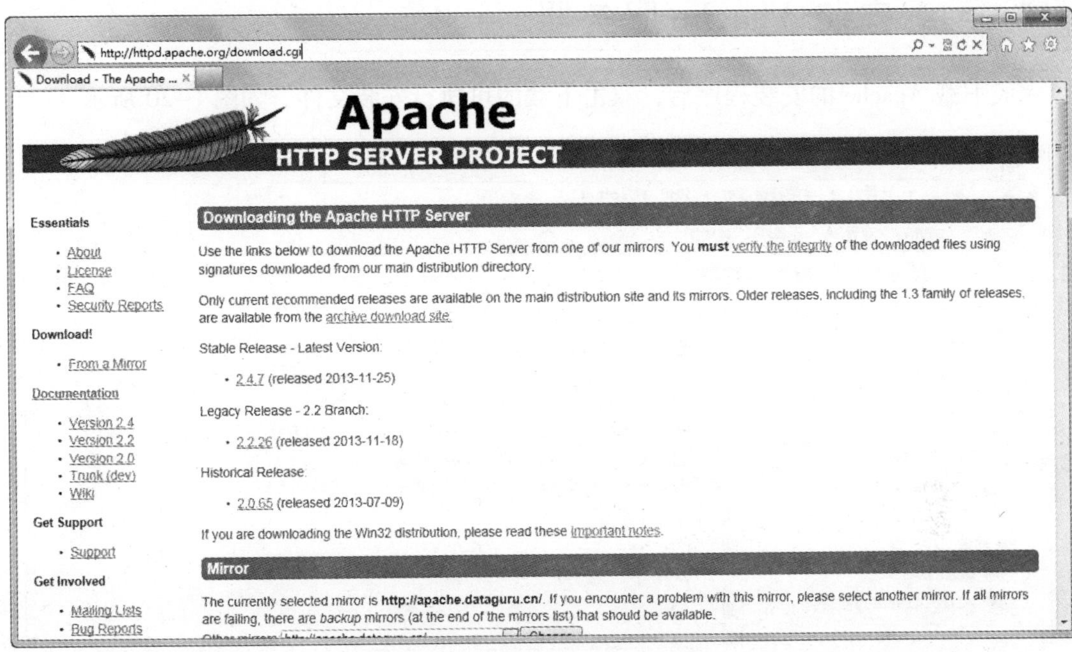

图 1-18 打开的官方网站

2）在这个页面中有许多下载选项，为了方便初学者进行安装，下载 Apache 的自动安装程序，单击选择页面上的“httpd-2.0.65-win32-x86-no_ssl.msi”文字，如图 1-19 所示。

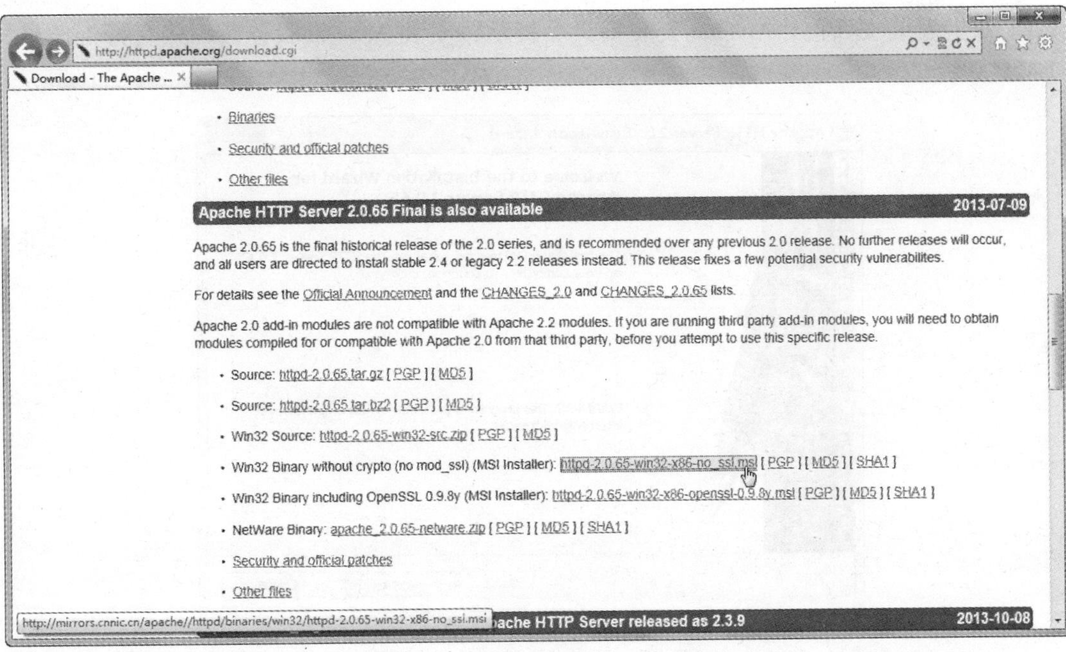

图 1-19 选择相应的文件下载

1.3.3 安装 Apache 服务器

完成下载 Apache 的安装程序后，双击下载的可执行安装文件，如图 1-20 所示。

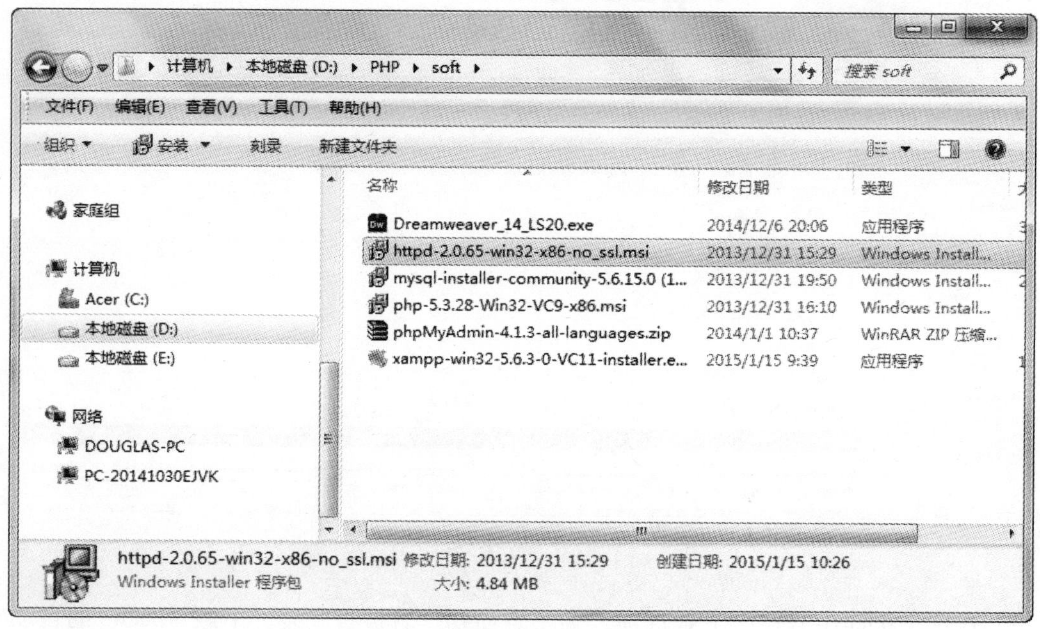

图 1-20　下载的 Apache 安装文件包

安装的步骤如下：

1）双击安装文件包，Apache 安装精灵会提示将安装 Apache 服务器，并有警告信息，如图 1-21 所示。

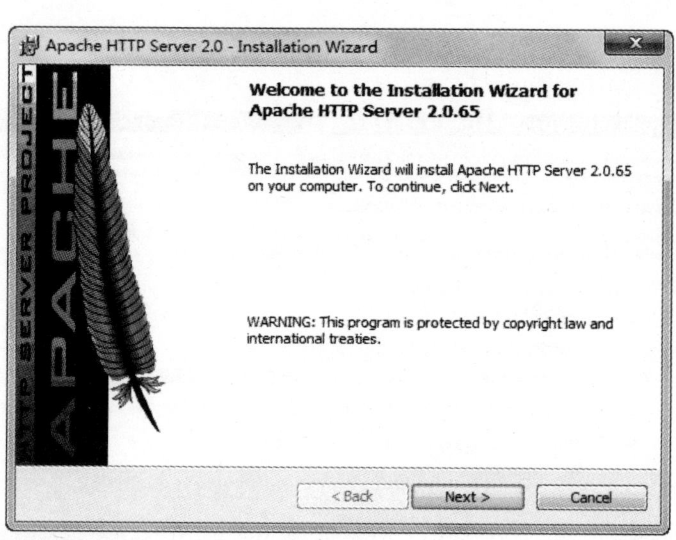

图 1-21　欢迎安装界面

2）单击 Next > 按钮，继续安装程序。选中“I accept the terms in the license agreement（我接受告知条款上的内容）”单选按钮同意合约的授权，继续进行安装，如图 1-22 所示。

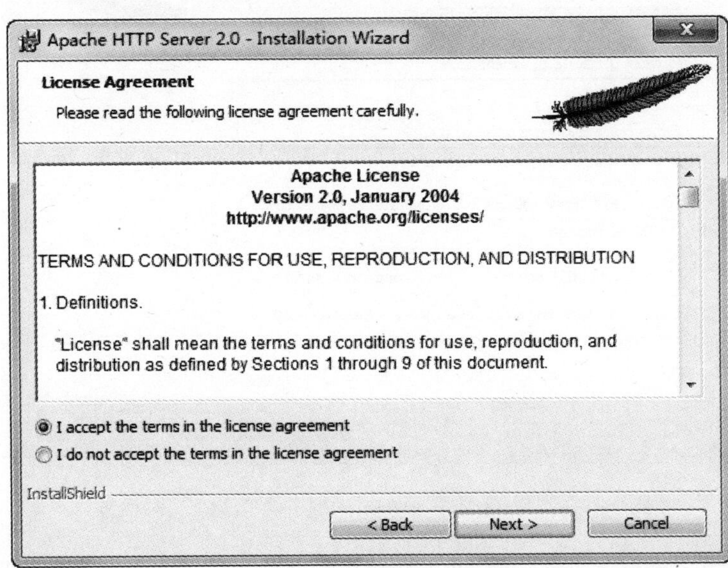

图 1-22　同意安装

3）单击 Next > 按钮，继续安装程序，打开“Read This First（预读下面内容）”对话框，如图 1-23 所示。

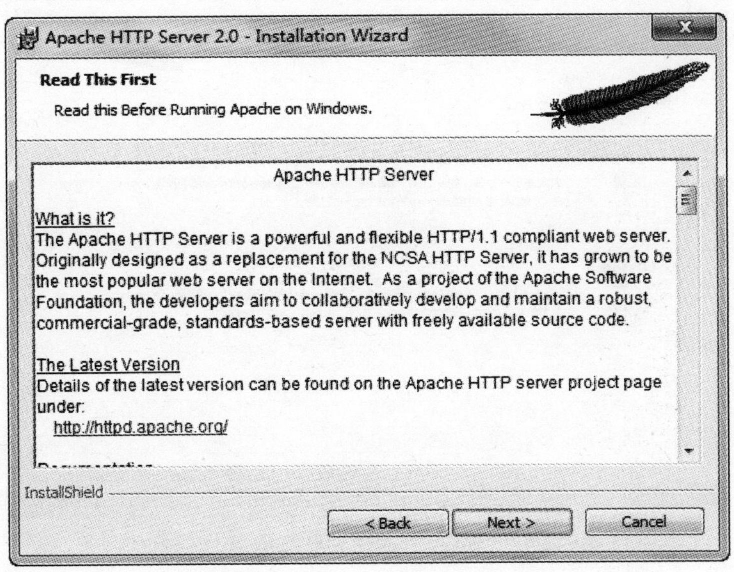

图 1-23　“Read This First（预读下面内容）”对话框

4）在“Read This Firsr（预读下面内容）”对话框中主要是介绍 Apache HTTP Server（Apache 网页服务器）的一些基础知识，初次使用的读者可以认真了解一下，以方便进一步使用。单击 Next > 按钮，打开“Server Information（服务器信息）”对话框，自行设定服务器和域名名称，并要输入管理者的联系邮箱。如图 1-24 所示。

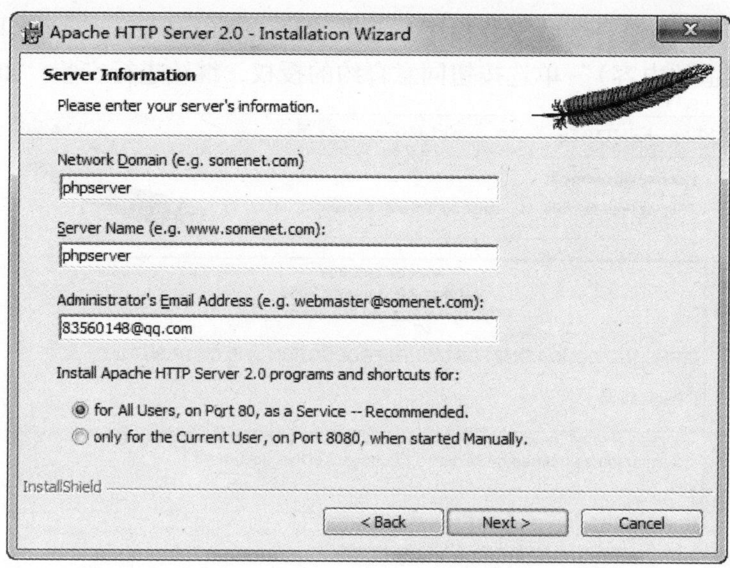

图 1-24 “Server Information（服务器信息）”对话框

5）设定完成后，再单击 Next > 按钮，继续进行下一步安装。打开“Setup Type（安装类型）”对话框，这里有 Typical（典型）和 Custom（自定义）安装两个单选项，如图 1-25 所示。

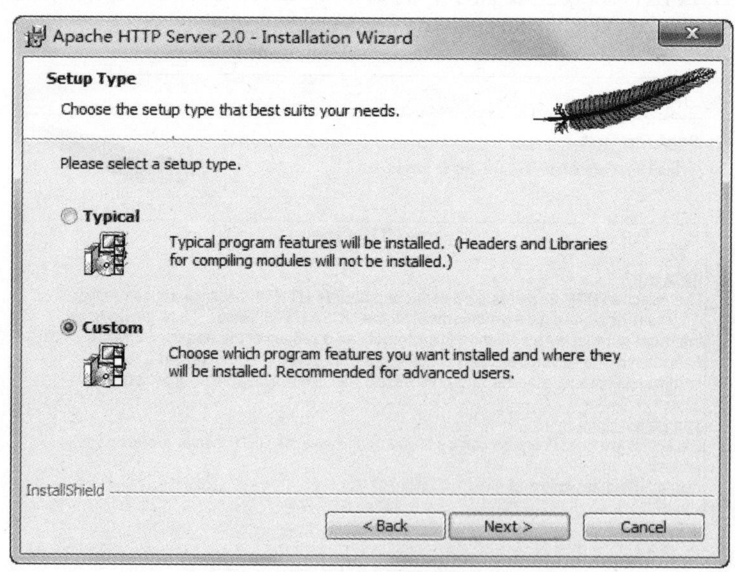

图 1-25 “Setup Type（安装类型）”对话框

6）选中“Custom（自定义）”单选按钮，再单击 Next > 按钮，打开“Custom Setup（自定义安装内容）”对话框，如图 1-26 所示。这里将选择所有的内容进行安装对话框，以方便后面 PHP 程序的开发应用需要，由于 Apache 预设的路径有点长，为了方便起见，本书将安装路径改成C:\Apache，单击“Change（改变）”按钮，将服务器的安装路径设置为C:\Apache\。

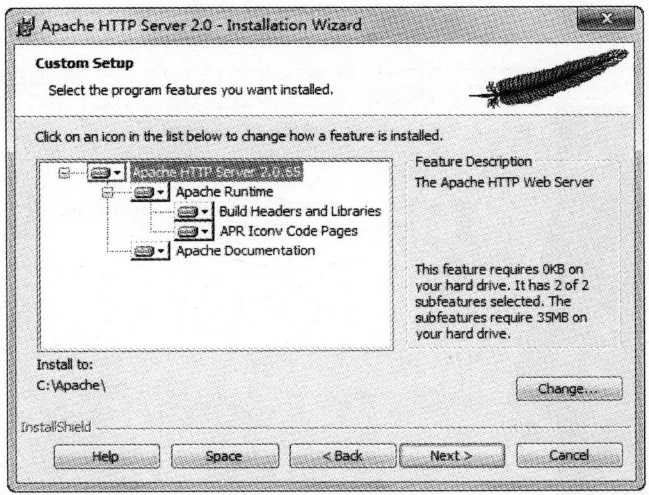

图 1-26 “Custom Setup（自定义安装内容）”对话框

7）单击 Next > 按钮，打开“Ready to Install the Program（准备安装）”对话框，如图 1-27 所示。

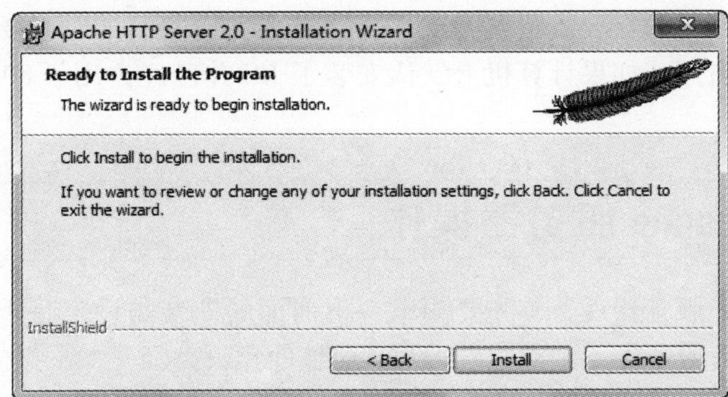

图 1-27 “Ready to Install the Program（准备安装）”对话框

8）单击 Install 按钮，开始进行具体的安装，安装过程如图 1-28 所示。

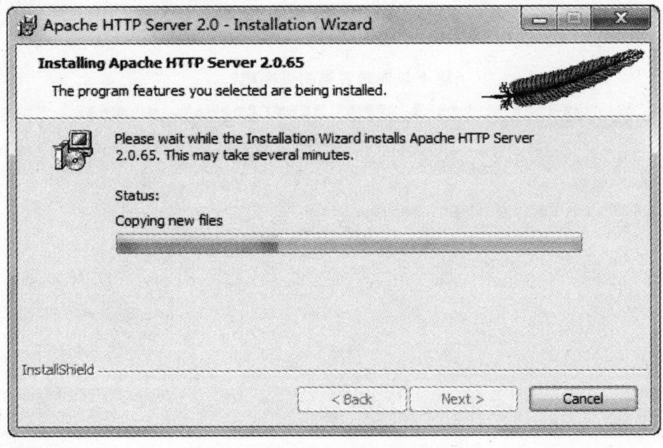

图 1-28 安装过程

9）安装完成后，单击 Finish 按钮，如图 1-29 所示。

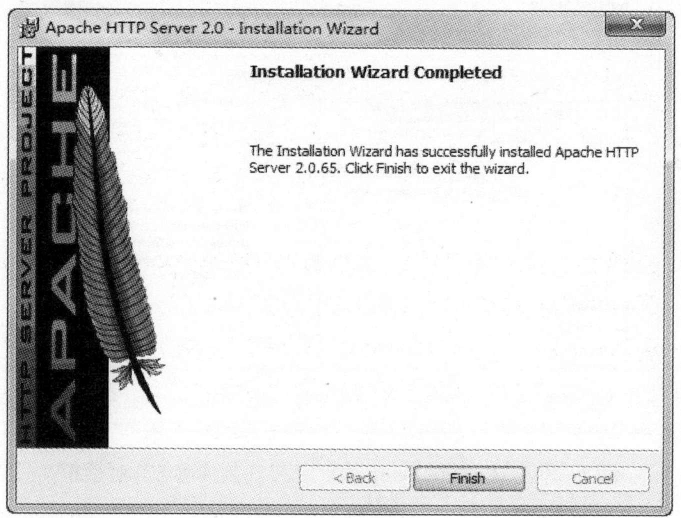

图 1-29　完成安装

到此 Apache 服务器的安装步骤就完成了。这里在完成安装的时候要注意所使用的操作系统端口 80 不能被占用，如果计算机上默认安装了 IIS 并已经占用了 80 端口，那么需要将其禁用才能安装成功。

1.3.4　Apache 服务器操作

安装完成 Apache 服务器后，首先要测试一下前面的安装与设定是否成功。由于是在本地计算机安装 Apache 服务器，因此它的 HTTP 地址的预设路径是 http://localhost。

首先打开 IE 浏览器，在地址栏输入 http://localhost，如果能顺利开启如图 1-30 所示的网页画面，就表示 Apache 服务器服务成功启动了。

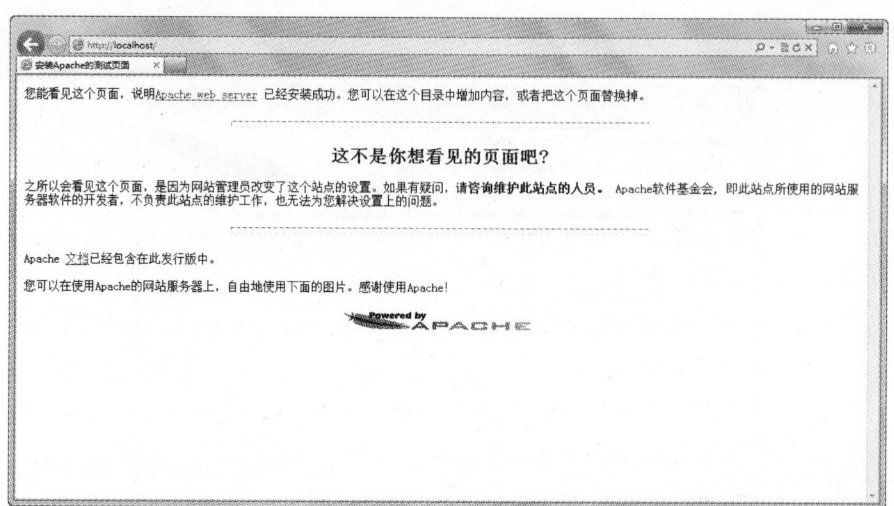

图 1-30　测试成功页面

Apache 服务器的服务，对 PHP 网页的执行有很重要的关联，因此接下来要说明 Apache 服务器的设定与操作。

1. Apache 服务器的启动

当在 Apache 服务器安装完成的页面上，已经勾选“for All User，on Port 80，as a Service - Recommended.”的选项，那么 Apache 就已经自动启动。可以在 Windows 程序列表上发现多了一个图标。

如果 Apache 服务器停止服务后要再启动 Apache 服务器，在 Windows 系统图标中的图标上单击鼠标右键，弹出快捷菜单，再选择“Start（开始）”选项就可以重新启动 Apache 服务器的服务。

2. Apache 服务器的停止

如果要停止 Apache 服务器，在 Windows 系统图标中的图标上单击鼠标右键弹出快捷菜单，只要选择“Stop（停止）”选项就可以停止 Apache 服务器的服务；这时，Apache 的系统图标变成，如图 1-31 所示。

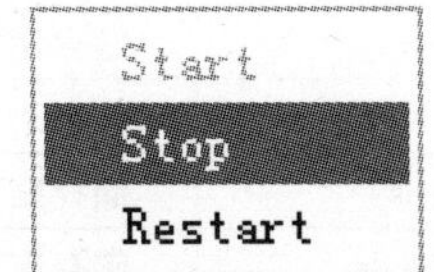

图 1-31　停止操作界面

3. Apache 服务器的主目录

正常情况下，Apache 服务器主目录的预设位置在 C:\Program Files\Apache Software Foundation\Apache 路径下。由于前面安装时将 Apache 服务器安装在 C:\Apache 文件夹中，因此主目录也在 C:\Apache 路径下，打开的二级目录如图 1-32 所示。

图 1-32　打开的文件夹目录

Apache 服务器各主要目录的意义与用途说明如表 1-1 所示。

4. Apache 服务器的网站目录

Apache 服务器安装完成后，需要将所有 PHP 网站目录都放到 C:/Apache/Apache 2/

htdocs 文件夹内。例如，写了一个名为 website 的 PHP 网站目录，则这个 website 的网站目录位置应该放到 C:\Apache\Apache 2\htdocs\的文件夹中。当然也可以直接打开 httpd. conf 文件，找到如图 1-33 所示的位置，将 ServerRoot "C:/Apache/Apache2"这一行代码进行相应的设置即可更改为新的网站目录。

表 1-1　Apache 安装文件夹说明

文件夹名称	主 要 功 能
bin	储存编译程序及指令文件。
cgi - bin	储存用于设置支持 cgi 的文件。
conf	储存服务器结构档案，httpd. conf 文件是设置服务器的主要文件。
error	储存运行出错时提示用的文件。
htdocs	储存运行成功时显示的文件，该版本只有简单的一行字。
icons	储存服务器显示相应网页的所有图片文件。
include	储存支持服务器的一些主要包含文件。
lib	储存 Apache 所需的 lib 文件。
logs	储存日志档案。
manual	储存服务器的模块功能文件。
modules	储存网页应用程序的目录。

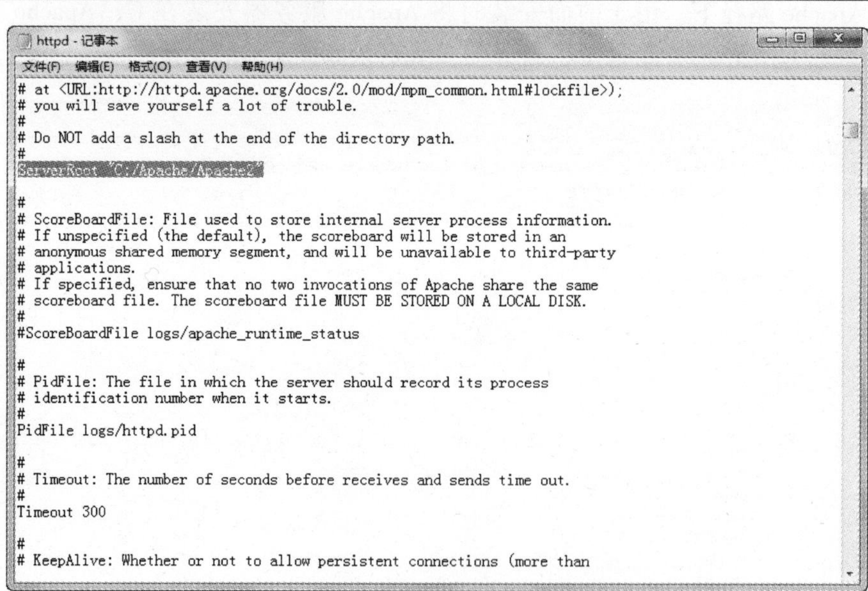

图 1-33　设置网站文件位置

进行到此，已经完成了 PHP 网页开发环境 Apache 服务器的安装。

Section 1.4 PHP 的安装与配置

在计算机上安装完成 Apache 服务器后，就要开始安装和配置 PHP 的执行环境，PHP 的安装与配置有多种方法，这里介绍使用 PHP 官方提供的安装包来进行安装的方法。

1.4.1 下载 PHP5 软件

安装好 Apache 服务器以后，下面开始安装 PHP。PHP 开发软件包是开发 PHP 程序的核心，该软件包需要从 PHP 官方网站下载，地址为 http://www.php.net。这里以 PHP 5.3.28 版本为例，下载的页面如图 1-34 所示。

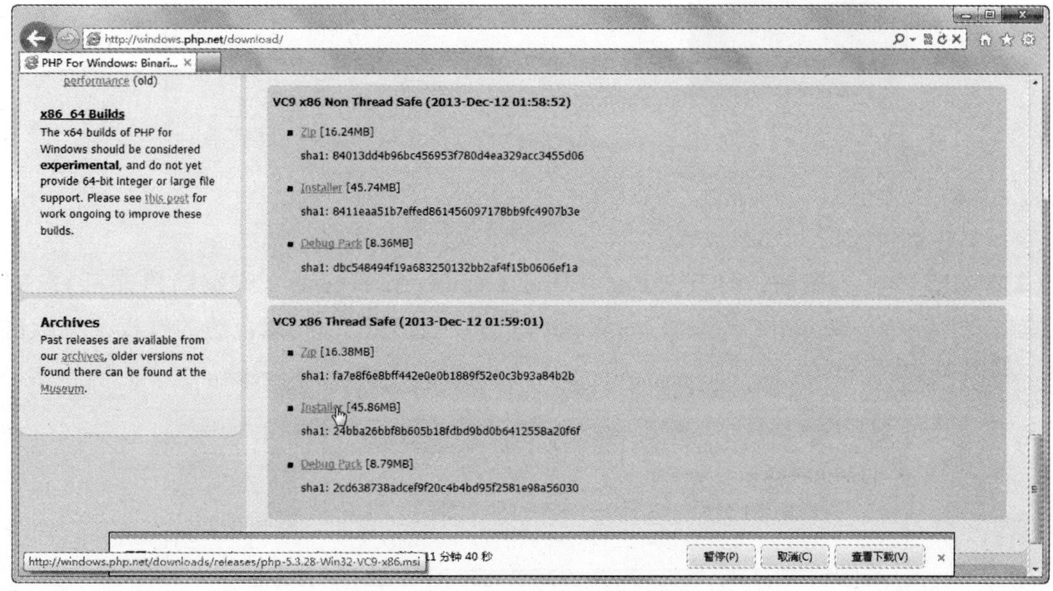

图 1-34 下载 PHP 安装版本

PHP 5.3.28 有 None Thread Safe 与 Thread Safe 两种版本可供选择。这两种版本有何不同，作为使用者来说又应该如何选择呢？先从字面意思上理解，None Thread Safe 就是非线程安全，在执行时不进行线程（thread）安全检查；Thread Safe 就是线程安全，执行时会进行线程（thread）安全检查，以防止有新要求就启动新线程的 CGI 执行方式耗尽系统资源。再来看 PHP 的两种执行方式：ISAPI 和 FastCGI。FastCGI 执行方式是以单一线程来执行操作，所以不需要进行线程的安全检查，除去线程安全检查的防护反而可以提高执行效率，所以，如果是以 FastCGI（无论搭配 IIS 6 或 IIS 7 以及更高版本）执行 PHP，都建议下载、执行 Non Thread Safe 的 PHP（PHP 的二进制文档有两种包装方式：msi、zip，请下载 zip 套件）。而线程安全检查正是为 ISAPI 方式的 PHP 准备的，因为有许多 PHP 模块都不是线程安全的，所以需要使用 Thread Safe 的 PHP。本书是使用 Apache 服务器，所以要选择 VC9 版本的 Thread Safe 这个 PHP 来安装。

1.4.2 安装 PHP5 软件

下载后即可以开始 PHP 的安装，具体的安装步骤如下：

（1）双击下载的文件 php-5.3.28-win32-installer.msi，弹出 PHP 安装程序欢迎安装向导对话框，如图 1-35 所示。

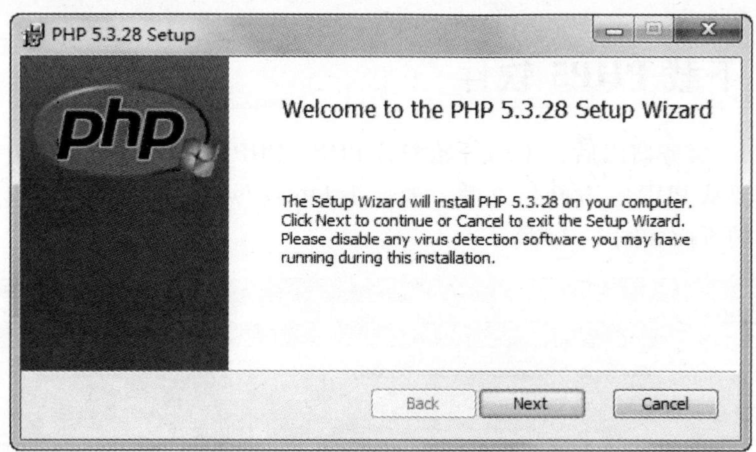

图 1-35　欢迎安装界面

（2）单击Next按钮，打开“End - User License Agreement（终端用户许可）”对话框。选中“I accept the terms in the license Agreement”复选框，同意合约的授权，继续进行安装，如图 1-36 所示。

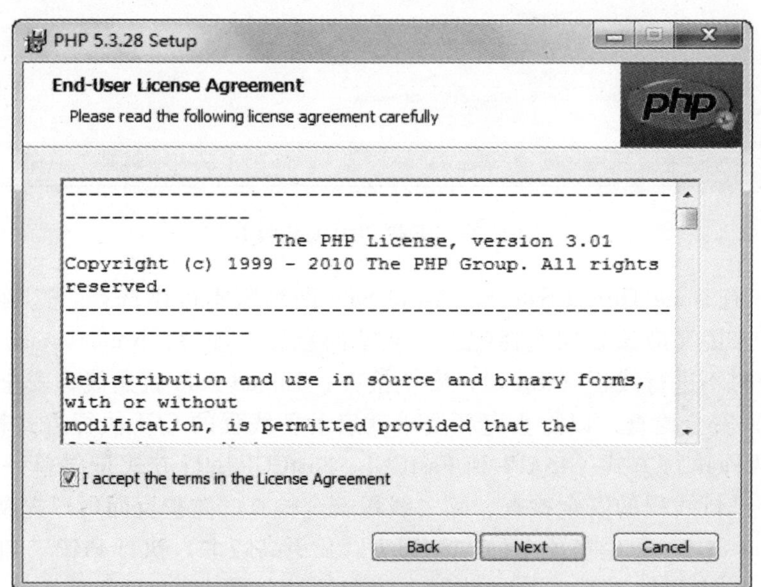

图 1-36　同意安装

（3）单击Next按钮，打开“Destination Folder（安装路径文件）”对话框，单击 Browse（浏览）按钮来更改 PHP 的安装路径，这里为“C:\PHP\”目录，如图 1-37 所示。

（4）设置 PHP 安装路径之后，单击Next按钮，选择安装的 Apache 版本号，这里为 Apache 2. 2x Module，如图 1-38 所示。

（5）单击Next按钮，设置 Apache 服务器的安装路径，如图 1-39 所示。

（6）然后单击Next按钮，打开“Choose Items to Install（选择安装项目）”对话框，选择要安装的 PHP 组件，设置如图 1-40 所示。

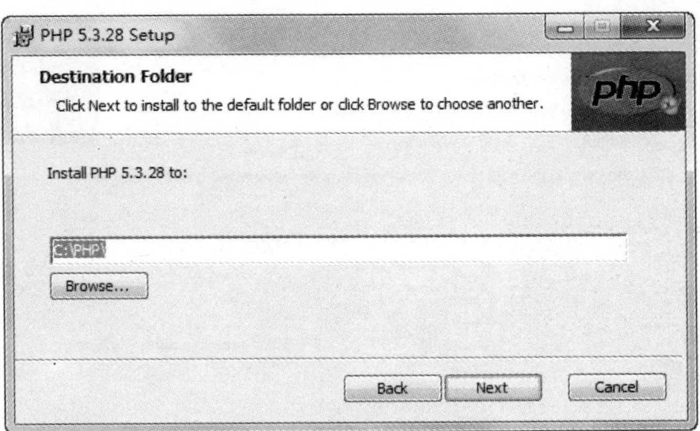

图 1-37　设置安装路径

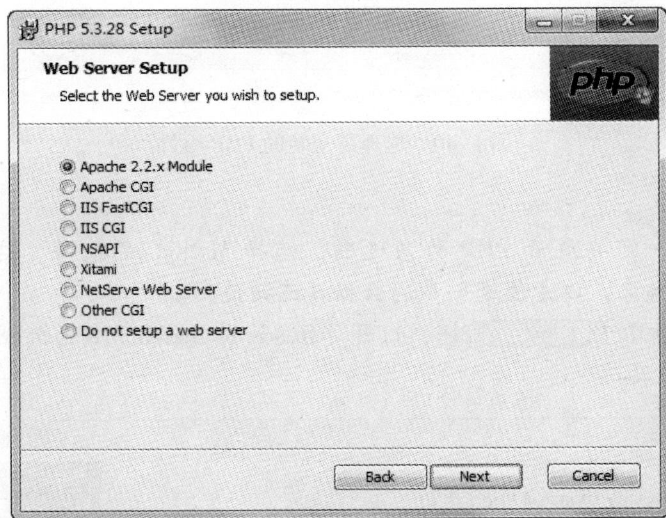

图 1-38　选择 Apache 版本号

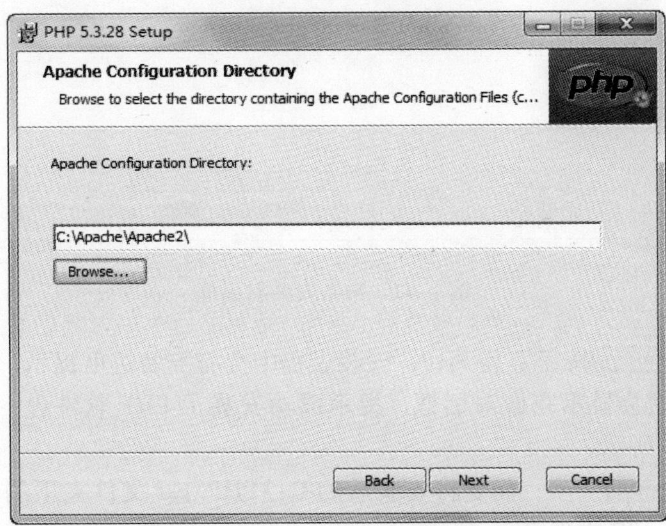

图 1-39　设置 Apache 服务器安装路径

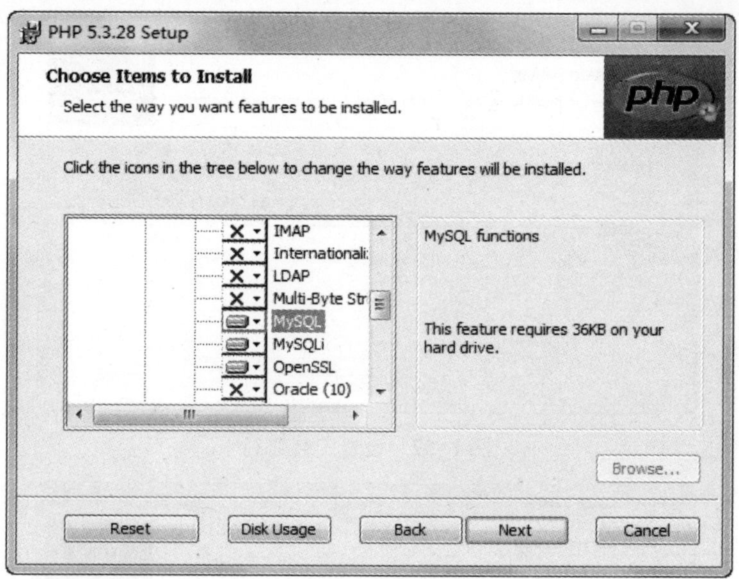

图 1-40　选择需安装的 PHP 组件

特别说明：

在安装的时候一定要展开 PHP 的列选项，选择 MySQL 的组件，这样才能把 PHP 和 MySQL 数据库关联起来，以方便进一步的数据库连接使用。

（7）设置完成后单击 Next 按钮，打开“Ready to install PHP5. 3. 28（准备安装）”对话框，如图 1-41 所示。

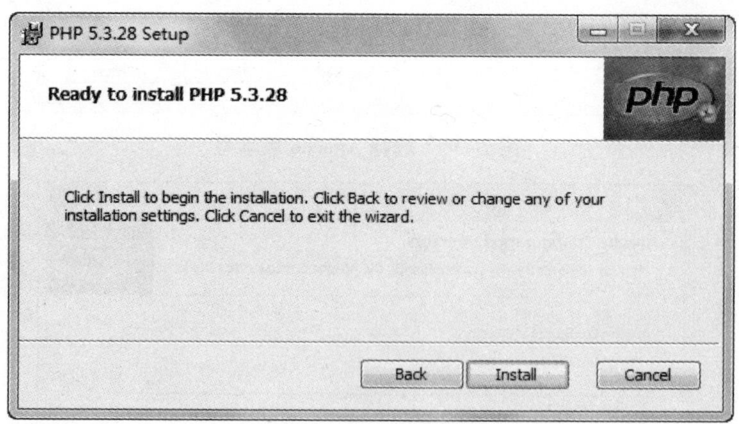

图 1-41　准备安装对话框

（8）单击 Install 按钮安装 PHP，安装过程中会有安装进度提示，如图 1-42 所示。

（9）安装完成后会显示完成对话框，提示成功安装了 PHP 软件包，单击 Finish 按钮完成安装。如图 1-43 所示。

（10）这是最关键的一步，需要将安装后的 C:\PHP\ext 文件夹下的驱动文件都复制到 C:\WINDOWS\system32 文件夹下。

如果读者在 PHP 官方网站下载的 PHP 软件包是非安装程序而是压缩包，那么在配置时

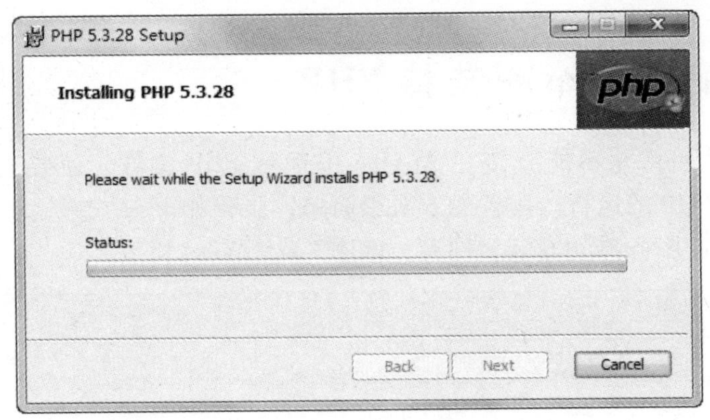

图 1-42　安装过程

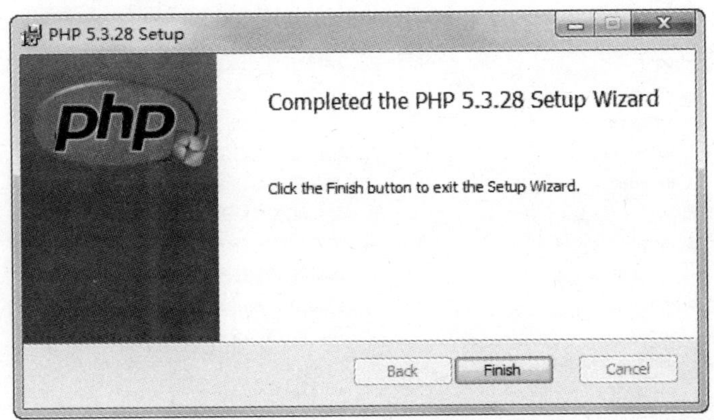

图 1-43　完成安装

需要设置环境变量。具体设置环境变量的方法如下：

首先将 PHP 压缩包解压到指定文件夹中作为 PHP 的根目录，例如“C:\PHP”目录中。然后再配置 Apache 运行时需要加载的 php5apache2_2. dll 文件。方法是将 PHP 的安装路径追加到 Windows 系统中 Path 路径的下面。右击“我的电脑”，选择“属性”命令，在弹出的“系统属性”对话框中切换到“高级”选项卡，再单击“环境变量”按钮，打开“环境变量”对话框。从“系统变量”列表中找到 Path 路径，单击“编辑”按钮后，在弹出对话框的“变量值”文本框中将“C:\PHP”追加到路径中即可，如图 1-44 所示。

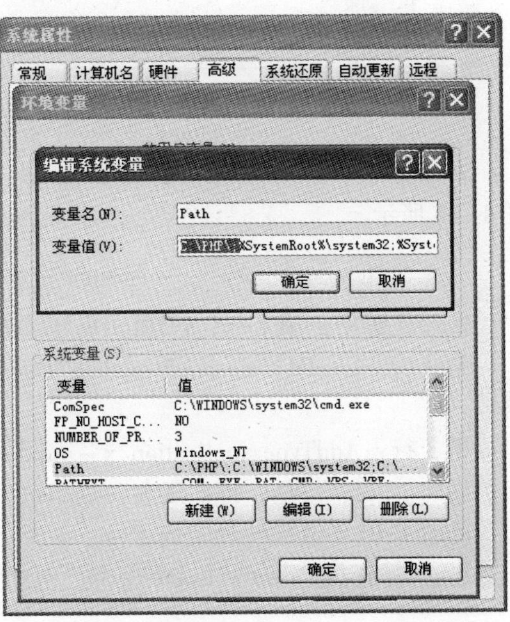

图 1-44　“编辑系统变量”对话框设置

1.4.3 配置 Apache 支持 PHP

安装完成 PHP 后，并不能直接在 Apache 里运行 PHP 文件，还要进一步配置一下 Apache 才可以支持 PHP 的运行。配置的方法很简单，步骤如下：

1）进入 Apache 服务器的安装文件夹，如图 1-45 所示。

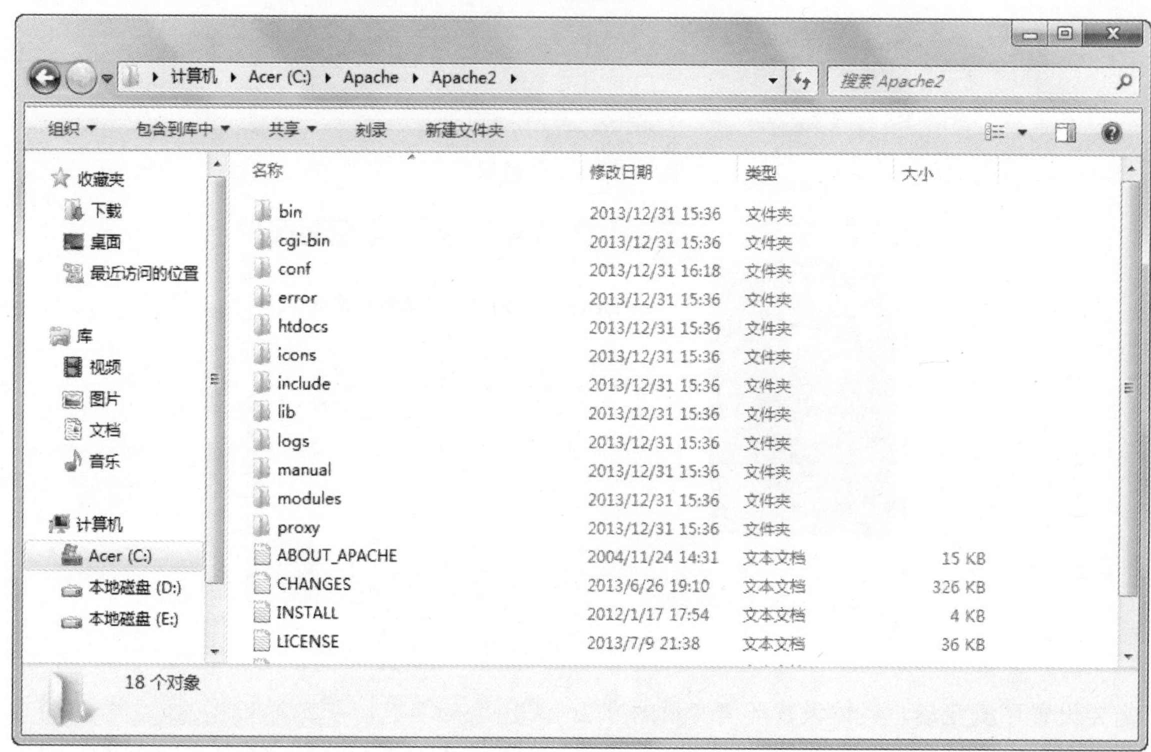

图 1-45 进入 Apache 服务器的安装文件夹

2）双击进入 conf 目录，打开 httpd. conf 文件，在文件的最下方增加下面 1 行内容，如图 1-46 所示。

```
AddType application/x - httpd - php   . php
```

该段代码中，第 1 行：PHPIniDir" C:\PHP\" 表示要加载的模块在哪个位置存储。

第 2 行：LoadModule php5 module" C:\PHP\php5apache2_2. dll" 表示 PHP 所在的初始化路径。

第 3 行：AddType application/x - httpd - php. php 表示将一个 MIME 类型绑定到某个或某些扩展名。. php 只是一种扩展名，这里可以设定为 . html、. php2 等。

此时 PHP 环境就配置完成了。

3）同样查找 DirectoryIndex 这个代码：将其后面的代码改为如下。

```
DirectoryIndex index. php default. php index. html
```

表示默认访问站点时打开的首页顺序是 index. php default. php index. html。

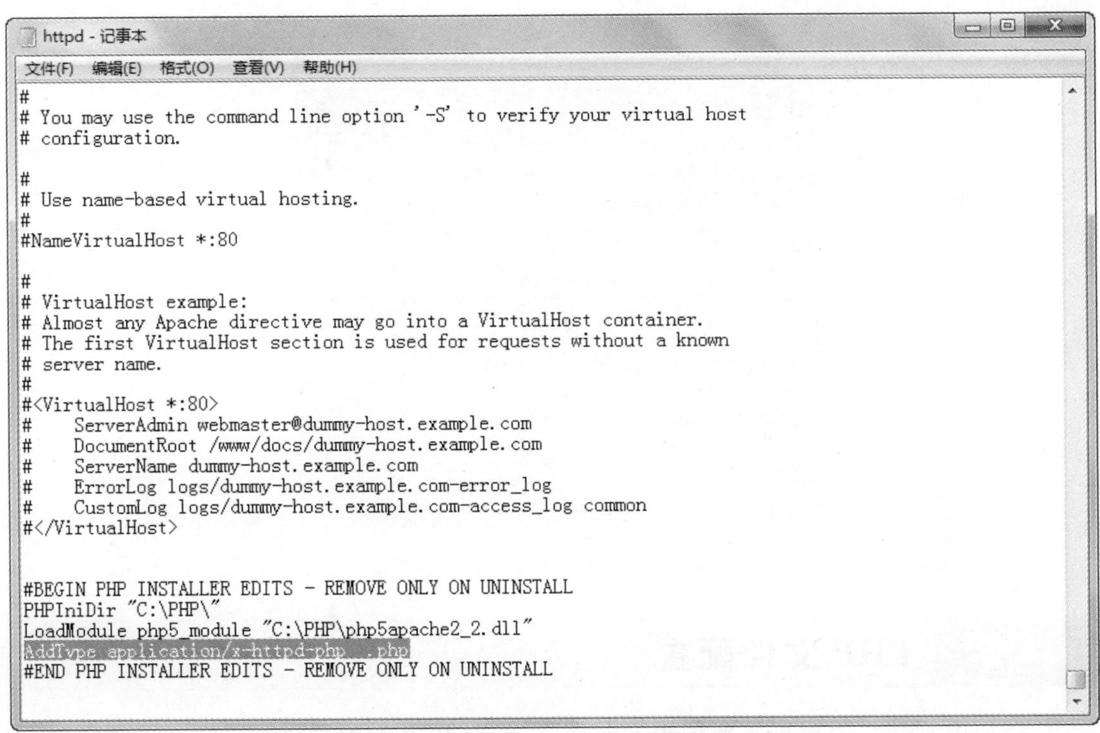


```
#
# You may use the command line option '-S' to verify your virtual host
# configuration.

#
# Use name-based virtual hosting.
#
#NameVirtualHost *:80

#
# VirtualHost example:
# Almost any Apache directive may go into a VirtualHost container.
# The first VirtualHost section is used for requests without a known
# server name.
#
#<VirtualHost *:80>
#    ServerAdmin webmaster@dummy-host.example.com
#    DocumentRoot /www/docs/dummy-host.example.com
#    ServerName dummy-host.example.com
#    ErrorLog logs/dummy-host.example.com-error_log
#    CustomLog logs/dummy-host.example.com-access_log common
#</VirtualHost>


#BEGIN PHP INSTALLER EDITS - REMOVE ONLY ON UNINSTALL
PHPIniDir "C:\PHP\"
LoadModule php5_module "C:\PHP\php5apache2_2.dll"
AddType application/x-httpd-php .php
#END PHP INSTALLER EDITS - REMOVE ONLY ON UNINSTALL
```

图 1-46 加入支持 PHP 的代码

1.4.4 测试 PHP 环境

PHP 软件包安装完成后，就可以在 Apache 中测试 PHP 环境是否正确了。下面创建一个 PHP 示例来测试，该示例是执行一个带有 PHP 脚本的程序，如果执行成功，则证明 PHP 安装成功。打开 Apache 下的 htdocs 目录（这里为 C:\Apache\Apache2\htdocs)，然后使用记事本创建一个名为 test. php 的文件，再添加如下代码到文件中。

```
<? php
    phpinfo();  //输出 PHP 环境信息
?>
```

保存 test. php 文件，然后在 IE 浏览器的地址栏中输入“http://localhost/test. php”，如果显示 PHP 的相关信息，则证明 PHP 软件包和环境配置成功。如图 1-47 所示，否则安装失败。

特别说明：

本书第 1 版有很多读者反馈装到这一步的时候运行不了，主要是因为安装系统和环境不同的结果，为了解决这一问题，建议初学者使用集成环境，如 XAMPP（Apache + MySQL + PHP + PERL)。由于刚才在前面重新配置了 Apache 服务器，所以在测试之前一定要重启 Apache 服务器，让配置的功能能够正确地被使用。

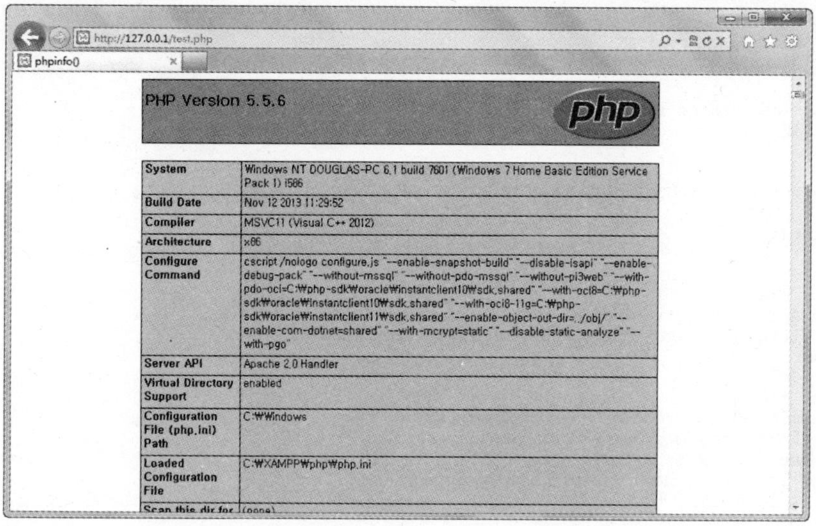

图 1-47　测试安装成功显示的页面

1.4.5　PHP 文件配置

安装 PHP 后还可以根据需要编辑 php. in;文件对 PHP 的配置进行设置。下面就对 PHP 配置文件 php. ini 的组织方式进行简要的说明。文件命名为 php. ini 的原因之一是它遵循许多 Windows 应用程序中 INI 文件的常见结构。php. ini 是一个 ASCII 文本文件，并且被分成几个部分，每一部分包括与之相关的各种变量。

每一部分类似于如下结构：

```
[MySection]
variable = "value"
anothervariable = "anothervalue"
```

各部分的名称通过方括号“[ ]”括起来放在顶部，然后是任意数量的“变量名 = 值”对，每一对占单独一行。如果行以分号“;”开头，则表明该行是注释语句。

在 php. ini 中允许或禁止 PHP 功能变得非常简单。只需要将相关语句注释掉而无需删除，该语句就不会被系统解析。特别是，当希望在一段时间以后重新打开某种功能的时候非常方便，因为不需要在配置文件中将此行删除。

下面看一看某 php. ini 文件中的一个片段：

```
;;;;;;;;;;;;;;;;;;;;
;Language Options ;
;;;;;;;;;;;;;;;;;;;;
;Enable the PHP scripting language engine under Apache.
engine = On
;Enable compatibility mode with Zend Engine 1(PHP 4. x)
zend. ze1_compatibility_mode = Off
;Allow the <? tag.  Otherwise,only <? php and <script> tags are recognized.
;NOTE: Using short tags should be avoided when developing applications or
```

```
;libraries that are meant for redistribution,or deployment on PHP
;servers which are not under your control,because short tags may not
;be supported on the target server. For portable,redistributable code,
;be sure not to use short tags.
short_open_tag = Off
;Allow ASP - style < %  % > tags.
asp_tags = Off
;The number of significant digits displayed in floating point numbers.
precision        =   14
```

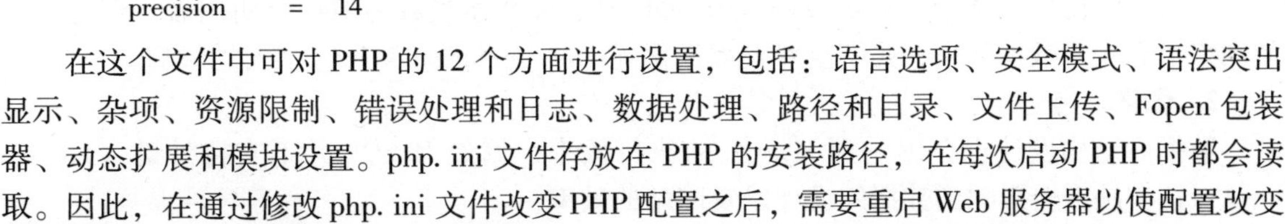

在这个文件中可对 PHP 的 12 个方面进行设置，包括：语言选项、安全模式、语法突出显示、杂项、资源限制、错误处理和日志、数据处理、路径和目录、文件上传、Fopen 包装器、动态扩展和模块设置。php. ini 文件存放在 PHP 的安装路径，在每次启动 PHP 时都会读取。因此，在通过修改 php. ini 文件改变 PHP 配置之后，需要重启 Web 服务器以使配置改变生效。本书的实例需要配置的对象为：

```
magic_quotes_gpc = On
```

magic_quotes_gpc 功能：是否自动为 GPC(get,post,cookie)传来的数据中的\'\"\\加上反斜线。

如果 magic_quotes_gpc = On，返回 1，PHP 解析器就会自动为 post、get、cookie 过来的数据增加转义字符“”，以确保这些数据不会引起程序，特别是数据库语句因为特殊字符引起的污染而出现致命的错误。

在 magic_quotes_gpc = On 的情况下，如果输入的数据有单引号（'）、双引号（"）、反斜线（\）与 NUL（NULL 字符）等字符都会被加上反斜线，这些转义是必须的。如果这个选项为 Off，返回 0，那么就必须调用 addslashes 这个函数来为字符串增加转义。

Section 1.5 安装 MySQL 数据库

PHP 可以与很多数据库完美结合，从而开发出动态网站。对于初学者而言，MySQL 数据库被认为是最容易上手的。本节就介绍 MySQL 数据库的下载与安装。

1.5.1 MySQL 数据库简介

MySQL 是一个真正的多用户、多线程 SQL 数据库服务器。SQL（结构化查询语言）是世界上最流行的、标准化的数据库语言。MySQL 是一个客户机/服务器结构实现，由一个服务器守护程序 mysqld 和很多客户程序以和库组成。

SQL 是一种标准化的语言，它使得存储、更新和存取信息更容易。例如，能用 SQL 语言为一个网站检索产品信息及存储顾客信息，同时 MySQL 也允许客户足够快和灵活地存储记录文件和图像。

在这里推荐使用 MySQL 的主要原因有以下几点。

1）便宜（通常是免费）。

2）经过高度优化（HighlyOptimized）。

3）应用程序通过它做备份比较简单。

4）为不同的数据格式提供弹性的接口。

5）较好学且操作简单。

MySQL 的优点有以下几点。

1. 避免网络阻塞

针对多个使用者共同存取的支持，MySQL 内定最大连接数为 100 个使用者。但是，即使网络上有大量数据往来，并不会对查询优化（query optimization）有多大的影响。

2. 优化

数据库结构设计也会影响到 MySQL 的执行效率，例如 MySQL 并不支持外键（Foreign key）；这个缺点会影响到数据库设计以及网站的效率。

对于使用 MySQL 做数据库支持的网站，应该将重点放在如何让硬盘存取减少到最低、如何让一个或多个 CPU 随时保持在高速作业的状态，以及支持适当的网络频宽，而非实际上的数据库设计以及数据查询状况。

3. 多线程

MySQL 是一个快速、多线程（multithread）、多用户且功能强大的关系型数据库管理系统（Relational database management system，RDBMS）。也就是说当客户端与 MySQL 数据库连接时，服务器会产生一个线程（thread）或一个进程（process）来处理这个数据库连接的请求（request）。

4. 可延伸性以及数据处理能力

MySQL 同时具有高度多样性，能够提供给很多不同的用户接口，包括命令行、客户端操作、网页浏览器，以及各式各样的程序语言接口，例如 C ++、Perl、Java、PHP 以及Python。

MySQL 可用于 UNIX、Windows、OS/2 等平台，也就是说它可以用在个人计算机或者服务器上。

5. 便于学习

MySQL 支持结构化查询语言（Structured Query Language，SQL），那么精通数据库的人在一天之内，就可以学会 MySQL，对于初学者来说也非常容易上手。

1.5.2 MySQL 数据库的下载

可以到 MySQL 的官方网站 http://www.mysql.com 下载 MySQL 的最新版本。下载 MySQL 数据库的步骤如下：

1）打开 IE 浏览器，进入 MySQL 的官方网站主页（http://www.mysql.com）下载 MySQL 数据库，如图 1-48 所示。

2）打开主页之后找到相关下载文件，本书下载的是 MySQL 的版本 mysql-5.6.15-win32.msi，单击“Download（下载）”按钮即可以下载将要使用的数据库，如图 1-49 所示。

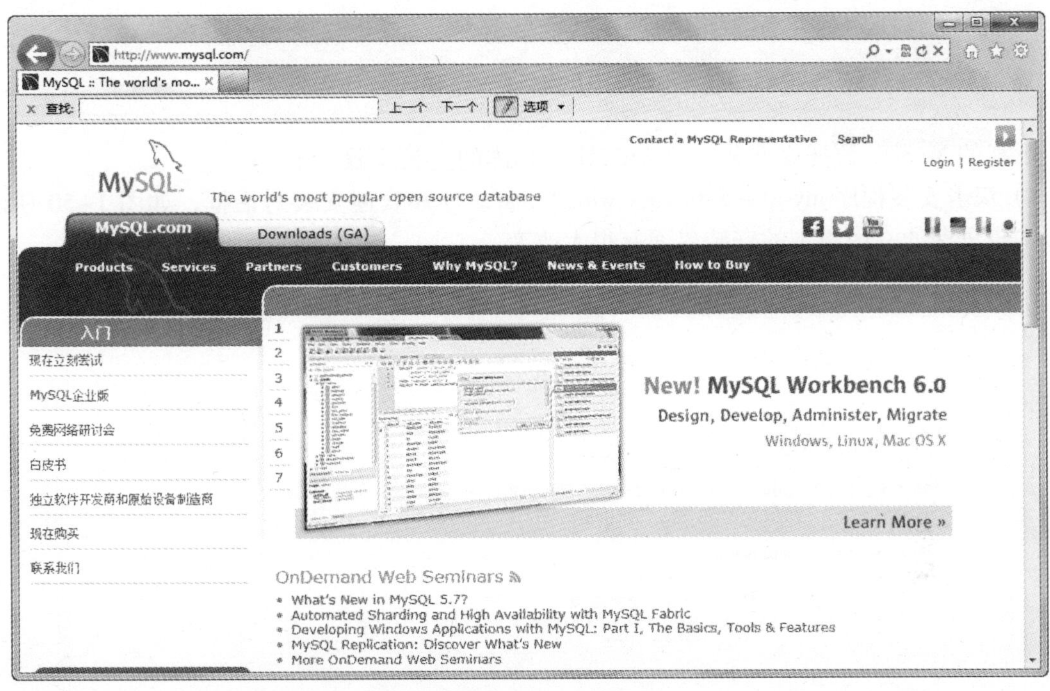

图 1-48　打开 MySQL 主页

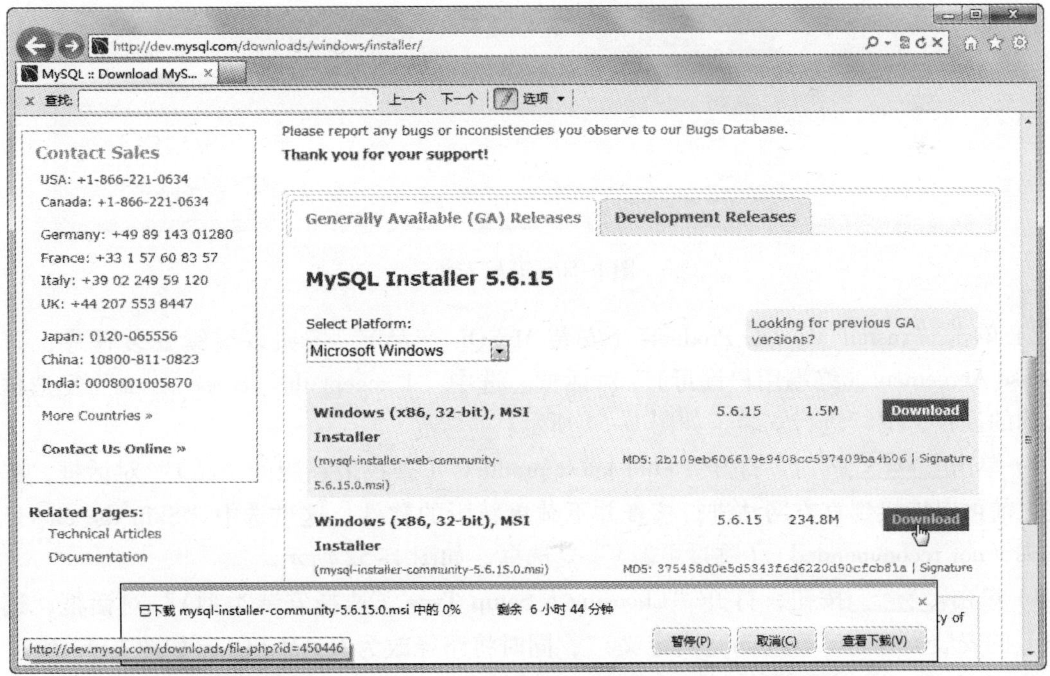

图 1-49　选择下载的版本

MySQL 数据库也是不断在更新的，对于读者而言在下载的时候可能版本已经有所改变，但这并不影响后面的操作和使用，所以可以下载最新的版本进行安装使用。

1.5.3 MySQL 数据库的安装

下载的 MySQL 数据库安装包有 240 MB，具体的安装步骤如下：

1）双击安装程序 mysql－5.6.15－win32.msi，打开欢迎安装对话框，如图 1-50 所示。该版本较早期的一些版本的安装界面有很大改变。

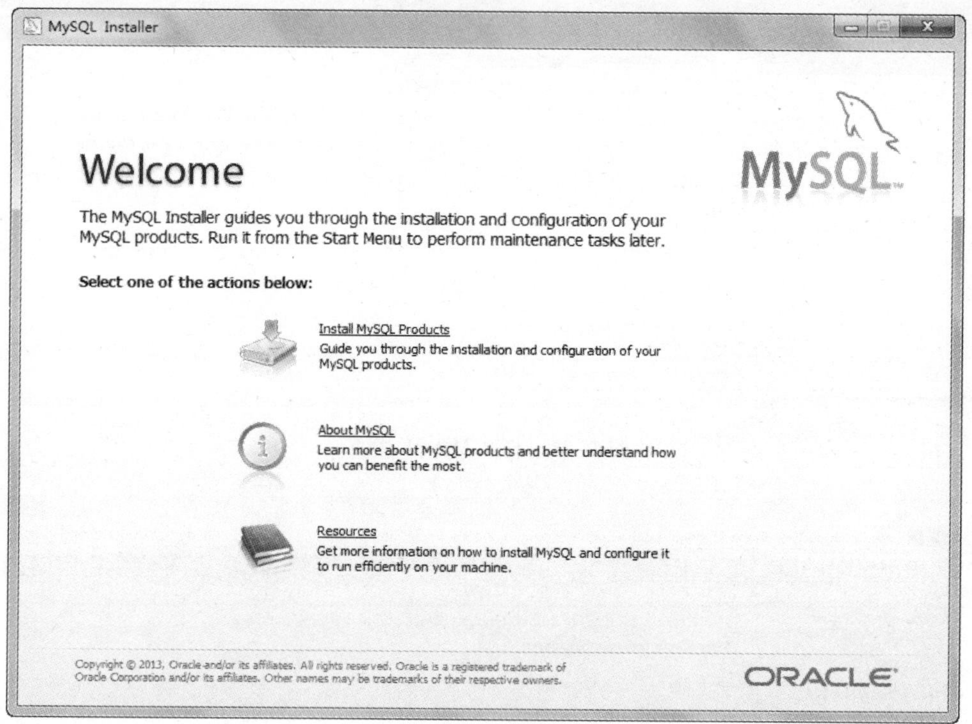

图 1-50　开始安装

2）单击“Install MySQL Products（安装 MySQL 产品）”按钮以继续安装程序，打开“License Agreement（终端用户许可）”对话框。选中“I accept the license terms”复选框同意合约的授权，继续进行安装，如图 1-51 所示。

3）单击 Next 按钮，打开“Find latest products（查找最新版的产品）”对话框，提示安装之前可以连接到官方网站进行核查并下载更新版的软件，这里选中“Skip the check for updates（not recommended）（跳过更新）”复选框，如图 1-52 所示。

4）单击 Next 按钮，打开“Choosing a Setup Type（选择安装类型）”对话框，选择 MySQL 的安装类型为“Custom（自定义）”，同时将路径改为 C:\MySQL，如图 1-53 所示。

5）确认后，单击 Next 按钮，打开“Feature Selection（安装选择）”对话框，在这里建议保持安装的默认值，即选中所有的安装复选框，如图 1-54 所示。

6）单击 Next 按钮，打开“Check Requirements（检查组件）”对话框，在该对话框中要求安装的环境中必须有 .NET Framework 4 和 Visual C++ 等开发组件，如图 1-55 所示。

7）如果计算机中没有安装相应的组件，单击 Execute 按钮，则安装程序就会自动从互联

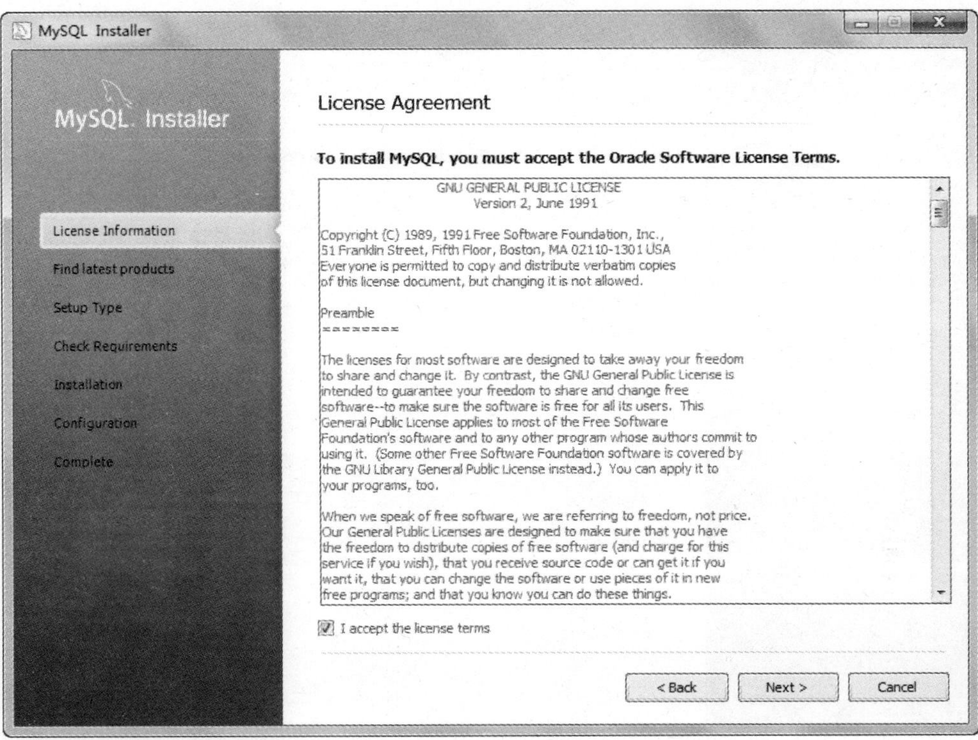

图 1-51　同意安装许可

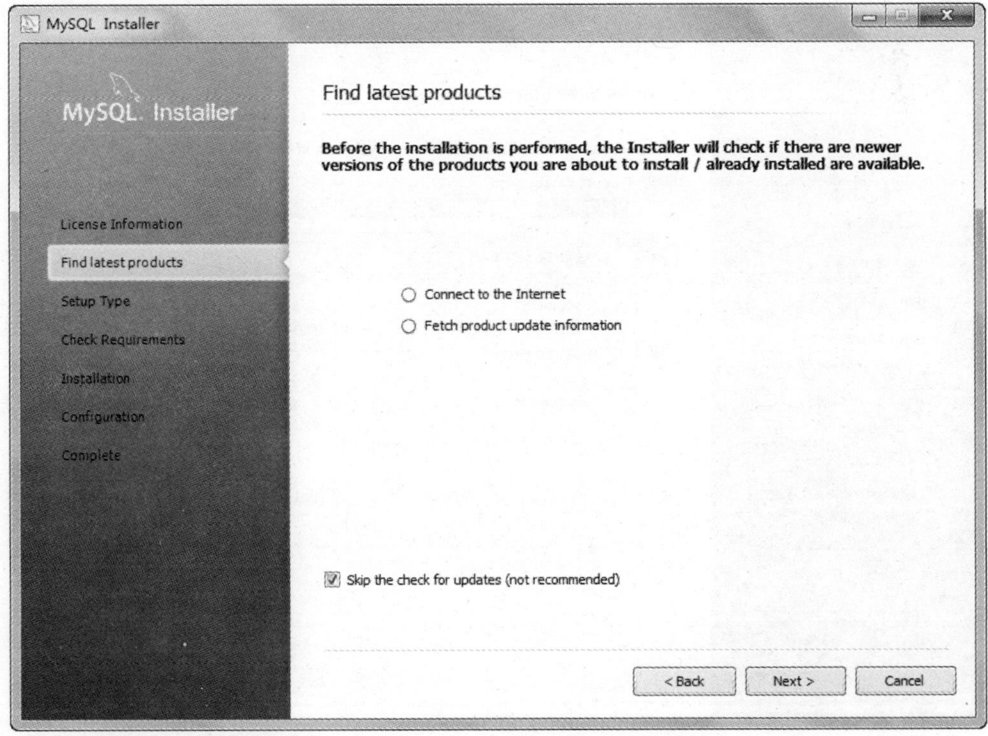

图 1-52　跳过更新设置

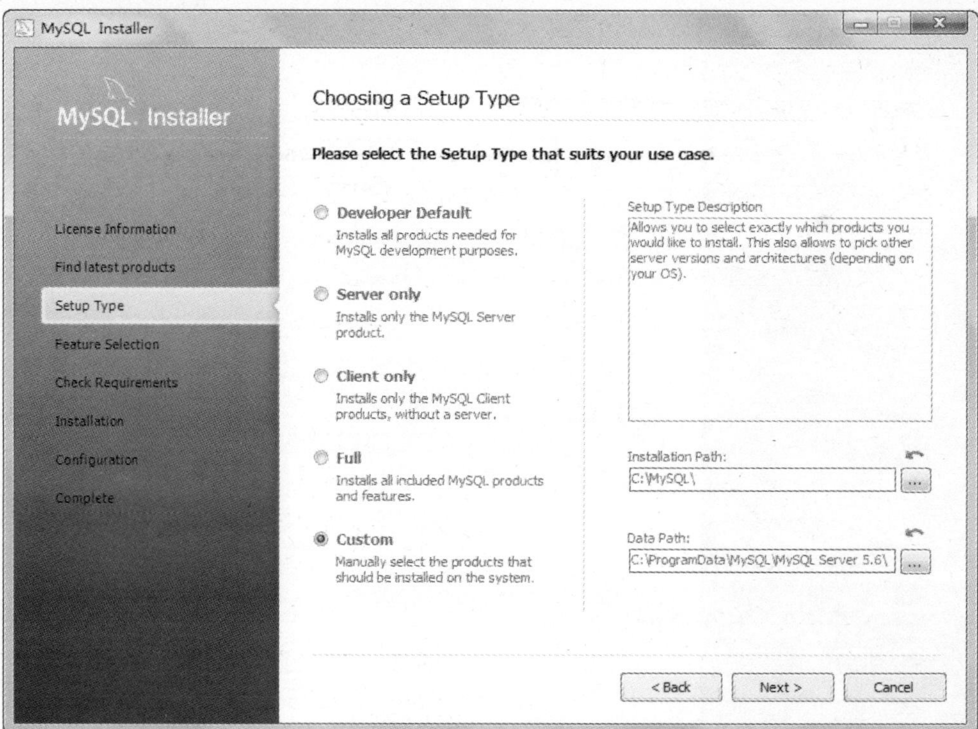

图 1-53　设定安装类型和目录安装

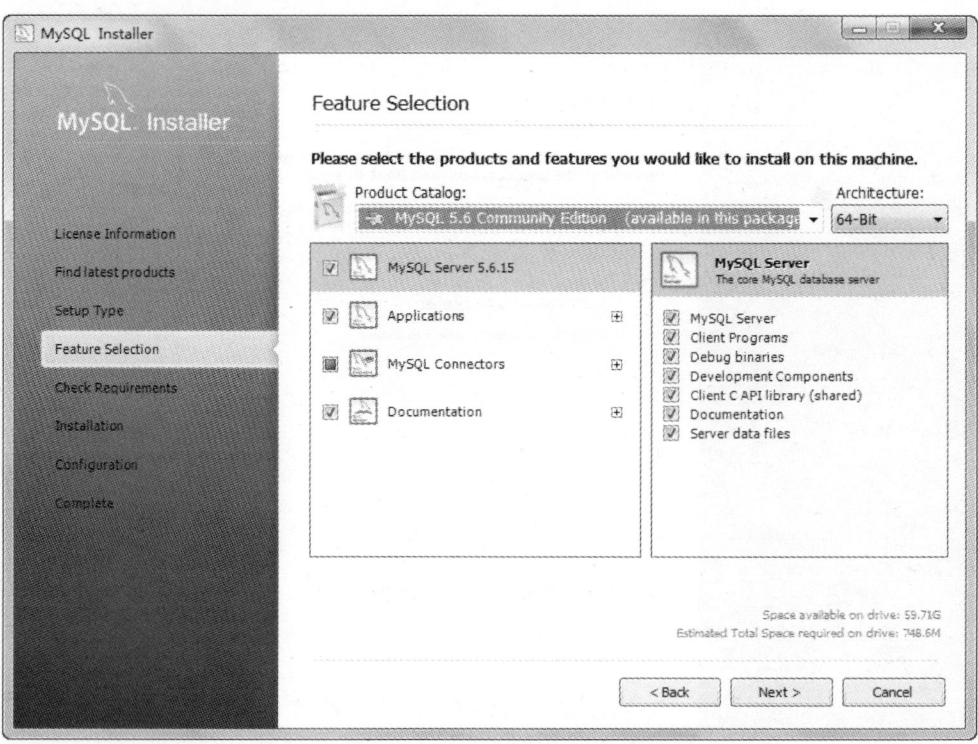

图 1-54　选择安装软件

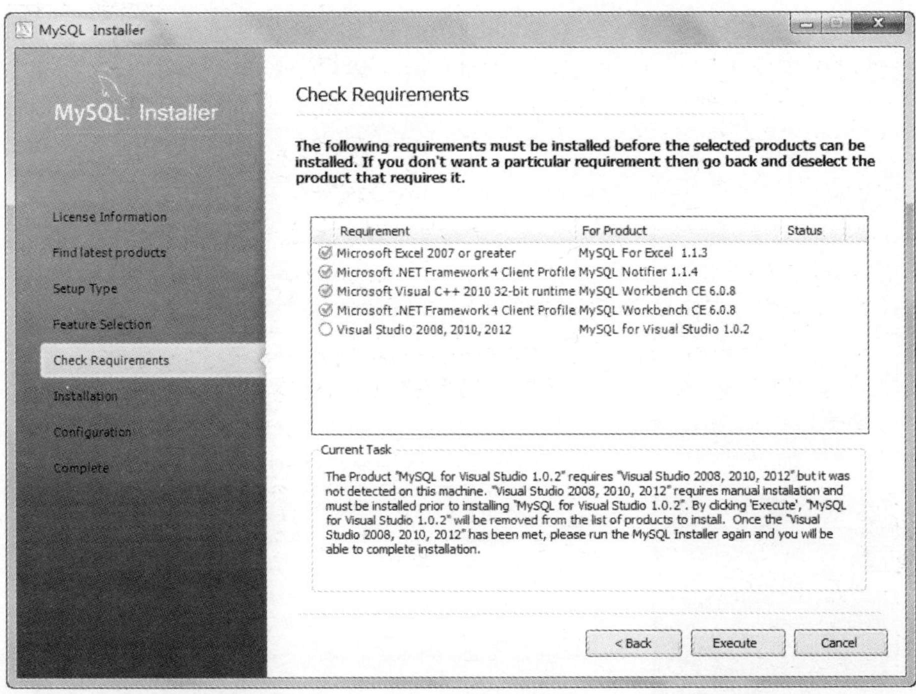

图 1-55　提示要安装的组件

网下载相应的组件安装程序。下载成功后会自动弹出相应组件的开始安装对话框，单击“完成”按钮，完成组件的安装，这时在原来“Check Requirements（检查组件）”对话框中的组件就自动勾选上了，如图 1-56 所示。

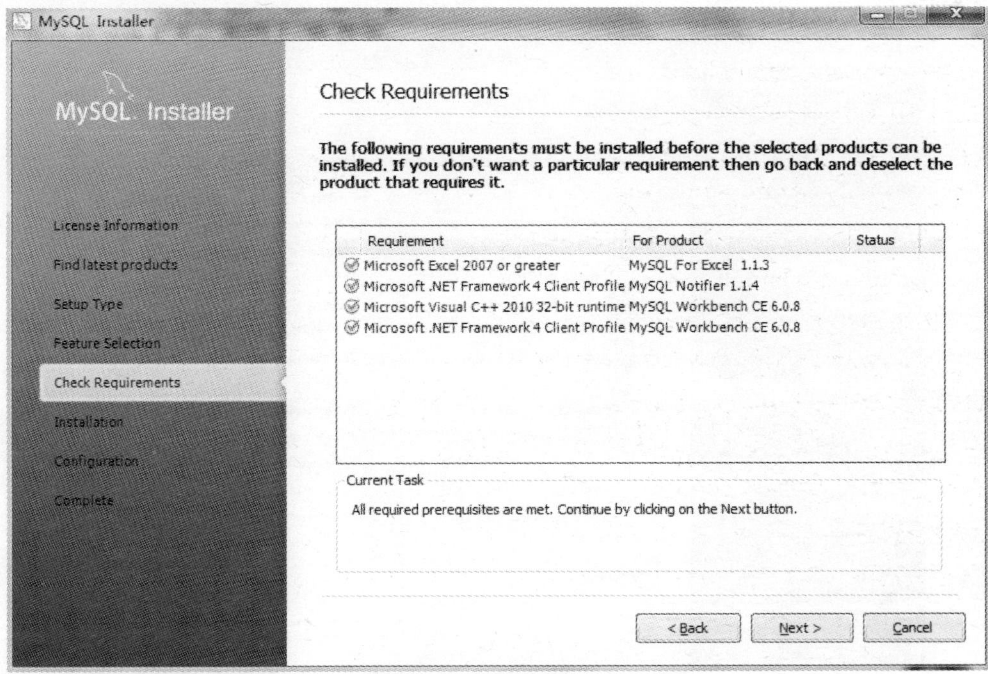

图 1-56　组件安装完成

8）单击 Next 按钮，打开“Installation Progress（安装进程）”对话框，对话框中显示了即将安装软件的进度为“To be Installed（即将被安装）”状态，如图 1-57 所示。

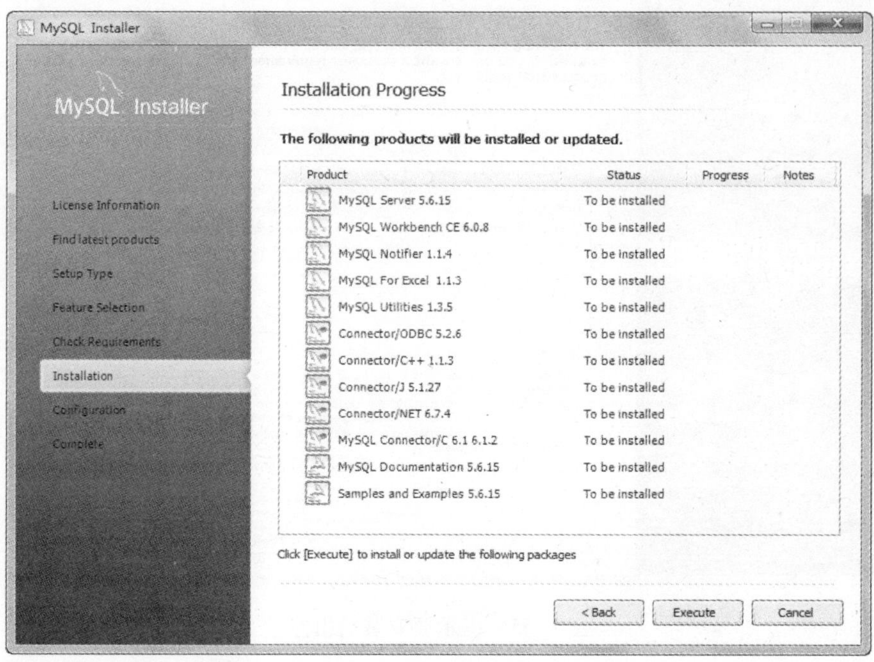

图 1-57　提示即将安装

9）单击 Execute 按钮，则安装程序会自动开始安装所有的程序并提示安装的进程，如图 1-58 所示。

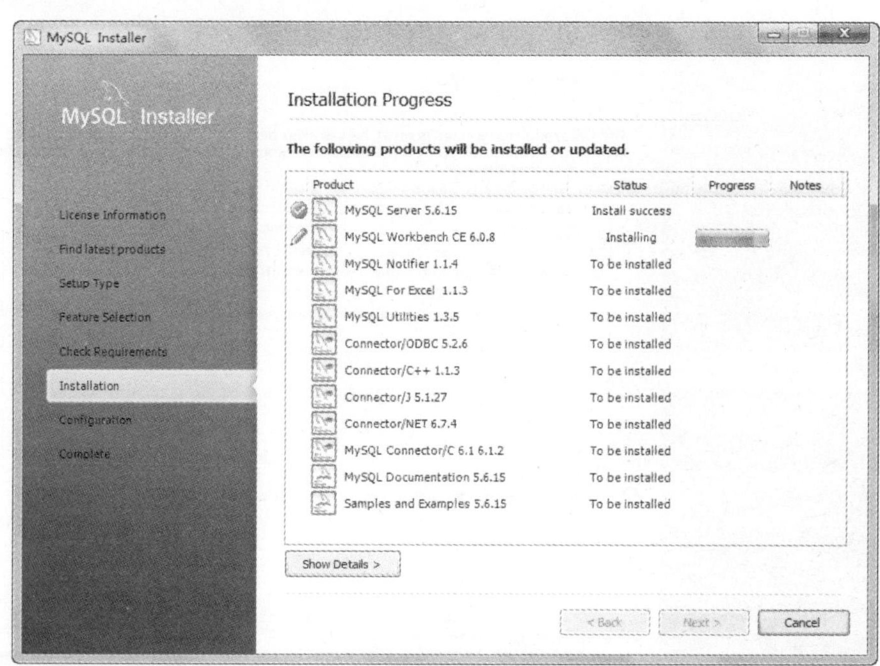

图 1-58　开始安装的进程

10）安装完成时当所有安装选项前面都打上对勾，则表示该程序安装成功，安装完成的对话框如图1-59所示。

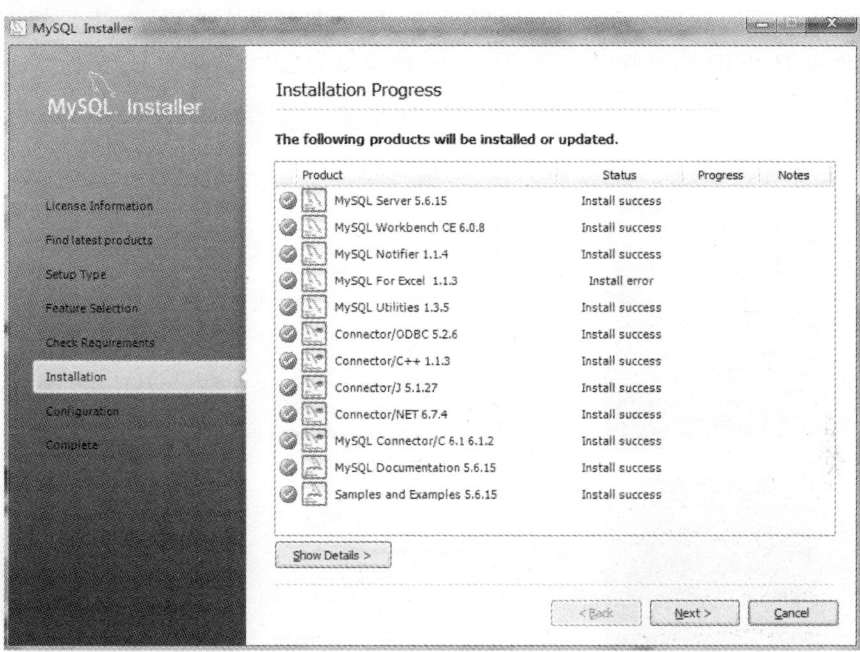

图1-59 安装完成的对话框

11）单击 Next 按钮，打开“Configuration Overview（确认预览）”对话框，提示安装的MySQL数据库将要进行确认，如图1-60所示。

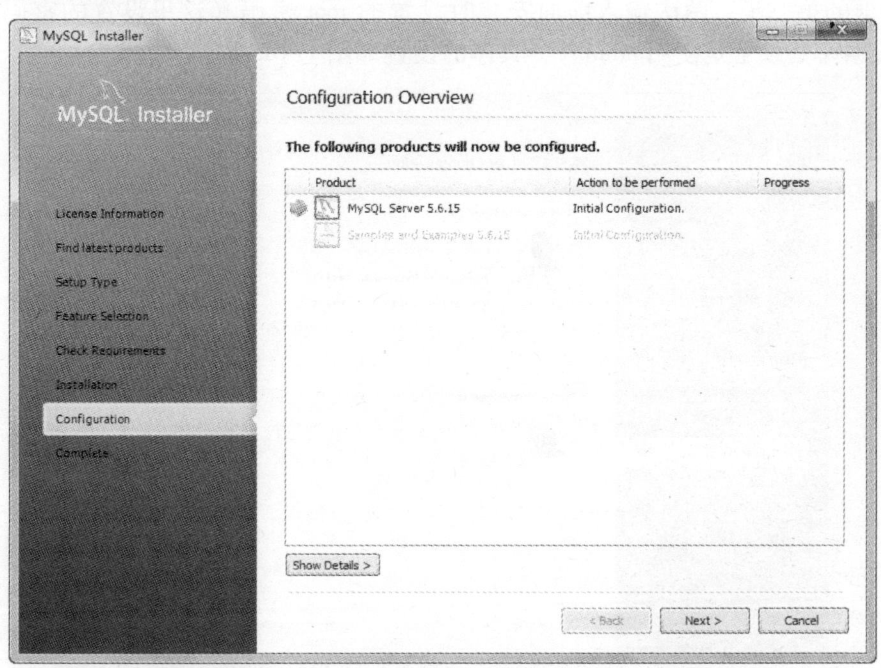

图1-60 “Configuration Overview（确认预览）”对话框

12）单击 Next 按钮，打开“MySQL Server Configuration（数据库确认）”对话框，提示选择数据库服务器的安装类型，这里选中“Developer Machine（开发者计算机）”单选按钮，其中“Enable TCP/IP Networking（设置 TCP/IP 工作方式的选项）”表示将 MySQL 数据库服务器注册为 TCP/IP 的服务以方便管理，同时端口为 3306，如图 1-61 所示。

图 1-61　设定安装类型和目录安装

13）选择确认模式后再单击 Next 按钮，打开“MySQL Server Configuration（数据库确认）”对话框的第二步，两次输入前面安装时设置的 root 密码（这里设置的密码为 admin，后面章节数据库登录全是使用 admin），具体的设置如图 1-62 所示。

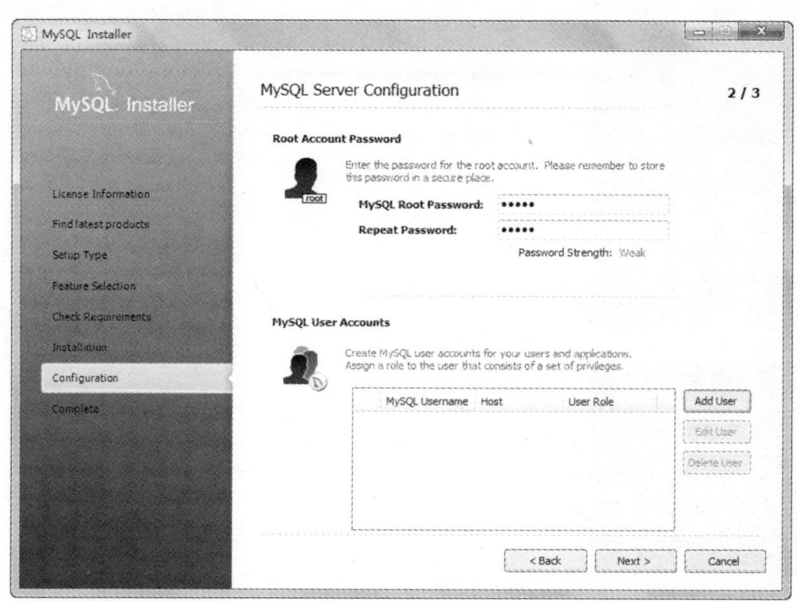

图 1-62　确认安全设置

14）设置完成后，单击 Next 按钮，打开“MySQL Server Configuration（数据库确认）”对话框的第三步“Windows Service Details（Windows 操作系统细节设置）”，保持默认值，如图 1-63 所示。

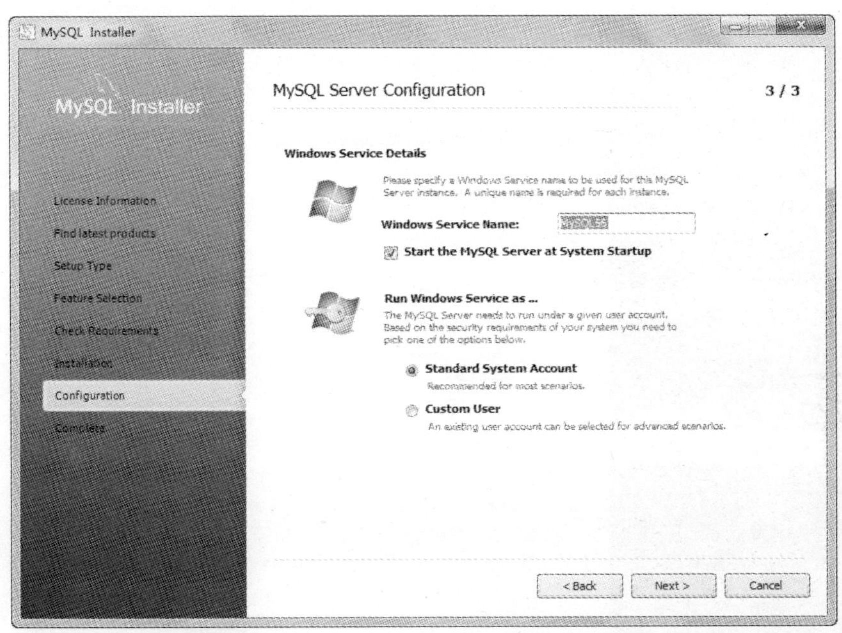

图 1-63　Windows 操作系统细节设置面板

15）单击 Next 按钮，打开“Configuration Overview（确认预览）”对话框，如果前面的设置和安装全部正确，则安装的选项前面将会显示对勾，如图 1-64 所示。

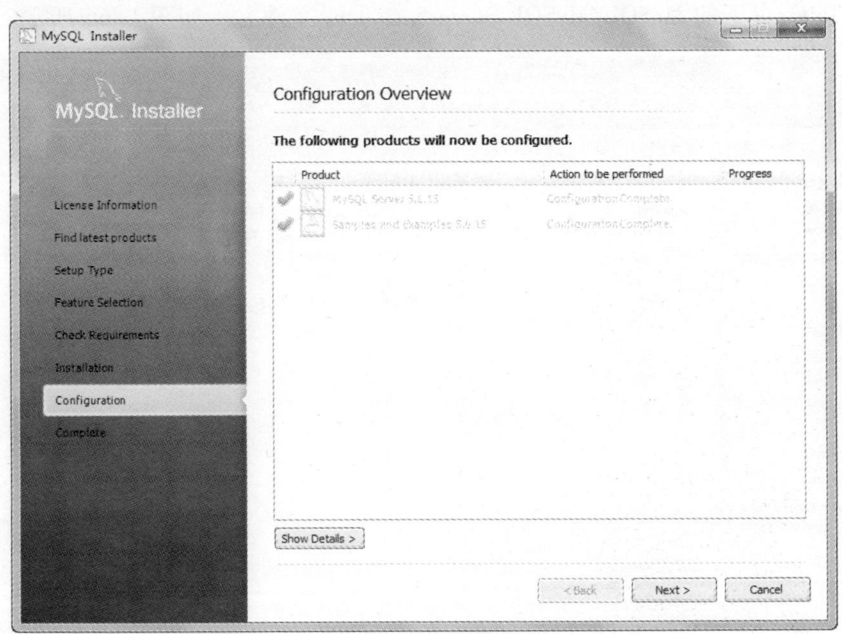

图 1-64　确认预览面板

16）确认后再单击 Next 按钮，打开最后的“Installation Complete（完成安装）”对话框，单击选择“Star MySQL Workbench after Setup（完成安装后启动 MySQL 的工作界面）”复选框，如图 1-65 所示。

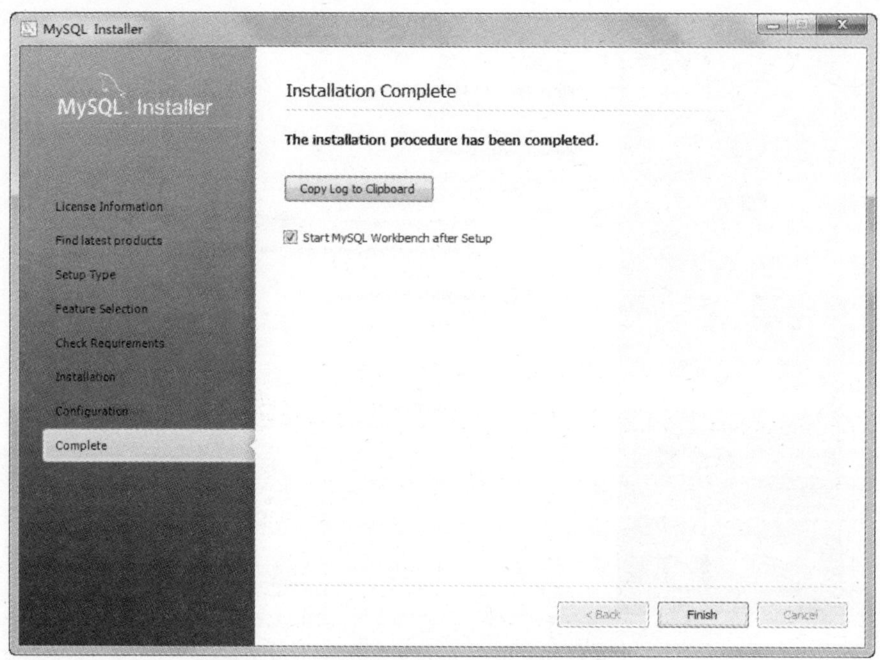

图 1-65　完成安装的对话框

安装完成后，单击 Finish 按钮，MySQL 数据库的安装就完成了。用上述的方法安装完数据库后打开 C:盘下的 MySQL/MySQL Server5. 6/data 文件夹，如图 1-66 所示。

图 1-66　数据库的存放位置

该文件夹是数据库存放的默认的位置，即后面章节所有实例的数据库就可以直接放在这里。

Section 1.6 管理 MySQL 数据库

在安装完 MySQL 数据库后，可以自动运行数据库的管理软件 MySQL Workbench，如图 1-67 所示。该数据库管理软件是英文版的，对于英语不是很精通的学习者在使用上有一定的难度。在国内比较普及的针对 MySQL 数据库进行管理的还有好几款软件，其中 phpMyAdmin 是最简单的网页版，由于本软件有中文版，配置也非常简单，这里推荐使用 phpMyAdmin 对 MySQL 数据库进行管理应用，如图 1-67 所示。

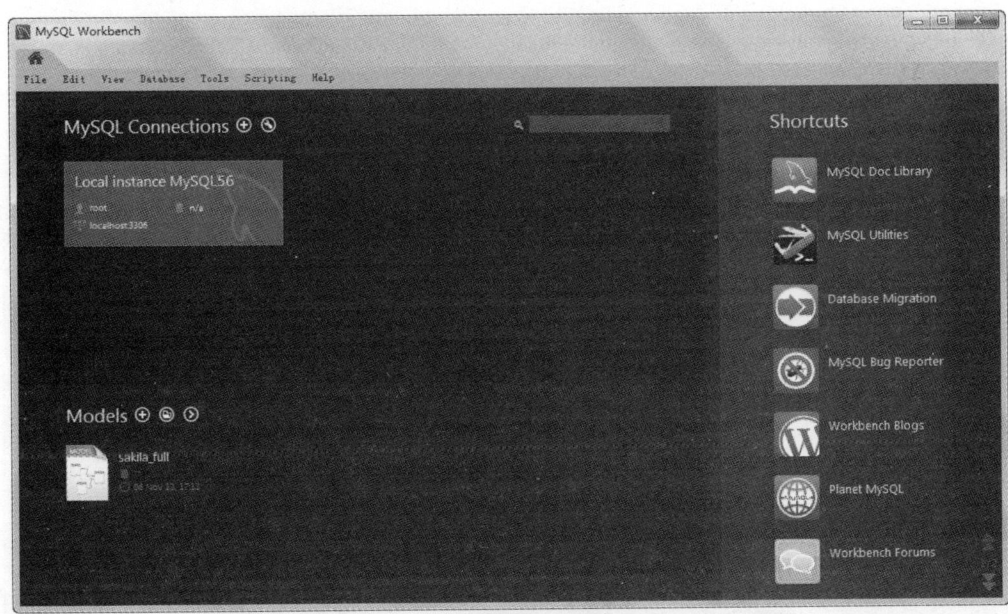

图 1-67 MySQL Workbench 主界面

1.6.1 phpMyAdmin 的下载

phpMyAdmin 就是一种 MySQL 的管理工具，安装该工具后，即可以通过 Web 形式直接管理 MySQL 数据库，不需要通过执行系统命令来管理，非常适合对数据库操作命令不熟悉的数据库管理者。下面就从 phpMyAdmin 官网上下载该软件。

下载的步骤如下：

1）打开 phpMyAdmin 的官方站点 http://www. phpmyadmin. net/，在页面中单击“Download（下载）”进入下载频道，如图 1-68 所示。

2）选择最新的版本单击“Download 4. 1. 3”文件包进行下载，如图 1-69 所示。

3）下载后的 ZIP 文件通过解压软件解压到本地硬盘。如果本地有 MySQL 则可在本地测

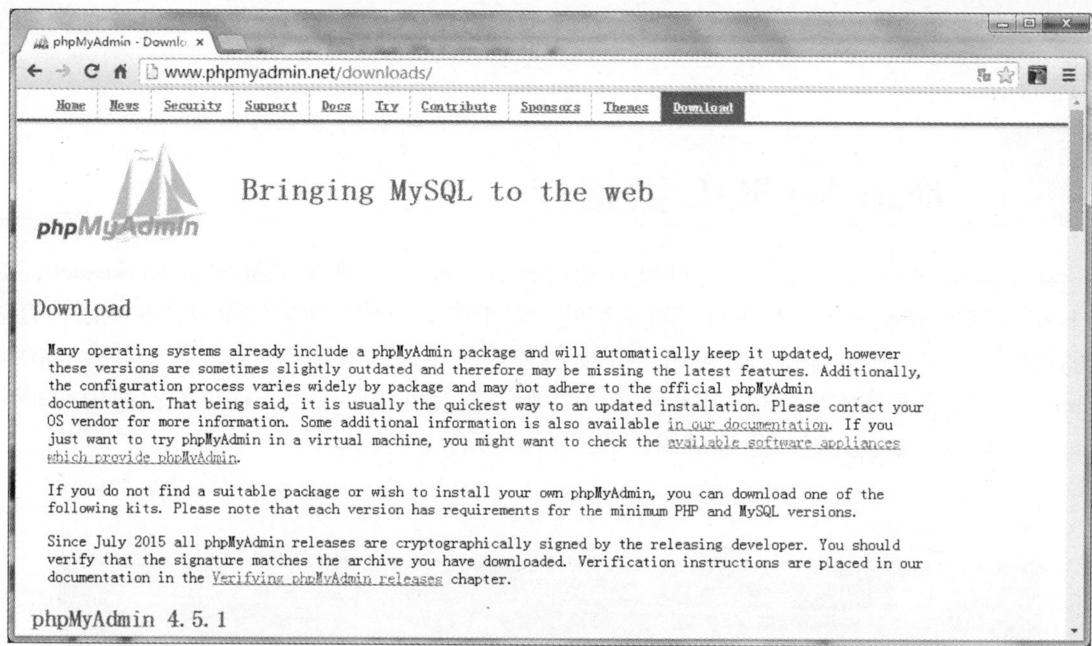

图 1-68　下载 phpMyAdmin 频道

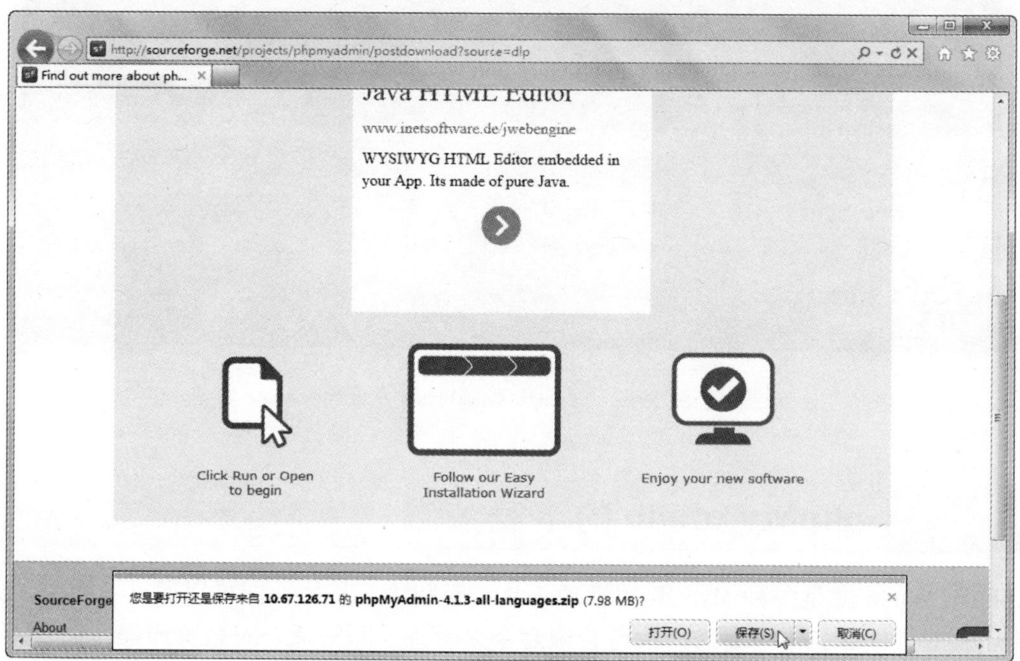

图 1-69　选择下载的文件包

试，这里将所有解压文件复制到 C:\Apache\Apache2\htdocs 文件夹内，如图 1-70 所示。则可通过 Apache 服务器访问 phpmyadmin 这个数据库管理软件，访问的方法是在浏览器中输入访问地址“http://localhost/phpmyadmin”。

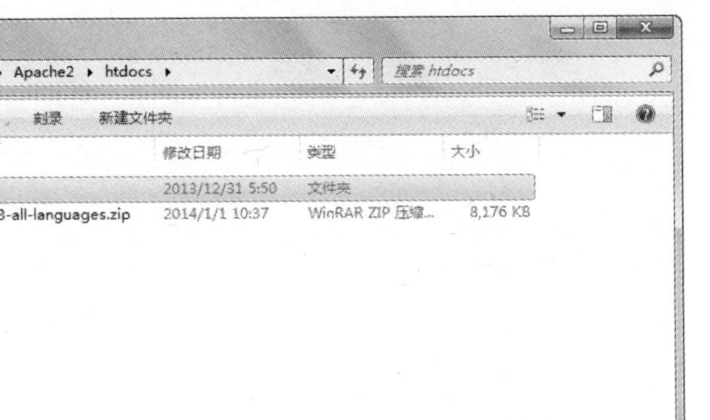

图 1-70 解压缩到 Apache 站点文件内

1.6.2 phpMyAdmin 的安装

无论是在本地测试还是在远程服务器上测试，都需要进行如下的文件配置才能正常使用 phpMyAdmin。

配置的方法也比较简单，具体的配置步骤如下：

1）在下载解压下来的文件中找到文件 config. sample. inc. php，这是 phpMyAdmin 配置文件的样本文件，需要把该文件中的所有代码复制，然后新建一个文件 config. inc. php，并将代码粘贴。文件 config. inc. php 是 phpMyAdmin 的配置文件，上传服务器时必须上传该文件，如图 1-71 所示。

2）对于 config. inc. php 文件，最重要的就是修改加入 phpMyAdmin 连接 MySQL 的用户名和密码，寻找到代码行。

PHP 代码

```
// $cfg['Servers'][$i]['controluser'] ='pma';
// $cfg['Servers'][$i]['controlpass'] ='pmapass';
// $cfg['Servers'][$i]['controluser'] ='pma';
// $cfg['Servers'][$i]['controlpass'] ='pmapass';
```

将“//”删除，同时输入 MySQL 中配置的用户名和密码，比如这里：

PHP 代码

```
$cfg['Servers'][$i]['controluser'] ='root';
$cfg['Servers'][$i]['controlpass'] ='admin';
$cfg['Servers'][$i]['controluser'] ='root';
$cfg['Servers'][$i]['controlpass'] ='******';
```

修改后的文档如图 1-72 所示。

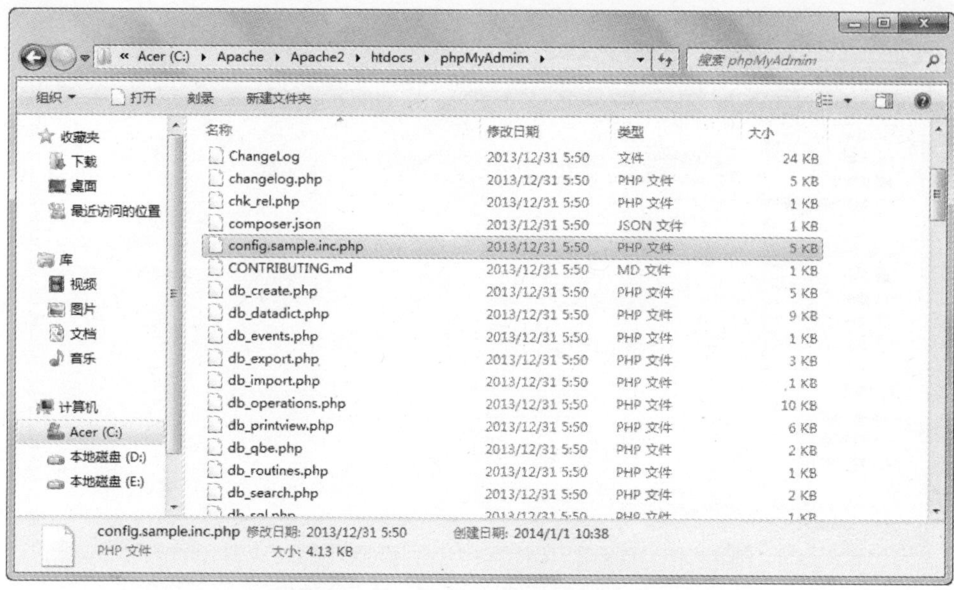

图 1-71　创建 config. inc. php 文件

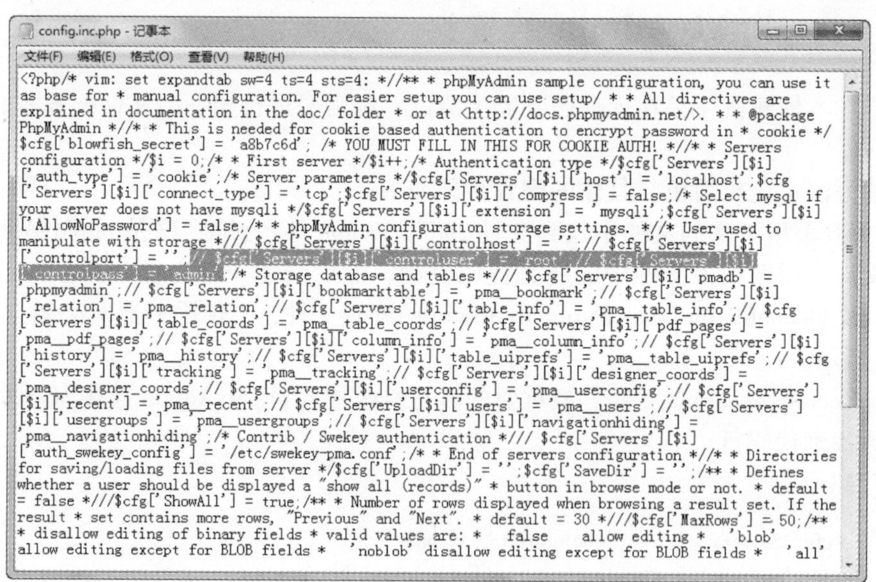

图 1-72　修改后的文档

3）如果需要通过远程服务器调试使用 phpMyAdmin，则需要添加 blowfish_ secret 内容定义 Cookie，寻找到代码行。

PHP 代码

```
$cfg['blowfish_secret'] = '';
//设置内容为 Cookie
```

修改为：

```
$cfg['blowfish_secret'] = 'evernory';
```

设置后如图 1-73 所示。

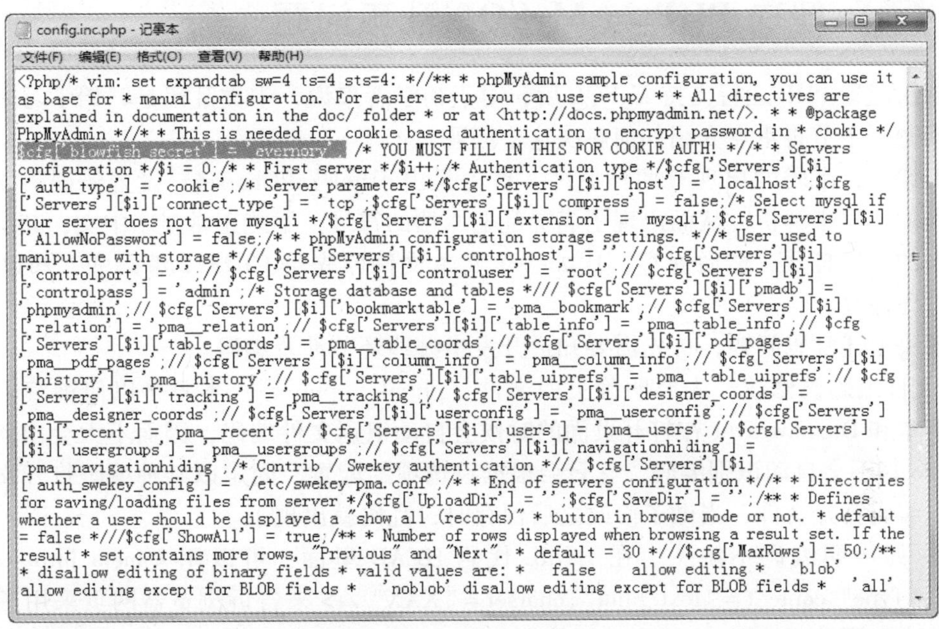

图 1-73　设置 Cookie 权限

1.6.3 phpMyAdmin 的使用

在 IE 浏览器中输入 http://127.0.0.1/phpmyadmin/，即可以进入软件的管理界面，选择相关数据库可看到数据库中的各表，可以进行表、字段的增删改，还可以导入、导出数据库信息，如图 1-74 所示。

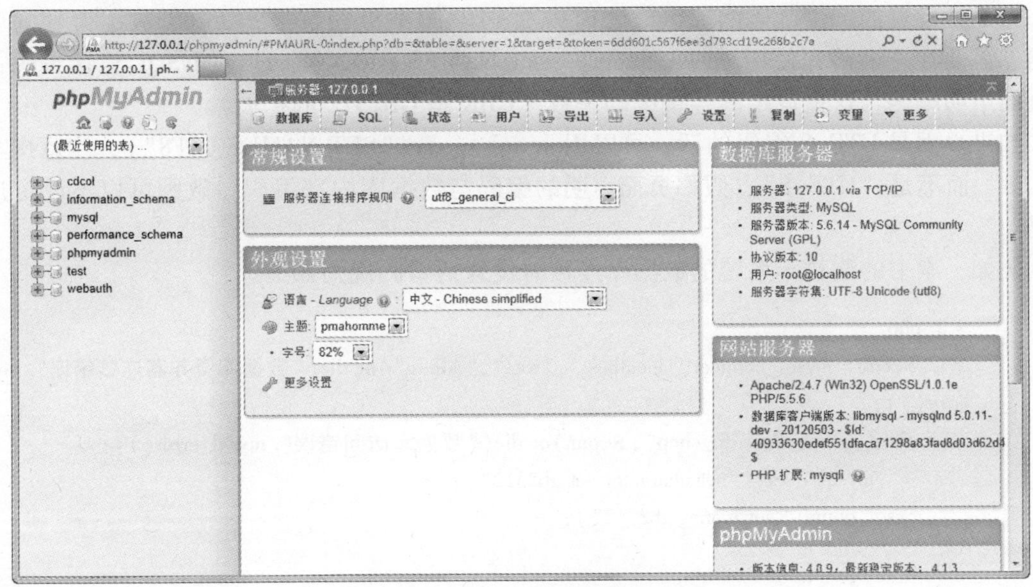

图 1-74　软件的管理界面

1.6.4 解决 PHP 与 MySQL 乱码问题

在初次配置 PHP 运行支持 MySQL 后，对于初学者来说，中文乱码是开始学习时遇到的第一个问题。本节将重点介绍如何解决这个问题。

一般说来，乱码的出现有两种原因。首先是由于编码（Charset）设置错误，导致浏览器以错误的编码来解析，从而出现了满屏乱七八糟的符号，不能正常显示中文；其次是文件被以错误的编码打开，然后保存，比如一个文本文件原先是 GB2312 编码的，却以 UTF-8 编码打开再保存。

要解决上述乱码问题，首先需要知道开发中哪些环节涉及编码。

1）文件编码被修改。先要明确页面文件（.html，.php 等）本身是以何种编码来保存的。记事本和 Dreamweaver 在打开页面的时候会自动识别文件编码，因而不太会出问题。而 ZendStudio 却不会自动识别编码，它只会根据首选项的配置，固定以某种编码打开文件，如果用错误编码打开文件，当做了修改之后保存时，乱码就出现了。

2）页面声明编码不统一。在 HTML 代码 HEAD 里面，可以用 <meta http - equiv = "Content - Type" content = "text/html";charset = "XXX" />来告诉浏览器网页采用了什么编码。目前中文网站开发中 XXX 主要用的是 GB2312 和 UTF-8 两种编码。

3）数据库连接编码不正确。进行数据库操作的时候，要明确以哪种编码与数据库传输数据，这里需要注意的是不要与数据库本身的编码混淆，比如 MySQL 内部默认是 latin1 编码，也就是说 MySQL 是以 latin1 编码来存储数据，以其他编码传输给 MySQL 的数据会被转换成 latin1 编码。

知道了网站开发中哪些地方涉及了编码，也就知道了产生乱码的原因。下面是一些常见的错误情况与解决方法。

问题一：数据库采用 UTF8 编码，而页面声明编码是 GB2312。

这是最常见的产生乱码的原因。这时候在 PHP 脚本里面直接 SELECT 数据得到的就是乱码，需要在查询前先使用 mysql_query("SET NAMES GBK")来设置 MySQL 连接编码，保证页面声明编码与这里设定的连接编码一致（GBK 是 GB2312 的扩展）。

如果页面是 UTF-8 编码的话，可以用 mysql_query("SET NAMES UTF8")，注意拼写是“UTF8”而不是“UTF-8”。假如页面声明的编码与数据库内部编码一致则可以不设定连接编码。

例如，本书的购物车系统的数据库连接时设置的编码规则如下。

```
<? php
    $conn = mysql_connect("localhost","root","admin") or die("数据库服务器连接错误". mysql_
error());
    mysql_select_db("db_shop", $conn) or die("数据库访问错误". mysql_error());
        mysql_query("set character set gb2312");
    mysql_query("set names gb2312");
?>
```

MySQL 的数据输入/输出比上面讲得更复杂，MySQL 配置文件 my.ini 中定义了两个默认编码，分别用[client]里的 default-character-set 和[mysqld]里的 default-character-set 来设定默认时候客户端连接和数据库内部所采用的编码。上面指定的编码其实是 MySQL 客户端连接服务器时候的命令行参数 character_set_client，来告诉 MySQL 服务器接收到的客户端数据是什么编码的，而不是采用默认编码。

问题二：页面声明编码与文件本身编码不一致。

这种情况很少发生，因为如果编码不一致，美工做页面的时候在浏览器看到的就是乱码。更多时候是发布以后修改一些小 BUG，由于以错误编码打开页面然后保存导致的乱码；或者是用某些 FTP 软件直接在线修改文件，比如 CuteFTP，由于软件编码配置错误而导致转换错了编码。

问题三：服务器 Apache 设定了服务器全局的默认编码。

一些租用虚拟主机的读者，明明上述 3 项编码都设置正确，但还是有乱码。比如，网页是 GB2312 编码的，IE 等浏览器打开却总是识别成 UTF-8，网页 HEAD 里面已经声明是 GB2312 了，手动修改浏览器编码为 GB2312 后页面显示正常。产生原因是服务器 Apache 设定了服务器全局的默认编码，在 httpd. conf 里面加了 AddDefaultCharset UTF-8。这时候服务器会首先发送 HTTP 给浏览器，其优先级比页面里声明编码高，自然浏览器就发生识别错误。解决办法有两个，一是管理员在配置文件自己的虚机里加上一条 AddDefaultCharset GB2312 来覆盖全局配置，二是在自己目录的 . htaccess 里进行相应配置。

Dw

第 2 章 PHP 编程基础

PHP 是一种易于使用的服务器端脚本语言，只需要很少的编程知识就能使用 PHP 建立一个真正具有交互功能的 Web 站点。对于初学者而言，需要花一些工夫掌握 PHP 的编程基础。本书以最简单易学的方法介绍一些 PHP 的基本语法，包括变量、常量、运算符、控制语句以及数组等，通过学习这些基础知识，读者能更深入地了解 PHP。

从入门到精通

主要掌握以下知识点：

- 在 Dreamweaver 中进行 PHP 开发平台的搭建
- PHP 程序编写的基础知识
- 掌握 PHP 表单变量的使用
- PHP 程序中常量、变量、表达式以及函数的基础
- 重点掌握 PHP 和 MySQL 数据库的操作

Section

2.1 在 Dreamweaver 中建立 PHP 执行环境

Dreamweaver CC 这套软件提供了网站开发的整合性环境，它可以支持不同服务器技术，如 ASP、PHP、JSP 等，建立动态支持数据库的网络应用程序，同时也能让不懂程序代码的网站设计人员或初学者，在不用编写程序代码的情况下，学习动态网页技术的设计。

2.1.1 Dreamweaver 进行网站建设的步骤

在开始制作网站之前，还要了解在 Dreamweaver CC 中的网页设计和发布流程。它可以分为如下 5 个主要步骤。

第一步：规划网站站点

需要了解网站建设的目的，确定网站提供的服务以及针对的是什么样的访问者，以确定网页中应该出现什么内容。

第二步：建立站点的基本结构

Dreamweaver CC 可以在本地计算机上建立整个站点的框架，并在各个文件夹中合理地安置文档。Dreamweaver CC 可以在站点窗口中以两种方式显示站点结构，一种是目录结构，另一种是站点地图。可以使用站点地图方式快速构建和查看站点原型。一旦创建了本地站点并生成了相应的站点结构，创建了即将进一步编辑的各种文档，就可以在其中组织文档和数据。

第三步：实现所有页面的设计

建立站点之后，进入 Dreamweaver CC 软件，开始进行页面的版面规划设计，利用强大的编辑设计功能实现各种复杂的表格，然后组织页面内容。为了保持页面风格统一可以利用模板来快速生成文档。

第四步：充实网页内容

在创建了基本版面页面后，就要往框架里填充内容。在文档窗口中合适的地方，可以输入文字和其他资源，例如图像、水平线、Flash 插件和其他对象等，大多可以通过插入面板或插入菜单来完成插入。

第五步：发布和维护更新

在站点编辑完成后，需要将本地的站点同位于 Internet 服务器上的远端站点关联起来，把本地设计好的网站内容传到服务器上，并注意后期的及时更新和维护。

2.1.2 本地站点网站文件夹规划

在制作网站之前，首先是把设计好的网站内容放置在本地设计计算机的硬盘上，为了方便站点的设计及上传，设计好的网页都应存储在 Apache 服务器的安装路径下（如本书的路径为 C:\xampp\htdocs 目录下），再用合理的文件夹来管理文档。在本地站点规划的时候，应该注意如下的操作规则。

1. 设计合理的文件夹

在本地站点中应该用文件夹来合理构建文档的结构。首先为站点创建一个主要文件夹，然后在其中创建多个子文件夹，最后将文档分类存储到相应的文件夹下。

例如，可以在 images 的文件夹中放置网站页面的图片，可以在 aboutus 文件夹中放置用于介绍公司的网页，可以在 service 文件夹中放置关于公司产品方面的网页。如图 2-1 所示是一个大型电子商务网站规划建立的文件夹。

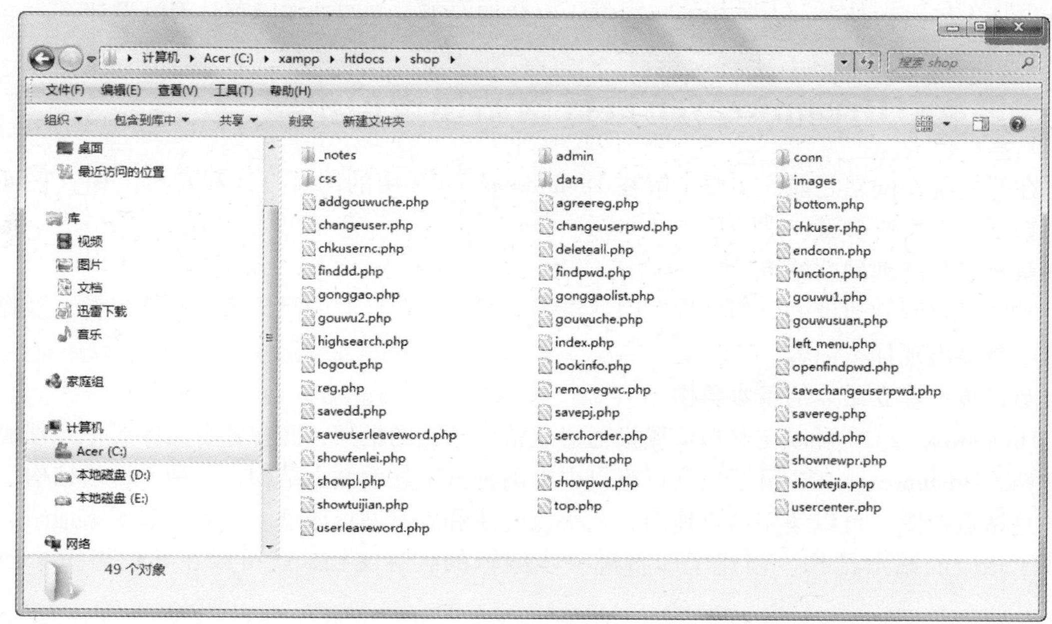

图 2-1　网站在本地硬盘上的文件夹建立

2. 设计合理的文件名称

网站建设要生成的文件很多，一定要用合理的文件名称。这样操作的目的其一是为了方便在网站的规模变得很大时，可以进行修改更新；其二是为了方便浏览者看了网页的文件名，就能够知道网页所要表述的内容。

在设计合理的文件名时要注意以下几点。

（1）尽量使用短文件来命名。

（2）应该避免使用中文文件名，因为很多 Internet 服务器使用的是英文操作系统，不能对中文文件名提供很好的支持，而且浏览网站的用户也可能使用英文操作系统，中文文件名同样可能导致浏览错误或访问失败。

（3）建议在构建的站点中，全部使用小写的文件名称。很多 Internet 服务器采用 UNIX 操作系统，是区分文件名大小写的。

特别注意：

用 PHP 建立的站点文件夹及文件名一定要使用英文名称或者数字名称，不要使用中文名称，否则会导致 Apache 服务器不能正常支持该站点。

3. 设计本地和远程站点为相同的文件结构

设计本地和远程站点为相同的文件结构是指在本地站点中规划设计的网站文件结构要同

上传到 Internet 服务器中被人浏览的网站文件结构相同。这样在本地站点上的文件夹和文件上的操作，都可以同远程站点上的文件夹和文件一一对应。Dreamweaver CC 将整个站点上传到 Internet 服务器上，都可以保证远程站点是本地站点的完整的副本，方便浏览和修改。

2.1.3 建立流畅的浏览顺序

在网站创建的时候首先要考虑到网站所有页面的浏览顺序，注意主次页面之间的链接是否流畅。如果采用标准统一的网页组织形式，可以让用户轻松自如地访问每个想要访问的网页。这样能提高浏览的兴趣，加大网站的访问量。建立站点的浏览顺序，要注意如下几个方面的浏览顺序。

第一：每个页面建立首页的链接

在网站所有的页面上，都要放置返回主页的链接。如果在网页中包含返回主页的链接，就可以保证用户在不知道自己目前位置的情况下，快速返回到首页中，重新开始浏览站点中其他内容。

第二：建立网站导航

应该在网站任何一个页面上建立网站导航，通过导航提供站点的简明目录结构，引导用户从一个页面快速进入到其他的页面上。

第三：突出当前页位置

在网站页面很多的情况下，往往需要加入当前页在网站中的位置说明，或者是加入说明的主题，以帮助浏览者了解目前所处的访问位置。如果页面嵌套过多，则可以通过创建“前进”和“后退”之类的链接，来帮助浏览者进行浏览。

第四：增加搜索和索引功能

对于一些带数据库的网站，还应该给浏览者提供搜索的功能，或是给浏览者提供索引检索的权利，使用户快速查找到自己需要的信息。

第五：必要的信息反馈功能

网站建设发布后，都会存在一些小问题，从浏览者那里及时获取对网点的意见和建议是非常重要的。为了及时从用户处了解到相关信息，应该在网页上提供用户同网页创作者或网站管理员的联系途径。常用的方法是建立留言板或创建一个 E-mail 超级链接，帮助用户快速将信息反馈到网站中。

2.1.4 定义本章 PHP 网页测试网站

用 Dreamweaver 开发网站之前，一定要先定义网站，利用 Dreamweaver CC“站点”→“管理站点”命令来进行管理。使用 Dreamweaver CC 进行网页布局设计时，首先需要用定义站点向导来定义站点。

定义本章所要学习的 PHP 语法网页的站点具体操作步骤如下。

1）首先在 C:\xampp\htdocs 路径下建立 php 文件夹，如图 2-2 所示，本章所有建立的 PHP 程序文件都将放在该文件夹下。

2）打开 Dreamweaver CC，选择菜单栏中的“站点”→“管理站点”命令，打开“管理站点”对话框，如图 2–3 所示。

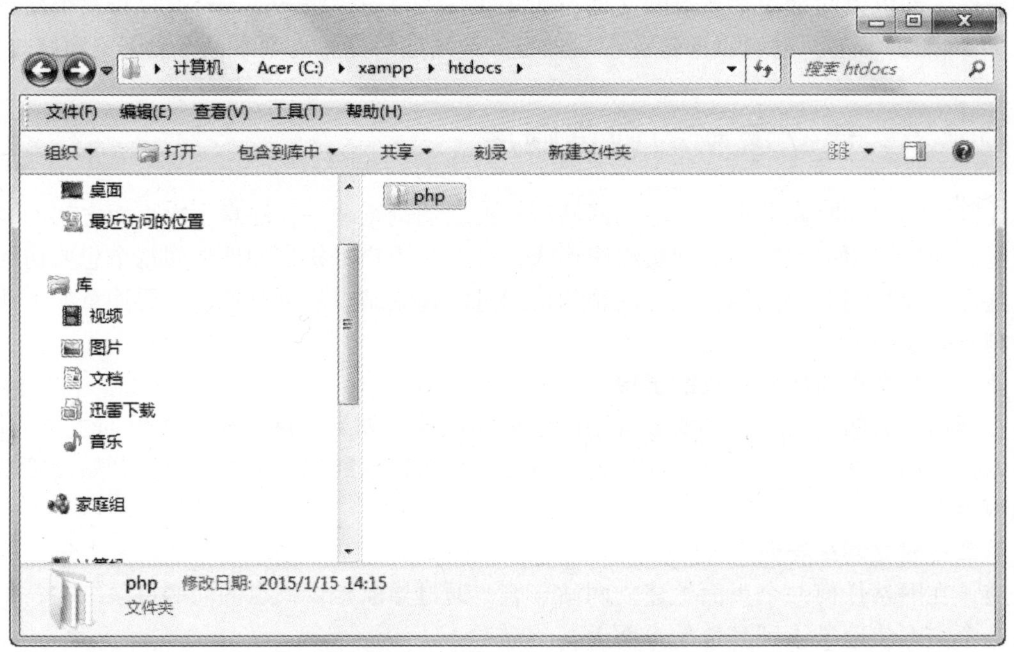

图 2–2　建立站点文件夹 php

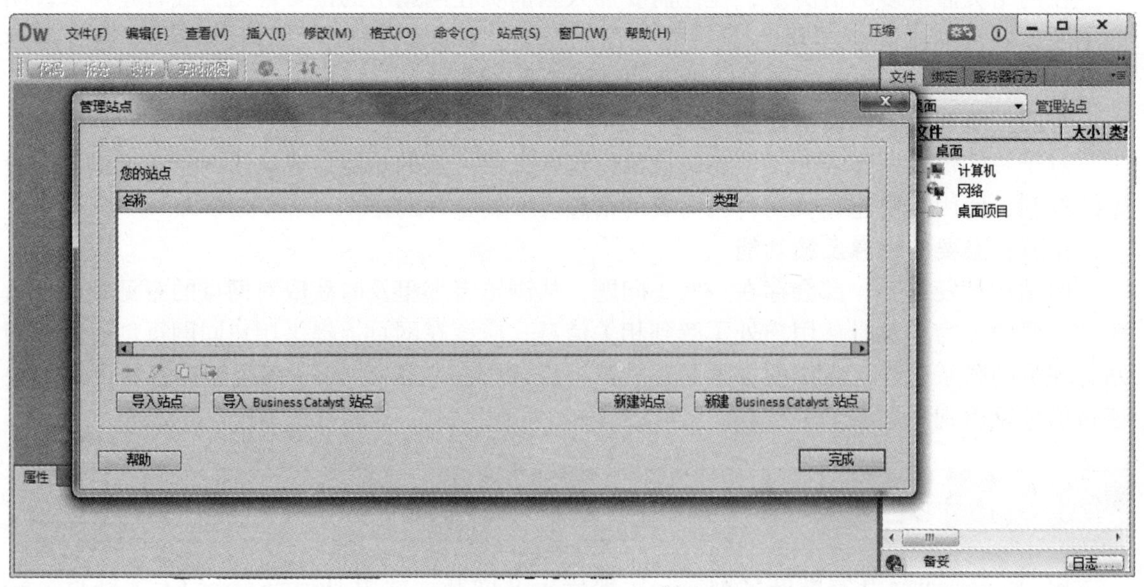

图 2–3　“管理站点”对话框

3）“您的站点”列表框中显示了所有已经定义的站点。单击右下角的“新建站点”按钮，打开“站点设置对象 php”对话框，进行如下参数设置。

“站点名称”：php。

“本地站点文件夹”：C:\xampp\htdocs\php\。如图 2–4 所示。

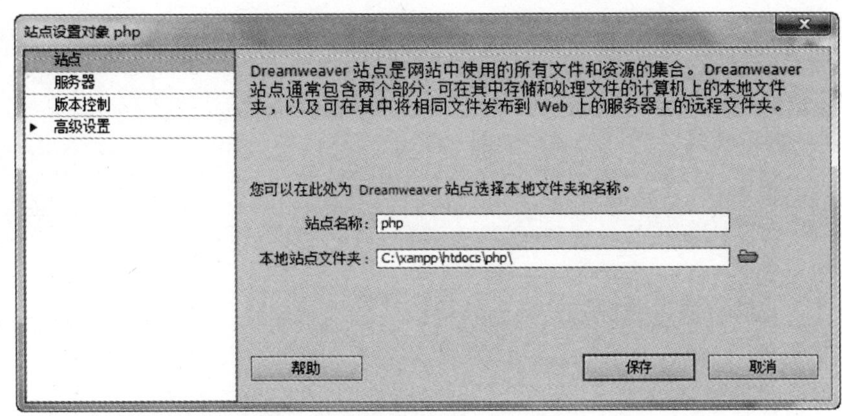

图 2-4　建立 php 站点

4）单击列表框中的“服务器”选项，并单击“添加服务器”按钮[+]，打开“基本”选项卡，进行如图 2-5 所示的参数设置。

“服务器名称”：php。

“连接方法”：本地/网络。

“服务器文件夹”：C:\xampp\htdocs\。

“Web URL”：http://127.0.0.1/php。

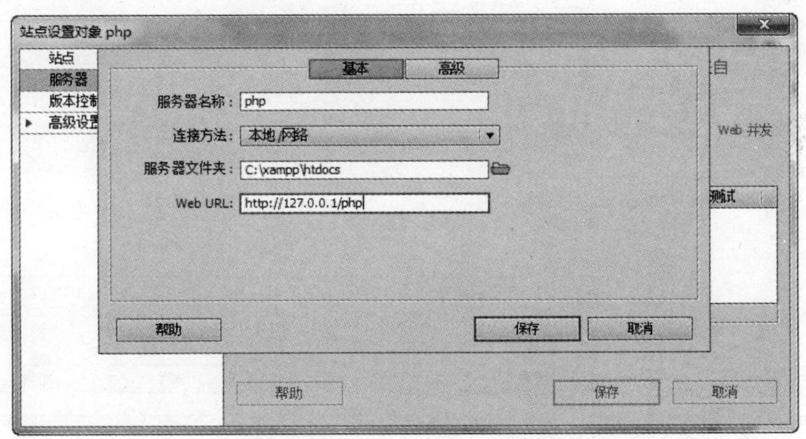

图 2-5　设置“基本”选项卡

5）设置后再单击“高级”选项卡，打开“高级”服务器设置对话框，单击“维护同步信息”复选框，在“服务器模型”下拉列表项中选择 PHP MySQL 来表示是使用 PHP 开发的网页，其他的保持默认值，如图 2-6 所示。

6）单击“保存”按钮，返回“服务器”设置对话框，再单击勾选“测试”复选框，如图 2-7 所示。

单击“保存”按钮，则完成站点的定义设置。在 Dreamweaver CC 中就已经拥有了刚才所设置的站点了。由于是在本机测试 PHP 网页，因此不需要设定“远程信息”。设定好“本地信息”与“测试服务器”之后，单击“完成”按钮，关闭“管理站点”对话框，这样就完成了 Dreamweaver CC 测试 PHP 网页的网站环境设置。

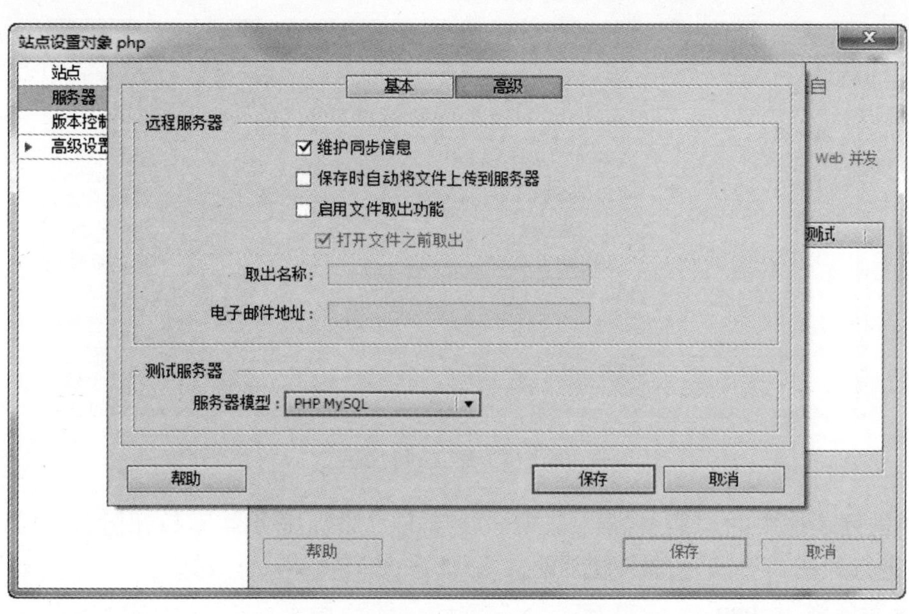

图 2-6 设置“高级”选项卡

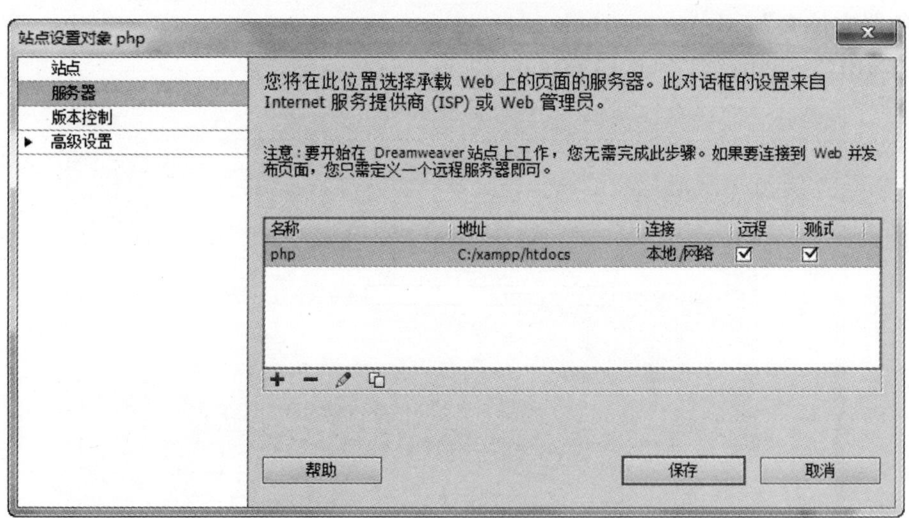

图 2-7 勾选“测试”复选框

Section

2.2 PHP 程序编写基础

如果读者对 ASP 或者 JSP 有所了解，应该知道在编写这些网页程序时，可以将 HTML 标记与这些动态语言代码混合到一个文件中。然后使用特殊的标识（符号“<%%>”）将两者区别开来。PHP 也是如此，可以与 HTML 标记共存，PHP 提供了多种方式来与 HTML 标记区别，用户可以根据自己的喜好选择一种，也可以同时使用几种。本节将介绍 PHP 的基础程序结构，包括输出和注释的方法。

2.2.1 PHP 程序结构

PHP 语句与 Perl 和 C 一样，结构比较严谨，需要在每条语句后使用分号“;”表示结束，而且对语句中的大小写敏感。

常用的方式有如下 3 种。

方法 1：PHP 标准结构（推荐）

```
<? php
echo "hello,你好,这是我的第一个 PHP 程序!";
?>
```

方法 2：PHP 的简短风格（需要设置 php. ini）

```
<? echo "hello,你好,这是我的第一个 PHP 程序!";?>
```

方法 3：PHP 的 SCRIPT 风格（冗长的结构）

```
<script language = "php" >echo"hello,你好,这是我的第一个 PHP 程序!"; </script>
```

3 种方法输出的结果是一样的，在 Dreamweaver 里编辑后输出的结果如图 2-8 所示。

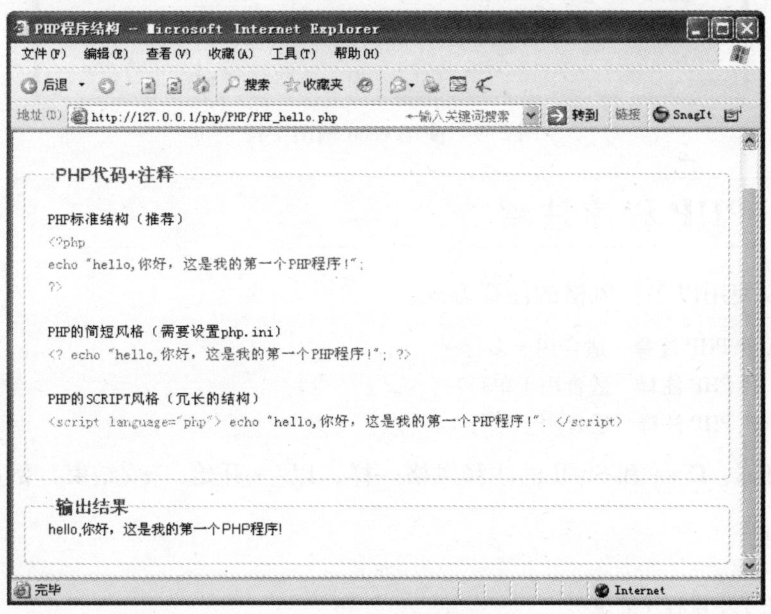

图 2-8 输出结果

实际开发时，第 1 种和第 2 种是最常用的方法，即使用小于号加上问号之后跟 PHP 代码，在程序代码的最后，使用问号及大于号表示结束，而第 3 种方法有点类似于 JavaScript 的编写方式。

2.2.2 PHP 输出结果

在 PHP 中输出信息可以用 echo( )命令，echo( )不是一个函数（它是一个语言结构），因此不一定要使用小括号来指明参数，单引号、双引号都可以。echo( )（不像其他语言结构）表现得不像一个函数，所以不能总是使用一个函数的上下文。另外，如果想给 echo( ) 传递多个参数，那么就不能使用小括号。

提示：

也可以使用 print( )命令来实现，但 echo( )命令比 print( )函数快一点。

用 PHP 输出语句，包括 HTML 格式化标签，如图 2-9 所示。

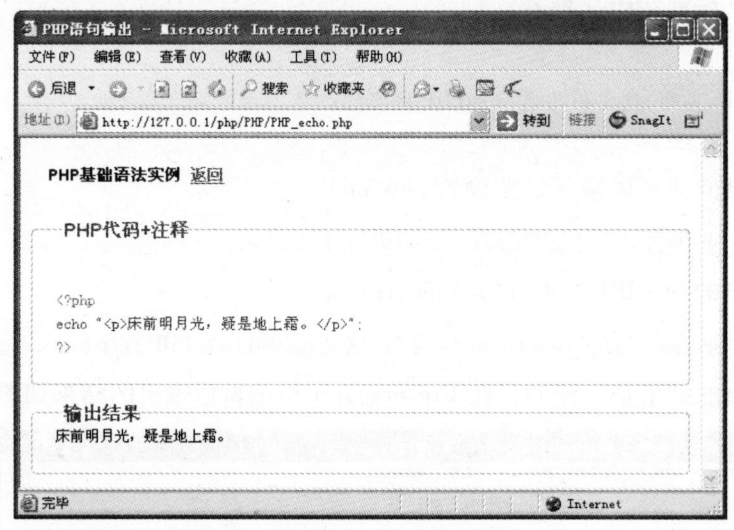

图 2-9 使用 echo 输出字符

2.2.3 PHP 程序注释

PHP 中可以使用以多种风格的注释方式。

```
/*第 1 种 PHP 注释  适合用于多行*/
// 第 2 种 PHP 注释  适合用于单行
#  第 3 种 PHP 注释  适合用于单行
```

多行注释和 C、C++和 Shell 的注释风格一样，以/*开始，*/结束，例如：

```
<? php
/*
注释:关于本段程序的说明
该段程序主要用于建立数据库的连接……
*/
?>
```

单行注释（有//和#这两种）：

```
<? php
echo "说明";//输出说明二字
echo "说明";# 输出说明二字
?>
```

注意，注释符号只有在 <? php ?> 里才会起到应有的效果。

Section 2.3 控制动态输出字符

在实际的网页设计过程中，单使用 echo( ) 命令并不能满足实际的应用，如需要输出随机的数字，控制字符串的大小写以及一些特殊的字符处理等常用操作，都可以通过调用相应的函数命令加以实现。

2.3.1 PHP 函数的调用

如果要实现相应的字符控制就需要调用相应的函数命令，在 PHP 编程中调用相应的函数还是比较简单的，如使用 rand( ) 函数来产生一个随机数字（范围是 0 ~ 100）。

```
<? php
echo rand(0,100);
?>
```

刷新便可看到输出结果的变化，rand 函数中的 0 和 100 为指定给 rand 函数的参数，前面的 0 就意味着最小可能出现的数值为零，100 则意味着最大可能出现的数值为 100，如图 2-10 所示。很多函数都有必选或可选的参数。

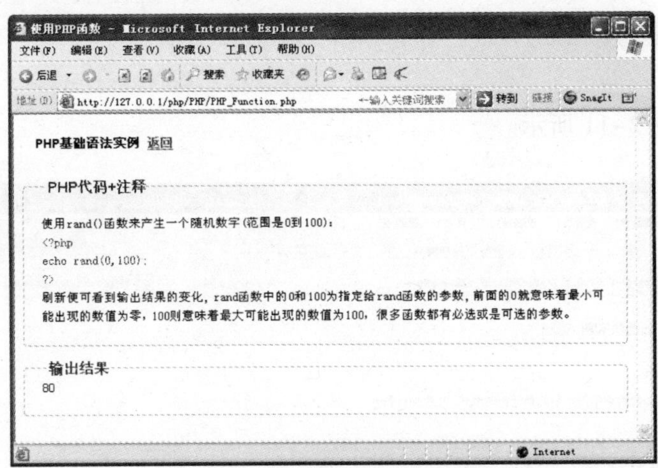

图 2-10 输出随机函数的结果

2.3.2 截去字符串首尾

使用 trim 函数可以返回去除字符串 string 首尾的空白字符后的字符串。

语法：string trim(string str);

返回值：字符串

函数种类：资料处理

在使用 HTML 表单信息之前，一般都会对这些数据做一些整理。

```
<? php
//清理字符串中开始和结束位置的多余空格
$name = " 12356789 ";
$name = trim( $name);
echo $name;
? >
```

运行的结果可以将前后的空白去除。

2.3.3 格式化输出字符

nl2br( )函数可以将换行字符转换成 HTML 换行的
 指令。

语法：string nl2br(string string);

返回值：字符串

函数种类：资料处理

举例如下：

```
<? php
$str = "今天的天气特别好,心情也不错,决定去学校足球场,好好地踢一场球。";
echo $str;
echo " <br / > ";
echo nl2br( $str);
? >
```

输出的结果如图 2-11 所示。

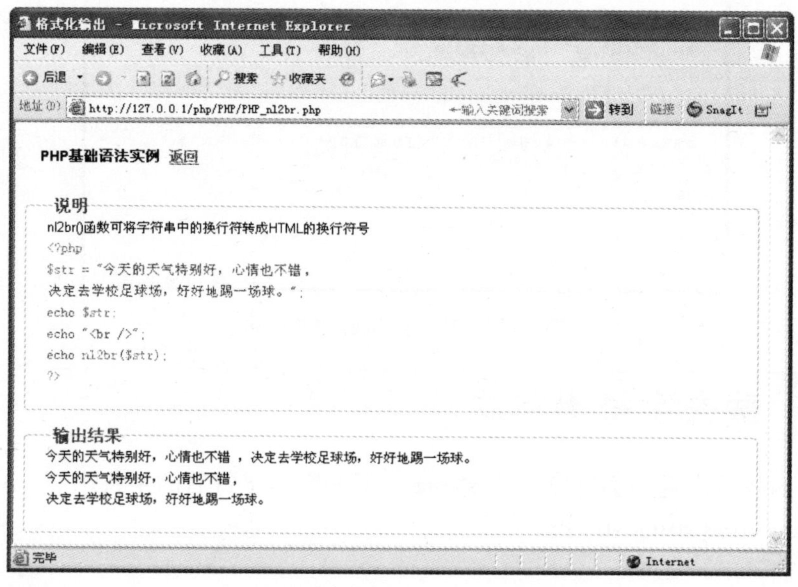

图 2-11　格式化输出字符的结果

2.3.4 打印格式化输出

printf()在实现 echo 功能的同时能返回值（True 或 False，表示是否成功），还可以实现更复杂的格式。

语法：int printf(string format,mixed [args]...);

返回值：整数

函数种类：资料处理

```
<? php
$num = 12.8;
//将 $num 里的数值以字符串的形式输出
printf("数值为:%s", $num);
echo "<br />";
//转换成为带有 2 位小数的浮点数
printf("数值为:%.2f", $num);
echo "<br />";
//解释为整数并作为二进制数输出
printf("数值为:%b", $num);
echo "<br />";
//打印%符号
printf("数值为:%%%s", $num);
?>
```

输出的结果如图 2-12 所示。

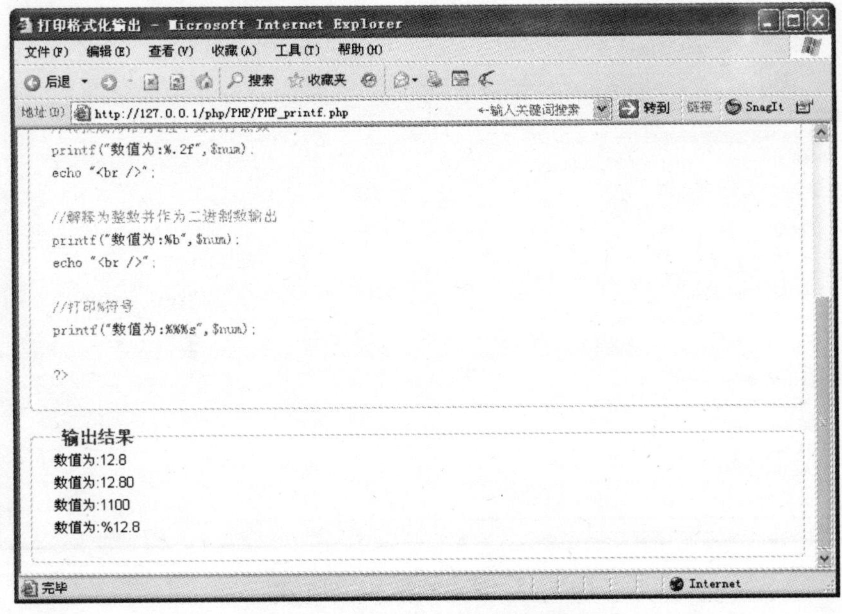

图 2-12 打印格式化输出结果

2.3.5 字母大小写转换

字母的大小写转换在 PHP 网页页面切换中经常使用到，涉及的函数命令有以下几个常用的，如 strtoupper()可以将字符串转换成大写字母，将每个单词的第一个字母变大写可以使用 ucwords()，将字符串的第一个字母转成大写可以使用 ucfirst()，将字符串转换成小写字母可以使用 strtolower()。举例如下。

```
<? php
$str = "I like this game!";
//将字符串转换成大写字母
echo strtoupper( $str). " <br / > ";
//将字符串转换成小写字母
echo strtolower( $str). " <br / > ";
//将字符串的第一个字母转成大写
echo ucfirst( $str). " <br / > ";
//将每个单词的第一个字母变大写
echo ucwords( $str);
? >
```

输出的结果如图 2-13 所示。

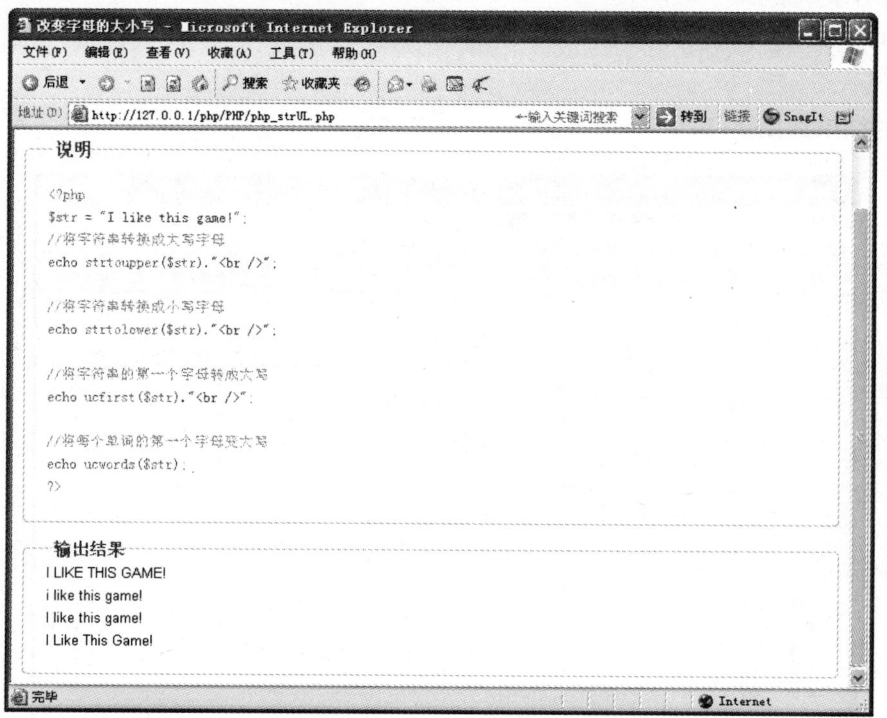

图 2-13　字母转换大小写结果

2.3.6 处理特殊的字符

有些字符对于 MySQL 是有特殊意义的，比如引号、反斜杠和 NULL 字符。那么如何正确处理这些字符呢？可以使用 addslashes( ) 函数和 stripslashes( ) 函数，PHP5.3.0 以下的版本中默认是开启魔术引号的 magic_quotes_gpc。PHP5.3.0 起废弃并将自 PHP5.4.0 起移除

```
<? php
$str = " \" '\ NULL";
echo $str." <br / >";
echo addslashes( $str)." <br / >";
echo stripslashes( $str)." <br / >";
? >
```

输出的结果如图 2-14 所示。

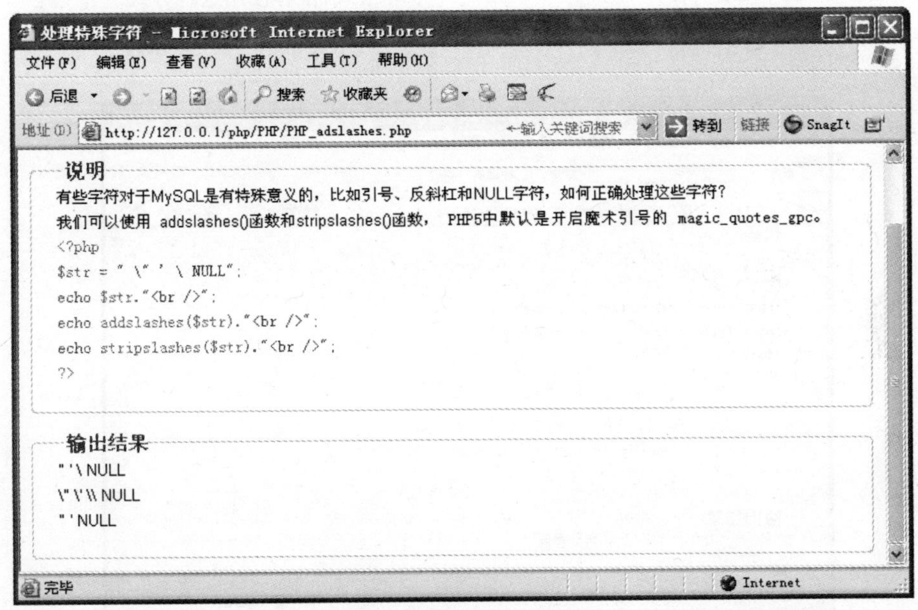

图 2-14 处理特殊的字符

Section 2.4 表单变量的使用

在 HTML 中，表单拥有一个特殊功能：它们支持交互作用。除了表单之外，几乎所有的 HTML 元素都与设计以及展示有关，只要愿意就可将内容传送给用户。另一方面，表单为用户提供了将信息传送回 Web 站点创建者和管理者的可能性。如果没有表单，Web 就是一个静态的网页图片。对于 PHP 的动态网页开发，经常遇到使用表单变量对象，通常有 POST( ) 和 GET( ) 两种方法，这和其他动态语言开发的命令是一样的。本小节就介绍表单变量的使用方法。

2.4.1 POST 表单变量

作为用于设置处理表单数据的类型，POST 是系统的默认值，表示将数据表单的数据提交到“动作”属性设置的文件中进行处理。假设有一个 HTML 表单用 method = "post" 的方式传递给本页一个 name = "test" 的文字信息，可用三种风格的表单变量来显示这个表单变量，如图 2-15 所示。

```
<form method> = "post" action = "" >
<input type = "text" size = "20" name = "test"/>
<input type = "submit" value = "提交变量"/>
<form>
<? php
Echo $test;                          //简短格式,需配置 php.ini 中的默认设置
echo $_POST["test"];                 //中等格式,推荐使用这种方式
echo $HTTP_POST_VARS["test"];        //冗长格式
?>
```

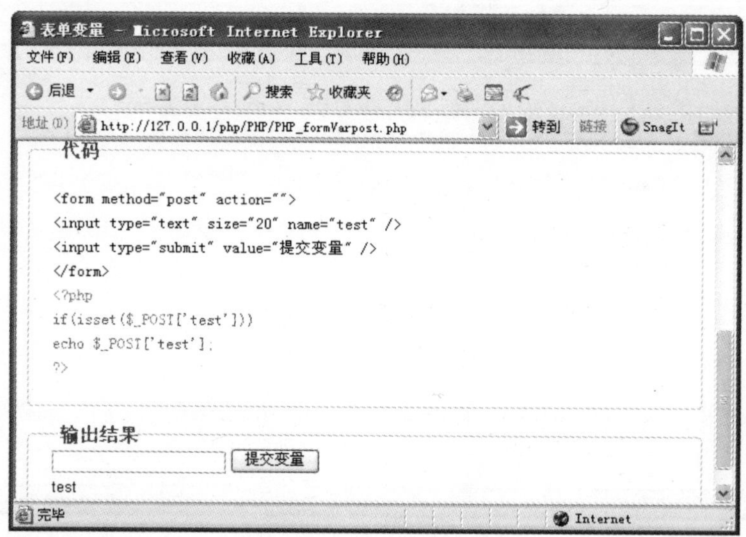

图 2-15 POST 表单测试

GET 和 POST 的主要区别：

1）数据传递的方式以及大小。

2）GET 会将传递的数据显示在 url 地址上，POST 则不会。

3）GET 传递数据有限制，一般大量数据都得使用 POST 方法。

2.4.2 GET 表单变量

GET 表示追加表单的值到 URL 并且发送服务器请求，对于数据量比较大的长表单最好不要用这种数据处理方式。

假设有一个 HTML 表单用 method = "get" 的方式传递给本页一个 name = "test" 的文字信息，可用 3 种风格的表单变量来显示这个表单变量。

```
<? php
Echo  $test;                              //简短格式,需要配置 php. ini 中的默认设置
echo  $_GET["test"];                      //中等格式,推荐使用此方法
echo  $HTTP_GET_VARS["test"];             //冗长格式
?>
```

如图 2-16 所示的结果，在“输出结果”文框中输入数字值 123456，然后单击“提交变量”按钮，则 IE 地址栏里显示了表单变量传递的值“test = 123456”。

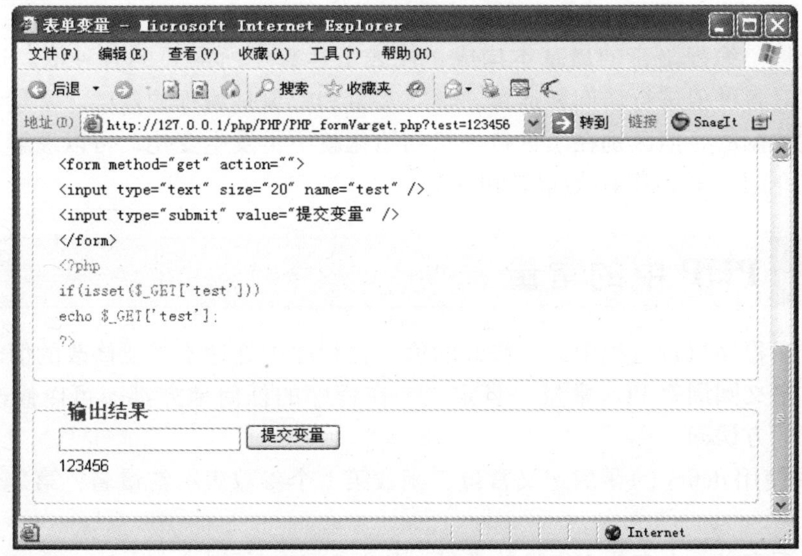

图 2-16　GET 表单测试

2.4.3 字符串的连接

在 PHP 程序里想让多个字符串进行连接，就要用到一个（.）“点”号，来看如下的例子。

```
<? php
$website = "baidu";

echo  $website. ". com";
?>
```

上面的输出结果就是 baidu. com。

有一种情况，当 echo 后面使用的是（"）双引号，可以同样达到如上的效果。

```
<? php
$website = "baidu";
echo " $website. com";    //双引号里的变量还是可以正常显示出来,并和一般的字符串自动区分开来
?>
```

但如果是单引号的话，就会将里面的内容完全以字符串形式输出给浏览器。

```
<? php
$website = "baidu. com";
echo '$website. com';
?>
```

将显示 $website. com。

Section 2.5 常量和变量

常量和变量是编程语言的最基本构成，代表了运算中所需要的各种值。通过变量和常量，程序才能对各种值进行访问和运算。学习常量和变量是编程的基础。常量和变量的功能就是用来存储数据的，但区别在于常量一旦初始化就不再发生变化，可以理解为符号化的常数。本小节就介绍一下 PHP 中的常量和变量。

2.5.1 PHP 中的常量

常量是指在程序执行过程中无法修改的值。在程序中处理不需要修改的值时，常量非常有用，例如，定义圆周率 PI。常量一旦定义，在程序的任何地方都不可以修改，但是可以在程序的任何地方访问。

在 PHP 中使用 define( ) 函数定义常量，函数第 1 个参数表示常量名，第 2 个参数表示常量的值。

例如，下面定义一个名为 HOST 的常量，如图 2-17 所示。

```
<? php
define("HOST","www. baidu. com");        //将值"www. baidu. com"赋予常量 HOST
echo HOST;                               //输出 HOST 常量的值
?>
```

常量说明如下。

常量默认区分大小写，按照惯例，常量标识符总是大写。常量名和其他任何 PHP 标记遵循相同的命名规则。合法的常量名以字母或下画线开始，后面跟任何字母、数字或下画线。

PHP 的系统常量包括 5 个魔术常量和大量的预定义常量。

魔术常量会根据使用的位置而改变，PHP 提供的 5 个魔术常量分别是：

1）_LINE_：表示文件中的当前行号。

2）_FILE_：表示文件的完整路径和文件名。如果用在包含文件中，则返回包含文件名。自 PHP 4. 0. 2 起，_FILE_总是包含一个绝对路径，而在此之前的版本有时会包含一个相对路径。

3）_FUNCTION_：表示函数名称（PHP 4. 3. 0 新加）。自 PHP 5 起本常量返回该函数被

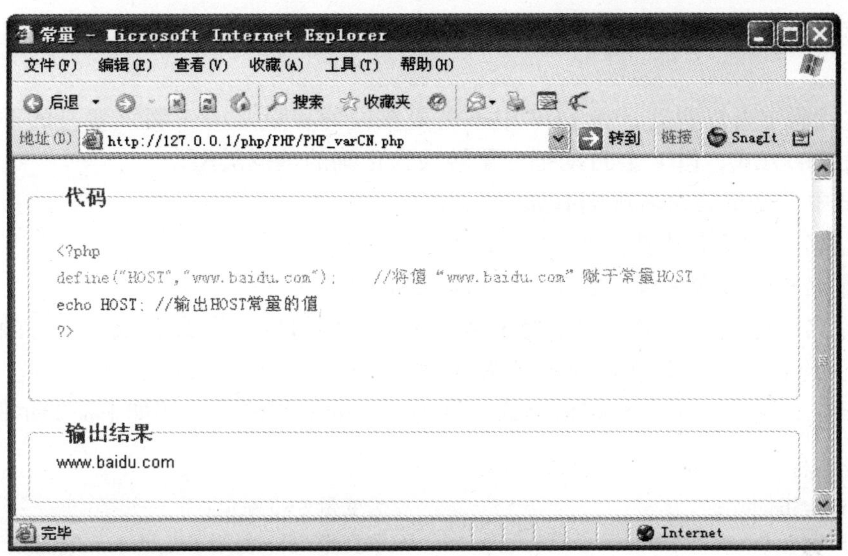

图 2-17　定义常量

定义时的名字（区分大小写）。在 PHP 4 中该值总是小写字母的。

4）_CLASS_：表示类的名称（PHP 4.3.0 新加）。自 PHP 5 起本常量返回该类被定义时的名字（区分大小写）。在 PHP 4 中该值总是小写字母的。

5）_METHOD_：表示类的方法名（PHP 5.0.0 新加）。返回该方法被定义时的名字（区分大小写）。

预定义常量又分为内核预定义常量和标准预定义常量两种，内核预定义常量在 PHP 的内核、Zend 引擎和 SAPI 模块中定义，而标准预定义常量是 PHP 默认定义的，比如常用的 E_ERROR、E_NOTICE、E_ALL 等。

2.5.2　PHP 中的变量

在 PHP 中，创建一个变量首先需要定义变量的名称。变量名区分大小写，总是以 $ 符号开头，然后是变量名。如果在声明变量时，忘记变量前面的 $ 符号，那么该变量将无效。在 PHP 中设置变量的正确方法如下所示。

```
$var_name = value;
```

在 PHP 中，可以使用值赋值和引用赋值这两种方法为变量赋值。

值赋值是直接把一个数值通过赋值表达式传递给变量。值赋值是一种常量的变量赋值的方法，其使用格式如下所示。

```
<? php
$name = "baidu";                    //有效变量
$Name = "website";                  //有效变量
echo "$name,$Name";                 //输出为"baidu,website"
$1website = "www.baidu.com";        //无效变量,以数字开始
```

```
$_1website = "www.baidu.com";            //有效变量
?>
```

从上述代码中可以看到，在 PHP 中不需要在设置变量之前声明该变量的类型，而是根据变量被设置的方式，PHP 会自动把变量转换为正确的数据类型。

在 PHP 中，变量的命名规则有如下几点。

1）变量名必须以字母或下画线"_"开头。

2）变量名只能包含字母、数字、字符以及下画线。

3）变量名不能包含空格。如果变量名由多个单词组成，那么应该使用下画线进行分隔（例如 $my_string），或者以大写字母开头（例如 $myString）。

在 PHP 中，还支持另一种赋值方式，称为变量的引用赋值，例如下面的示例。

```
<?php
$wo = 'baidu';                           //为变量 $wo 赋值
$ba = & $wo;                             //取变量 $ba 引用了变量 $wo 的值
$ba = "Web site is $ba";                 //修改变量 $ba 的值
echo $wo;                                //结果为"Web site is baidu"
echo $ba;                                //变量 $ba 的值也被修改,结果与 $ba 相同
?>
```

从这里可以看出，对一个变量值的修改将会导致另外一个变量值被修改。从本质上讲，变量的引用赋值导致两个变量指向同一个内存地址。因此，不论对哪一个变量进行修改，修改的是同一个内存地址中的数据，从而出现同时被修改的结果。

PHP 提供了大量的预定义变量，这些变量在任何范围内自动生效，因此通常也被称为自动全局变量（autoglobals）或者超全局变量（superglobals）（PHP 中没有用户自定义超全局变量的机制）。在 PHP 4.1.0 之前，如使用超全局变量，要么依赖 register_globals，要么就是长长的预定义 PHP 数组（$HTTP_*_VARS）。自 PHP 5.0.0 起，长格式的 PHP 预定义变量可以通过设置 register_long_arrays 来屏蔽。

常用的超全局变量如下。

1）$GLOBALS：表示包含一个引用指向每个当前脚本的全局范围内有效的变量，该数组的键名为全局变量的名称。从 PHP 3 开始存在 $GLOBALS 数组。

2）$_SERVER：表示变量由 Web 服务器设定或者直接与当前脚本的执行环境相关联，类似于旧数组 $HTTP_SERVER_VARS 数组（依然有效，但反对使用）。

3）$_GET：表示经由 URL 请求提交至脚本的变量，类似于旧数组 $HTTP_GET_VARS 数组（依然有效，但反对使用）。

4）$_POST：表示经由 HTTP POST 方法提交至脚本的变量，类似于旧数组 $HTTP_POST_VARS 数组（依然有效，但反对使用）。

5）$_COOKIE：表示经由 HTTP COOKIE 方法提交至脚本的变量，类似于旧数组 $HTTP_COOKIE_VARS 数组（依然有效，但反对使用）。

6）$_FILES：表示经由 HTTP POST 文件上传而提交至脚本的变量。类似于旧数组 $HTTP_POST_FILES 数组（依然有效，但反对使用）。

7）$_ENV：表示执行环境提交至脚本的变量，类似于旧数组 $HTTP_ENV_VARS 数组

（依然有效，但反对使用）。

8）$_REQUEST：表示经由 GET、POST 和 COOKIE 机制提交至脚本的变量，因此该数组并不值得信任。所有包含在该数组中的变量的存在与否以及变量的顺序均按照 php. ini 中的 variables_order 配置指示来定义。此数组在 PHP 4. 1. 0 之前没有直接对应的版本。

9）$_SESSION：表示当前注册给脚本会话的变量，类似于旧数组 $HTTP_SESSION_VARS 数组（依然有效，但反对使用）。

2. 5. 3 PHP 数据类型

数据是程序运行的基础，所有的程序都是在处理各种数据。例如，财务统计系统所要处理的员工工资额、论坛程序所要处理的用户名、密码、用户发帖数等等，所有这些都是数据。在编程语言中，为了方便对数据的处理以及节省有限的内容资源，需要对数据进行分类。PHP 支持 7 种原始类型，分别有如下几种。

1）boolean（布尔型 True/False）。

2）integer（整数类型）。

3）float（浮点型，也称为 double，可用来表示实数）。

4）string（字符串类型）。

5）array（数组同一变量保存同类型的多条数据）。

6）object（对象）。

7）特殊类型（resource 资源和 NULL 未设定）。

下面介绍常用的数据类型。

1. 布尔型 boolean

布尔型是最简单的类型，它表达了真值，可以为 True 或 False。要指定一个布尔值，使用关键字 True 或 False，并且 True 或 False 不区分大小写。例如：

```
$pay = True;  // 给变量 $pay 赋值为 True
```

某些运算通常返回布尔值，并将其传递给控制流程。比如用比较运算符（==）来比较两个运算数，如果相等，则返回 True，否则返回 False，代码如下：

```
if( $A == $B) {
echo " $A 与 $B 相等";
}
```

对于如下的代码：

```
if( $pay == True) {
echo "已付";
}
```

可以使用下面的代码代替：

```
if( $pay) {
echo "已付 ";
}
```

转换成布尔型用 bool 或者 boolean 来强制转换。但是很多情况下不需要用强制转换，因为当运算符、函数或者流程控制需要一个布尔参数时，该值会被自动转换。

当转换为布尔型时，以下值被认为是 False。

1）布尔值 False。

2）整型值 0（零）。

3）浮点型值 0.0（零）。

4）空白字符串和字符串"0"。

5）没有成员变量的数组。

6）没有单元的对象（仅适用于 PHP 4）。

7）特殊类型 NULL（包括尚未设定的变量）。

所有其他值都被认为是 True（包括任何资源）。

2. 整型 integer

一个整数是集合 Z = {…, -2, -1, 0, 1, 2, …} 中的一个数。整型值可以用十进制、十六进制或八进制表示，前面可以加上可选的符号（ - 或者 + ）。如果用八进制，数字前必须加上 0（零）；用十六进制，数字前必须加上 0x。整型数的字长和平台有关，通常最大值是大约二十亿（32 位有符号）。PHP 不支持无符号整数。如果给定的一个数超出了整型的范围，将会被解释为浮点型，同样如果执行的运算结果超出了整型范围，也会返回浮点型。

要将一个值转换为整型，用 int 或 integer 强制转换即可。不过大多数情况下都不需要强制转换，因为当运算符、函数或流程控制需要一个整型参数时，该值会自动转换。还可以通过函数 intval( )来将一个值转换成整型。

从布尔型转换成整型，False 将产生出 0，True 将产生出 1。当从浮点数转换成整数时，数字将被取整（丢弃小数位）。如果浮点数超出了整数范围，则结果不确定，因为没有足够的精度使浮点数给出一个确切的整数结果。

3. 浮点型 float

浮点数也叫双精度数或实数，可以用以下任何语法定义：

```
<? php
    $a = 1.234;
    $b = 1.2e3;
    $c = 7E - 10;
?>
```

浮点数的字长和平台相关，通常最大值是 1.8e308，并具有 14 位十进制数字的精度。

4. 字符串 string

字符串是由引号括起来的一些字符，常用来表示文件名、显示消息、输入提示符等。字符串是一系列字符，字符串的大小没有限制。字符串可以用单引号、双引号或定界符 3 种方法定义。下面分别介绍这 3 种方法。

1）单引号。指定一个简单字符串的最简单的方法是用单引号（'）括起来。例如：

```
<? php
 echo 'Hello World ';    //输出为:Hello World
```

```
?>
```

如果字符串中有单引号，要表示这样一个单引号，和很多其他语言一样，需要用反斜线（ \ ）转义。例如：

```
<? php
  echo 'I\'m Tom';  // 输出为:I'm Tom
?>
```

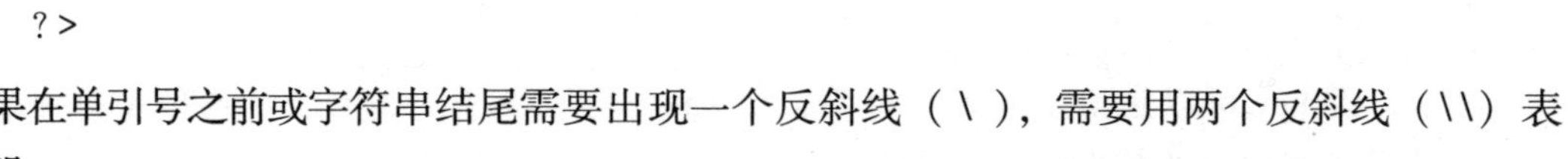

如果在单引号之前或字符串结尾需要出现一个反斜线（ \ ），需要用两个反斜线（\\）表示。例如：

```
<? php
  echo 'Path is c:\windows\system\\';  // 输出为:Path is c:\windows\system\
?>
```

对于单引号（'）括起字符串，PHP 只懂得单引号和反斜线的转义序列。如果试图转义任何其他字符，反斜线本身也会被显示出来。另外，还有不同于双引号和定界符的很重要的一点就是，单引号字符串中出现的变量不会被解析。

2）双引号。如果用双引号（"）括起字符串，PHP 懂得更多特殊字符的转义序列（见表 2-1）。

表 2-1　转义字符

序　列	含　义	序　列	含　义
\n	换行	\$	美元符号
\r	回车	\"	双引号
\t	水平制表符	\0nnn	此正则表达式序列匹配一个用八进制表示的字符
\\	反斜线字符	\xnn	此正则表达式序列匹配一个用十六进制表示的字符

如果试图转义任何其他字符，反斜线本身也会被显示出来。双引号字符串最重要的一点是能够解析其中的变量。

3）定界符。另一种给字符串定界的方法是使用定界符语法（ <<< ）。应该在 <<< 之后提供一个标识符，接着是字符串，然后是同样的标识符结束字符串。例如：

```
<? php
  //输出为:Hello World
  echo <<< abc
  Hello World
  abc;
?>
```

在此段代码中，标识符命名为 abc。结束标识符必须从行的第一列开始。标识符所遵循的命名规则是只能包含字母数字下画线，而且必须以下画线或非数字字符开始。

定界符文本表现的就和双引号字符串一样，只是没有双引号。这意味着在定界符文本中不需要转义引号，不过仍然可以用以上列出的转义代码，变量也会被解析。在以上的 3 种定义字符串的方法中，若使用双引号或者定界符定义字符串，其中的变量会被解析。

5. 数组 array

PHP 中的数组实际上是一个有序图，图是一种把 value 映射到 key 的类型。新建一个数组使用 array( )语言结构，它接受一定数量用逗号分隔的 key = > value 参数对。

语法如下：

```
array( [ key = > ] value, ... )
```

其中，键 key 可以是整型或者字符串，值 value 可以是任何类型，如果值又是一个数组，则可以形成多维数组的数据结构。例如：

```
<? php
  $edName = array(0 = > "id" ,1 = > "username" ,2 = > "password" ) ;
  echo "列名是 $edName[0], $edName[1], $edName[2]" ;
?>
```

此段代码的输出为：列名是 id、username、password。

如果省略了键 key，会自动产生从 0 开始的整数索引。上面的代码可以改写为：

```
<? php
  $edName = array( "id" ," username" ," password" ) ;
  echo "列名是 $edName[0], $edName[1], $edName[2]" ;
?>
```

此段代码的输出仍为：列名是 id、username、password。

如果 key 是整数，则下一个产生的 key 将是目前最大的整数索引加 1。如果指定的键已经有了值，则新值会覆盖旧值。再次改写上面的代码为：

```
<? php
  $edName = array(1 = > "id" ," username" ," password" ) ;
  echo "列名是 $edName[1], $edName[2], $edName[3]" ;
?>
```

此段代码的输出仍为：列名是 id、username、password。

定义数组的另一种方法是使用方括号的语法，通过在方括号内指定键为数组赋值来实现。也可以省略键，在这种情况下给变量名加上一对空的方括号（[ ]）。

语法如下：

```
$arrayName[ key ] = value;
$arrayName [ ] = value;
```

其中，键 key 可以是整型或者字符串，值 value 可以是任何类型。例如：

```
<? php
  $edName[0] = "id" ;
  $edName[1] = "username" ;
  $edName[2] = "password" ;
```

```
echo "列名是 $edName[0], $edName[1], $edName[2]";
?>
```

此段代码的输出仍为：列名是 id、username、password。

如果给出方括号但没有指定键，则取当前最大整数索引值，新的键将是该值加 1。如果当前还没有整数索引，则键将为 0。如果指定的键已经有值了，该值将被覆盖。

对于任何的类型——布尔、整型、浮点、字符串和资源，如果将一个值转换为数组，将得到一个仅有一个元素的数组（其下标为 0），该元素即为此标量的值。如果将一个对象转换成一个数组，所得到的数组的元素为该对象的属性（成员变量），其键为成员变量名。如果将一个 NULL 值转换成数组，将得到一个空数组。

6. 对象 object

使用 class 定义一个类，然后使用 new 类名（构造函数参数）来初始化类的对象。该数据类型将在后面的实例中具体应用进行解析。

7. 其他数据类型

除了以上介绍的 6 种数据类型，还有资源和 NULL 两种特殊类型，下面简单介绍一下这两种特殊类型。

1）资源。资源是通过专门函数来建立和使用的一个特殊变量，保存了外部资源的一个引用。可以保存打开文件、数据库连接、图形画布区域等的特殊句柄，无法将其他类型的值转换为资源。资源大部分可以被系统自动回收。

2）NULL。NULL 类型只有一个值，就是区分大小写的关键字 NULL。特殊的 NULL 值表示一个变量没有值。

在下列情况下，一个变量被认为是 NULL。

- 被赋值为 NULL。
- 尚未被赋值。
- 被 unset()。

例如：

```
<? php
$php = "";
if(isset($a))
echo"[1] is NULL <br>";
$php = 0;
if(isset($a))
echo"[2] is NULL <br>";
$php = NUll;
if(isset($a))
echo"[3] is NULL <br>";
$php = FALSE;
if(isset($a))
echo"[4] is NULL <br>";
?>
```

结果是什么？

在 3 种情况下，变量被认为是空值。

1）变量没有被赋值。

2）变量被赋值为 NULL，0，False 或者空字符串。

3）变量在非空值的情况下，被 unset 函数释放。

2.5.4 数据类型转换

在 PHP 中若要进行数据类型的转换，就要在转换的变量之前加上用括号括起来的目标类型。在变量定义中不需要显式的类型定义，变量类型是根据使用该变量的上下文所决定的。

例如，通过类型的转换，可将变量或其所附带的值转换成另外一种类型，如图 2-18 所示。

```
<? php
$num = 123;                        //当前是整数类型
$float = (float) $num;
                  // $num“临时性”地转换成了浮点型，$float 变量所携带的数据类型就为浮点型
echo gettype( $num). " <br / > ";  //使用 gettype( mixed var)函数来获取变量类型
echo gettype( $float)
? >
```

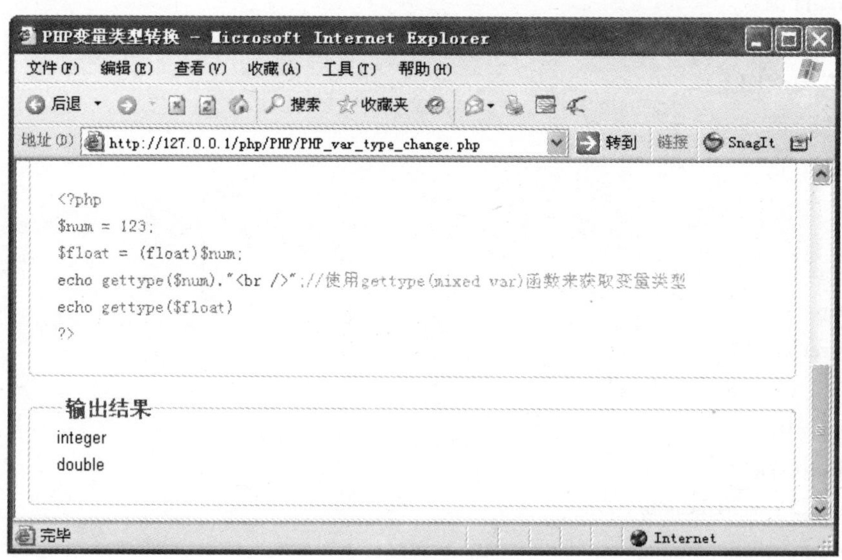

图 2-18 数据类型的转换

提示：

如要将一变量彻底转换成另一种类型，就要使用 settype（mixed var，string type）函数。允许的强制转换有如下几种。

1）int、integer：转换成整型。

2）bool、boolean：转换成布尔型。

3）float、double、real：转换成浮点型。

4）string：转换成字符串。

5）array：转换成数组。

6）object：转换成对象。

Section 2.6 PHP 中的运算符

对于学过其他语言的读者，运算符应该不会陌生了。运算符可以用来处理数字、字符串及其他比较运算和逻辑运算等。在 PHP 中，运算符两侧的操作数会自动地进行类型转换，这在其他的编程语言中并不多见。在 PHP 的编程中主要有以下 3 种类型的运算符。

1）一元运算符。只运算一个值，例如：!（取反运算符）或 ++（加一运算符）。

2）二元运算符。PHP 支持的大多数运算符都是这种，例如：$a + $b。

3）三元运算符。即?，它被用来根据一个表达式在另两个表达式中选择一个，而不是用来在两个语句或者程序路线中选择。

PHP 中常用运算符有算术运算符、赋值运算符、比较运算符、三元运算符、错误控制运算符、逻辑运算符、字符串运算符、数组运算符等。本节就主要介绍常用的运算符，以及运算符的优先级。

2.6.1 算术运算符

算术运算符是用来处理四则运算的符号，是最简单、也最常用的符号，尤其是数字的处理，几乎都会使用到算术运算符号。PHP 的算术运算符如表 2-2 所示。

表 2-2 算术运算符

符 号	示 例	名 称	意 义
-	- $a	取反	$a 的负值
+	$a + $b	加法	$a 和 $b 的和
-	$a - $b	减法	$a 和 $b 的差
*	$a * $b	乘法	$a 和 $b 的积
/	$a / $b	除法	$a 除以 $b 的商
%	$a % $b	余数	$a 除以 $b 的余数
++	$a ++	累加	$a 的累加
--	$a --	递减	$a 的递减

注意，除号（/）总是返回浮点数，即使两个运算数是整数（或由字符串转换成的整数）也是这样。

2.6.2 赋值运算符

赋值运算符（Assignment Operator）把表达式右边的值赋给左边的变量或常量。基本的

赋值运算符是 =，它意味着把右边表达式的值赋给左边的运算数。PHP 中的赋值运算符如表 2-3 所示。

表 2-3　赋值运算符

符　号	示　例	意　义
=	$a = $b	将右边的值连到左边
+=	$a += $b	将右边的值加到左边，即 $a = $a + $b
-=	$a -= $b	将右边的值减到左边，即 $a = $a - $b
* =	$a * = $b	将左边的值乘以右边，即 $a = $a * $b
/ =	$a / = $b	将左边的值除以右边，即 $a = $a/$b
% =	$a% $b	将左边的值除对右边取余数，即 $a = $a% $b
. =	$a. = $b	将右边的字串加到左边，即 $a = $a. $b

在基本赋值运算符之外，还有适合于所有二元算术和字符串运算符的“组合运算符”，这样可以在一个表达式中使用它的值并把表达式的结果赋给它，例如：

```
<? php
$a = "baidu";
$b = ". com";
echo  $a . = $b;
?>
```

运行结果如图 2-19 所示。

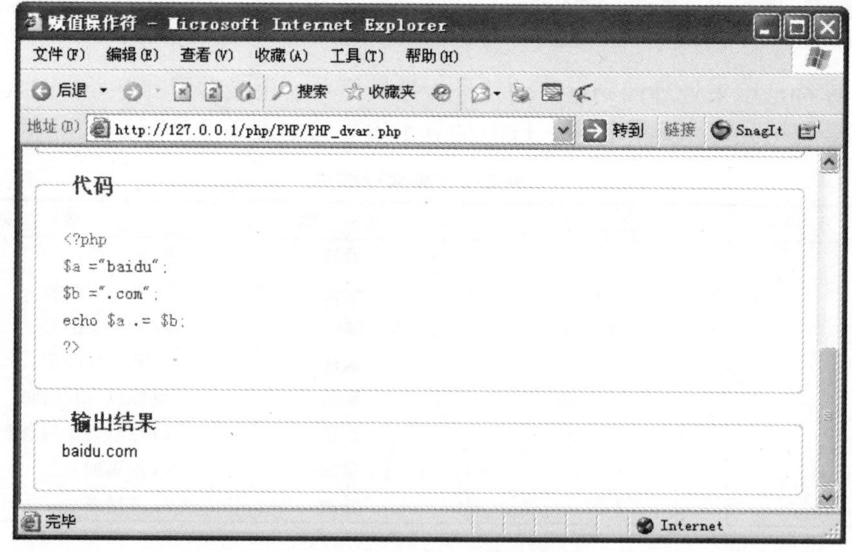

图 2-19　赋值运算字符串结果

2.6.3　比较运算符

比较操作符，顾名思义就是可用来比较的操作符号，根据结果来返回 True 或 False。比较运算符，允许对两个值进行比较，PHP 的比较运算符如表 2-4 所示。

表 2-4　比较运算符

示　例	名　称	意　义
$a == $b	等于	True，如果 $a 等于 $b
$a === $b	全等	True，如果 $a 等于 $b，并且它们的类型也相同
$a! = $b	不恒等	True，如果 $a 不恒等于 $b
$a < > $b	不等	True，如果 $a 不等于 $b
$a! == $b	非全等	True，如果 $a 不等于 $b，或者它们的类型不同（PHP 4 引进）
$a < $b	小于	True，如果 $a 严格小于 $b
$a > $b	大于	True，如果 $a 严格 大于 $b
$a <= $b	小于等于	True，如果 $a 小于或者等于 $b
$a >= $b	大于等于	True，如果 $a 大于或者等于 $b

2.6.4 三元运算符

三元运算符是?:，三元运算符的功能和 if...else 语句很相似，语法如下：

```
(expr1)? (expr2):(expr3)
```

首先对 expr1 求值，若结果为 True，则表达式(expr1)? (expr2):(expr3)的值为 expr2，否则其值为 expr3。例如：

```
<? php
  $action = (empty( $_POST['action '])) ? 'default ': $_POST['action '];
?>
```

首先判断 $_POST['action ']变量是否为空值，若是，则给 $action 赋值为 default，否则将 $_POST['action ']变量的值赋值给 $action。可以将上面的代码改写成以下的代码：

```
<? php
  if( empty( $_POST['action '])) {
     $action = 'default ';
  } else {
     $action = $_POST['action '];
  }
?>
```

2.6.5 错误控制运算符

错误控制操作符（@）可在任何表达式前使用，PHP 支持一个错误控制运算符@。当将其放置在一个 PHP 表达式之前，该表达式可能产生的任何错误信息都被忽略掉。@ 运算符只对表达式有效。

那么，何时使用此运算符呢？一个简单的规则就是，如果能从某处得到值，就能在它前面加上@运算符。例如，可以把它放在变量、函数和include()调用、常量等之前。不能把它放在函数或类的定义之前，也不能用于条件结构，例如if和foreach等。

对于如下的代码：

```
<? php
  $Conn = mysql_connect("localhost","username","pwd");
  if($Conn)
    echo "连接成功!";
  else
    echo "连接失败!";
?>
```

如果mysql_connect()连接失败，将显示系统的错误提示，而后继续执行下面的程序。如果不想显示系统的错误提示，并希望失败后立即结束程序，则可以改写上面的代码如下：

```
<? php
$Conn = @mysql_connect("localhost","username","pwd") or die("连接数据库服务器出错");
?>
```

在mysql_connect()函数前加上@运算符来屏蔽系统的错误提示，同时使用die()函数给出自定义的错误提示，然后立即退出程序。这种用法在大型程序中很常见。

2.6.6 逻辑运算符

PHP的逻辑运算符（Logical Operators）通常用来测试真假值，常用的逻辑运算符如表2-5所示。

表2-5 逻辑运算符

名　称	示　例	意　义
and	$a and $b	如果$a与$b都为True
or	$a or $b	如果$a或$b任一为True
xor	$a xor $b	如果$a或$b任一为True，但不同时是
not	! $a	如果$a不为True
and	$a && $b	如果$a与$b都为True
or	$a ‖ $b	如果$a或$b任一为True

“与”和“或”有两种不同形式运算符，它们运算的优先级不同，&&和‖优先级高。

2.6.7 字符串运算符

字符串运算符（String Operator）有两个字符串运算符。第一个是连接运算符（.），它返回其左右参数连接后的字符串。第二个是连接赋值运算符（.=），它将右边参数附加到左边的参数后面。

例如：

```
<? php
  $a = "你好";
  $a = $a . "朋友!";//此时 $a 是"你好朋友!"
  $b = "你好 ";
  $b. = "朋友!";  //此时 $b 是"你好朋友!"
?>
```

2.6.8 数组运算符

PHP 的数组运算符，如表 2-6 所示。

表 2-6 数组运算符

符　号	示　例	意　义
+	$a + $b	$a 和 $b 的联合，返回包含了 $a 和 $b 中所有元素的数组
==	$a == $b	如果 $a 和 $b 具有相同的元素，就返回 True
===	$a === $b	两者具有相同元素且顺序相同，返回 True
!=	$a! = $b	如果 $a 和 $b 不是等价的，就返回 True
<>	$a <> $b	如果 $a 不等于 $b，就返回 True
!==	$a! == $b	如果 $a 和 $b 不是恒等的，就返回 True

联合运算符（+）把右边的数组附加到左边的数组后面，但是重复的键值不会被覆盖。下面通过一个实例来看一下如何用 + 运算符联合两个数组：

```
<? php
$a = array("1" = >"No1",
"2" = >"No2",
"3" = >"No3",
"4" = >"No4");

$b = array("3" = >"No3",
"4" = >"No4",
"5" = >"No5",
"6" = >"No6");
$c = $a + $b;
print_r( $c);  //联合两数组
echo "<br />";
if( $a == $b)
echo "等价";
else
echo "不等价";
?>
```

可以看到，在联合之后的数组结果如图 2-20 所示。

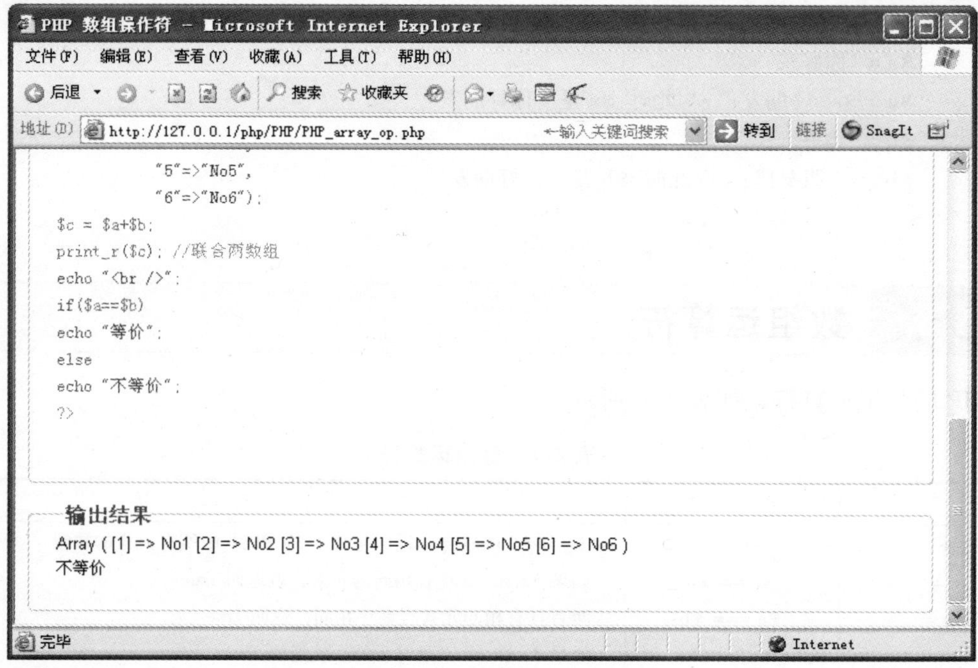

图 2-20　联合数组示例

2.6.9 运算符的优先级

运算符优先级指定了两个表达式绑定得有多“紧密”。例如，表达式 1 +2 ∗3 的结果是 7 而不是 9 是因为乘号（ ∗ ）的优先级比加号（ + ）高。必要时可以用括号来强制改变优先级，例如（1 +2） ∗ 3 的值为 9。使用括号也可以增强代码的可读性。如果运算符优先级相同，则使用从左到右的左结合顺序（左结合表示表达式从左向右求值，右结合相反）。

表 2-7 从高到低列出了 PHP 所有运算符的优先级。同一行中的运算符具有相同优先级，此时它们的结合方向决定求值顺序。

表 2-7　运算符优先级

结合方向	运　算　符	附加信息
非结合	new	new
左	[	array( )
非结合	++ --	递增/递减运算符
非结合	! ~ - (int) (float) (string) (array) (object) @	类型
左	∗ / %	算数运算符
左	+ -.	算数运算符和字符串运算符
左	<< >>	位运算符
非结合	<<= >>=	比较运算符
非结合	== ! ==== ! ==	比较运算符
左	&	位运算符和引用
左	^	位运算符
左	|	位运算符

（续）

结合方向	运 算 符	附加信息
左	&&	逻辑运算符
左	||	逻辑运算符
左	? :	三元运算符
右	=+= -= * =/=. =% =& = | =^= <<= >>=	赋值运算符
左	and	逻辑运算符
左	xor	逻辑运算符
左	or	逻辑运算符
左	,	多处用到

将结合前面所用到的操作符号来完成一项需要综合使用它们的任务，如图 2-21 所示。

```
<? php
//定义几个常量,最好是使用大写
define("PEN",20);          //钢笔为 20 元
define("RULE",10);         //尺子为 10 元

$pen_num = 10;             //10 只钢笔
$ruler_num = 20;           //20 把尺子

$total_price = $pen_num * PEN
+ $ruler_num * RULE;

$total_price = number_format( $total_price);

echo "购买 10 只钢笔和 20 把尺子一共要花". $total_price. "元";
? >
```

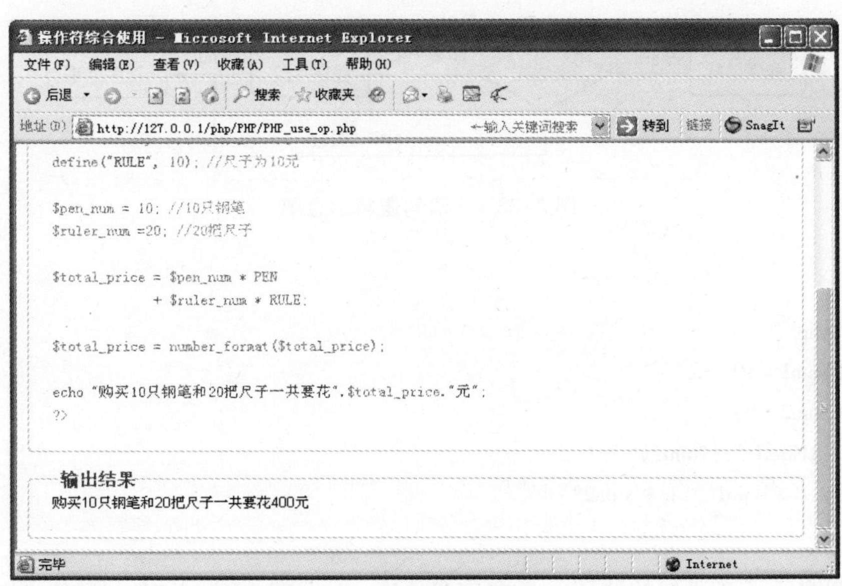

图 2-21　综合运算符的应用示例

Section 2.7 PHP 的表达式

在 PHP 程序中，任何一个可以返回值的语句，都可以看做表达式。也就是说，表达式是一个短语，能够执行一个动作，并具有返回值。一个表达式通常由两部分构成，一部分是操作数，另一部分是运算符。本节介绍常用的几种控制语句表达式，分别是条件语句、循环语句，以及 require 和 include 语句等其他语句。

2.7.1 条件语句

条件语句在 PHP 中非常普遍，是 PHP 程序的主要控制语句之一。通常情况下，在客户端获得一个参数，根据传入的参数值，做出不同的响应。在 PHP 中条件语句分别为 if 语句、if - else 语句、if - elseif - else 语句和 switch 语句。

下面我们分别介绍这 4 种形式的条件语句：

1. if 语句

if 语句是许多高级语言中重要的控制语句，使用 if 语句可以按照条件判断来执行语句，增强了程序的可控制性。只有 if 语句的条件语句是最简单的一种条件语句，语法如下：

```
if(expr)
statement
```

首先对 expr 求值，如果 expr 的值为 True，则执行 statement；如果值为 False，将忽略 statement。

图 2-22 所示为上述语法格式在执行时的逻辑结构。

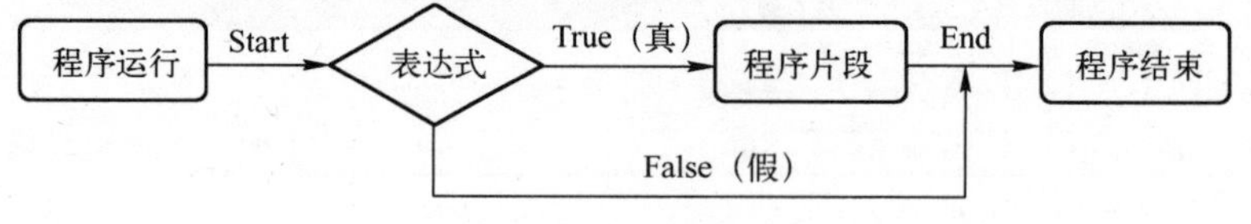

图 2-22　if 语句逻辑示意图

例如：

```
<? php
  $Num1 = 10;
  $Num2 = 9;
  if( $Num1 > $Num2)
  echo " $Num1 大于 $Num2";
?>
```

上述实例演示了 if 语句的使用，会在变量 $Num1 大于 $Num2 时，输出“ $Num1 大于 $Num2”。

2. if – else 语句

条件语句的第 2 种形式是 if – else，除了 if 语句之外，还加上了 else 语句，它可以在 if 语句中的表达式的值为 False 时执行，语法如下：

```
if(expr)
  statement1
else
  statement2
```

首先，对 expr 求值，如果 expr 的值为 True，则执行 statement1；如果值为 False，则执行 statement2。例如，以下代码在 $a 大于 $b 时，显示 a 大于 b；反之，则显示 a 不大于 b。

这种情况的执行逻辑结构如图 2–23 所示。

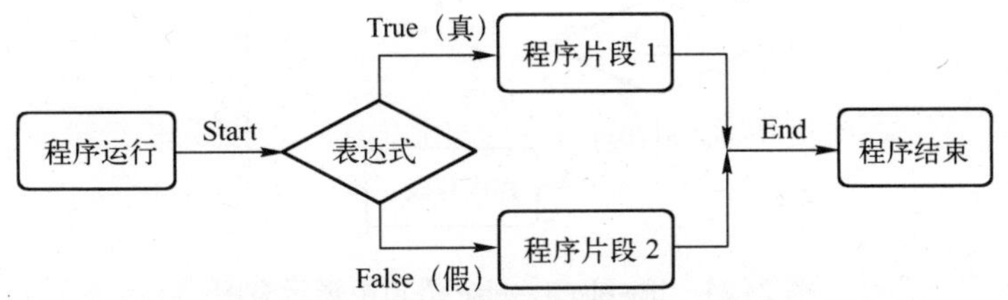

图 2–23　if – else 语句逻辑示意图

例如，以下代码在 $a 大于 $b 时，显示 a 大于 b；反之，则显示 a 不大于 b。

```
<?php
 if($a > $b)
   echo "a 大于 b";
 else
   echo "a 不大于 b";
?>
```

注意：

else 语句仅在 if 以及 elseif（如果有的话）语句中的表达式的值为 False 时执行，它不可以单独使用。

3. if – elseif – else 语句

条件语句的第 3 种形式是 if – elseif – else，elseif 是 if 和 else 的组合。和 else 一样，它延伸了 if 语句，可以在原来的 if 表达式值为 False 时执行不同语句。但是和 else 不一样的是，它仅在 elseif 的条件表达式值为 True 时执行语句，语法如下：

```
if(exp1)
  statement1
elseif(exp2)
  statement2
elseif(exp3)
  …
else
  statementn
```

首先，对 expr1 求值，如果 expr1 的值为 True，则执行 statement1，如果值为 False，则对 expr2 求值，如果 expr2 的值为 True，则执行 statement2；如果值为 False，则对 expr3 求值，依次类推，如果所有的表达式的值都为 False，则执行 statementn。

这种情况的执行逻辑结构如图 2-24 所示。

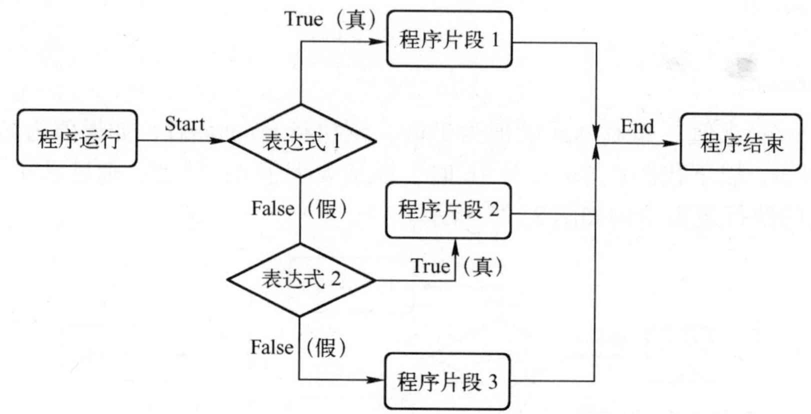

图 2-24　if - elseif - else 语句逻辑示意图

例如，以下代码将根据条件分别显示 a 大于 b，a 等于 b 和 a 小于 b：

```
<? php
  if( $a > $b){
    echo "a 大于 b";
  } elseif( $a == $b){
    echo "a 等于 b";
  } else {
    echo "a 小于 b";
  }
?>
```

注意：

elseif 也可以写成 else if（两个单词），它和 elseif（一个单词）的行为完全一样。

4. switch 语句

使用 switch 语句可以避免大量地使用 if-else 控制语句。switch 语句首先根据变量值得到一个表达式的值，然后根据表达式的值执行语句。switch 语句计算 expression 的值，然后和 case 后的值进行比较，跳转到第一个匹配的 case 语句开始执行后面的语句，如果没有 case 匹配就跳转到 default 语句执行，如果没有 default 语句，则退出。当找到匹配项的时候，解析器会一直运行，直到 switch 结尾或者遇见 break 语句为止。case 语句可以使用空语句。

PHP 提供了分支（switch）语句来直接处理多分支选择，语法如下：

```
switch(expr){
  case constant - expression:
```

```
        statement
        jump - statement
      [default:
        statement
        jump - statement
      ]
    }
```

其中的常量表达式（constant - expression）可以是任何求值为简单类型的表达式，即整型或浮点数以及字符串。

其逻辑结构如图 2-25 所示。

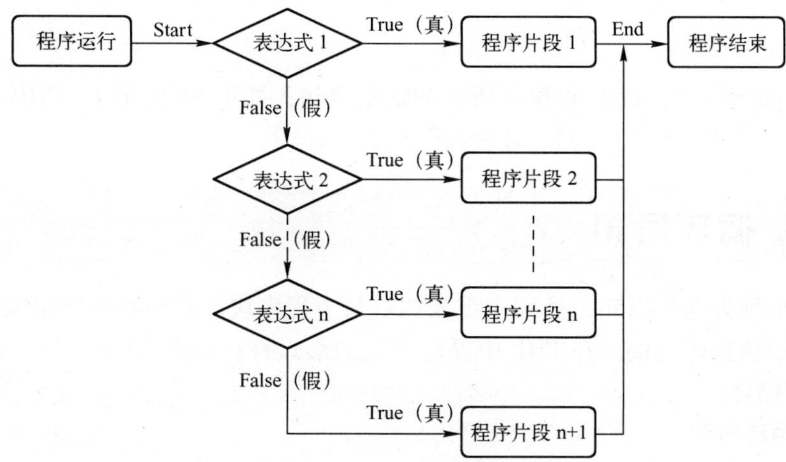

图 2-25 switch 语句逻辑结构

下面一段代码是 switch 语句的简单应用：

```
<?php
  switch($a){
    case 0:
      echo "a=0";
      break;
    case 1:
      echo "a=1";
      break;
    case 2:
      echo "a=2";
      break;
  }
?>
```

switch 语句一行接一行地执行（实际上是语句接语句）。开始时没有代码被执行，仅当一个 case 语句中的值和 switch 表达式的值匹配时，PHP 才开始执行语句，直到 switch 的程序段结束或者遇到第一个 break 语句为止。如果不在 case 的语句段最后写上 break 的话，PHP 将继续执行下一个 case 中的语句段。例如：

```
<? php
  switch( $a){
    case 0:
      echo "a=0";
    case 1:
      echo "a=1";
    case 2:
      echo "a=2";
  }
?>
```

这里如果 $a 等于 0，PHP 将执行所有的输出语句；如果 $a 等于 1，PHP 将执行后面两条输出语句。只有当 $a 等于 2 时，才会得到结果：a=2。

2.7.2 循环语句

循环语句也称为迭代语句，让程序重复执行某个程序块，直到某个特定的条件表达式结果为假时，结束执行语句块。在 PHP 中循环语句的形式有：while 循环、do-while 循环、for 循环和 foreach 循环。

1. while 循环语句

while 语句控制语句的循环执行。格式为：

```
while(expr)
    statement
```

只要 expr 的值为 True 就重复执行嵌套中的循环语句。每次开始循环时检查 expr 的值。有时如果 while 表达式的值一开始就是 False，则循环语句一次都不会执行。一般来说，在代码片段中会改变表达式中变量的值，否则可能成为死循环。图 2-26 所示为该语句的逻辑结构。

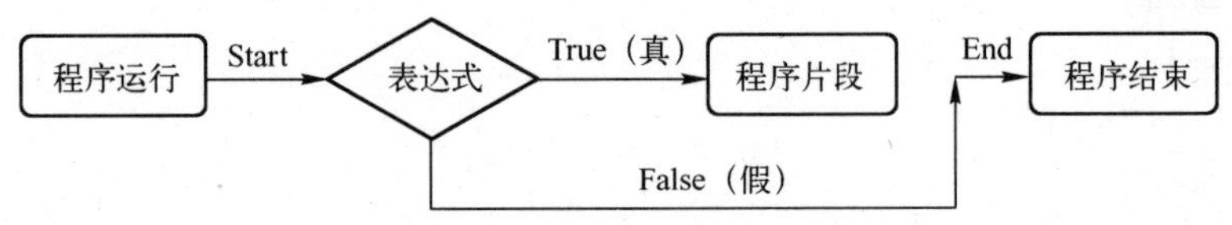

图 2-26　while 语句逻辑示意图

例如：

```
<? php
  $a=1;
  while( $a<=5){
    echo $a++;      // 从1~5依次输出
```

```
    }
?>
```

执行该程序后会输出从 1 ~5 的数字。

2. do – while 循环语句

do – while 语句和 while 语句基本一样。不同之处在于，while 语句在“{}”内的语句执行之前检查条件是否满足，而 do – while 语句则先执行“{}”内的语句，然后再判断条件是否满足，如果满足就继续循环，不满足就跳出循环。格式为

```
do
  statement
while(expr)
```

图 2-27 所示为该语句的逻辑结构。

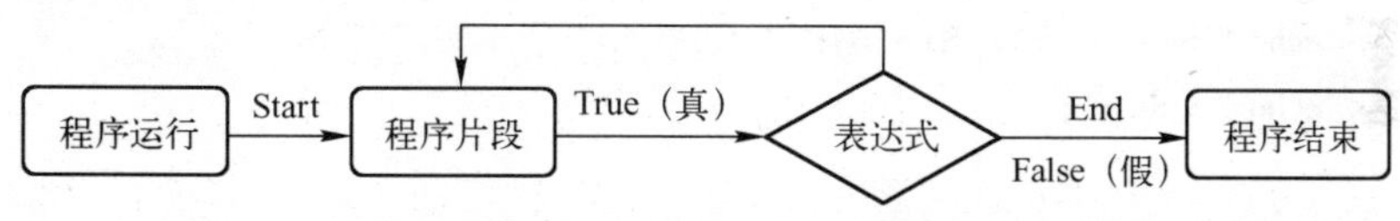

图 2-27　do – while 语句逻辑示意图

例如：

```
<? php
  $a =0;
  do {
    echo $a;
  }
while( $a >0);
?>
```

以上循环将正好运行一次，因为经过第一次循环后，当检查表达式的真值时，因其值为 False（$a 不大于 0）而导致循环终止。

3. for 循环语句

for 循环是 PHP 中最复杂的循环结构。for 循环的语法是：

```
for(expr1;expr2;expr3)
  statement
```

其中，第 1 个 expr1 在循环开始前无条件求值一次。第 2 个 expr2 在每次循环开始前求值，如果值为 True，则继续循环，执行嵌套的循环语句；如果值为 False，则终止循环。第 3 个 expr3 在每次循环之后被求值（执行）。每个表达式都可以为空。expr2 为空意味着将无限循环下去（和 C 一样，PHP 认为其值为 True），因为有时候会希望用 break 语句来结束循环，而不是用 for 的表达式真值判断。

图 2-28 所示为该语句的逻辑结构，表达式 2 为 True 则执行程序片段，其值在表达式 1 中初始化，在表达式 3 中进行修改。

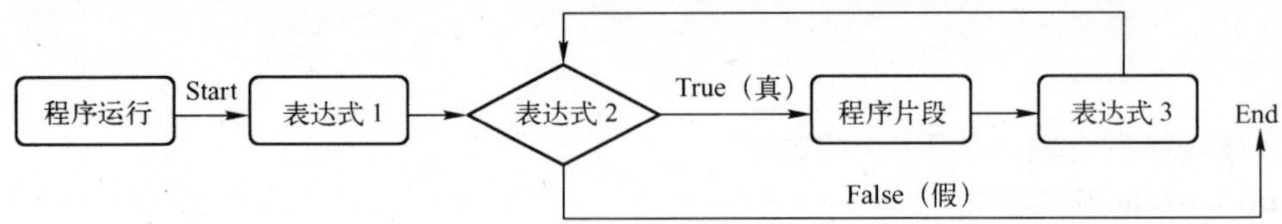

图 2-28 for 语句逻辑示意图

下面通过使用 for 循环语句输出九九乘法表：

```
<? php
  for( $i = 1; $i < 10; $i ++ )
    {
      for( $j = 1; $j < 10; $j ++ )
      {
        echo " $i * $j = ". $i * $j;
        echo "  " ;
      }
      echo " <br/ > ";
    }
? >
```

4. foreach 循环语句

foreach 语句是一种用来遍历数组中数据的简便方法。foreach 仅能用于数组，当试图将其用于其他数据类型或者一个未初始化的变量时会产生错误。foreach 语句有两种语法，第 2 种比较次要，但却是第 1 种的有用的扩展。

第 1 种语法：

```
foreach( array_expression as $value)
  statement
```

第 2 种语法：

```
foreach( array_expression as $key = > $value)
  statement
```

第 1 种语法格式遍历给定的 array_expression 数组。每次循环中，当前单元的值被赋给 $value，并且数组内部的指针向前移一步（因此下一次循环中将会得到下一个单元）。第 2 种格式做同样的事，只除了当前单元的键名也会在每次循环中被赋给变量 $key。其执行的逻辑结构如图 2-29 所示。

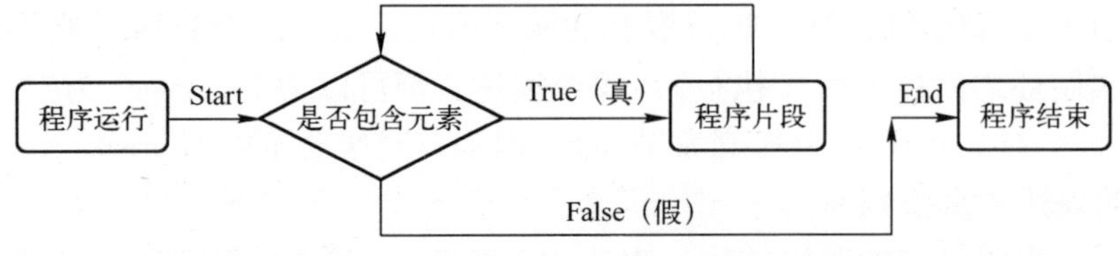

图 2-29 foreach 语句逻辑示意图

该语句的使用方法如下：

```
<? php
  $arr = array("one","two","three");
  foreach( $arr as  $value){
    echo "Value: $value <br /> \n";
  }
?>
```

此段代码的输出为：

```
Value: one
Value: two
Value: three
```

在这段代码中遍历数组使用的是 foreach 语句的第 1 种格式，也可以使用第 2 种格式。改写上面的代码如下：

```
<? php
  $arr = array("one","two","three");
  foreach( $arr as  $key => $value){
    echo "Key: $key;Value: $value <br /> \n";
  }?>
```

此段代码的输出为：

```
Key: 0;Value: one
Key: 1;Value: two
Key: 2;Value: three
```

2.7.3 其他语句

为了帮助程序员更加精确地控制整个流程，方便程序的设计，PHP 还提供了一些其他语句，这里做一下简单的介绍。

1）break 语句。break 语句用来结束当前的 for、while 或 switch 循环结构，继续执行下面的语句。break 语句后面可以跟一个数字，用于在嵌套的控制结构中表示跳出控制结构的层数。

2）continue 语句。continue 语句用来跳出循环体，不继续执行循环体下面的语句，而是回到循环判断表达式，并决定是否继续执行循环体。continue 语句后面同样可以跟一个数字，其作用和 break 语句相同。

3）return 语句。return()语句通常用于函数中，如果在一个函数中调用 return()语句，将立即结束此函数的执行并将它的参数作为函数的值返回。

4）include()语句和 require()语句。包含并运行指定文件。require()和 include()除了处理失败之外，在其他方面都完全一样。include()产生一个警告，而 require()则导致一个致命错误。也就是说，如果想在丢失文件时停止处理页面，应该使用 require()，而 include()则会继续执行脚本，同时也要确认设置了合适的 include_path。

5）require_once()语句和 include_once()语句。require_once()语句和 include_once()语句分别对应 require()语句和 include()语句。require_once()语句和 include_once()语句主要用于需要包含多个文件时，可以有效地避免把同一段代码包含进去而出现函数或变量重复定义的错误。

Section

2.8 PHP 的函数

程序在完成一个功能时，可以把众多的程序写在一起，但这样容易引起混乱。另一种策略就是把总的功能分成小的功能模块，把每一个模块分别实现，在总的框架中根据需要把模块搭建在一起。实现程序模块化的策略就是使用函数，直观来说，函数就是代表一组语句的标识符，在使用函数时，外部调用者不需要关心函数的内部处理过程，只需要关心函数的输入和输出接口的应用。函数可以简单地分为两大类：一类是系统函数，一类是用户自定义函数。对于系统函数，可以在需要时直接选择使用，而用户自定义函数，首先要定义，然后才能使用。本节的重点是如何定义并使用用户自定义函数，主要包括函数定义的一般形式、函数的参数和返回值、函数的嵌套和递归等。

2.8.1 使用函数

一个函数可由以下的语法来定义：

```
function funcName([ $arg_1][, $arg_2][,…][, $arg_n]){
  statement
}
```

定义函数时需要使用 function 关键字，之后是函数名，有效的函数名必须以字母或下画线打头，后面跟字母、数字或下画线。$arg_1 到 $arg_n 为函数的可选参数列表，不同的参数之间用逗号分隔。在函数内部可以放置任何有效的 PHP 代码，甚至包括其他函数和类定义。

例如：

```
<? php
function maxNum( $a, $b){
 $c = $a > $b? $a: $b;
return $c;
}
echo maxNum(10,100);//输出:100
? >
```

上面的一段代码也可以写成：

```
<? php
```

```
echo maxNum(10,100);//输出:100
function maxNum( $a, $b){
 $c = $a > $b? $a: $b;
return $c;
}
?>
```

2.8.2 设置函数参数

通过函数参数列表可以传递信息到函数。PHP 支持按值传递参数，通过引用传递以及默认参数。默认情况下，函数参数通过值传递，即若在函数内部改变了参数的值，也不会影响到函数外部的值。

例如：

```
<? php
function change( $string){
    $string = "改变之后";
}
 $str = "改变之前";
change( $str);
echo $str;
?>
```

这段代码的输出为“改变之前”。尽管在函数内部改变了参数 $string 的值，也没有影响到函数外部 $str 的值。如果希望允许函数修改它的参数值，必须通过引用传递参数，方法是在函数定义中该参数的前面预先加上“&”符号。

修改上面的代码如下：

```
<? php
function change(& $string){
    $string = "& 改变之后";
}
 $str = "改变之前";
change( $str);
echo $str;
?>
```

这段代码的输出为“改变之后”。在函数内部改变了参数 $string 的值，也影响到了函数外部 $str 的值。前后两段代码的唯一区别就是，后面一段代码的参数传递是引用传递，即在函数定义中的参数前面加上了“&”符号。

2.8.3 返回函数值

所有的函数都可以有返回值，也可以没有返回值，主要是通过使用可选的 return()语句返回值。任何类型都可以返回，其中包括列表和对象。这导致函数立即结束运行，并且将控制权传递回被调用的行。

举例如下：

```
<? php
  $num1 = 100;
  $num2 = 200;
echo "最大的是". maxNum( $num1, $num2);        // 输出:最大的是 200
function maxNum( $a, $b){
if( $a < $b) $a = $b;
return $a;
}
?>
```

2.8.4 函数嵌套和递归

PHP 中的函数可以嵌套地定义和调用。所谓嵌套定义，就是在定义一个函数时，其函数体内又包含另一个函数的完整定义。这个内嵌的函数只能在包含它的函数被调用之后才会生效，举例如下：

```
<? php
function foo()
{
  function bar()
  {
    echo "并没有关闭直到 foo()函数被应用.";
  }
}
/* 不能嵌套应用 bar()函数,因为它并没有被关闭. */
foo();
/* 现在可以应用 bar()函数,
  foo()'s 的进程允许使用. */
bar();
?>
```

这段代码的输出为"并没有关闭、直到 foo()函数被应用。"。

所谓嵌套调用，就是在调用一个函数的过程中，又调用另一个函数。举例如下：

```
<? php
$num1 = 100;
$num2 = 200;
myoutput( $num1, $num2);
function myoutput( $a, $b){
echo "最大的是 ". maxNum( $a, $b);
```

```
}
function maxNum( $a, $b){
if( $a < $b) $a = $b;
return $a;
}
?>
```

这段代码的输出是“最大的是200”。在此段代码中首先调用的 myoutput( )，而在调用这个函数的过程中，又调用了另一个函数 maxNum( )，这就是函数的嵌套调用。

PHP 中还允许函数的递归调用，即在调用一个函数的过程中又直接或间接地调用该函数本身。举例如下：

```
<? php
  recursion(5);
function recursion( $a)
{
  if( $a <=10){
    echo " $a ";
    recursion( $a +1);
  }
}
?>
```

这段代码的输出是数字5，6，7，8，9，10。在此段代码中首先调用的 recursion( )，而在调用这个函数的过程中，如果参数的值小于等于10，则又调用此函数本身，这就是函数的递归调用。嵌套和递归的应用在使用 PHP 进行一些结算系统的应用时经常使用到，需要读者举一反三，清晰地掌握逻辑关系后才可以进行应用，否则经常容易出现死循环。

Section 2.9 PHP 和 MySQL 数据库的操作

要想快速成为 PHP 网页编程高手，核心掌握 PHP 和 MySQL 的数据库操作是非常重要的。一般 PHP 实现对 MySQL 的操作主要包括连接、创建、插入、选择、查询、排序、更新以及删除等操作。下面就分别介绍一下实现这些功能的函数命令。

2.9.1 连接数据库 mysql_connect( )

在能够访问并处理数据库中的数据之前，必须创建到达数据库的连接。在 PHP 中，这个任务通过 mysql_connect( )函数完成。

语法：mysql_connect(servername,username,password)

举例如下。

在下面的例子中，在一个变量中（$conn）存放了在脚本中供稍后使用的连接。如果连接失败，将执行 die 部分。

```
<?php
$conn = mysql_connect("localhost","root","admin");
if(!$conn)
  {
  die('不能连接数据库:'. mysql_error());
  }
?>
```

脚本一结束，就会关闭连接。如需提前关闭连接，使用 mysql_close()函数实现。

```
<?php
$conn = mysql_connect("localhost","root","admin");
if(!$conn)
  {
  die('不能连接数据库：'. mysql_error());
  }
mysql_close($conn);
?>
```

2.9.2 创建数据库 CREATE

CREATE DATABASE 语句用于在 MySQL 中创建数据库。

语法：CREATE DATABASE database_name

为了让 PHP 执行上面的语句，必须使用 mysql_query()函数。此函数用于向 MySQL 连接发送查询或命令。

举例如下。

在下面的例子中，创建了一个名为 my_db 的数据库：

```
<?php
$conn = mysql_connect("localhost","root","admin");
if(!$conn)
  {
  die('不能连接数据库：'. mysql_error());
  }
if(mysql_query("CREATE DATABASE my_db",$conn))
  {
  echo "Database created";
  }
else
  {
  echo "Error creating database:" . mysql_error();
  }
```

```
mysql_close( $conn);
?>
```

CREATE TABLE 用于在 MySQL 中创建数据库表。

语法：

```
CREATE TABLE table_name
(
column_name1 data_type,
column_name2 data_type,
column_name3 data_type,
……
)
```

为了执行此命令，必须向 mysql_query()函数添加 CREATE TABLE 语句。

举例如下。

下例展示了如何创建一个名为 Persons 的表。此表有 3 列，列名是 FirstName，LastName 以及 Age：

```
<? php
$conn = mysql_connect("localhost","root","admin");
if(! $conn)
  {
  die('不能连接数据库：'. mysql_error());
  }
if(mysql_query("CREATE DATABASE my_db", $conn))
  {
  echo "Database created";
  }
else
  {
  echo "Error creating database: " . mysql_error();
  }
mysql_select_db("my_db", $conn);
$sql = "CREATE TABLE Persons
(
FirstName varchar(15),
LastName varchar(15),
Age int
)";
mysql_query( $sql, $conn);
mysql_close( $conn);
?>
```

在创建表之前，首先必须选择数据库。通过 mysql_select_db()函数选择数据库。当创建

varchar 类型的数据库字段时，必须规定该字段的最大长度，例如 varchar(15)。MySQL 各种数据类型表如表 2-8 ~ 表 2-11 所示。

表 2-8　MySQL 数据类型表

数值类型	描　述
int(size) smallint(size) tinyint(size) mediumint(size) bigint(size)	仅支持整数 在 size 参数中规定数字的最大值
decimal (size, d) double (size, d) float (size, d)	支持带有小数的数字 在 size 参数中规定数字的最大值。在 d 参数中规定小数点右侧的数字的最大值

表 2-9　文本数据类型表

文本数据类型	描　述
char(size)	支持固定长度的字符串。(可包含字母、数字以及特殊符号) 在 size 参数中规定固定长度
varchar(size)	支持可变长度的字符串 (可包含字母、数字以及特殊符号) 在 size 参数中规定最大长度
tinytext	支持可变长度的字符串，最大长度是 255 个字符
text blob	支持可变长度的字符串，最大长度是 65535 个字符
mediumtext mediumblob	支持可变长度的字符串，最大长度是 16777215 个字符
longtext longblob	支持可变长度的字符串，最大长度是 4294967295 个字符

表 2-10　日期数据类型表

日期数据类型	描　述
date (yyyy-mm-dd) datetime (yyyy-mm-dd hh:mm:ss) timestamp (yyyymmddhhmmss) time (hh:mm:ss)	支持日期或时间

表 2-11　杂项数据类型表

杂项数据类型	描　述
enum(value1,value2,ect)	enum 是 enumerated 列表的缩写。可以在括号中存放最多 65535 个值
set	set 与 enum 相似。但是，set 可拥有最多 64 个列表项目，并可存放不止一个 choice

每个表都应有一个主键字段。主键用于对表中的行进行唯一标识，每个主键值在表中必

须是唯一的。此外，主键字段不能为空，这是由于数据库引擎需要一个值来对记录进行定位。主键字段永远要被编入索引，这条规则没有例外，必须对主键字段进行索引，这样数据库引擎才能快速定位给予该键值的行。

下面的例子把 personID 字段设置为主键字段。主键字段通常是 ID 号，且通常使用 AUTO_INCREMENT 设置。AUTO_INCREMENT 会在新纪录被添加时逐一增加该字段的值。要确保主键字段不为空，必须向该字段添加 NOT NULL 设置。

举例如下。

```
$sql = "CREATE TABLE Persons
(
personID int NOT NULL AUTO_INCREMENT,
PRIMARY KEY(personID),
FirstName varchar(15),
LastName varchar(15),
Age int
)";
mysql_query( $sql, $conn);
```

2.9.3 插入数据 INSERT INTO

INSERT INTO 语句用于向数据库表添加新记录。

语法：

```
INSERT INTO table_name
VALUES(value1,value2,…)
```

还可以规定希望在其中插入数据的列：

```
INSERT INTO table_name(column1,column2,…
VALUES(value1,value2,…)
```

SQL 语句对大小写不敏感。INSERT INTO 与 insert into 相同。为了让 PHP 执行该语句，必须使用 mysql_query() 函数。该函数用于向 MySQL 连接发送查询或命令。

举例如下。

在前面创建了一个名为 Persons 的表，有 3 列：Firstname、Lastname 以及 Age。将在下例中使用同样的表。下面的例子向 Persons 表添加了 2 个新记录：

```
<? php
$conn = mysql_connect("localhost","root","admin");
if(! $conn)
  {
  die('不能连接数据库：'. mysql_error());
  }
mysql_select_db("my_db", $conn);
```

```
mysql_query("INSERT INTO Persons(FirstName,LastName,Age)
VALUES('chen','yicai','35')");
mysql_query("INSERT INTO Persons(FirstName,LastName,Age)
VALUES('yu','heyun','28')");
mysql_close($conn);
?>
```

2.9.4 选取数据 SELECT

SELECT 语句用于从数据库中选取数据。

语法：

```
SELECT column_name(s)FROM table_name
```

为了让 PHP 执行上面的语句，必须使用 mysql_query()函数。该函数用于向 MySQL 发送查询和命令。

举例如下。

下面的例子选取存储在 Persons 表中的所有数据（* 字符选取表中所有数据）：

```
<?php
$conn = mysql_connect("localhost","root","admin");
if(!$conn)
  {
  die('不能连接数据库：'. mysql_error());
  }
mysql_select_db("my_db", $conn);
$result = mysql_query("SELECT * FROM Persons");
while($row = mysql_fetch_array($result))
  {
  echo $row['FirstName'] . " " . $row['LastName'];
  echo "<br />";
  }
mysql_close($conn);
?>
```

上面这个例子在 $result 变量中存放由 mysql_query()函数返回的数据。接下来，使用 mysql_fetch_array()函数以数组的形式从记录集返回第 1 行。随后对 mysql_fetch_array()函数的每次调用都会返回记录集中的下一行。while loop 语句会循环记录集中的所有记录。为了输出每行的值，使用了 PHP 的 $row 变量($row['FirstName'] 和 $row['LastName'])。

2.9.5 条件查询 WHERE

如需选取匹配指定条件的数据，请向 SELECT 语句添加 WHERE 子句。

语法：

```
SELECT column FROM table
WHERE column operator value
```

下面如表 2-12 所示的运算符可与 WHERE 子句一起使用。

表 2-12　可用于查询的运算符

运　算　符	说　　明	运　算　符	说　　明
=	等于	>=	大于或等于
!=	不等于	<=	小于或等于
>	大于	BETWEEN	介于一个包含范围内
<	小于	LIKE	搜索匹配的模式

为了让 PHP 执行上面的语句，必须使用 mysql_query()函数。该函数用于向 SQL 连接发送查询和命令。

举例如下。

下面的例子将从 Persons 表中选取所有 FirstName='Root'的行：

```
<? php
$conn = mysql_connect("localhost","root","admin");
if(! $conn)
  {
  die('不能连接数据库：'. mysql_error());
  }
mysql_select_db("my_db", $conn);
$result = mysql_query("SELECT * FROM Persons
WHERE FirstName = 'chen'");

while( $row = mysql_fetch_array( $result))
  {
  echo $row['FirstName'] . " " . $row['LastName'];
  echo "<br />";
  }
?>
```

2.9.6 数据排序 ORDER BY

ORDER BY 关键词用于对记录集中的数据进行排序。

语法：

```
SELECT column_name(s)
FROM table_name
ORDER BY column_name
```

举例如下。

下面的例子选取 persons 表中存储的所有数据，并根据 Age 列对结果进行排序：

```
<? php
$conn = mysql_connect("localhost","root","admin");
if(!$conn)
  {
  die('不能连接数据库：'. mysql_error());
  }
mysql_select_db("my_db", $conn);
$result = mysql_query("SELECT * FROM Persons ORDER BY Age");
while( $row = mysql_fetch_array( $result))
  {
  echo $row['FirstName'];
  echo " ". $row['LastName'];
  echo " ". $row['Age'];
  echo "<br />";
  }
mysql_close( $conn);
?>
```

如果使用 ORDER BY 关键词，记录集的排序顺序默认是升序（1 在 9 之前，a 在 p 之前）。使用 DESC 关键词来设定降序排序（9 在 1 之前，p 在 a 之前）：

```
SELECT column_name(s)
FROM table_name
ORDER BY column_name DESC
```

可以根据两列进行排序，也可以根据多个列进行排序。当按照多个列进行排序时，只有第 1 列相同时才使用第 2 列：

```
SELECT column_name(s)
FROM table_name
ORDER BY column_name1,column_name2
```

2.9.7 更新数据 UPDATE

UPDATE 语句用于在数据库表中修改数据。

语法：

```
UPDATE table_name
SET column_name = new_value
WHERE column_name = some_value
```

SQL 对大小写不敏感，UPDATE 与 update 等效。为了让 PHP 执行上面的语句，必须使用 mysql_query()函数。该函数用于向 SQL 连接发送查询和命令。

举例如下。

下面的例子更新 Persons 表的一些数据：

```
<? php
$conn = mysql_connect("localhost","root","admin");
if(! $conn)
  {
  die('不能连接数据库：'. mysql_error());
  }
mysql_select_db("my_db", $conn);
mysql_query("UPDATE Persons SET Age = '38 '
WHERE FirstName = 'chen 'AND LastName = 'yicai '");
mysql_close( $conn);
?>
```

2.9.8 删除数据 DELETE FROM

DELETE FROM 语句用于从数据库表中删除记录。

语法：

```
DELETE FROM table_name
WHERE column_name = some_value
```

为了让 PHP 执行上面的语句，必须使用 mysql_query()函数。该函数用于向 SQL 连接发送查询和命令。

举例如下。

```
<? php
$conn = mysql_connect("localhost","root","admin");
if(! $conn)
  {
  die('不能连接数据库：'. mysql_error());
  }
mysql_select_db("my_db", $conn);
mysql_query("DELETE FROM Persons WHERE LastName = 'yicai '");
mysql_close( $conn);
?>
```

本小节介绍了 PHP 实现 MySQL 数据库的一些常用操作，读者在学习的时候一定要认真编写每一行的代码，养成良好的规范，方便今后的提高学习。

第3章 Dreamweaver+PHP 开发基础

对于初学者而言，学习 PHP 入门最好的方法就是使用 Dreamweaver 配合 MySQL 进行动态系统的开发。之所以说它是最好的方法是因为可以用 Dreamweaver 内置的服务器行为将静态的网页和后台的 MySQL 数据库关联起来，成为动态的 PHP 网页。Dreamweaver 提供了方便的图形化界面，只需使用鼠标选择，输入一些基本设置参数就能够与 MySQL 数据库交互，实现建立数据、查询记录、新增记录、更新记录、删除记录等操作，简单地说，不用自己写程序即可以实现 Dreamweaver + MySQL 动态系统的开发。本章将介绍如何使用这些服务器行为，引导大家去阅读由 Dreamweaver 所产生的程序代码，了解 Dreamweaver 的程序逻辑，同时掌握 PHP 动态网页开发的基础和一些重要的概念。

从入门到精通

主要掌握以下知识点：

- 掌握 Dreamweaver 进行 PHP 开发的流程
- 搭建 PHP 动态系统开发的平台
- 检查数据库记录的常见操作
- 编辑记录的常见操作

Section 3.1 Dreamweaver 动态网页制作步骤

使用 Dreamweaver 中的服务器行为可以快速实现 PHP、ASP 以及 JSP 等动态网站的功能开发。对于初学者而言不用掌握相关的程序编写，只需要掌握一定的操作顺序，了解相关的服务器行为即可以轻松实现动态网站的建设。设计使用 Dreamweaver 成功进行 PHP 动态网页的制作并创建一个动态 Web 站点，可以用如下几个关键步骤来进行。

一、设计静态 PHP 页面

在设计任何 Web 站点（无论是静态的还是动态的）时的一个关键步骤是页面视觉效果的设计。当向网页中添加动态元素时，页面的设计对于其可用性至关重要。要仔细考虑用户将如何与各个页面和整个 Web 站点进行交互。

将动态内容合并到网页的常用方法是创建一个显示内容的表格，然后将动态内容导入该表格的一个或多个单元格中。利用此方法，可以用一种结构化的格式来表示各种类型的信息。

二、创建动态内容源

动态 Web 站点需要一个内容源，在将数据显示在网页上之前，动态 Web 站点需要从该内容源提取这些数据。能在网页中使用内容源之前，必须执行以下操作。

1）创建动态内容源（如数据库）与处理该页面的应用程序服务器之间的连接。使用“绑定”面板创建数据源，然后可以选择数据源并将其插入到页面中。

2）通过创建记录集，指定要显示的数据库中的信息，或指定希望在该页面中包括的变量。还可以在记录集对话框内测试查询，并可以进行任何必要的调整，然后再将其添加到“绑定”面板。

3）选择动态内容元素并将其插入到选定页面。

三、向网页添加动态内容

定义记录集或其他数据源并将其添加到“绑定”面板后，可以将该记录集所代表的动态内容插入到页面中。Dreamweaver 的菜单驱动型界面使得添加动态内容元素非常简单，只需从“绑定”面板中选择动态内容源，然后将其插入到当前页面内的相应文本、图像或表单对象中即可。

将动态内容元素或其他服务器行为插入到页面中时，Dreamweaver 会将一段服务器端脚本插入到该页面的源代码中。该脚本指示服务器从定义的数据源中检索数据，然后将数据呈现在该网页中。若要在网页中放置动态内容，请执行以下操作之一。

1）将其放在“代码”视图或“设计”视图中的插入点处。

2）替换文本字符串或其他占位符。

3）将其插入到 HTML 属性中。例如，动态内容可以定义图像的 src 属性或表单域的 value 属性。

四、向页面添加服务器行为

除了添加动态内容外，还可以通过使用服务器行为将复杂的应用程序逻辑结合到网页中。服务器行为是预定义的服务器端代码片段，这些代码向网页添加应用程序逻辑，从而提供更强的交互性能和功能。

Dreamweaver 服务器行为可以向 Web 站点添加应用程序逻辑，而不必亲自编写代码。随 Dreamweaver 提供的服务器行为支持 ColdFusion、ASP 和 PHP 文档类型。服务器行为经过精心编写和仔细测试，达到快速、安全和可靠的目的。内置服务器行为支持跨平台网页，适用于所有浏览器。

Dreamweaver 提供指向并单击（point - and - click）界面，这种界面使得将动态内容和复杂行为应用到页面就像插入文本元素和设计元素一样简单。可使用的服务器行为如下所述。

1）定义来自现有数据库的记录集。所定义的记录集随后存储在“绑定”面板中。

2）在一个页面上显示多条记录。可以选择整个表、包含动态内容的各个单元格或各行，并指定要在每个页面视图中显示的记录数。

3）创建动态表并将其插入到页面中，然后将该表与记录集相关联。以后可以分别使用属性检查器和重复区域服务器行为来修改表的外观和重复区域。

4）在页面中插入动态文本对象。插入的文本对象是来自预定义记录集的项，可以对其应用任何数据格式。

5）创建记录导航和状态控件、主/详细页面以及用于更新数据库中信息的表单。

6）显示来自数据库记录的多条记录。

7）创建记录集导航链接，这种链接允许用户查看来自数据库记录的前面或后面的记录。

8）添加记录计数器，以帮助用户跟踪返回的记录数以及其在返回结果中所处的位置。

9）还可以通过编写自己的服务器行为或者安装由第三方编写的服务器行为来扩展 Dreamweaver 服务器行为。

五、测试和调试页面

在将动态页或整个 Web 站点发布到 Web 上之前，应首先测试其功能。通过测试可以检查程序开发的结果，如果出现错误要及时进行更改。

Section 3.2 搭建 PHP 动态系统平台

上述的 PHP 动态网页开发其实很简单，本章就以实例的形式具体介绍 Dreamweaver 中服务器行为的使用方法。在开始制作一个 PHP 网站之前，需要在 Dreamweaver 中定义一个新网站。在“新建站点”中可以让 Dreamweaver 知道现在的网站本地目录及测试的路径等信息，另外一项工作就是数据库的创建工作。

3.2.1 系统结构设计

“PHP 动态功能”的系统结构设计如图 3-1 所示。本系统主要的结构分成用户登录入口与找回密码入口两个部分，其中 index. php 是这个网站的首页。

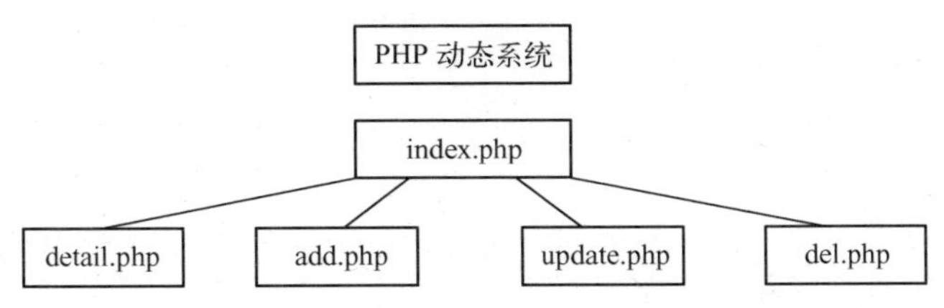

图 3-1　PHP 动态系统结构图

在本地的计算机设置站点服务器，在 Dreamweaver CC 的网站环境中可以按〈F12〉键来浏览网页，还可以在 IE 浏览器输入“http://localhost/phpweb/index. php”来打开用户系统的首页 index. php，其中 phpweb 为站点名。

在实例中，会使用到以下 5 个页面，整个网站的架构就如表 3-1 所示。

表 3-1　PHP 动态功能网页设计表

页面名称	功　能	页面名称	功　能
index. php	系统首页用来显示记录清单	update. php	更新记录页面
detail. php	显示记录详细信息页面	del. php	删除记录页面
add. php	添增记录页面		

index. php 用于浏览数据库内记录，为 detail. php 提供附带 URL 参数 ID 的超级链接，便于查看详细的记录信息，如图 3-2 所示。

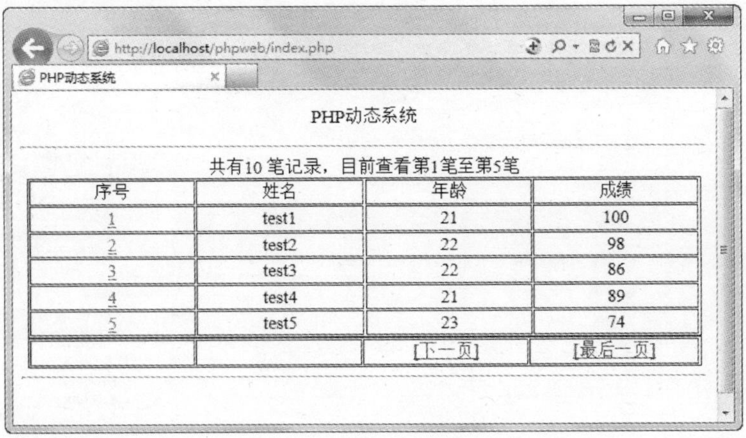

图 3-2　index 页面效果

detail. php 用于接收由 index. php 传来的 URL 参数 ID，利用 URL 参数筛选数据库中的记录。更新与删除记录都是依据数据库中的主键字段 ID 来识别记录的，如图 3-3 所示。

当制作一个 PHP 动态网站时，事前规划网站的架构是一件很重要的事情。这个网站在设计人员的脑子里要有一个雏形，如大概有哪些页面、页面间的关系如何等。数据库的架构规划也是一样的，如要有哪些数据表、字段，如何跟网页配合等，都是很重要的事情。

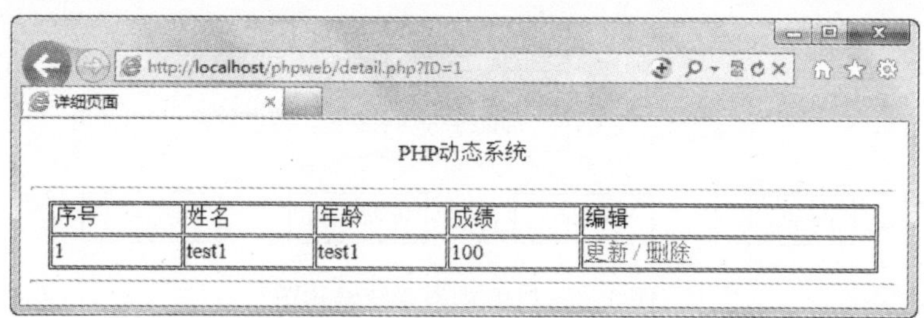

图 3-3 detail. php 页面效果

3.2.2 创建用户数据库

PHP 动态系统的功能分析发现，这个数据库应该包括 ID、姓名、年龄、成绩 4 个字段。所以在数据库中必须包含一个容纳上述信息的表，将数据库命名为 phpweb。接下来要在 MySQL 建立网站数据库作为任何数据查询、新增、修改与删除的后端支持。制作的步骤如下。

1）在 IE 浏览器中输入 "http://127.0.0.1/phpmyadmin/"，输入 MySQL 的用户名和密码（xammp 默认环境下可以直接登录）。单击"执行"按钮即可以进入软件的管理界面，选择相关数据库可看到数据库中的各表，可进行表、字段的增删改，可以导入、导出数据库信息，如图 3-4 所示。

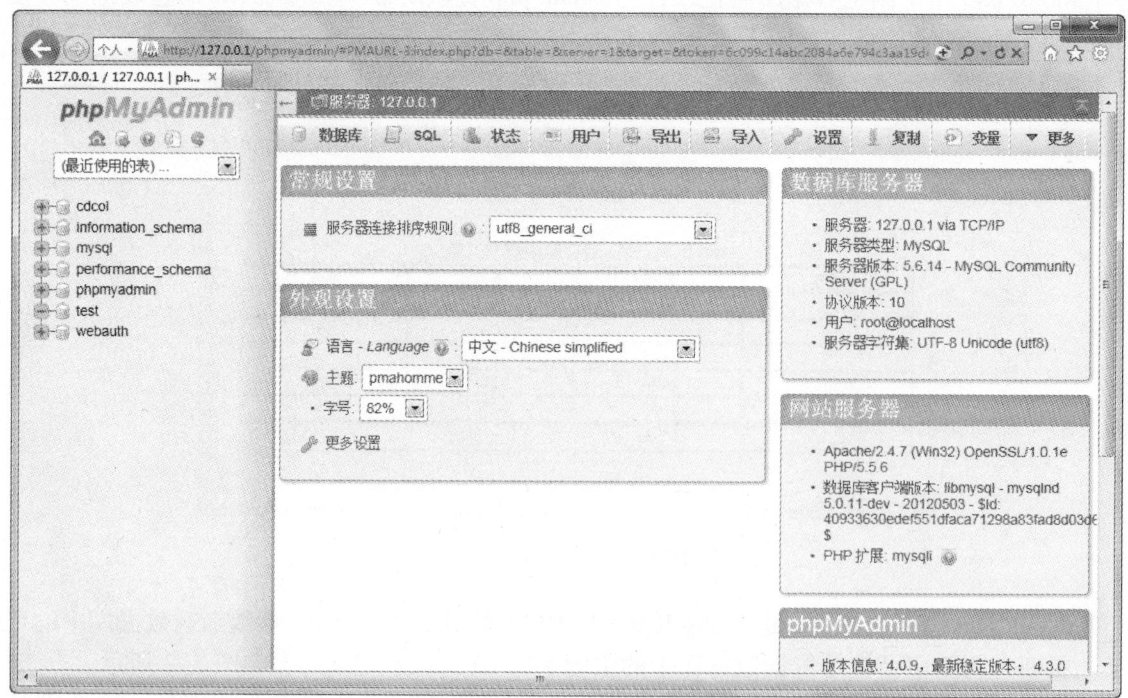

图 3-4 软件的管理界面

2）单击 数据库 命令，打开本地的"数据库"管理页面，在"新建数据库"文本框中输入数据库的名称 phpweb，单击后面的数据库类型下拉列表框，在弹出的下拉菜单中选择 utf8_general_ci 选项，如图 3-5 所示。

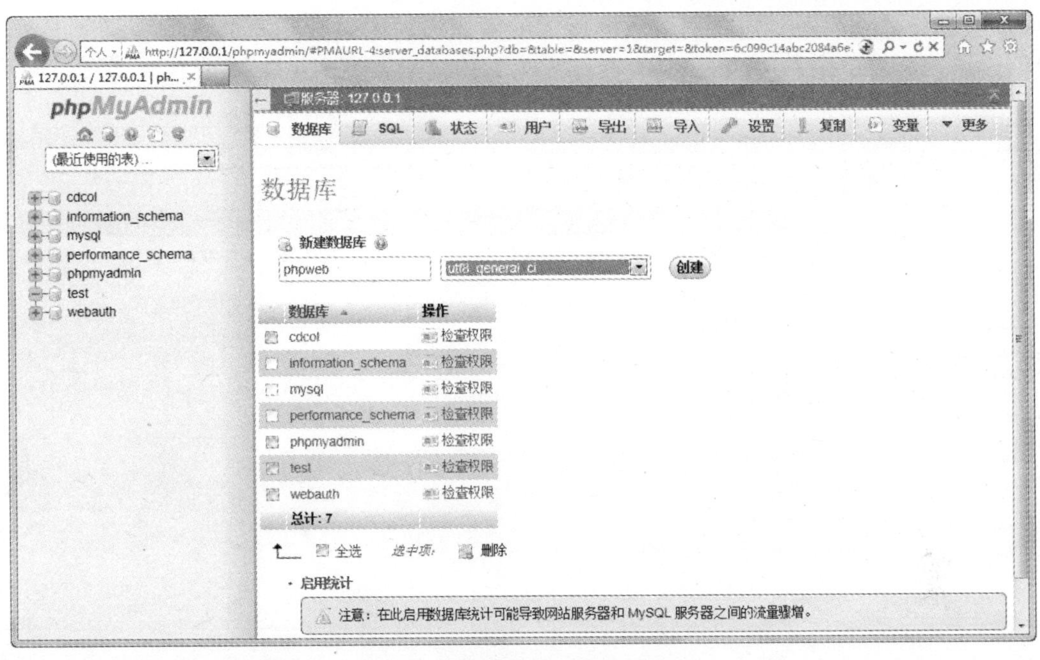

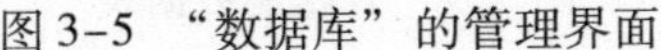
图 3-5 “数据库”的管理界面

UTF8 是数据库的编码格式，通常在开发 PHP 动态网站的时候 Dreamweaver 默认的格式就是 UTF8 格式，在创建数据库的时候也要保证数据库储存的格式和网页调用的格式一样，这里要介绍一下 utf8_bin 和 utf8_general_ci 的区别。其中 ci 是 case insensitive，即“大小写不敏感”，a 和 A 在字符判断中会被当做一样的；bin 是二进制，a 和 A 会被区别对待。

3）单击“创建”按钮，返回“常规设置”页面，在数据库列表中就已经建立了 phpweb 的数据库，如图 3-6 所示。

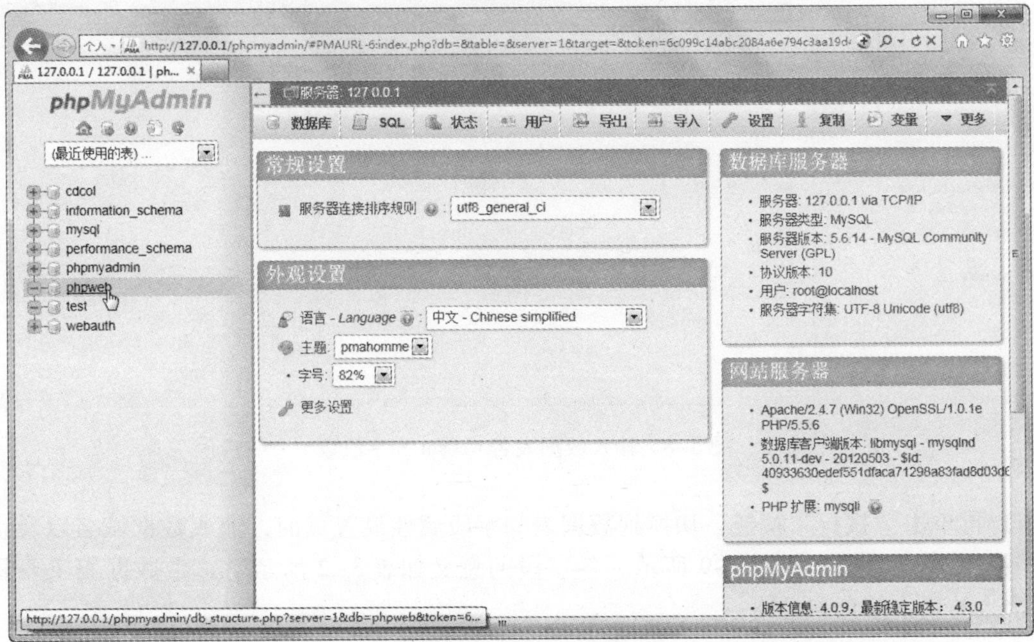

图 3-6 创建后的页面

4）数据库建立后还要建立网页数据所需的数据表。网站数据库的数据表是 websql。建立数据库后，接着单击左边的 phpweb 数据库将其连接上，如图 3-7 所示。

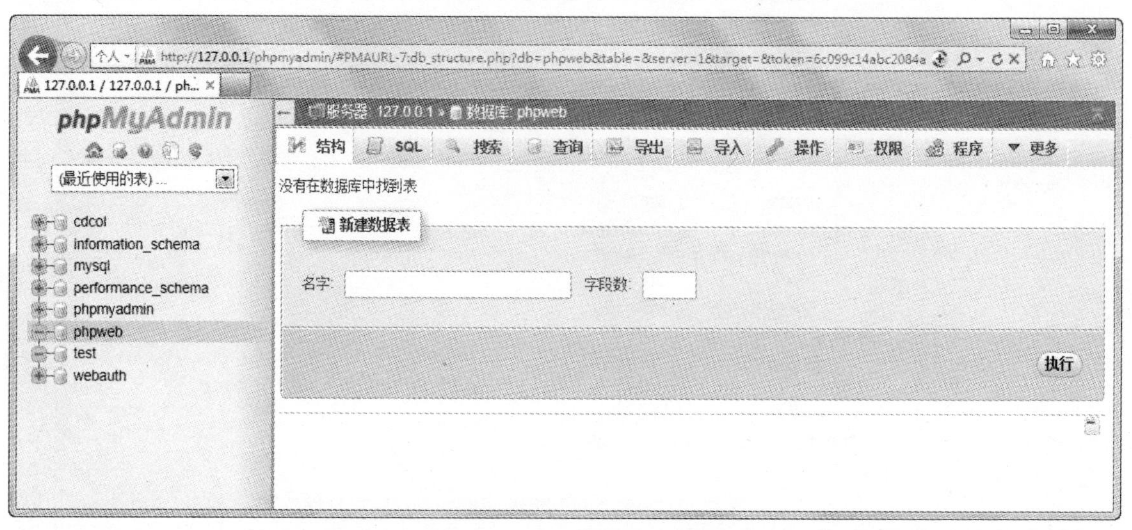

图 3-7　开始建数据表

5）打开数据库右方画面会出现“新建数据表”的设置区域，含有“名字”、“字段数”两个文本框，在“名字”中输入数据表名 websql，“字段数”文本框中输入本数据表的字段数为 4，表示将创建 4 个字段来储存数据，如图 3-8 所示。

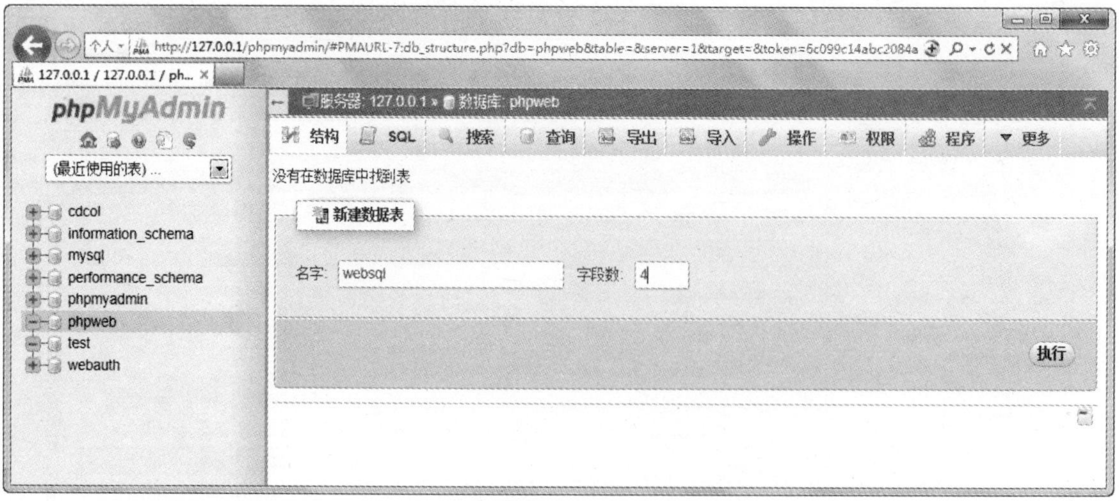

图 3-8　输入数据表名 websql 和字段数

6）再单击“执行”按钮，切换到数据表的字段属性设置页面，输入数据域名以及设置数据域位的相关数据，如图 3-9 所示。各字段的意义如表 3-2 所示。这个数据表主要是记录每个人的基本信息和成绩。

表 3-2 websql 数据表

字段名称	字段类型	字段大小	说明
ID	int	11	自动编号
name	varchar	20	个人姓名
age	tinyint	4	个人年龄
Result	varchar	20	个人成绩

图 3-9 设置数据库字段属性

7）最后再单击“保存”按钮，切换到“结构”页面。将要使用的数据库建立完毕，如图 3-10 所示。

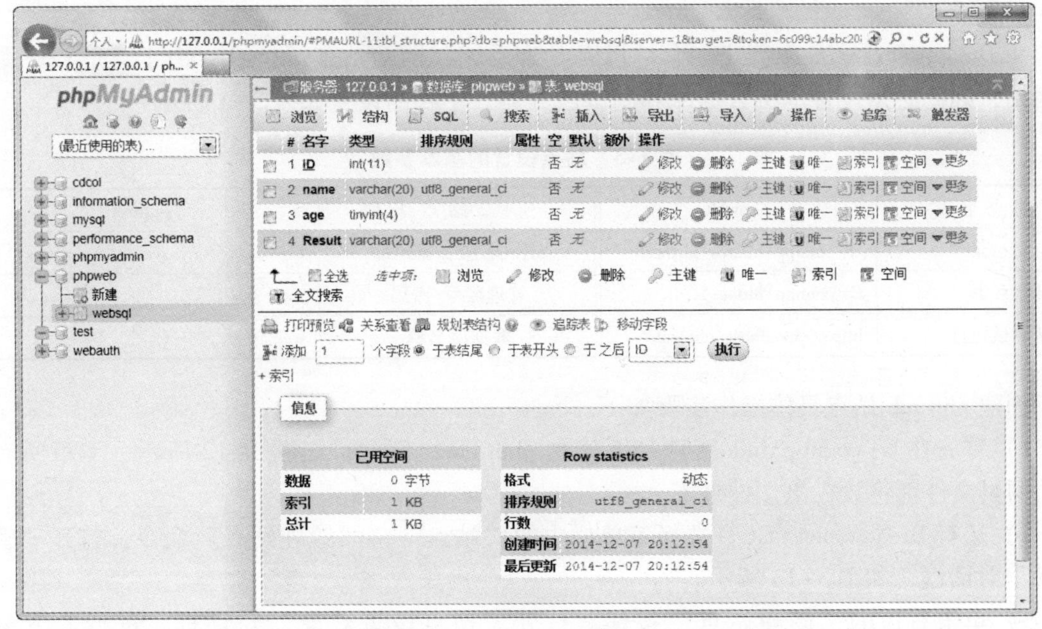

图 3-10 建立的数据库页面

8）为了页面制作的调用需要，可以先在数据表里加入 10 笔数据，在数据表手动加入名为 test1 ~ test10 的 10 个测试姓名，年龄和成绩也编辑不同的数据，如图 3-11 所示。

图 3-11　加入 10 笔数据

3.2.3　定义 phpweb 站点

在 Dreamweaver CC 中创建一个“PHP 动态系统”网站站点 phpweb，由于这是 PHP 数据库网站，因此必须设置本机数据库和测试服务器，主要的设置如表 3-3 所示。

表 3-3　站点设置的基本参数

站 点 名 称	phpweb	站 点 名 称	phpweb
本机根目录	C:\xampp\htdocs\phpweb	MySQL 服务器地址	C:\xampp\mysql\ data\phpweb
测试服务器	C:\xampp\htdocs\	管理账号/密码	root/空
网站测试地址	http://localhost/phpweb/	数据库名称	websql

创建 phpweb 站点具体操作步骤如下。

1）首先在 C:\xampp\htdocs 路径下建立 phpweb 文件夹，如图 3-12 所示，本章所有建立的网页文件都将放在该文件夹下。

2）运行 Dreamweaver CC，选择菜单栏中的“站点”→“管理站点”命令，打开“管理站点”对话框，如图 3-13 所示。

3）单击右边的“新建站点”按钮，打开“站点设置对象”对话框，进行如下参数设置。

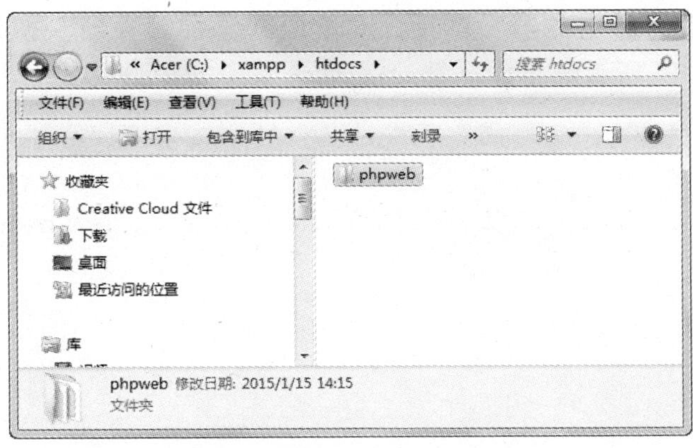

图 3-12　建立站点文件夹 phpweb

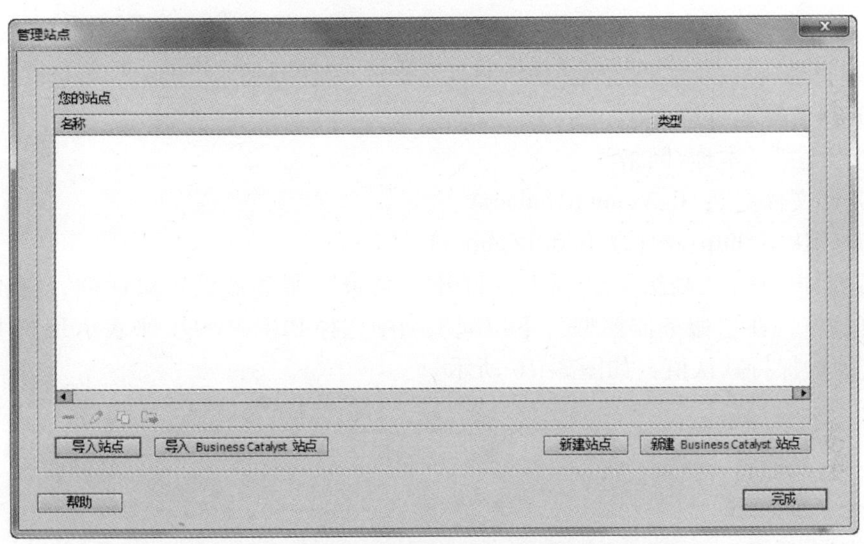

图 3-13　“管理站点”对话框

- “站点名称”：phpweb。
- “本地站点文件夹”：C:\xampp\htdocs\phpweb\。

如图 3-14 所示。

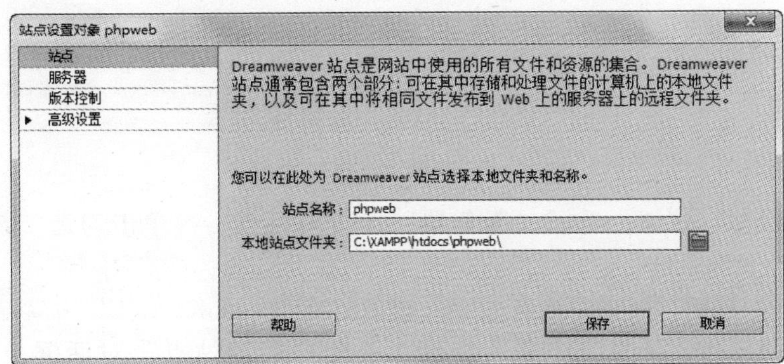

图 3-14　建立 phpweb 站点

4）单击列表框中的“服务器”选项，并单击“添加服务器”按钮⊞，打开“基本”选项卡，进行如图 3-15 所示的参数设置。

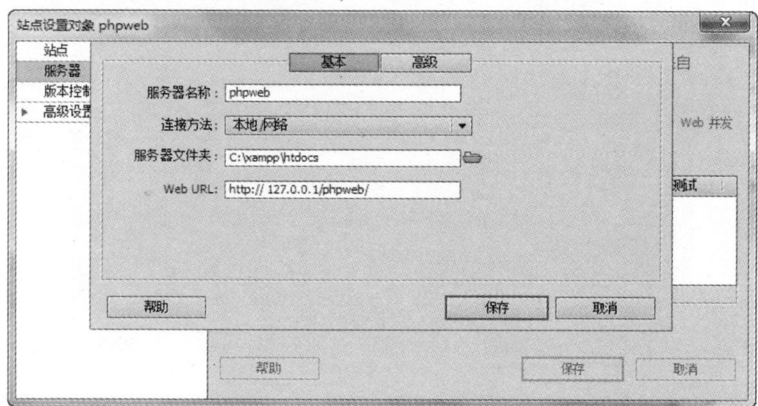

图 3-15　设置“基本”选项卡

- “服务器名称”：phpweb。
- “连接方法”：本地/网络。
- “服务器文件夹”：C：\xampp\htdocs\。
- “Web URL”：http：// 127. 0. 0. 1/phpweb。

5）设置后再单击“高级”选项卡，打开“高级”服务器设置对话框，单击“维护同步信息”复选框，在“服务器模型”下拉列表项中选择 PHP MySQL 来表示是使用 PHP 开发的网页，其他的保持默认值，如图 3-16 所示。

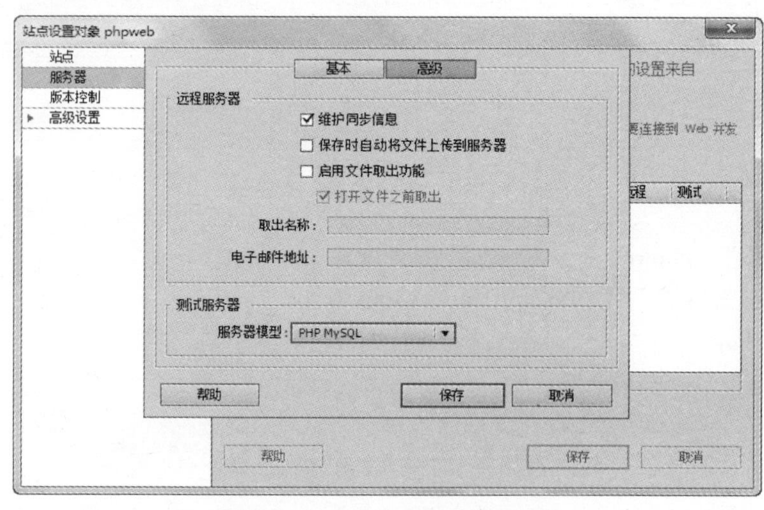

图 3-16　设置“高级”选项卡

6）单击“保存”按钮，返回“服务器”设置对话框，再单击勾选“测试”复选框，如图 3-17 所示。

单击“保存”按钮，则完成站点的定义设置。在 Dreamweaver CC 中就已经拥有了刚才所设置的站点 phpweb。单击“完成”按钮，关闭“管理站点”对话框，这样就完成了 Dreamweaver CC 测试 PHP 动态系统网页的网站环境设置。

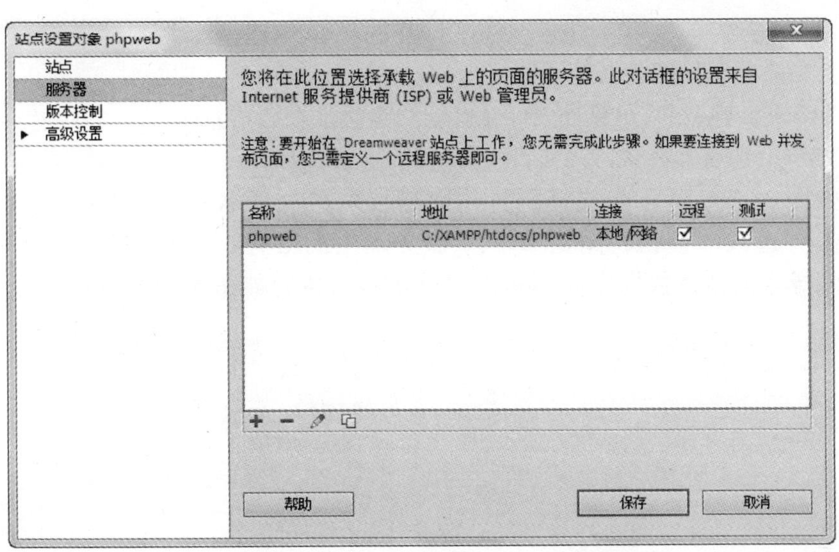

图 3-17　设置“服务器”参数为测试

3.2.4　设置数据库连接

完成了站点的定义后，接下来就是系统网站与数据库之间的连接。网站与数据库的连接设置如下。

1）执行菜单栏“文件”→“新建”命令，在网站根目录下新建一个名为 index. php 的网页，输入网页标题“PHP 动态系统”，然后执行菜单“文件”→“保存”命令将网页保存，如图 3-18 所示。

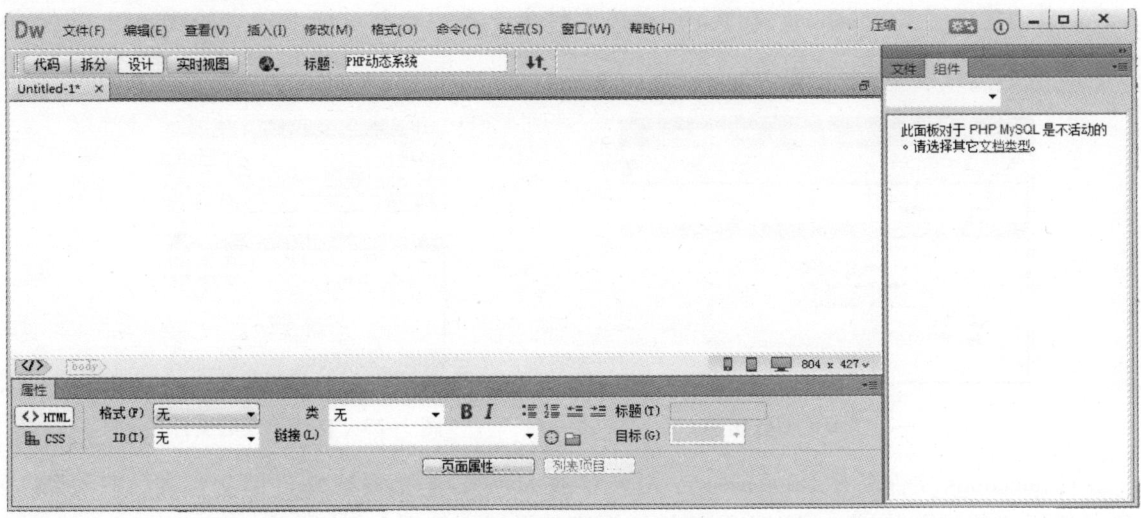

图 3-18　创建空白网页

2）单击选择菜单栏上的“窗口”→“数据库”命令，打开“数据库”面板。在“数据库”面板上单击选择“+”图标，并在打开的菜单中选择“MySQL 连接”选项，如图 3-19所示。

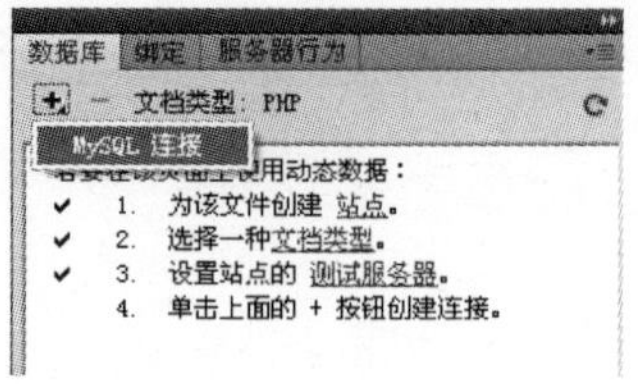

图 3-19　选择 MySQL 连接

3）在“MySQL 连接”对话框中，输入“连接名称”为webconn、“MySQL 服务器”名为 localhost、“用户名”为 root、密码为空，如图 3-20a 所示。选择所要建立连接的数据库名称，可以单击“选取”按钮，浏览 MySQL 服务器上的所有数据库。选择刚导入的范例数据库 phpweb，具体的设置内容如图 3-20b 所示。

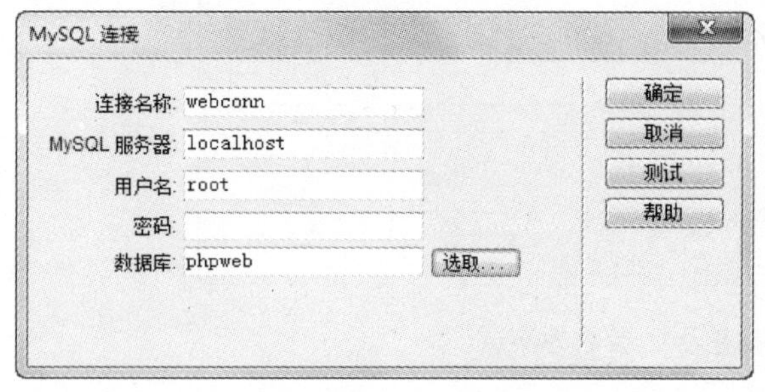

a)

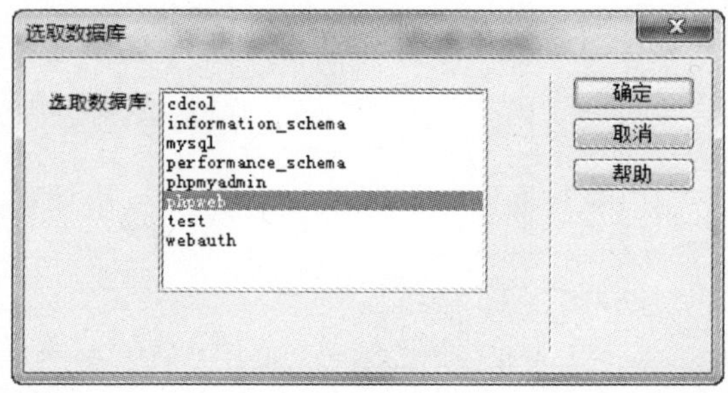

b)

图 3-20　设置 MySQL 连接参数

4）单击“测试”按钮，测试与 MySQL 数据库的连接是否正确，如果正确，则出一个消息框，如图 3-21 所示这表示数据库连接设置成功。

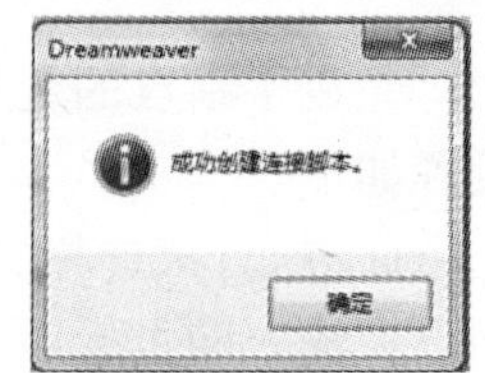

图 3-21　设置成功

单击“确定”按钮，则返回编辑页面，在“数据库”面板中则显示绑定过来的数据库，如图 3-22 所示。

在建立完成 MySQL 连接后，在“文件夹”面板中会看到 Dreamwaver 自动建立了 Connections 文件夹，在该文件夹下有一个与前面所建立的 MySQL 连接名称相同的文件，如图 3-23 所示。

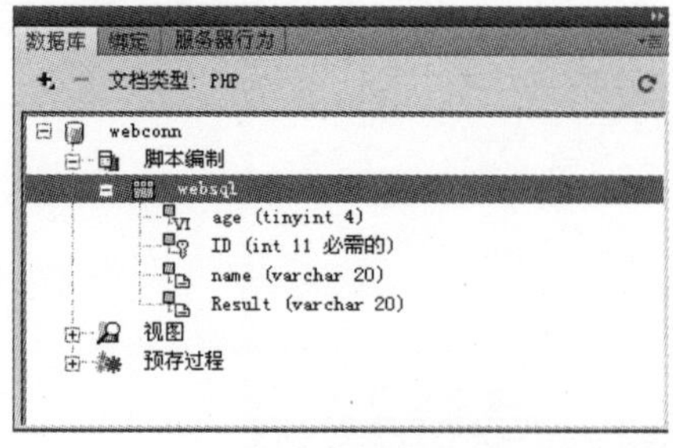

图 3-22　绑定的数据库

图 3-23　自动生成的文件

Connections 文件夹是 Dreamweaver 用来存放 MySQL 连接设置文件的文件夹。打开该文件并使用“代码”视图，可以看到连接数据库的设置，如图 3-24 所示。

在这个文件中定义了与 MySQL 服务器的连接（mysql_pconnect 函数），包括以下内容。

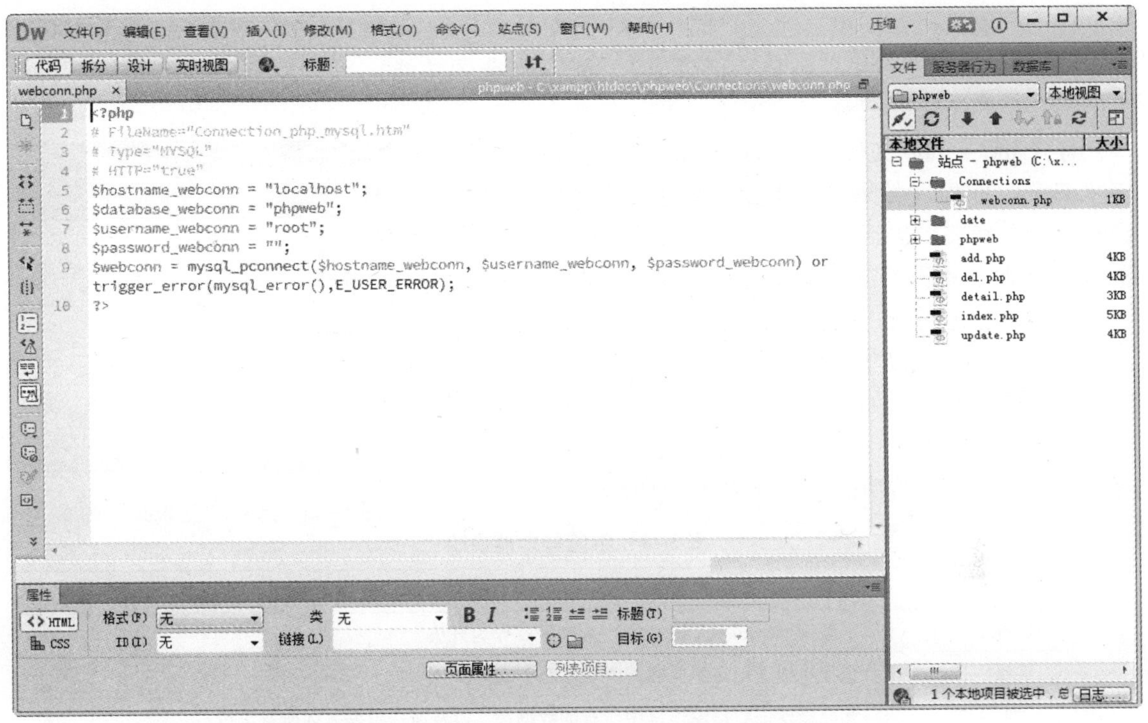

图 3-24　数据库连接设置

- $hostname：MySQL 服务器的地址。
- $database：连接数据库的名称。
- $username：用户名称。
- $password：用户密码。

定义的值与在前面图形界面所设置的值是对应的，然后利用函数 mysql_ connect 与数据库连接。连接后才能对数据库进行查询、新增、修改或删除的操作。

如果在网站制作完成后将文件上传至网络上的主机空间时，发现网络上的 MySQL 服务器访问的用户名、密码等方面与本机设置有所不同，可以直接修改位于 Connections 文件夹下的 webconn. php 文件。

Section 3.3　检查数据库记录

本小节将介绍在 Dreamweaver 中与检查数据库记录相关的“服务器行为”，主要包括记录集、插入记录、更新记录、重复区域、显示区域和记录集分页等常用的动态服务器行为。

3.3.1　创建记录集

在每个需要查看数据库记录的页面中皆须为其建立一个“记录集（查询）”，从而可以让 Dreamweaver 知道，目前这个网页中所需要的是数据库中的哪些数据。即便需要的内容一样，在不同网页也需要单独建立。同一个数据库只需建立一次 MySQL 连接，但可以为同一个 MySQL 数据库连接建立多个“记录集”，配合筛选的功能，达到某个记录集只包含数据库中符合某些条件的记录。

打开 index. php 文件后，选择菜单栏上的“应用程序”→“绑定”面板（如果第一次运行忘了安装 CC 版的扩展功能，请先安装扩展后即可以正常显示所有的面板），选择“记录集（查询）”便可以建立记录集。“应用程序”→“绑定”面板中的“记录集（查询）”与“服务器行为”面板中的“记录集”是相同的。如图 3-25 所示。

按说明设置各项如图 3-26 所示，然后可以单击“测试”按钮，Dreamweaver 会显示目前设置所返回的记录集内所有记录。字段的功能说明如表 3-4 所示。

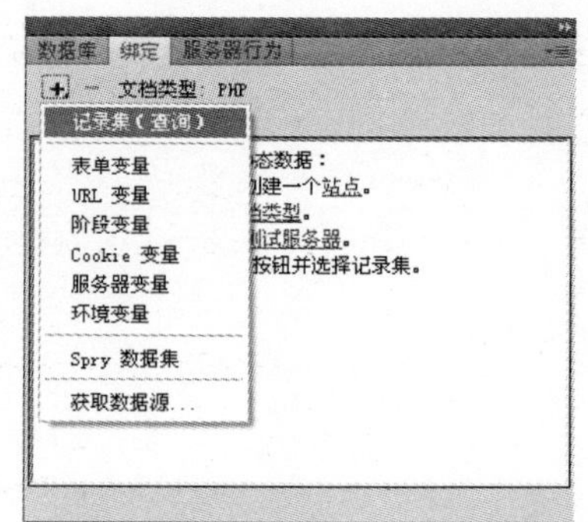

图 3-25　选择“记录集”命令

表 3-4　字段与功能说明

字　　段	说　　明
名称	一般用 Recordset（记录集）的缩写 rs 作为开头
连接	选择所建立记录集的数据库是在哪个 MySQL 连接
列	此处显现该数据库连接中所有的数据表，以及所选数据表内所有字段
筛选	是否依据条件筛选记录
排序	是否依照某个字段值进行排序。比如，在新闻系统中需要把新的新闻放到前面位置，就可以使用排序的功能

“记录集（查询）”使用到的就是 SELECT 语句，因为查询出来的结果可能会有很多条，所以称为“记录集（合）”，而“筛选”部分则对应 WHERE 子句。

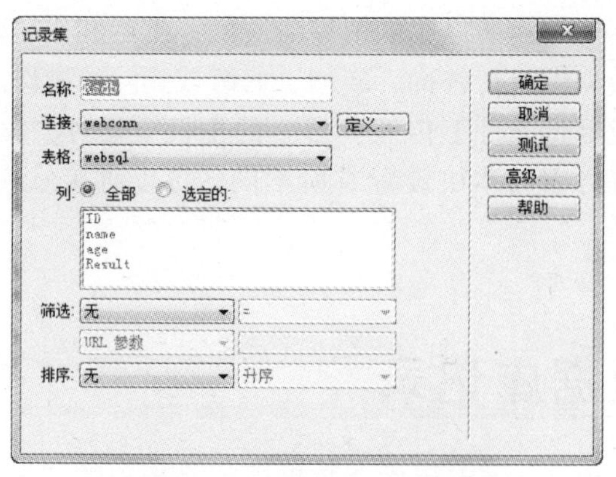

图 3-26　设置“记录集”

单击“测试”按钮后，可以看到返回的记录。因为没有做任何筛选的处理，所以会返回完整的所有记录，如图 3-27 所示。

可以单击“高级”按钮查看该 SQL 语句。可以看到，Dreamweaver 提供了一个基本的图形界面，实际上它会生成相应的程序代码。在“高级”窗口中可以看到相应的 SQL 语句，如图 3-28 所示，另外还提供加入变量、修改 SQL 语句的功能，用以满足使用简单图形界面

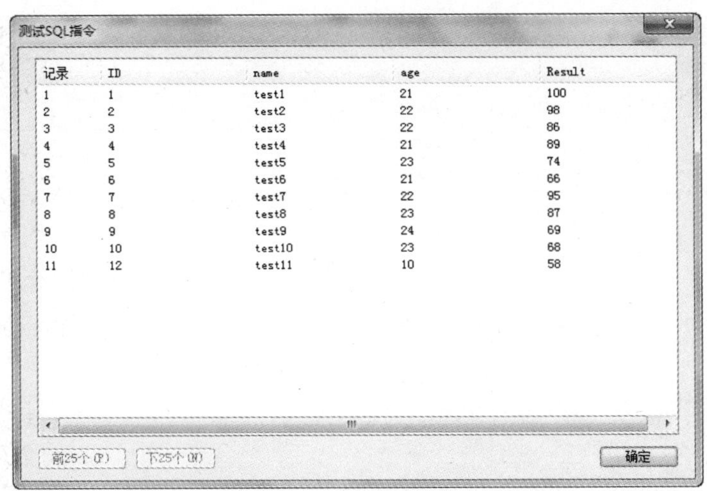

测试SQL指令

记录	ID	name	age	Result
1	1	test1	21	100
2	2	test2	22	98
3	3	test3	22	86
4	4	test4	21	89
5	5	test5	23	74
6	6	test6	21	66
7	7	test7	22	95
8	8	test8	23	87
9	9	test9	24	69
10	10	test10	23	68
11	12	test11	10	58

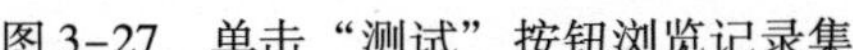

图 3-27　单击“测试”按钮浏览记录集

设置无法满足的情况。

在记录集建立完毕后，可以在“应用程序”→“绑定”面板中查看到目前页面里的所有记录集，以及各记录集中的字段，双击记录集可以重新打开图 3-29 所示的设置窗口。

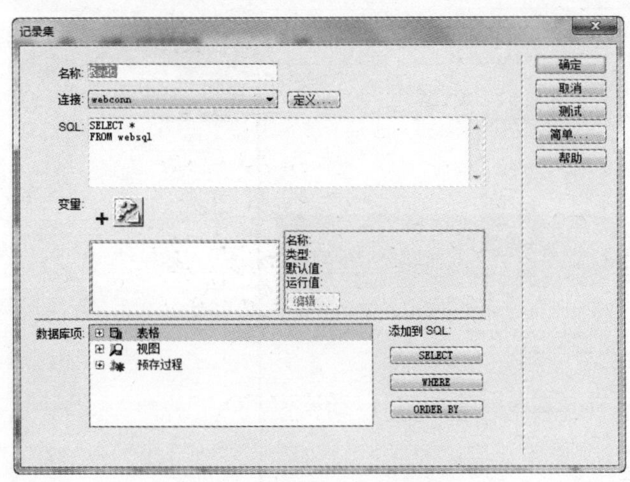

图 3-28　“高级”记录集窗口

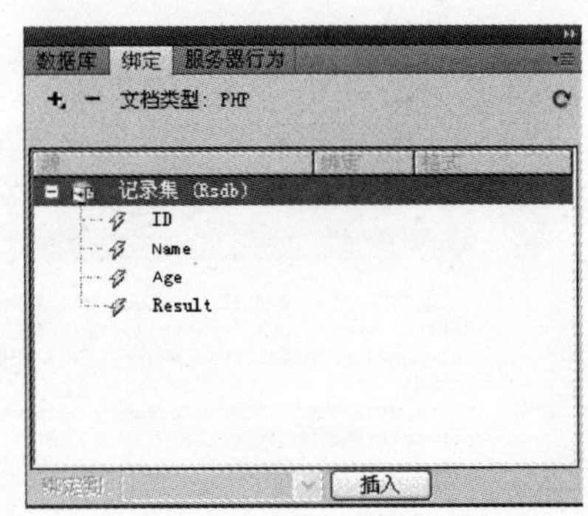

图 3-29　绑定的记录集效果

建立记录集与直接写 SELECT 语句是相同的，将页面切换到“代码”视图，如图 3-30a 所示。其中第 1 行的 require_once 函数是用来引入文件的，即前面介绍过的 webconn. php。在 Dreamweaver 中，若是已经定义好数据库连接，那么在其他建立记录集、更新记录、插入记录、删除记录的页面中，这个连接设置文件就会在页面的最前面被引入（这就是为什么在同一个站点中只需要定义一次 MySQL 数据库连接），因为该文件中所包括的与数据库连接相关的设置需要被使用。

其程序具体分析如图 3-30b 所示。

1）第 34 行引用了 webconn. php 内的设置（变量 $datebase_webconn 与 $webconn 被定义在这个文件中）来选择数据库（mysql_select_db()），随后的 mysql_query()所作用的都是此

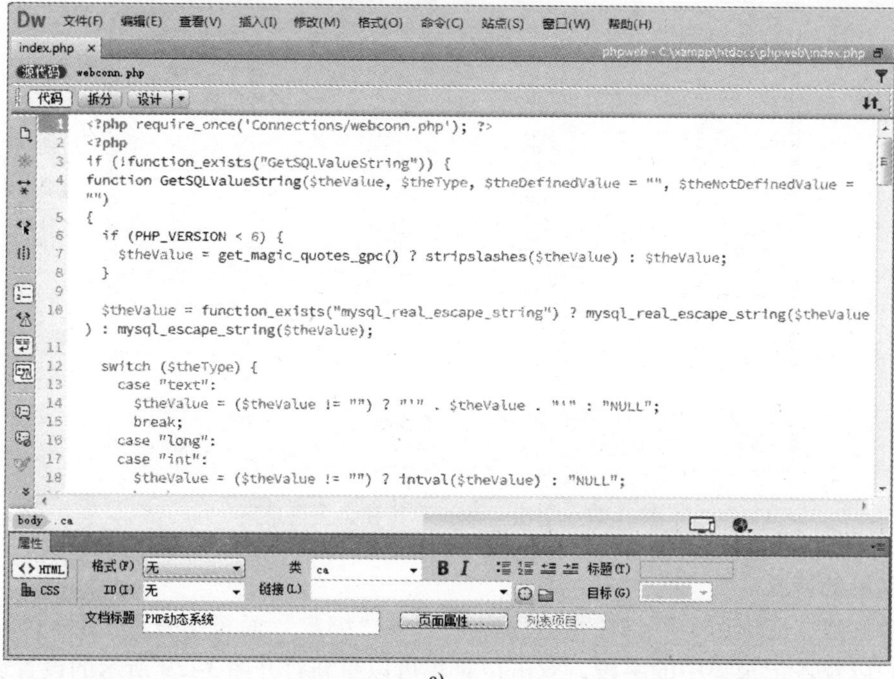

a)

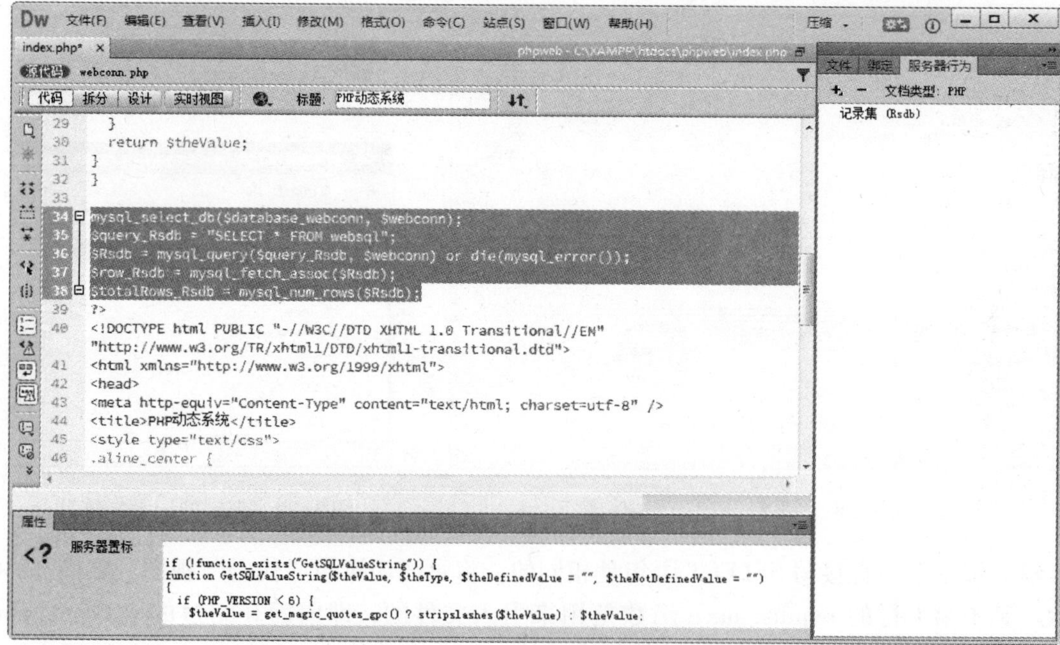

b)

图 3-30　自动生成的代码视图

a）代码视图 1 至 18 行　b）代码视图 29 至 46 行

数据库。

2）第 35 行定义了查询数据库的 SQL 语句。

3）第 36 行使用第 35 行所定义的 SQL 语句对数据库执行查询操作（mysql_query( )），

此时返回结果是资源标识符，还不能被使用。

4）第 37 行将前面查询的结果以关系型数组的形式（mysql_fetch_assoc()）传至变量 $row_Rsdb，然后就可以使用 $row_记录集名称['字段名称']来取得记录集字段值。

5）第 38 列取得查询结果的记录条数（mysql_num_rows()），并赋给变量 $totalRows_ Rsdb。

6）最后 mysql_free_result()释放查询结果与占用的内存资源。

上面是 Dreamweaver 连接数据库并执行查询的标准步骤，在 mysql_query($query_Rsdb, $webconn) or die（mysql_error()）的部分，若 or 前面语句出现错误或失败，就执行 or 后面的程序。所以若数据库查询失败的时候就会产生错误信息，并终止程序的运行。

在一般 PHP 程序中，典型的连接与查询程序类似下面的例子。

```
mysql_select_db( $database_webconn, $webconn);
$query_Rsdb = "SELECT * FROM websql";
$Rsdb = mysql_query( $query_Rsdb, $webconn) or die(mysql_error());
$row_Rsdb = mysql_fetch_assoc( $Rsdb);
$totalRows_Rsdb = mysql_num_rows( $Rsdb);
mysql_free_result( $Rsdb);
```

可能会觉得 Dreamweaver 产生出来的程序代码比较复杂，这是因为 Dreamweaver 建立的记录集需要搭配很多服务器行为来使用。

3.3.2 显示记录功能

接着要将记录集内的记录（即数据库中的数据）直接显示到网页上，实现的步骤如下。

1）在“文件”面板中打开 index. php，在网页中制作一个如图 3-31 所示的 2 ×4 表格，然后在“应用程序”→“绑定”面板，选择所需的字段并拖动到表格中。

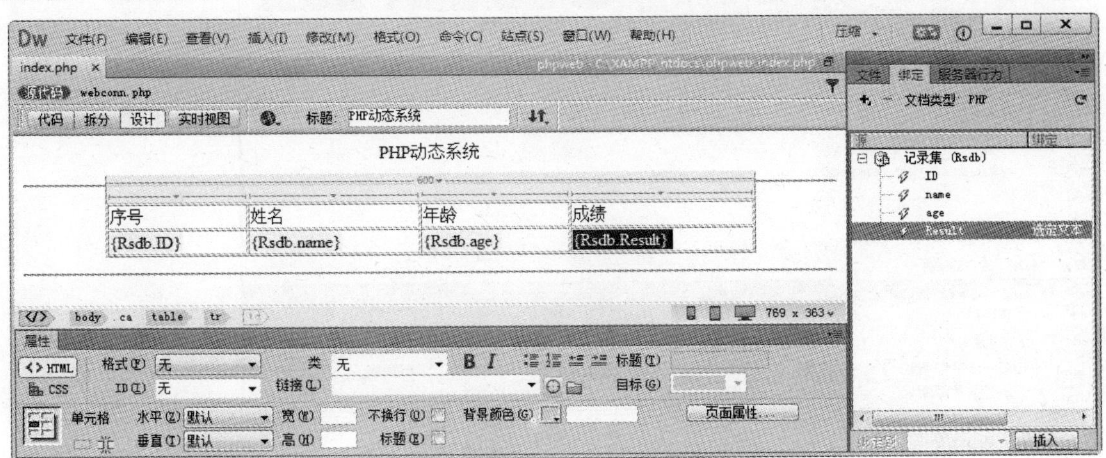

图 3-31 绑定字段

2）在使用鼠标拖动字段至页面上放开后，会出现{Rsdb. name}的字样，其中 Rsdb 为记录集名称，name 为字段名称。将序号、姓名、年龄、成绩 4 个字段分别拖至相应的单元格后，单击“实时视图”按钮。

视图所呈现的效果与使用浏览器打开网页一样，原本仅显示｛记录集名称．字段名称｝的部分将会显示出记录集内的记录，如图 3-32 所示。

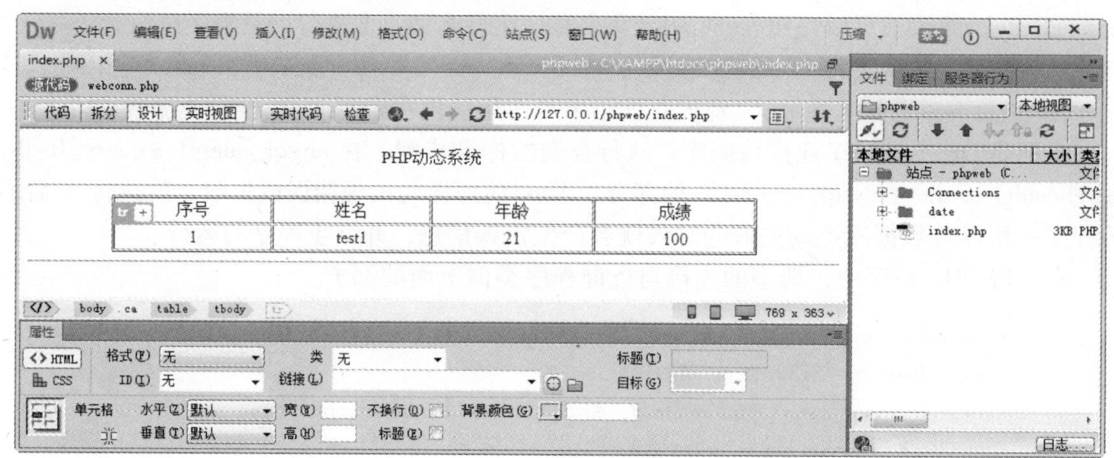

图 3-32　实时视图效果

3）再单击一次[实时视图]按钮，将页面切换到[代码]视图，可以看｛记录集名称．字段名称｝部分的代码，在该程序代码中使用 echo 来输出字段值，如图 3-33 所示。

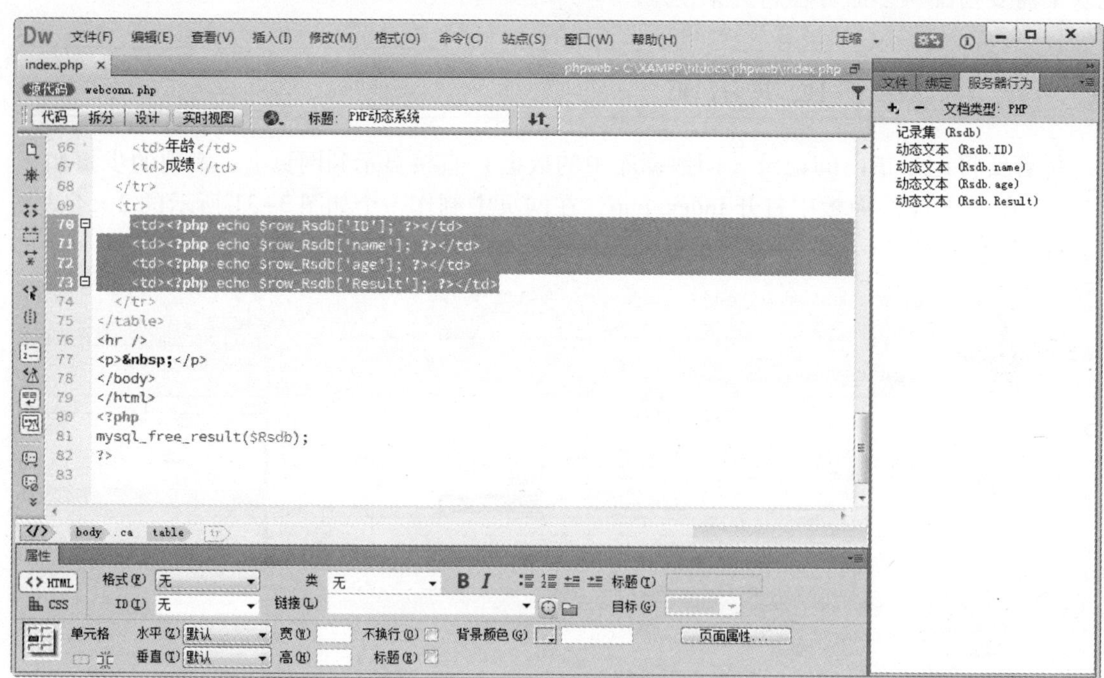

图 3-33　代码视图效果

3.3.3　重复区域功能

现在只能看到记录集中的第 1 条记录，那后面的记录如何显示出来呢？Dreamweaver 提供了“重复区域”及“记录集分页”的功能，只需要鼠标拖动，就可以实现这个功能。

选取需要重复的部分，即表格中的第2行，如图3-34所示，然后在“服务器行为”面板中单击“+”按钮，从弹出的下拉菜单中选择“重复区域”命令，如图3-35所示。

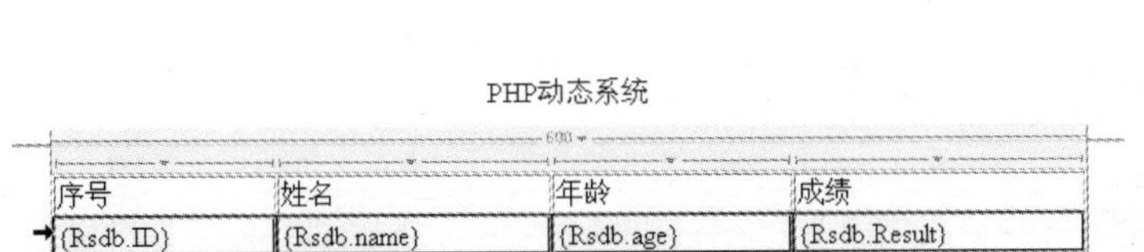

图3-34 选取表格第2行

图3-35 选择“重复区域”命令

之所以要确认选取的标签为<tr>，是因为重复区域会使用do…while循环包围所作用的范围。而需要重复的仅是第2行的表格，在HTML中表格的行是使用<tr>标签。确认选取的标签正确，执行时才不会发生错误。

此时会弹出一个窗口，如图3-36所示，要求选择要重复记录的记录集，以及需要重复几条记录或显示全部记录。同样地选择[实时视图]，这时就可以看到原来只有两行的表格已经增长到6行，如图3-37所示，而记录集内的前5条记录都已显示在页面上。

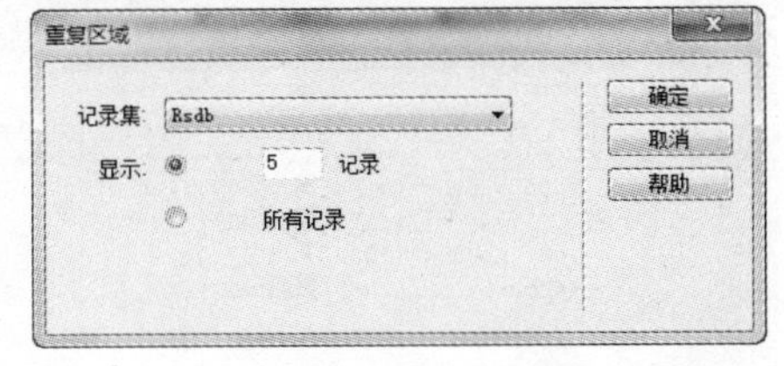

图3-36 设置重复区域

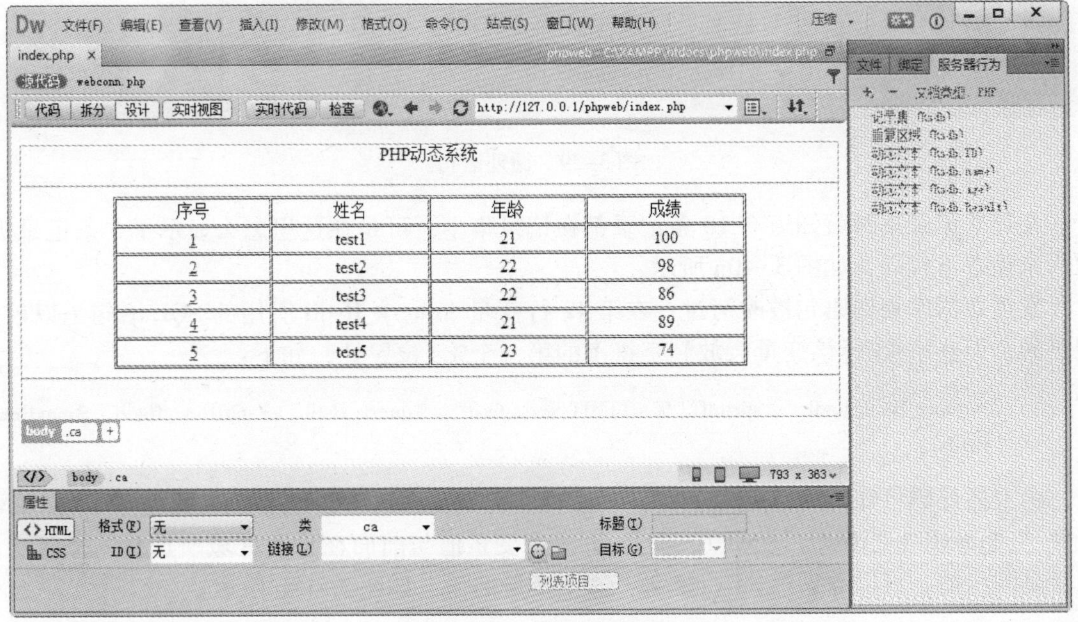

图3-37 实时预览效果

所有页面上的“服务器行为”都会被列在“窗口”→“服务器行为”面板的清单中，在本例中，选择重复5条记录。若想要修改服务器行为的设置，则可以通过双击该服务器行为来进行，如图3-38所示。

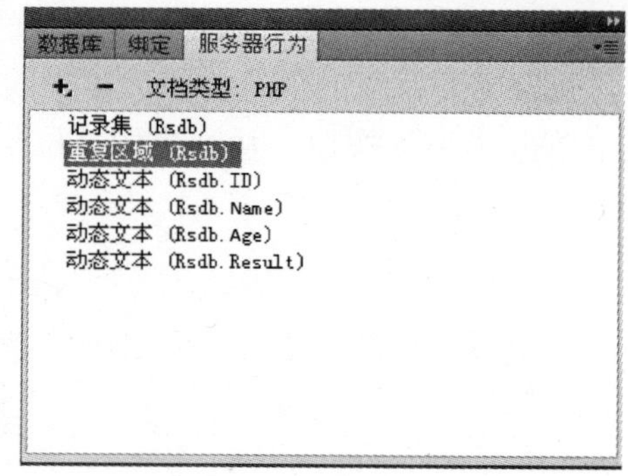

图3-38 服务器行为面板

将页面切换到“代码”视图，在套用了“重复区域”服务器行为后，在程序代码当中的变化便是这行单元格的上下被do…while循环包围了，而重复的条件为第87行语句如图3-39所示，用这样的循环可以达到将记录集中的记录全部输出才停止循环。

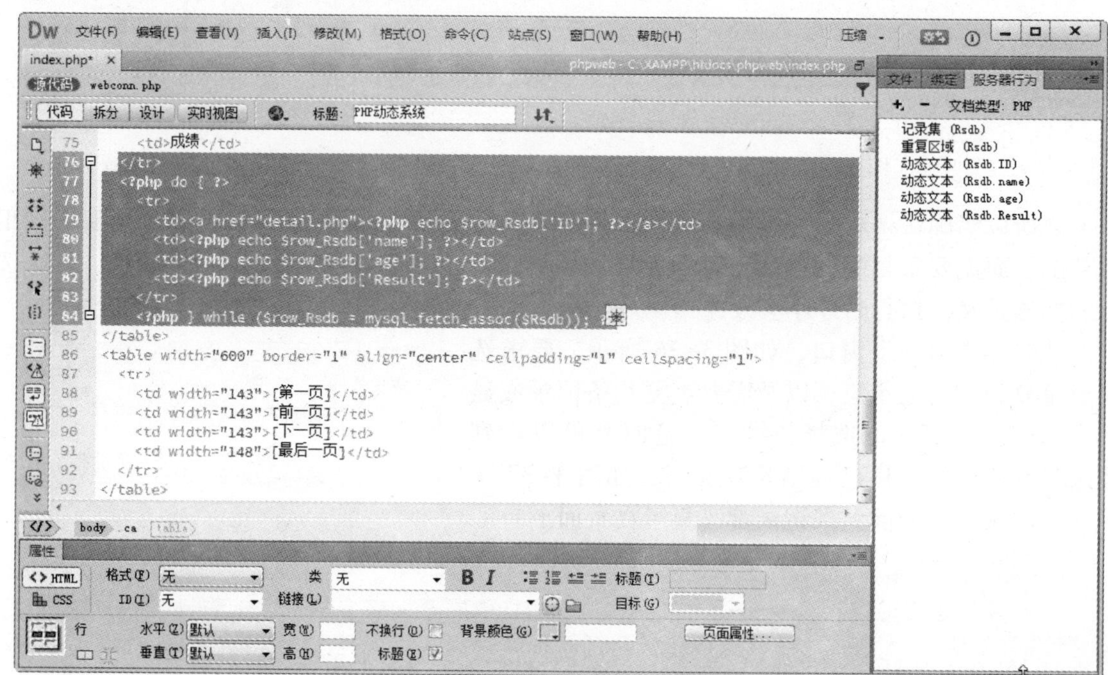

图3-39 循环语句

在建立记录集时就知道有10条记录都在记录集中，可是在这里怎么显示了5条记录呢？回头来检查下代码，如图3-40a所示。

发现数据库查询语句被改写过，在第42行变量 $query_Rsdb 所用的SQL语句是以前介绍过的，但在第43行该变量会放到字符串的第一个%s位置处，如下：

```
$query_limit_Rsdb = sprintf("%s LIMIT %d, %d", $query_Rsdb, $startRow_Rsdb, $maxRows_Rsdb);
```

由上述代码可知，%s 表示字符串，后面两个%d表示数值，所要代入的值是 $startRow_Rsdb 与 $maxRows_Rsdb。$maxRows_Rsdb 这个变量值与前面在重复区域所选择的重复5条记录是同步的，可以看到第34行定义了这个变量的值，如图3-40b所示。

```
$maxRows_Rsdb = 5;
```

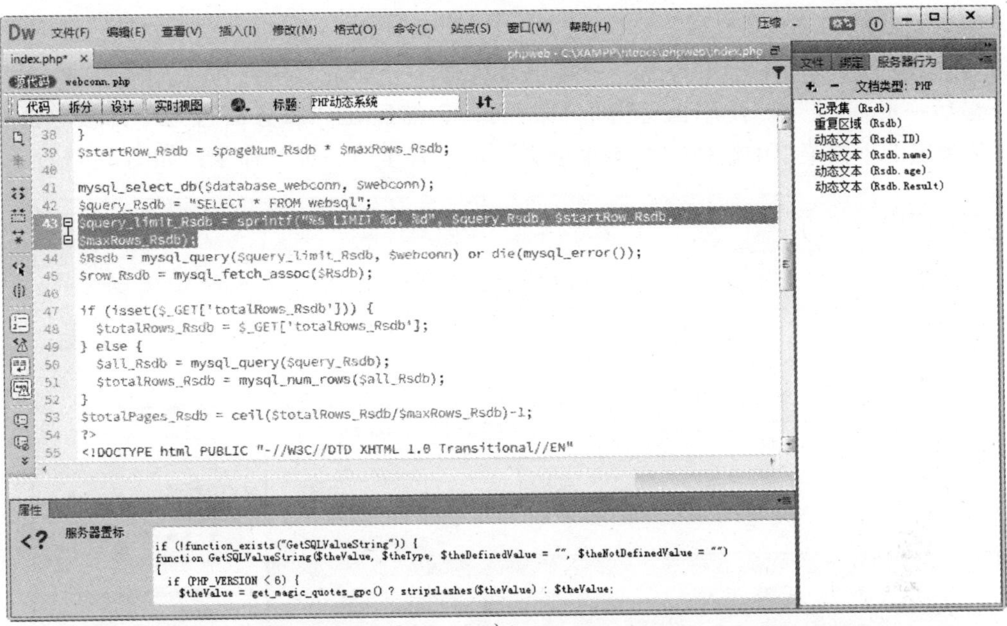

a)

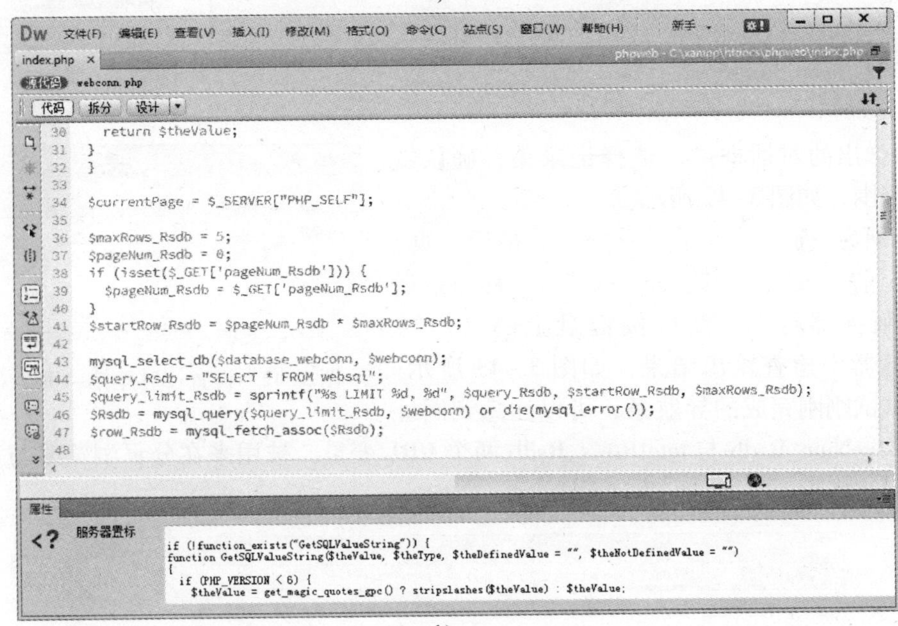

b)

图 3-40 代码窗口

a）代码窗口 38 至 55 行 b）代码窗口 30 行至 48 行

可以知道，Dreamweaver 使用了一堆变量来记录在图形界面中所选择和设置的值，然后使用 LIMIT 子句来做到一次显示指定条数的记录。

3.3.4 记录集分页功能

上一节已经浏览到记录集中的第 1 ~ 第 5 条记录，那么剩下的记录如何显示？下面就介绍记录集分页功能的实现方法。

1）在页面下方加上 1×4 的表格，接着在单元格中分别输入[第一页]、[前一页]、[下一页]、[最后一页]等文字。使用鼠标选取[第一页]，然后在“服务器行为”面板单击“+”按钮，从弹出的下拉菜单中选择“记录集分页”→“移至第一页”命令，如图 3-41 所示。

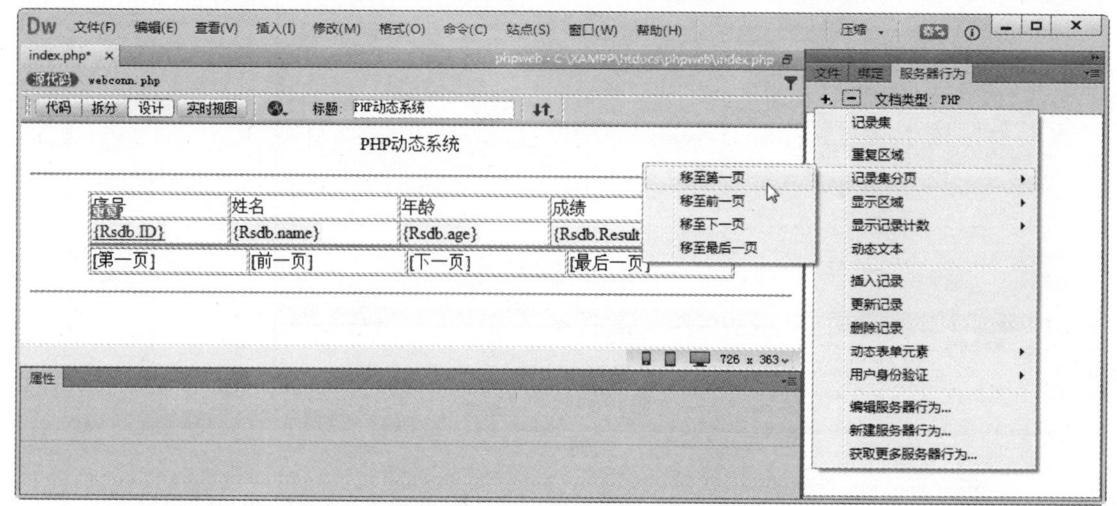

图 3-41　设置为“移至第一页”

2）在弹出的对话框中，选择记录集，确认链接所选的范围，如图 3-42 所示。

图 3-42　设置“移至第一页”对话框

3）分别为[前一页]、[下一页]、[最后一页]套用“移至前一页”、“移至下一页”、“移至最后一页”的服务器行为。然后按键盘上的〈F12〉键，在浏览器中检查输出结果，如图 3-43 所示。在页面中试试刚刚完成的导航条，可以注意到网址后面加了 pageNum_Rsdb 与 totalRows_Rsdb 两个 URL 变量，被用来在分页浏览时与重复区域服务器行为相搭配。

http://127.0.0.1/phpweb/index.php?pageNum_Rsdb=1&totalRows_Rsdb=

PHP动态系统

序号	姓名	年龄	成绩
6	test6	21	66
7	test7	22	95
8	test8	23	87
9	test9	24	69
10	test10	23	68
[第一页]	[前一页]	[下一页]	[最后一页]

图 3-43　分页浏览效果

也可以在 Dreamweaver 菜单中选择“插入”→“数据对象”→“记录集分页”→“记录集导航条”命令，来快速地插入本范例中所建立的记录集导航条。

3.3.5 显示记录计数

在页面上方输入“共＊笔记录，目前查看第＊笔～第＊笔”，建立起记录集导航条，以便让用户了解有多少页记录和当前正在浏览的页码。

1）将插入点置于“共有”和“笔记录”之间，选择“服务器行为”面板，单击“+”按钮，从弹出的下拉菜单中选择“显示记录计数”→“显示总记录数”，然后同样要选择记录集，如图3-44a、3-44b 所示。

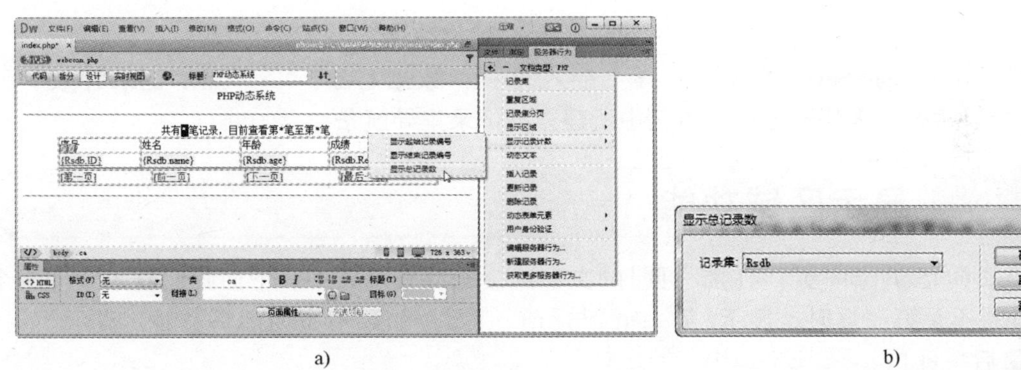

a)　　b)

图3-44　显示总记录数

2）按同样的方式，将插入点置于相应位置，依序加入“显示起始记录编号”及“显示结束记录编号”，完成后页面如图3-45 所示。

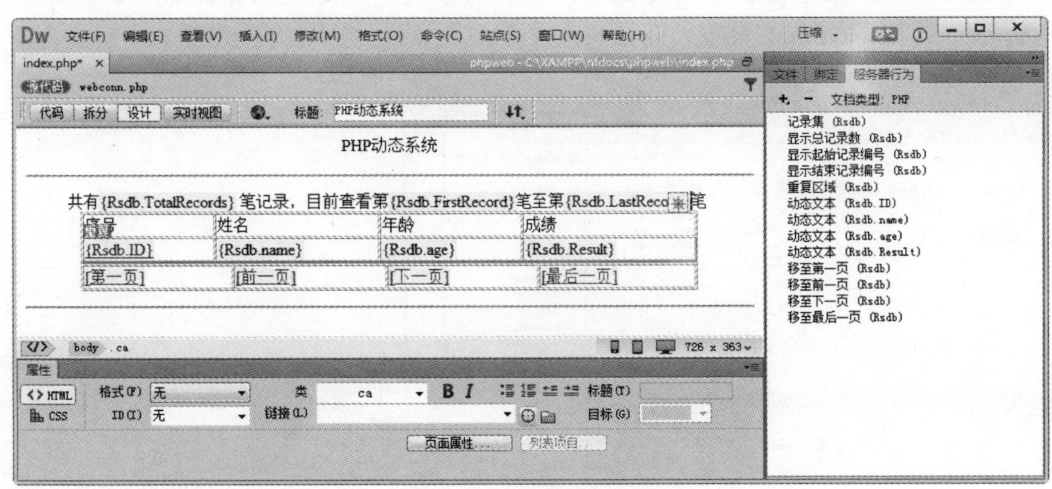

图3-45　加入统计记录

完成后，当浏览该网页时，便会出现当前共有几笔记录，以及目前查看的是第几笔～第几笔的提示文字，如图3-46 所示。

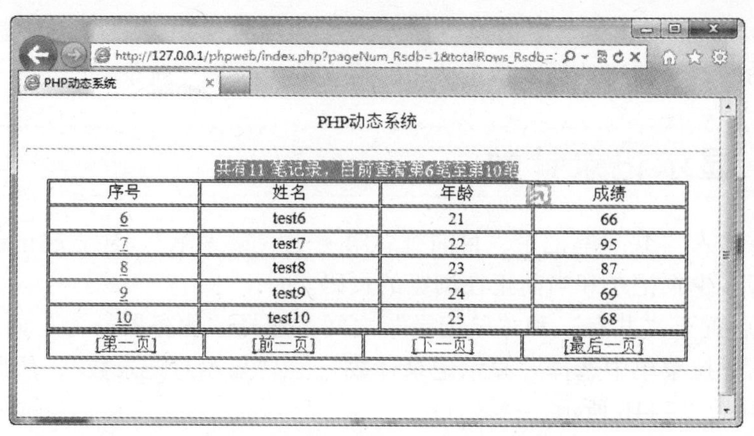

图 3-46　建立导航条效果

也可以在 Dreamweaver 菜单中选择“插入”→“数据对象”→“显示记录计数”→“记录集导航状态”来快速地插入本例中所建立的记录集导航条。

3.3.6　显示区域功能

在第一页上的[第一页]与[前一页]的文字链接是没有意义的。下面我们就来处理这个问题，如果不是第一页时，显示[第一页]与[前一页]；如果不是最后一页时，显示[下一页]与[最后一页]。

实现该功能的步骤如下。

1）选择[第一页]，在“服务器行为”面板中单击“+”按钮，从弹出的下拉菜单中选择“显示区域”→“如果不是第一页则显示”命令，如图 3-47a 所示。打开“如果不是第一页则显示”对话框，选择“记录集”Rsdb，再单击“确定”按钮，如图 3-47b 所示，然后为[前一页]也做同样的设置，即可完成设置。

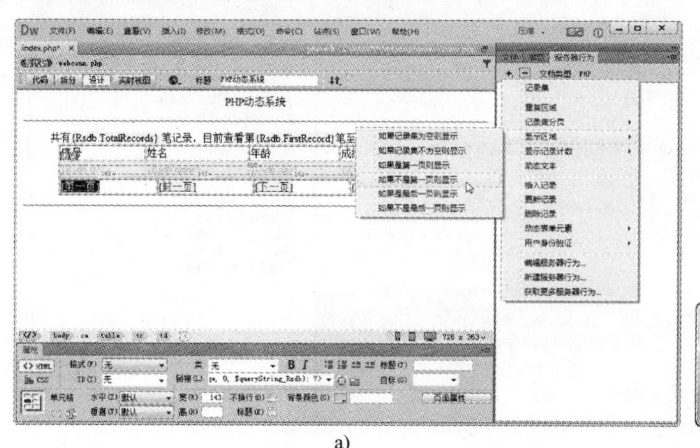

a)

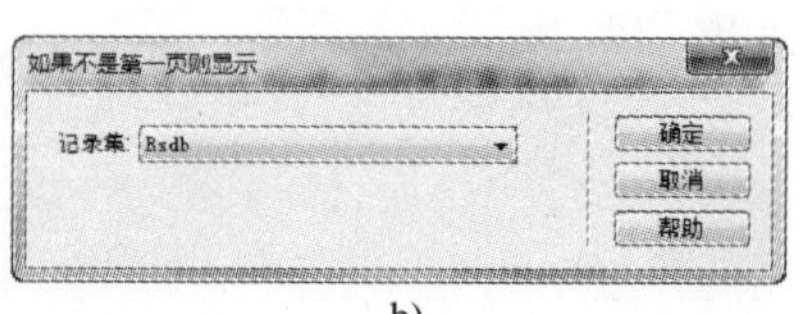

b)

图 3-47　设置“如果不是第一页则显示”

2）选取[下一页]链接文字，在“服务器行为”面板中单击“+”按钮，从弹出的下拉菜单中选择“显示区域”→“如果不是最后一页则显示”命令，如图 3-48 所示。然后为

[最后一页]也做同样的设置。

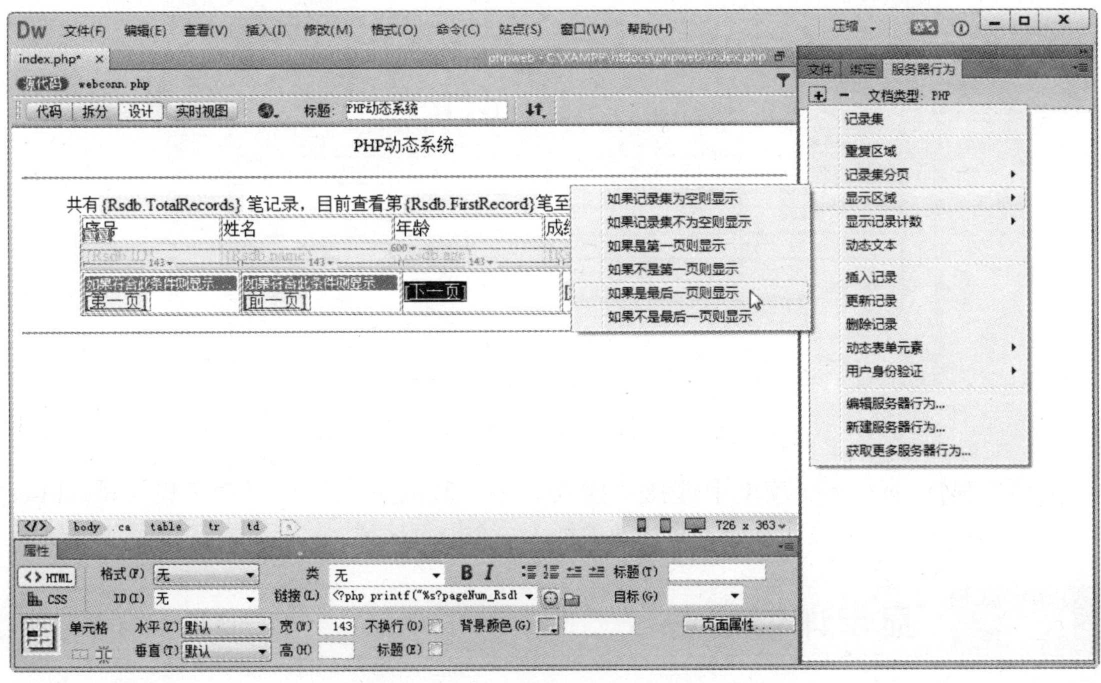

图 3-48　设置“如果不是最后一页则显示”

3）完成后在每个套用“显示区域”的“服务器行为”的部分会出现“如果符合此条件则显示…”的提示文字，如图 3-49 所示。

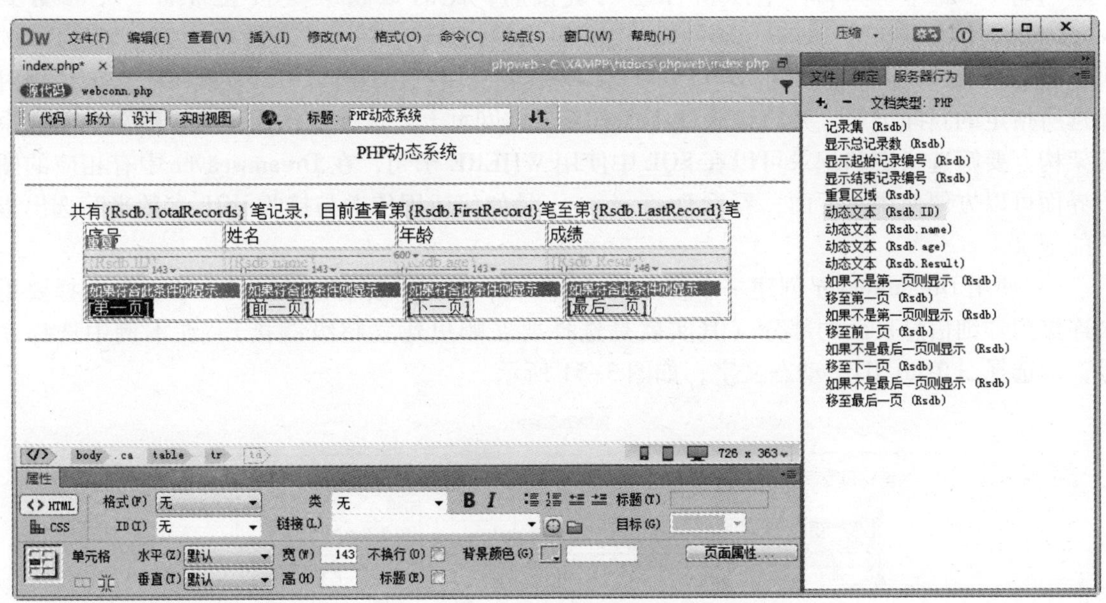

图 3-49　套用“显示区域”效果

4）最后按〈F12〉键，在浏览器中检查输出结果，如图 3-50 所示。

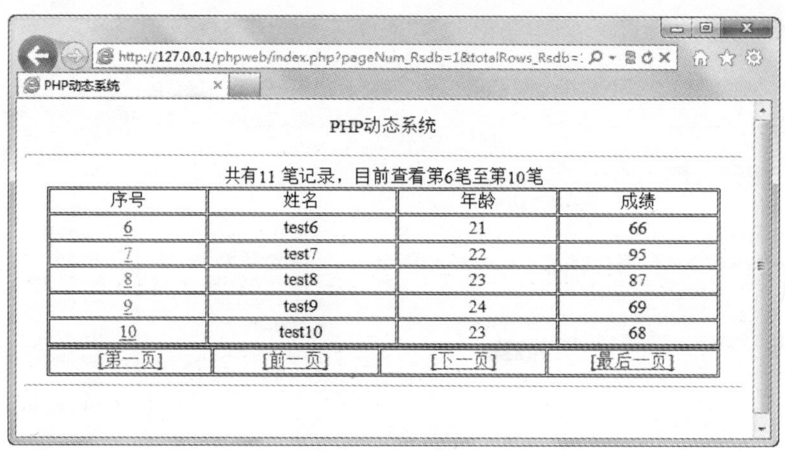

图 3-50　设置“显示区域”后的效果

也可以在 Dreamweaver 菜单中选择“插入”→“数据对象”→“记录集（Recordset）分页”→“记录集导航条”命令，来快速地插入一个分页区域。

3.3.7　显示详细信息

很多时候，并不会开始就将数据库所有字段、记录都显示出来。例如，一个新闻系统，在首页只会显示新闻的日期与标题，更详细的新闻内容需要选择标题进入到另一个页面才能显示。假设显示新闻标题的页面是 index.php，而显示详细新闻内容的网页名称为 detail.php。当在 index.php 中点击标题的链接后，此时该超级链接会带着一个参数到 detail.php，网址类似于 detail.php? ID = 1。多出的 ID = 1 是一个变量名为 ID，值为 1 的 URL 参数。当 detail.php 收到 ID = 1 的 URL 参数后，便利用这个 URL 参数在建立记录集时筛选所指定的新闻记录，并将记录详细信息显示在网页上。这样就构成了一个简单的新闻系统架构。要筛选指定的记录可以在 SQL 中使用 WHERE 子句，在 Dreamweaver 中有相应的图形界面可以方便使用。下面，看看 Dreamweaver 是如何运用传送与接收 URL 参数来筛选出指定的记录。

1）使用 Dreamweaver 创建一个空白的 detail.php 页面并保存。在 index.php 中选择要用来连接到详细信息页面的部分（其实就是选择要在哪里建立超级链接），在本例中选择序号，即选择｛Rsdb.ID｝动态文字，如图 3-51 所示。

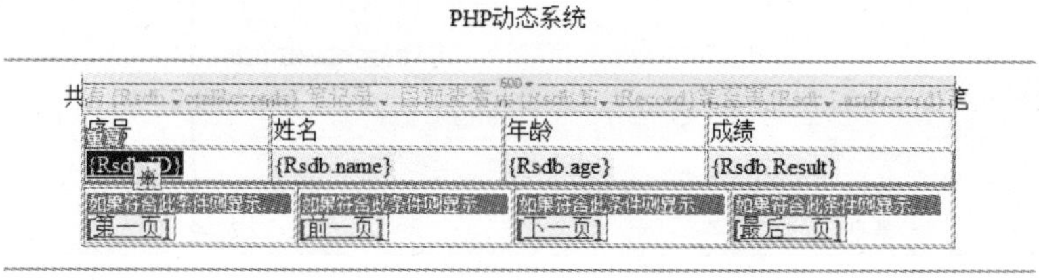

图 3-51　选中动态文字｛Rsdb.ID｝

2）在下面的“属性”面板中找到建立链接的部分，并单击“浏览文件”图标，如

图 3-52所示。

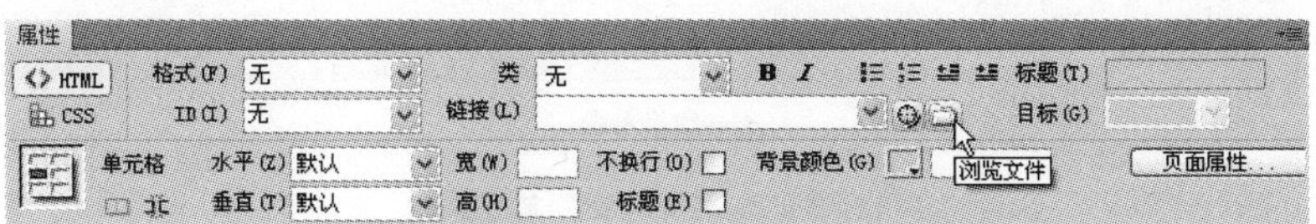

图 3-52　建立链接设置

3）在弹出的对话框中选择用来显示详细记录信息的页面 detail. php，如图 3-53 所示。

图 3-53　设置链接的文件

4）如果仅仅是这样，那只会是单纯的超级链接，并没有附带 URL 参数。因此，要设置超级链接要附带的 URL 参数的名称与值。本例将参数名称命名为 ID，接收上一页传递过来的 ID 值。

5）地址变成 detail. php？ID = <？php echo $row_ rsdb['ID ']；？ >，如图 3-54 所示。

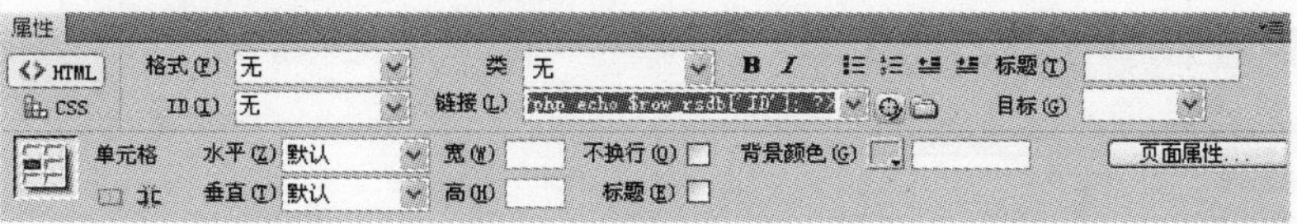

图 3-54　选择 ID 字段

6）设置完成后，可以在浏览器打开 index 页面。可以看到，每一条记录的链接都带着 URL 参数 ID，其值是每条记录的 ID，如图 3-55 所示。

前面已经完成了 index. php 中应该完成的部分，下面来看看接收 URL 参数的 detail. php 如何用收到的参数来筛选指定的记录。

1）打开 detail. php 页面后选择“绑定”面板，单击“ + ”按钮，从弹出的下拉菜单中选择“记录集（查询）”命令，如图 3-56 所示。

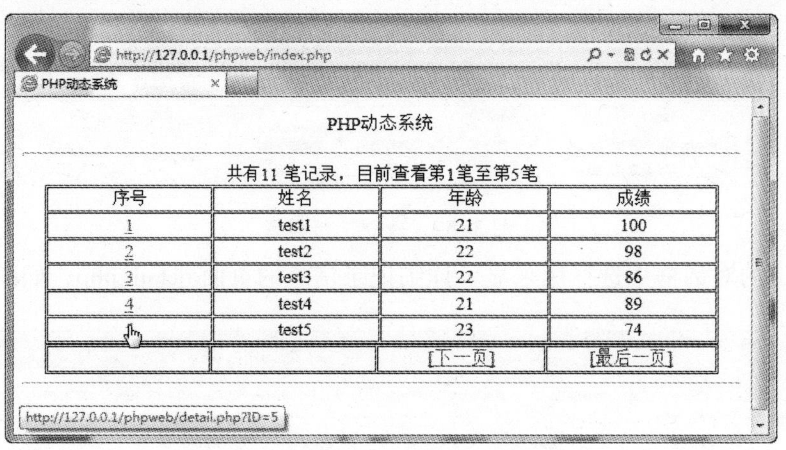

图 3-55　单击链接的属性显示

2）打开“记录集”对话框，在该对话框中进行如下设置。

- 在“名称”文本框中输入 rsdetail 作为该“记录集”的名称。
- 从“连接”下拉列表框中选择“webconn”连接对象。
- 从“表格”下拉列表框中，选择使用的数据库表对象为 websql。
- 在“列”单选按钮组中选择“全部”单选按钮。
- 在“筛选”栏中设置记录集过滤的条件为 ID = URL 参数/ ID。

完成后的设置如图 3-57 所示。

3）如果想知道 SQL 语句，可以单击“高级”按钮。在“高级”界面测试 SQL 语句，如图 3-58 所示。在 SQL 语句中的 colname 是一个变量，若筛选的时候有用到变量，Dreamweaver 就会用这个变量名称放在 SQL 语句里。而这个变量的值会是什么呢？就是下面“变量”区域中 colname 的运行值的定义。当网页运作时，colname 将等于 URL 变量 ID 的值（$_GET ['ID']），所以当 URL 变量 ID 值不同，筛选出的结果也不同。

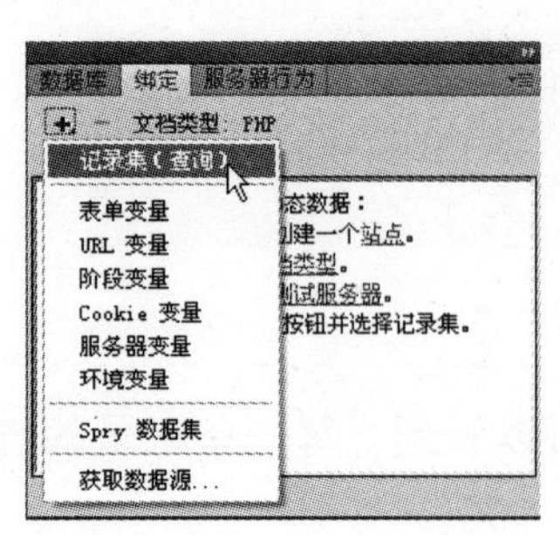

图 3-56　选择“记录集（查询）”

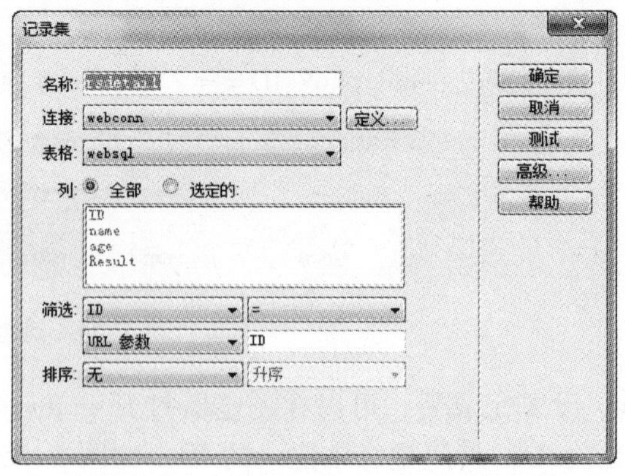

图 3-57　设置“记录集”对话框

4）然后单击“确定”按钮，完成记录集建立。记录集建立完毕后，可以把各个字段拖动到页面上相应的单元格中，如图 3-59 所示。以上详细页面的制作就算大功告成了。

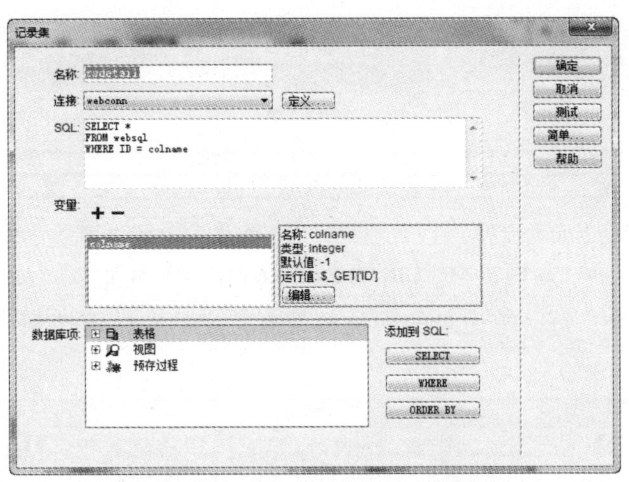

图 3-58 高级“记录集”对话框

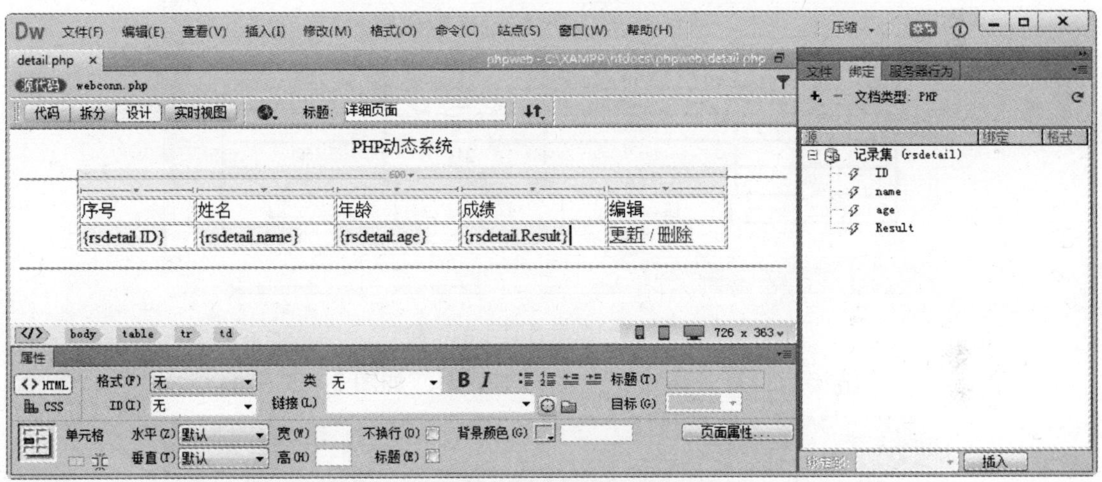

图 3-59 制作的详细页面

5）完成后直接按〈F12〉键在浏览器中打开 detail. php，发现内容是空白的，如图 3-60 所示。这是怎么回事呢？因为在网址后面没有带着 URL 参数，当然记录集里就不会有任何东西。

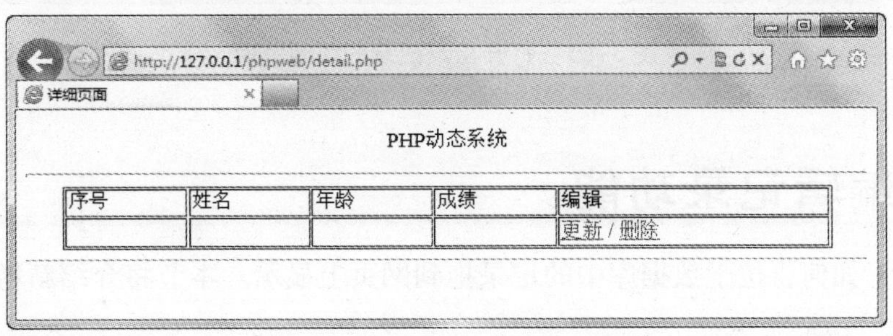

图 3-60 显示为空白

6）直接在网址后加上 URL 变量 ID，其值可以选 1 ~ 10 的任何一个值，然后按〈Enter〉键，网页显示的结果如图 3-61 所示。

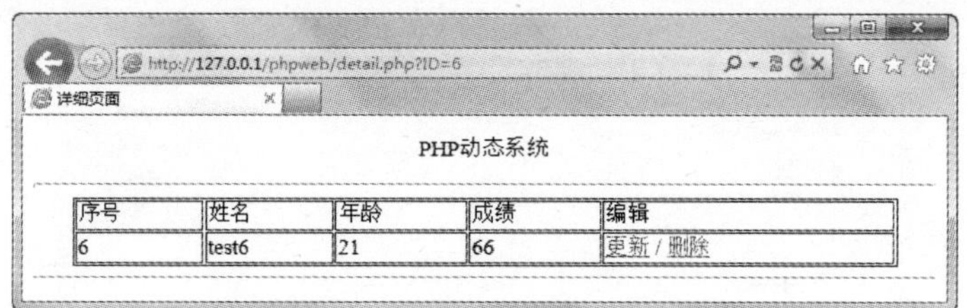

图 3-61　URL 参数 ID = 6 时的详细页面

7）在 index. php 中，每一笔记录的网址都带有特定的参数链接到 detail. php，如图 3-62 所示。

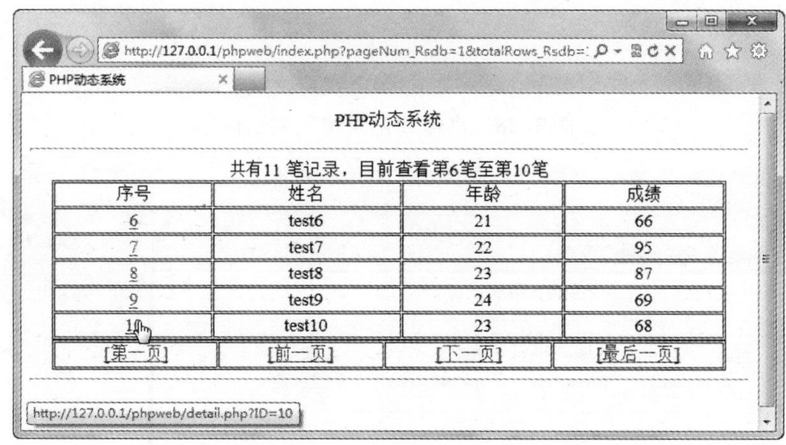

图 3-62　单击首页上的链接

8）单击第 10 个链接后，打开指定记录的详细页面，如图 3-63 所示。

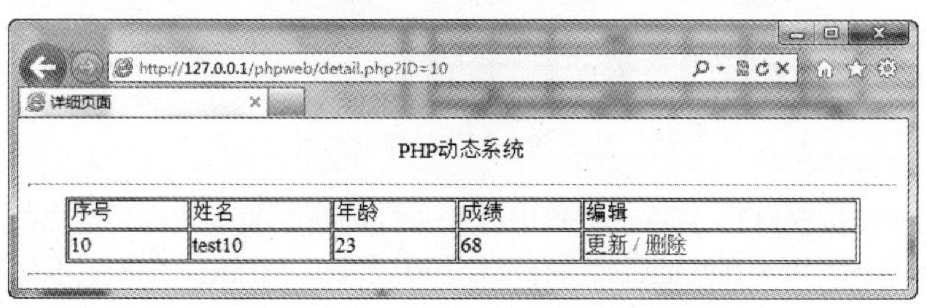

图 3-63　打开指定记录的详细页面

Section 3.4　编辑记录功能

前面介绍了如何将位于数据库中的记录拖到网页上显示。本节将介绍新增、更新以及删除的操作。

3.4.1　新增记录功能

在数据表 websql 中有 4 个字段，其中 ID 字段为主键且附加了 auto_ increment 属性，因此在新增记录时不必考虑 ID 字段，只需增加 3 个字段即可。

实现的步骤如下。

1）创建一个空白的 php 网页，并命名为 add. php，先添加一个表单，再插入一个 4×2 表格，键入相关提示后依序放上 3 个文本字段、两个按钮，完成后如图 3-64 所示。

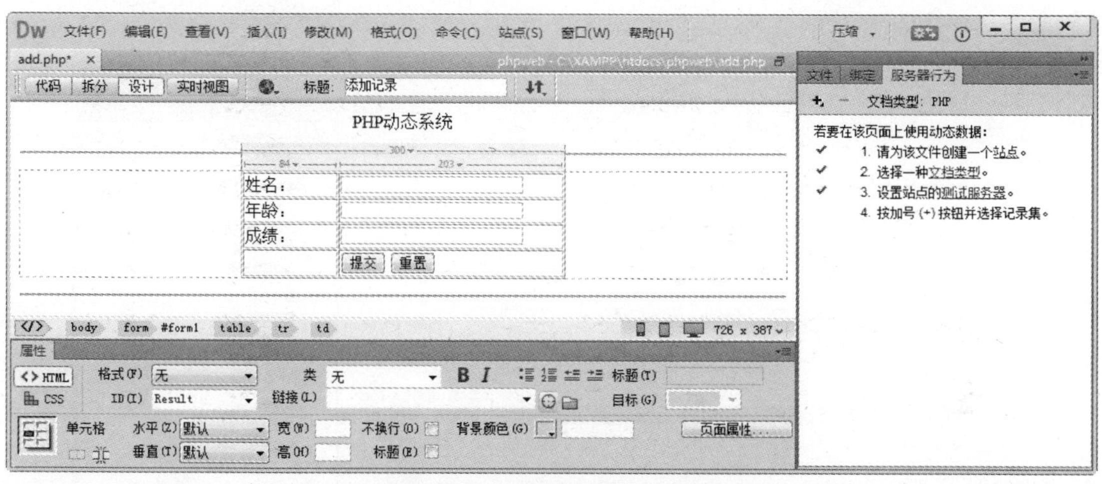

图 3-64　建立表单并设计网页

当需要新增、更新记录时，网页中需要有一个表单且表单元素必须置于表单内，在单击按钮后，只有在表单内的元素会被以 POST 或 GET 的方式传递。Dreamweaver 中的新增、更新记录都是将表单元素的值以 POST 的方式传递给页面，当程序判断到指定字段（新增记录时，字段名为 MM_insert，当使用了“插入记录”服务器行为时该字段将被自动添加）送出了 POST 信息（值为窗体名称），便执行新增、更新记录等部分的程序。

2）插入 3 个文本字段，并分别选择各个文本字段，并在“属性”面板上为其命名，分别是姓名 Name、年龄 Age、成绩 Result，注意在设计时要与记录集字段名称一一对应，如图 3-65 所示。

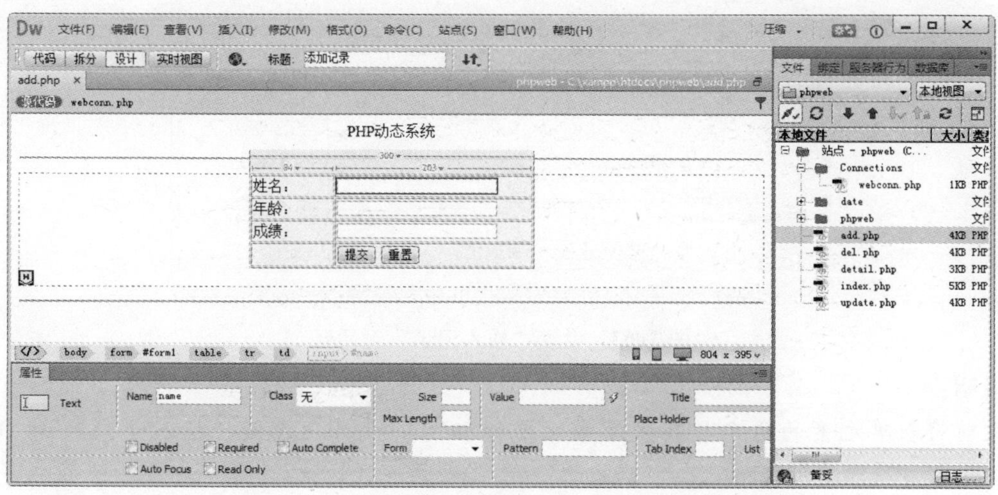

图 3-65　命名文本域

说明:

当表单元素的命名与记录集字段相符合时，在做“新增记录”“更新记录”时，Dreamweaver 会自动将表单元素与记录集字段相匹配。

3）选择“服务器行为”面板，单击“+”按钮，从弹出的下拉菜单中选择“插入记录”命令，如图 3-66 所示。

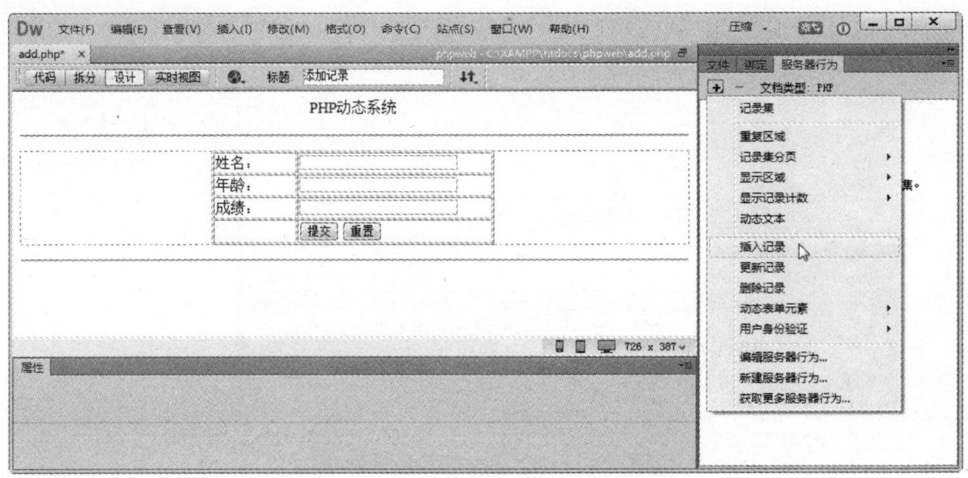

图 3-66　执行“插入记录”命令

4）打开“插入记录”对话框，设置插入记录属性，选择连接为 webconn，插入表格至 websql，这是设置要将记录添加到哪一个数据表中。在选择完数据表后，“列”区域中便会出现该数据表内的所有字段，可以在这里设置哪个数据表字段要从表单中的哪个元素获取值，具体的设置如图 3-67 所示。

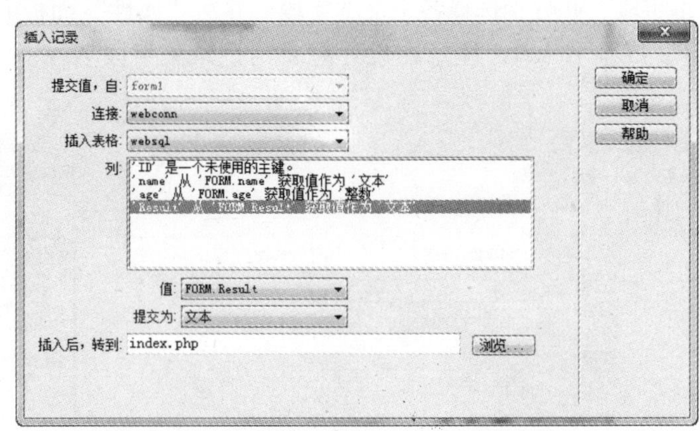

图 3-67　设置“插入记录”对话框

说明:

之前将表单元素的命名与数据库字段名称相同，所以在建立“插入记录”时 Dreamweaver 便会自动将它们配对。也可以先选择欲设置的字段，由“值”右方的下拉式菜单中选择从哪个表单元素取得值。然后在“插入后，转到”的文本字段框填上 index. php。将表单元素的名称与数据库内的字段名称命名为相同，除了“插入记录”以外，“更新记录”服务器行为也会将相同名称的数据列与表单元素自动配对在一起。

5）设置完成后，在“服务器行为”面板的列表中就会多出一项插入记录如图3-68所示，可以双击该项重新进行“插入记录”的设置。完成后网页上的表格会变成浅绿色的底，当然这并不是表示有错误，而是表明该表单使用了“服务器行为”。同时，在表单内也自动加上了名称为MM_insert的隐藏字段，用来判断用户是否单击“提交”按钮送出信息，并是否执行“插入记录”部分的程序代码。

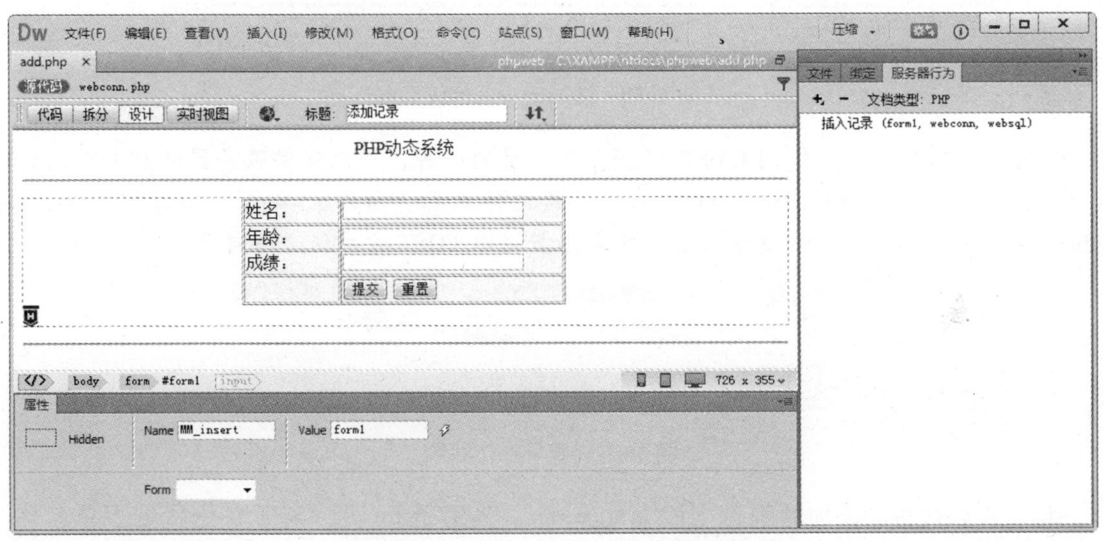

图3-68　插入记录后的页面效果

6）直接按〈F12〉键在浏览器中打开网页，输入值如图3-69所示，并单击“提交”按钮尝试新增一笔记录。

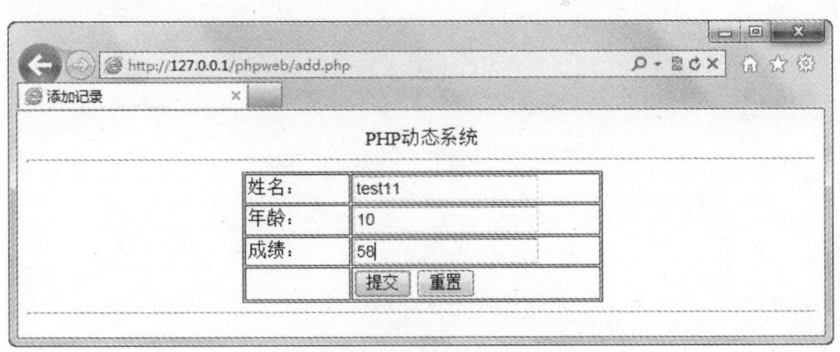

图3-69　输入记录数据

7）单击“提交”按钮后，网址将从add.php转至index.php。点击网页下方的分页导航条的[最后一页]链接，便可以看到刚才新增的记录，如图3-70所示。

程序说明：

简单地来看看这部分的程序代码是怎样的。表单的“动作”为<? php echo $editFormAction; ? >（如图3-71所示），在单击按钮后网页是将信息以POST的方式送给自己，所以先记住这个变量后切换至“代码”视图。在“代码”视图中可以看到$editFormAction变

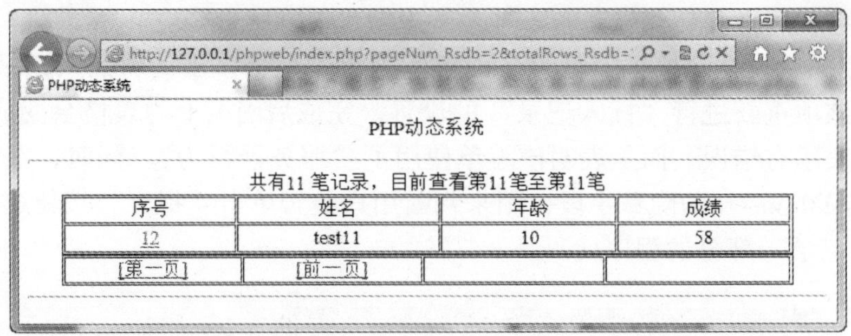

图 3-70　增加记录后的效果

量的值如图 3-71 所示，$_SERVER 是预定义变量的一种，用以提供服务器的相关信息；而 $_SERVER['PHP_SELF'] 便是返回该网页的文件名称。所以表单的"动作"为 <? php echo $editFormAction; ? >就意味着，将表单数据以 POST 方式传递给自身。

图 3-71　表单动作参数

接着看到被自动添加的隐藏字段 MM_insert，其值是 form1，与所在位置的表单名称一致。代码的窗口如图 3-72 所示。

```
    return $theValue;
  }
  }

  $currentPage = $_SERVER["PHP_SELF"];

  $maxRows_Rsdb = 5;
  $pageNum_Rsdb = 0;
  if (isset($_GET['pageNum_Rsdb'])) {
    $pageNum_Rsdb = $_GET['pageNum_Rsdb'];
  }
  $startRow_Rsdb = $pageNum_Rsdb * $maxRows_Rsdb;

  mysql_select_db($database_webconn, $webconn);
  $query_Rsdb = "SELECT * FROM websql";
  $query_limit_Rsdb = sprintf("%s LIMIT %d, %d", $query_Rsdb, $startRow_Rsdb, $maxRows_Rsdb);
  $Rsdb = mysql_query($query_limit_Rsdb, $webconn) or die(mysql_error());
  $row_Rsdb = mysql_fetch_assoc($Rsdb);
```

```
if (!function_exists("GetSQLValueString")) {
function GetSQLValueString($theValue, $theType, $theDefinedValue = "", $theNotDefinedValue = "")
{
  if (PHP_VERSION < 6) {
    $theValue = get_magic_quotes_gpc() ? stripslashes($theValue) : $theValue;
```

图 3-72　代码窗口

核心的代码说明如下：

```
if ((isset($_POST["MM_insert"])) && ($_POST["MM_insert"] == "form1")) {
//判断表单变量$_POST['MM_insert']是否被设置，且值是否等于form1。如果是，则执行下面的插入记录动作。
  $insertSQL = sprintf("INSERT INTO websql (Name, Age, `Result`) VALUES (%s, %s, %s)",
//定义了SQL语句。
                       GetSQLValueString($_POST['Name'], "text"),
                       GetSQLValueString($_POST['Age'], "int"),
                       GetSQLValueString($_POST['Result'], "text"));
//取值表单的变量。
 mysql_select_db($database_webconn, $webconn);
  $Result1 = mysql_query($insertSQL, $webconn) or die(mysql_error());
//连接数据库执行SQL语句。
  $insertGoTo = "index.php";
//设置了在"插入记录"后要跳转的文件index.php，它被存储在变量$insertGoTo。
```

3.4.2 更新记录功能

更新记录功能是指将数据库中的旧数据根据需要进行更新的操作。这里会用前面已经使用到的 detail. php 文件。

更新记录功能的操作步骤如下。

1）打开 detail. php 网页后，选中“更新”，如图 3-73 所示。

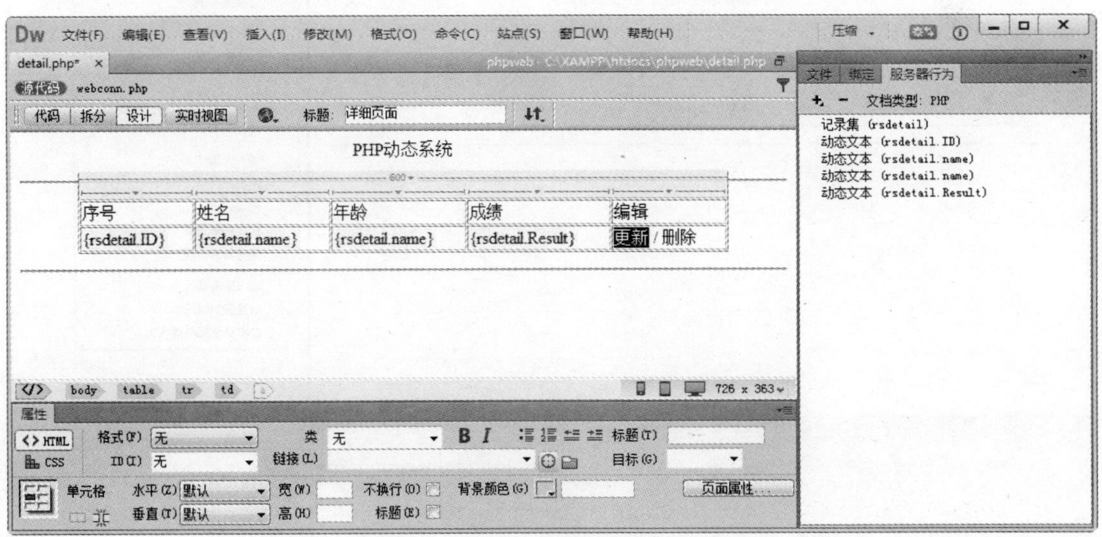

图 3-73 选择链接文字

2）在“属性”面板中，单击如图 3-74 所示的“浏览文件”图标，为其建立附带 URL 参数的超级链接。

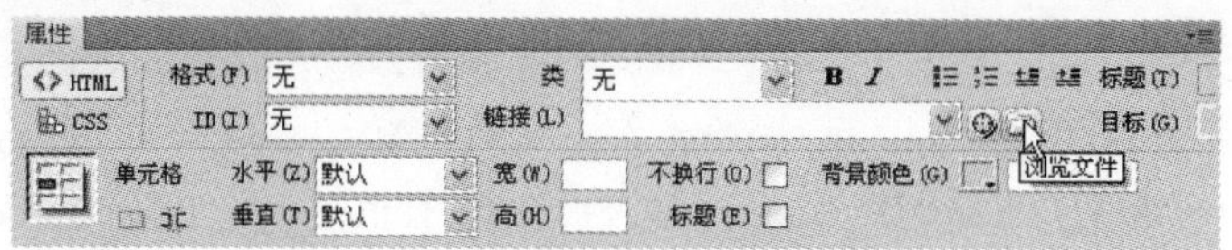

图 3-74　单击“浏览文件”图标

3）输入用来更新记录使用的 update. php 页面，接着单击“浏览文件”按钮，为其建立名称为 ID，值是 rsdetail 记录集 ID 字段值的 URL 参数。

4）完成后的链接地址：update. php? ID = <? php echo $row_rsdetail['ID']; ? >//传递 ID 到 update. php 页面，如图 3-75 所示。

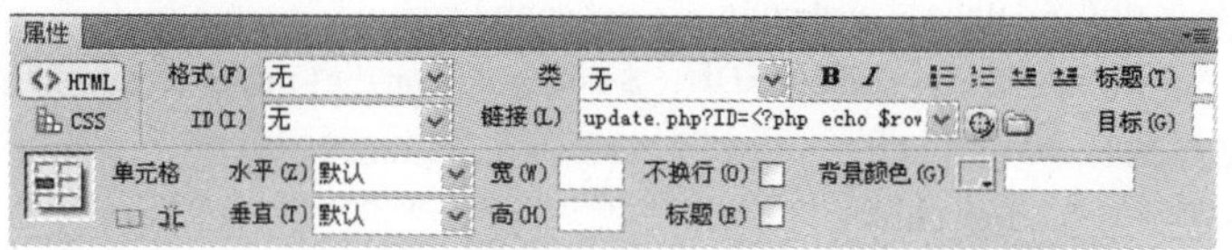

图 3-75　传递 ID 至 update. php

5）创建 update. php 文件。开始的操作与之前在制作记录详情页面 detail. php 时相同，都是利用接收到的 URL 参数筛选指定记录。在“服务器行为”面板中，单击“+”按钮，从弹出的下拉菜单中选择“记录集（查询）”命令，如图 3-76 所示。

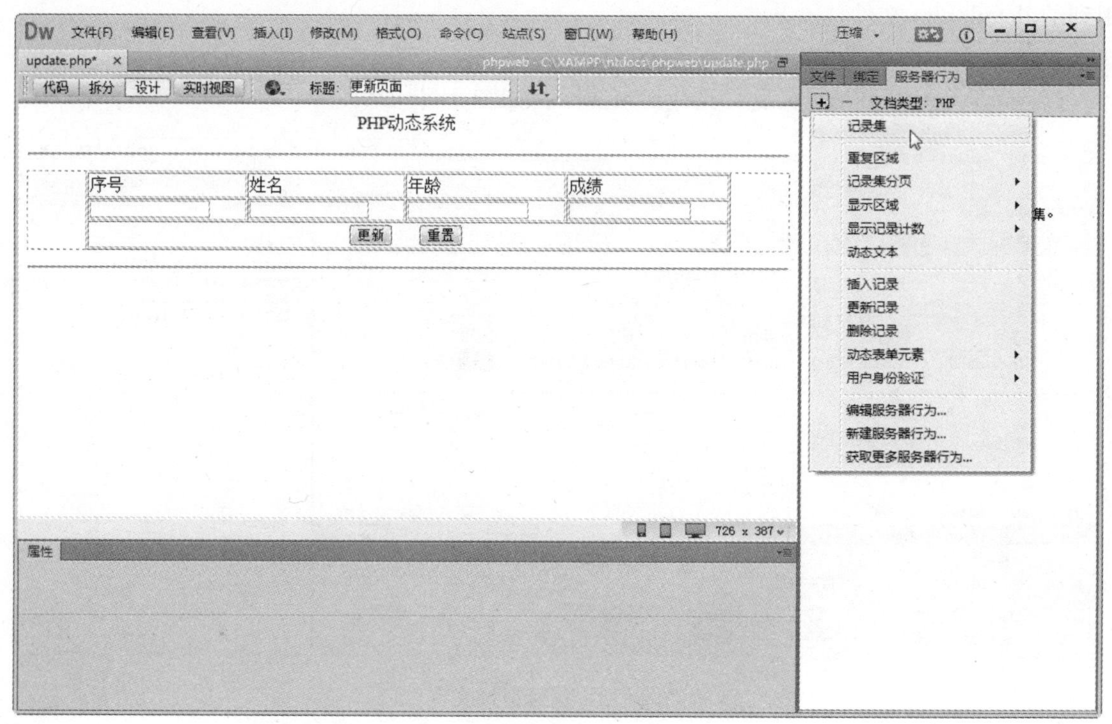

图 3-76　选择“记录集（查询）”

6）打开“记录集”对话框，在该对话框中进行如下设置。

- 在“名称”文本框中输入 rsupdate 作为该“记录集”的名称。
- 从“连接”下拉列表框中选择“webconn”连接对象。
- 从“表格”下拉列表框中，选择使用的数据库表对象为 websql。
- 在“列”单选按钮组中选择“全部”单选按钮。
- 在“筛选”栏中设置记录集过滤的条件为 ID = URL 参数/ ID。

完成后的设置如图 3-77 所示。

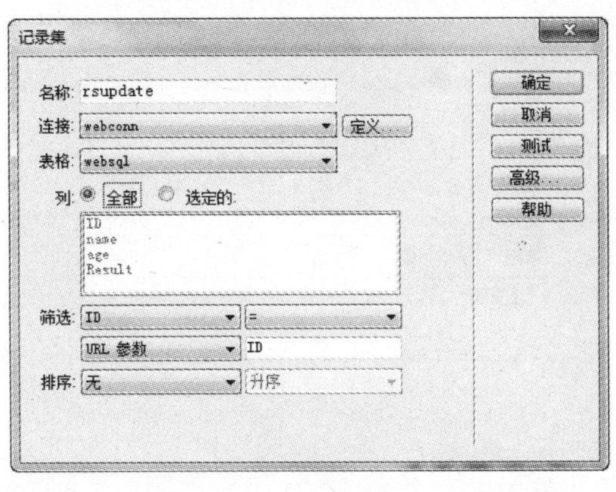

图 3-77　设置“记录集”对话框

7）将页面中应该有的表单、文本字段、按钮设置完成，在“绑定”面板中将记录集内的字段拖动至页面上各对应的文本字段中，如图 3-78 所示。

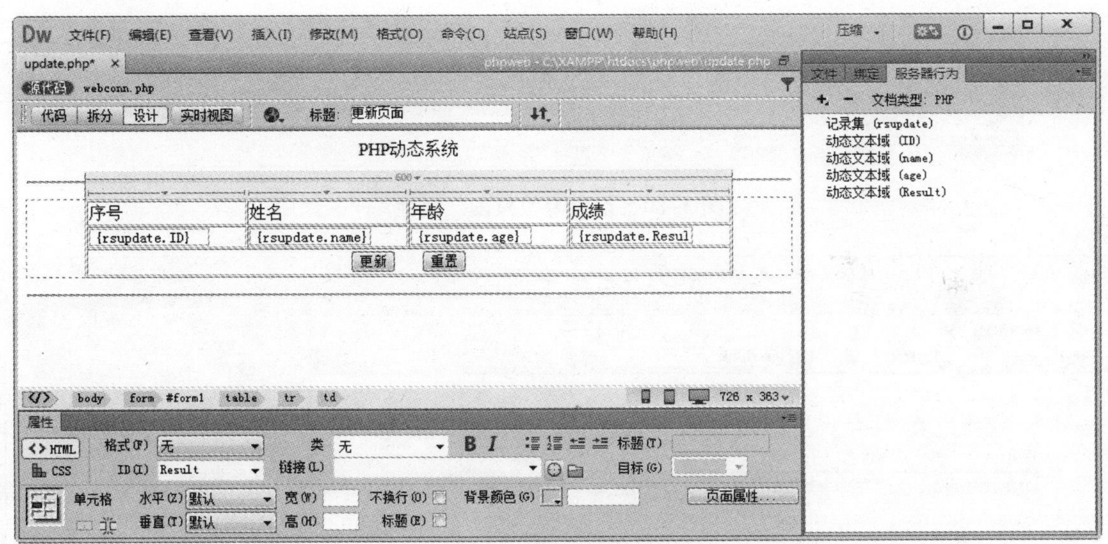

图 3-78　绑定字段

8）由于 ID 是主键，不能随便变更主键的值，因此选择 ID 部分的文本字段，单击选择文本字段，如图 3-79 所示。

9）在“属性”面板中，选中“Read Only（只读）”复选框，如图 3-80 所示。通过这样的设置，这个字段便不能被用户修改。

10）然后再单击“服务器行为”面板中单击“+”按钮，从弹出的下拉菜单中选择“更新记录”命令，如图 3-81 所示。

11）打开“更新记录”对话框，设置更新记录的参数。选择“连接”webconn 后，每个表单元素与字段都会自动匹配好，只需在“在更新后，转到”输入框填上 index. php，如图 3-82 所示。

图 3-79　设置“编辑标签”命令

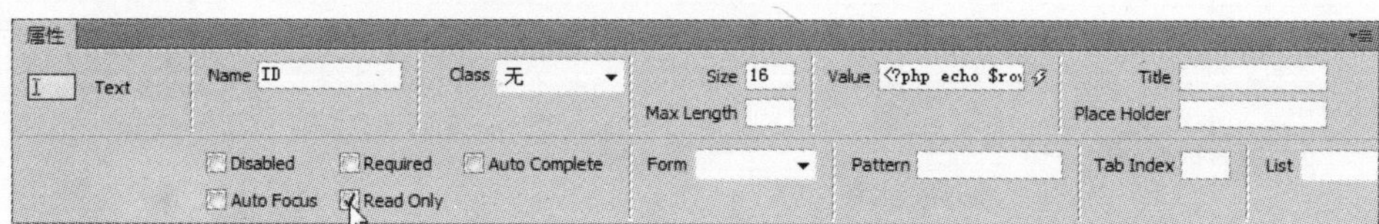

图 3-80　设置为“只读”属性

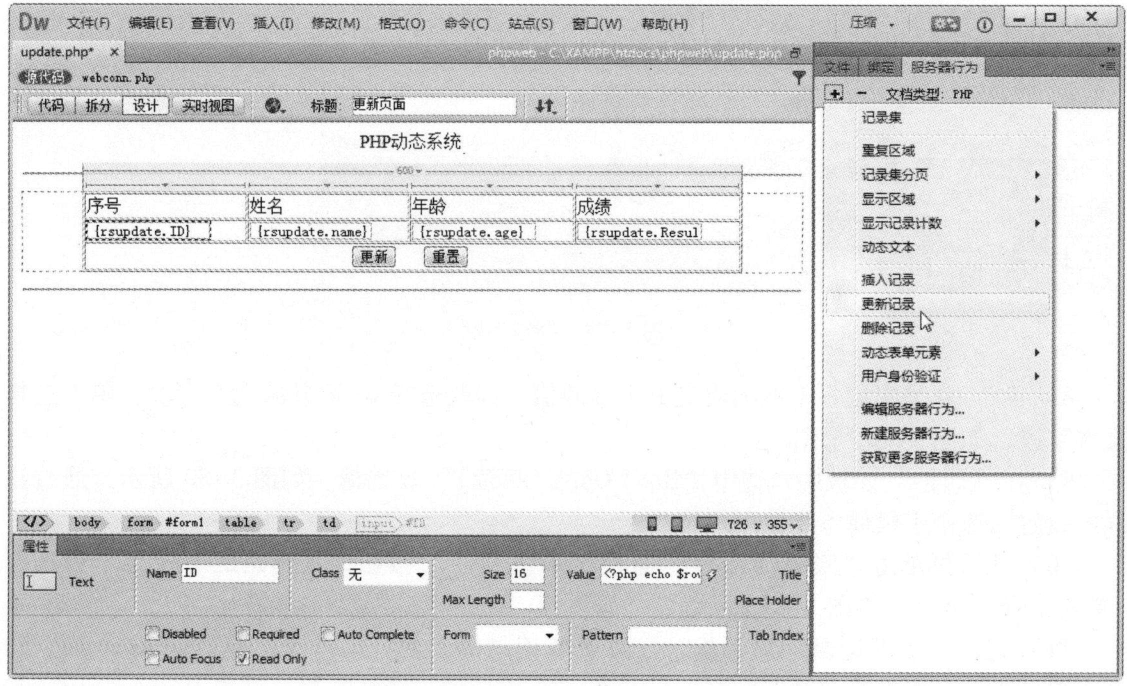

图 3-81　执行“更新记录”命令

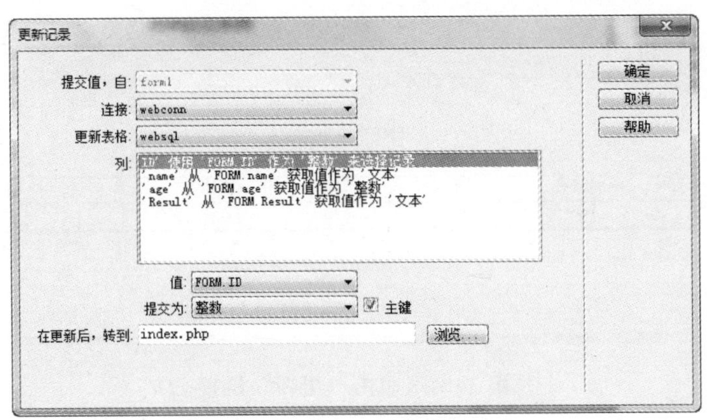

图 3-82　设置“更新记录”参数

12）单击“确定”按钮，完成后页面的表格同样会被套上浅绿色的底，而表单中也会多出一个隐藏字段，名称为 MM_update，值与表单名相同，如图 3-83 所示。

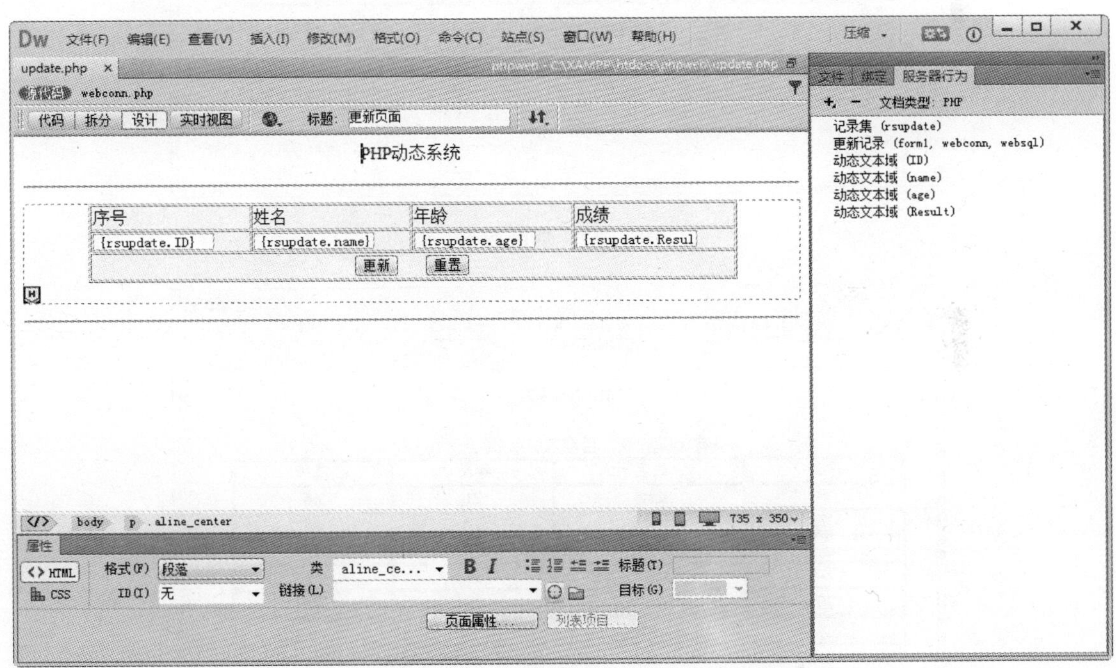

图 3-83　完成的页面效果

13）最后在浏览器中打开 index. php，选择最后一笔记录到详情页面 detail. php，然后在详情页面选择“更新”链接，如图 3-84 所示。

14）在 update. php 中可以修改姓名、年龄与成绩的字段值，而 ID 文本字段是不能被修改的。更改完成后，单击“更新”按钮，如图 3-85 所示。

返回到 index. php，检查该笔记录是否被正确更新，如图 3-86 所示。

这部分的程序代码与插入记录基本相同，差别只在于隐藏字段的名称不同，使用的是 UPDATE 语句。

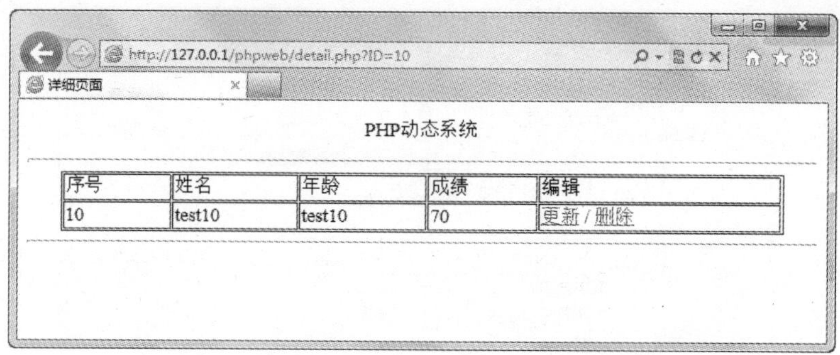

图 3-84　单击“更新”链接

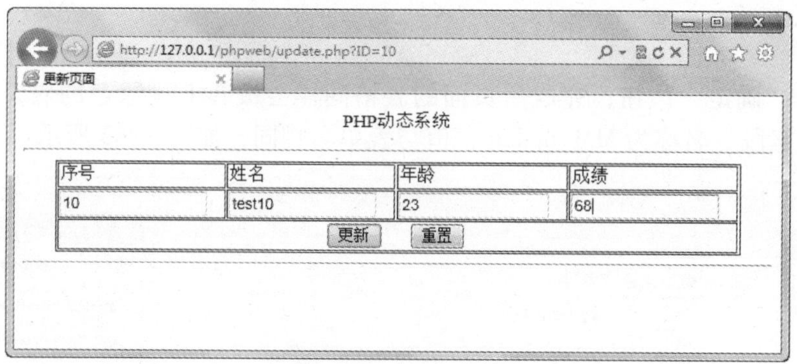

http://127.0.0.1/phpweb/index.php?pageNum_Rsdb=1&totalRows_Rsdb=

PHP动态系统

PHP动态系统

共有10 笔记录，目前查看第6笔至第10笔

序号	姓名	年龄	成绩
6	test6	21	66
7	test7	22	95
8	test8	23	87
9	test9	24	69
10	test10	23	68
[第一页]	[前一页]		

图 3-86　完成更新的功能页面

3.4.3 删除记录功能

删除记录功能是指将数据从数据库中删除，使用“服务器行为”中的“删除记录”命令即可以实现。

具体的实现步骤如下。

1）使用超级链接带着URL参数转到删除页面del.php。首先在detail.php中选中“删除”，在“属性”面板中建立链接，如图3-87所示。

图3-87 设置“删除”链接

2）因为删除记录还是依据主键的ID字段，故选择删除记录所用文件del.php，并附带URL参数，其名称为ID，值为rsdetail记录集的ID字段值，如图3-88所示。

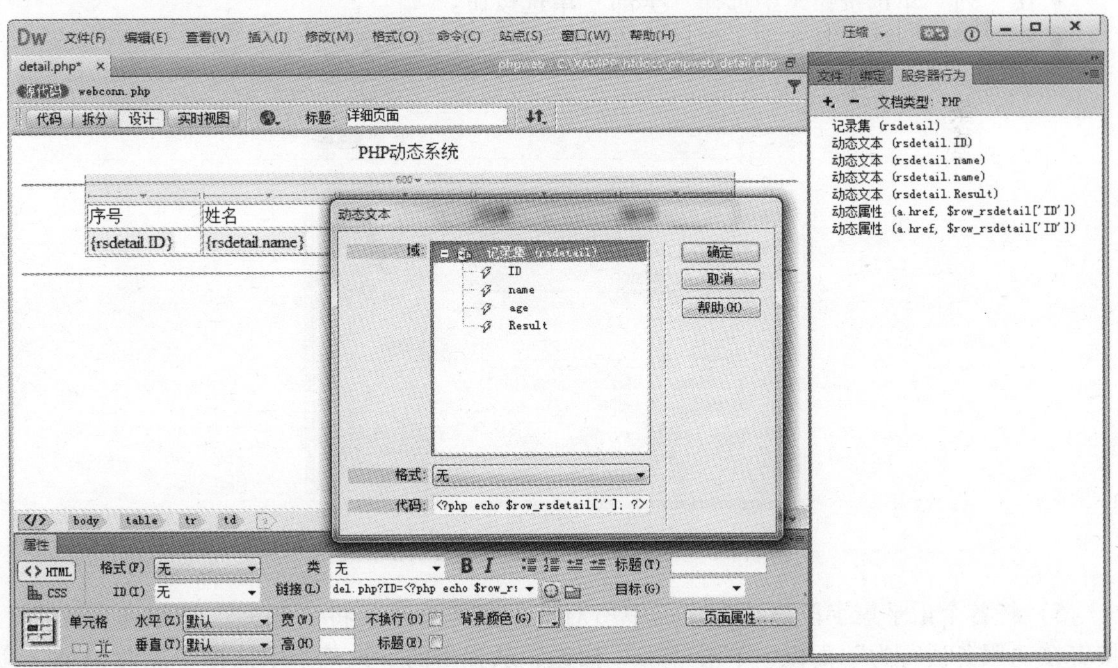

图3-88 设置传递的参数属性

3）单击“确定”按钮，这样就完成了detail.php的修改工作，接下来开始修改del.php。创建del.php文件，在“绑定”面板中单击“+”按钮，从弹出的下拉菜单中选择“记录集（查询）”命令，如图3-89所示。

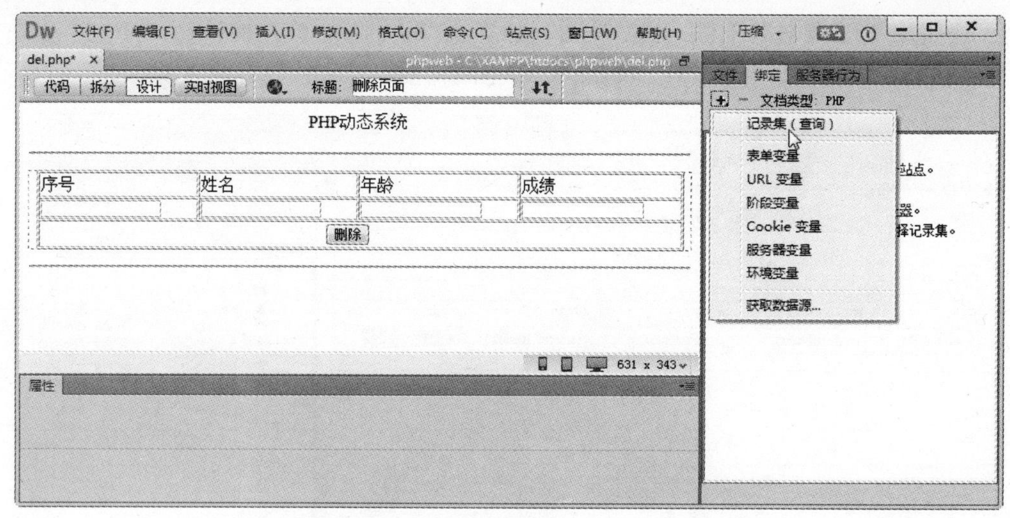

图 3-89　选择“记录集（查询）”命令

4）打开“记录集”对话框，在该对话框中进行如下设置。

- 在“名称”文本框中输入 rsdel 作为该“记录集”的名称。
- 从“连接”下拉列表框中选择 webconn 连接对象。
- 从“表格”下拉列表框中，选择使用的数据库表对象为 websql。
- 在“列”单选按钮组中选择“全部”单选按钮。
- 在“筛选”栏中设置记录集过滤的条件为 ID = URL 参数/ ID。

完成后的设置如图 3-90 所示。

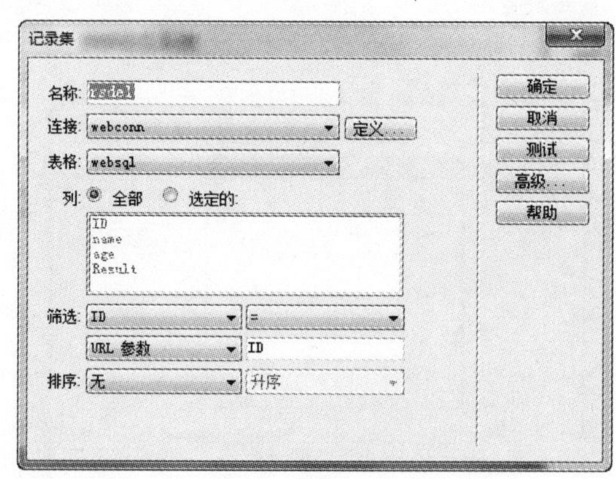

图 3-90　设置“记录集”对话框

5）将各个记录集字段拖动到页面中所对应的文本框后，将“删除”按钮命名为 Del，接着在“服务器行为”面板中单击“+”按钮，从弹出的下拉菜单中选择“删除记录”命令，如图 3-91 所示。

6）在弹出的“删除记录”对话框中，进行如图 3-92 所示的设置。

“主键列”与“主键值”所设置的是删除记录的依据，这里的依据是指在 DELETE-FORM 数据表 WHERE 条件里的条件，假设条件是 WHERE ID = 11，相应地，可以看成

WHERE 主键列 = 主键值。在这里并不一定要选择数据库中的主键来当做主索引键字段。

图 3-91 选择“删除记录”命令

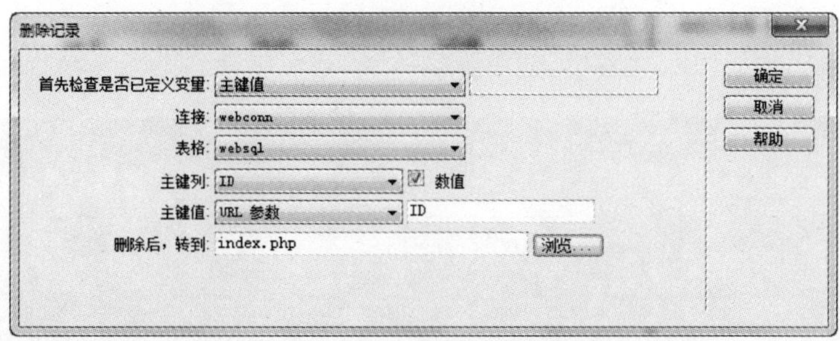

图 3-92 设置“删除记录”对话框

7）单击“确定”按钮完成设置。

至此，已经学习了最基本的 Dreamweaver 内置服务器行为，并且了解了其源程序代码的意义。在后面各章节中的模版系统，如用户管理系统、留言管理系统、新闻管理系统等，都将用到这些操作。

第4章 用户管理系统

用户管理系统是PHP网站开发应用中常常使用的一种技术。一个典型的用户管理系统，一般应该有用户注册功能、资料修改功能、取回密码功能，以及用户注销身份等功能。本章将前面介绍的知识加以灵活应用，在实例中主要用到创建数据库和数据库表、建立数据源连接、建立记录集、创建各种动态页面、添加重复区域来显示多条记录、页面之间传递信息、创建导航条、隐藏导航条连接等技巧和方法。

从入门到精通

主要掌握以下知识点：

- 用户管理系统网站结构的搭建
- 创建数据库和数据库表
- 建立数据源连接
- 掌握用户管理系统中页面之间信息传递的技巧和方法
- 用户管理系统常用功能的设计与实现

Section
4.1 用户管理系统的规划

在制作网站的时候，一般都要在制作之前设计好网站各个页面之间的链接关系，绘制出系统脉络图，以便后面整个系统的开发与制作。

4.1.1 系统结构设计

“用户管理系统”的系统结构如图 4-1 所示。本系统主要的结构分成用户登录模块与找回密码修改资料模块两个部分，其中 index. php 是这个网站的首页。

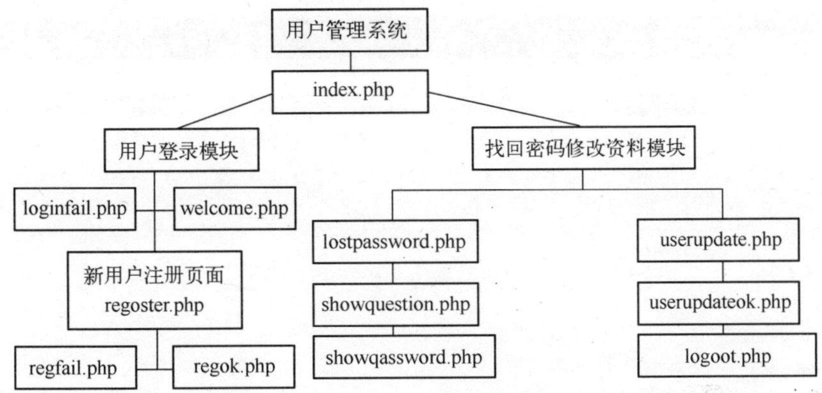

图 4-1　系统结构图

在本地计算机设置站点服务器，在 Dreamweaver CC 的网站环境除了按〈F12〉键来浏览网页之外，还可以在 IE 浏览器输入“http://localhost/member/index. php”来打开用户系统的首页 index. php，其中 member 为站点名。

4.1.2 页面规划设计

用户管理系统的主要结构分为用户登录和找回密码修改资料两个部分，整个系统共有 12 个页面，各个页面的名称和对应的文件名、功能如表 4-1 所示。

表 4-1　用户管理系统网页设计表

页面名称	功　能	页面名称	功　能
index. php	实现用户管理系统登录功能的页面	lostpassword. php	丢失密码后进行密码查询使用的页面
welcome. php	用户登录成功后显示的页面	showquestion. php	查询密码时输入提示问题的页面
loginfail. php	用户登录失败后显示的页面	showpassword. php	答对查询密码问题后显示的页面
register. php	新用户用来注册输入个人信息的页面	userupdate. php	修改用户资料的页面
regok. php	新用户注册成功后显示的页面	userupdateok. php	成功更新用户资料后显示的页面
regfail. php	新用户注册失败后显示的页面	logoot. php	退出用户系统的页面

4.1.3 创建用户数据库

通过对用户管理系统的功能分析发现，这个数据库应该包括注册的用户名、注册密码以及一些个人信息，如性别、年龄、E－mail、电话等。所以在数据库中必须包含一个可容纳上述信息的表，称之为“用户信息表”。将数据库命名为member，接下来要在MySQL建立网站数据库作为查询、新增、修改与删除任何数据的后端支持。制作步骤如下。

1）在phpmyAdmin中建立数据库member，单击选择 数据库 命令，打开本地的“数据库”管理页面，在“新建数据库”文本框中输入数据库的名称member，单击打开后面的数据库类型下拉菜单，在弹出的选择项中选择“utf8_ bin”选项，单击“创建”按钮，返回“常规设置”页面，在数据库列表中就已经建立了member的数据库，如图4-2所示。

图4-2 创建member数据库

2）单击左边的member数据库将其连接上，打开“新建数据表”页面，输入数据表名member，“字段数”文本框中输入本数据表的字段数为12，表示将创建12个字段来储存数据，再单击“执行”按钮，切换到数据表的字段属性设置页面，输入数据域名以及设置数据域位的相关数据，如图4-3所示。

各字段如表4-2所示，这个数据表主要是记录每个用户的基本数据、加入的时间，以及登入的账号与密码。

表4-2 member数据表

字段名称	字段型态	字段大小	说明
ID	int	11	用户编号
username	varchar	20	用户账号

（续）

字段名称	字段型态	字段大小	说　明
password	varchar	20	用户密码
question	varchar	50	找回密码提示
answer	varchar	50	答案
truename	varchar	50	真实姓名
sex	varchar	10	姓别
address	varchar	50	地址
tel	varchar	50	电话
QQ	varchar	20	QQ 号码
email	varchar	50	邮箱
authority	char	1	登录区分

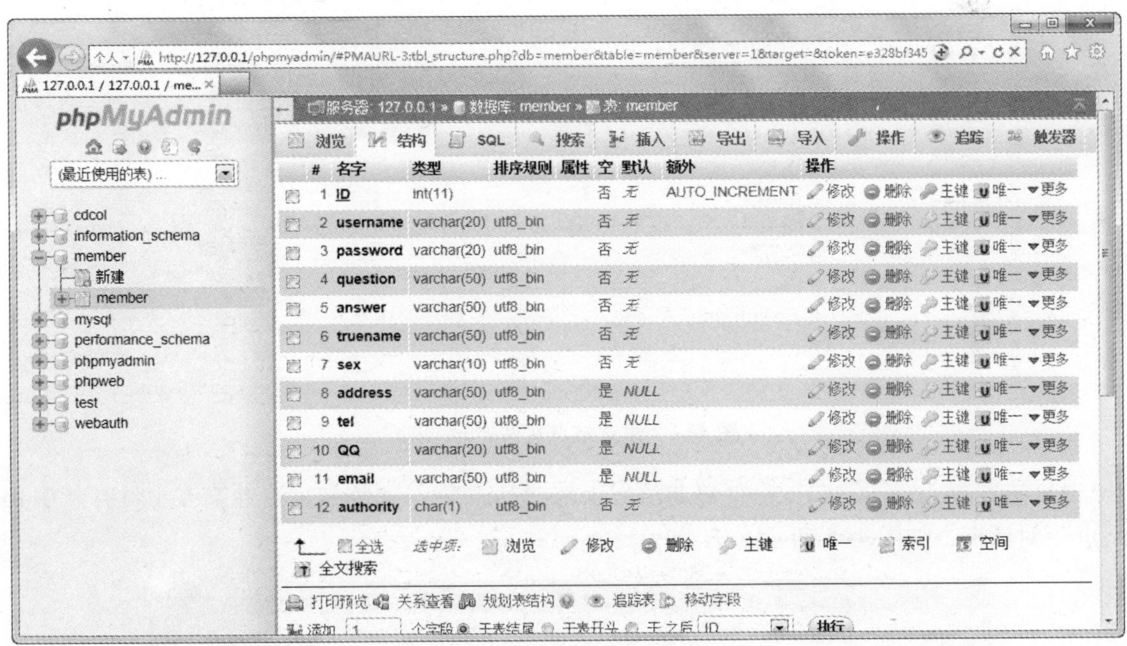

图 4-3　建立 member 数据表

创建的数据表有 12 个字段，读者在开发其他用户管理系统的时候可以根据采集用户信息的需要加入更多的字段。

4.1.4　定义 member 站点

在 Dreamweaver CC 中创建一个“用户管理系统”网站站点 member，由于这是 PHP 数据库网站，因此必须设置本机数据库和测试服务器，主要的设置如表 4-3 所示。

表 4-3　站点设置的基本参数

站 点 名 称	member	站 点 名 称	member
本机根目录	C:\xampp\htdocs\member	MySQL 服务器地址	C:\xampp\mysql\data\member
测试服务器	C:\xampp\htdocs\	管理账号/密码	root/空
网站测试地址	http://localhost/member/	数据库名称	member

创建 member 站点具体操作步骤如下。

1）首先在 C:\xampp\htdocs 路径下建立 member 文件夹，如图 4-4 所示，本章所有建立的网页文件都将放在该文件夹下。

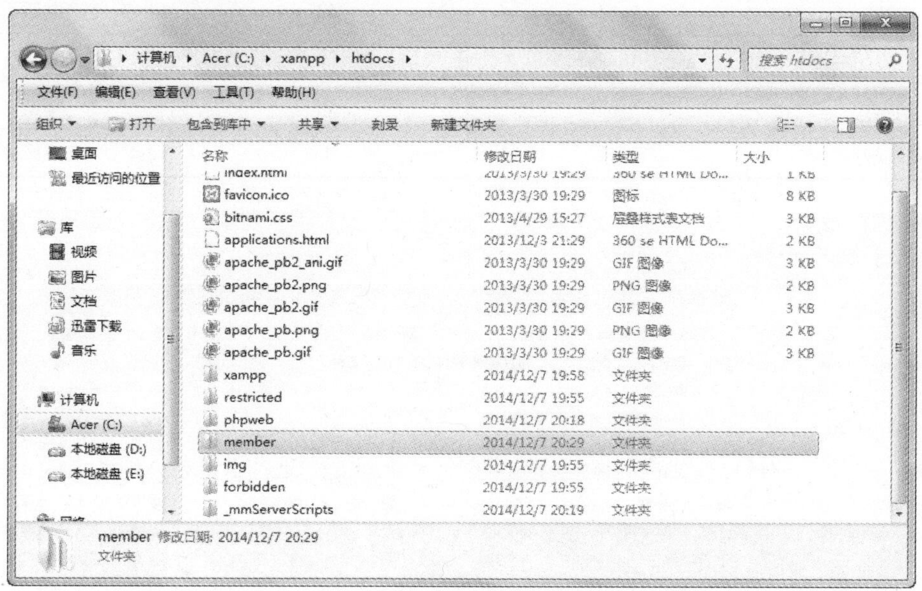

图 4-4　建立站点文件夹 member

2）运行 Dreamweaver CC，选择菜单栏中的“站点”→“管理站点”命令，打开“管理站点”对话框，如图 4-5 所示。

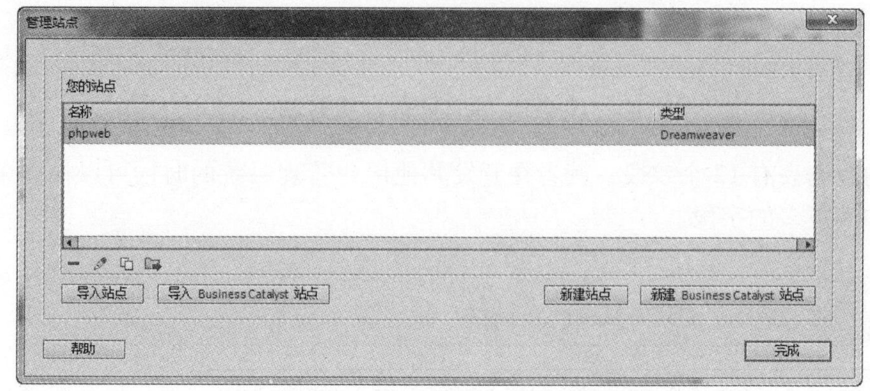

图 4-5　“管理站点”对话框

3）对话框的左边是站点列表框，其中显示了所有已经定义的站点。单击右边的“新建”按钮，打开“站点设置对象”对话框，进行如下参数设置：

- “站点名称”：member。
- “本地站点文件夹”：C:\xampp\htdocs\member\。

如图 4-6 所示。

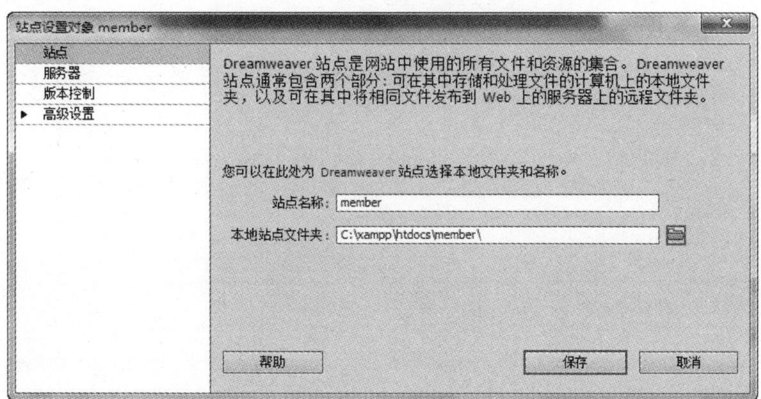

图 4-6　新建站点参数设置

4）单击列表框中的“服务器”选项，并单击“添加服务器”按钮，打开“基本”选项卡，进行如图 4-7 所示的参数设置。

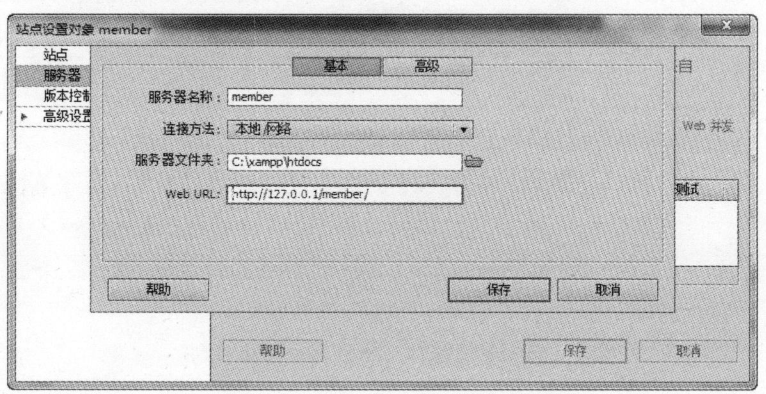

图 4-7　设置“基本”选项卡

- “服务器名称”：member。
- “连接方法”：本地/网络。
- “服务器文件夹”：C:\xampp\htdocs\。
- “Web URL”：http://localhost/。

5）设置后再单击“高级”选项卡，打开“高级”服务器设置对话框，单击“维护同步信息”复选框，在“服务器模型”下拉列表项中，选择 PHP MySQL，表示是使用 PHP 开发的网页，其他的保持默认值，如图 4-8 所示。

6）单击“保存”按钮，返回“服务器”设置对话框，再单击选择“测试”复选框，如图 4-9 所示。

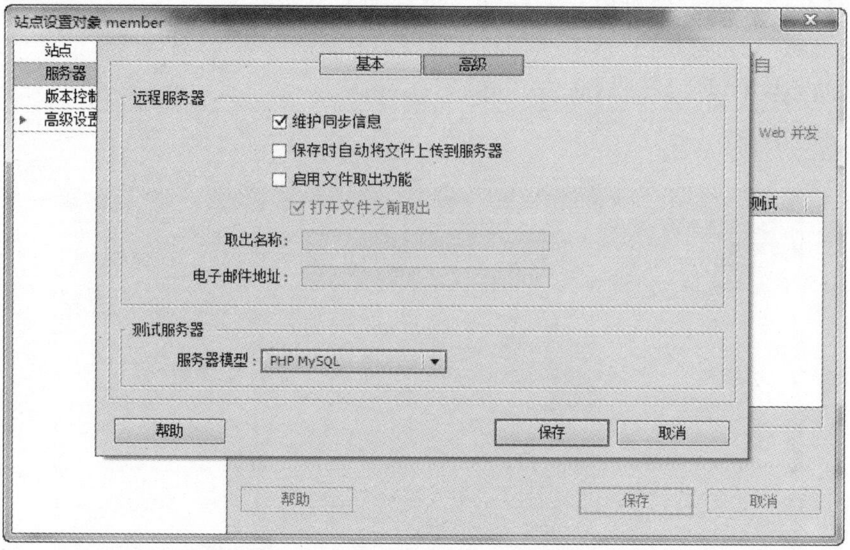

图 4-8　设置“高级”选项卡

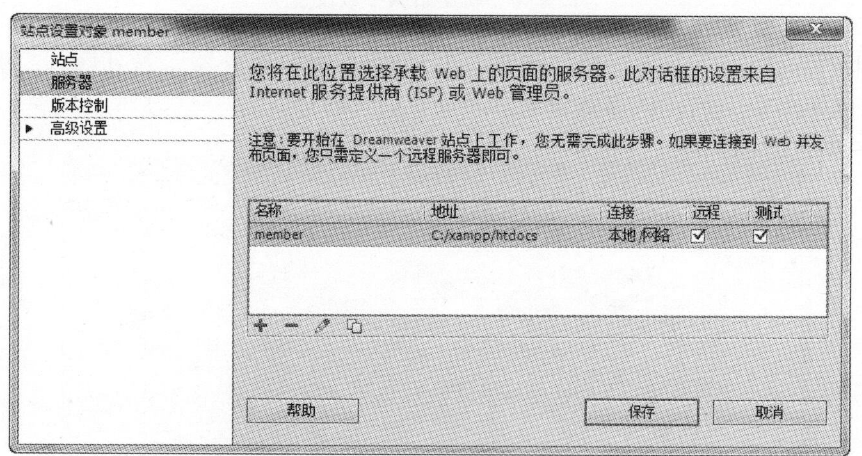

图 4-9　设置“服务器”参数

单击“保存”按钮，则完成站点的定义设置。在 Dreamweaver CC 中就已经拥有了刚才所设置的站点 member。单击“完成”按钮，关闭“管理站点”对话框，以上就完成了 Dreamweaver CC 测试用户管理系统网页的网站环境设置。

4.1.5 设置数据库连接

完成了站点的定义后，接下来就是用户系统网站与数据库之间的连接。网站与数据库的连接设置如下。

1）将附赠资源中本章静态文件复制到站点文件夹下，打开 index. php，如图 4-10 所示。

图 4-10 打开 index. php

2）单击选择菜单栏上的“窗口”→“数据库”命令，打开“数据库”面板。在“数据库”面板上，单击选择“+”图标，并在打开的菜单中选择“MySQL 连接”选项，如图 4-11 所示。

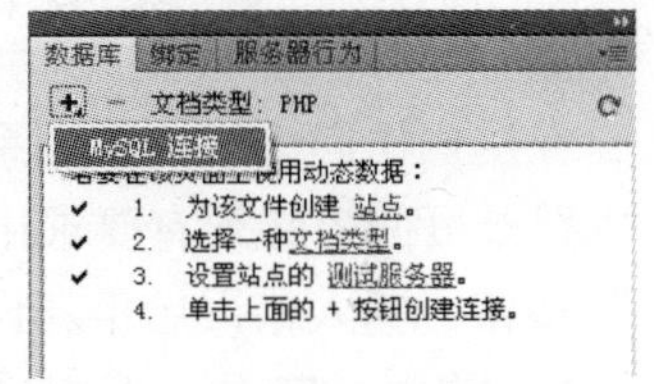

图 4-11 选择 MySQL 连接

3）在“MySQL 连接”对话框中，输入的“连接名称”为 mymember，“MySQL 服务器”名为 localhost，“用户名”为 root，密码为空如图 4-12a 所示。选择所要建立连接的数据库名称，可以单击“选取”按钮，浏览 MySQL 服务器上的所有数据库。选择刚导入的范例数据库 member，具体的设置内容如图 4-12b 所示。

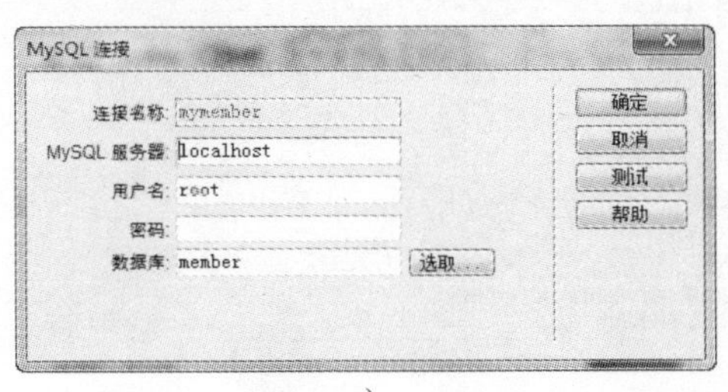

a)

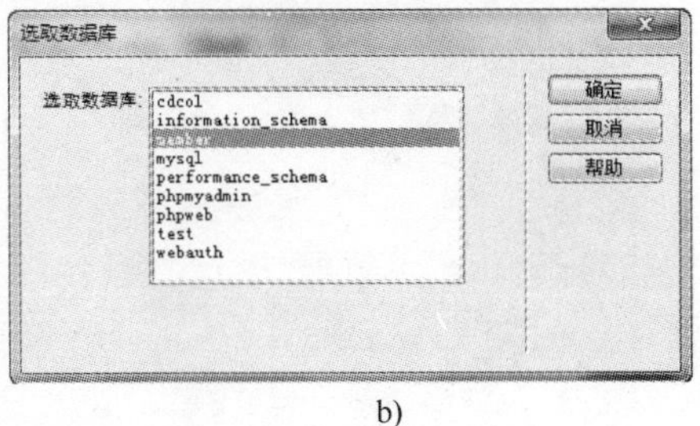

b)

图 4-12 设置 MySQL 连接参数

4）单击“测试”按钮，测试与 MySQL 数据库的连接是否正确，如果正确，则会出现一个如图 4-13 所示的消息框，这表示数据库连接设置成功。

单击“确定”按钮，则返回编辑页面，在“数据库”面板中则显示绑定过来的数据库，如图 4-14 所示。

图 4-13　设置成功

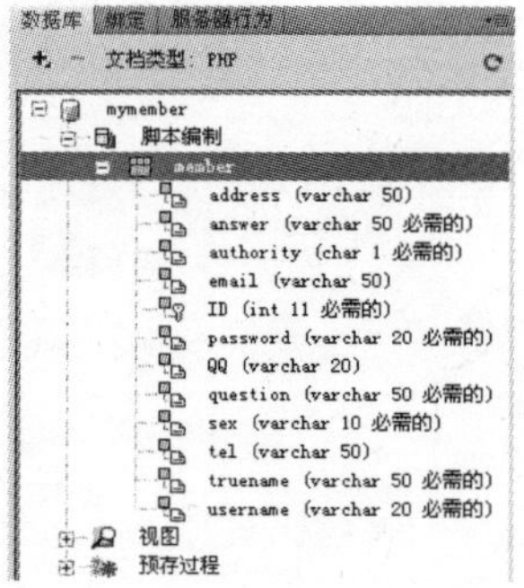

图 4-14　显示绑定的数据库

Section

4.2　用户登录模块的设计

本节主要介绍用户登录模块的制作，在该模块中将进行登录的用户称为会员，所以界面中显示的是“会员登录”字样。

4.2.1　登录页面的设计

在用户访问该用户管理系统时，首先要进行身份验证，这个功能是靠登录页面来实现的。所以登录页面中必须有要求用户输入用户名和密码的文本框，以及输入完成后进行登录的“登录”按钮、输入错误后重新设置用户名和密码的“重置”按钮。详细的制作步骤如下。

1）首先，来看一下用户登录系统的首页设计，如图 4-15 所示。

图 4-15　用户登录系统首页

2）index. php 页面是用户登录系统的首页，打开前面所创建的 index. php 页面，输入网页标题“PHP 用户管理系统”，然后执行菜单“文件”→“保存”命令，将网页标题保存。

3）执行菜单“修改”→“页面属性”命令，然后在“背景颜色”文本框中输入颜色值为#CCCCCC，在“上边距”文本框中输入 0 像素，这样设置的目的是为了让页面的第一个表格能置顶到上边，并形成一个灰色底纹的页面，设置如图 4–16 所示。

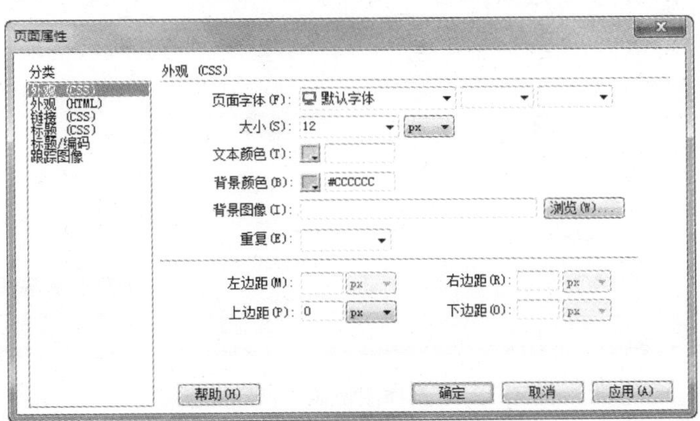

图 4–16 “页面属性”对话框

4）设置完成后，单击“确定”按钮，进入“文档”窗口，执行菜单“插入”→“表格”命令，在打开的“表格”对话框中，在“行数”文本框中输入需要插入表格的行数为 3，在“列数”文本框中输入需要插入表格的列数为 3。在“表格宽度”文本框中输入 775 像素，“边框粗细”、“单元格边距”和“单元格间距”都为 0，如图 4–17 所示。

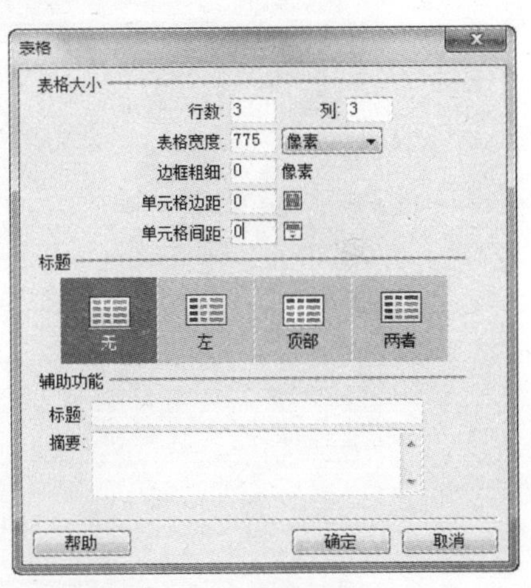

图 4–17 设置“表格”属性

5）单击“确定”按钮，这样就在“文档”窗口中插入了一个 3 行 3 列的表格。将鼠标放置在第 1 行表格中，在“属性”面板中单击“合并所选单元格，使用跨度”按钮图标，将第 1 行表格合并，再执行菜单“插入”→“图像”→“图像”命令，打开“选择文件”对话框，在站点 images 文件夹中选择图片 01. gif，如图 4–18 所示。

6）单击“确定”按钮，就在表格中插入了此图片，将鼠标放置在第 3 行表格中，在“属性”面板中单击“合并所选单元格，使用跨度”按钮图标，将第 3 行所有列表格合并，再执行菜单“插入”→“图像”→“图像”命令，打开“选择文件”对话框，在站点 images 文件夹中选择图片 05. gif，插入一个图片，效果如图 4–19 所示。

7）插入图片后，选择插入的整个表格，在“属性”面板上“对齐”下拉列表框中，选择“居中对齐”命令，让插入的表格居中对齐，如图 4–20 所示。

8）把光标移至创建表格第 2 行第 1 列中，在“属性”面板中设置高度为 456 像素、宽度为 179 像素。设置高度和宽度时，根据背景图像而定，从“背景”中选择该站点中 images 文件夹中的 02. gif 文件，得到的效果如图 4–21 所示。

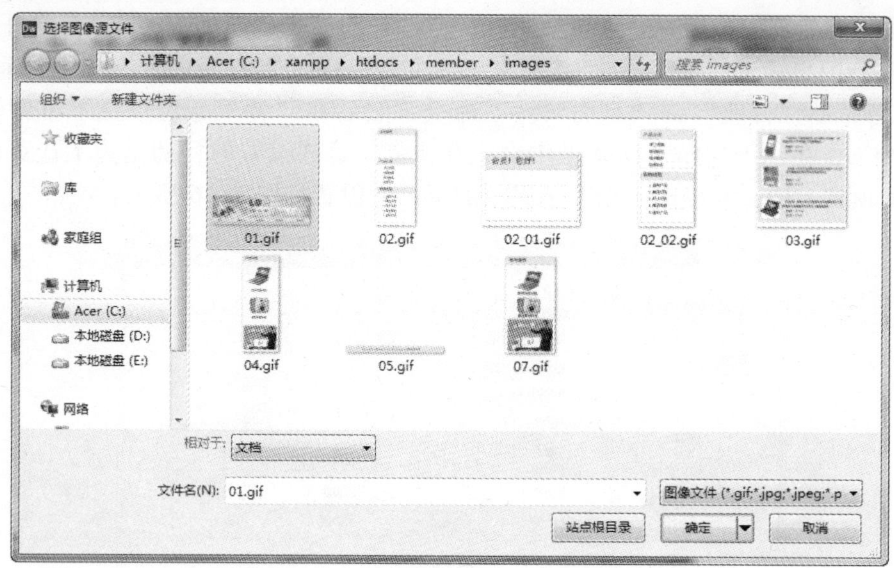

图 4-18 “选择图像源文件”对话框

图 4-19 插入图片效果图

图 4-20 设置“居中对齐”

9）在表格的第 2 行第 2 列和第 3 列中，分别插入同站点 images 文件夹中的图片 03. gif 和 04. gif，完成网页的结构搭建，如图 4-22 所示。

10）单击第 2 行第 1 列单元格，然后再单击“文档”窗口上的拆分按钮，在 <td> 和 </td> 之间加入 valign = "top"（表格文字和图片的相对摆放位置，可选值为 top、middle、bottom）的命令，表示让鼠标能够自动地贴至该单元格的最顶部，设置如图 4-23 所示。

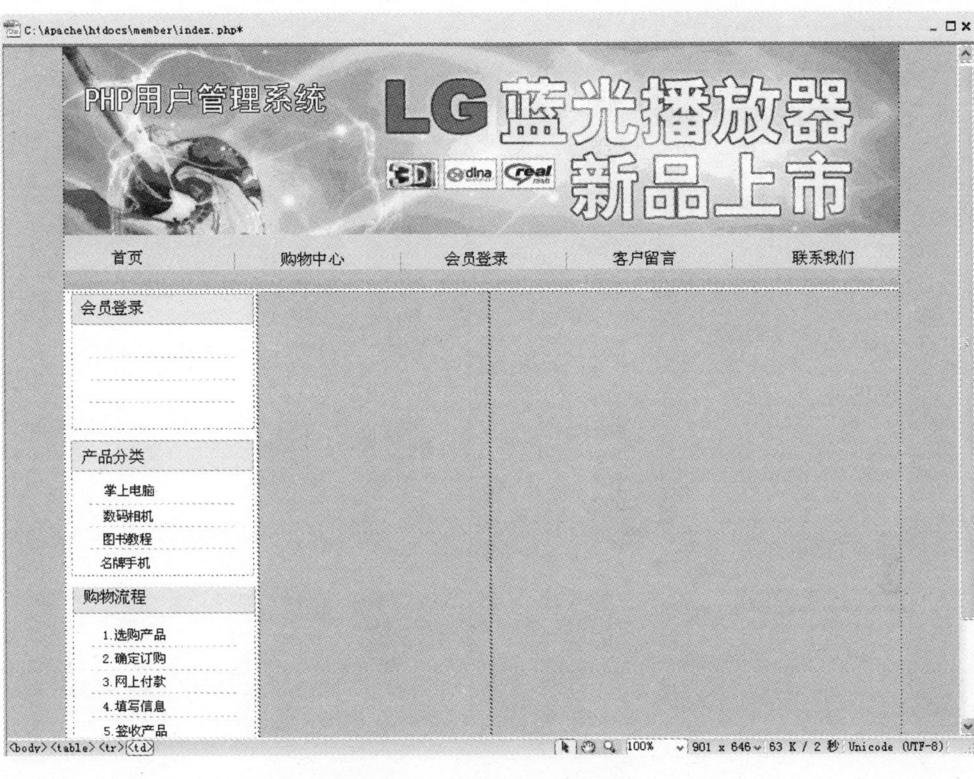

图 4-21　插入图片的效果图

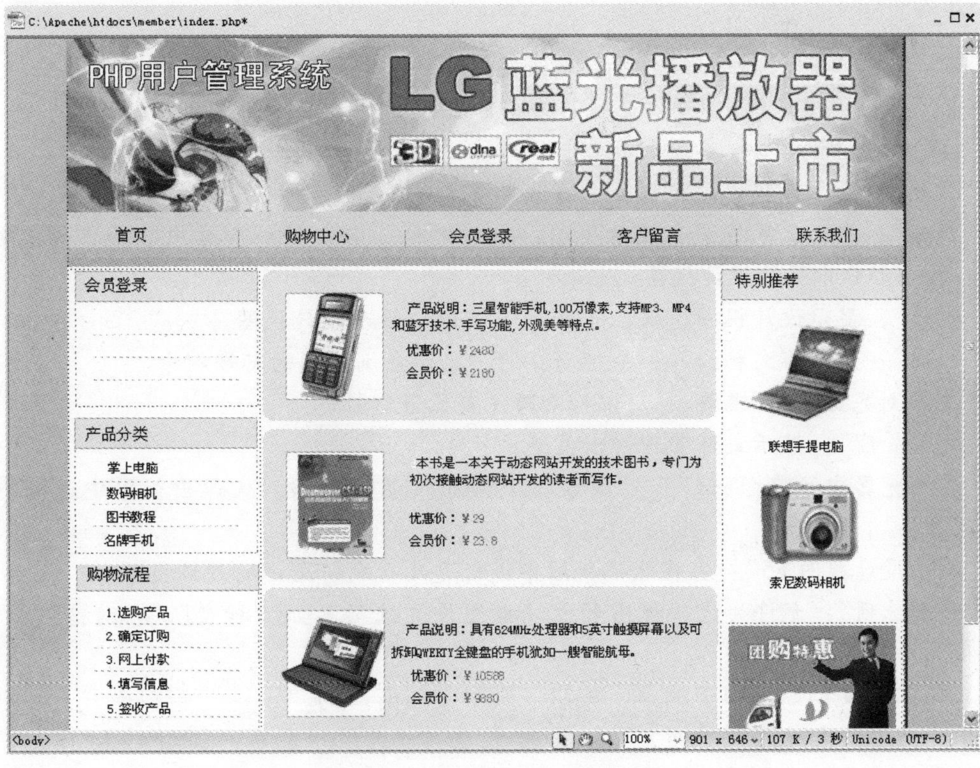

图 4-22　完成的网页背景效果图

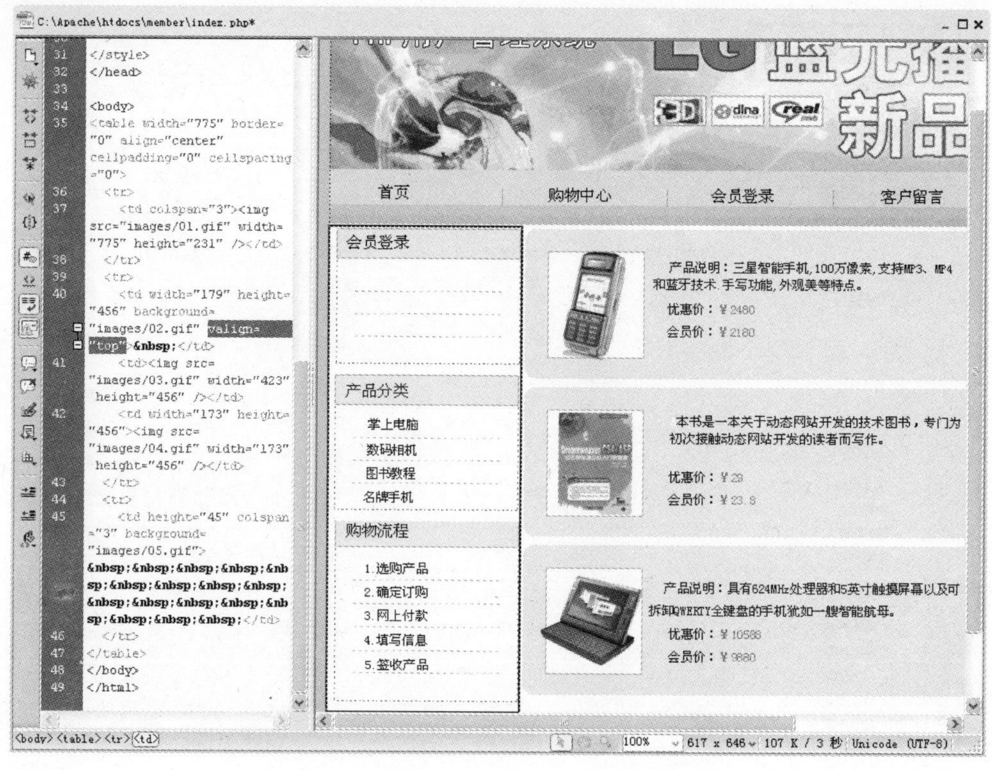

图 4-23　设置单元格的对齐方式为最顶部

注意：

文档工具栏中包含按钮和弹出的菜单，提供各种文档“窗口视图”（如“设计”、“拆分”和“代码”视图）、各种查看选项和一些常用操作（如在浏览器中预览）。

对选项说明如下。

- “代码”：显示代码视图，仅在“文档”窗口中显示代码视图。
- “拆分”：显示代码视图和设计视图，在“文档”窗口的一部分中显示代码视图，而在另一部分中显示设计视图。
- “设计”：显示设计视图，仅在“文档”窗口中显示设计视图。
- “标题”：允许为文档输入一个标题，它将显示在浏览器的标题栏中。
- “没有浏览器/检查错误”：可以检查跨浏览器兼容性。
- “文件管理”：显示文件管理弹出菜单。
- “在浏览器中预览/调试”：在浏览器中预览或调试文档，从弹出菜单中选择一个浏览器。
- “刷新设计视图 F5”：当在代码视图中进行更改后刷新文档的设计视图。
- “视图选项”：允许为代码视图和设计视图设置选项，如“标尺”、“网格”、“文件头”内容等。

11）单击“文档”窗口上的 设计 按钮，返回文档窗口的“设计”窗口模式，在刚创建表格的单元格中，执行菜单“插入”→“表单”→“表单”命令，如图 4-24 所示，插入一个表单。

图 4-24 执行“表单”命令

12）将鼠标放置在该表单中，执行菜单“插入”→“表格”命令，打开“表格”对话框，在“行数”文本框中输入 5，在“列数”文本框中输入 2。在“表格宽度”文本框中输入 179 像素，在该表单中插入 5 行 2 列的表格。单击并拖动鼠标，分别选择第 1 行、第 2 行和第 5 行表格，并分别在“属性”面板中单击使用“合并所选单元格，使用跨度”按钮，将这几行表格进行合并。然后在表格的第 1 行输入“会员登录”4 个字，在第 2 行第 1 列中输入文字说明“用户名”，在第 2 行第 2 列中执行菜单“插入”→“表单”→“文本”命令，插入一个单行文本域表单对象，并定义文本域名为“username”，“文本域”属性设置及此时的效果如图 4-25a、4-25b 所示。

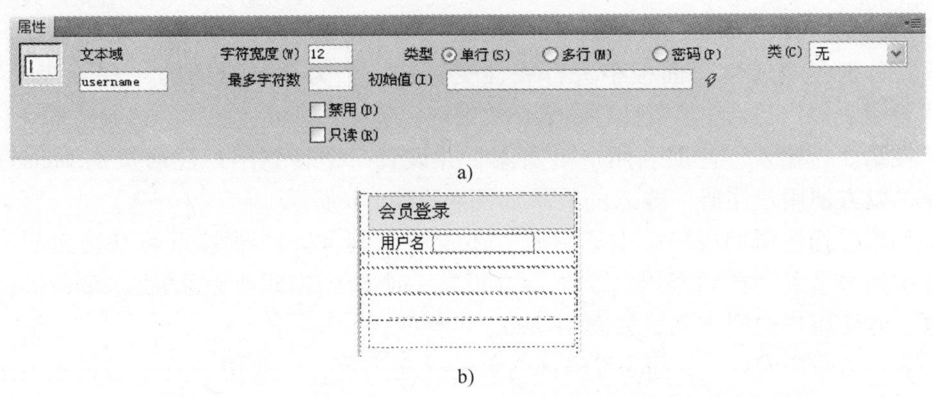

图 4-25 输入“用户名”和插入“文本域”的设置

说明：设置文本域的属性说明如下。

- 在“文本域”文本框中，为“文本域”指定一个名称。每个“文本域”都必须有一个唯一名称。表单对象名称不能包含空格或特殊字符，可以任意组合字母、数字、字符和下画线(_)。请注意，为“文本域”指定的标签将存储该域的值（输入的数据）的变量名，这是发送给服务器进行处理的值。
- “字符宽度”设置域中最多可显示的字符数。用“最多字符数”指定在域中可输入的最多字符数，如果保留为空白，则输入不受限制。“字符宽度”可以小于“最多字符数”，但大于“最多字符数”的输入则不被显示。
- “类型”用于指定文本域是“单行”、“多行”还是“密码”域。单行文本域只能显示一行文字；多行则可以输入多行文字，达到字符宽度后换行；密码文本域则用于输入密码。
- “初始值”指定在首次载入表单时，域中显示的值。例如，通过包含说明或示例值，可以指示用户在域中输入信息。
- “类”可以将CSS规则应用于对象。

13）在第3行第1列表格中输入文字说明“密码”，在第3行表格的第2列中执行菜单“插入”→“表单”→“文本”命令，插入密码文本域表单对象，定义“文本域”名为password。“文本域”属性设置及此时的效果如图4-26a、b所示。

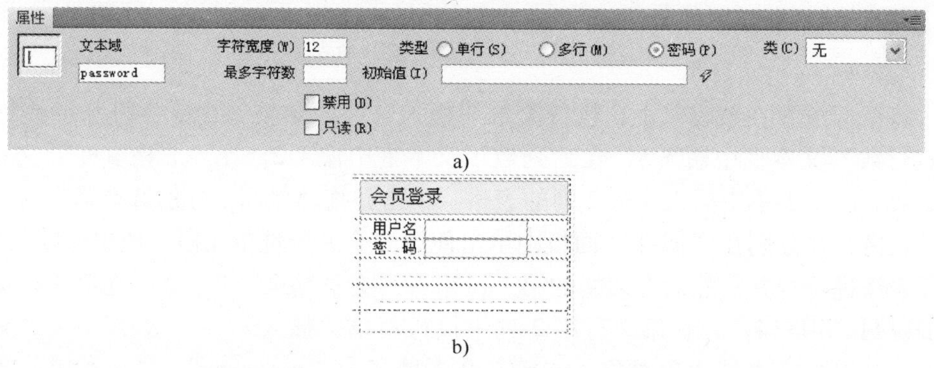

a)

b)

图4-26　密码“文本域”的设置

14）选择第4行单元格，执行菜单“插入”→“表单”→“按钮”命令两次，插入两个按钮，并分别在“属性”面板中进行属性变更，一个为登录时用的“提交表单”选项，一个为“重设表单”选项。“属性”的设置如图4-27a、b所示。

15）在第5行输入“注册新用户”文本，并设置一个转到用户注册页面register.php的链接对象，以方便用户注册，输入的效果如图4-28a、b所示。

16）如果已经注册的用户忘记了密码，还希望以其他方式能够重新获得密码，可以在表格的第4列中输入“找回密码”文本，并设置一个转到密码查询页面lostpassword.php的链接对象，方便用户取回密码，如图4-29a、b所示。

17）表单编辑完成后，下面来编辑该网页的动态内容，以便用户可以通过该网页中表单的提交实现登录功能。打开“服务器行为”面板，单击该面板上按钮⊞，执行菜单“用户身份验证”→“登录用户”命令，如图4-30所示，向该网页添加“登录用户”的服务器行为。

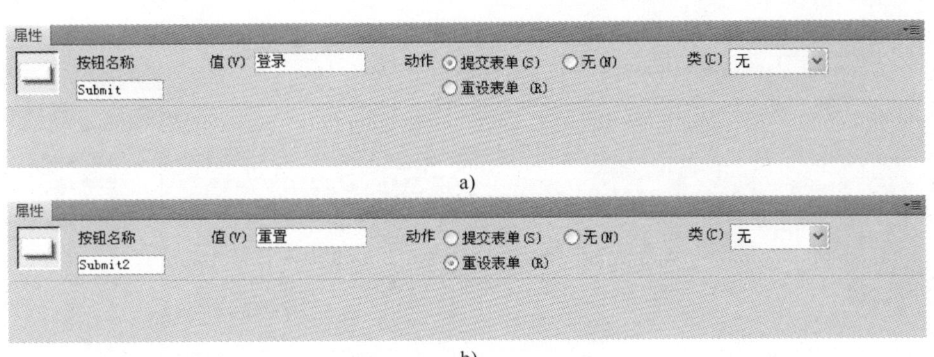

a)

b)

图 4-27　设置按钮名称

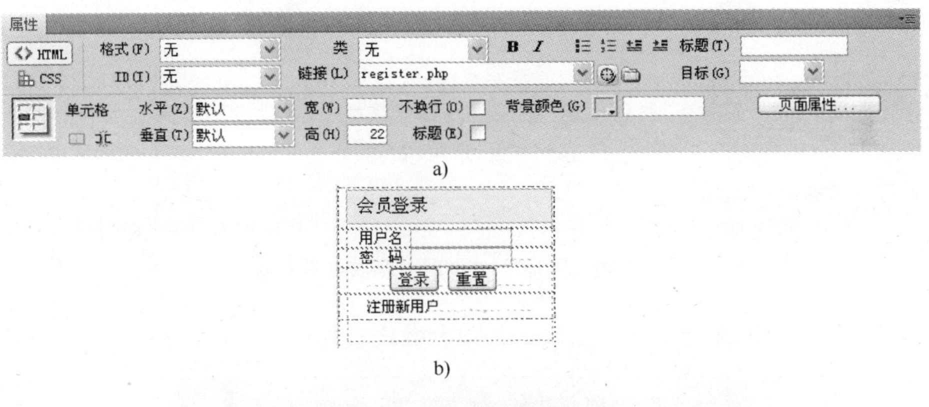

a)

b)

图 4-28　建立链接

a)

b)

图 4-29　密码查询设置

图 4-30　添加“登录用户”服务器行为

18）此时打开“登录用户”对话框，各项参数设置如图 4-31 所示。

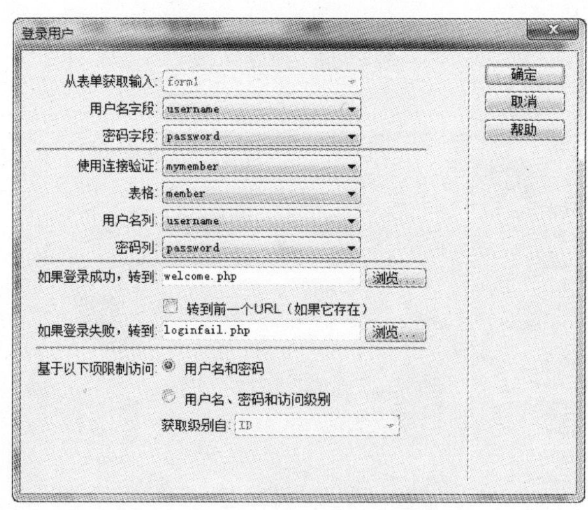

图 4-31　“登录用户”对话框

该对话框中各项设置的作用如下。

- 从“从表单获取输入”下拉列表框中，选择该服务器行为使用网页中的 form1 对象，设定该用户登录服务器行为的用户数据来源为表单对象中访问者填写的内容。
- 从“用户名字段”下拉列表框中，选择文本域 username 对象，设定该用户登录服务器行为的用户名数据来源为表单的 username 文本域中访问者输入的内容。
- 从“密码字段”下拉列表框中，选择文本域 password 对象，设定该用户登录服务器

行为的密码数据来源为表单的 password 文本域中访问者输入的内容。

- 从“使用连接验证”下拉列表框中，选择用户登录服务器行为使用的数据源连接对象为 my member。
- 从“表格”下拉列表框中，选择该用户登录服务器行为使用到的数据库表对象为 member。
- 从“用户名列”下拉列表框中，选择表 member 存储用户名的字段为 username。
- 从“密码列”下拉列表框中，选择表 member 存储用户密码的字段为 password。
- 在“如果登录成功，转到”文本框中输入登录成功后，转向 welcome. php 页面。
- 在“如果登录失败，转到”文本框中输入登录失败后，转向 loginfail. php 页面。
- 选择“基于以下项限制访问”后面的“用户名和密码”单选按钮，设定后面将根据用户的用户名、密码共同决定其访问网页的权限。

19）设置完成后，单击“确定”按钮，关闭该对话框，返回到“文档”窗口。在“服务器行为”面板中就增加了一个“登录用户”行为，如图 4-32 所示。

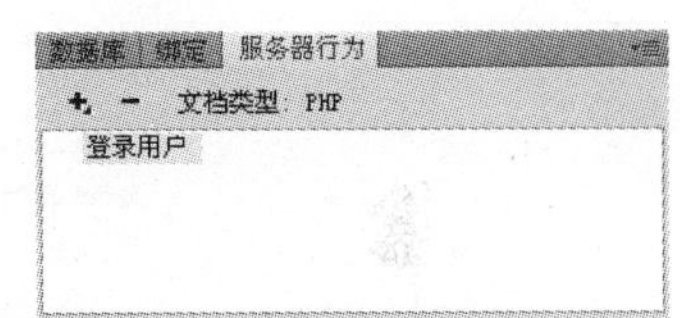

图 4-32 “服务器行为”面板

20）表单对象对应的“属性”面板的动作属性值如图 4-33所示，为<？php echo $login FormAction；？ >。它的作用就是实现用户登录功能，这是一个 Dreamweaver 自动生成的动作代码。

21）执行菜单“文件”→“保存”命令，将该文档保存到本地站点中，完成网站的首页制作。

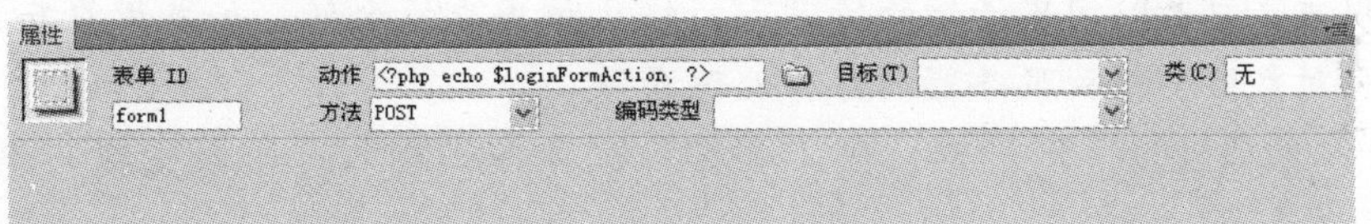

图 4-33 表单对象对应的“属性”面板

4.2.2 登录成功和失败

当用户输入的登录信息不正确时，就会转到 loginfail. php 页面，显示登录失败的信息。如果用户输入的登录信息正确，就会转到 welcome. php 页面。下面首先来制作 loginfail. php 页面，详细制作步骤如下。

1）执行菜单“文件”→“新建”命令，在网站根目录下新建一个名为 loginfail. php 的网页并保存。

2）登录失败页面设计如图 4-34 所示。在“文档”窗口中选中“这里”文本，在其对应的“属性”面板上的“链接”文本框中输入 index. php，将其设置为指向 index. php 页面的链接。

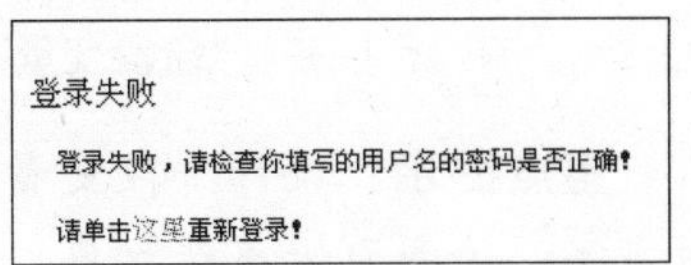

图 4-34 登录失败页面 loginfail. php

3）执行菜单“文件”→“保存”命令，完成 loginfail. php 页面的创建。

接下来制作 welcome. php 页面，详细制作的步骤如下。

1）执行菜单“文件”→“新建”命令，在网站根目录下新建一个名为 welcome. php 的网页并保存。

2）用类似制作登录失败页面的方法制作登录成功页面的静态部分，如图 4-35 所示。

3）执行菜单“窗口”→“绑定”命令，打开“绑定”面板，单击该面板上按钮，在弹出的菜单中，选择“阶段变量”选项，为网页中定义一个阶段变量，如图 4-36 所示。

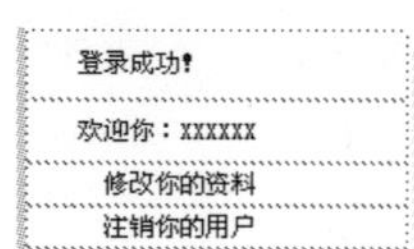

图 4-35　登录成功页面的效果图

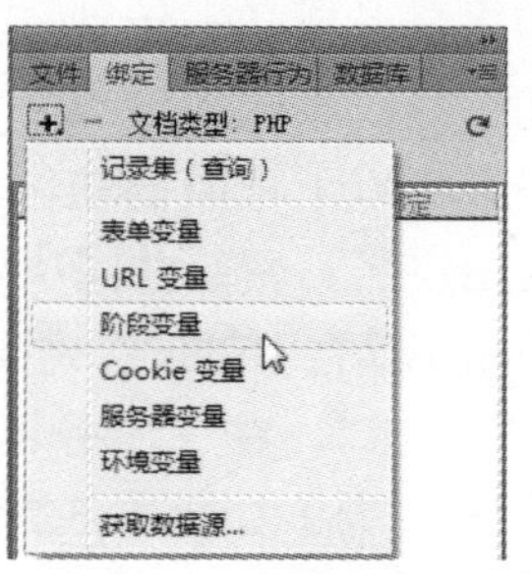

图 4-36　添加阶段变量

重点说明：

绑定面板中“阶段变量”命令经常使用，具体的功能说明如下。

阶段变量提供了一种对象，通过这种对象，用户信息得以存储，并使该信息在用户访问的持续时间中对应用程序的所有页都可用。阶段变量还可以提供一种超时形式的安全对象，这种对象在用户账户长时间不活动的情况下，终止该用户的会话。如果用户忘记从 Web 站点注销，这种对象还会释放服务器内存和处理资源。

4）打开“阶段变量”对话框，在“名称”文本框中输入“阶段变量”的名称 MM_username，如图 4-37 所示。

5）设置完成后，单击该对话框中的“确定”按钮，在“文档”窗口中通过拖动鼠标选择“XXXXXX”文本，然后在“绑定”面板中选择 MM_username 变量，再单击“绑定”面板底部的“插入”按钮，将其插入到该“文档”窗口中设定的位置。插入完毕，可以看到“XXXXXX”文本被 {Session. MM_username} 占位符代替，如图 4-38 所示。这样，就完成了这个显示登录用户名“阶段变量”的添加工作。

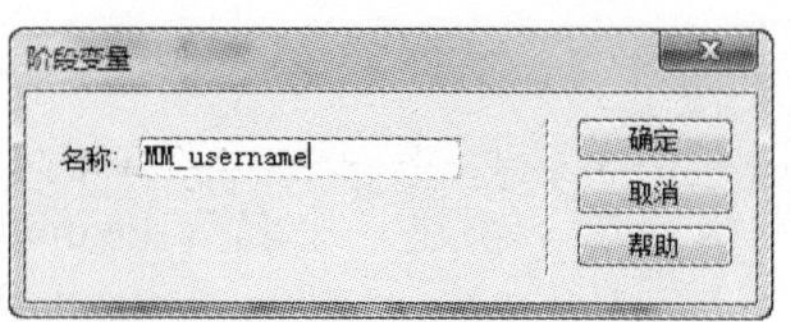

图 4-37　“阶段变量”对话框

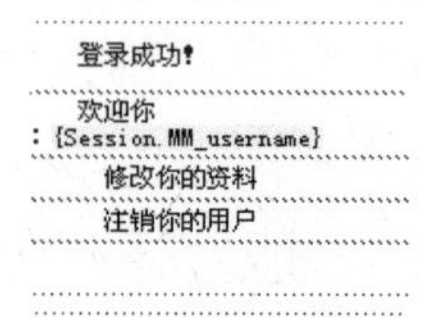

图 4-38　插入后的效果

重点提示：设计阶段变量的目的，是在用户登录成功后，登录界面中可以直接显示用户的名字，使网页更有亲切感。

6）在“文档”窗口中拖动鼠标选中“注销你的用户”文本。执行菜单“窗口”→“服务器行为”→“用户身份验证”→“注销用户”命令，为所选中的文本添加一个“注销用户”的服务器行为，如图 4-39 所示。

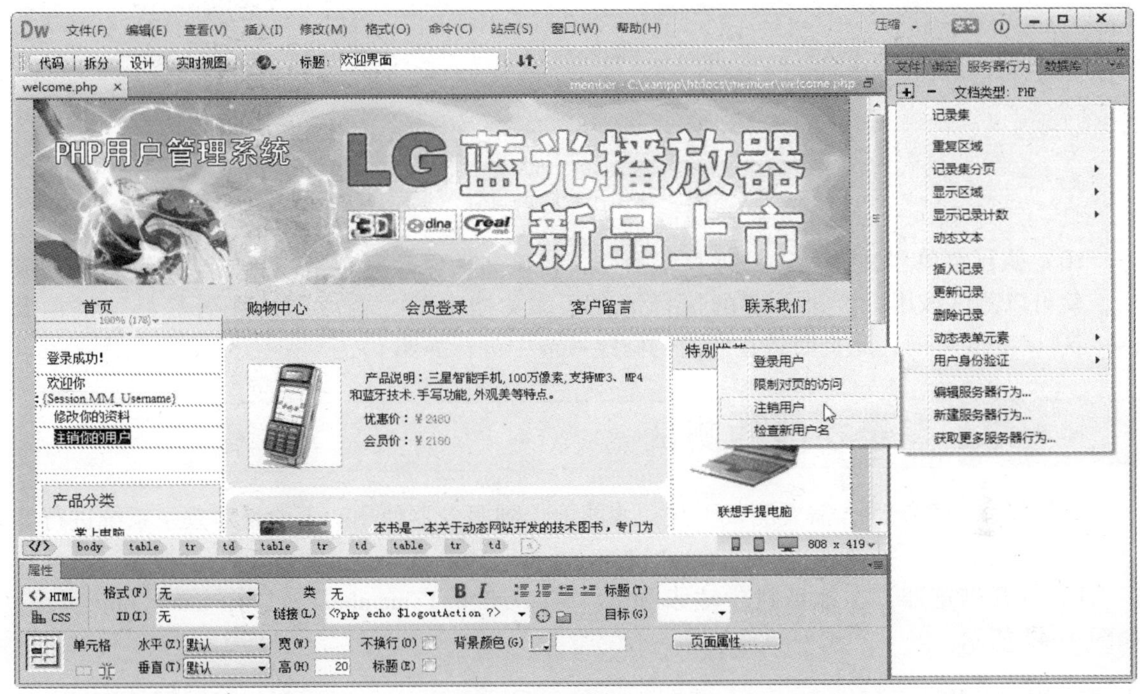

图 4-39 “注销用户”命令

7）打开“注销用户”对话框，在该对话框中进行如下设置。

- “在以下情况下注销”用于设置注销时机，本例选择“单击链接”单选按钮，并在右边的下拉列表框中选择“所选范围：注销你的用户”，这样当用户在页面中单击“注销你的用户”时就执行注销操作。
- “在完成后，转到”文本框用于注销后显示的页面，本例在右侧文本框中输入 logoot. php，表示注销后转到 logoot. php 页面，完成后的设置如图 4-40 所示。

图 4-40 设置完成后的“注销用户”对话框

8）设置完成后，单击“确定”按钮，关闭该对话框，返回到“文档”窗口。在“服务器行为”面板中增加了一个“注销用户”行为，同时可以看到“注销用户”链接文本对应的“属性”面板中的“链接”属性值为 <? php echo $logoutAction ? >，它是 Dreamweaver 自动生成的动作对象。

9）logoot. php 的页面设计比较简单，不做详细说明，在页面中的“这里”处指定一个链接到首页 index. php 就可以了，效果如图 4-41 所示。

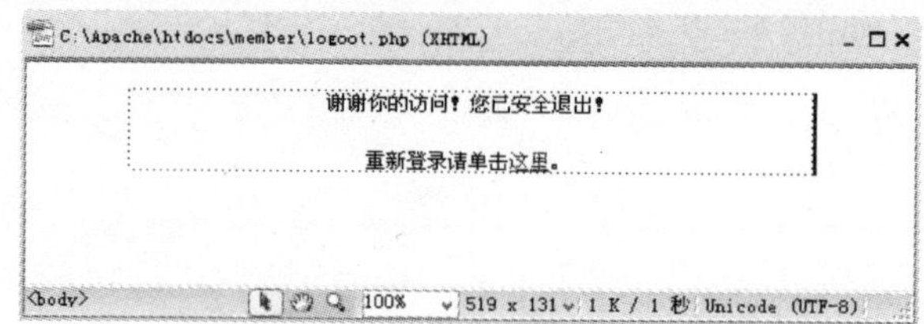

图 4-41　注销用户页面设计效果图

10）执行菜单“文件”→“保存”命令，将该文档保存到本地站点中。编辑工作完成后，就可以测试该用户登录系统的执行情况了。文档中的“修改您的注册资料”链接到 userupdate. php 页面，此页面将在后面的修改章节中进行介绍。

4.2.3　登录功能的测试

制作好一个系统后，需要测试无误，才能上传到服务器使用。下面就对登录系统进行如下测试。

1）打开浏览器，在地址栏中输入 http：//127.0.0.1/member/，打开 index. php 页面，如图 4-42 所示。

图 4-42　打开的网站首页

2）在“用户名”和“密码”文本框中分别输入用户名及密码，输入完毕，单击“登录”按钮。

3）如果在第 2 步中填写的登录信息是错误的，或者根本就没有输入，则浏览器就会转到登录失败页面 loginfail. php，显示登录失败信息，如图 4-43 所示。

图 4-43　登录失败页面 loginfail. php 效果

4）如果输入的用户名和密码都正确，则显示登录成功页面。这里输入的是前面数据库设置的用户 design，登录成功后的页面如图 4-44 所示，其中显示了用户名 design。

图 4-44　登录成功页面 welcome. php 效果

5）如果想注销用户，只需要单击“注销你的用户”超链接即可。注销用户后，浏览器就会转到页面 logoot. php，然后单击“这里”回到首页，如图 4–45 所示。至此，登录功能就测试完成。

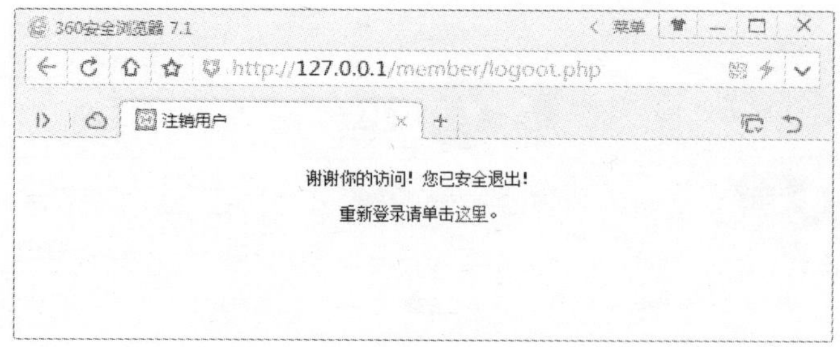

图 4–45　注销用户页面效果

Section

4.3　用户注册模块的设计

用户登录系统是为数据库中已有的老用户登录用的，一个用户管理系统还应该提供新用户注册用的页面。对于新用户来说，通过单击 index. php 页面上的“注册新用户”超链接，进入到名为 register. php 的页面，在该页面中实现新用户注册功能。

4.3.1　用户注册页面

register. php 页面主要实现用户注册的功能，用户注册的操作就是向 member. mdb 数据库的 member 表中添加记录的操作，完成的页面如图 4–46 所示。

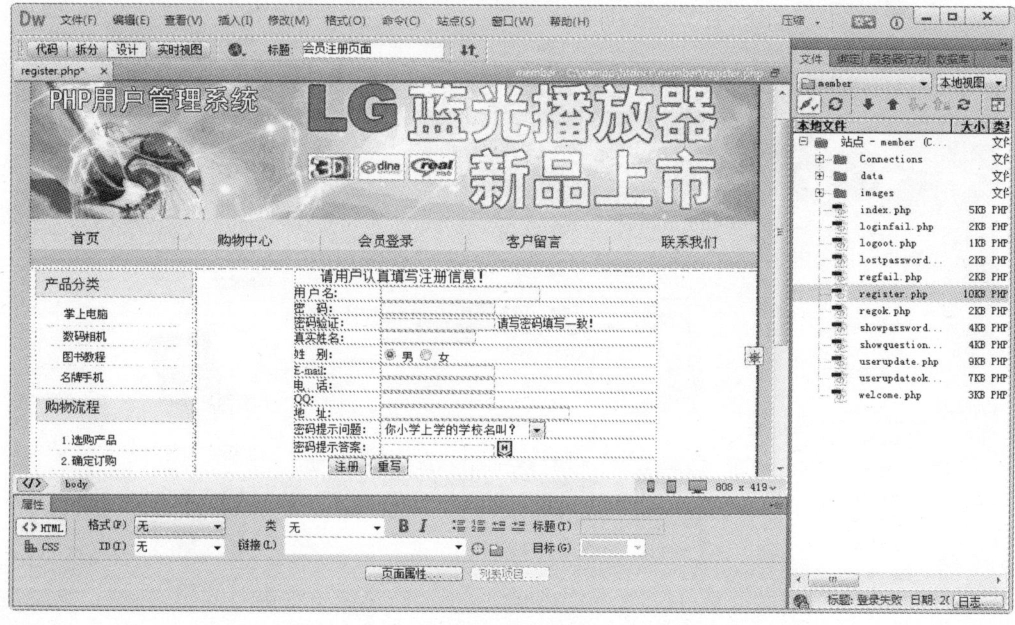

图 4–46　用户注册页面样式

1）执行菜单“文件”→“新建”命令，在网站根目录下新建一个名为 register. php 的网页并保存。

2）在 Dreamweaver 中使用制作静态网页的工具，完成如图 4-47a、b 所示的静态部分，这里要说明的是，注册时需要加入一个“隐藏域”并命名为 authority，设置默认值为 0，即所有的用户注册的时候默认是一般访问用户。

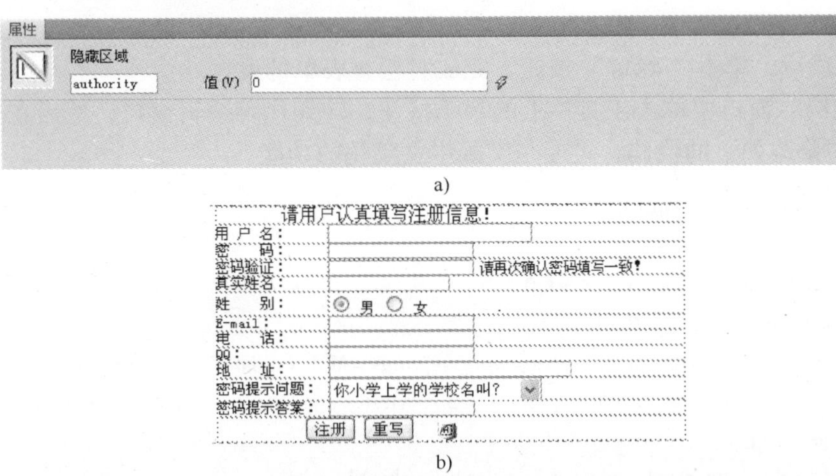

a)

b)

图 4-47 register. php 页面静态设计

重点提示：在为表单中的文本域对象命名时，由于表单对象中的内容将被添加到 member 表中，因此设置表单对象中的文本域名与数据库中的相应字段名相同，这样做的目的是当该表单中的内容添加到 member 表中时可以自动配对。文本“密码验证”对应的文本框命名为 password1。隐藏域是用来收集或发送信息的不可见元素，对于网页的访问者来说，隐藏域是看不见的。当表单被提交时，隐藏域就会将信息用设置时定义的名称和值发送到服务器上。

3）还需要设置一个验证表单的动作，用来检查访问者在表单中填写的内容是否满足数据库中表 member 中字段的要求。在将用户填写的注册资料提交到服务器之前，首先对用户填写的资料进行验证。如果有不符合要求的信息，可以向访问者显示错误的原因，并让访问者重新输入。

4）执行菜单“窗口”→“行为”命令，则会打开“行为”面板。单击“行为”面板中的+按钮，从打开的行为列表中选择“检查表单”命令，打开“检查表单”对话框，如图 4-48 所示。

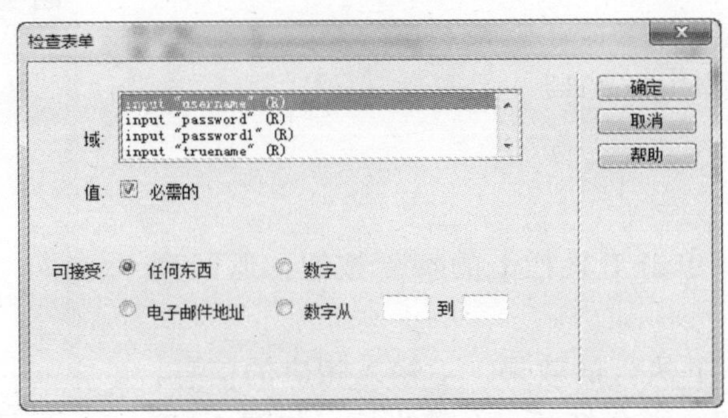

图 4-48 设置“检查表单”对话框

本例中，设置 username 文本域、password 文本域、password1 文本域、answer 文本域、truename 文本域、address 文本域为“值：必需的”、“可接受：任何东西”，即这几个文本域必须填写，内容不限，但不能为空；tel 文本域和 qq 文本域设置的验证条件为“值：必需的”、“可接受：数字”，表示这 2 个文本域必须填写数字，不能为空；e-mail 文本域的验证条件为“值：必需的”、“可接受：电子邮件”，表示该文本域必须填写电子邮件地址，且不能为空。

5）设置完成后，单击“确定”按钮，完成对检查表单的设置。

6）在“文档”窗口中单击工具栏上的 代码 按钮，转到代码编辑窗口，然后在验证表单动作的源代码中修改如下的代码，主要是实现中文汉化的功能。

```
<script type="text/Javascript">
//宣告脚本语言为 JavaScript
function MM_validateForm() { //v4.0
  if (document.getElementById) {
    var i,p,q,nm,test,num,min,max,errors='',args=MM_validateForm.arguments;
    for (i=0; i<(args.length-2); i+=3) { test=args[i+2]; val=document.getElementById
    (args[i]);
      if (val) { nm=val.name; if ((val=val.value)!="") {
        if (test.indexOf('isEmail')!=-1) { p=val.indexOf('@');
          if (p<1 || p==(val.length-1)) errors+='-'+nm+'需要输入.\n';
//如果提交的邮箱地址表单中不是邮件格式,则显示为“需要输入”
        } else if (test!='R') { num = parseFloat(val);
          if (isNaN(val)) errors+='-'+nm+'需要输入数字.\n';
//如果提交的电话表单中不是数字,则显示为“需要输入数字”
          if (test.indexOf('inRange') != -1) { p=test.indexOf(':');
            min=test.substring(8,p); max=test.substring(p+1);
            if (num<min || max<num) errors+='-'+nm+'需要输入数字'+min+'and'+
            max+'.\n';
//如果提交的 QQ 表单中不是数字,则显示为“需要输入数字”
      } } } else if (test.charAt(0) == 'R') errors += '-'+nm+'is 需要输入.\n'; }
//如果提交的地址表单为空,则显示为“需要输入”
    } if (errors) alert('注册时出现如下错误:\n'+errors);
//如果出错将显示“注册时出现如下错误:
    document.MM_returnValue = (errors == '');
} }
</script>
```

编辑代码完成后，单击工具栏上的 设计 按钮，返回到“文档”窗口。

此时，可以测试一下执行的效果，不输入相应的信息，然后单击“提交”按钮，则会打开一个警告框，如图 4-49 所示。

图 4-49 “提示错误”对话框

7）在该网页中添加一个“插入记录”的服务器行为。执行菜单“窗口”→“服务器行为”命令，打开“服务器行为”面板。单击该面板上+按钮，在弹出的菜单中，选择“插入记录”命令，则会打开“插入记录”对话框，如图 4-50所示。

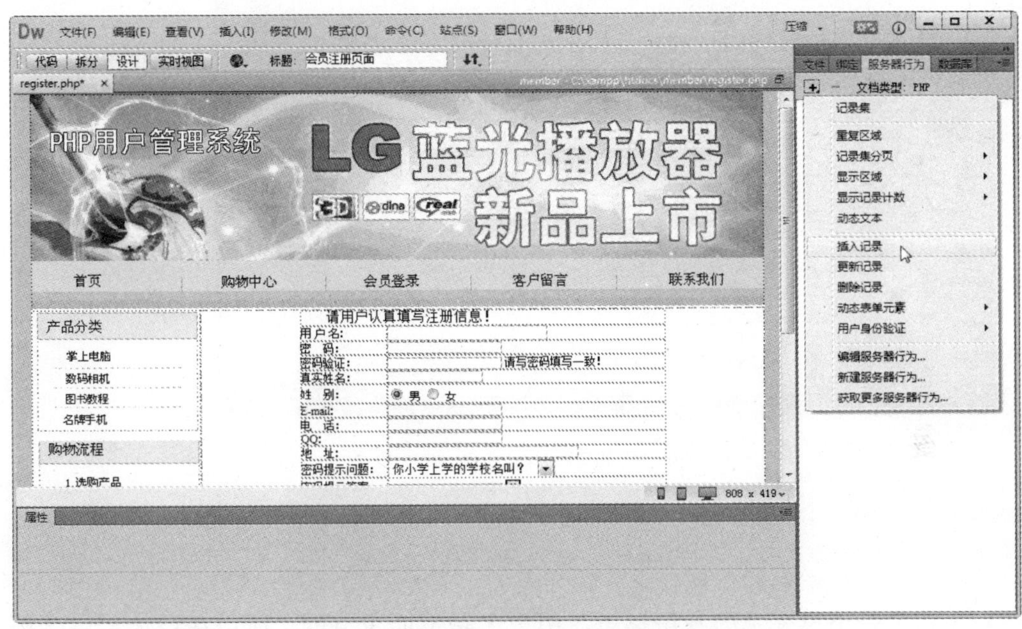

图 4-50 执行“插入记录”操作

8）在“插入记录”对话框中进行如下设置。

- 从“连接”下拉列表框中选择 mymember 作为数据源连接对象。
- 从“插入表格”下拉列表框中选择 member 作为使用的数据库表对象。
- 在“插入后，转到”文本框中，设置当记录成功添加到表 member 后转到 regok. php 网页。
- 在对话框下半部分，将网页中的表单对象和数据库中表 member 中的字段一一对应起来。设置完成后该对话框如图 4-51 所示。

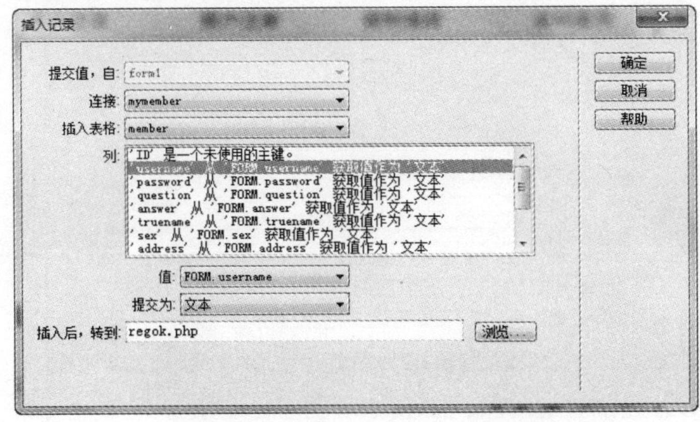

图 4-51 设置“插入记录”对话框

9）设置完成后，单击“确定”按钮，关闭该对话框，返回到“文档”窗口。此时的设计样式如图 4-52 所示。

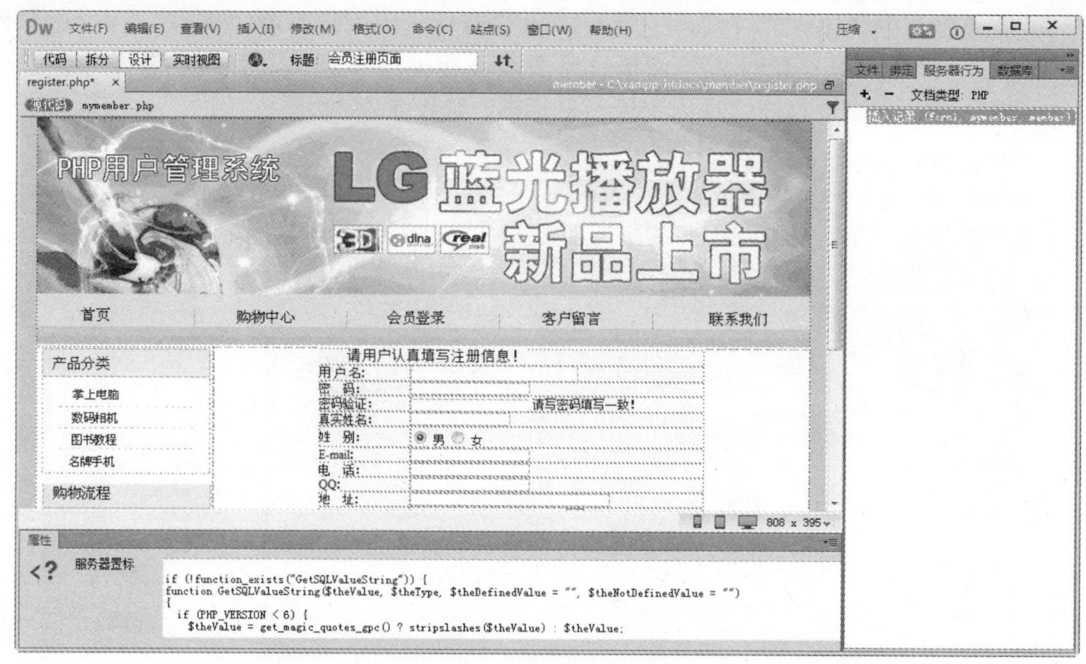

图 4-52　插入记录后的效果图

10）用户名是用户登录的身份标志，用户名是不能重复的，所以在添加记录之前，一定要先在数据库中判断该用户名是否已存在，如果存在，则不能进行注册。在 Dreamweaver 中提供了一个检查新用户名的服务器行为，单击“服务器行为”面板上按钮，在弹出的菜单中，执行“用户身份验证”→“检查新用户名”命令，如图 4-53 所示。

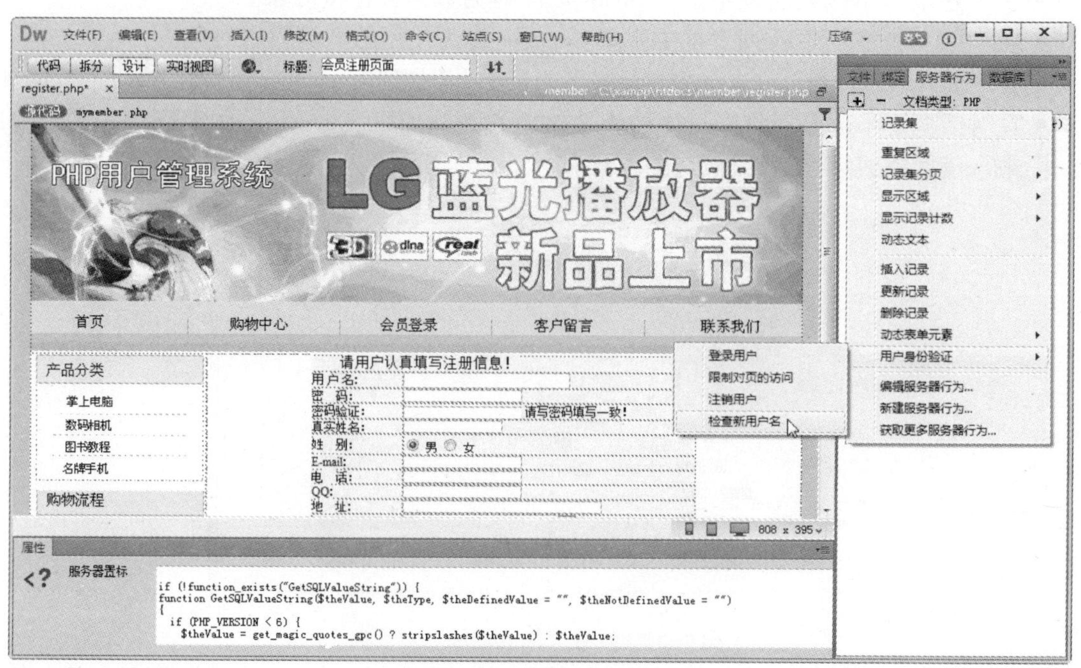

图 4-53　“检查新用户名”命令

此时，会打开一个“检查新用户名”对话框，在该对话框中进行设置。

- 在“用户名字段”下拉列表框中选择 username 字段。
- 在“如果已存在，则转到”文本框中输入 regfail. php。表示如果用户名已经存在，则转到 regfail. php 页面，显示注册失败信息，该网页将在后面编辑。

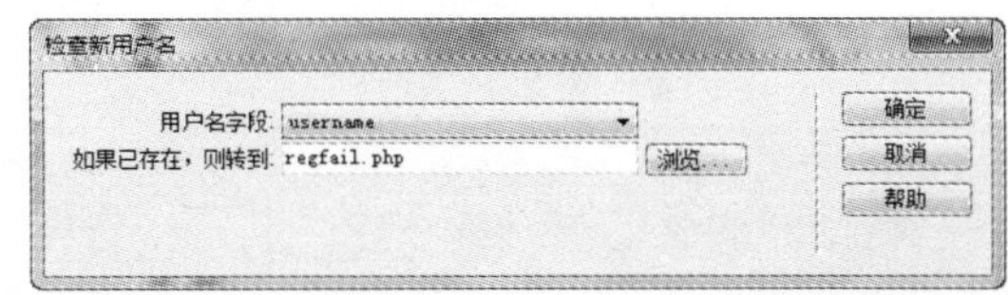

图 4-54　设置“检查新用户名”对话框

设置完成后的对话框显示如图 4-54 所示。

11）设置完成后，单击该对话框中的“确定”按钮，关闭该对话框，返回到“文档”窗口。在“服务器行为”面板中，增加了一个“检查新用户名”行为，再执行菜单“文件”→“保存”命令，将该文档保存到本地站点中，完成本页的制作。

4.3.2　注册成功和失败

为了方便用户登录，应该在 regok. php 页面中设置一个转到 index. php 页面的文字链接，以方便用户进行登录。同时，为了方便访问者重新进行注册，则应该在 regfail. php 页面设置一个转到 register. php 页面的文字链接，以方便用户进行重新登录。本节制作显示注册成功和失败的页面信息。

1）执行菜单“文件”→“新建”命令，在网站根目录下新建一个名为 regok. php 的网页并保存。

2）regok. php 页面如图 4-55 所示。制作比较简单，其中“这里”文本设置为指向 index. php 页面的链接。

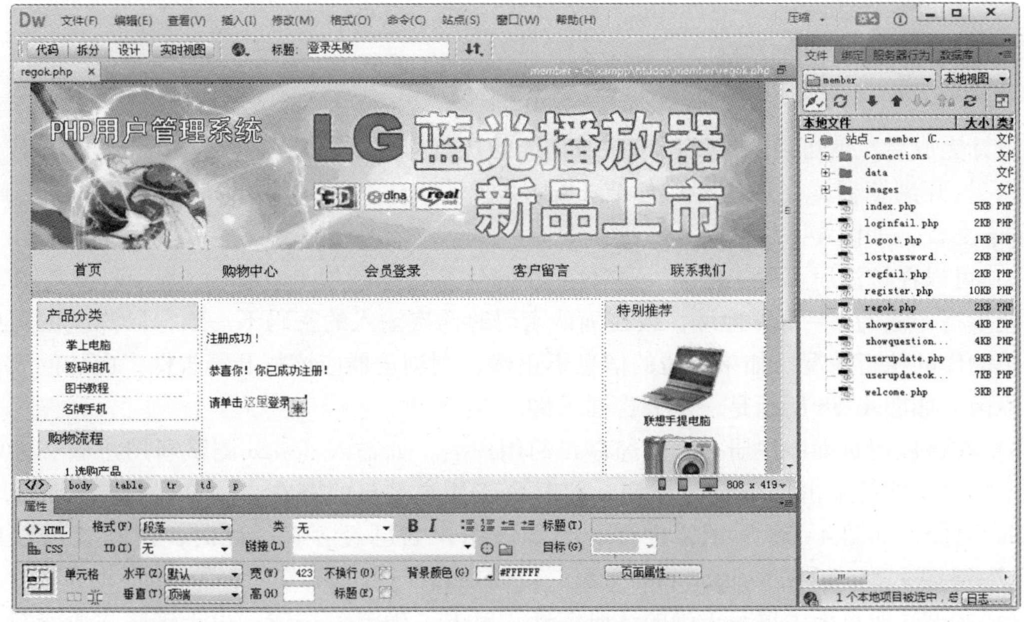

图 4-55　注册成功 regok. php 页面

3）如果用户输入的注册信息不正确或用户名已经存在，则应该向用户显示注册失败的信息。这里再新建一个 regfail. php 页面，该页面的设计如图 4-56 所示，其中“这里”文本设置为指向 register. php 页面的链接。

图 4-56　注册失败 regfail. php 页面

4.3.3　注册功能的测试

设计完成后，就可以测试该用户注册功能的执行情况了。

1）打开浏览器，在地址栏中输入 http：//127. 0. 0. 1/member/register. php，打开 register. php 文件，如图 4-57 所示。

2）可以在该注册页面中输入一些不正确的信息，如漏填 username、password 等必填字段，或填写非法的 E - mail 地址，或在确认密码时两次输入的密码不一致，以测试网页中验证表单动作的执行情况。如果填写的信息不正确，则浏览器应该打开警告框，向访问者显示错误原因。如图 4-58 所示是一个警告框示例。

3）在该注册页面中注册一个已经存在的用户名，如输入 design 测试新用户服务器行为的执行情况，然后单击“确定”按钮，此时由于用户名已经存在，浏览器会自动转到 regfail. php 页面，如图 4-59 所示，告诉访问者该用户名已经存在。此时，访问者可以单击“这里”链接文本，返回 register. php 页面，以便重新进行注册。

4）在该注册页面中填写正确的注册信息，单击“确定”按钮。由于这些注册资料完全正确，而且这个用户名没有重复，浏览器会转到 regok. php 页面，向访问者显示注册成功的信息，如图 4-60 所示。此时，访问者可以单击“这里”链接文本，转到 index. php 页面，以便进行登录。

图 4-57 打开的测试页面

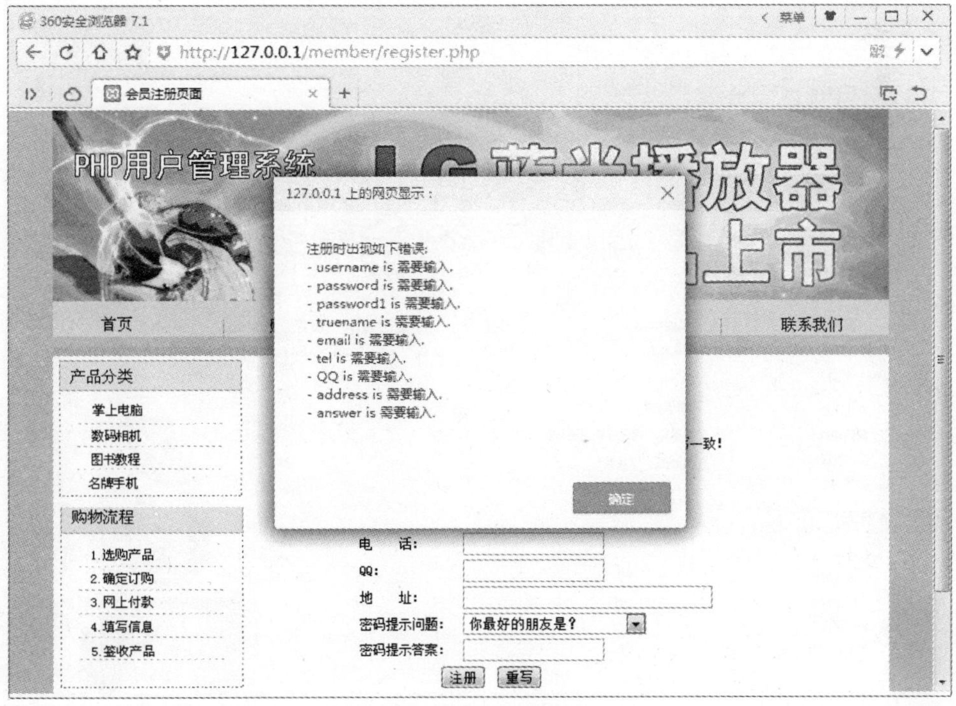

图 4-58 出错提示

图 4-59　注册失败页面显示

图 4-60　注册成功页面

在 MySQL 中打开用户数据库文件 member，查看其中的 member 表对象的内容。此时可以看到，在该表的最后已创建了一条新记录，其中的数据就是刚刚在网页 register. php 中提交的注册用户的信息，如图 4-61 所示。

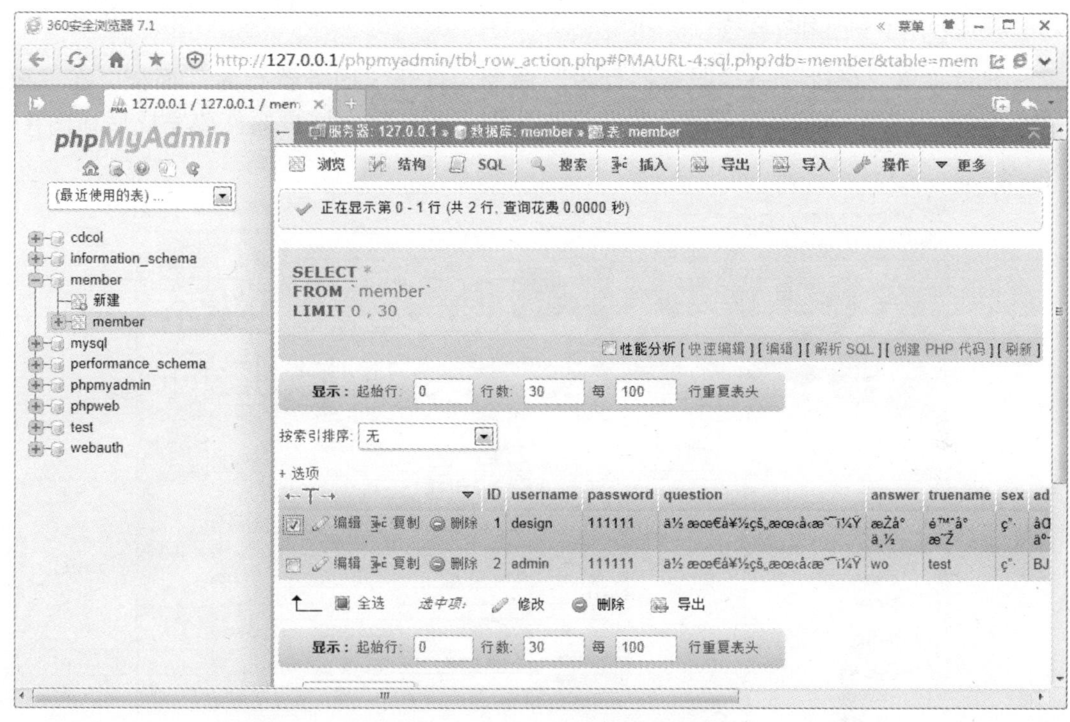

图 4-61　表 member 中添加了一条新记录

至此，基本完成了用户管理系统中注册功能的开发和测试。在制作的过程中，可以根据制作网站的需要适当加入其他更多的注册文本域，也可以给需要注册的文本域名称部分添加星号(*)，提醒注册用户注意。

Section 4.4 资料修改模块的设计

修改注册用户资料的过程就是往用户数据表中更新记录的过程，本节重点介绍如何在用户管理系统中实现用户资料的修改功能。

4.4.1 修改资料页面

该页面主要是把用户所有资料都列出，通过“更新记录”命令实现资料修改的功能。具体的制作步骤如下。

1）首先制作用户修改资料的页面。该页面和用户注册页面的结构十分相似，可以通过对 register. php 页面的修改来快速得到所需要的记录更新页面。打开 register. php 页面，执行菜单“文件”→“另存为”命令，将该文档另存为 userupdate. php，在第一行加入如下代码：

```
<? php
  session_start();
? >//让 session 环境启动
```

2）执行菜单“窗口”→“服务器行为”命令，打开“服务器行为”面板。在“服务器行为”面板中删除全部的服务器行为并修改其相应的文字，该页面修改完成后如图 4-62 所示。

图 4-62　userupdate. php 静态页面

3）执行菜单“窗口”→“绑定”命令，打开“绑定”面板，单击该面板上按钮，在弹出的菜单中，选择“记录集（查询）”选项，则会打开“记录集”对话框。

在该对话框中进行如下设置。

- 在“名称”文本框中输入 upuser 作为该“记录集”的名称。
- 从“连接”下拉列表框中选择“user 数据源”连接对象为 mymember。
- 从“表格”下拉列表框中，选择使用的数据库表对象为 member。
- 在“列”单选按钮组中选择“全部”单选按钮。
- 在“筛选”栏中设置记录集过滤的条件为 UserName = 阶段变量/ MM _ Username。

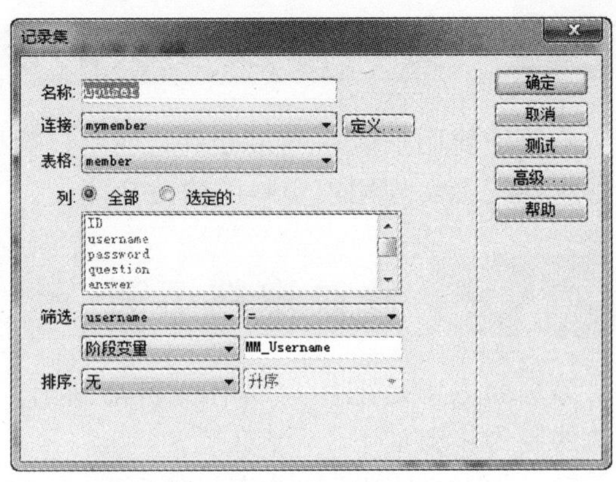

图 4-63　设置“记录集”对话框

完成后的设置如图 4-63 所示。

4）设置完成后，单击该对话框上的“确定”按钮，完成记录集的绑定。

5）完成记录集的绑定后，将 upuser 记录集中的字段绑定到页面中相应的位置，注意插入一个隐藏域为 ID，设置在用户名字段的后面，如图 4-64 所示。

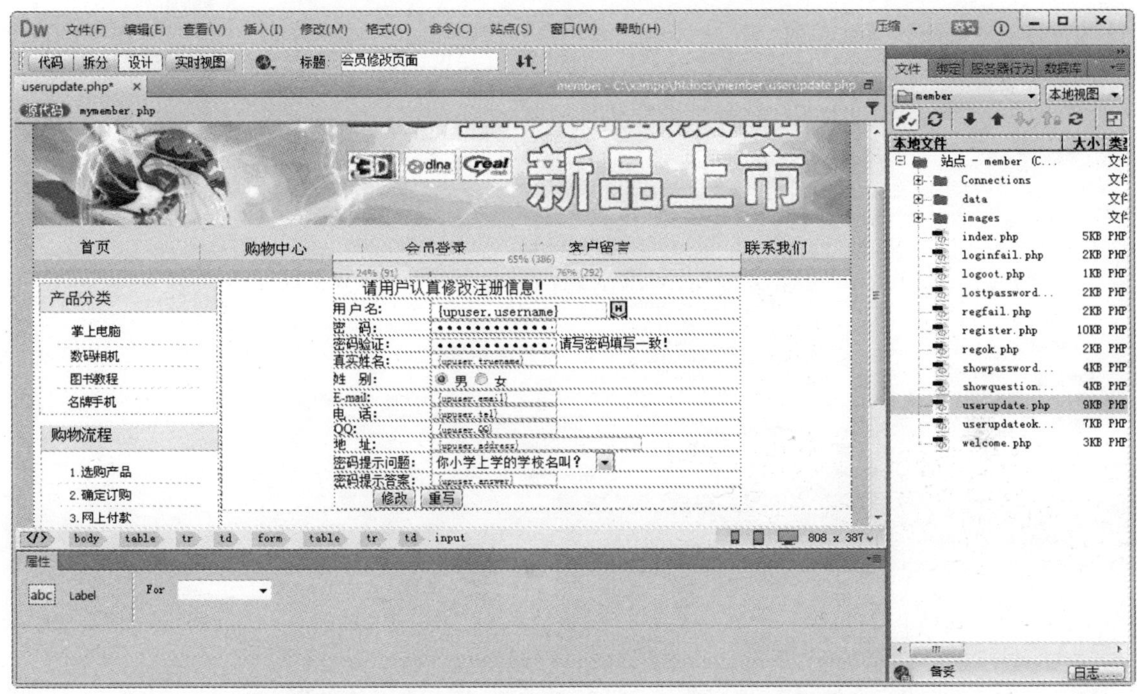

图 4-64　绑定动态内容后的 userupdate. php 页面

6）对于网页中的单选按钮组 sex 对象，绑定动态数据可以按照如下方法，单击“服务器行为”面板上按钮，在弹出的下拉菜单中，执行“动态表单元素”→“动态单选按钮”命令，设置动态单选按钮组对象。打开“动态单选按钮组”对话框。从“单选按钮组”下拉列表框中选择 form1 表单中的单选按钮组 sex。单击“选取值等于”文本框后面的按钮，从打开的“动态数据”对话框中选择记录集 upuser 中的 sex 字段，同样对提问的问题列表进行动态绑定，如图 4-65 所示。

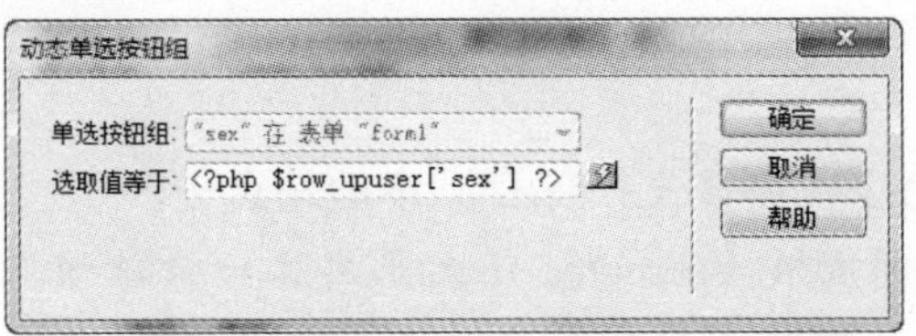

图 4-65　设置“动态单选按钮”对话框

7）单击“服务器行为”面板上按钮，在弹出的菜单中，选择“更新记录”选项，为网页添加“更新记录”的服务器行为，如图 4-66 所示。

8）打开“更新记录”对话框，该对话框与“插入记录”对话框十分相似，具体的设置情况如图 4-67 所示，这里不再复述。

9）设置完成后，单击“确定”按钮，关闭该对话框，返回到“文档”窗口。再执行菜

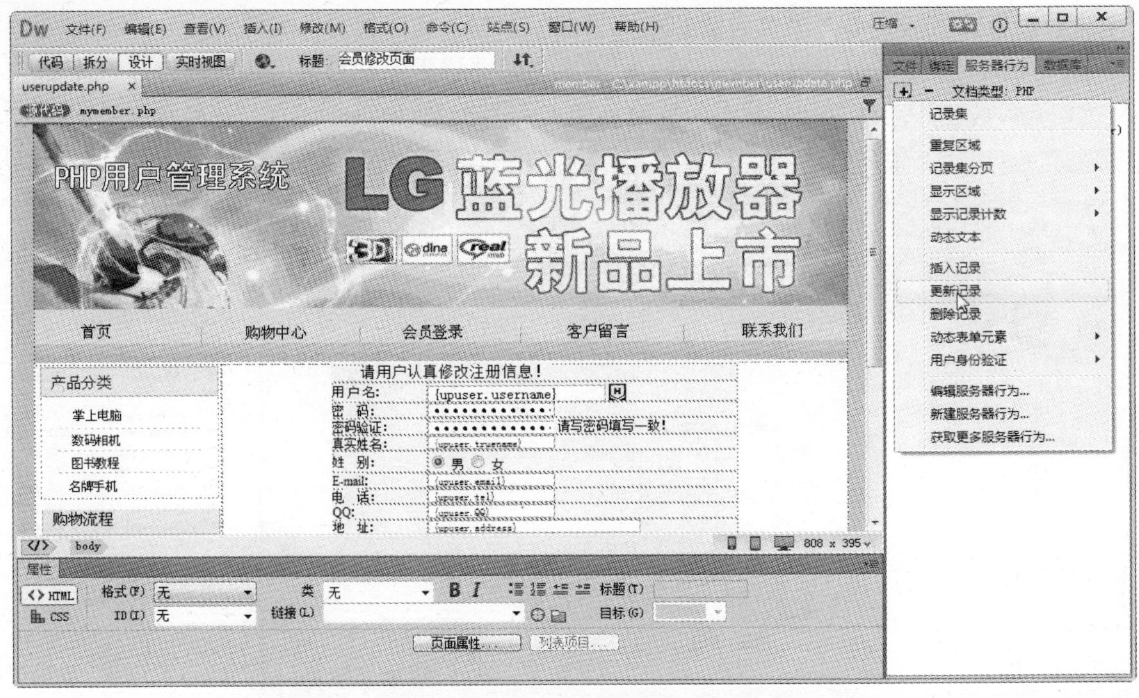

图 4-66　选择“更新记录”选项

图 4-67　设置“更新记录”对话框

单“文件”→“保存”命令，将该文档保存到本地站点中。

重点提示： 由于本页的 MM_Username 值是来自上一页注册成功后的用户名值，所以单独测试是会提示出错的。要先登录后，在登录成功页面单击“修改您的注册资料”超链接到该页面才会产生效果，这在后面的测试实例中将进行介绍。

4.4.2 更新成功页面

用户修改注册资料成功后，就会转到 userupdateok. php。在该网页中，应该向用户显示资料修改成功的信息。除此之外，还应该考虑两种情况，如果用户要继续修改资料，则为其提供一个返回到 userupdate. php 页面的超文本链接；如果用户不需要修改，则为其提供一个转到用户登录页面 index. php 页面的超文本链接。具体的制作步骤如下。

1）执行菜单“文件”→“新建”命令，在网站根目录下新建一个名为 userupdateok. php 的网页并保存，在第一行加入如下代码：

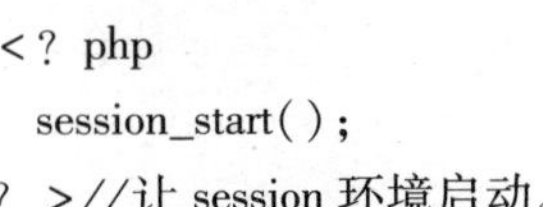

```
<? php
  session_start();
? >//让 session 环境启动。
```

2）为了向用户提供更加友好的界面，应该在网页中显示用户修改的结果，以供用户检查修改是否正确。首先应该定义一个记录集，然后将绑定的记录集插入到网页中相应的位置，其方法跟制作页面 userupdate. php 的方法一样。通过在表格中添加记录集中的动态数据对象，把用户修改后的信息显示在表格中。这里不做详细说明，请参考前面一小节内容，最终结果如图 4-68 所示。

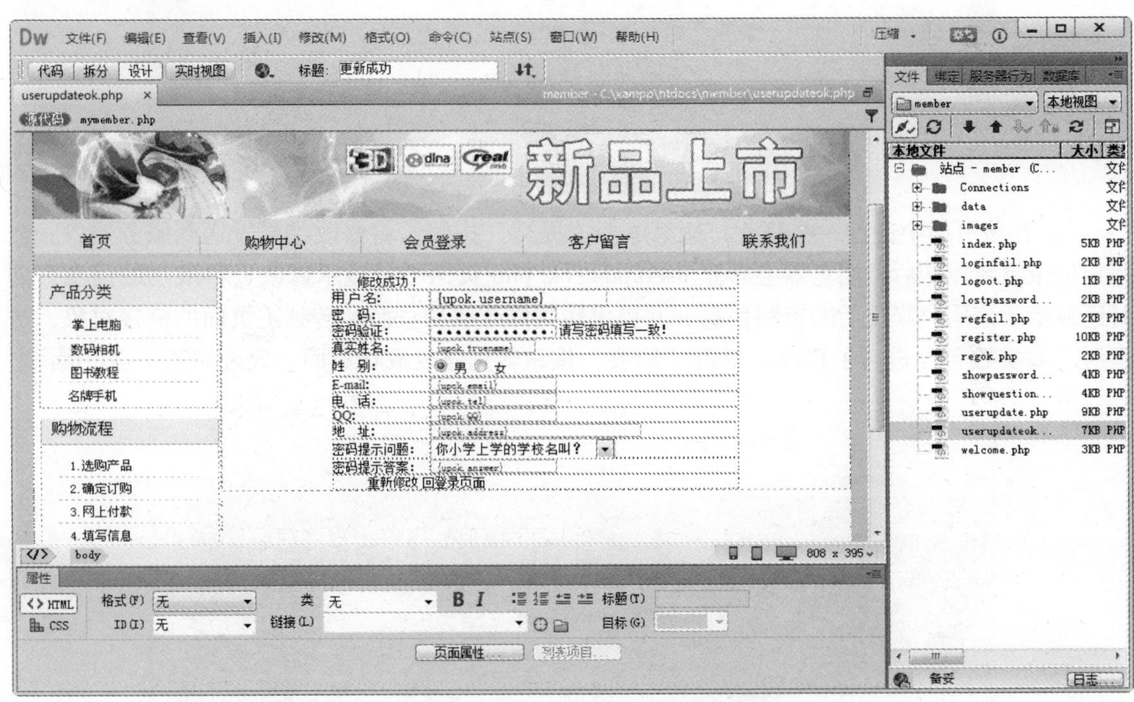

图 4-68 设计“更新成功的页面”

4.4.3 测试修改资料

编辑工作完成后，就可以测试该修改资料功能的执行情况了。

1）打开浏览器，在地址栏中输入 http://127. 0. 0. 1/member/index. php，打开 index. php 文件。在该页面中进行登录，登录成功后进入 welcome. php 页面，在 welcome. php 页面单击“修改您的资料”超链接，转到 userupdate. php 页面，如图 4-69 所示。

图 4-69　修改 admin 用户注册资料

2）在该页面中进行一些修改，然后单击“提交”按钮，将修改结果发送到服务器中。当用户记录更新成功后，浏览器会转到 userupdateok. php 页面中，显示修改资料成功的信息，同时还显示了该用户修改后的资料信息，并提供转到修改成功页面和转到主页面的链接对象，这里对“真实姓名”进行了修改，单击“修改”按钮转到修改成功页面，效果如图 4-70 所示。

图 4-70　修改成功

上述测试结果表明，用户修改资料页面已经成功制作。

Section 4.5 密码查询模块的设计

在用户注册时，页面设计有密码提示问题和答案文本框，其作用是，当用户忘记密码时，可以通过这个问题和答案到服务器中找回遗失的密码。实现的方法是判断用户提供的答案与数据库中答案是否相同，如果相同，则可以找回遗失的密码。

4.5.1 密码查询页面

本节主要制作密码查询页面 lostpassword. php，具体的制作步骤如下。

1）执行菜单“文件”→“新建”命令，在网站根目录下新建一个名为 lostpassword. php 的网页并保存。lostpassword. php 页面是用来让用户提交所要查询遗失密码的用户名的页面。该网页的结构比较简单，设计后的效果如图 4-71 所示。

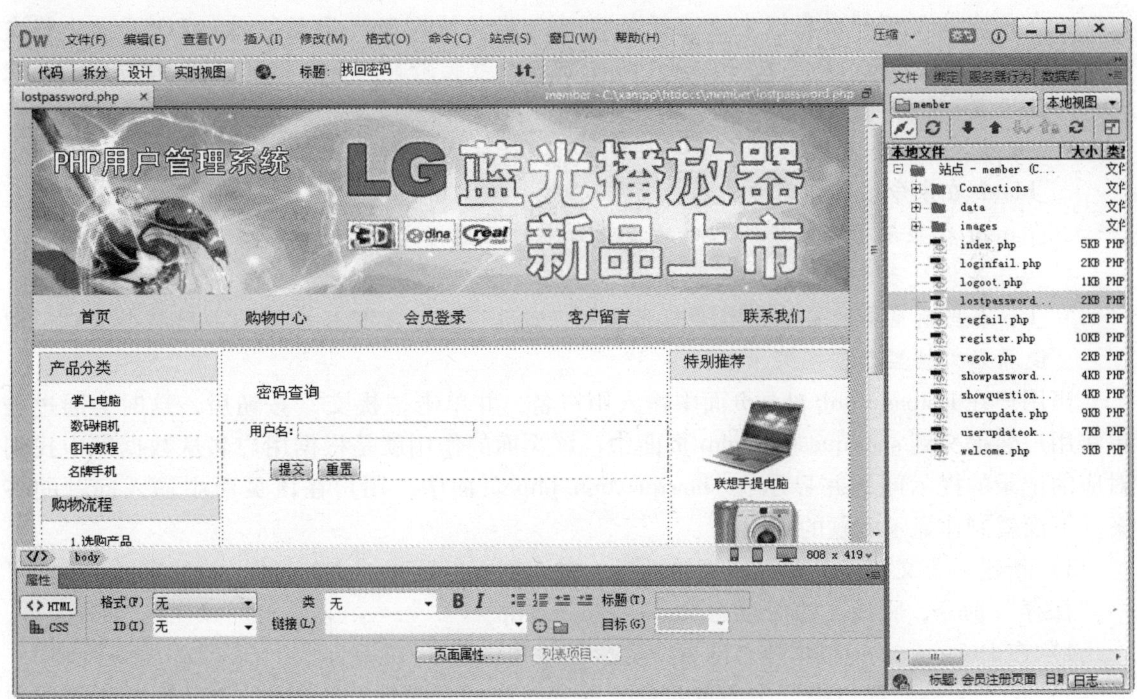

图 4-71　lostpassword. php 页面

2）在“文档”窗口中选中表单对象，然后在其对应的“属性”面板中，在“表单名称”文本框中输入 form1，在“动作”文本框中输入 showquestion. php 作为该表单提交的对象页面。在“方法”下拉列表框中选择 POST 作为该表单的提交方式，如图 4-72a 所示。接下来将输入用户名的文本域命名为 inputname，如图 4-72b 所示。

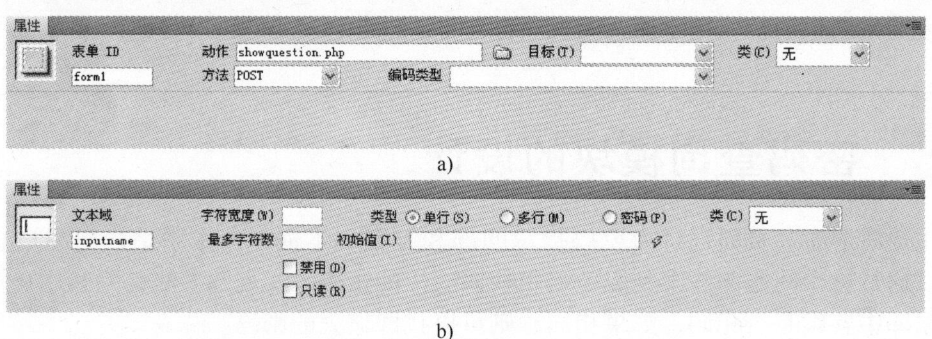

图 4-72　设置表单提交的动态属性

重点说明：

表单属性设置面板中的主要选项作用如下。

- 在“表单名称”文本框中，输入标志该表单的唯一名称。命名表单后，就可以使用脚本语言引用或控制该表单。如果不命名表单，则 Dreamweaver 使用语法 form1、from2、…生成一个名称，并在向页面中添加每个表单时递增 n 的值。
- 在“方法”下拉列表框中，选择将表单数据传输到服务器的方法。POST 方法将在 HTTP 请求中嵌入表单数据。GET 方法将表单数据附加到请求该页面的 URL 中，是默认设置，但其缺点是表单数据不能太长，所以本例选择 POST 方法。
- “目标”下拉列表框用于指定返回窗口的显示方式，各目标值含义如下：
  _blank 在未命名的新窗口中打开目标文档。
  _parent 在显示当前文档的窗口的父窗口中打开目标文档。
  _self 在提交表单所使用的窗口中打开目标文档。
  _top 在当前窗口的窗体内打开目标文档。此值可用于确保目标文档占用整个窗口，即使原始文档显示在框架中。

当用户在 lostpassword. php 页面中输入用户名，并单击“提交”按钮后，这时会通过表单将用户名提交到 showquestion. php 页面中，该页面的作用就是根据用户名从数据库中找到对应的记录的提示问题并显示在 showquestion. php 页面中，用户在该页面中输入问题的答案。下面就制作显示问题的页面。

3）新建一个文档。设置好网页属性后，输入网页标题“查询问题”，执行菜单“文件”→“保存”命令，将该文档保存为 showquestion. php。

4）在 Dreamweaver 制作静态网页，完成的效果如图 4-73 所示。

5）在“文档”窗口中选中表单对象，在其对应的“属性”面板中，“动作”文本框中输入 showpassword. php 作为该表单提交的对象页面。在“方法”下拉列表框中选择 POST 作为该表单的提交方式，如图 4-74a 所示。接下来将输入密码提示问题答案的文本域命名为 inputanswer，如图 4-74b 所示。

6）执行菜单“窗口”→“绑定”命令，打开“绑定”面板，单击该面板上 按钮，从打开的菜单中选择“记录集（查询）”选项，则会打开“记录集”对话框。

7）在该对话框中进行如下设置。

- 在“名称”文本框中输入 Recordset1 作为该记录集的名称。

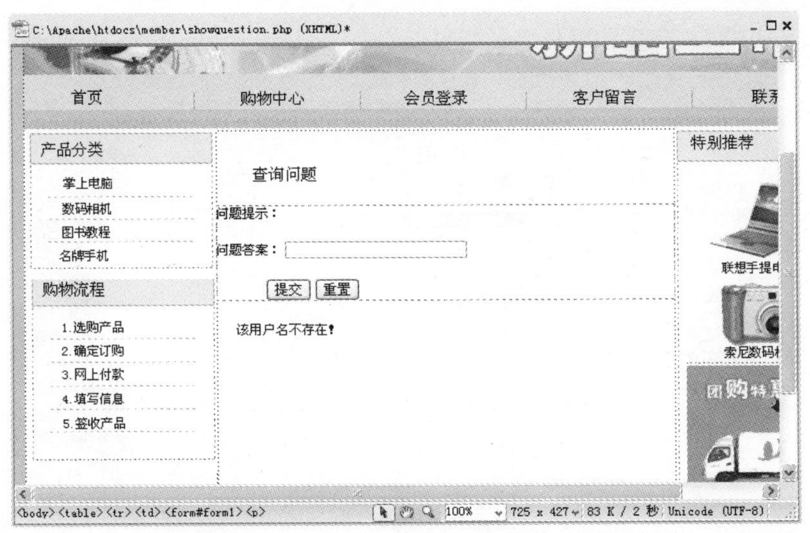

图 4-73　showquestion. php 静态网页效果

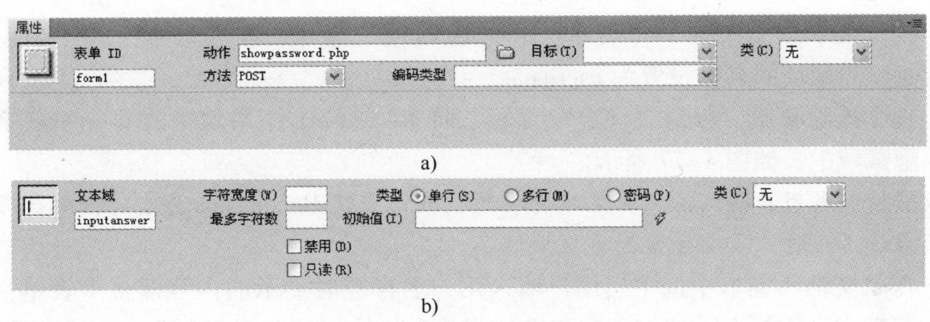

图 4-74　设置表单提交的属性

- 从“连接”下拉列表框中选择数据源连接对象为 mymember。
- 从“表格”下拉列表框中，选择使用的数据库表对象为 member。
- 在“列”栏中选择“选定的”单选按钮，然后从下拉列表框中选择 username 和 question。
- 在“筛选”栏中，设置记录集过滤的条件为 username: =，表单变量: inputname，表示根据数据库中 username 字段的内容是否与从上一个网页表单中的 inputname 表单对象所传递过来的信息完全一致，来过滤记录对象。

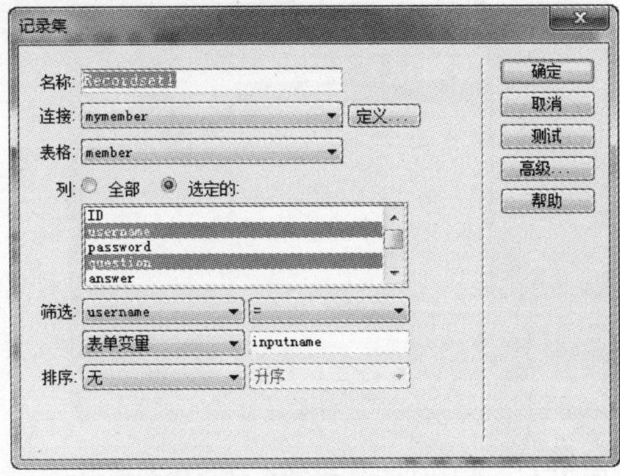

图 4-75　设置“记录集”对话框

完成后的设置如图 4-75 所示。

8）设置完成后，单击该对话框上的“确定”按钮，关闭该对话框。返回到“文档”窗口。

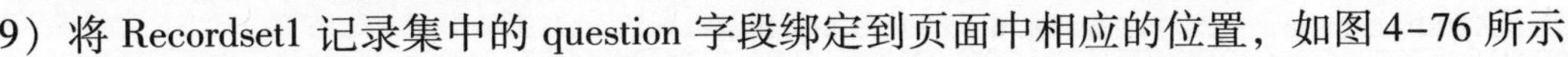

9）将 Recordset1 记录集中的 question 字段绑定到页面中相应的位置，如图 4-76 所示。

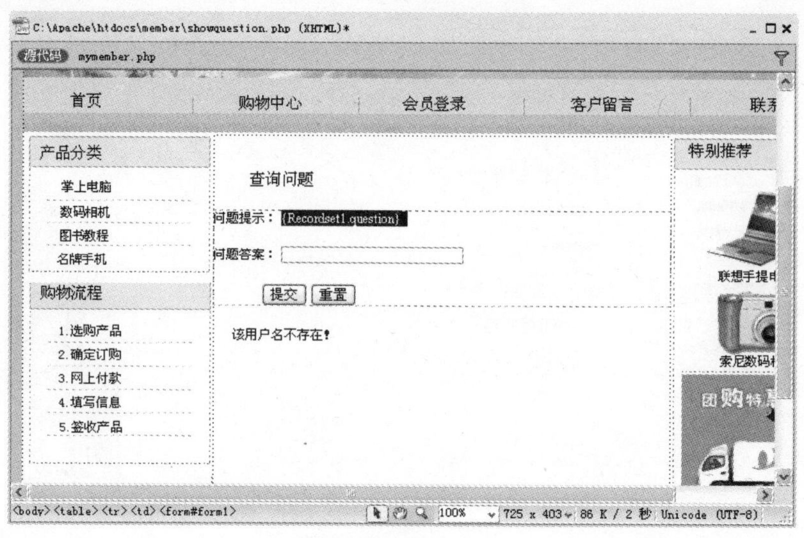

图 4-76　绑定字段

10）执行菜单“插入”→“表单”→“隐藏域”命令，在表单中插入一个表单隐藏域，然后将该隐藏域的名称设置为 username。

11）选中该隐藏域，转到“绑定”面板，将 Recordset1 记录集中的 username 字段绑定到该表单隐藏域中，如图 4-77 所示。

重点提示：当用户输入的用户名不存在时，即记录集 Recordset1 为空时，就会导致该页面不能正常显示，这就需要设置隐藏区域。

12）在“文档”窗口中选中当用户输入用户名存在时显示的内容即整个表单，然后单击“服务器行为”面板上按钮，在弹出的菜单中，执行“显示区域”→“如果记录集不为空则显示区域”命令，则打开“如果记录集不为空则显示区域”对话框，在该对话框中选择记录集对象为 Recordset1。这样只有当记录集 Recordset1 不为空时，才显示出来。设置完成后，单击“确定”按钮，如图 4-78 所示。关闭该对话框，返回到“文档”窗口。

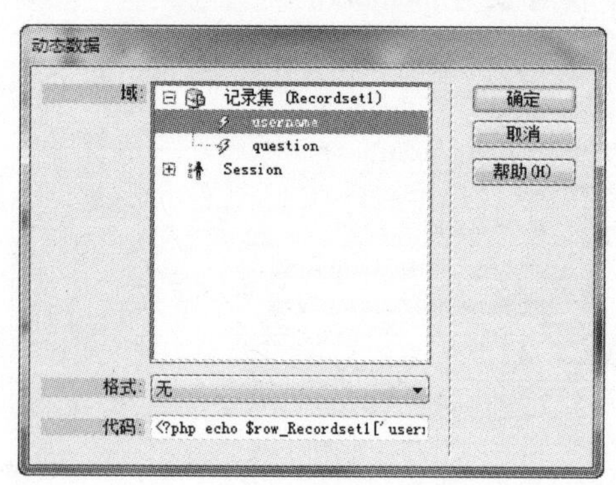

图 4-77　username 字段绑定到表单隐藏域

图 4-78　“如果记录集不为空则显示区域”对话框

13）在网页中编辑显示用户名不存在时的文本“该用户名不存在!”，并为这些内容设置一个“如果记录集为空则显示区域”隐藏区域服务器行为，这样当记录集 Recordset1 为空时，显示这些文本，完成后的网页如图 4-79 所示。

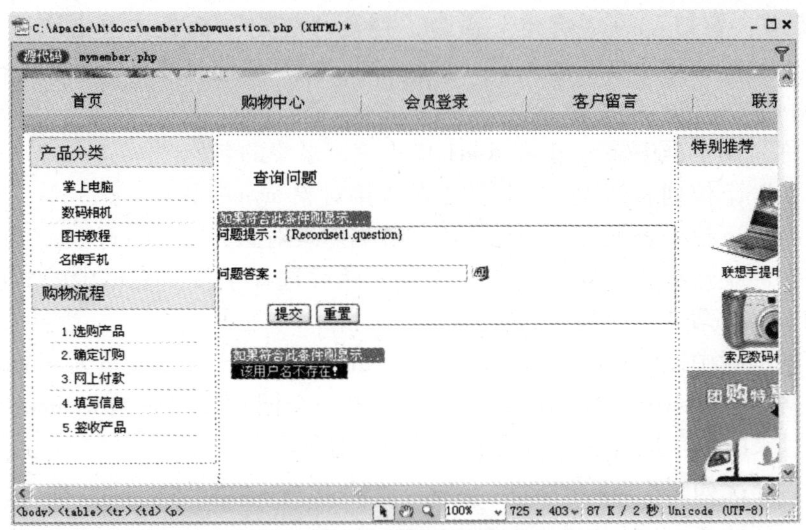

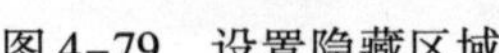

图 4-79　设置隐藏区域

4.5.2　完善密码查询功能

当用户在 showquestion. php 页面中输入答案，单击“提交”按钮后，服务器就会把用户名和密码提示问题答案提交到 showpassword. php 页面中。

下面介绍如何设计该页面，具体制作步骤如下。

1）执行菜单“文件”→“新建”命令，在网站根目录下新建一个名为 showpassword. php 的网页并保存。

2）在 Dreamweaver 中使用提供的制作静态网页的工具，完成如图 4-80 所示的静态部分。

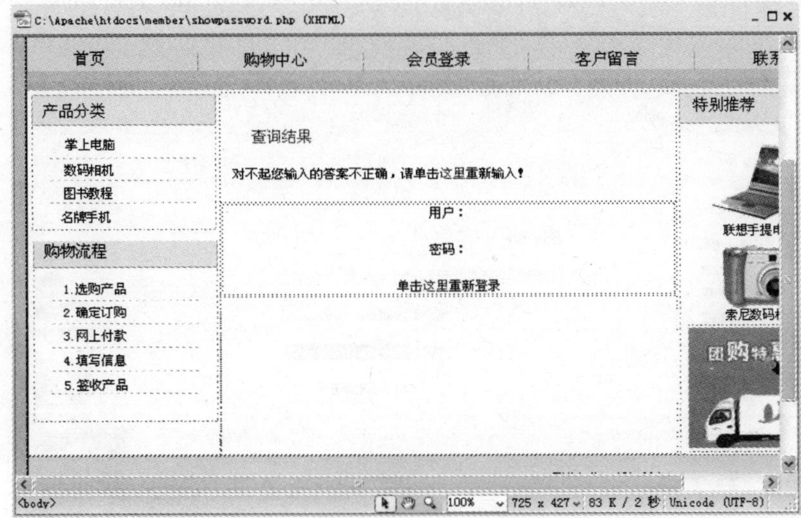

图 4-80　showpassword. php 静态设计

3）执行菜单“窗口”→“绑定”命令，打开“绑定”面板，单击该面板上[+]按钮，在弹出的菜单中选择“记录集（查询）”选项，则会打开“记录集”对话框。

4）在该对话框中进行如下设置。

- 在“名称”文本框中输入 Recordset1 作为该记录集的名称。
- 从“连接”下拉列表框中，选择数据源连接对象 mymember。
- 从“表格”下拉列表框中，选择使用的数据库表对象为 member。
- 在“列”栏中选择“选定的”单选按钮，然后选择字段列表框中的 username、password 和 answer 等 3 个字段就行了。
- 在“筛选”栏中设置记录集过滤的条件：answer 为 =，表单变量为 inputanswer，表示根据数据库中 answer 字段的内容是否与从上一个网页表单中的 inputanswer 表单对象传递所过来的信息是否完全一致来过滤记录对象。

完成的设置情况如图 4-81 所示。

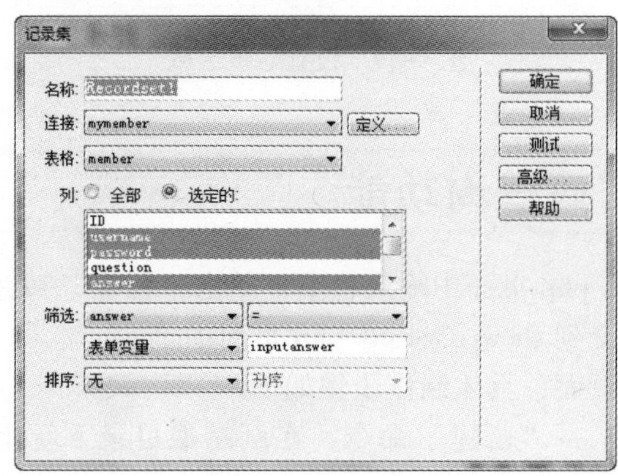

图 4-81　设置“记录集”对话框

5）单击“确定”按钮，关闭该对话框，返回到“文档”窗口。

6）将记录集中 username 和 password 两个字段分别添加到网页中，如图 4-82 所示。

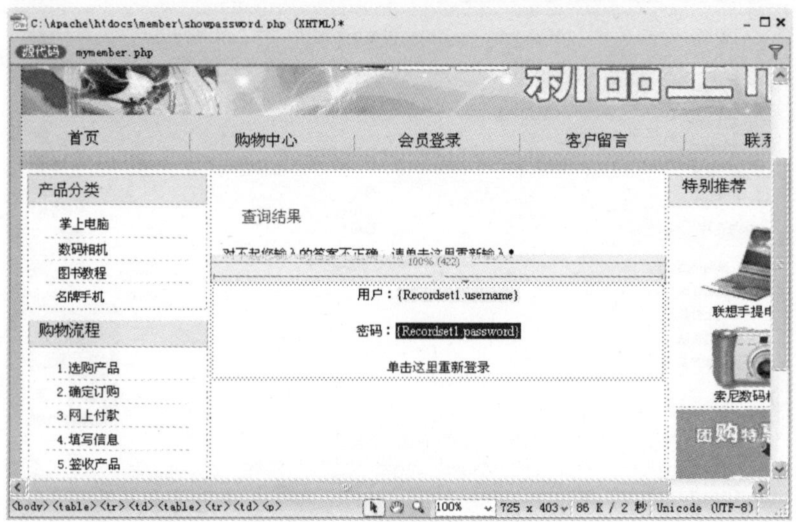

图 4-82　加入的记录集效果

7）同样需要根据记录集 Recordset1 是否为空，为该网页中的内容设置隐藏区域的服务器行为。在“文档”窗口中，选中当用户输入密码提示问题答案正确时显示的内容，然后单击“服务器行为”面板上按钮，在弹出的菜单中，执行“显示区域”→“如果记录集不为空则显示区域”命令，打开“如果记录集不为空则显示区域”对话框，在该对话框中选择记录集对象为 Recordset1。这样只有当记录集 Recordset1 不为空时，才显示出来，如图 4-83所示。设置完成后，单击“确定”按钮，关闭该对话框，返回到“文档”窗口。

8）在网页中选择当用户输入密码提示问题答案不正确时显示的内容，并为这些内容设置一个“如果记录集为空则显示区域”隐藏区域服务器行为，这样当记录集 Recordset1 为空时，显示这些文本，如图 4-84 所示。

图 4-83 “如果记录集不为空则显示区域”对话框

图 4-84 “如果记录集为空则显示区域”对话框

9）完成后的网页如图 4-85 所示。执行菜单“文件”→“保存”命令，将该文档保存到本地站点中。

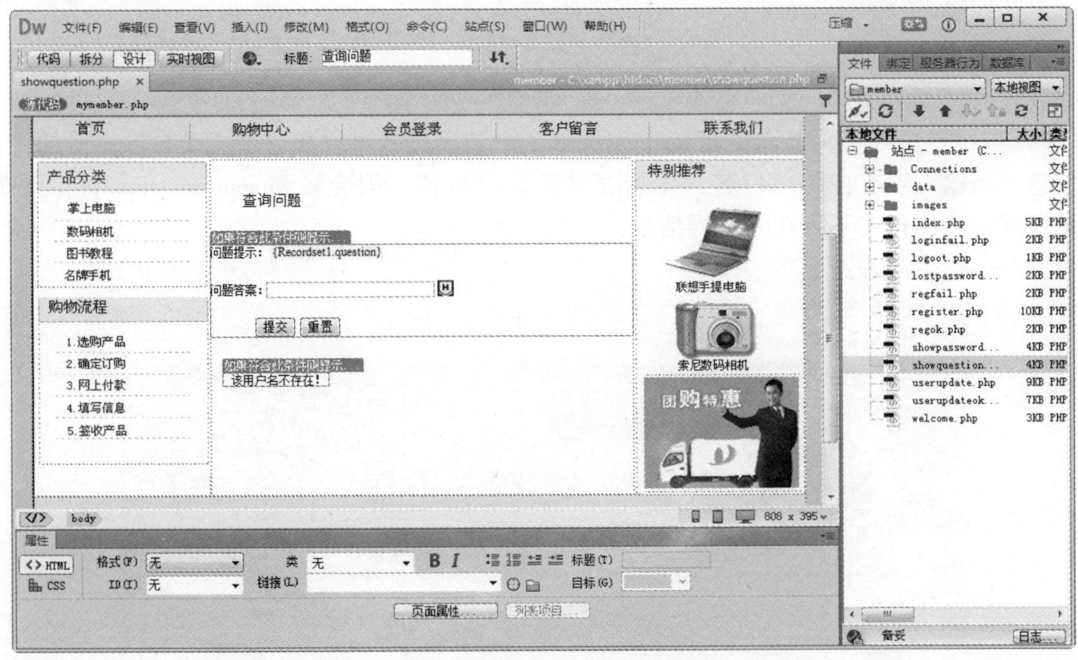

图 4-85 完成后的网页效果图

4.5.3 测试密码查询功能

开发完成后，就可以测试密码查询功能的执行情况了。

1）打开浏览器，在地址栏中输入 http://127.0.0.1/member/index.php，打开 index.php 文件。单击该页面中的“找回密码”超文本链接，如图 4-86 所示的页面。

图 4-86　输入要查询的用户名

2）当用户进入密码查询页面 lostpassword.php 后，输入并向服务器提交自己注册的用户名信息。当输入不存在的用户名，并单击“提交”按钮，则会转到 showquestion.php 页面，该页面显示出用户名不存在的错误信息，如图 4-87 所示。

图 4-87　输入的用户名不存在

3）如果输入一个数据库中已经存在的用户名，然后单击“提交”按钮。浏览器会自动转到 showquestion. php 页面，如图 4-88 所示。下面就应该在 showquestion. php 输入密码提示问题答案，测试 showquestion. php 网页的执行情况。

图 4-88　showqeustion. php 网页效果图

4）在这里可以先输入一个错误的答案，检查 showpassword. php 中是否能够显示密码提示问题的答案不正确时的错误信息，如图 4-89 所示。

图 4-89　出错信息

5）如果在 showquestion. php 网页中输入正确的答案，并单击“提交”按钮后，浏览器就会转到 showpassword. php 页面，并显示出该用户的密码，如图 4-90 所示。

图 4-90　showpassword. php 页面

6）上述测试结果表明，密码查询系统已经成功制作。

至此，用户管理系统的常用功能都已经设计完成并测试成功，设计者如果需要将其应用到其他的网站上，只需要与设计的页面配合，修改一些相关的文字说明及背景效果，就可以完成用户管理系统的制作。

第 5 章 新闻发布系统

新闻发布系统是常见的动态网站系统，多用于政府单位、教育单位或企业网站。新闻发布系统的作用就是在网上传播信息，通过对新闻的不断更新，让用户及时了解行业信息、企业状况。所以新闻发布系统中所涉及的主要操作就是访问者的新闻查询功能和系统管理员对新闻的新增、修改、删除功能，使用 PHP 实现这些功能相对比较简单。

从入门到精通

主要掌握以下知识点：

- 新闻发布系统网站结构的整体设计
- 新闻系统数据库的规划
- 新闻发布系统前台新闻发布功能页面的制作
- 新闻发布系统分类功能的设计
- 新闻发布系统后台新增、修改、删除功能的实现

Section

5.1 系统的整体设计规划

网站的新闻发布系统，在技术上主要体现为如何显示新闻内容，以及对新闻及新闻分类的修改和删除。一个完整的新闻发布系统共分为两大部分，一个是访问者访问新闻的动态网页部分，另一个是管理者对新闻进行编辑的动态网页部分。新闻发布系统的结构图如图 5-1 所示。

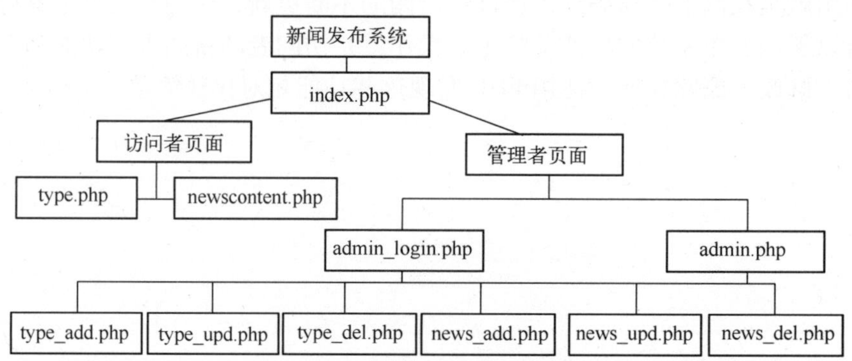

图 5-1　新闻发布系统结构图

本系统共有 11 个页面，各页面的文件名称与功能如表 5-1 所示。

表 5-1　新闻发布系统开发网页设计表

需要制作的主要页面	页 面 名 称	功　　能
新闻首页	index. php	显示新闻分类和最新新闻页面
新闻分类页面	type. php	显示新闻分类中的新闻标题页面
新闻内容页面	newscontent. php	显示新闻内容页面
后台管理入口页面	admin_login. php	管理者登录入口页面
后台管理主页面	admin. php	对新闻进行管理的主要页面
新增新闻页面	news_add. php	增加新闻的页面
修改新闻页面	news_upd. php	修改新闻的页面
删除新闻页面	news_del. php	删除新闻的页面
新增新闻分类页面	type_add. php	增加新闻分类的页面
修改新闻分类页面	type_upd. php	修改新闻分类的页面
删除新闻分类页面	type_del. php	删除新闻分类的页面

5.1.1 页面设计规划

在本地站点上建立站点文件夹 news，将要制作的新闻发布系统文件夹和文件建立如图 5-2所示。

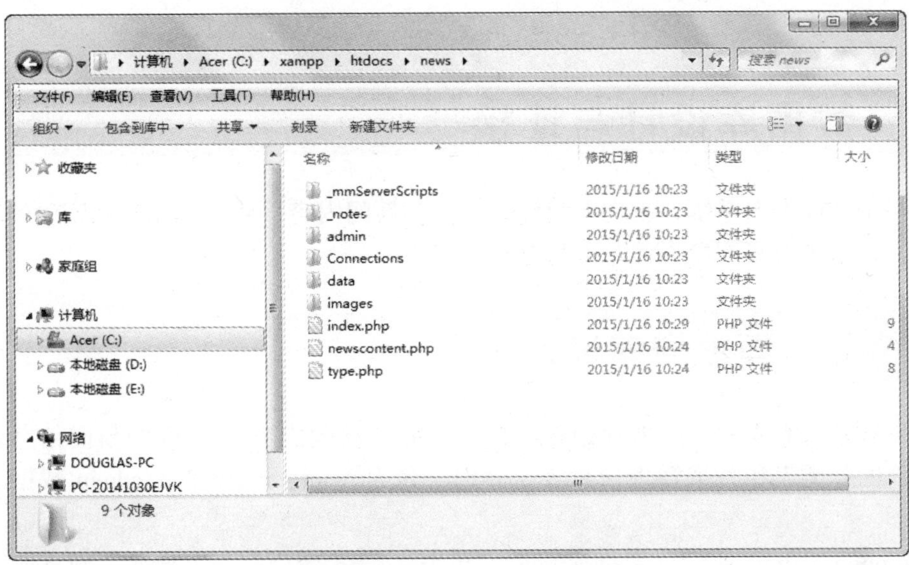

图 5-2 站点规划文件夹和文件

5.1.2 页面美工设计

新闻发布系统主要起到了宣传的作用，实例中在色调上选择蓝色和绿色作为主色调。由于本书主要讲述使用 Dreamweaver 开发 PHP 的方法，所以网页的美工设计相对比较简单，新闻首页 index. php 效果如图 5-3 所示。

图 5-3 新闻首页 index. php 效果图

Section
5.2 数据库设计与连接

制作一个新闻发布系统，首先要设计一个储存新闻内容、管理员账号和密码的数据库文件，方便管理人员对新闻数据信息进行管理和完善。

5.2.1 新闻数据库设计

新闻发布系统需要一个用来存储新闻标题 title 和新闻内容 content 的新闻信息表，还要建立一个新闻分类表和一个管理信息表，分别命名为 news、newstype、admin 数据表。制作的步骤如下。

1）在 phpmyAdmin 中建立数据库 news，单击 数据库 命令打开本地的“数据库”管理页面，在“新建数据库”文本框中输入数据库的名称 news，单击后面的数据库类型下拉菜单，在弹出的选择项中选择 utf8_bin 选项，单击“创建”按钮，返回“常规设置”页面，在数据库列表中就已经建立了 news 的数据库，如图 5-4 所示。

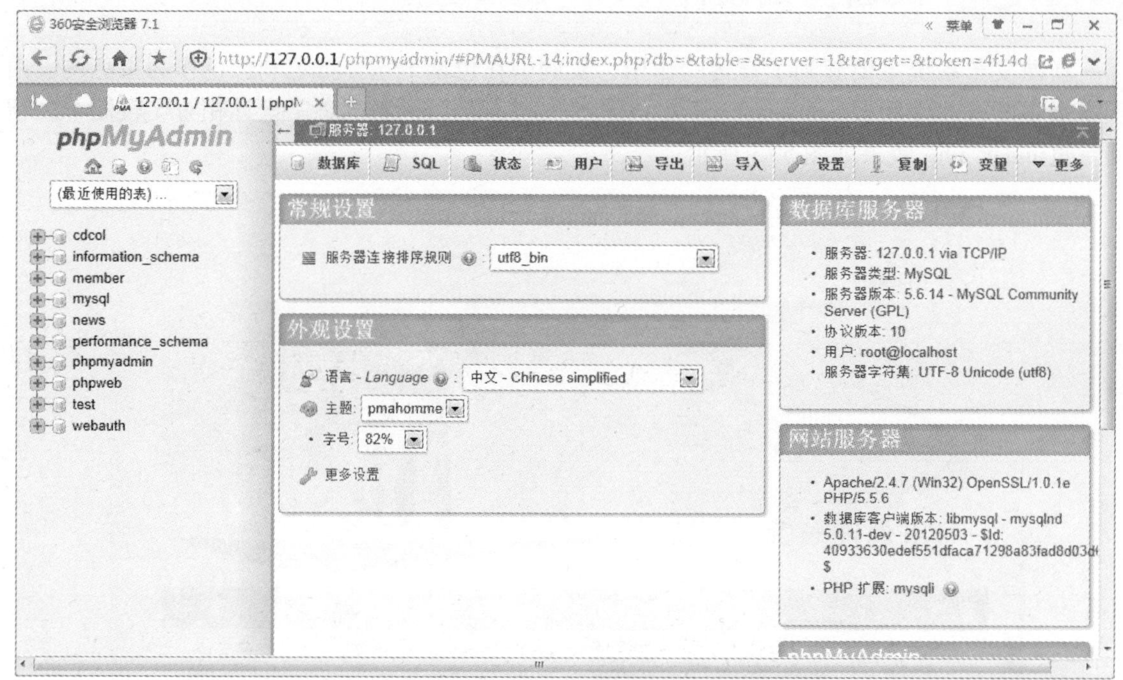

图 5-4 创建 news 数据库

2）单击左边的 news 数据库将其连接上，打开“新建数据表”页面，分别输入数据表名 news、newstype 和 admin，即创建 3 个数据表。创建的 news 数据表如图 5-5 所示。

输入数据域名以及设置数据域位的相关数据，数据表 news 的字段说明如表 5-2 所示。

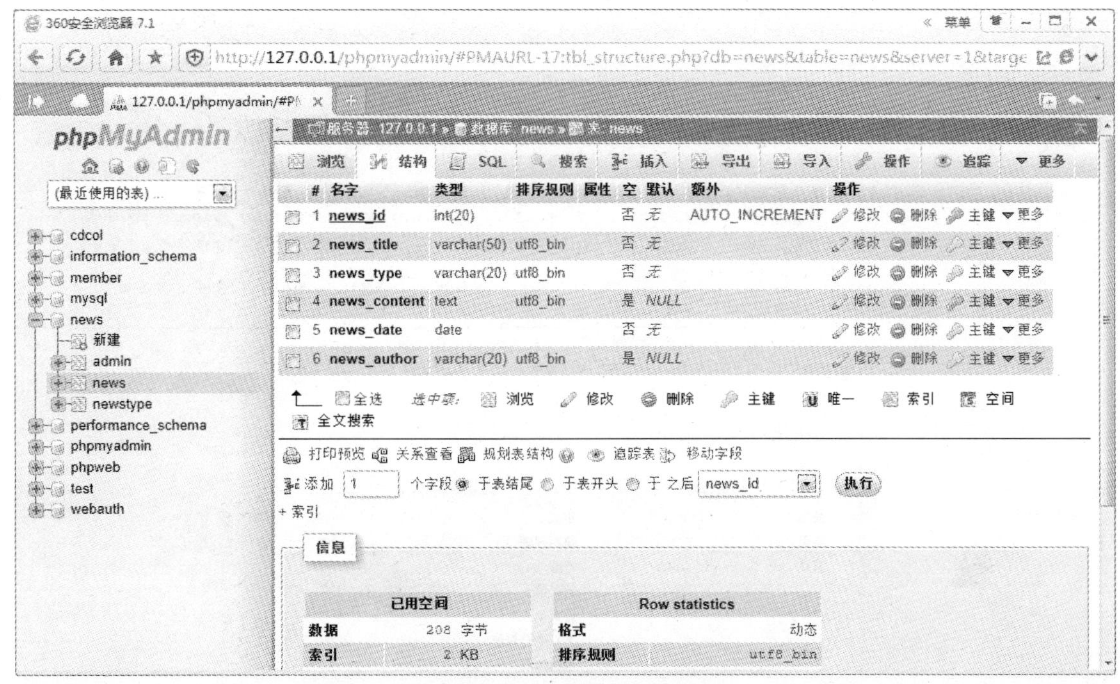

图 5-5　创建的 news 数据表

表 5-2　新闻数据表 news

意　　义	字段名称	数据类型	字段大小	必填字段
主题编号	news_id	INTEGER	20	是
新闻标题	news_title	VARCHAR	50	是
新闻分类编号	news_type	VARCHAR	20	是
新闻内容	news_content	TEXT		
新闻加入时间	news_date	DATE		是
编辑者	news_author	VARCHAR	20	

3）创建 newstype 数据表，用于储存新闻分类用，输入数据域名以及设置数据域位的相关数据，如图 5-6 所示。

newstype 数据表的字段及说明如表 5-3 所示。

表 5-3　新闻分类数据表 newstype

意　　义	字段名称	数据类型	字段大小	必填字段
主题编号	type_id	INTEGER	11	是
新闻分类	type_name	VARCHAR	50	是

4）创建 admin 数据表，用于后台管理者登录验证用，输入数据域名以及设置数据域位的相关数据，如图 5-7 所示。

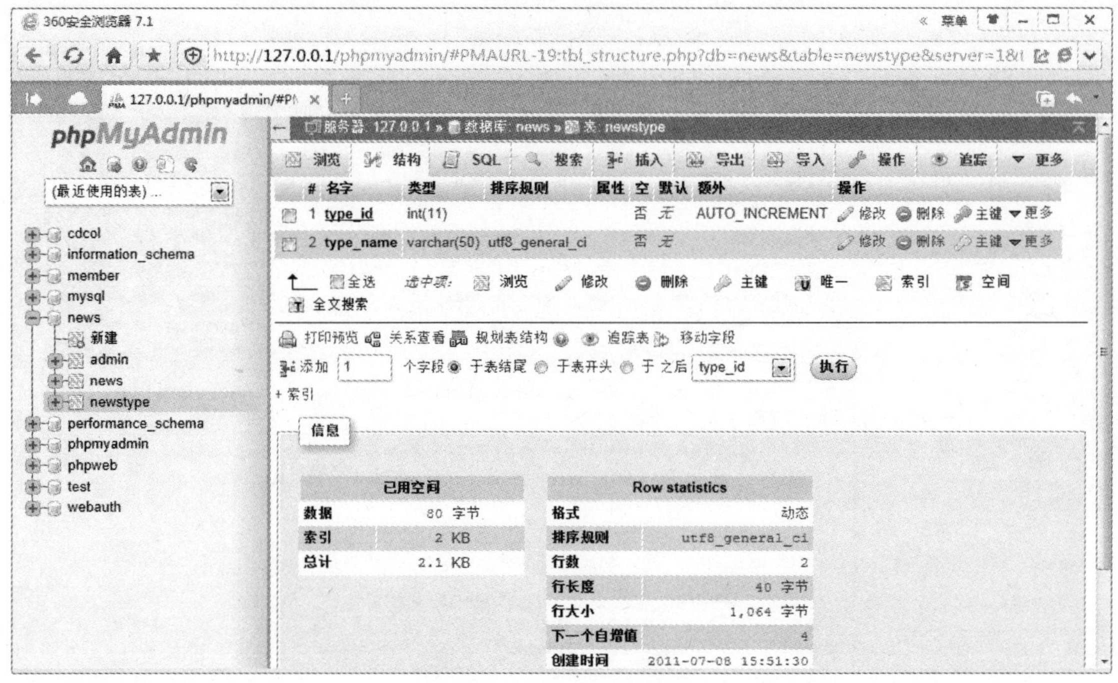

图 5-6 newstype 数据表

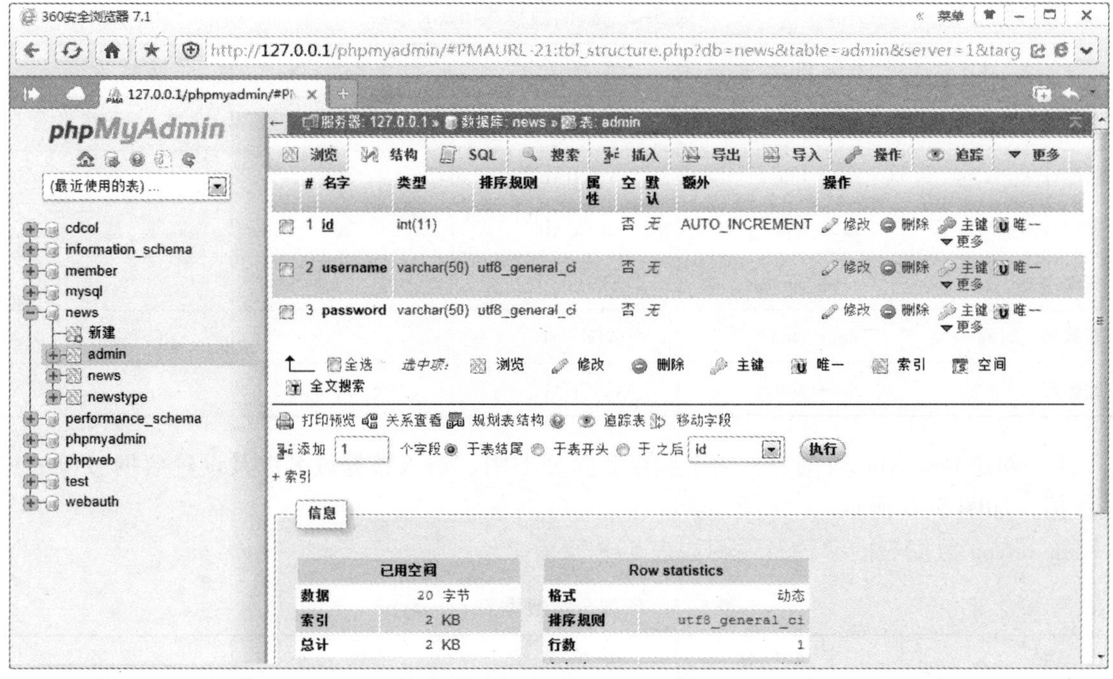

图 5-7 创建 admin 数据表

admin 数据表的字段及说明如表 5-4 所示。

表 5-4 管理信息数据表 admin

意　义	字段名称	数据类型	字段大小	必填字段
主题编号	id	自动编号	长整型	
用户名	username	文本	50	是
密码	password	文本	50	是

在创建上述 3 个数据表时，涉及新闻保存时的时间保存问题。使用 PHP 实现获取系统默认即时时间，可以使用两种方法，一种是在网页中用 PHP 的 date( ) 和 time( ) 函数实现，另一种是直接获取 MySQL 数据库中的 NoD( )时间。考虑到因为后期数据量大需要减少服务器的工作量，优先采用在网页使用 PHP 获取时间的方法，具体的实现方法在新增新闻页面的设计时会讲到。

5.2.2 定义 news 站点

在 Dreamweaver CC 中创建一个“新闻发布系统”网站站点 news，由于这是 PHP 数据库网站，因此必须设置本机数据库和测试服务器。主要的设置如表 5-5 所示。

表 5-5 站点设置的基本参数

站点名称	news	站点名称	news
本机根目录	C:\xampp\htdocs\news	MySQL 服务器地址	C:\xampp\mysql\data\news
测试服务器	C:\xampp\htdocs\	管理账号/密码	root/空
网站测试地址	http://localhost/news/	数据库名称	news

创建 news 站点具体操作步骤如下。

1）首先在 C:\xampp\htdocs 路径下建立 news 文件夹，如图 5-8 所示，本章所有建立的网页文件都将放在该文件夹下。

图 5-8 建立站点文件夹 news

2）运行 Dreamweaver CC，选择菜单栏中的“站点”→“管理站点”命令，打开“管理站点”对话框，如图 5-9 所示。

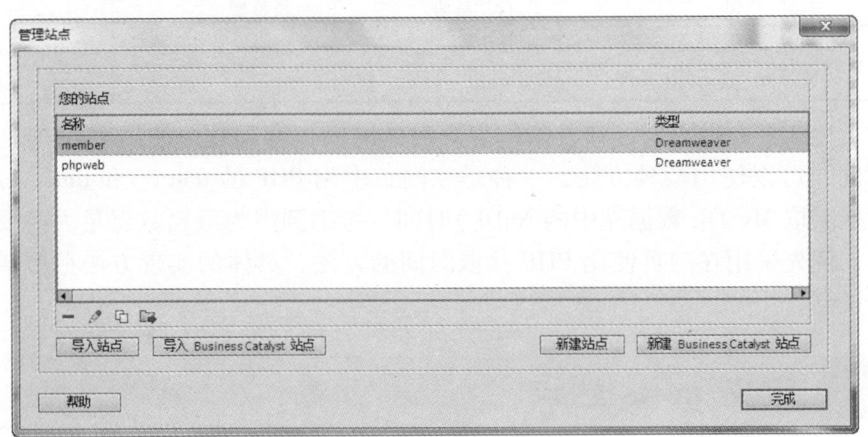

图 5-9 “管理站点”对话框

3）对话框的左边是站点列表框，其中显示了所有已经定义的站点。单击右边的“新建”按钮，打开“站点设置对象”对话框，进行如下参数设置。

- “站点名称”：news。
- “本地站点文件夹”：C:\xampp\htdocs\news。

如图 5-10 所示。

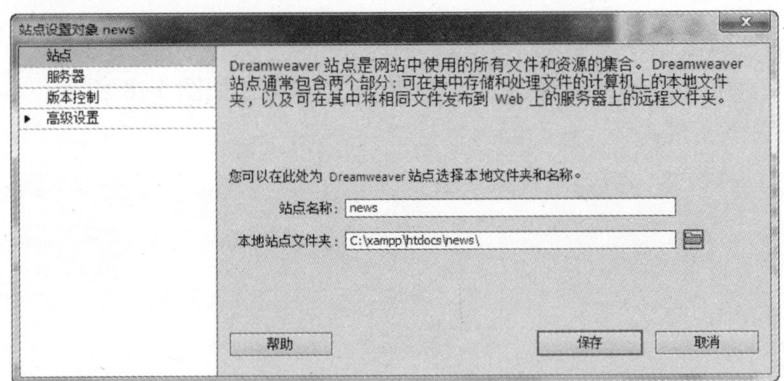

图 5-10 建立 news 站点

4）单击列表框中的“服务器”选项，并单击“添加服务器”按钮⊞，打开“基本”选项卡，进行如图 5-11 所示的参数设置。

- “服务器名称”：news。
- “连接方法”：本地/网络。
- “服务器文件夹”：C:\xampp\htdocs\。
- “Web URL”：http://127.0.0.1/news/。

5）设置后再单击“高级”选项卡，打开“高级”服务器设置对话框，选择“维护同步信息”复选框，在“服务器模型”下拉列表项中选择 PHP MySQL 来表示是使用 PHP 开发的网页，其他的保持默认值，如图 5-12 所示。

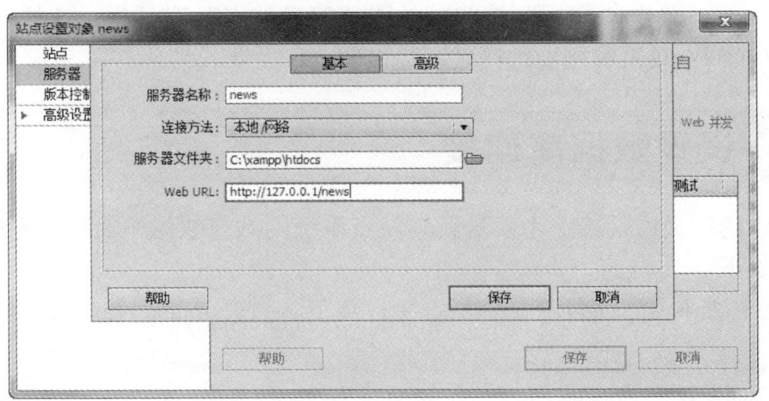

图 5-11　设置“基本”选项卡

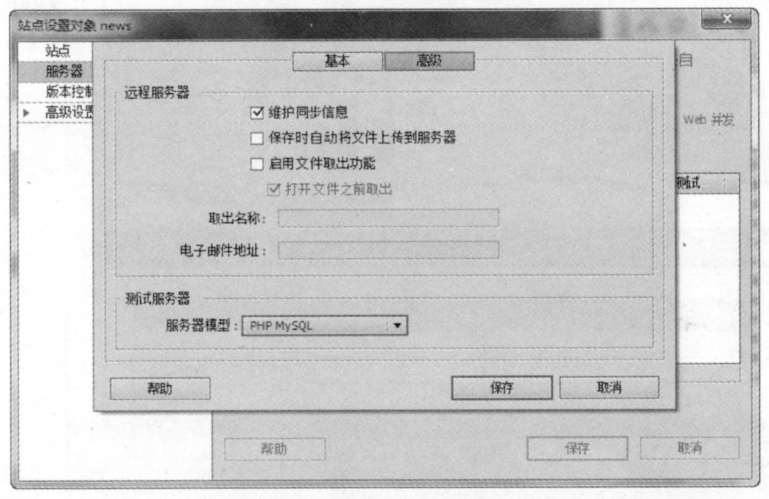

图 5-12　设置“高级”选项卡

6）单击“保存”按钮，返回“服务器”设置对话框，再选择“测试”复选框，如图 5-13 所示。

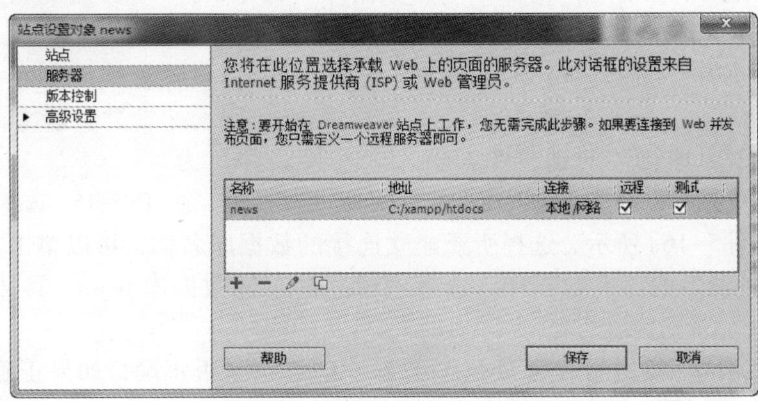

图 5-13　设置“服务器”参数

单击“保存”按钮，则完成站点的定义设置。在 Dreamweaver CC 中就已经拥有了刚才所设置的站点 news。单击“完成”按钮，关闭“管理站点”对话框，这样就完成了 Dreamweaver CC 测试新闻发布系统网页的网站环境设置。

5.2.3 设置数据库连接

完成了站点的定义后，接下来就是新闻发布系统网站与数据库之间的连接。网站与数据库的连接设置如下。

1）将附赠资源中本章文件复制到站点文件夹下，打开 index. php，如图 5-14 所示。

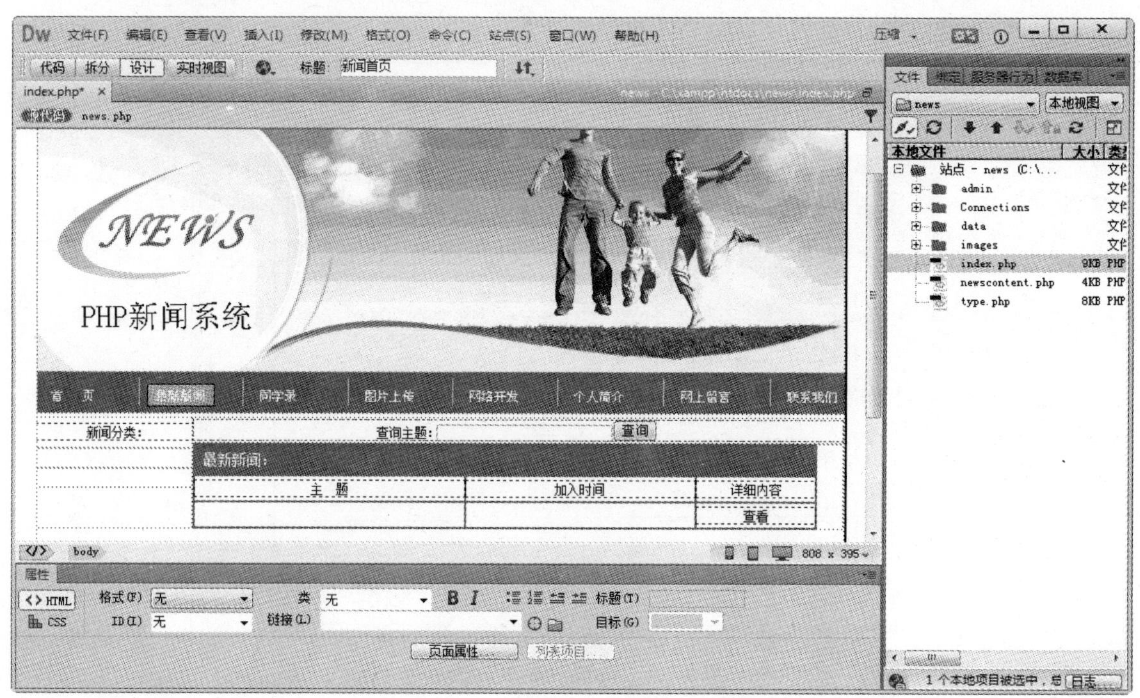

图 5-14　打开网站首页 index. php

2）单击选择菜单栏上的“窗口”→“数据库”命令，打开“数据库”面板。在“数据库”面板，单击选择“+”图标，并在打开的菜单中选择“MySQL 连接”选项，如图 5-15 所示。

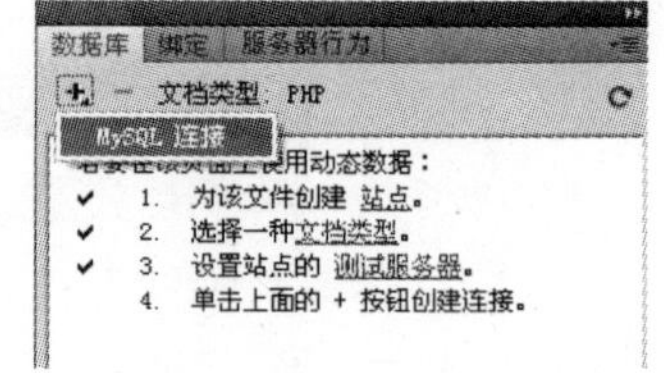

图 5-15　选择“MySQL 连接”

3）在“MySQL 连接”对话框中，输入“连接名称”为 news，“MySQL 服务器”名为 localhost，“用户名”为 root，密码为 admin，如图 5-16a 所示。选择所要建立连接的数据库名称，可以单击“选取”按钮，浏览 MySQL 服务器上的所有数据库。选择刚建立的范例数据库 news，具体的设置内容如图 5-16b所示。

4）单击“测试”按钮测试与 MySQL 数据库的连接是否正确，如果正确则会出现一个消息框，如图 5-17 所示，表示数据库连接设置成功了。

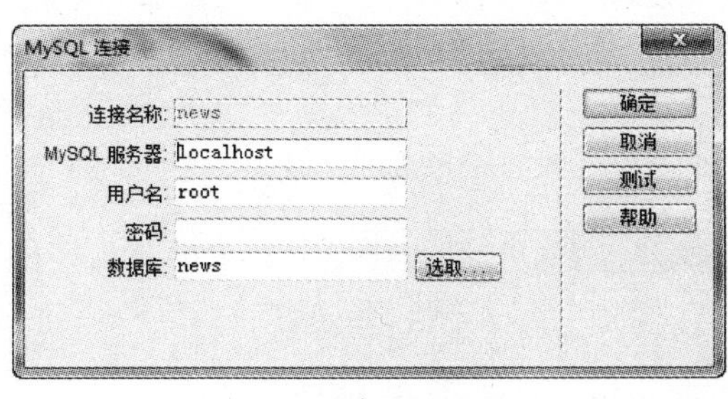

a)

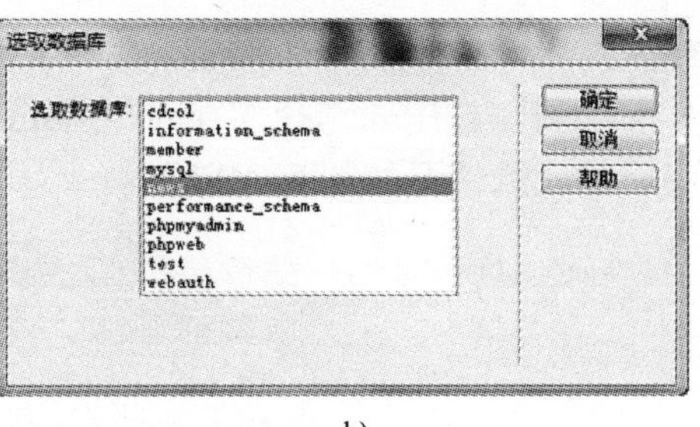

b)

图 5-16 设置“MySQL 连接”参数

单击“确定”按钮，返回编辑页面，在“数据库”面板中显示绑定过来的数据库，如图 5-18 所示。

图 5-17 设置成功

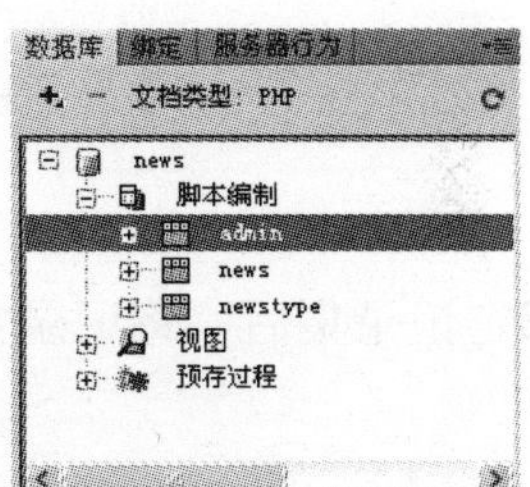

图 5-18 绑定的数据库

Section

5.3 系统页面设计

新闻发布系统前台部分主要有 3 个动态页面，分别是新闻主页面 index. php，新闻分类页面 type. php，新闻内容页面 newscontent. php。

5.3.1 新闻发布系统首页设计

在本小节中主要介绍新闻发布系统的主页面 index. php 的制作。index. php 页面主要有显示最新新闻的标题、加入时间、显示新闻分类、单击新闻中的分类进入分类子页面查看新闻等功能。制作的步骤如下。

1）打开刚刚创建的 index. php 页面，输入网页标题“新闻首页”，执行菜单栏“文件”→“保存”命令，将网页保存。

2）用鼠标单击创建表格的第 1 行单元格，输入文字“新闻分类”，接下来用“绑定”标签，将网页所需要的新闻分类数据字段绑定到网页中。index. php 这个页面使用的数据表是 news 和 newstype，单击“应用程序”面板中“绑定”标签上的⊞按钮，在弹出的菜单中选择“记录集（查询）”选项，在该对话框中进行如下设置。

- 在“名称”文本框中输入 Recordset1 作为该记录集的名称。
- 从“连接”下拉列表框中，选择数据源连接对象 news。

• 从“表格”下拉列表框中，选择使用的数据库表对象为 newstype。
• 在“列”栏中先选择“全部”单选按钮。

完成的设置情况如图 5-19 所示。

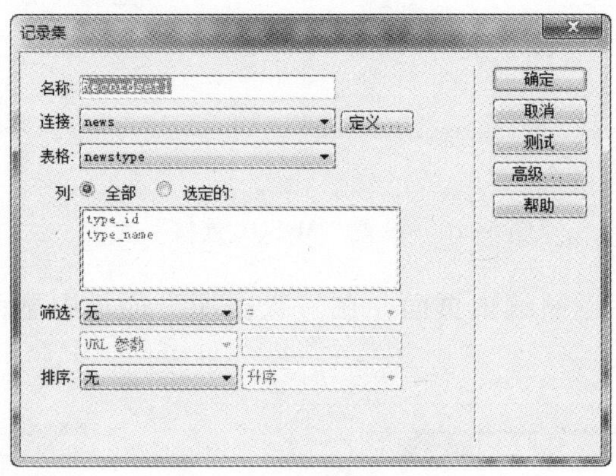

图 5-19 “记录集”对话框

3）绑定记录集后，将记录集的相关字段插入至 index. php 网页的适当位置，如图 5-20 所示。

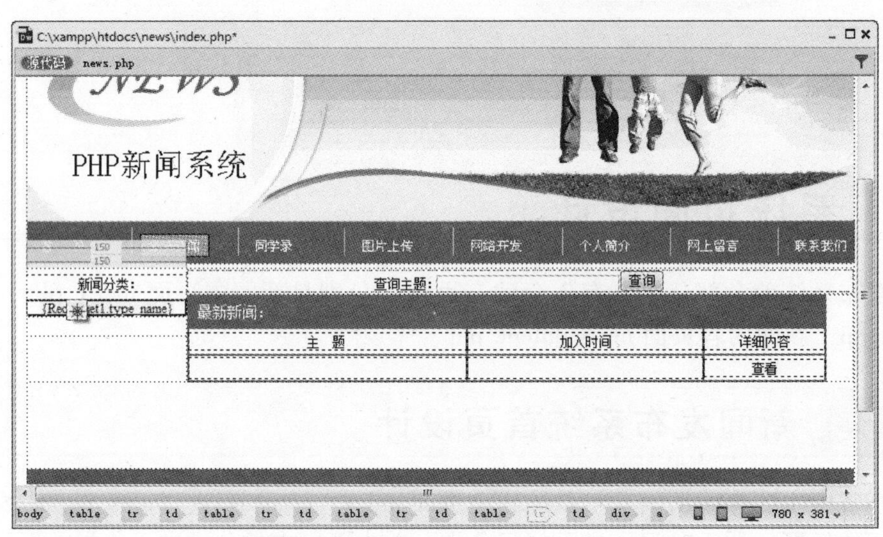

图 5-20 将相应字段插入至 index. php 网页中

4）由于要在 index. php 这个页面中显示数据库中所有新闻分类的标题，而目前的设定只会显示数据库的第一条数据，因此需要加入“服务器行为”中的“重复区域”的设置，选择{Recordset1. type_name}所在的行，如图 5-21 所示。

5）单击“应用程序”面板群组中“服务器行为”面板中的按钮，在弹出的菜单中，选择“重复区域”命令，在打开的“重复区域”对话框中，选中“所有记录”单选按钮，如图 5-22 所示。

6）单击“确定”按钮回到编辑页面，会发现先前所选取要重复的区域左上角出现了一个“重复”的灰色标签，这表示已经完成设置。

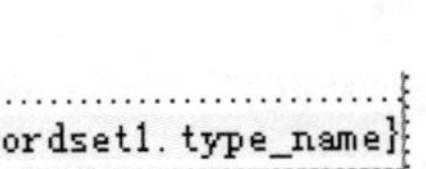

图 5-21　选择要重复显示的一列

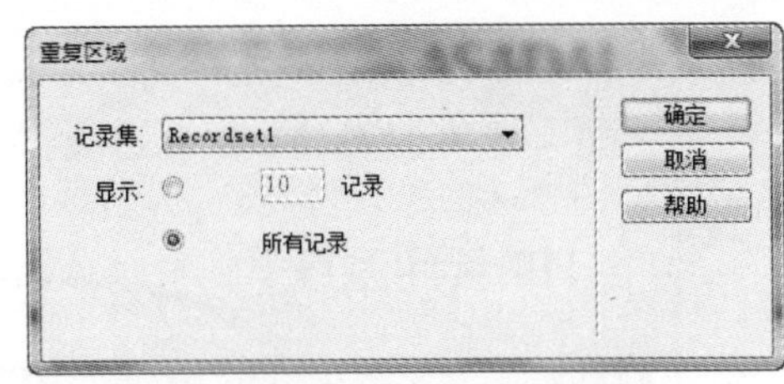

图 5-22　设置“重复区域”对话框

7）除了显示网站中所有新闻分类标题外，还要提供访问者感兴趣的新闻分类标题链接来实现详细内容的阅读。为了实现这个功能，首先要选取编辑页面中的新闻分类标题字段，如图 5-23 所示。

8）在“属性”面板中找到建立链接的部分，并单击“浏览文件”图标，在弹出的“选择文件”对话框中，选择用来显示详细记录信息的页面 type. php，设置如图 5-24 所示。

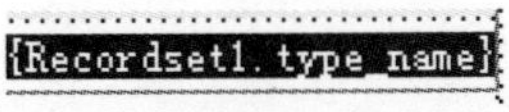

{Recordset1. type_name}

图 5-23　选择新闻分类标题

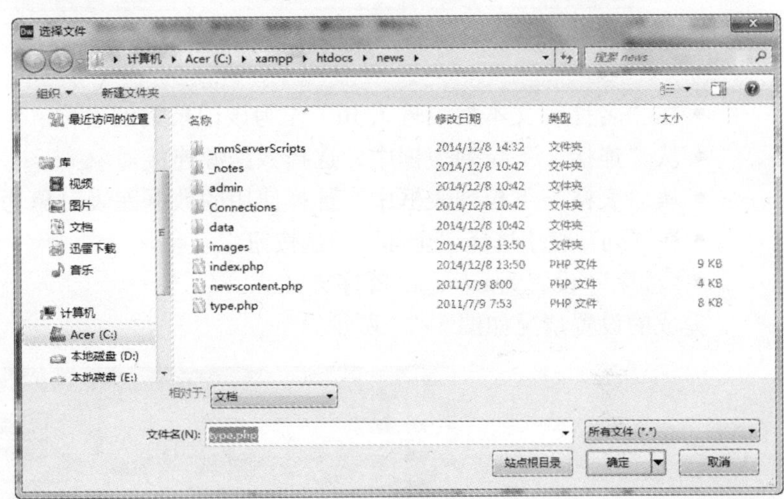

图 5-24　选择链接文件

9）以上操作，只涉及单纯的超级链接，并没有附带 URL 参数，因此要单击“确定”按钮，并设置超级链接要附带的 URL 参数的名称与值为 type. php? id = <? php echo $row_Recordset1['type_id']; ? >，如图 5-25 所示。

图 5-25　“参数和动态数据”对话框

10）单击“确定”按钮回到编辑页面，主页面 index. php 中新闻分类的制作已经完成，最新的新闻显示页面设计效果如图 5-26 所示。

11）单击“应用程序”面板群组中的“绑定”面板上的按钮，在弹出的菜单中选择“记录集（查询）”命令，在弹出的“记录集”对话框中进行如下设置。

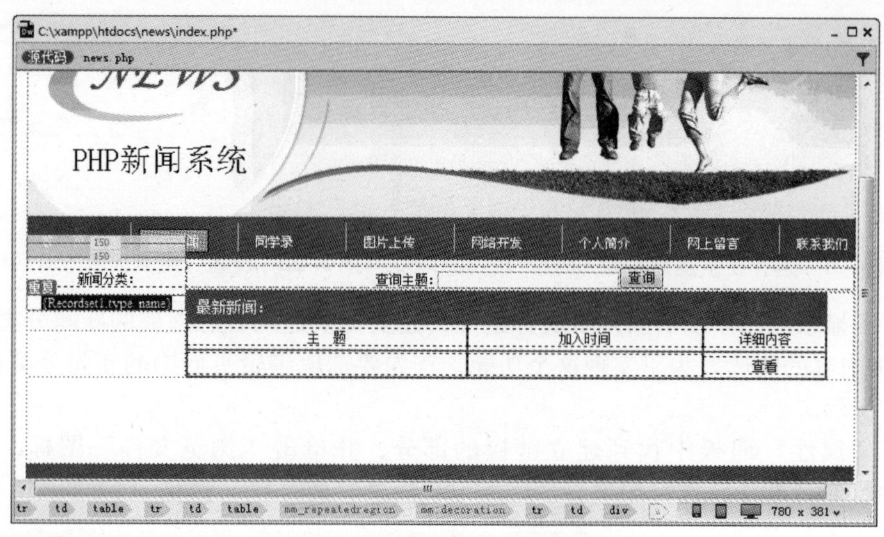

图 5-26 新闻页面设计效果图

- 在“名称”文本框中输入 Re1 作为该记录集的名称。
- 从“连接”下拉列表框中，选择数据源连接对象 news。
- 从“表格”下拉列表框中，选择使用的数据库表对象为 news。
- 在“列”栏中选择“全部”单选按钮。
- “排序”设置为 news_id 降序方式。

完成的设置情况如图 5-27 所示。

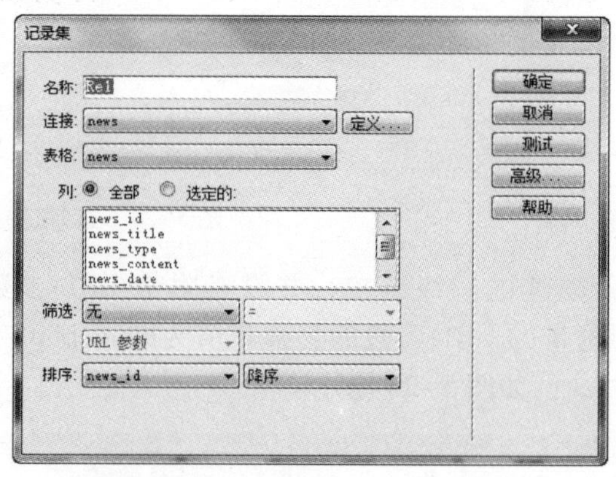

图 5-27 设置“记录集”对话框

12）绑定“记录集”后，将记录集的字段插入至 index. php 网页的适当位置。

13）由于要在 index. php 这个页面显示数据库中部分新闻的信息，而目前的设定只会显示数据库的第一条数据，因此，需要加入“服务器行为”面板中的“重复区域”命令。单击选择 index. php 页面中的最新新闻标题记录表格，如图 5-28 所示。

14）单击“应用程序”面板群组中“服务器行为”面板上的按钮，在弹出的菜单中选择“重复区域”命令，在弹出的“重复区域”对话框中，选择要重复的记录条数（例如 10 条），如图 5-29 所示。

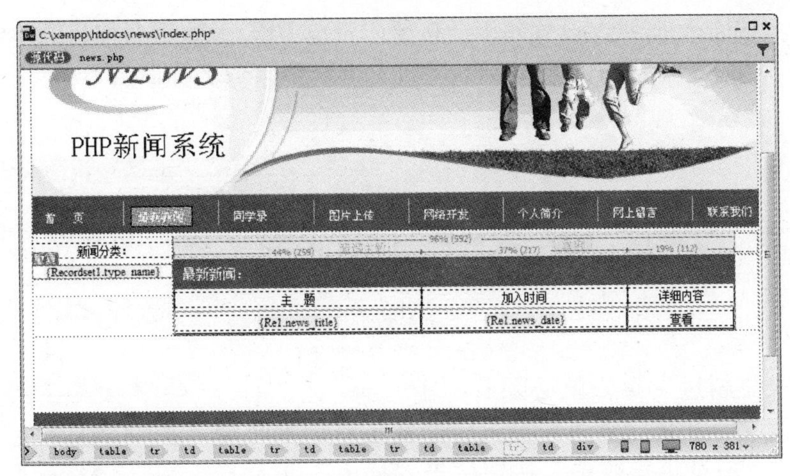

图 5-28　单击选择最新新闻标题记录表格

15）单击“确定”按钮，回到编辑页面，会发现先前所选取要重复的区域左上角出现了一个“重复”的灰色标签，这表示已经完成设定。

16）最新新闻这个功能，除了显示网站中部分新闻外，还要提供访问者感兴趣的新闻标题链接至详细内容来阅读。首先选取文字“查看”，如图 5-30 所示。

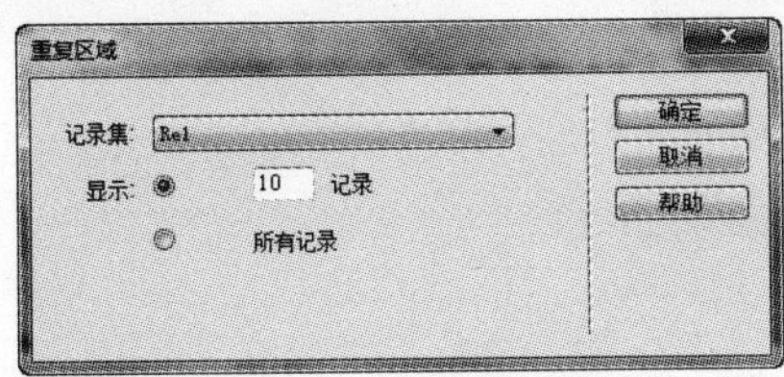

图 5-29　选择一次可以显示的记录数

图 5-30　选择新闻标题“查看”

17）在“属性”面板中找到建立链接的部分，并单击“浏览文件”图标，在弹出的“选择文件”对话框中，选择用来显示详细记录信息的页面 newscontent. php，设置如图 5-31 所示。

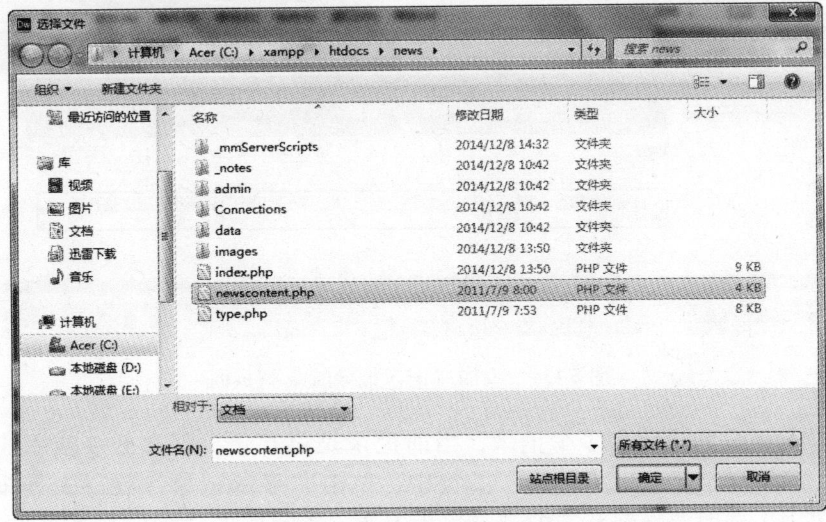

图 5-31　选择链接文件

18）单击“确定”按钮，设置超级链接要附带的URL参数的名称与值newscontent.php?news_id=<?php echo $row_Re1['news_id']; ?>。将参数名称命名为news_id，如图5-32所示。

图5-32 “动态数据”属性设置

19）当记录集超过一页，就必须有“上一页”、“下一页”等按钮或文字，让访问者可以翻页，这就是“记录集导航条”的功能。“记录集导航条”按钮位于“插入”工具栏的“数据”中，因此将“插入”工具栏由“常用”切换成“数据”类型，单击“记录集导航条”工具按钮，如图5-33所示。这里要说明的是CC版本中也需要安装扩展才会有此操作选项，也可以通过“服务器行为”中的“记录集分页”实现分页的操作。

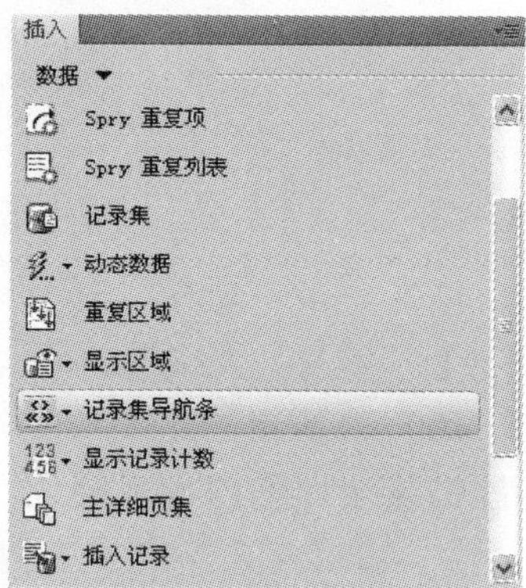

图5-33 选择“记录集导航条”

20）在打开的“记录集导航条”对话框中，选取要导航条的记录集以及导航条的显示方式“文本”，然后单击“确定”按钮回到编辑页面，会发现页面出现该记录集的导航条，如图5-34所示。

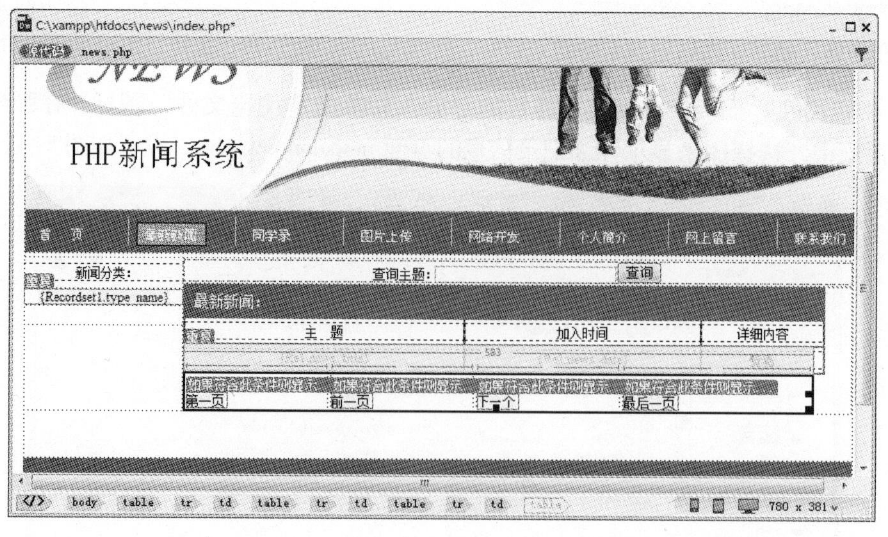

图5-34 添加“记录集导航条”页面

21）如果希望看到总共有多少记录，当前记录是第几条，那么必须插入“记录集导航状态”，在“插入”工具栏的“数据”类型中，单击“显示记录计数”工具按钮，在弹出的快捷菜单中，选取要导航状态的记录集为Re1，然后单击“确定”按钮回到编辑页面，会发现页面出现该记录集的导航状态，如图5-35所示。

图 5-35　添加计数器

22）index. php 这个页面需要加入查询功能，这样新闻发布系统才不会因日后数据太多而有不易访问的情形发生，设计如图 5-36 所示。

图 5-36　查询主题设计

重点提示： 利用表单及相关的表单组件来制作利用关键词查询数据的功能，需要注意如下操作。

- 图 5-36 所示的内容都在一个表单之中。
- “查询主题”后面的文本框的命名为 keyword。
- “查询”按钮为一个提交表单按钮。

23）在此要将之前建立的记录集 Re1 做一下更改，打开“记录集”对话框，并进入“高级”设置，在原有的 SQL 语法中，加入一段查询功能的语法：

```
where news_title like '%". $keyword. "%'
```

那么，以前的 SQL 语句将变成如图 5-37 所示。

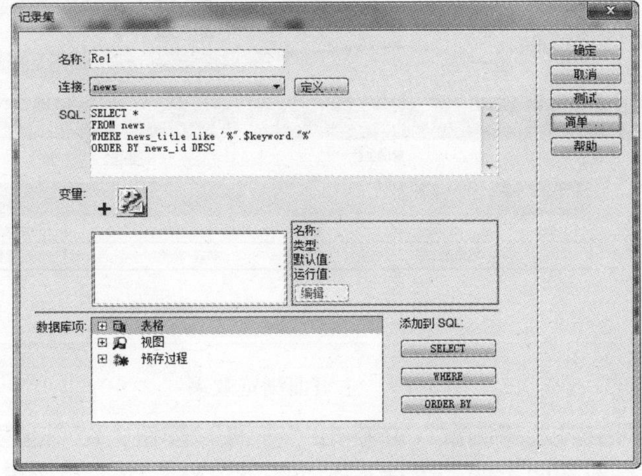

图 5-37　修改 SQL 语句

重点提示：其中 like 是模糊查询的运算子，% 表示任意字符，而 keyword 是个变量，表示关键词。

24）切换到代码设计窗口，找到 Re1 记录集相应的代码并加入代码：

$keyword = $_POST[keyword]；//定义 keyword 为表单中" keyword" 的请求变量如图 5-38所示，完成设置。

```
C:\xampp\htdocs\news\index.php*
源代码  news.php
<?php
$keyword=$_POST[keyword];
if (!function_exists("GetSQLValueString")) {
function GetSQLValueString($theValue, $theType, $theDefinedValue = "",
$theNotDefinedValue = "")
{
  if (PHP_VERSION < 6) {
    $theValue = get_magic_quotes_gpc() ? stripslashes($theValue) : $theValue
;
  }

  $theValue = function_exists("mysql_real_escape_string") ?
mysql_real_escape_string($theValue) : mysql_escape_string($theValue);

  switch ($theType) {
```

图 5-38　加入代码

25）以上的设置完成后，index. php 系统主页面就有查询功能了，先在数据库中加入两条新闻数据，可以按下〈F12〉键至浏览器测试一下是否能正确地查询。首先 index. php 页面会显示所有网站中的新闻分类主题和最新新闻标题，如图 5-39 所示。

图 5-39　主页面浏览效果

26）然后在关键词中输入“测试”并单击“查询”按钮，结果会发现页面中的记录显示“测试”所发表的最新新闻主题，这样查询功能就已经完成了，效果如图 5-40 所示。

图 5-40　测试查询效果

5.3.2 新闻分类页面设计

新闻分类页面 type. php 用于显示每个新闻分类的页面，当访问者单击 index. php 页面中的任何一个新闻分类标题时就会打开相应的新闻分类页面，新闻分类页面设计效果如图 5-41 所示。

图 5-41　新闻分类页面效果

详细的操作步骤说明如下。

1）执行菜单“文件”→“新建”命令创建新页面，输入网页标题“新闻分类”，执行菜单“文件”→“保存”命令，在站点 news 文件夹中将该文档保存为 type. php。

2）新闻分类页面和首页面中的静态页面设计差不多，在此不做详细说明。

3）type. php 这个页面主要是显示所有新闻分类标题的数据，所使用的数据表是 news，单击“绑定”面板中的“增加”上的⊞按钮，在弹出的菜单中，选择“记录集（查询）”选项，在打开的“记录集”对话框中进行如下设置。

- 在“名称”文本框中输入 Recordset1 作为该记录集的名称。
- 从“连接”下拉列表框中，选择数据源连接对象 news。
- 从“表格”下拉列表框中，选择使用的数据库表对象为 news。
- 在“列”栏中选择“全部”单选按钮。
- 设置“筛选”的条件为：news_id = URL 参数：id。
- 设置“排序”方法为以 news_id 升序。

再单击“确定”按钮后，就完成设定了，如图 5-42 所示。

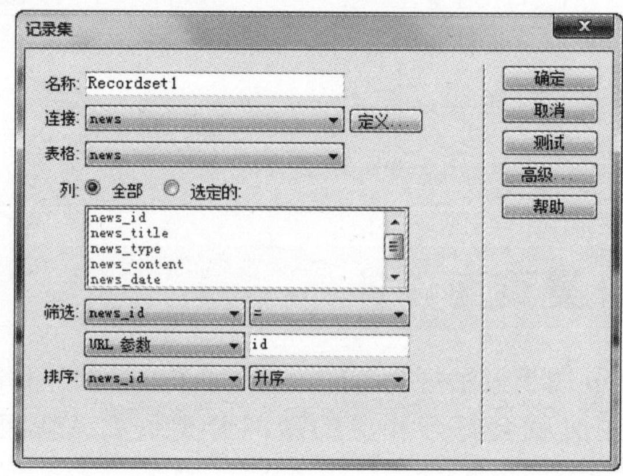

图 5-42　设置“记录集”对话框

4）绑定记录集后，将记录集的字段插入至 type. php 网页中的适当位置，如图 5-43 所示。

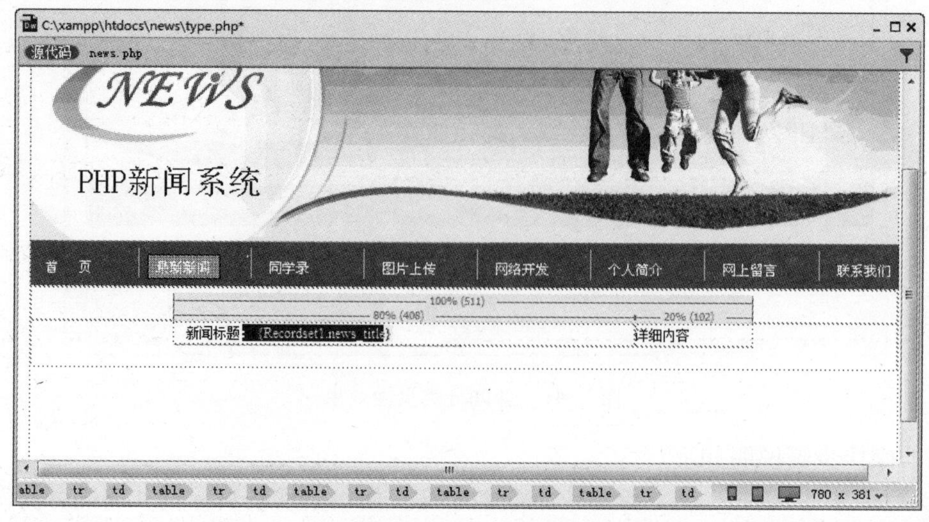

图 5-43　记录集字段插入至 type. php 网页中

5）为了显示所有记录，需要加入“服务器行为”面板中的“重复区域”命令。单击 type. php 页面中需要重复的表格，如图 5-44 所示。

图 5-44 单击选择要重复显示的表格

6）单击“应用程序”面板群组中的“服务器行为”面板上的按钮，在弹出的菜单中，选择“重复区域”命令，打开“重复区域”对话框，设定一页显示的数据为 10 条，如图 5-45 所示。

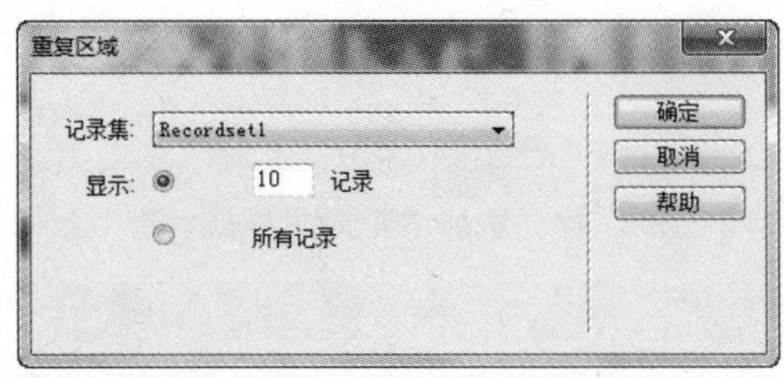

图 5-45 选择一次可以显示的记录数

7）单击“确定”按钮，回到编辑页面，会发现先前所选取要重复的区域左上角出现了一个“重复”的灰色标签，这表示已经完成设置。

8）在“插入”栏的“数据”类型中，单击工具按钮，打开“记录集导航条”对话框，在打开的对话框中，选取 Recordset1 记录集以及导航条的显示方式为“文本”，会发现页面出现该记录集的导航条，如图 5-46 所示。

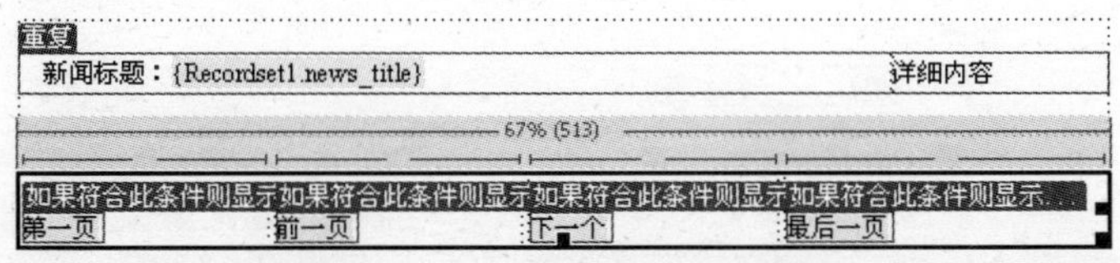

图 5-46 添加“记录集导航条”

9）在“插入”栏的“数据”类型中，单击工具按钮，在弹出的菜单中，选取要导航状态的记录集为 Recordset1，然后单击“确定”按钮回到编辑页面，会发现页面出现该记录集的导航状态，如图 5-47 所示。

10）选取文字“详细内容”，在“属性”面板中找到建立链接的部分，并单击“浏览文件”图标，在弹出的“选择文件”对话框中，选择用来显示详细记录信息的页面 newscontent. php，设置如图 5-48 所示。

11）单击“确定”按钮，设置超级链接要附带的 URL 参数的名称与值 newscontent. php? news_id = <? php echo $row_Recordset1['news_id']; ?>。将参数名称命名为 news_id，如图 5-49 所示。

12）加入显示区域的设定。首先选取记录集有数据时要显示的数据表格，如图 5-50 所示。

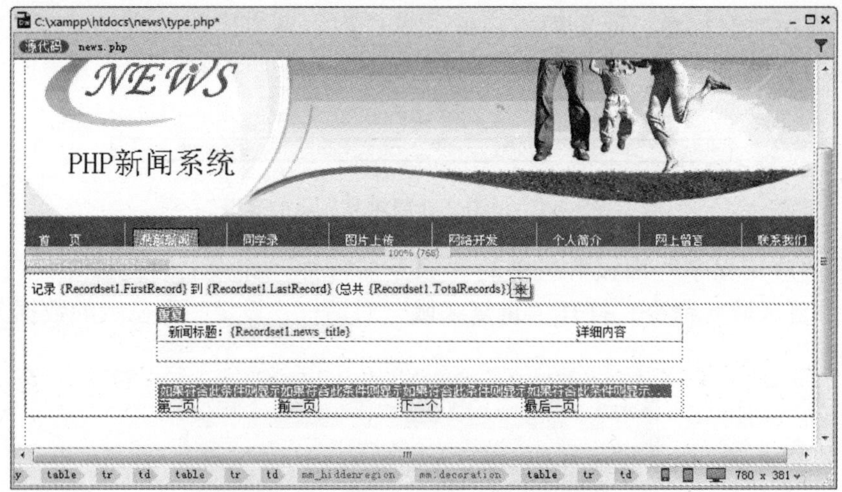

图 5-47　添加“记录集导航状态”

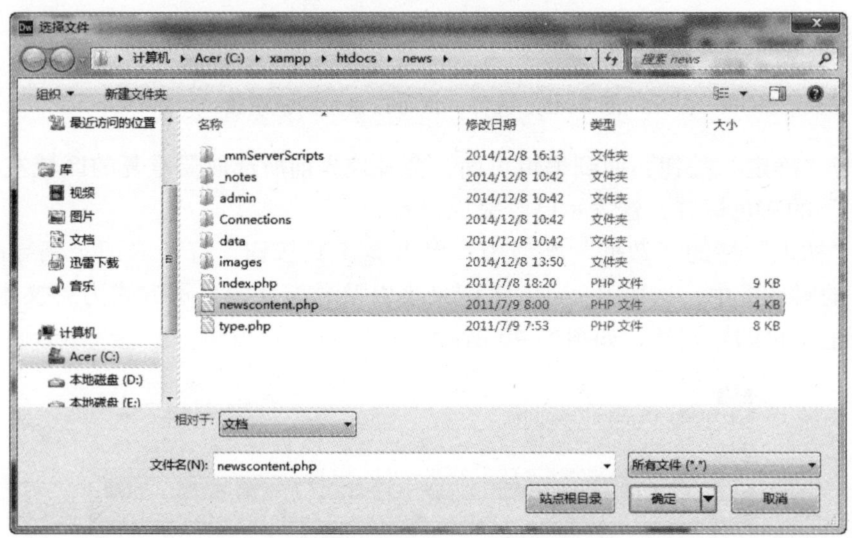

图 5-48　选择链接文件

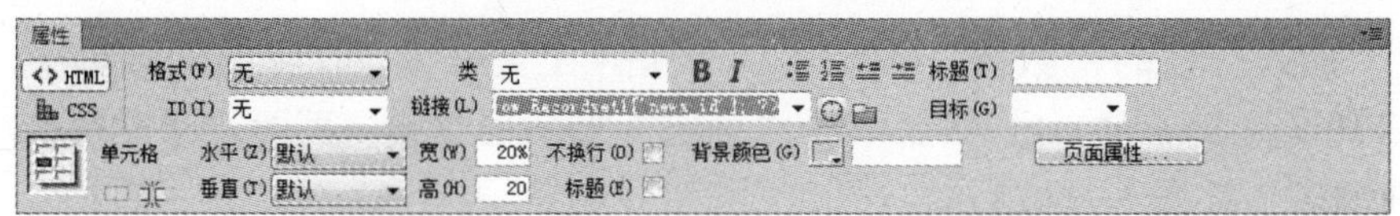

图 5-49　“参数”和“动态数据”对话框

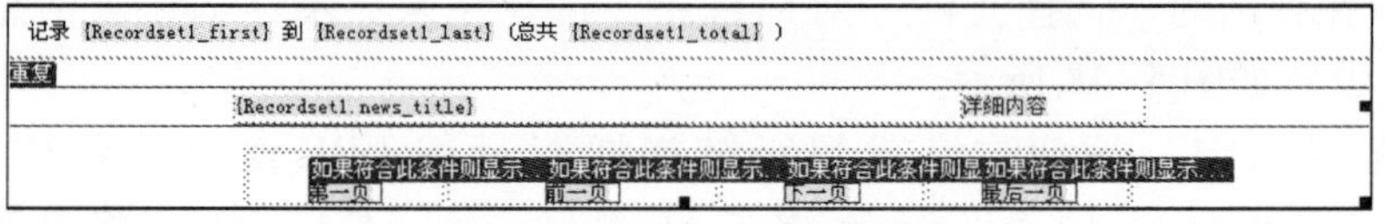

图 5-50　选择要显示的表格

13）单击“应用程序”面板中“服务器行为”标签上的+按钮，在弹出的下拉菜单中选择“显示区域/如果记录集不为空则显示区域”选项，打开“如果记录集不为空则显示区域”对话框，在“记录集”中选择 Recordset1 再单击“确定”按钮回到编辑页面，会发现先前所选取要显示的区域左上角出现了一个“如果符合此条件则显示”的灰色卷标，这表示已经完成设置，如图 5-51 所示。

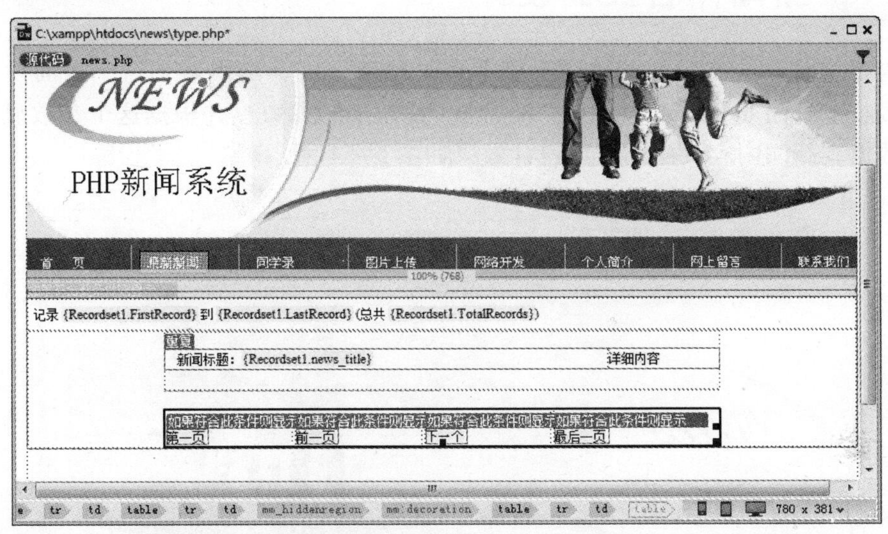

图 5-51 “记录集不为空”则显示

14）输入“对不起，此新闻分类中没有任何新闻”说明文字，同时选取记录集没有数据时要显示的数据表格，如图 5-52 所示。

对不起，此新闻分类中没有任何新闻

图 5-52 选择没有数据时显示的区域

15）单击“应用程序”面板中的“服务器行为”标签上的按钮，在弹出的下拉菜单中选择“显示区域/如果记录集为空则显示区域”选项，在“记录集”中选择 Recordset1 再单击“确定”按钮回到编辑页面，会发现先前所选取要显示的区域左上角出现了一个“如果符合此条件则显示”的灰色卷标，这表示已经完成设置，效果如图 5-53 所示。

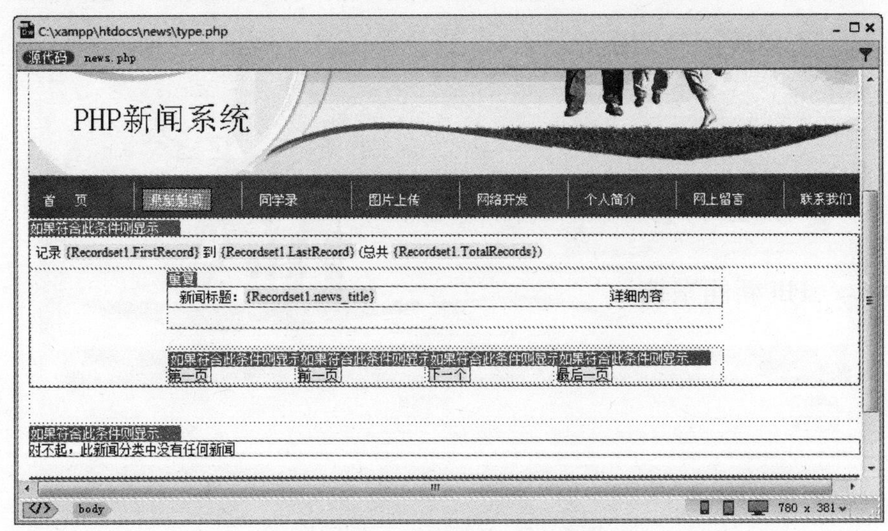

图 5-53 “记录集为空”则显示

到这里，新闻分类页面 type. php 的设计与制作就已经完成。

5.3.3 新闻内容页面设计

新闻内容页面 newscontent. php 用于显示每一条新闻的详细内容，这个页面设计的重点在于如何接收主页面 index. php 和 type. php 所传递过来的参数，并根据这个参数显示数据库中相应的数据。新闻内容页面的页面设计效果如图 5-54 所示。

图 5-54 新闻内容页面设计效果图

详细操作步骤如下。

1）执行菜单“文件”→“新建”命令，创建新页面，执行菜单“文件”→“保存”命令，在站点中 news 文件夹中将该文档保存为 newscontent. php。

2）页面设计和前面的页面设计差不多，效果如图 5-55 所示。

图 5-55 新闻内容页面设计

3）单击“绑定”面板中的“增加”上的⊞按钮，在弹出的菜单中选择“记录集（查询）”命令，在打开的“记录集”对话框中进行如下设置。

- 在“名称”文本框中输入 Recordset1 作为该记录集的名称。
- 从“连接”下拉列表框中，选择数据源连接对象 news。
- 从“表格”下拉列表框中，选择使用的数据库表对象为 news。
- 在“列”栏中选择“全部”单选按钮。
- 设置“筛选”的条件为：news_id = URL 参数：news_id。

再单击“确定”按钮完成设定，如图 5-56 所示。

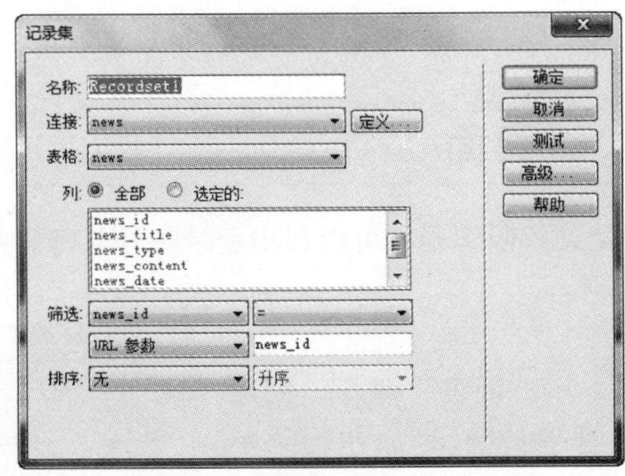

图 5-56 设置“记录集”对话框

4）绑定记录集后，将记录集的字段插入至 newscontent. php 页面中的适当位置，这样就完成了新闻内容页面 newscontent. php 的设置，如图 5-57 所示。

图 5-57 将相应字段插入至新闻内容页面

Section 5.4 后台管理页面设计

新闻发布系统后台管理对于网站很重要，管理员可以通过这个后台增加、修改或删除新

闻内容和新闻的类型，使网站能随时保持最新、最实时的信息。登录系统管理入口页面的设计效果如图 5-58 所示。

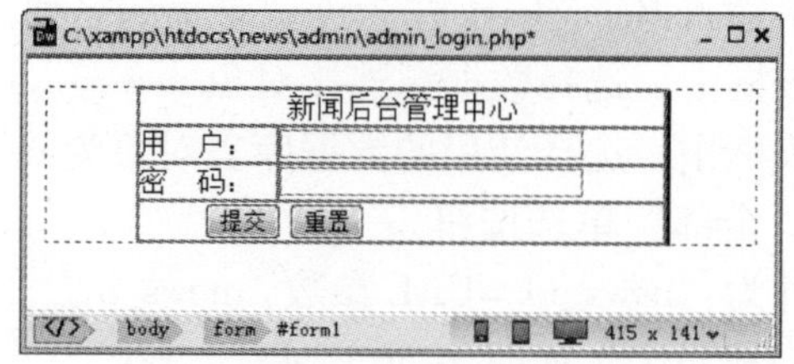

图 5-58　系统管理入口页面

5.4.1　管理入口页面

后台管理主页面必须受到权限管理，可以利用登录账号与密码判别是否为有效用户来实现权限的设置管理。

详细操作步骤如下。

1）执行菜单“文件”→“新建”命令，创建新页面，输入网页标题“管理员登录”，执行菜单“文件”→“保存”命令，在站点 news 文件夹中的 admin 文件夹中将该文档保存为 admin_login. php。

2）执行菜单“插入”→“表单”→“表单”命令，插入一个表单。

3）将光标放置在该表单中，执行菜单“插入”→“表格”命令，打开“表格”对话框，在“行数”文本框中，输入需要插入表格的行数 4。在“列数”文本框中，输入需要插入表格的列数 2。在“表格宽度”文本框中，输入 400 像素，其他参数保持默认值，如图 5-59 所示。

图 5-59　设置“表格”对话框参数

4）单击“确定”按钮，在该表单中插入了一个 4 行 2 列的表格，选择表格，在“属性”面板中，设置“对齐方式”为“居中对齐”。拖动鼠标选择第 1 行表格所有单元格，在“属性”面板中单击□按钮，将第 1 行表格合并。用同样的方法把第 4 行合并。

5）在该表单中的第 1 行中输入文字“新闻后台管理中心”，在表格的第 2 行第 1 个单元格中输入文字说明“账号:”，在第 2 行表格的第 2 个单元格中单击“文本域”按钮□，插入单行文本域表单对象，定义文本域名为 username。“文本域”属性设置如图 5-60 所示。

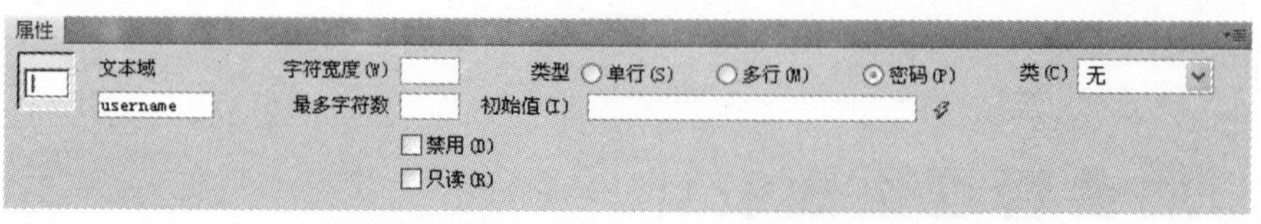

图 5-60　username 文本域的属性设置

6）在第 3 列表格的第 1 个单元格中，输入文字说明“密码:”，在第 3 列表格的第 2 个单元格中单击“文本域”按钮，插入单行文本域表单对象，定义文本域名为 password。“文本域”属性设置如图 5-61 所示。

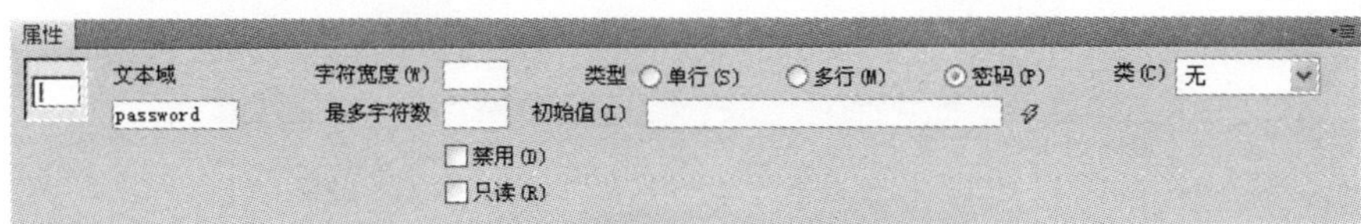

图 5-61 password“文本域”的设置

7）单击选择第 4 行单元格，执行两次菜单“插入”→“表单”→“按钮”命令，插入两个按钮，并分别在“属性”面板中进行属性变更，一个为登录时用的“提交表单”选项，另一个为“重设表单”选项，其属性设置及效果如图 5-62a、b、c 所示。

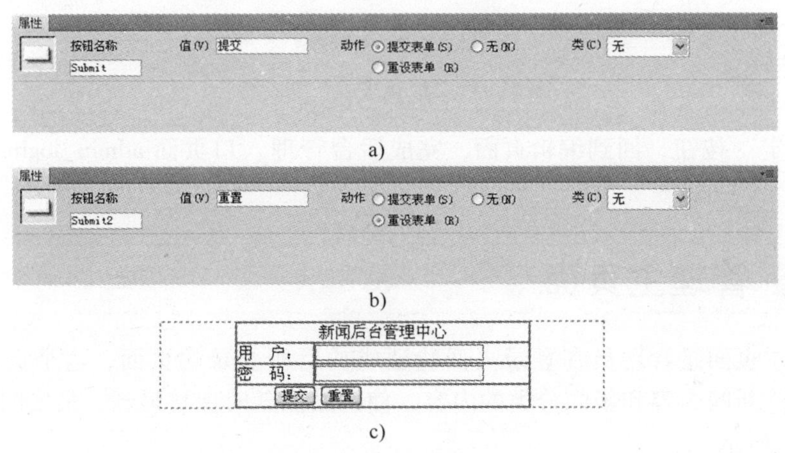

图 5-62 设置按钮名称的属性及效果

8）单击“应用程序”面板群组中的“服务器行为”面板上的按钮，在弹出的菜单中选择“用户身份验证/登录用户”命令，打开“登录用户”对话框，设置为如果不成功将返回主页面 index. php，如果成功将登录后台管理主页面 admin. php，如图 5-63 所示。

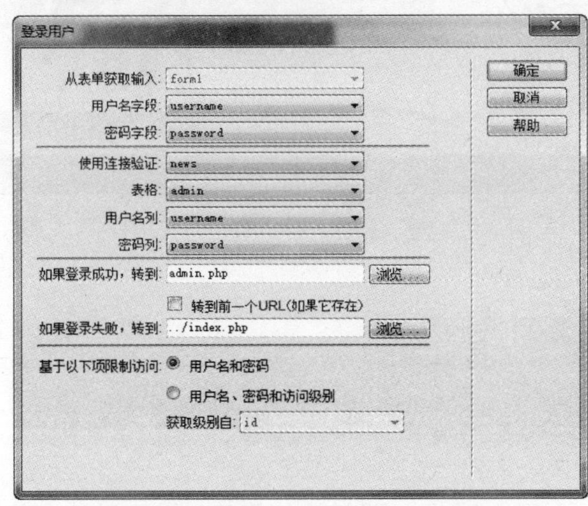

图 5-63 设置“登录用户”对话框

9）执行菜单“窗口”→“行为”命令，打开“行为”面板。单击“行为”面板中的 [+] 按钮，在弹出的菜单中，选择“检查表单”命令。打开“检查表单”对话框，设置 username 和 password 文本域的“值”都为“必需的”，“可接受”为“任何东西”，如图 5-64 所示。

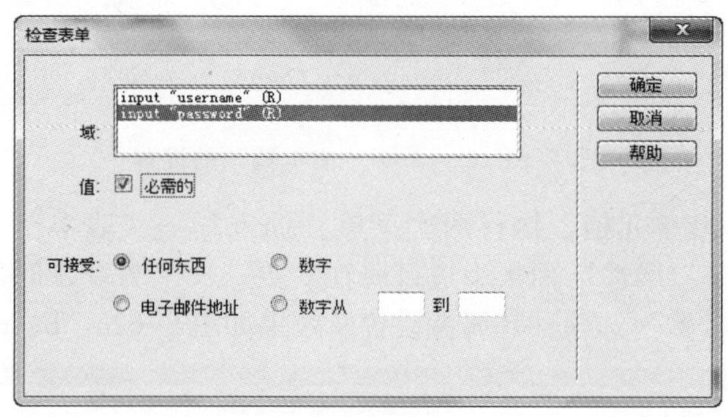

图 5-64 “检查表单”对话框

单击“确定”按钮，回到编辑页面，完成后台管理入口页面 admin_login. php 的设计与制作。

5.4.2 管理主页面

后台管理主页面是管理员在登录页面验证成功后所登录的页面，这个页面可以实现新增、修改或删除新闻内容和新闻分类的内容，使网站能随时保持最新、最实时的信息。页面结构如图 5-65 所示。

图 5-65 后台管理主页面效果图

详细操作步骤如下。

1）打开 admin. php 页面，（此页面设计比较简单，页面设计在此不做说明），单击“绑定”面板上的[+]按钮，在弹出的菜单中，选择“记录集（查询）”命令，在“记录集”对话框中进行如下设置。

- 在“名称”文本框中输入 Re 作为该记录集的名称。
- 从“连接”下拉列表框中，选择数据源连接对象 news。
- 从“表格”下拉列表框中，选择使用的数据库表对象为 news。
- 在“列”栏中选择“全部”单选按钮。
- “排序”设置为 news_id 降序方式。

完成的设置情况如图 5-66 所示。

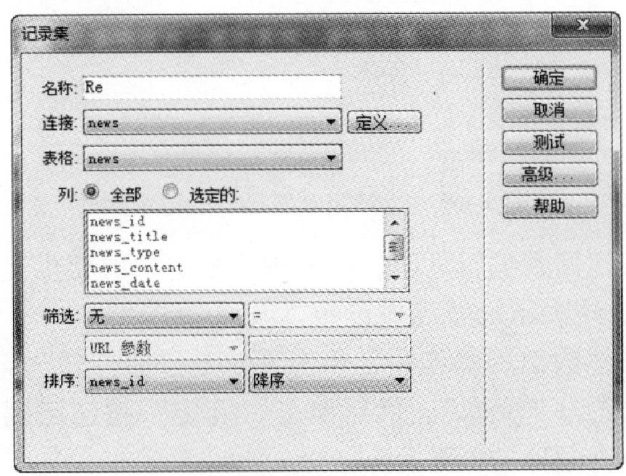

图 5-66 设置“记录集”对话框

2）绑定记录集后，将 Re 记录集中的 news_title 字段插入至 admin. php 网页中的适当位置，如图 5-67 所示。

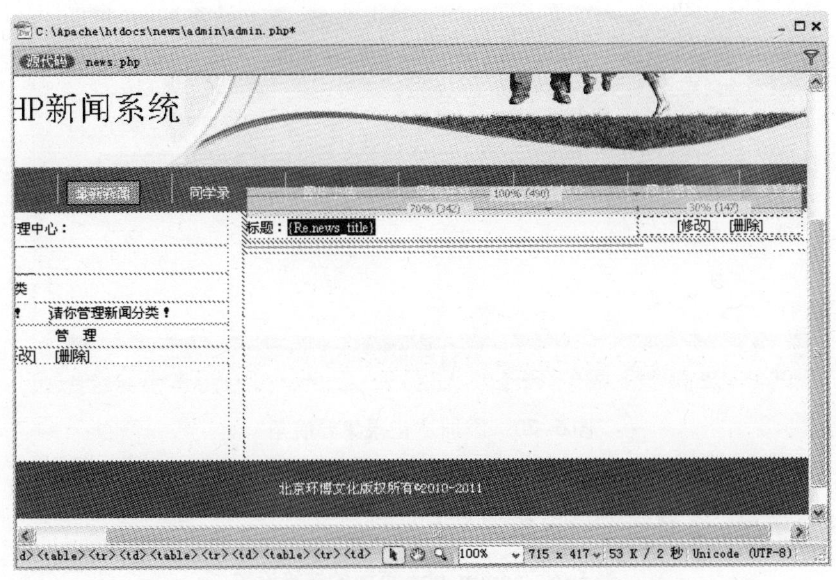

图 5-67 记录集的字段插入至 admin. php 网页中

3）由于要加入“重复区域”命令，所以首先选择需要重复的表格，如图 5-68 所示。

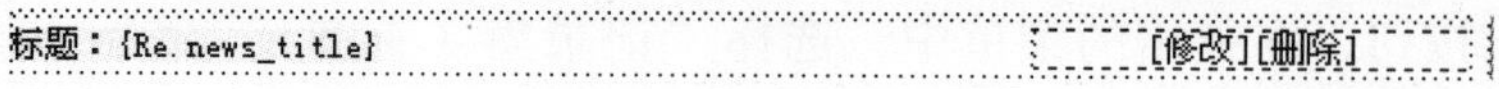

标题：{Re.news_title}　　[修改][删除]

图 5-68　选择重复的表格

4）单击“应用程序”面板群组中的“服务器行为”面板上的[+]按钮，在弹出的菜单中，选择“重复区域”命令，打开“重复区域”对话框，设定一页显示的数据为 10 条记录，如图 5-69 所示。

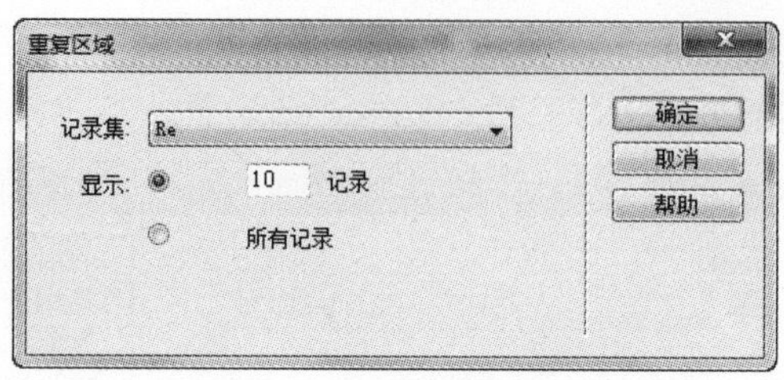

图 5-69　选择记录集显示的记录数

5）单击“确定”按钮回到编辑页面，会发现先前所选取要重复的区域左上角出现了一个“重复”的灰色标签，这表示已经完成设定。

6）在“插入”栏的“数据”类型中，单击工具按钮打开“记录集导航条”对话框，选取 Re 记录集的显示方式为“文本”，然后单击“确定”按钮回到编辑页面，会发现页面出现该记录集的导航条，如图 5-70 所示。

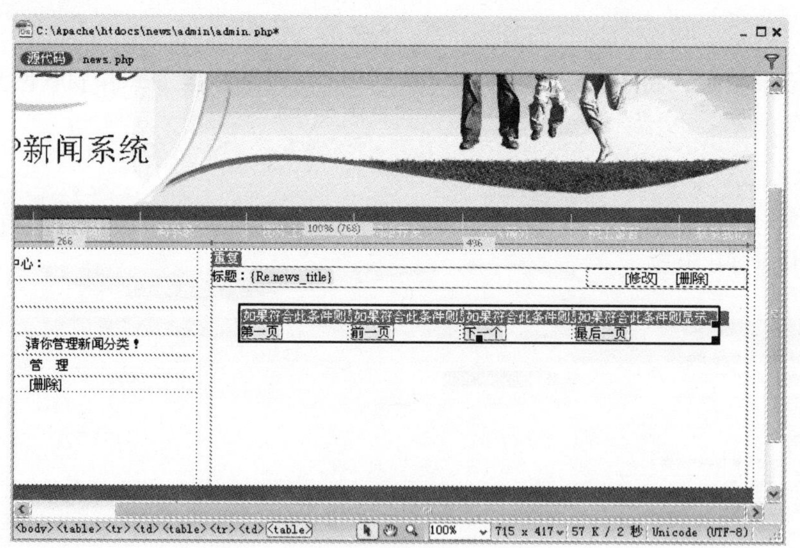

图 5-70　添加“记录集导航条”

7）admin. php 是提供管理员链接至新闻编辑的页面，然后进行新增、修改与删除等操作。设置了 4 个链接，各链接的设置如表 5-6 所示。

表 5-6　admin. php 页面的链接设置

名　称	链 接 页 面
标题字段 {re_news_title}	newscontent. php

（续）

名　　称	链 接 页 面
添加新闻	news_add. php
修改	news_upd. php
删除	news_del. php

重点说明：其中“标题字段｛re_news_title｝”、“修改”及“删除”的链接必须要传递参数给转到的页面，这样转到的页面才能够根据参数值而从数据库将某一笔数据筛选出来再进行编辑。

8）首先选取“添加新闻”，在“属性”面板中将它链接到 admin 文件夹中的 news_add. php 页面。

9）选取右边栏中的“修改”文字，在“属性”面板中找到建立链接的部分，并单击“浏览文件”图标，在弹出的“选择文件”对话框中选择用来显示详细记录信息的页面 news _upd. php，设置如图 5-71 所示。

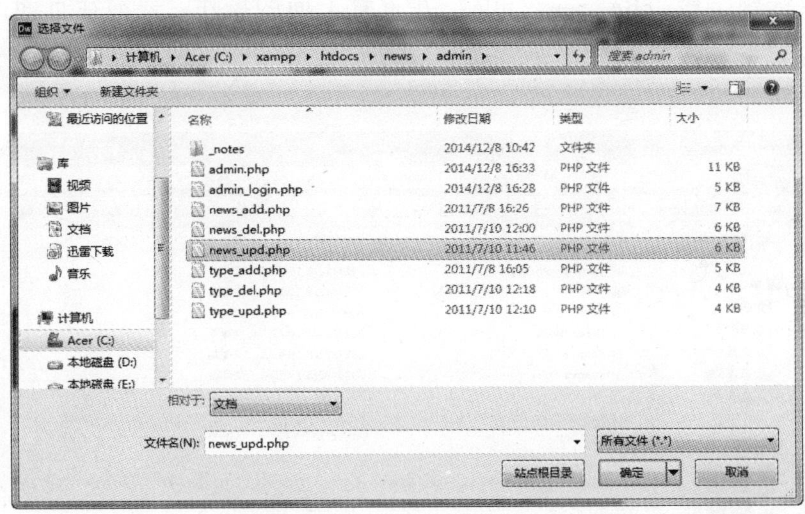

图 5-71　选择链接文件

10）单击“确定”按钮，设置超级链接要附带的 URL 参数的名称与值 news_upd. php? news_id =<?php echo $row_Re['news_id']; ?>，如图 5-72 所示。

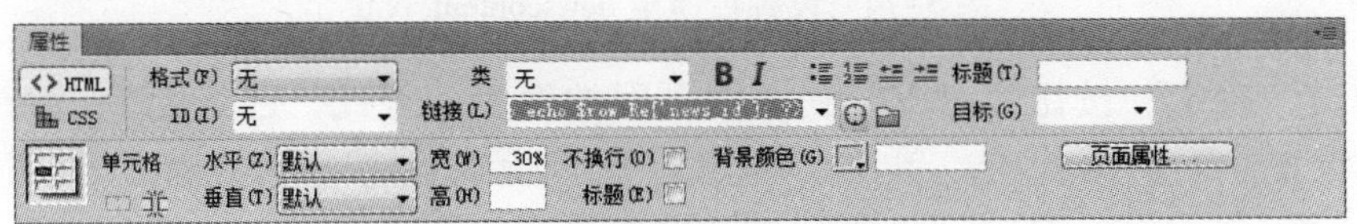

图 5-72　“动态数据”对话框

11）选取“删除”文字并重复上面的操作，要转到的页面改为 news_del. php，并传递新闻标题的 ID 参数 news_del. php? news_id =<?php echo $row_Re['news_id']; ?>，如图 5-73 所示。

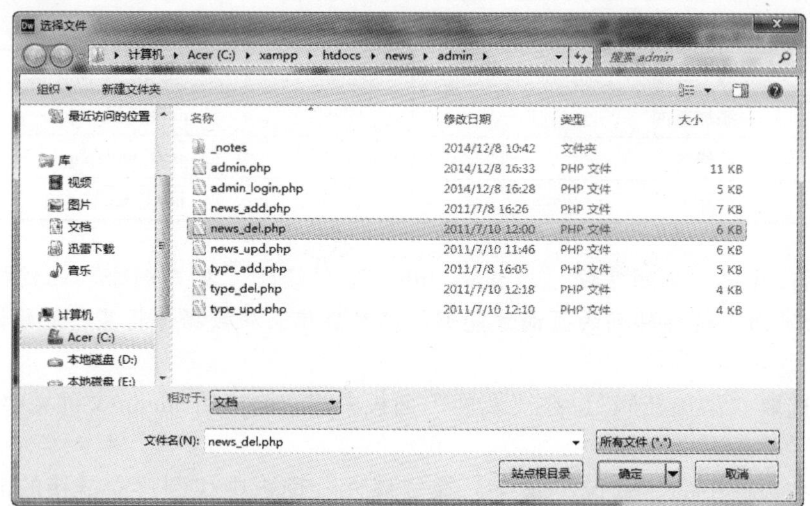

图 5-73　设置传递至 news_del. php

12）选取标题字段｛Re_news_title｝并重复上面的操作，要前往页面改为 newscontent. php 并传递新闻参数../newscontent. php?news_id =<?php echo $row_Re['news_id']; ?>，如图 5-74 所示。

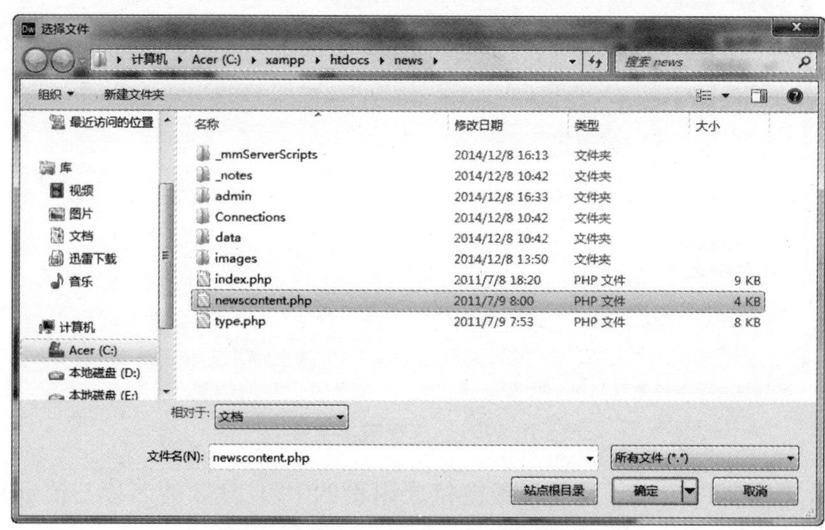

图 5-74　设置传递至 newscontent. php

13）单击“确定”按钮，完成转到详细页面的设置。至此，已经完成了新闻内容的编辑，现在来设置一下新闻分类。单击“绑定”面板上的[+]按钮，在弹出的菜单中，选择“记录集（查询）”命令，在“记录集”对话框中进行如下设置。

- 在“名称”文本框中输入 Re1 作为该记录集的名称。
- 从“连接”下拉列表框中，选择数据源连接对象 news。
- 从“表格”下拉列表框中，选择使用的数据库表对象为 newstype。
- 在“列”栏中选择“全部”单选按钮。

完成的设置情况如图 5-75 所示。

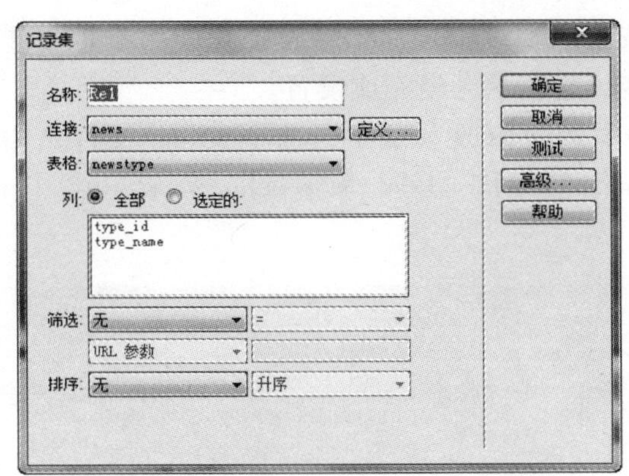

图 5-75　设置“记录集”对话框

14）绑定记录集后，请将 Re1 记录集中的 type_name 字段插入至 admin. php 网页中的适当位置，如图 5-76 所示。

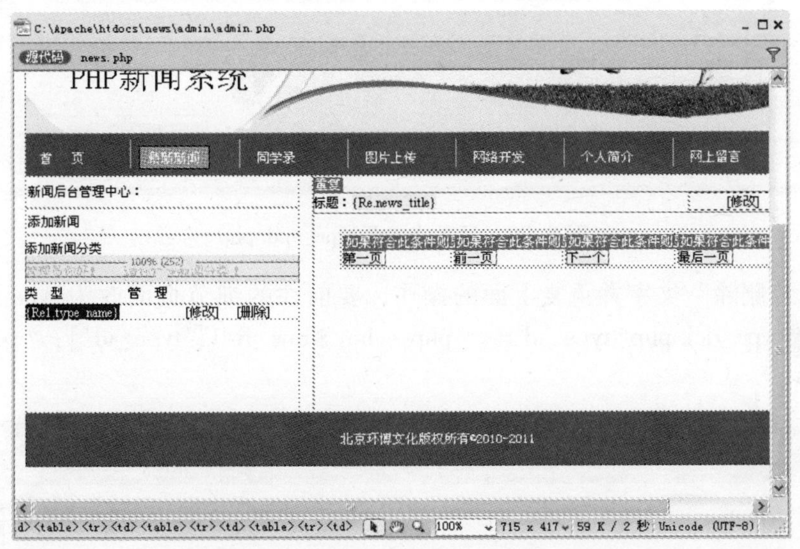

图 5-76　插入相应字段至 admin. php 网页中

15）加入“服务器行为”中“重复区域”命令，选择需要重复的表格，如图 5-77 所示。

16）单击“应用程序”面板群组中的“服务器行为”面板上的按钮，在弹出的菜单中，选择“重复区域”命令，打开“重复区域”对话框，设定一页显示的数据为“所有记录”，如图 5-78 所示。

{Rel. type_name}　[修改] [删除]

图 5-77　选择要重复的表格

图 5-78　设置“重复区域”对话框

17）单击“确定”按钮回到编辑页面，会发现先前所选取要重复的区域左上角出现了一个“重复”的灰色标签，这表示已经完成设置。

18）首先选取左边栏中的“修改”文字，选择 admin 文件夹中的 type_upd. php 链接并传递 type_id 参数 type_upd. php?type_id =<?php echo \$row_Re1['type_id']; ?>，如图 5-79 所示。

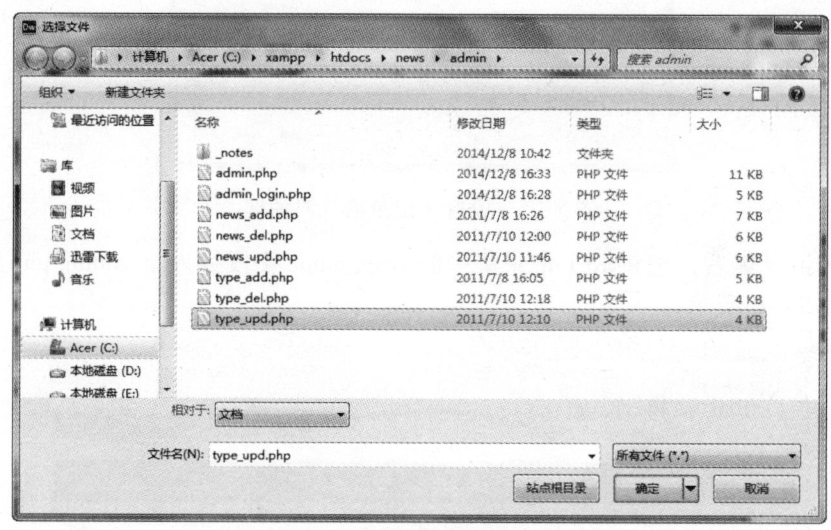

图 5-79　设置传递至 type_upd. php

19）选取“删除”文字并重复上面的操作，要前往的细节页面改为 type_del. php 并传递 type_id 参数 type_del. php?type_id =<?php echo \$row_Re1['type_id']; ?>，如图 5-80 所示。

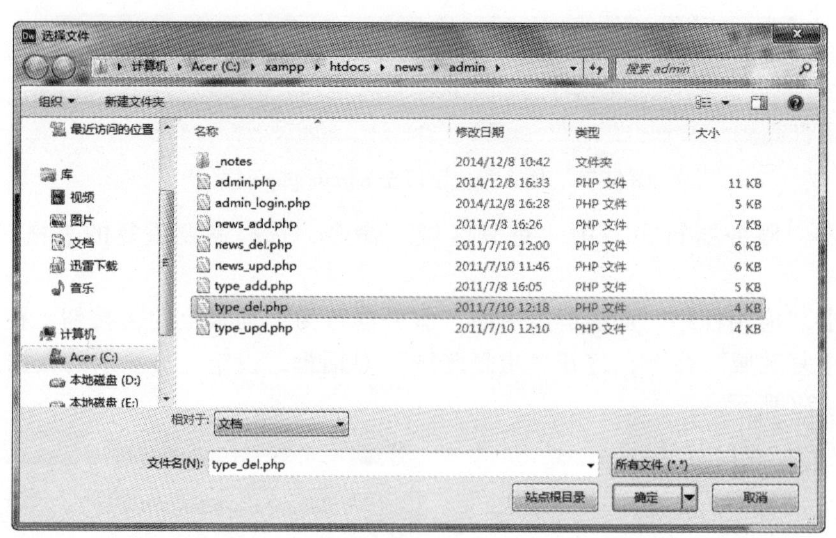

图 5-80　设置传递至 type_del. php

20）再选取“添加新闻分类”，在“属性”面板中将它链接到 admin 文件夹中的 type_add. php 页面。

21）后台管理页面是管理员在后台管理入口页面 admin_login. php 输入正确的账号和密码才可以进入的一个页面，所以必须设置限制对本页的访问功能。单击“应用程序”面板群组中“服务器行为”面板中的[+]按钮，在弹出的菜单中，选择“用户身份验证/限制对页的访问”选项，选择“限制对页的访问”命令，如图 5-81 所示。

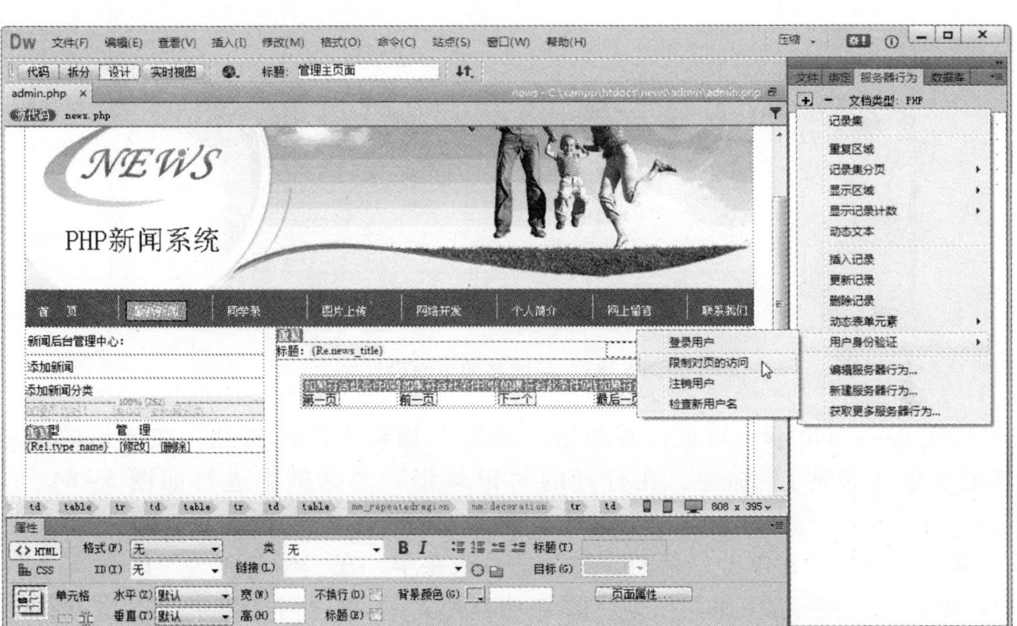

图 5-81　选择“限制对页的访问”命令

22）在打开的“限制对页的访问”对话框中的“基于以下内容进行限制”选择“用户名和密码”，如果访问被拒绝，则转到首页 index. php，如图 5-82 所示。

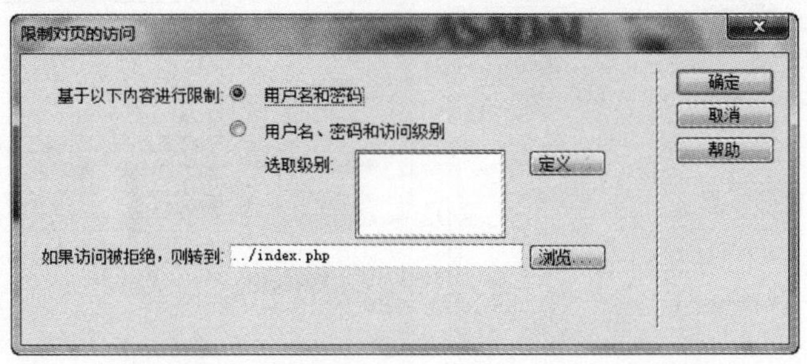

图 5-82　设置“限制对页的访问”对话框

单击“确定”按钮，就完成了后台管理主页面 admin. php 的制作。

5.4.3 新增新闻页面

新增新闻页面 news_add. php 设计的页面效果如图 5-83 所示，主要是实现插入新闻的功能。详细操作步骤如下。

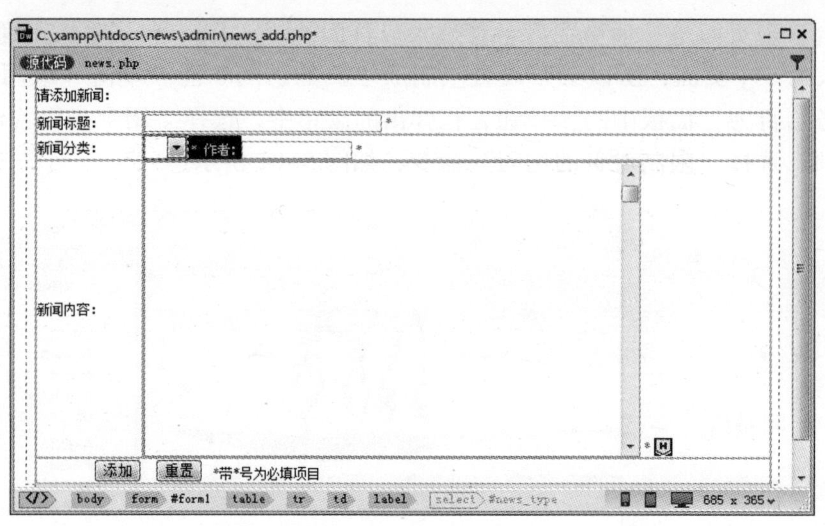

图 5-83　新增新闻页面设计

1）创建 news_add.php 页面，并单击“绑定”面板上的按钮，在弹出的菜单中，选择“记录集（查询）”命令，在打开的“记录集”对话框中进行如图 5-84 所示的设置。

2）绑定记录集后，单击“新闻分类”的列表菜单，在“新闻分类”的列表菜单属性面板中，单击 动态... 按钮，在打开的“动态列表/菜单”对话框中进行相关设置，如图 5-85 所示。

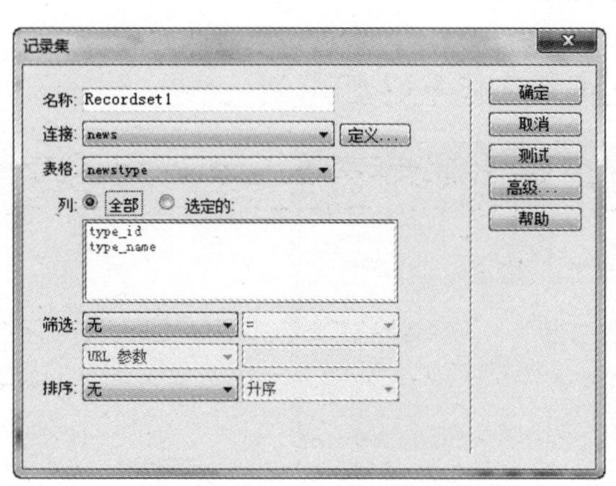

图 5-84　设置“记录集”对话框

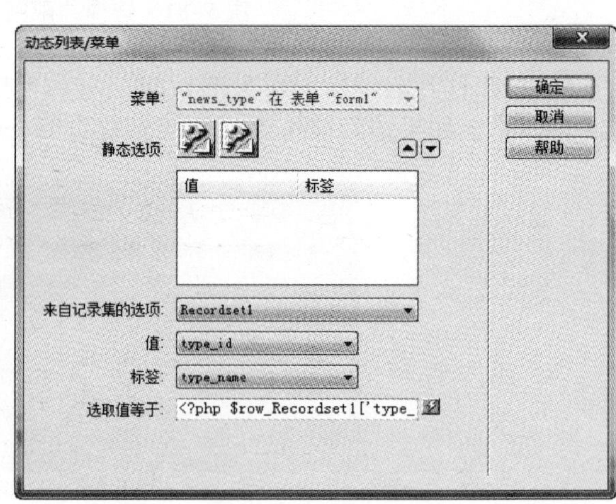

图 5-85　设置“动态列表/菜单”对话框

3）本章中的一个技术重点就是要使用 PHP 实现自动获取系统的默认时间，当插入新闻时能自动生成当时的时间。方法是绑定一个隐藏字段并命名为 news_date，切换到代码行将值设置如下：

```
<input name = "news_date" type = "hidden" id = "news_date" value = " <?php
date_default_timezone_set('Asia/Shanghai');
echo date("Y - m - d");
```

```
?>">
//设置时间格式和时间区域
```

4）单击“确定”按钮，在 news_add. php 编辑页面，再次单击“应用程序”面板群组中“服务器行为”面板上的[+]按钮，在弹出的菜单中，选择“插入记录”命令，如图 5-86 所示。

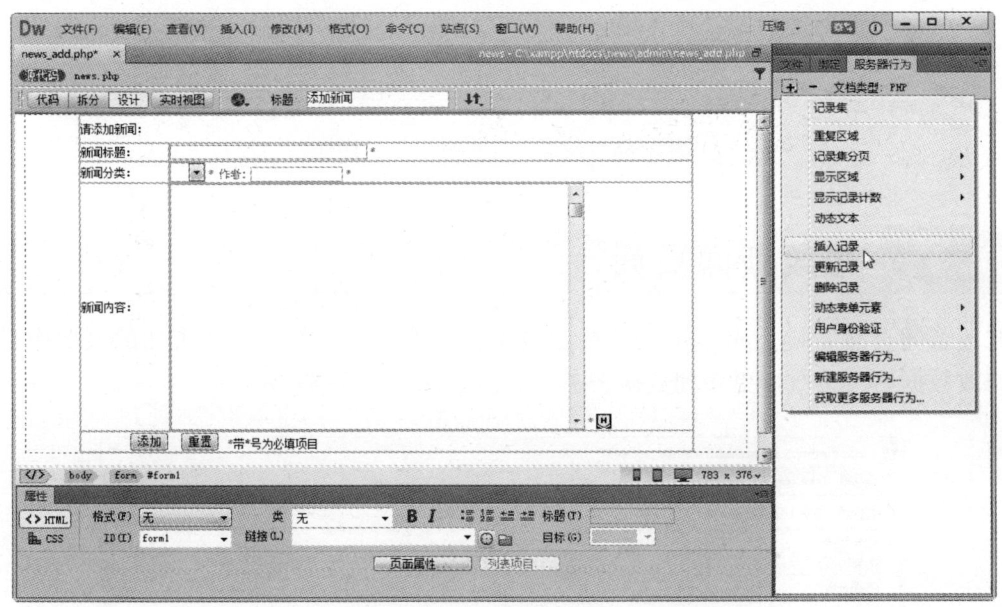

图 5-86　选择“插入记录”选项

5）在“插入记录”的设定对话框中，输入如图 5-87 所示内容。

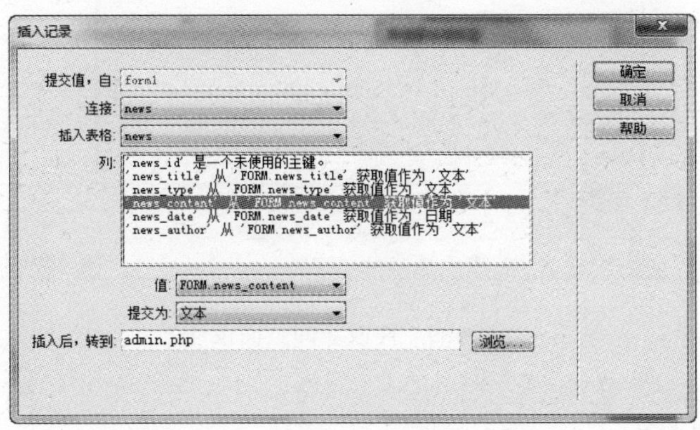

图 5-87　设置“插入记录”对话框

6）执行菜单“窗口”→“行为”命令，打开“行为”面板，单击“行为”面板上的[+]按钮，在打开的菜单中，选择“检查表单”命令。打开“检查表单”对话框，设置值都为“必需的”，“可接受”为“任何东西”，如图 5-88 所示。

单击“确定”按钮回到编辑页面，就完成 news_add. php 页面的设计了。

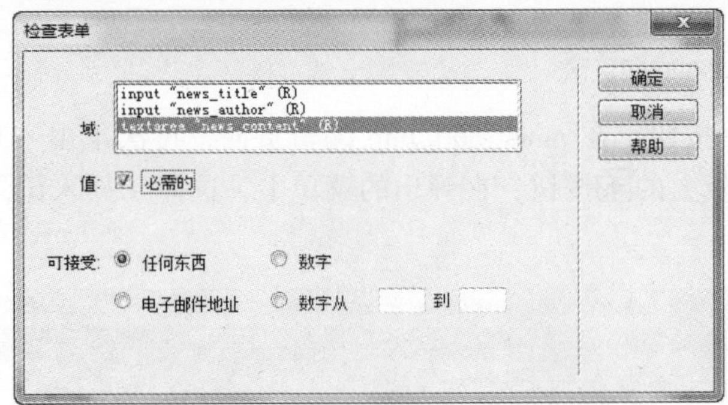

图 5-88　设置“检查表单”对话框

5.4.4　修改新闻页面

修改新闻页面 news_upd. php 的主要功能是将数据表中的数据送到页面的表单中进行修改，修改数据后再将数据更新到数据表中，页面设计如图 5-89 所示。

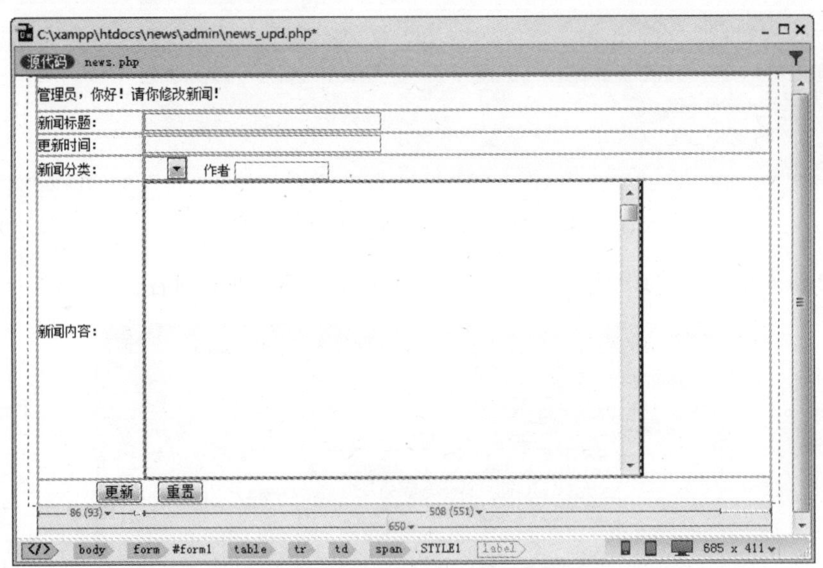

图 5-89　修改新闻页面设计

详细操作步骤如下。

1）打开 news_upd. php 页面，并单击“绑定”面板上的按钮，在弹出的菜单中，选择“记录集（查询）”选项，在打开的“记录集”对话框中，输入如图 5-90 所示内容。

2）用同样方法再绑定一个记录集 Recordset2，在“记录集”的设置如图 5-91 所示。

3）绑定记录集后，将记录集的字段插入至 news_upd. php 网页中的适当位置，如图 5-92 所示。其中加入一个隐藏字段绑定 news_id。

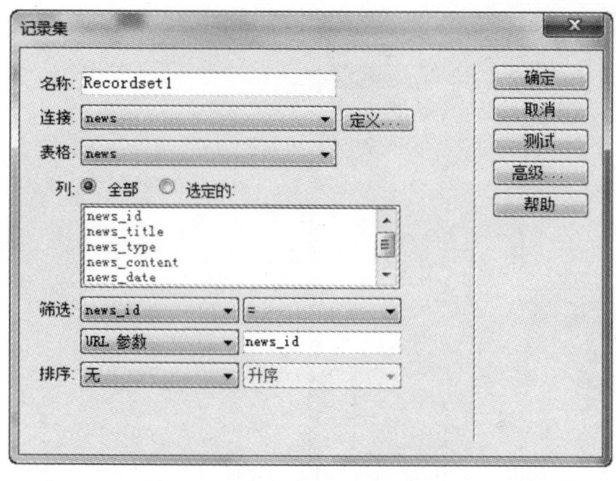

图 5-90 设置“记录集 Recordset1”对话框

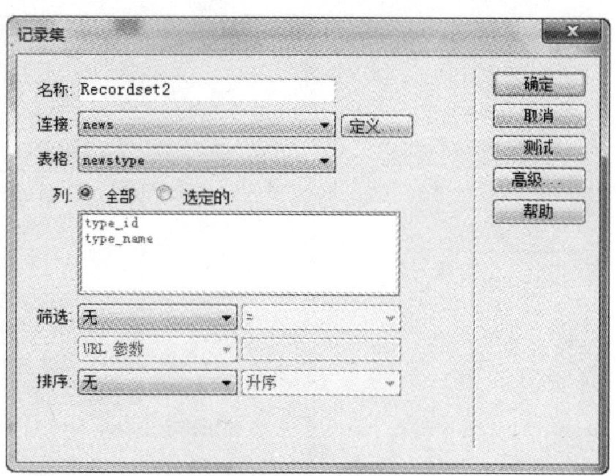

图 5-91 设置“记录集 Recordset2”对话框

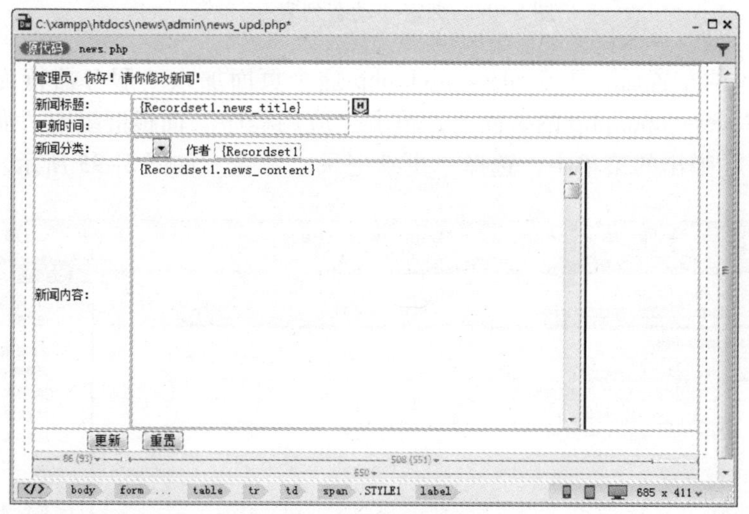

图 5-92 插入相应字段至 news_upd. php 网页中

4）在“更新时间”一栏中必须取得系统的最新时间，方法和上面加隐藏字段取得时间的方法一样，直接在初始值字段输入取得系统时间的代码，如图 5-93 所示。

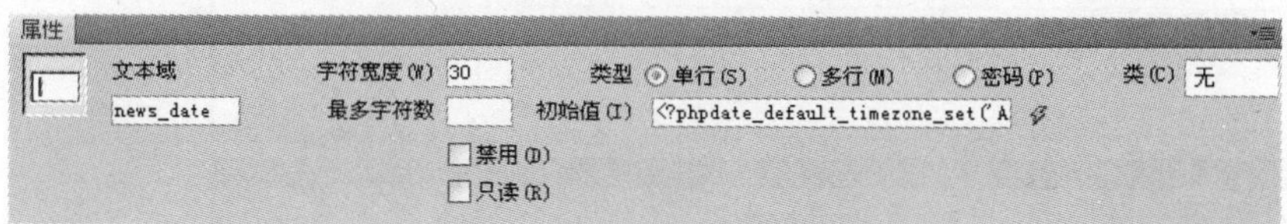

图 5-93 加入代码取得最新时间

```
<input name="news_date" type="text" id="news_date" value="<?php
date_default_timezone_set('Asia/Shanghai');
echo date("Y-m-d");
?>
```

5）单击“新闻分类”的列表菜单，在“新闻分类”的列表菜单属性面板中，单击 [动态...] 按钮，在打开的“动态列表/菜单”对话框中，设置如图 5-94 所示内容。

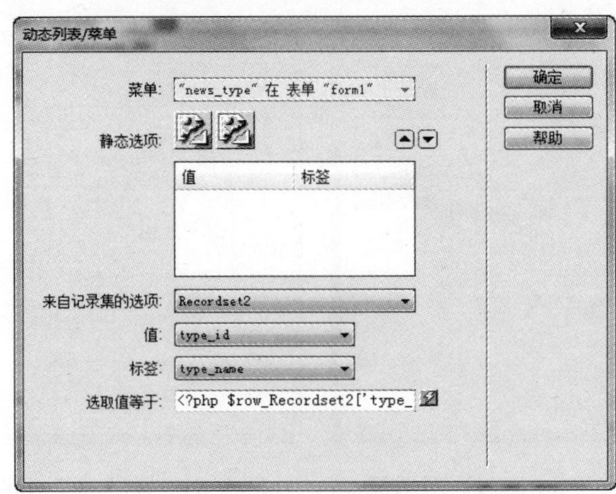

图 5-94　绑定“动态列表/菜单”

6）完成表单的布置后，要在 news_upd. php 这个页面加入“服务器行为”中“更新记录”的设定，在 news_upd. php 的页面上，单击“应用程序”面板群组中“服务器行为”面板上的[+]按钮，在弹出的菜单中，选择“更新记录”命令，如图 5-95 所示。

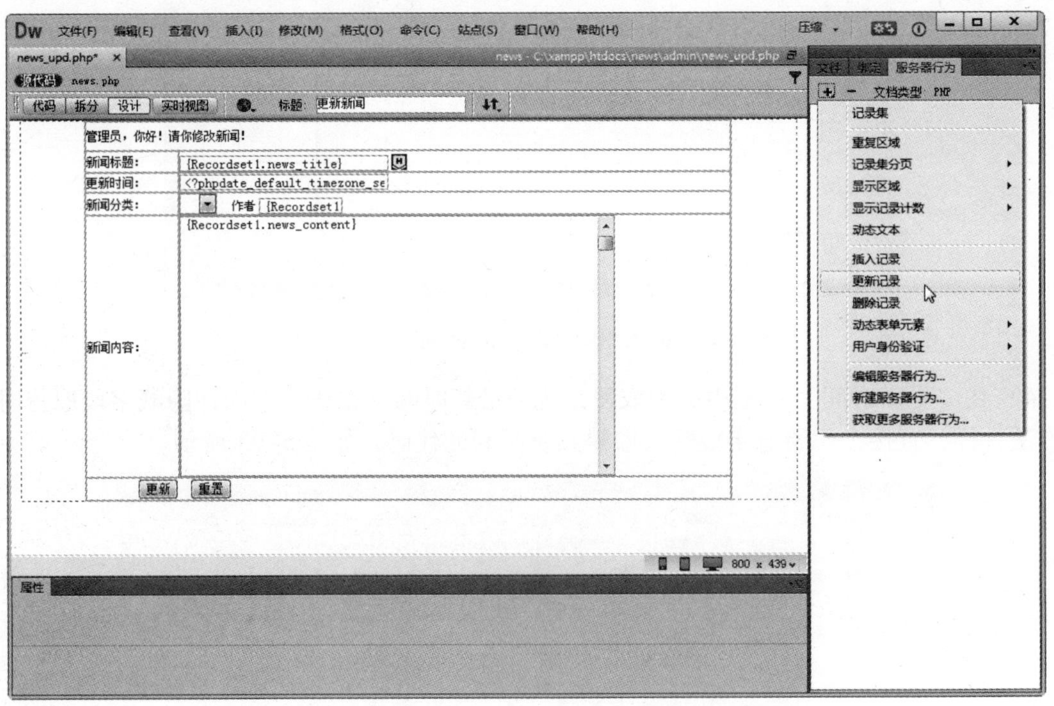

图 5-95　加入“更新记录”命令

7）在打开的“更新记录”对话框中，设置如图 5-96 所示内容。其中 news_id 设置为主键。

单击“确定”按钮，即完成修改新闻页面的设计。

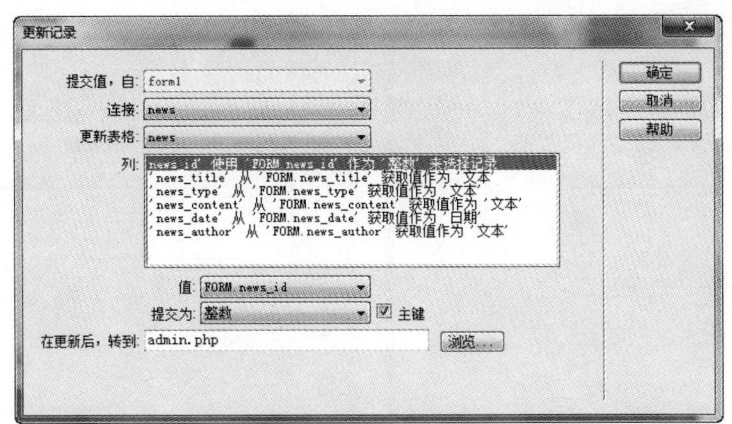

图 5-96 设置“更新记录”对话框

5.4.5 删除新闻页面

删除新闻页面 news_del. php 和修改新闻页面差不多，如图 5-97 所示。其方法是将表单中的数据从站点的数据表中删除。

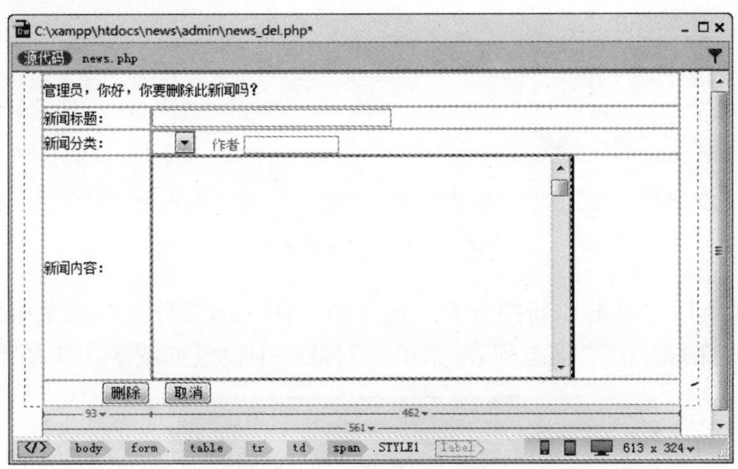

图 5-97 删除新闻页面的设计

详细操作步骤如下。

1）打开 news_del. php 页面，单击“绑定”面板上的按钮，接着在弹出的菜单中，选择“记录集（查询）”命令，在打开的“记录集”对话框中，输入如图 5-98 所示内容。

2）用同样方法再绑定一个记录集，输入设定值，如图 5-99 所示。

3）绑定记录集后，将记录集的字段插入至 news_del. php 网页中的适当位置，其中绑定隐藏字段为 news_id，如图 5-100 所示。

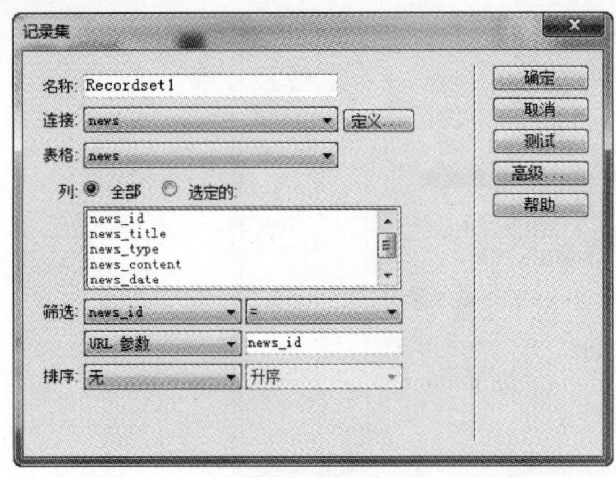

图 5-98 “记录集 Recordset1” 对话框

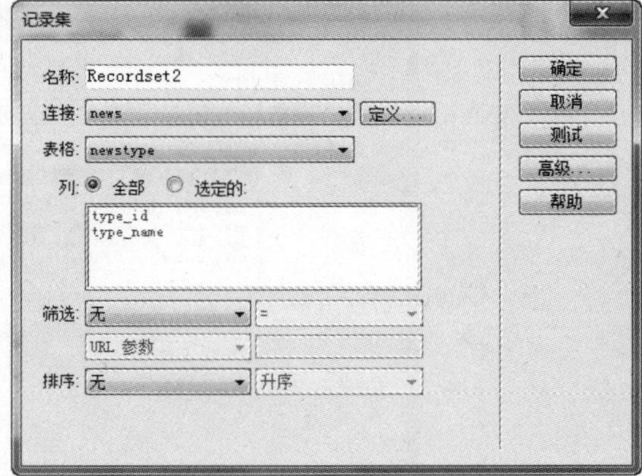

图 5-99 “记录集 Recordset2” 对话框

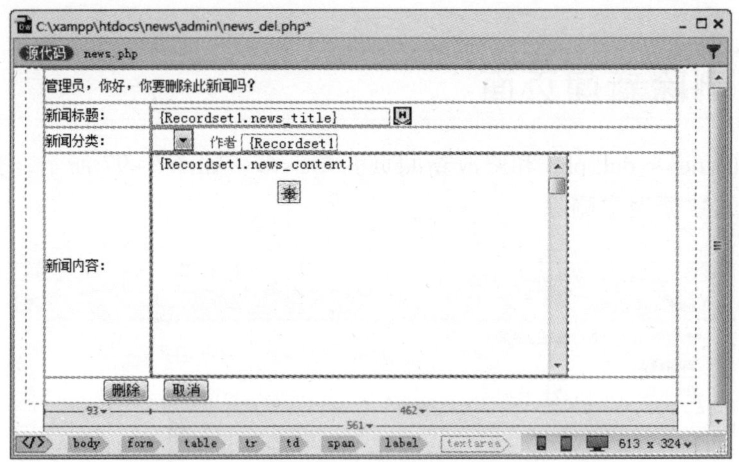

图 5-100 字段的插入

4）绑定记录集后，单击“新闻分类”的菜单，在“新闻分类”的菜单属性面板中，单击 动态... 按钮，在打开的“动态列表/菜单”对话框中设置如图 5-101 所示内容。

图 5-101 绑定“动态列表/菜单”

5）完成表单的布置后，要在 news_del. php 这个页面加入“服务器行为”面板中“删除记录”的设置。单击“应用程序”面板群组中的“服务器行为”面板上的按钮，在弹出的菜单中，选择“删除记录”命令，在打开的“删除记录”对话框中，输入设定值，如图 5-102 所示。

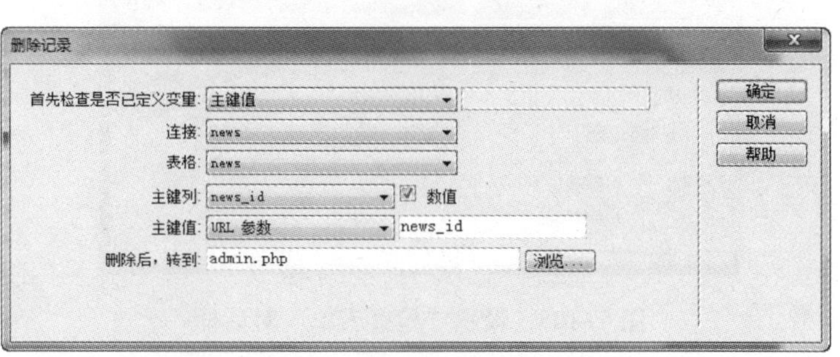

图 5-102 设置“删除记录”对话框

单击“确定”按钮，完成删除新闻页面的设计。

5.4.6 新增新闻分类

新增新闻分类页面 type_add. php 的功能是将页面的表单数据新增到 newstype 数据表中，页面设计如图 5-103 所示。

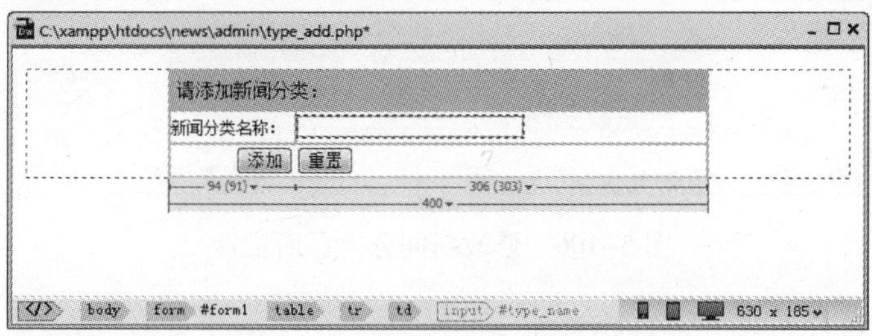

图 5-103 新增新闻分类页面设计

详细操作步骤如下。

1）单击“应用程序”面板群组中“服务器行为”面板中按钮，在弹出的菜单中，选择“插入记录”命令，在打开的“插入记录”对话框中，输入设定值，如图 5-104 所示。

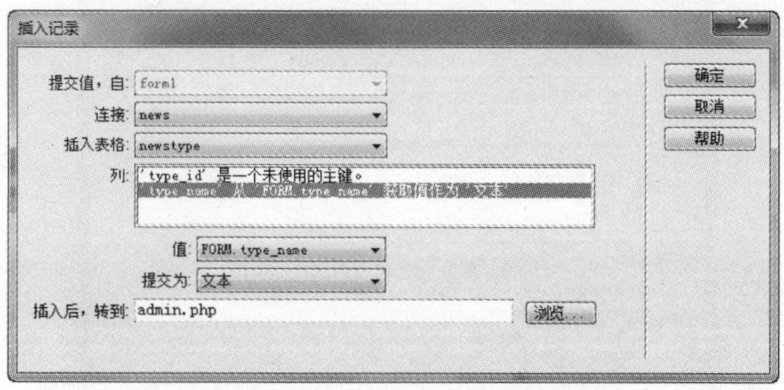

图 5-104 设置“插入记录”对话框

2）选择表单执行菜单“窗口”→“行为”命令，打开“行为”面板，单击“行为”面板中的按钮，在弹出的菜单中，选择“检查表单”命令。打开“检查表单”对话框，设置“值”为“必需的”，“可接受”为“任何东西”，如图 5-105 所示。

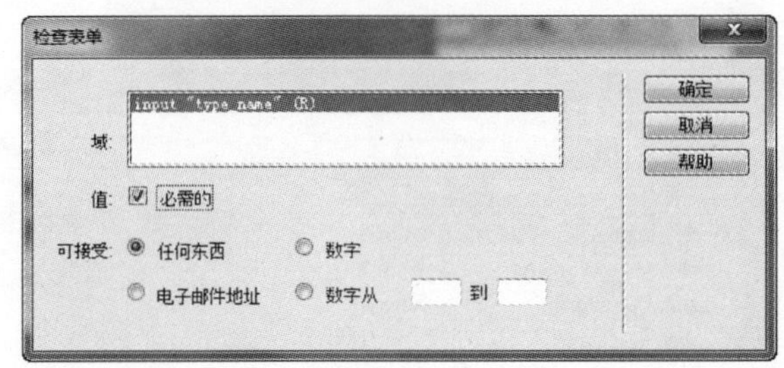

图 5-105　设置“检查表单”对话框

3）单击“确定”按钮，完成 type_add. php 页面设计。

5.4.7　修改新闻分类

修改新闻分类页面 type_upd. php 的功能是将数据表的数据送到页面的表单中进行修改，修改数据后再更新至数据表中。页面设计如图 5-106 所示。

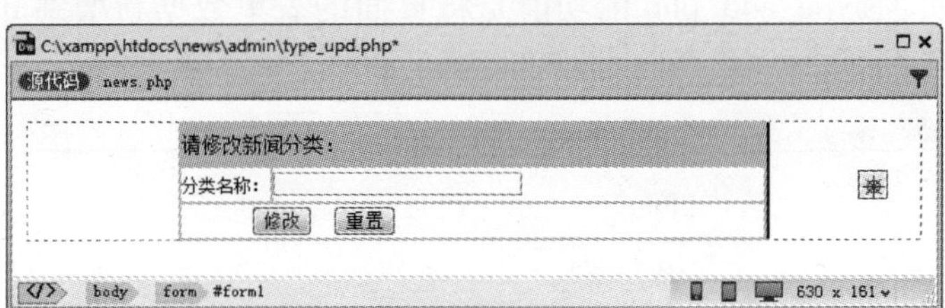

图 5-106　修改新闻分类页面设计

详细操作步骤如下。

1）打开 type_upd. php 页面，并单击“应用程序”面板群组中“绑定”面板的按钮。接着在弹出的菜单中，选择“记录集（查询）”命令，打开“记录集”对话框，在打开的“记录集”对话框中，输入设定值，如图 5-107 所示内容。

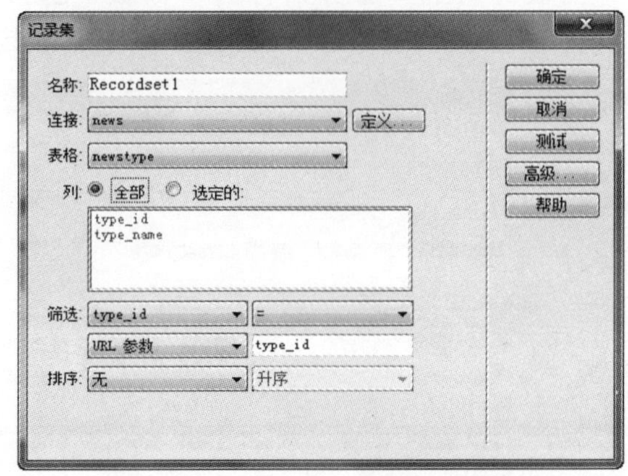

图 5-107　设置“记录集”对话框

2）绑定记录集后，将记录集的字段插入至 type_upd. php 网页中的适当位置，如图 5-108 所示。其中绑定一个隐藏字段为 type_id。

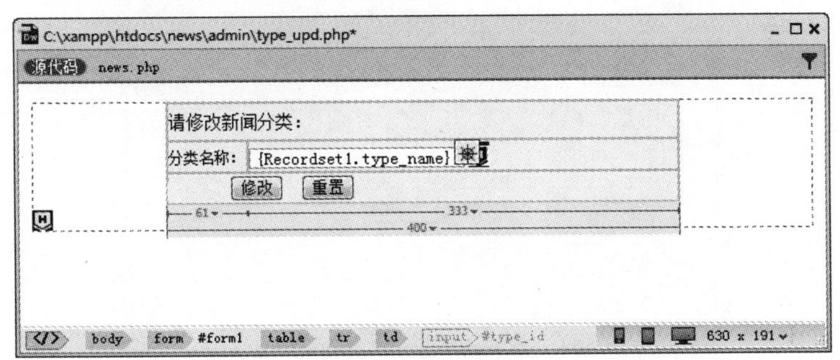

图 5-108　字段插入至 type_upd. php

3）完成表单的布置后，要在 type_upd. php 这个页面加入“服务器行为”中“更新记录”的设定，在 type_upd. php 的页面上，单击“应用程序”面板群组中的“服务器行为”面板的[+]按钮，在弹出的菜单中，选择“更新记录”命令。在打开的“更新记录”对话框中，输入设定值，如图 5-109 所示。

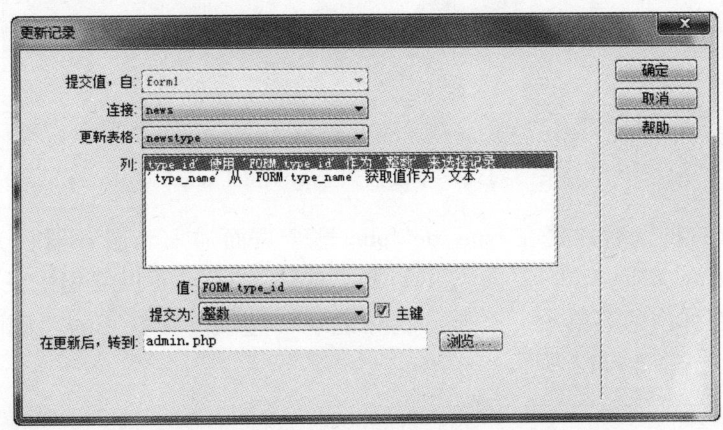

图 5-109　设置“更新记录”对话框

单击“确定”按钮，完成修改新闻分类页面的设计。

5.4.8 删除新闻分类

删除新闻分类页面 type_del. php 功能是将表单中的数据从站点的数据表 newstype 中删除。详细操作步骤如下。

1）打开 type_del. php 页面，该页面和更新的页面是一样的。单击“应用程序”面板群组中“绑定”面板的[+]按钮。接着在弹出的菜单中，选择“记录集（查询）”命令，打开“记录集”对话框，在打开的“记录集”对话框中，输入设定值如图 5-110 所示。

2）绑定记录集后，将记录集的字段插入至 type_del. php 网页中的适当位置，如图 5-111 所示。其中绑定一个隐藏字段为 type_id。

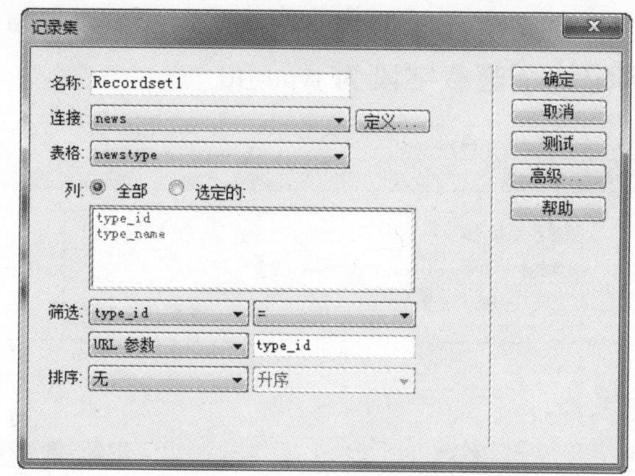

图 5-110　设置“记录集”对话框

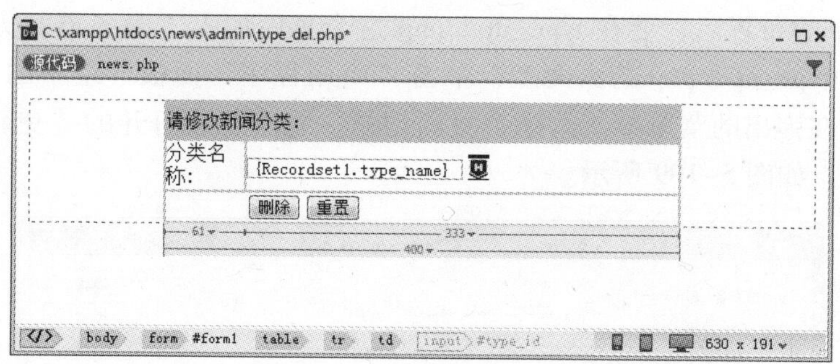

图 5-111　字段插入至 type_del. php

3）完成表单的布置后，要在 type_del. php 这个页面加入“服务器行为”中“删除记录”的设定。在 type_del. php 的页面上，单击“应用程序”面板群组中的“服务器行为”面板的按钮，在弹出的菜单中，选择“删除记录”选项。在打开的“删除记录”对话框中，输入设定值，如图 5-112 所示。

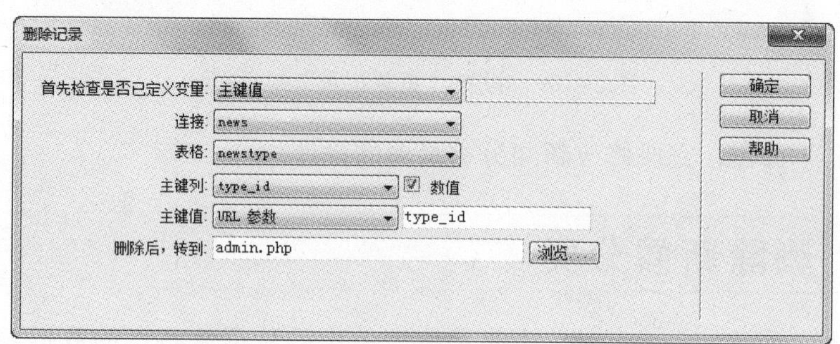

图 5-112　设置“删除记录”对话框

至此一个功能完善、实用的网站新闻发布系统就开发完毕，读者可以将本章开发新闻发布系统的方法应用到实际的大型网站建设中。

第6章 留言板管理系统

留言板管理系统可以实现网站与访问者之间的沟通，收集用户意见和信息，也是网站建设中必不可少的一个重要系统。利用留言板，可以为访问人员提供发言的机会，及时、准确地发表自己的观点。这些观点被保留在服务器上的数据库中，而且可以被任何一个访问站点的人所看到。本章将利用 Dreamweaver 的“插入记录”和“查询”记录集命令，轻松实现 PHP 留言系统的留言和查询留言的动态管理功能，同时开始初步掌握通过手写代码来实现部分简单的功能。

从入门到精通

主要掌握以下知识点：

- 留言板管理系统的结构搭建
- 创建数据库和数据库表
- 建立数据库连接
- 掌握留言板管理系统中创建各种页面及页面之间传递信息的技巧和方法
- 留言板管理系统常用功能的设计与实现

Section 6.1 系统整体设计规划

留言板管理系统在功能上主要表现为如何显示留言，如何对留言进行回复、修改和删除，一个完整的留言板管理系统分为访问者留言模块和管理者登录模块两部分。

本章要制作的留言板管理系统的网页及网页结构，如图 6–1 所示。

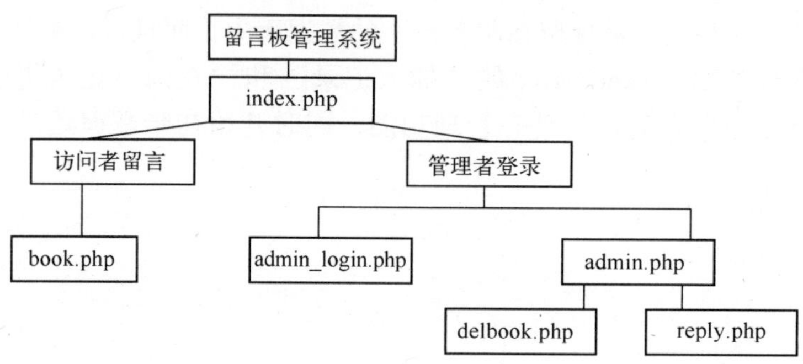

图 6–1　系统结构图

留言板管理系统共有 6 个页面，各页面的功能与对应的文件名称如表 6–1 所示。

表 6–1　留言板管理系统网页表

页 面 名 称	功　　能
index. php	留言内容显示页面，显示留言内容和管理者回复内容
book. php	留言页面，提供用户发表留言的页面
admin_ login. php	管理者登录入口页面，是管理者登录留言板管理系统的入口页面
admin. php	后台管理主页面，是管理者对留言的内容进行管理的页面
reply. php	回复留言页面，管理者对留言内容进行回复的页面
delbook. php	删除留言页面，管理者对一些非法或不文明留言进行删除的页面

6.1.1 页面设计规划

完成留言板管理系统的整体规划后，可以在本地站点上建立站点文件夹 gbook，将要制作的留言板系统文件夹及文件如图 6–2 所示。

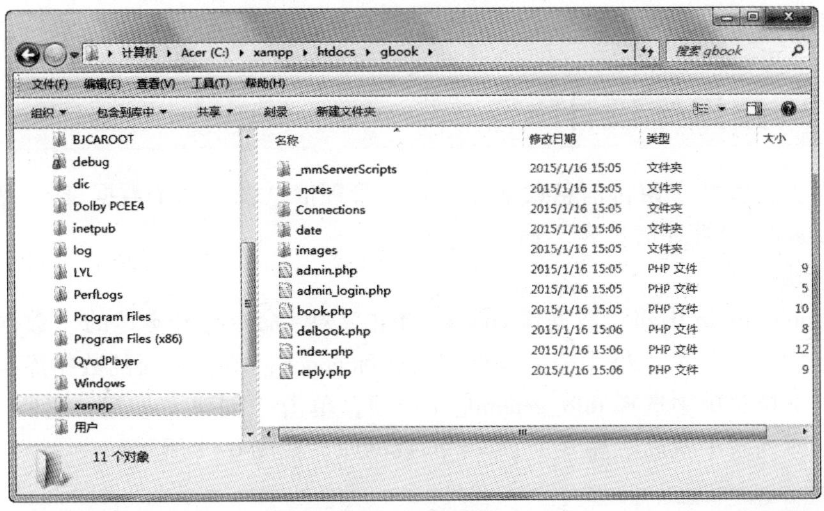

图 6-2　站点规划文件

6.1.2 页面美工设计

网页美工方面，主要设计了首页和次级页面，采用的是标准的左右布局结构。留言页面设计效果如图 6-3 所示，主要是基于一个 BtoC 电子商务平台的留言系统的开发。

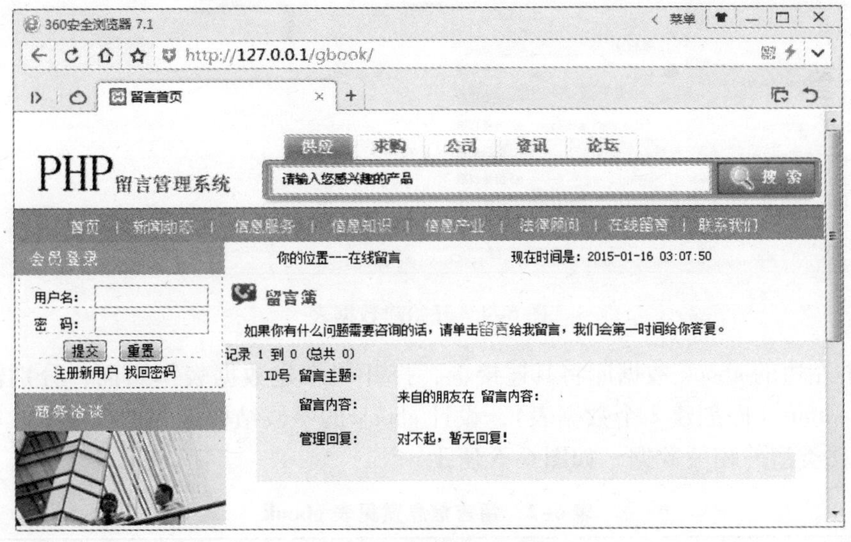

图 6-3　留言页面的设计效果

Section 6.2 数据库设计与连接

制作留言板管理系统，首先要设计一个可存储访问者留言内容、管理员对留言信息的回复以及管理员账号、密码的数据库文件，以方便管理和使用。

6.2.1 数据库设计

本数据库主要包括“留言信息意见表”和“管理信息表”两个数据表，“留言信息意见表”命名为 gbook，“管理信息表”命名为 admin。

制作的步骤如下。

1）在 phpmyAdmin 中建立数据库 gbook，单击 数据库 命令打开本地的“数据库”管理页面，在“新建数据库”文本框中输入数据库的名称 gbook，单击后面的数据库类型下拉列表框，在弹出的下拉菜单中选择 utf8_general_ci 选项，单击“创建”按钮，返回“常规设置”页面，在数据库列表中就已经建立了 gbook 的数据库，如图 6-4 所示。

图 6-4　开始建数据表

2）单击左边的 gbook 数据库将其连接上，打开“新建数据表”页面，分别输入数据表名 gbook 和 admin（即创建 2 个数据表），设计 gbook 的字段结构如表 6-2 所示。输入字段名以及设置数据类型的相关数据，如图 6-5 所示。

表 6-2　留言信息意见表 gbook

字段名称	数据类型	字段大小	必填字段
ID	INTEGER	11	是（自动编号）
subject	VARCHAR	50	是
content	TEXT		是
reply	TEXT		
date	DATE		是

（续）

字段名称	数据类型	字段大小	必填字段
redate	DATE		
IP	VARCHAR	50	是
passid	VARCHAR	20	是

图 6-5　创建的数据表 gbook

3）创建 admin 数据表，参见表 6-3。用于后台管理者登录验证，输入数据域名以及设置数据域位的相关数据，如图 6-6 所示。

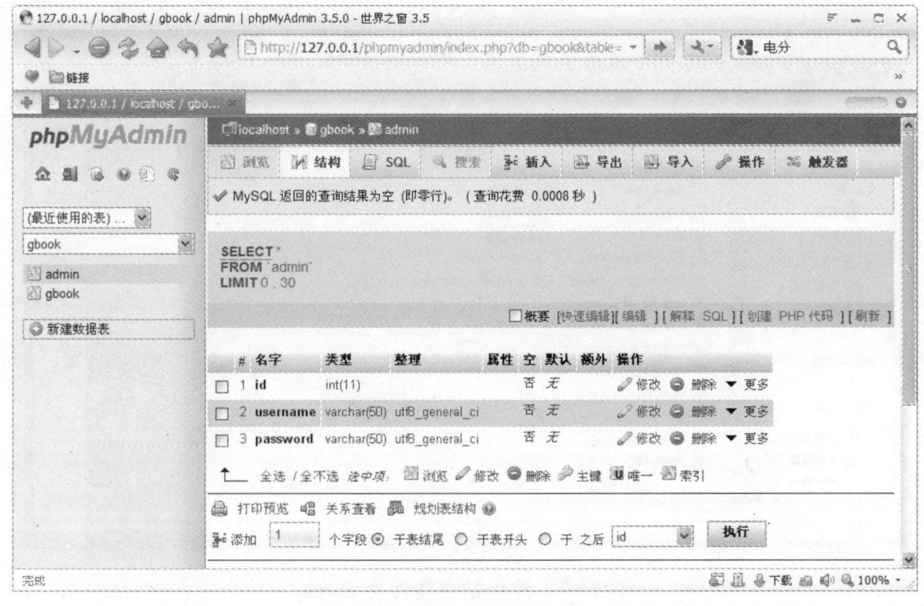

图 6-6　创建的数据表 admin

表 6-3　管理信息数据表 admin

字段名称	数据类型	字段大小	必填字段
id	INTEGER	长整型	
username	VARCHAR	50	是
password	VARCHAR	50	是

数据库创建完毕，对于本系统而言的新技术是如何取得访问者的 IP 地址。

6.2.2 定义 gbook 站点

在 Dreamweaver CC 中创建一个“留言板管理系统”网站站点 gbook，由于这是 PHP 数据库网站，因此必须设置本机数据库和测试服务器。主要的参数设置如表 6-4 所示。

表 6-4　站点设置的基本参数

站点名称	gbook
本机根目录	C:\xampp\htdocs\gbook
测试服务器	C:\xampp\htdocs\
网站测试地址	http://localhost/gbook/
MySQL 服务器地址	C:\xampp\mysql\data\gbook
管理账号/密码	root/空白
数据库名称	gbook

创建 gbook 站点的具体操作步骤如下。

1）首先在 C:\xampp\htdocs 路径下建立 gbook 文件夹，如图 6-7 所示，本章所有建立的网页文件都将放在该文件夹下。

图 6-7　建立站点文件夹 gbook

2）运行 Dreamweaver CC，选择菜单栏中的“站点”→“管理站点”命令，打开“管理站点”对话框，如图 6-8 所示。

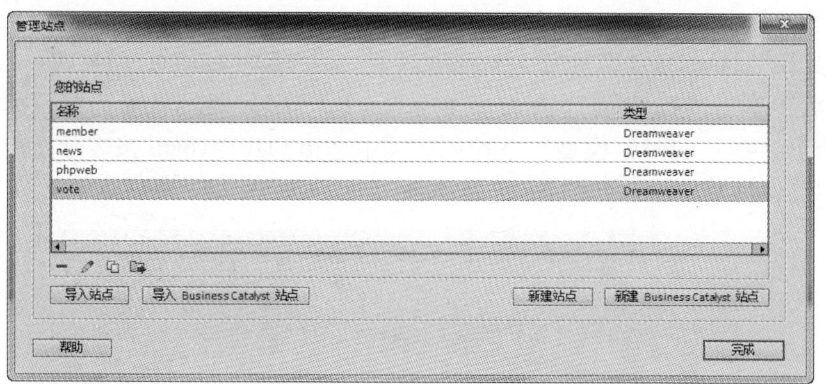

图 6-8 “管理站点”对话框

3）对话框的上边是站点列表框，其中显示了所有已经定义的站点。单击下边的“新建站点,”按钮，打开“站点设置对象”对话框，进行如下参数设置。

- “站点名称”：gbook。
- “本地站点文件夹”：C:\xampp\htdocs\gbook。

如图 6-9 所示。

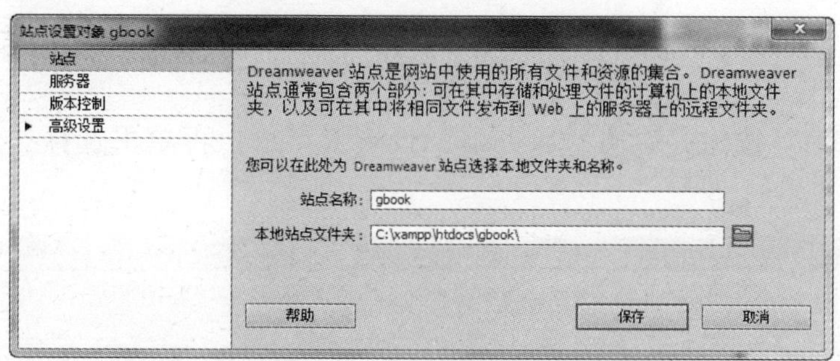

图 6-9 建立 gbook 站点

4）单击列表框中的“服务器”选项，并单击“添加服务器”按钮，打开“基本”选项卡，进行如图 6-10 所示的参数设置。

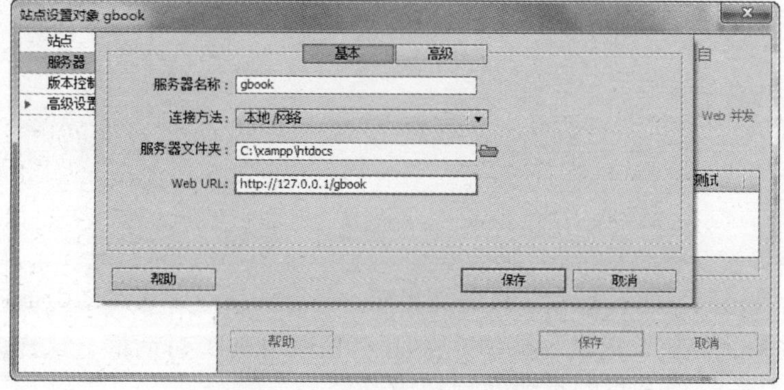

图 6-10 设置“基本”选项卡

- “服务器名称”：gbook。
- “连接方法”：本地/网络。
- “服务器文件夹”：C:\xampp\htdocs\。
- “Web URL”：http://127.0.0.1/gbook/。

5）设置后再单击“高级”选项卡，打开“高级”服务器设置对话框。单击“维护同步信息”复选框，在“服务器模型”下拉列表项中选择 PHP MySQL 来表示是使用 PHP 开发的网页，其他的保持默认值，如图 6-11 所示。

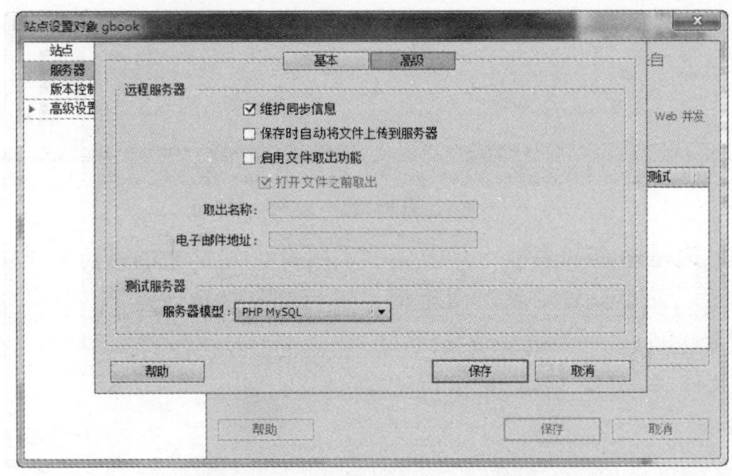

图 6-11　设置“高级”选项卡

6）单击“保存”按钮，返回“服务器”设置对话框，再单击选择“测试”复选框，如图 6-12 所示。

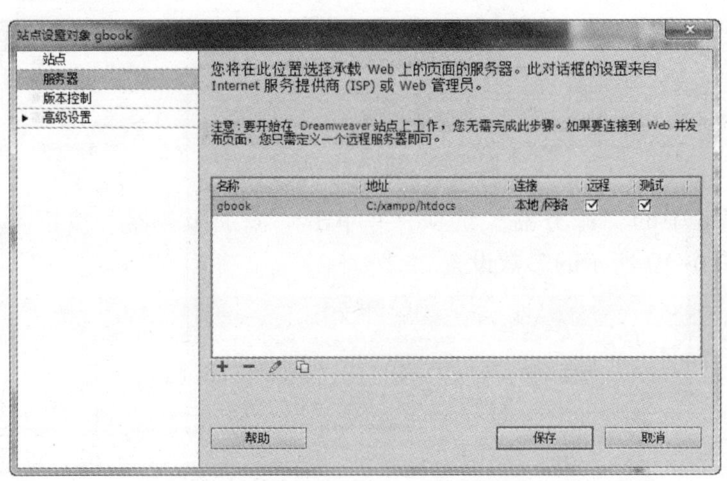

图 6-12　设置“服务器”参数

单击“保存”按钮，则完成站点的定义设置。在 Dreamweaver CC 中就已经拥有了刚刚所设置的站点 gbook。单击“完成”按钮，关闭“管理站点”对话框，这样就完成了 Dreamweaver CC 测试留言板管理系统网页的网站环境设置。

6.2.3 设置数据库连接

完成了站点的定义后，接下来就是留言板管理系统网站与数据库之间的连接。网站与数据库的连接设置如下。

1）将附赠资源中本章文件复制到站点文件夹中，打开 index. php，如图 6-13 所示。

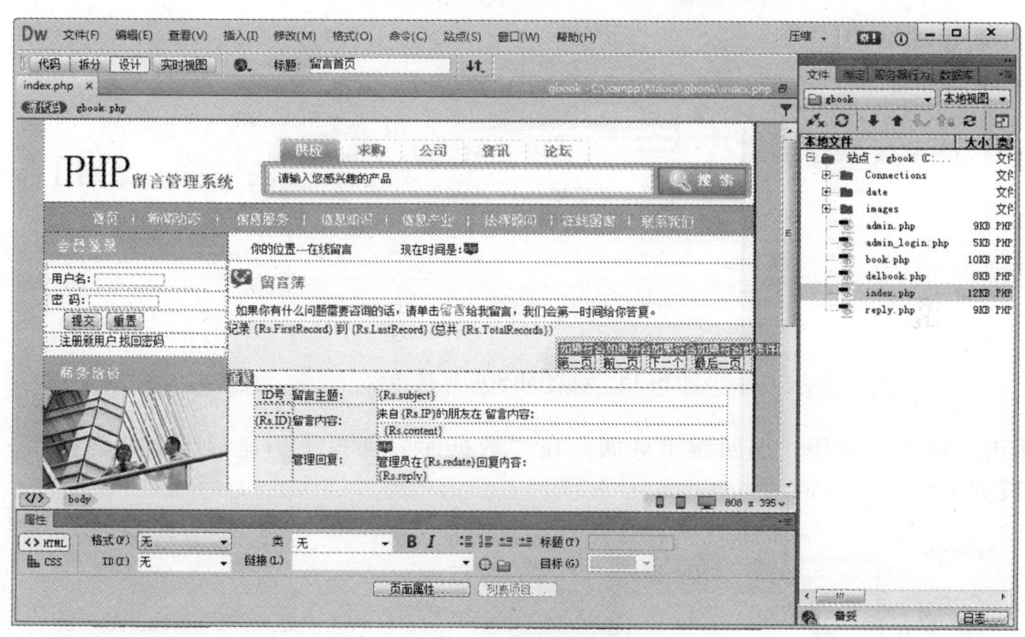

图 6-13 打开网站首页

2）单击选择菜单栏上的“窗口”→“数据库”命令，打开“数据库”面板。在“数据库”面板中，单击选择“+”图标，并在打开的菜单中选择“MySQL 连接”命令，如图 6-14 所示。

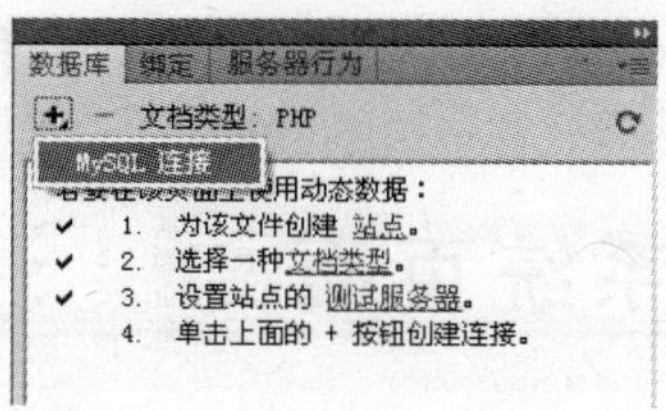

图 6-14 选择 MySQL 连接

3）在“MySQL 连接”对话框中，输入“连接名称”为 gbook，“MySQL 服务器”名为 localhost，“用户名”为 root，密码为空，如图 6-15a 所示。选择所要建立连接的数据库名称，可以单击“选取”按钮，浏览 MySQL 服务器上的所有数据库。选择刚建立的范例数据库 gbook，具体的设置内容如图 6-15b 所示。

4）单击“测试”按钮，测试与 MySQL 数据库的连接是否正确，如果正确则会出现一个消息框，如图 6-16 所示，这表示数据库连接设置成功。

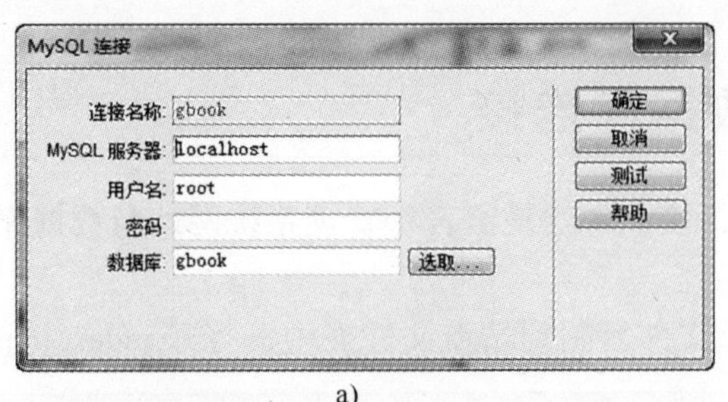

a)

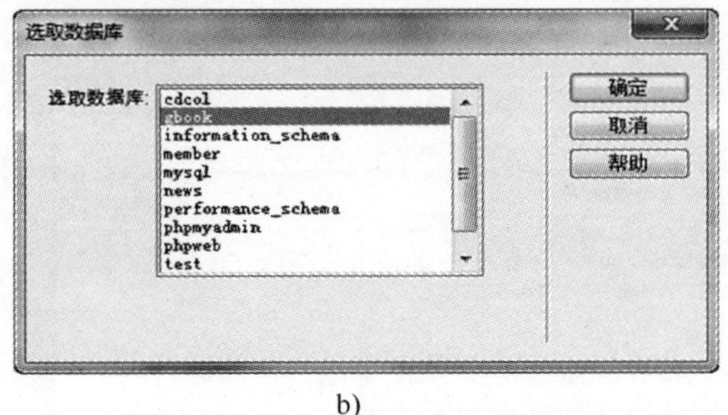

b)

图 6-15　设置 MySQL 连接参数

单击“确定”按钮，返回编辑页面，在“数据库”面板中则显示绑定的数据库，如图 6-17 所示。

图 6-16　设置成功

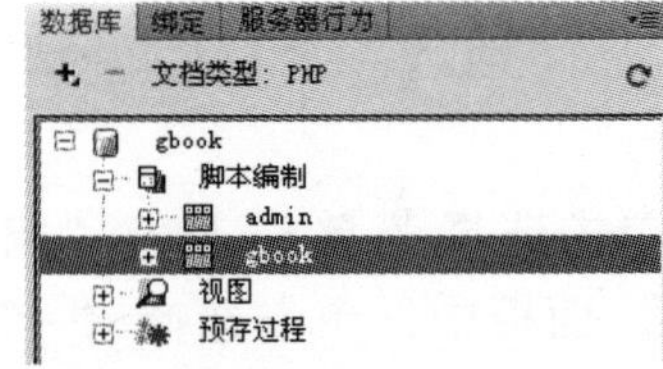

图 6-17　绑定的数据库

Section

6.3　留言板管理系统页面

留言板管理系统分前台和后台两部分，这里首先制作前台部分的动态网页。

6.3.1　留言板主页面

在首页 index. php 中，单击“留言”链接时，打开留言页面 book. php，访问者可以在上面自由发表意见，但管理员可以对非法或不文明留言进行删除、修改等。

其详细制作的步骤如下。

1）打开静态页面 index. php，然后在“现在时间是:”后面加一个 PHP 代码：

```
<?php
date_default_timezone_set('Asia/Shanghai');
echo date("Y-m-d h:i:s");
?>
```

得到系统的当前时间，在文字“留言”上做一个超链接，链接到 book.php，效果如图 6-18 所示。

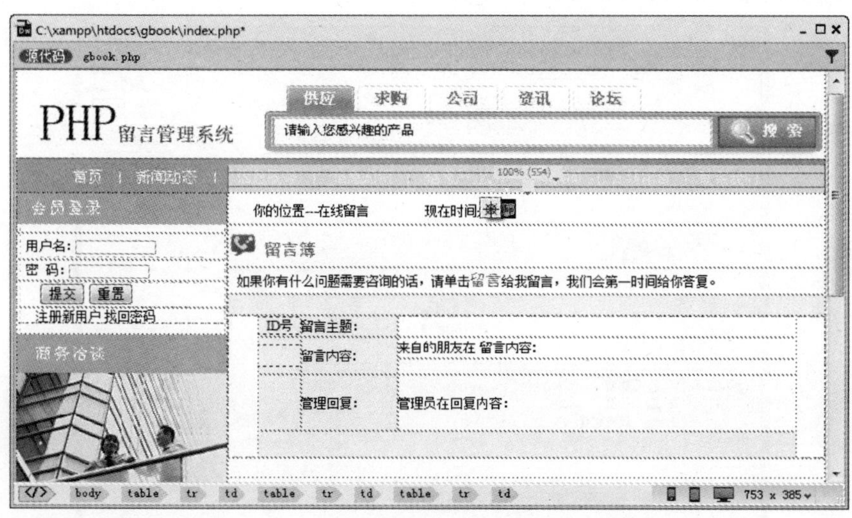

图 6-18　嵌入效果图

2）执行菜单“窗口”→“绑定”命令，打开“绑定”面板，单击“绑定”面板上的按钮+，在弹出的菜单中选择“记录集（查询）”命令，在该对话框中进行如下设置。

- 在“名称”文本框中输入 Rs 作为该“记录集”的名称。
- 从“连接”下拉列表框中选择连接对象为 gbook。
- 从“表格”下拉列表框中，选择使用的数据库表对象为 gbook。
- 在“列”单选按钮组中选择“全部”单选按钮。

完成后的设置如图 6-19 所示。

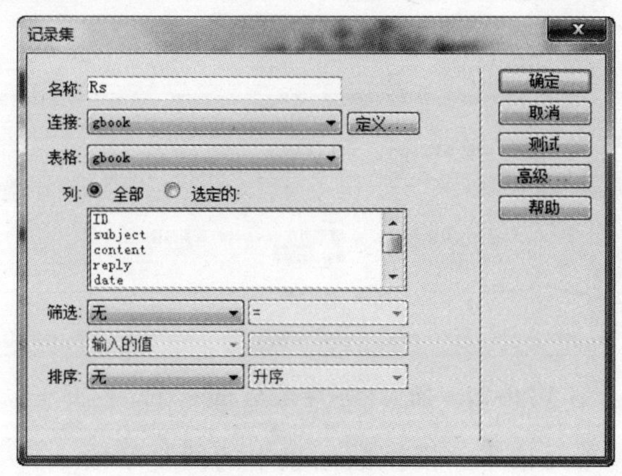

图 6-19　设置“记录集”对话框

3）单击“高级”按钮，进行高级模式绑定，在 SQL 文本框中输入如下代码：

```
SELECT *
FROM gbook              //从数据库中选择 gbook 表
WHERE passid = 0        //选择的条件为 passid 为 0
```

当此 SQL 语句从数据表 gbook 中查询出所有的 passid 字段值为 0 的记录时，表示此留言已经通过管理员的审核，如图 6-20 所示。

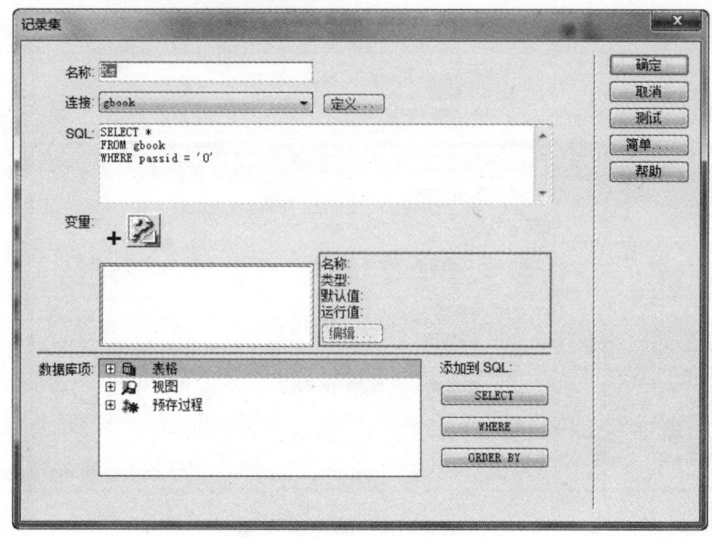

图 6-20　输入 SQL 语句

4）单击“确定”按钮，完成记录集的绑定，然后将此字段插入至 index. php 网页的适当位置，如图 6-21 所示。

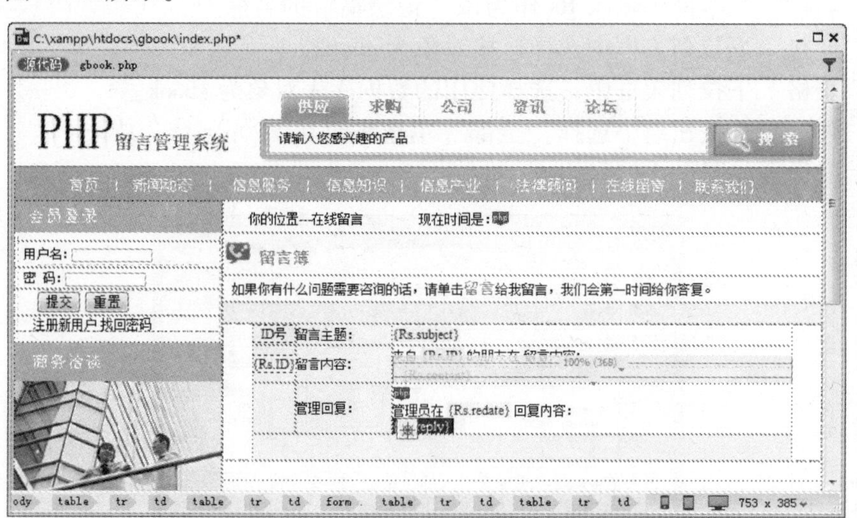

图 6-21　插入相应字段至 index. php 网页

5）在“管理回复”单元格中，根据数据表中的回复字段 reply 是否为空，来判断管理员是否访问过。如果该字段为空，则显示“对不起，暂无回复！”字样信息；如果该字段不为空，就表明管理员对此留言进行了回复，同时还会显示回复的时间和内容。

6）在设计视图上，选中“管理回复”单元格，找到“对不起，暂无回复!”字样，并加入代码，如图6-22所示。

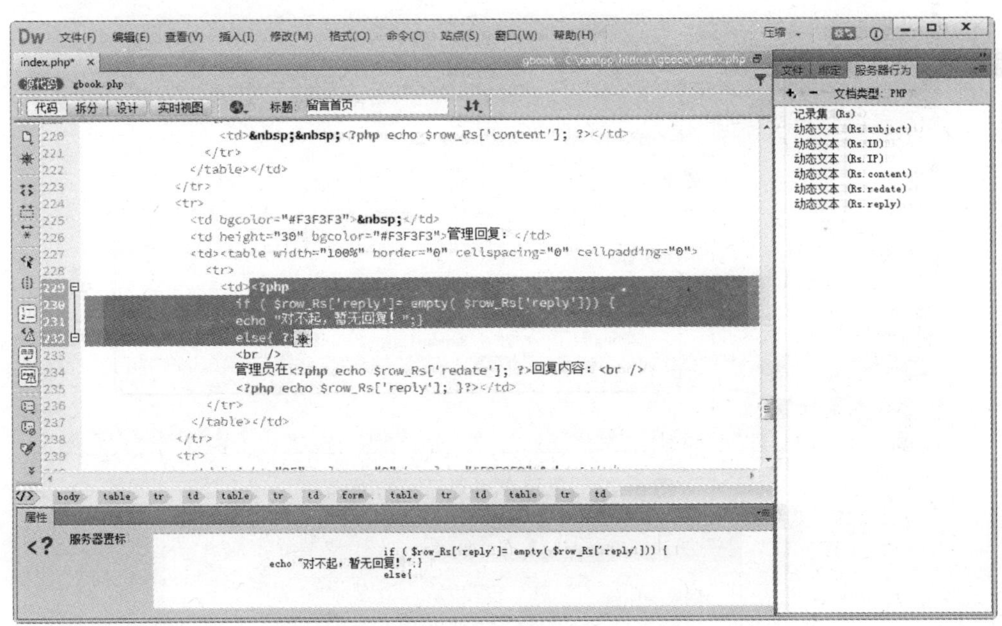

图6-22 加入代码

```
<?php
if ( $row_Rs['reply'] = empty(  $row_Rs['reply'])) {
  echo "对不起,暂无回复!";}     //如果 reply 字段为空则显示
else{ ?>                         //如果不为空则显示以下的内容
<br />
```

管理员在<?php echo $row_Rs['redate']; ?>回复内容：

```
<?php echo $row_Rs['reply']; }?>
```

重点提示：通过 if…else 条件判断语句实现判断的功能。

7）由于 index. php 页面显示的是数据库中的部分记录，而目前的设定则只会显示数据库的第一笔数据，因此需要加入“服务器行为”中“重复区域”的设定，选择 index. php 页面中记录的那一个表格，如图6-23所示。

8）单击“应用程序”面板群组中“服务器行为”面板中的 ⊞ 按钮，在弹出的菜单中，选择“重复区域”命令，在打开的“重复区域”对话框中，设定显示的数据选项，如图6-24所示。

9）单击“确定”按钮回到编辑页面，会发现先前所选取要重复的区域左上角出现了一个“重复”的灰色标签，这表示已经完成设定。

10）鼠标移至要加入“记录集导航条”的位置，在“插入”栏的“数据”类别中单击 工具按钮，在弹出的对话框中选取要导航的记录集以及导航的显示方式，然后单击“确定”按钮，回到编辑页面，此时页面就会出现该记录集的导航条，效果如图 6-25 所示。

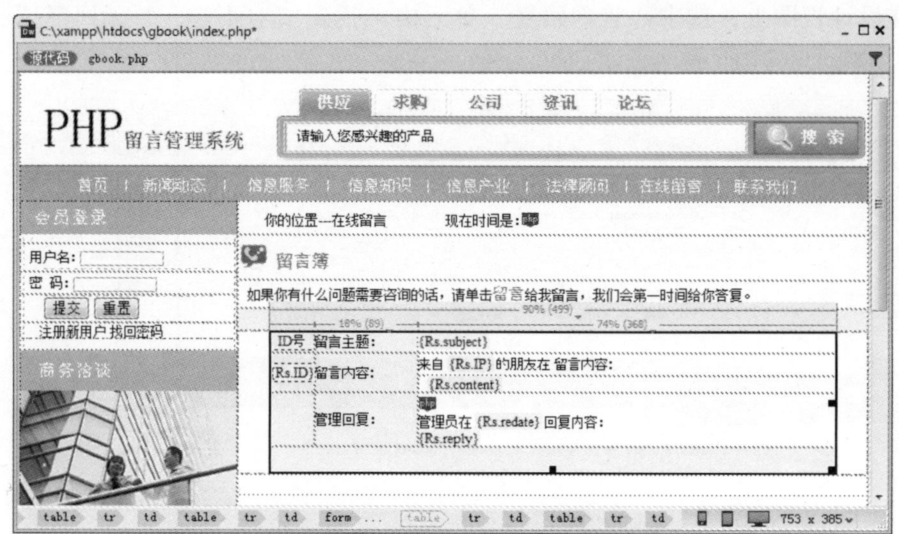

图 6-23　选择要重复显示的内容

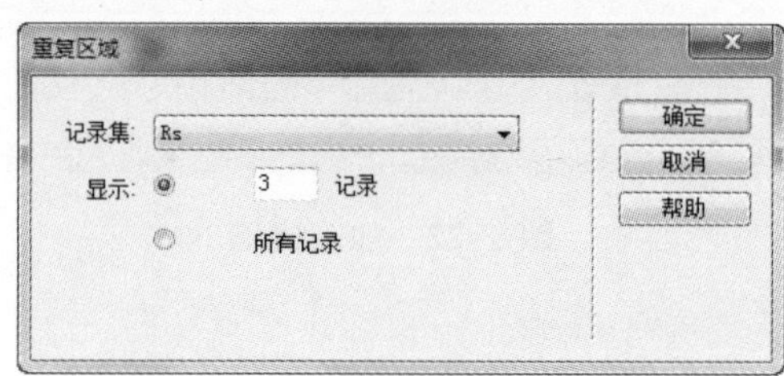

图 6-24　设置“重复区域”对话框

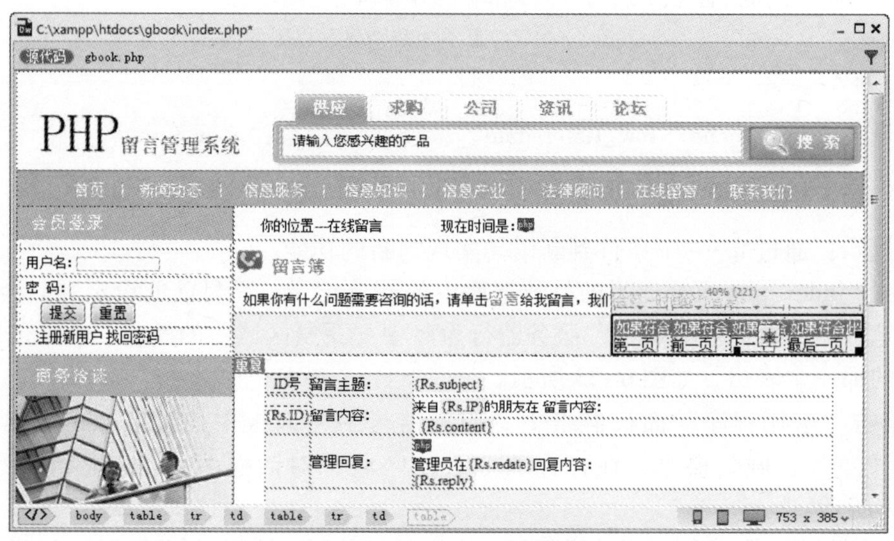

图 6-25　加入“记录集导航条”

11）鼠标移至页面表格的右上角，并在“插入”列的“数据”类别中，单击工具按钮，在弹出的对话框中，选取要显示状态的记录集，如图 6-26a 所示，再单击“确定”按钮，回到编辑页面，此时页面就会出现该记录集的导航状态，如图 6-26b 所示。

a)

b)

图 6-26　加入“记录集导航状态”

a)“Recordset NavigationStatus（记录集导航条）”对话框　b）记录集导航状态

至此，留言板的首页 index. php 设计完成。打开浏览器，在地址栏中输入 http://127. 0. 0. 1/gbook/index. php，对首页进行测试，由于现在数据库中没有数据，所以测试效果如图 6-27 所示。

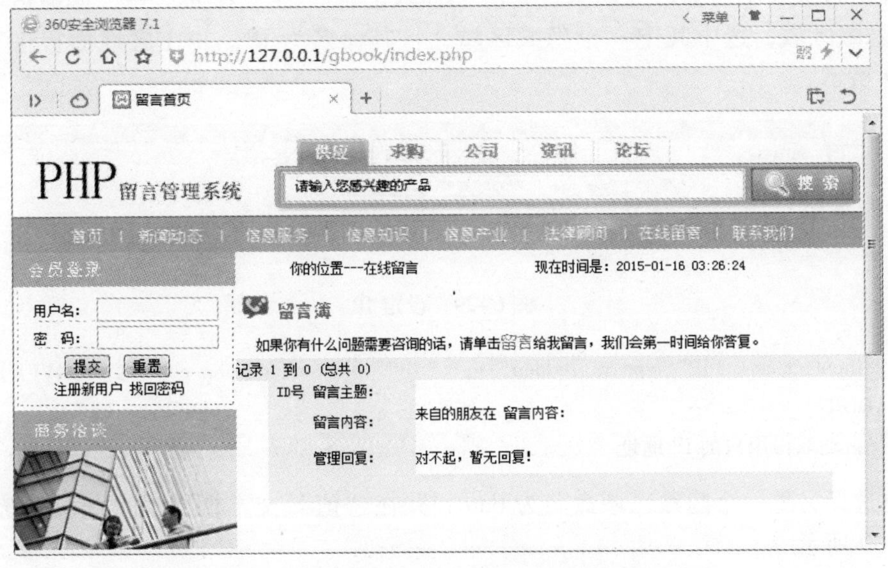

图 6-27　留言板管理系统主页测试效果

6.3.2 访问者留言页面

本节将要制作访问者在线留言功能，其主要技术是通过“服务器行为”面板中的“插入记录”功能，实现将访问者填写的内容插入到数据表 gbook 中。

详细的制作步骤如下。

1）执行菜单“文件”→“新建”命令，打开“新建文档”对话框，创建新页面。执行菜单“文件”→“另存为”命令，将新建文件在根目录下保存为 book. php。

2）供访问者留言的静态页面 book. php，与主页面 index. php 大体一致，效果如图 6-28 所示。

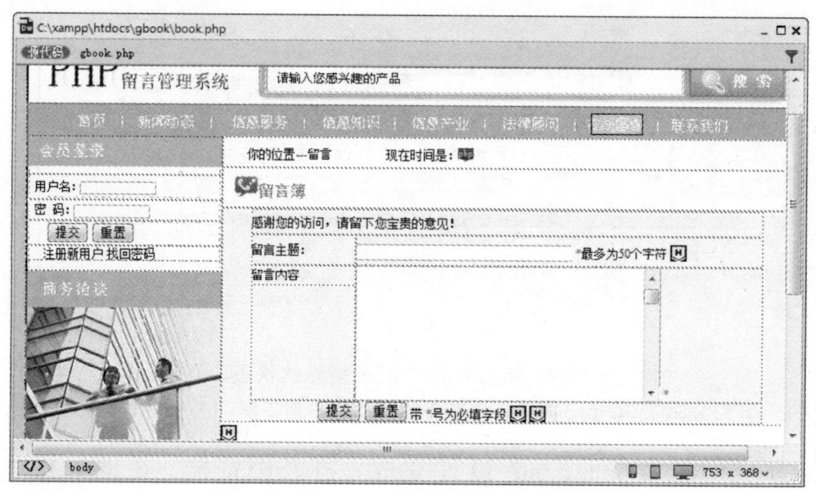

图 6-28　设计的 book. php 页面效果

3）在留言板表单内部，分别执行 3 次“插入记录”→“表单”→“隐藏区域”命令。插入 3 个隐藏区域，选中其中一个隐藏区域，将其命名为 IP，并在属性面板中对其赋值，如图 6-29 所示。

图 6-29　设定 IP

```
< input name = " IP" type = " hidden" id = " IP" value = " < ? php echo $_SERVER['REMOTE_
ADDR'];? > " />
//自动取得用户的 IP 地址
```

4）再选择另外一个隐藏区域命名为 date，并在“值”文本框中输入获取系统时间的代码如图 6-30 所示。

```
< input name = " date" type = " hidden" id = " date" value = " < ? php
```

```
date_default_timezone_set('Asia/Shanghai');
echo date("Y-m-d h:i:s");
?>" >//获取系统即时时间
```

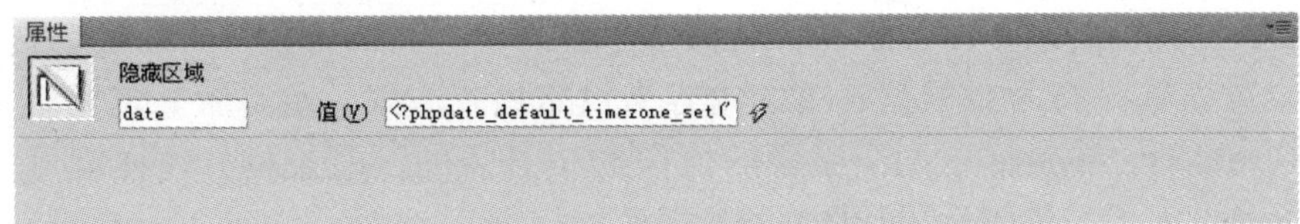

图 6-30　设置 date

5）同样设置第 3 个隐藏区域的字段名称为 passid，“值”为 0，表示任何留言者在留言时生成的 passid 值为 0，管理者可以根据这个值进行判断，方便后面的管理。如图 6-31 所示。

图 6-31　设置 passid 值为 0

6）单击“应用程序”面板数目中的“服务器行为”面板中的 按钮，在弹出的菜单中选择“插入记录”，在打开的“插入记录”对话框中设置如下参数。

- 从“连接”下拉列表框中选择连接对象为 gbook。
- 从“插入表格”下拉列表框中，选择使用的数据库表对象为 gbook。
- 在“插入后，转到”文本框中输入 index. php。
- 在“列”列选项中会自动配置相应的字段插入，其中没有配置的值是供管理者进行插入使用的。

完成后的设置如图 6-32 所示。

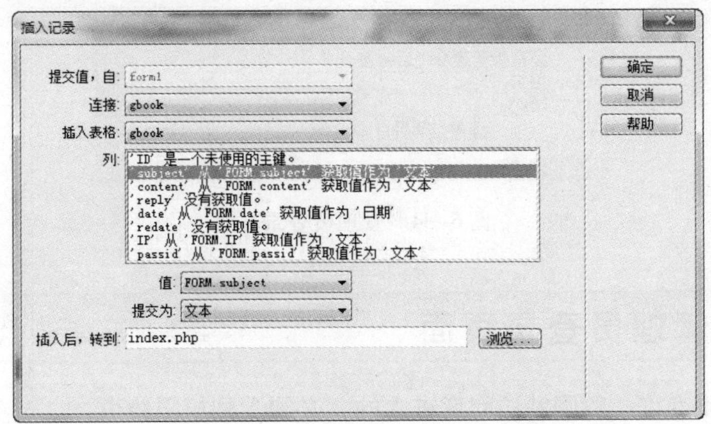

图 6-32　设置“插入记录”对话框

7）单击“确定”按钮，回到网页设计编辑页面，就完成页面 book. php “插入记录”的设置。

8）有些访问者进入留言页面 book. php 后，不填任何数据就直接把表单送出，这样数据库中就会自动生成一笔空白数据。为了阻止这种现象的发生，须加入“检查表单”的行为。具体操作是在 book. php 的标签检测区中，单击 <form1> 这个标签，然后再单击“行为”面板的按钮，在弹出的菜单中，选择“检查表单”命令。

9）“检查表单”行为会根据表单的内容来设定检查方式，留言者一定要填入标题和内容，因此将 subject、content 这两个字段的值勾选“必需的”复选框，这样就可完成“检查表单”的行为设定了。具体设置如图 6-33 所示。

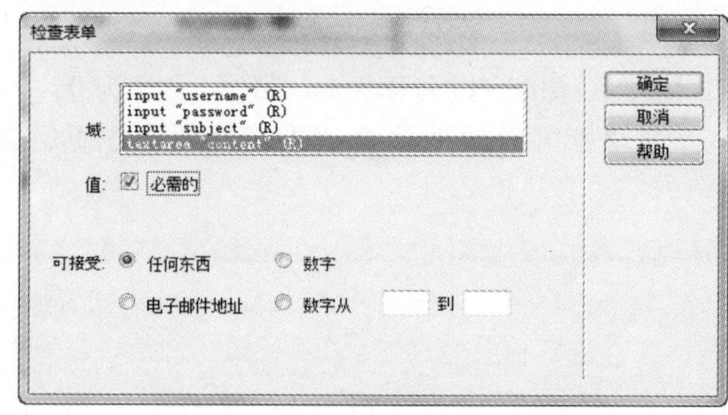

图 6-33 设置“检查表单”对话框

单击“确定”按钮，完成留言页面的设计。

Section 6.4 后台管理功能的设计

留言板后台管理系统可以使系统管理员通过 admin_login. php 进行登录管理，管理员登录页面的设计效果如图 6-34 所示。

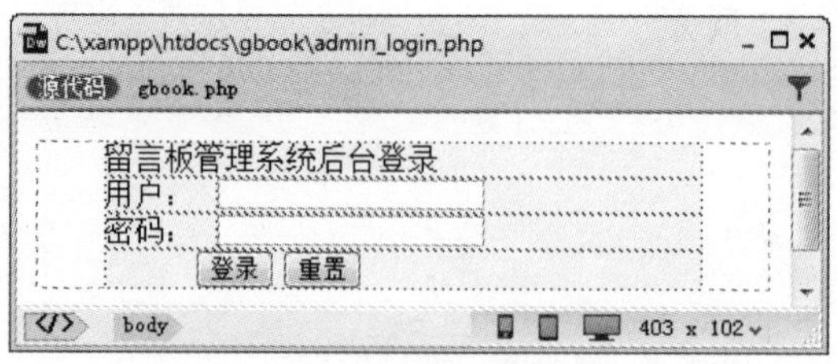

图 6-34 管理员登录页面

6.4.1 管理员登录页面

管理页面是不允许一般网站访问者进入的，必须受到权限约束。

详细操作步骤如下。

1）打开制作的静态页面 admin_login. php。单击“应用程序”面板群组中的“服务器行为”面板上的按钮，在弹出的菜单中，选择“用户身份验证/登录用户”命令，弹出“登录用户”对话框，在这里做如下设置：如果不成功，将返回主页面 index. php；如果成功，将登录后台管理主页面 admin. php，如图 6-35 所示。

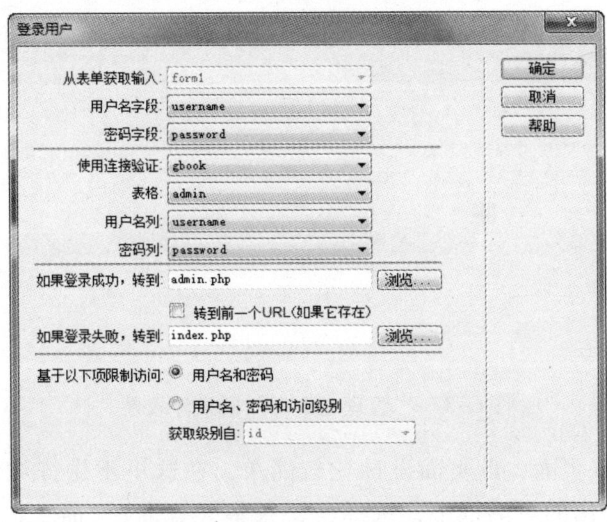

图 6-35　设置“登录用户”对话框

2）执行菜单“窗口”→“行为”命令，打开“行为”面板，单击“行为”面板中的 按钮，在弹出的菜单中，选择“检查表单”命令，打开“检查表单”对话框，设置 username 和 password 文本域的“值”都为“必需的”，“可接受”为“任何东西”，如图 6-36 所示。

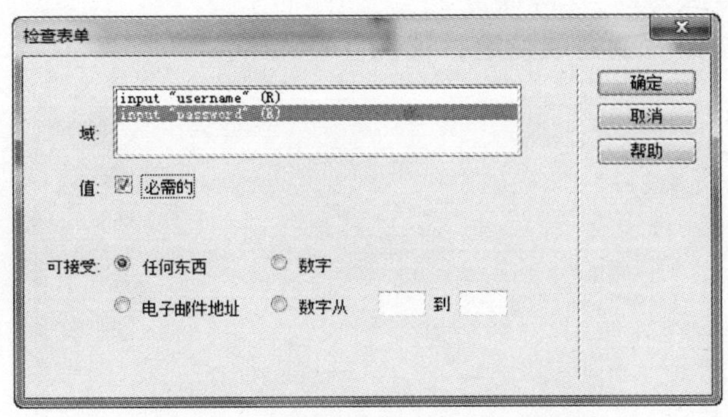

图 6-36　设置“检查表单”对话框

3）单击“确定”按钮，回到编辑页面，管理员登录入口页面 admin_login. php 的设计与制作都已经完成。

6.4.2 后台管理主页面

后台管理主页面 admin. php 是管理员由登录的页面验证成功后所转到的页面。这个页面提供删除和编辑留言的功能，效果如图 6-37 所示。

详细操作步骤如下。

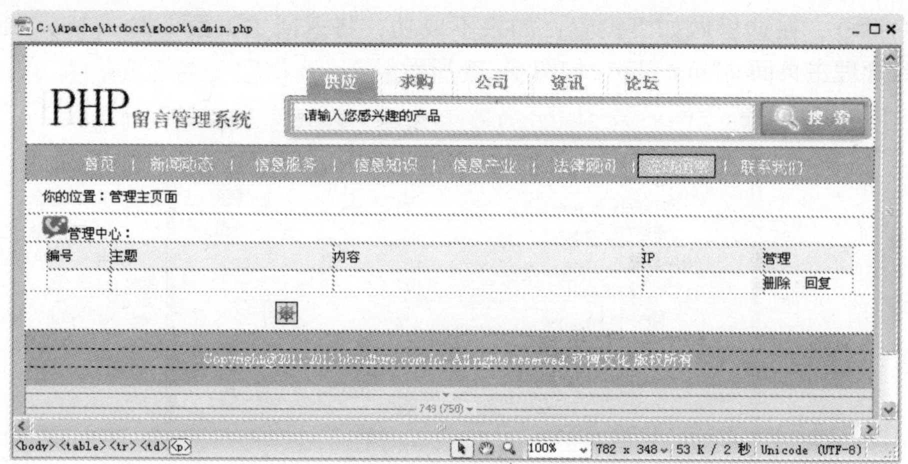

图 6-37 “管理主页面”的设计效果

1）打开 admin. php 页面，此页面设计比较简单，在这里不做详细说明。单击“绑定”面板上的按钮，在弹出的对话框中，选择“记录集（查询）”命令，在打开的“记录集”对话框中进行如下设置。

- 在“名称”文本框中输入 Rs 作为该记录集的名称。
- 从“连接”下拉列表框中，选择数据源连接对象 gbook。
- 从“表格”下拉列表框中，选择使用的数据库表对象为 gbook。
- 在“列”栏中选择“全部”单选按钮。
- 设置“排序”方法为以 ID 降序。

再单击“确定”按钮后就完成设定，如图 6-38 所示。

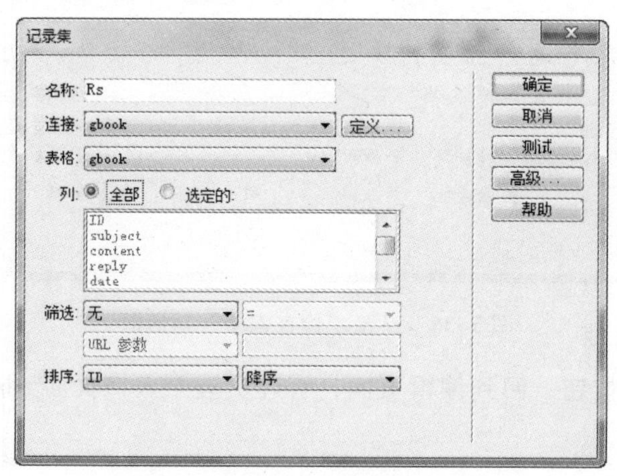

图 6-38 设置“记录集”对话框

2）绑定记录集后，将记录集字段插入至 admin. php 网页的适当位置，如图 6-39 所示。

3）admin. php 页面的功能是显示数据库中的部分记录，而目前的设定则只会显示数据库的第一笔数据，需要加入“服务器行为”中的“重复区域”命令，选择 admin. php 页面中与记录有关的那一行表格，如图 6-40 所示。

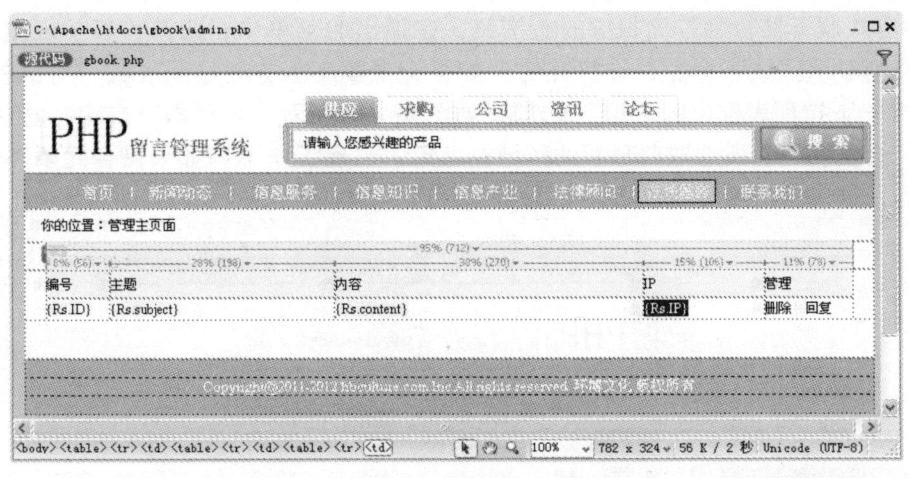

图 6-39 插入字段至 admin. php 网页

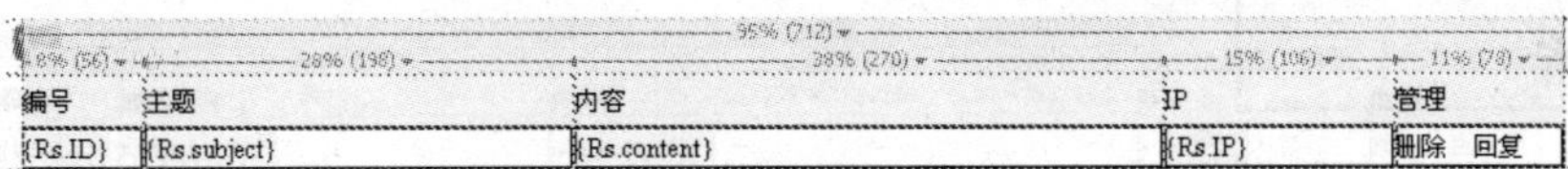

图 6-40 选择要重复的内容

4）单击“应用程序”面板群组中的“服务器行为”面板上⊞按钮，在弹出的菜单中，选择“重复区域”命令，在打开的“重复区域”对话框中，设置一页显示的记录数，例如 10 条记录，如图 6-41 所示。

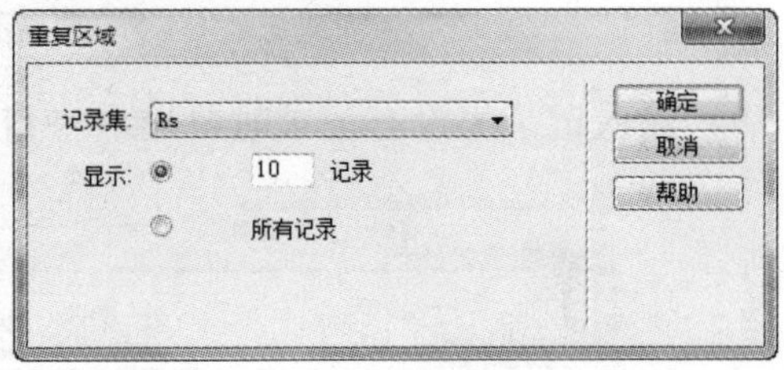

图 6-41 设置“重复区域”对话框

5）单击“确定”按钮，回到编辑页面，会发现先前所选取要重复的区域左上角出现了一个“重复”的灰色标签，这表示已经完成设置。

6）首先选取记录集有记录时，要显示的记录表格如图 6-42 所示。

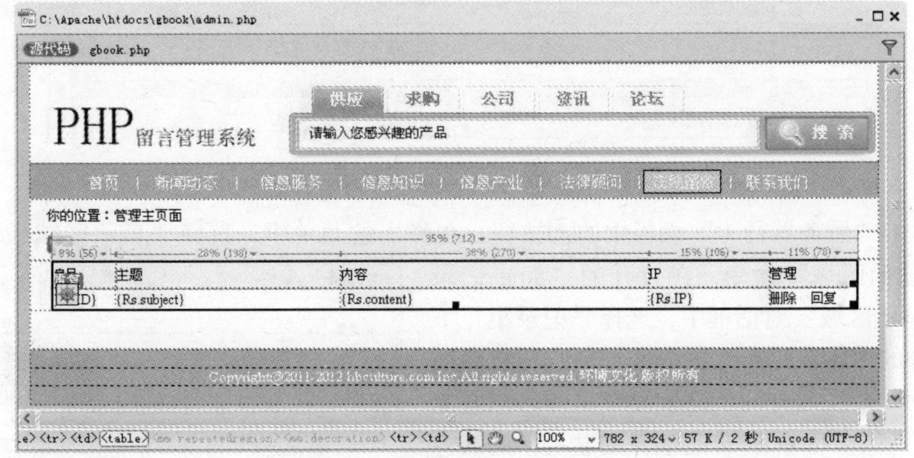

图 6-42 选择有记录时显示页面

7）单击“服务器行为”面板中的[+]按钮，在弹出的菜单中，选择“显示区域/如果记录集不为空则显示区域”命令，在打开的“如果记录集不为空则显示区域”对话框中，选择“记录集”下拉列表框中的“Rs”选项，如图6-43a所示，再单击“确定”按钮，回到编辑页面，会发现先前所选取要显示的区域左上角，出现了一个“如果符合此条件则显示”的灰色卷标，这表示已经完成设定，如图6-43b所示。

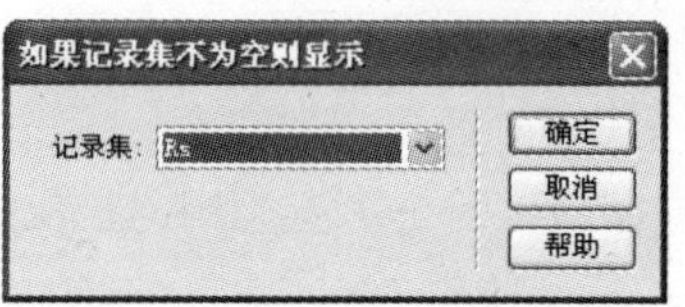

a)

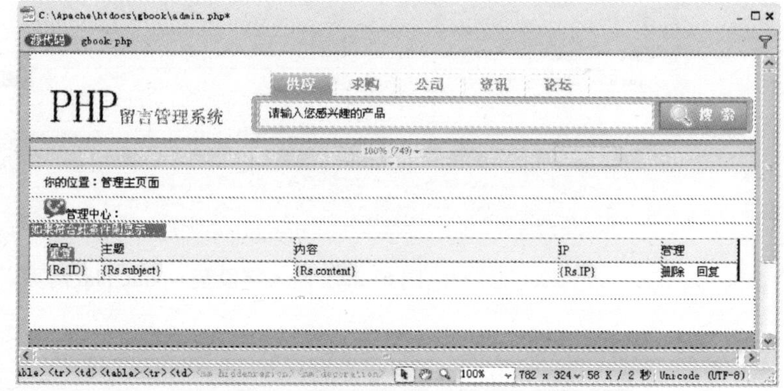

b)

图6-43 完成的设置

a）“如果记录集不为空则显示区域”对话框 b）完成的设置页面

8）输入记录集没有记录时要显示“目前没有任何留言”，如图6-44所示。

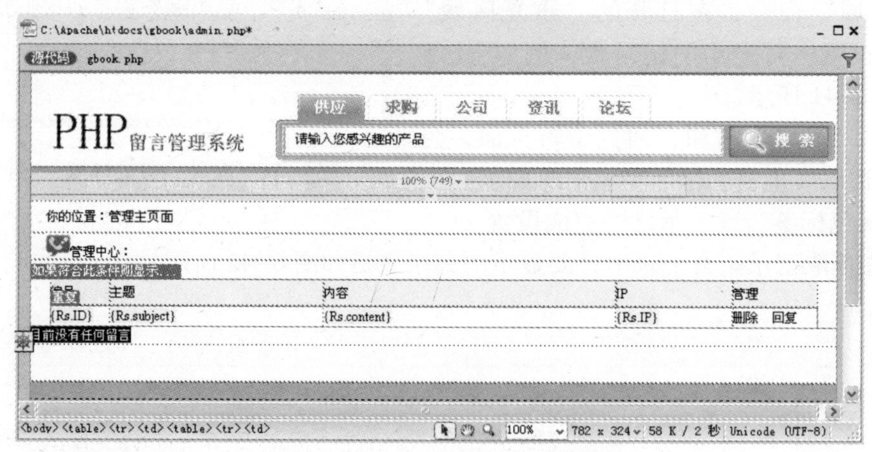

图6-44 选择没有记录时显示页面

9）单击“服务器行为”面板中的[+]按钮，在弹出的菜单中，选择“显示区域/如果记录集为空则显示区域”命令，在打开的“如果记录集为空则显示区域”对话框中，选择“记录集”下拉列表框中的“Rs”选项，再单击“确定”按钮回到编辑页面，会发现先前所选取要显示的区域左上角，出现了一个“如果符合此条件则显示”的灰色卷标，这表示已经完成设定，如图6-45所示。

图6-45 设置“如果记录集为空则显示区域”

10）将光标移至要加入“记录集导航条”的位置，在“插入”栏的“应用程序”类别中，单击工具按钮，在弹出的对话框中，选取要导航的记录集以及导航的显示方式，如图6-46a所示，然后单击“确定”按钮回到编辑页面，会发现页面出现该记录集的导航条，如图6-46b所示。

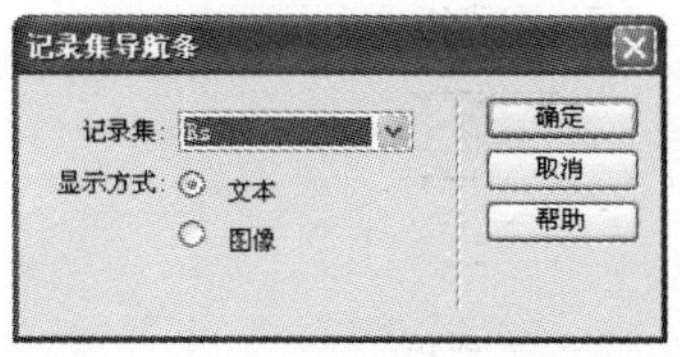

a)

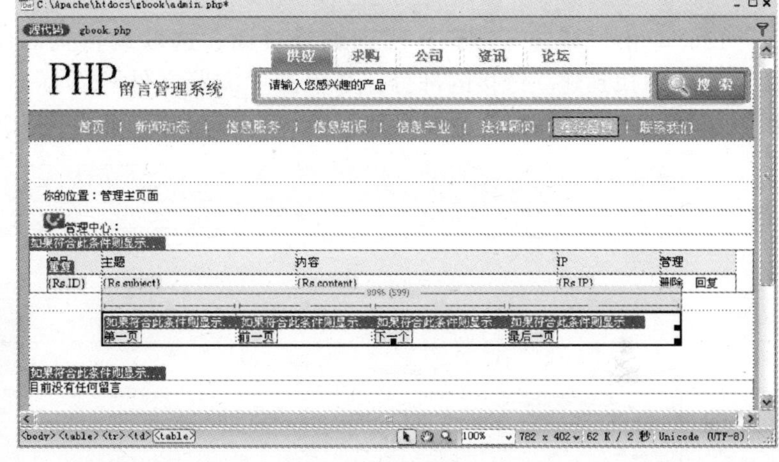

b)

图6-46 加入“记录集导航条”

a)“记录集导航条”对话框 b)“记录集导航条”对话框

11）单击页面中的“回复”文字，在“属性”面板中找到建立链接的部分，并单击“浏览文件”图标，在弹出的“选择文件”对话框中，选择用来显示详细记录信息的页面reply. php，设置如图6-47所示。

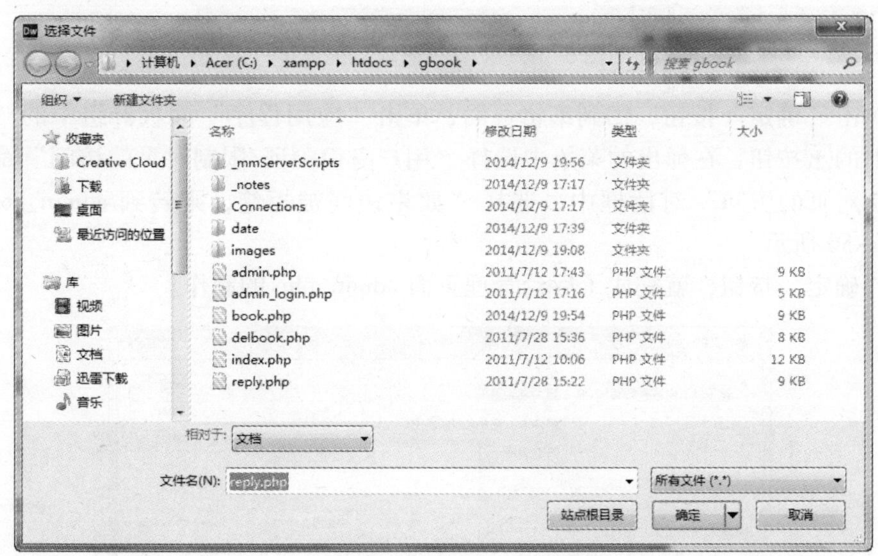

图6-47 选择链接文件

12）单击“确定”按钮，设置超级链接要附带的URL参数的名称与值reply. php? ID = <?php echo $row_Rs['ID']; ?>，值设置如图6-48所示。

图 6-48 “动态数据”属性设置

13）单击“确定”按钮，回到编辑页面，选取编辑页面中的“删除”二字，在“属性”面板中找到建立链接的部分，并单击“浏览文件”图标，在弹出的“选择文件”对话框中选择用来显示详细记录信息的页面 delbook. php，并设置传递 ID 参数，如图 6-49 所示。

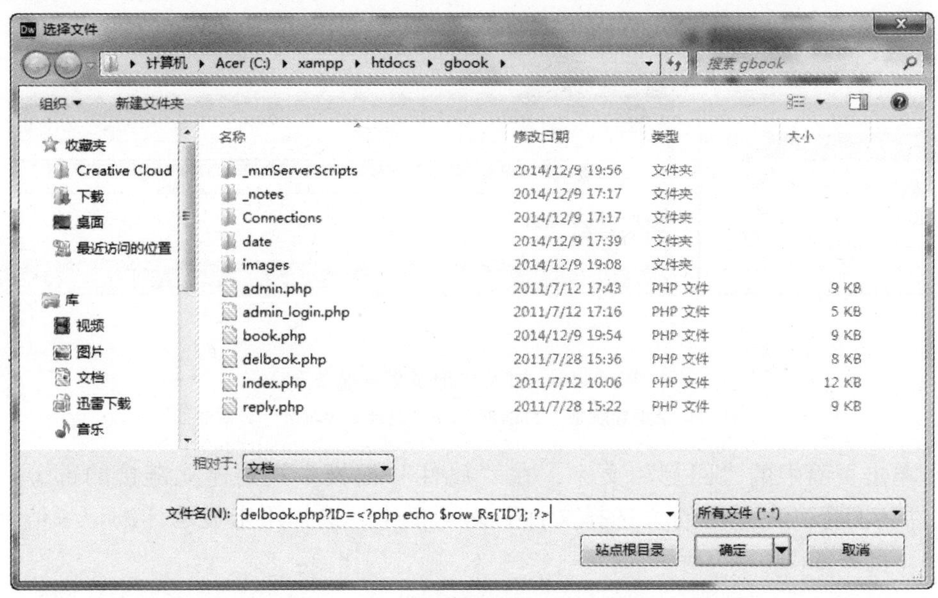

图 6-49 设置“删除”的链接

14）单击“确定”按钮，回到编辑页面，单击“应用程序”面板群组中的“服务器行为”面板上的[+]按钮，在弹出的菜单中选择“用户身份验证/限制对页的访问”命令，在打开的“限制对页的访问”对话框中，选择“如果访问被拒绝，则转到 admin_login. php 页面，如图 6-50 所示。

单击“确定”按钮，就完成了后台管理页面 admin. php 的制作。

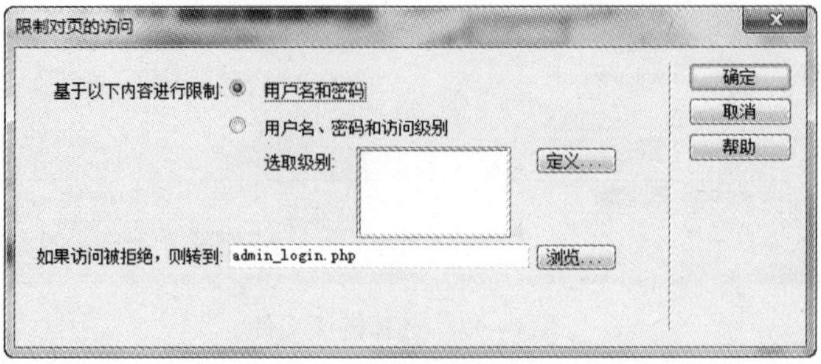

图 6-50 设置“限制对页的访问”对话框

6.4.3 回复留言页面

回复留言的功能主要通过 reply. php 页面对用户留言进行回复，实现的方法是将数据库的相应字段绑定到页面中，管理员在“回复内容”中填写内容，单击“回复”按钮，可以将回复内容更新到 gbook 数据表中，页面效果如图 6-51 所示。

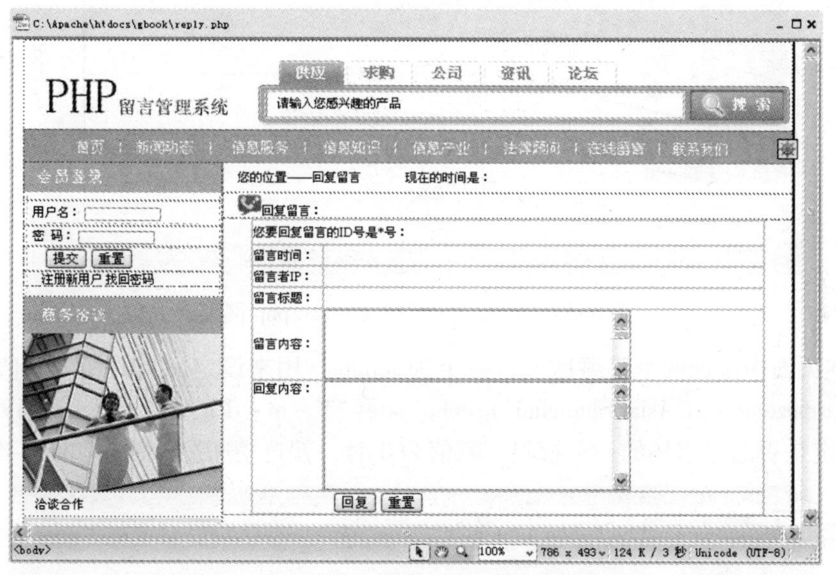

图 6-51　回复留言页面效果

动态功能的制作步骤如下。

1）创建 reply. php 页面，并单击“绑定”面板上的⊞按钮，在弹出的选项中，选择“记录集（查询）”命令，在打开的“记录集”对话框中，进行如下设置。

- 在“名称”文本框中输入 Rs 作为该记录集的名称。
- 从“连接”下拉列表框中，选择数据源连接对象 gbook。
- 从“表格”下拉列表框中，选择使用的数据库表对象为 gbook。
- 在“列”栏中选择“全部”单选按钮。
- 设置“筛选”的方法为：ID = URL 参数 ID。

再单击“确定”按钮后就完成设定，如图 6-52 所示。

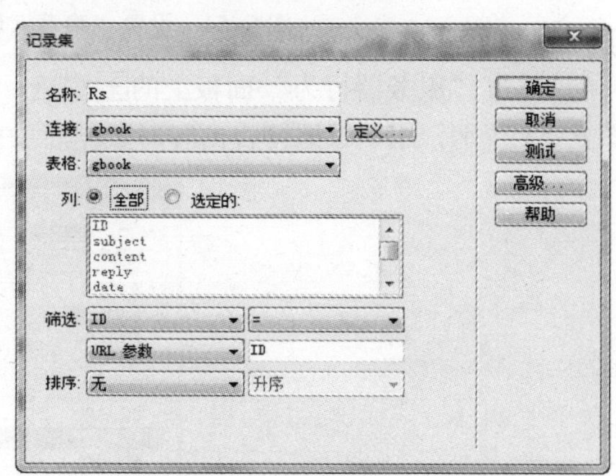

图 6-52　设置“记录集”对话框

2）绑定记录集后，再将记录集的字段插入至 reply. php 网页的适当位置，如图 6-53 所示。

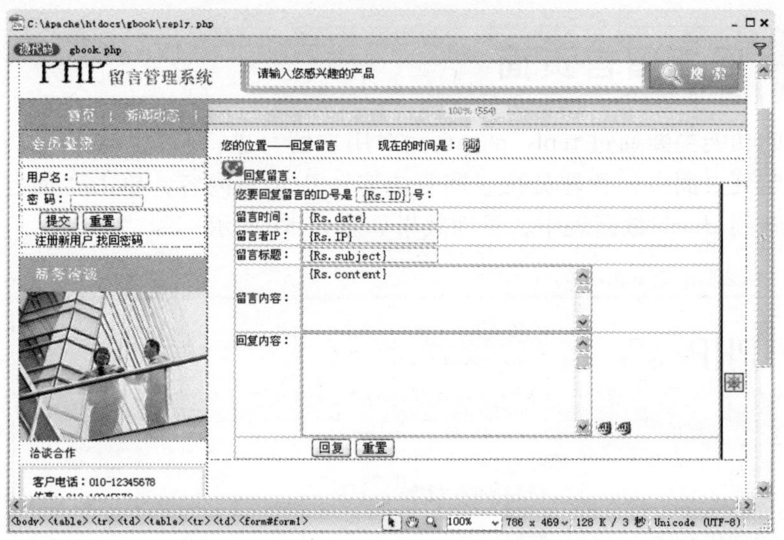

图 6-53　插入绑定字段至 reply. php 网页

3）在本页面中添加两个隐藏区域，一个为 redate，用来设定回复时间，赋值等于 <?php date_default_timezone_set('Asia/Shanghai');echo date("Y-m-d h:i:s");?>；另外一个是 passid，用来决定是否通过审核的一个权限，赋值为 0 时，就自动通过审核，如图 6-54 所示。

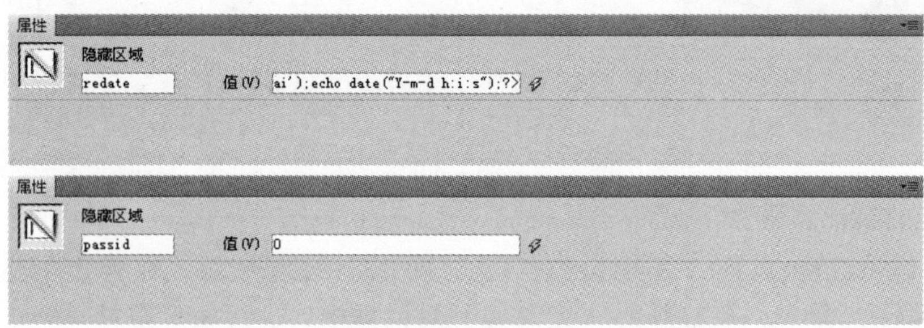

图 6-54　设置“隐藏区域”两个字段的属性

4）单击“服务器行为”面板上的+按钮，在弹出的菜单中，选择“更新记录”命令，如图 6-55 所示，用于根据留言内容对数据库中的数据进行更新。

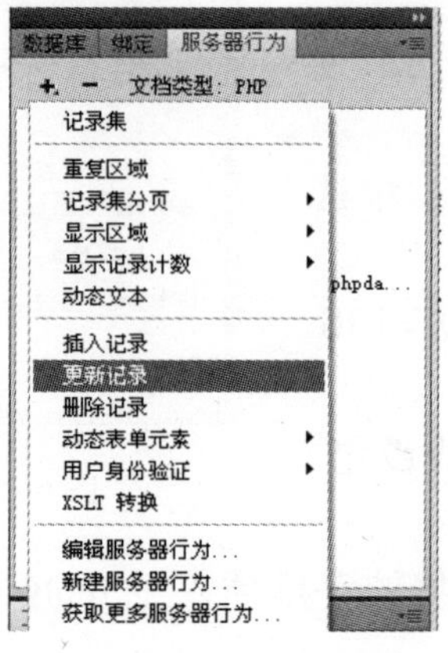

图 6-55　选择“更新记录”命令

5）在打开的“更新记录”的对话框中，按如图 6-56 所示进行更新设置。

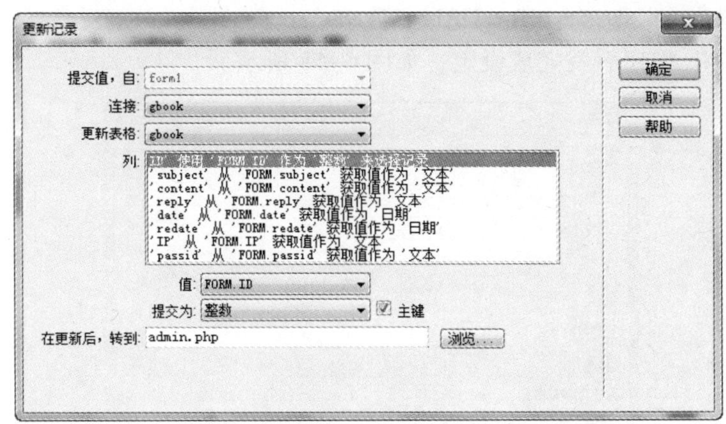

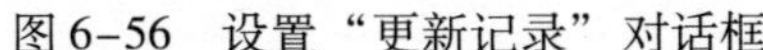
图 6-56　设置“更新记录”对话框

6）单击“确定”按钮回到编辑页面，这样就完成了回复留言页面的设置。

6.4.4　删除留言页面

删除留言页面 delbook.php，其功能是将表单中的记录从相应的数据表中删除。页面设计效果如图 6-57 所示，详细说明步骤如下。

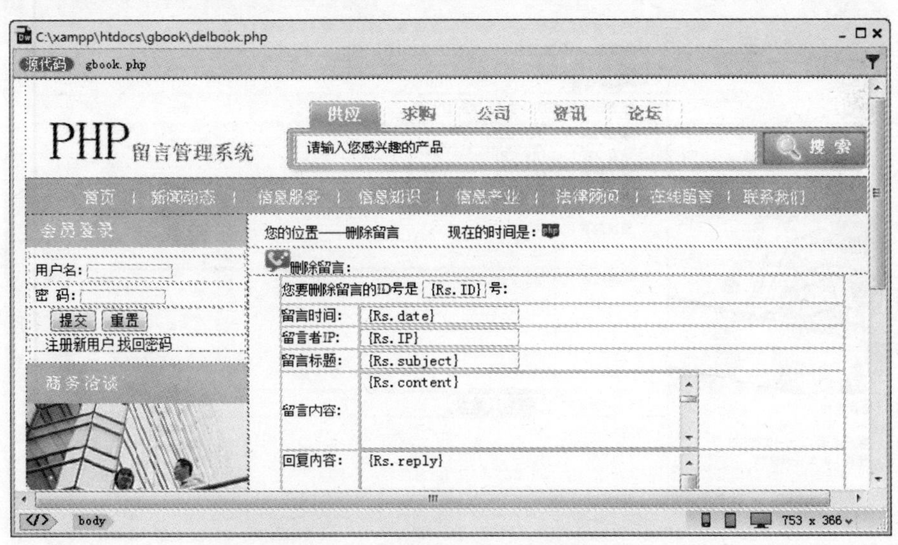

图 6-57　删除留言页面效果

1）打开 delbook.php 页面，单击“绑定”面板上的按钮，在弹出的选项中，选择“记录集（查询）”命令，在弹出的“记录集”对话框中，进行如下设置。

- 在“名称”文本框中输入 Rs 作为该记录集的名称。
- 从“连接”下拉列表框中，选择数据源连接对象 gbook。
- 从“表格”下拉列表框中，选择使用的数据库表对象为 gbook。

- 在“列”栏中选择“全部”单选按钮。
- 设置“筛选”的方法为：ID = URL 参数 ID。

再单击“确定”按钮后就完成设定，如图 6-58 所示。

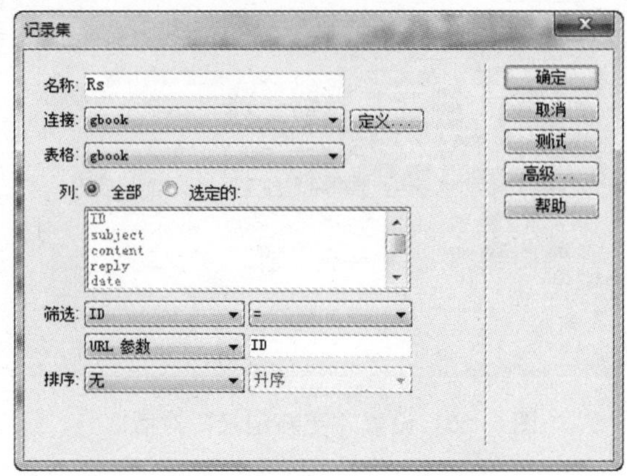

图 6-58　设置“记录集”对话框

2）绑定记录集后，再将记录集的字段插入至 delbook. php 网页的各说明文字后面，如图 6-59 所示。

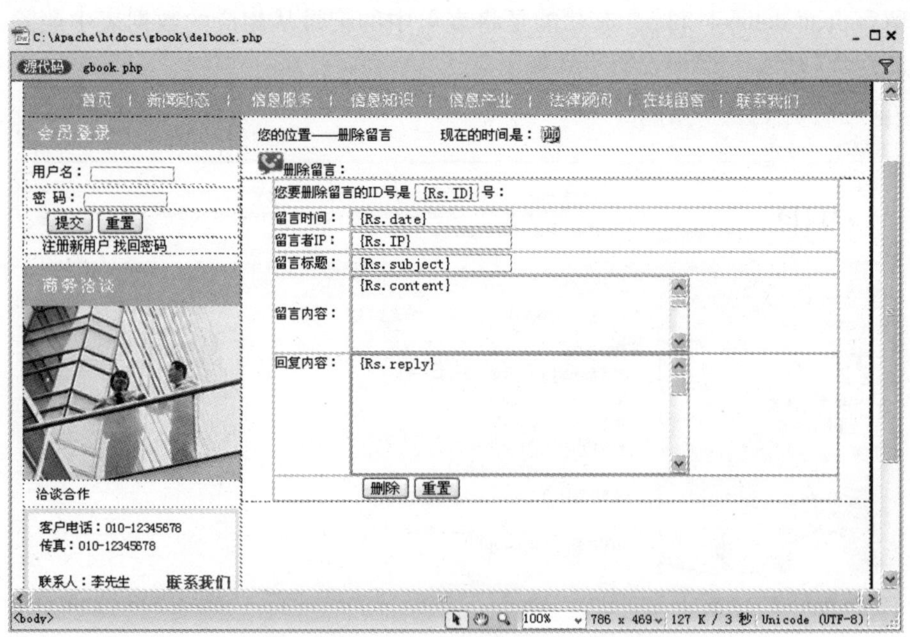

图 6-59　字段插入至 delbook. php 网页

3）在 delbook. php 的页面上，单击“服务器行为”面板上的按钮，在弹出的菜单中，选择“删除记录”命令，如图 6-60 所示，用于对数据表中的数据进行删除操作。

4）打开的“删除记录”对话框中，设置效果如图 6-61 所示。

5）单击“确定”按钮回到编辑页面，这样就完成了删除留言页面的设定。

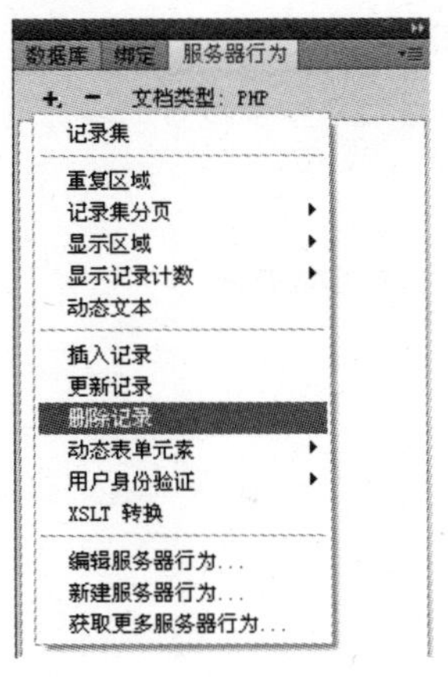

图 6-60 选择“删除记录”命令

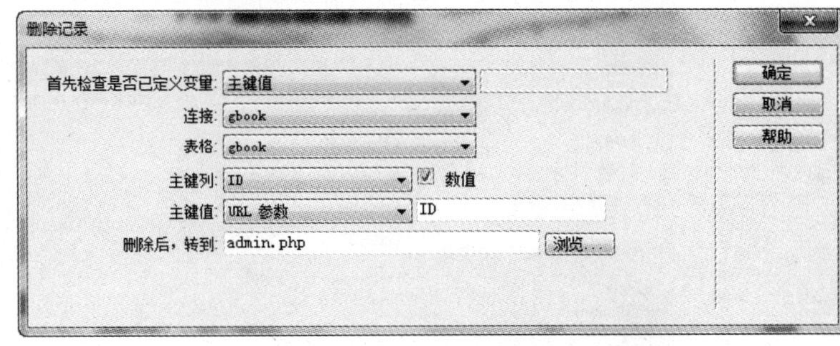

图 6-61 设置“删除记录”对话框

Section

6.5 管理系统功能的测试

留言板系统部分用到了手写代码，特别是留言的日期和回复日期，其中还涉及了留言者的 IP 采集，为了检查开发系统的正确性，需测试留言功能的执行情况。

6.5.1 前台留言测试

具体的前台测试步骤如下。

1）打开浏览器，在地址栏中输入 http://127.0.0.1/gbook/，打开 index.php 文件，如图 6-62 所示。

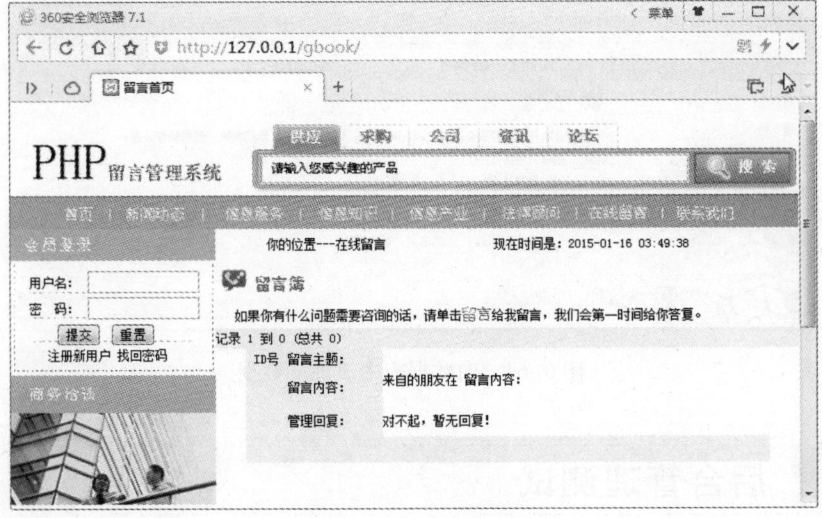

图 6-62 首页效果

2）单击“留言”，就可以进入留言页面 book. php，如图 6-63 所示。

图 6-63　留言页面效果

3）开始检测留言板功能，在“留言主题”栏中填写“开始检测留言板功能”，在“留言内容”栏中填写“如果成功，gbook 数据表中将添加刚才写入的内容”。填写完后，单击“提交”按钮提交，此时打开 index. php 页面，可以看到多了一个刚填写的数据，如图 6-64 所示。

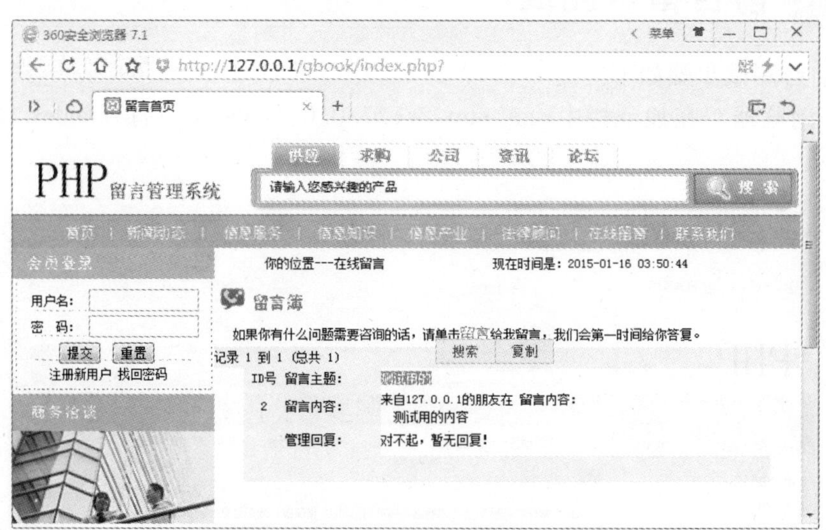

图 6-64　向数据表中添加的数据

6.5.2　后台管理测试

后台管理在留言板管理系统中起着很重要的作用，制作完成后也要进行测试。操作步骤如下。

1）打开浏览器，在地址栏中输入 http://127.0.0.1/gbook/admin_login.php，打开 admin_login.php 文件，如图 6-65 所示。

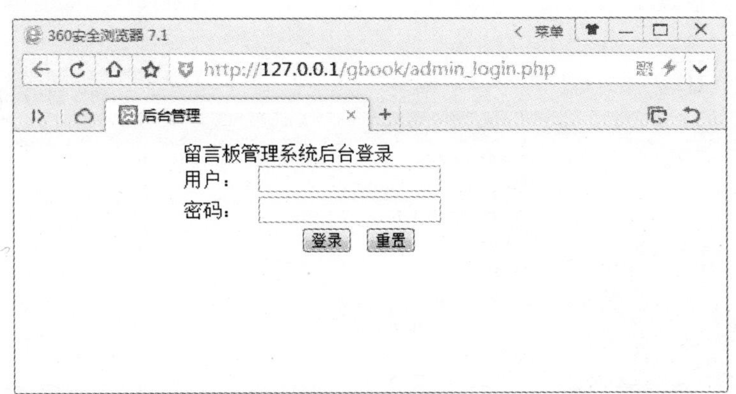

图 6-65　后台管理入口

2）在网页的表单对象的文本框及密码框中，输入用户名及密码，输入完毕，单击“登录”按钮。

3）如果在第二步中填写的登录信息是错误的，浏览器就会转到主页面 index.php；如果输入的用户名和密码都正确，则进入 admin.php 页面。在这里输入前面数据库设置的用户 admin 和密码 admin 时，转到 admin.php 页面，如图 6-66 所示。

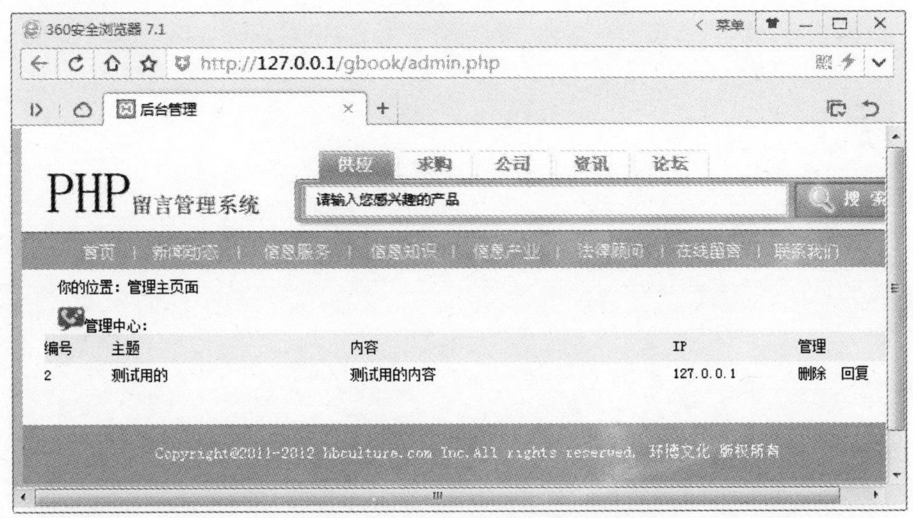

图 6-66　打开的留言管理页面

4）选择“删除”命令，进入删除页面 delbook.php，并自动将删除该留言信息。删除留言后返回留言管理页面 admin.php。

5）在留言管理页面选择“回复”命令（本次测试选择编号为 2 的留言进行回复），则进入回复页面 reply.php，如图 6-67 所示。

6）当填写回复内容“这是测试回复的”，并单击“回复”按钮，将成功回复。

至此，完成了网站留言板管理系统的建设，读者可以将其应用于实际网站的建设。

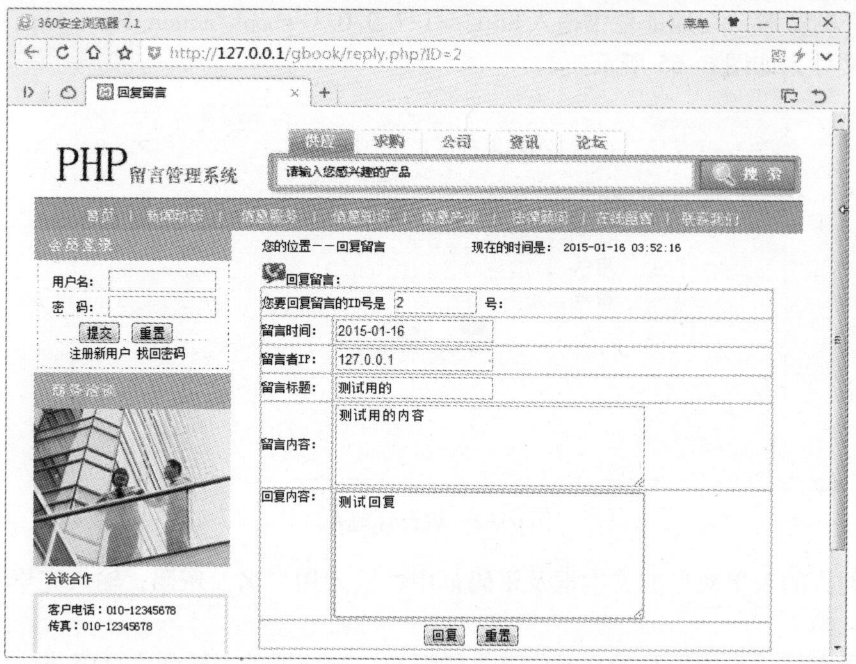

图 6-67 打开的回复页面

第7章 投票管理系统

本章主要将以手写代码的形式开发一个投票管理系统，一个投票管理系统大体可分为3个模块：选票模块、选票处理模块以及结果显示模块。投票管理系统首先给出选票选题，即供投票者选择的表单对象，当投票者单击选择投票按钮后，选票处理模块被激活，对服务器传送过来的数据做出相应的处理，先判断用户选择的是哪一项，把相应字段的值加1，然后对数据进行更新，最后将结果显示出来。本章的核心在于开始以手写代码的形式实现PHP页面的各种功能，真正提高读者的程序编写能力。

从入门到精通

主要掌握以下知识点：

- 投票管理系统站点的设计
- 投票管理系统数据库的规划
- 计算投票的方法
- 防止刷新的设置

Section

7.1 系统的整体设计规划

投票管理系统可以分为 3 个部分的页面内容，一是计算投票页面，二是显示投票结果页面，三是用来提供选择的页面。本章制作的投票管理系统总共有 4 个页面，页面的功能与文件名称如表 7–1 所示。

表 7–1　投票管理系统网页设计表

需要制作的主要页面	页 面 名 称	功　　能
开始投票页面	vote. php	访问者开始进行投票的页面
计算投票页面	voteadd. php	对访问者提交的数据进行统计并向数据库增加数据的功能页面
显示投票结果页面	voteok. php	显示投票选项比例和总显示投票的最终效果页面
投票失败页面	sorry. php	投票失败转向的页面

将要制作的投票管理系统的网页及网页结构如图 7–1 所示。

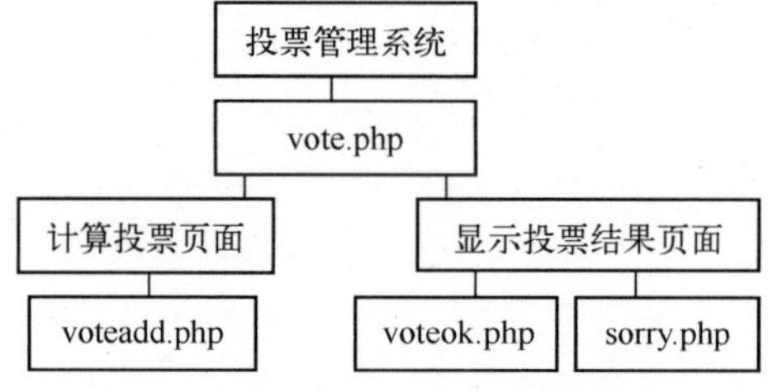

图 7–1　投票管理系统网页结构图

7.1.1 页面设计规划

根据介绍的投票管理系统的页面设计规划，在本地站点上建立站点文件夹 vote，将要制作的投票管理系统的文件夹和文件如图 7–2 所示。

图 7–2　站点规划文件夹和文件

7.1.2 投票页面设计

投票管理系统的页面共 4 个，包括开始投票页面、计算投票页面、显示投票结果页面以及投票失败页面。计算投票页面 voteadd. php 的实现方法是接收 vote. php 所传递过来的参数后执行累加的功能。为了保证投票的公正性，本系统根据 IP 地址的唯一性，设置了防止页面刷新的功能。开始投票页面和显示投票结果页面的设计如图 7–3 和图 7–4 所示。

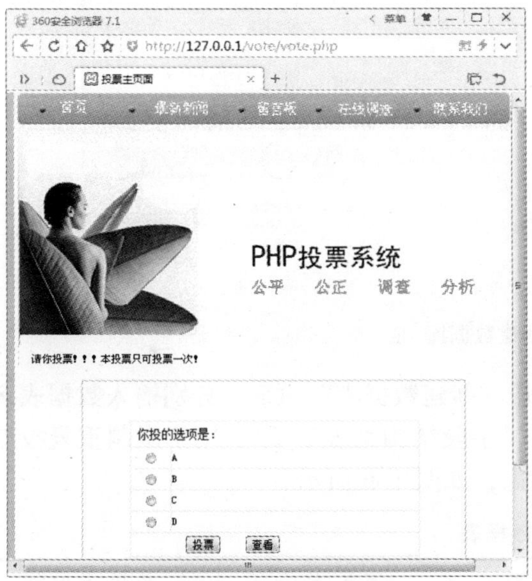

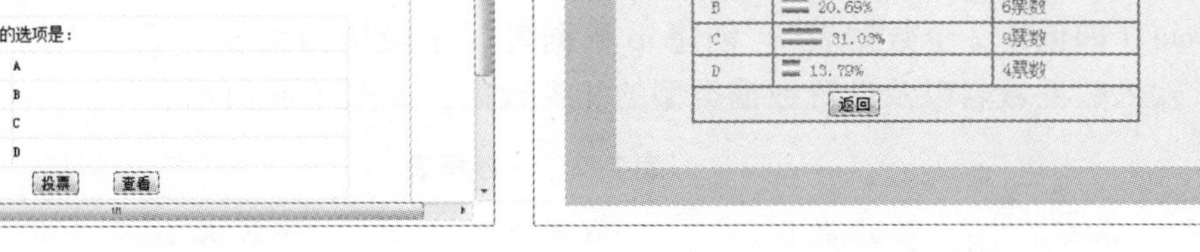

图 7–3 开始投票页面

图 7–4 显示投票结果页面

Section 7.2 数据库设计与连接

本节主要掌握投票管理系统数据库的连接方法。投票管理系统的数据库主要用来存储投票选项和投票次数。

7.2.1 数据库设计

投票管理系统需要一个用来存储投票选项和投票次数的数据表 vote 和用于存储用户 IP 地址的数据表 ip。

制作的步骤如下。

1）在 phpmyAdmin 中建立数据库 vote，选择 数据库 命令打开本地的“数据库”管理页面，在“新建数据库”文本框中输入数据库的名称 vote，单击打开后面的数据库类型下拉菜单，选择 utf8_general_ci 选项，单击“创建”按钮，返回“常规设置”页面，在数据库列表中就已经建立了 vote 的数据库，如图 7–5 所示。

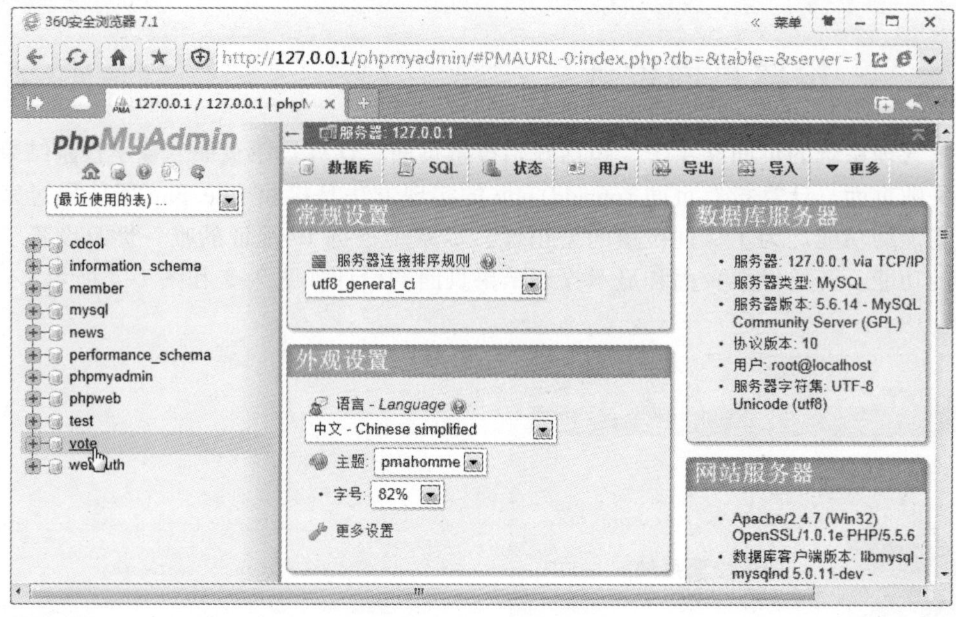

图 7-5　开始创建数据库

2）单击左边的 vote 数据库将其连接上，打开“新建数据表”页面，分别输入数据表名 ip 和 vote（即创建 2 个数据表）。创建 ip 数据表（字段结构见表 7-2），用于限制重复投票使用，输入数据域名以及设置数据类型的相关数据，如图 7-6 所示。

表 7-2　ip 数据表

意　义	字段名称	数据类型	字段大小	必填字段
主题编号	ID	INTEGER	长整型	
投票的 ip 地址	voteip	VARCHAR	255	是

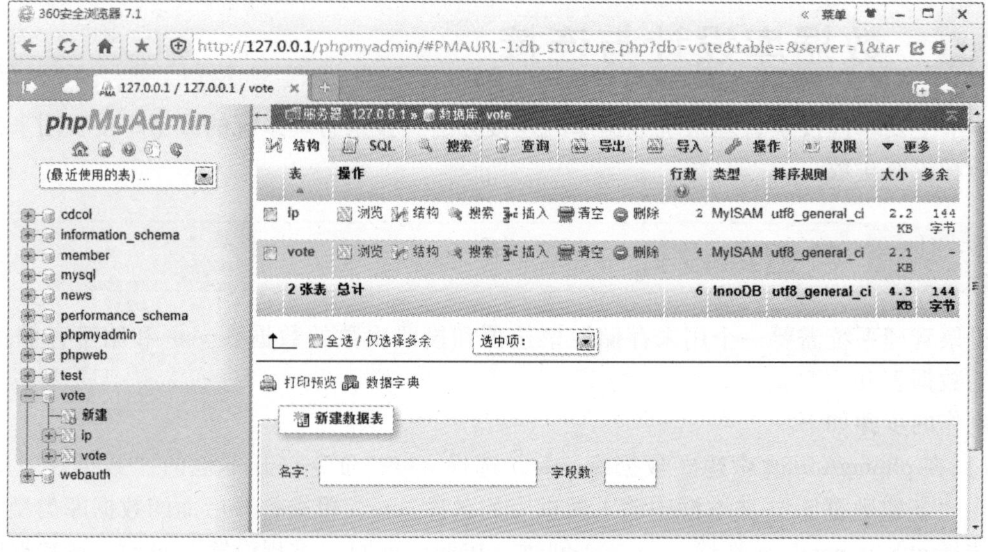

图 7-6　创建的 ip 数据表

3）设计 vote 数据表用于储存投票的选项和投票的数量，输入数据域名以及设置数据域位的相关数据，如图 7–7 所示。对访问者的留言内容做一个全面的分析，设计 vote 的字段结构如表 7–3 所示。

表 7–3　投票数据表 vote

意　义	字段名称	数据类型	字段大小	必填字段
主题编号	ID	INTEGER	11	是
投票主题	item	VARCHAR	50	是
投票数量	vote	INTEGER	20	是

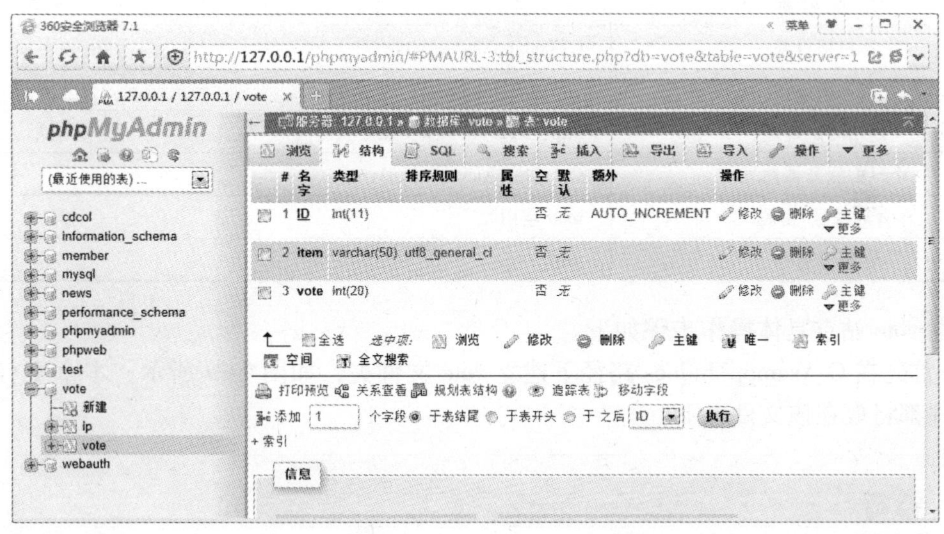

图 7–7　vote 数据表

4）为了方便后面系统开发的需要，事先在 vote 数据表里加入 4 个投票的数据，单击“浏览”选项卡，在数据表手动加入名为选项 1 ~ 选项 4 四个选择模式，如图 7–8 所示。

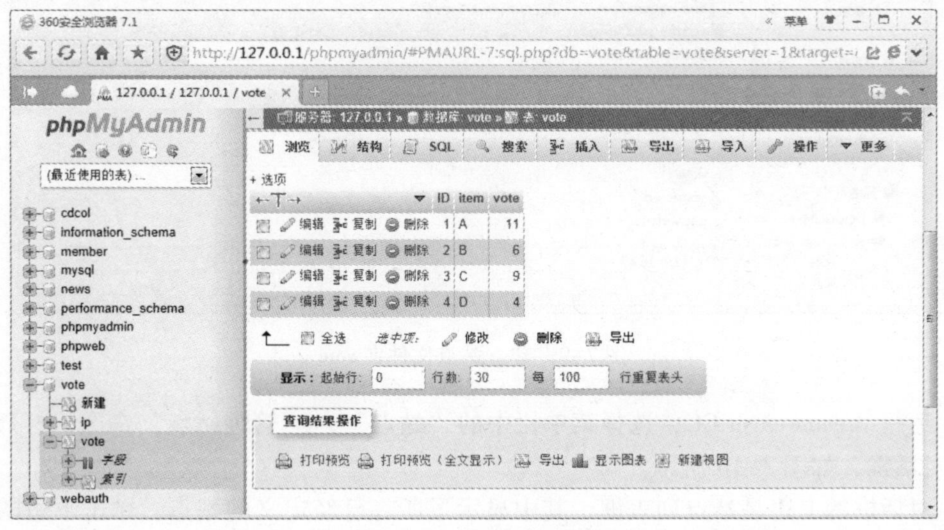

图 7–8　输入投票选择

数据库创建完毕，对于本系统而言，新技术是如何用手写代码的形式实现数据库的查询以及插入等操作。

7.2.2 定义 vote 站点

在 Dreamweaver CC 中创建一个“投票系统”网站站点 vote，由于这是 PHP 数据库网站，因此必须设置本机数据库和测试服务器。主要的设置如表 7-4 所示。

表 7-4 站点设置的基本参数

站点名称	vote
本机根目录	C:\xampp\htdocs\vote
测试服务器	C:\xampp\htdocs\
网站测试地址	http://127.0.0.1/vote/
MySQL 服务器地址	C:\xampp\mysql\data\vote
管理账号/密码	root/空白
数据库名称	vote

创建 vote 站点具体操作步骤如下。

1）首先在 C:\xampp\htdocs 路径下建立 vote 文件夹，如图 7-9 所示，本章所有建立的网页文件都将放在该文件夹下。

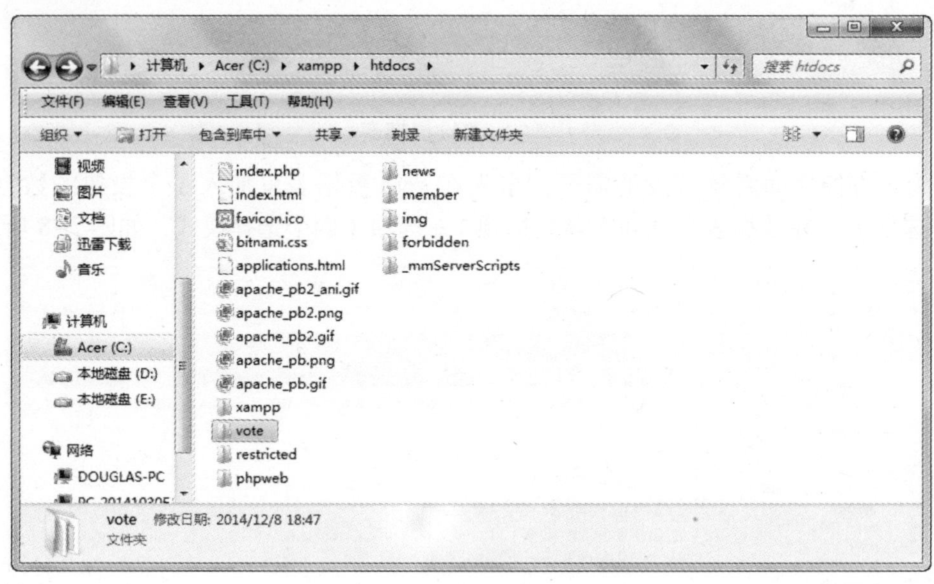

图 7-9 建立站点文件夹 vote

2）运行 Dreamweaver CC，选择菜单栏中的“站点”→“管理站点”命令，打开“管理站点”对话框，如图 7-10 所示。

3）对话框的上边是站点列表框，其中显示了所有已经定义的站点。单击下边的“新建站点,”按钮，打开“站点设置对象”对话框，进行如下参数设置。

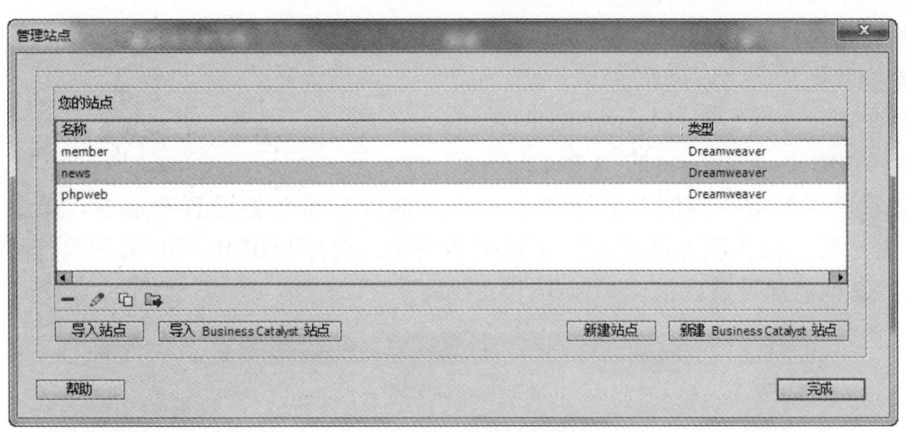

图 7-10 “管理站点”对话框

- “站点名称”：vote。
- “本地站点文件夹”：C:\xampp\htdocs\vote\。

如图 7-11 所示。

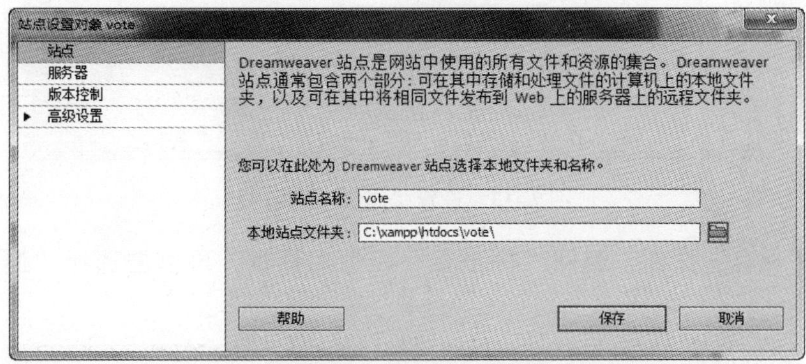

图 7-11 建立 vote 站点

4）单击列表框中的“服务器”选项，并单击“添加服务器”按钮 ，打开“基本”选项卡，进行如图 7-12 所示的参数设置。

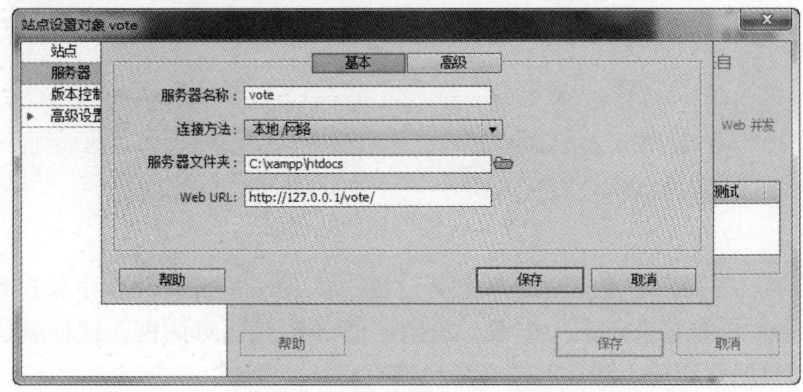

图 7-12 设置“基本”选项卡

- “服务器名称”：vote。
- “连接方法”：本地/网络。
- “服务器文件夹”：C:\xampp\htdocs\。
- “Web URL”：http:// 127.0.0.1/ vote/。

5）设置后再单击“高级”选项卡，打开“高级”服务器设置对话框。单击“维护同步信息”复选框，在“服务器模型”下拉列表项中，选择 PHP MySQL 来表示是使用 PHP 开发的网页，其他的保持默认值，如图 7-13 所示。

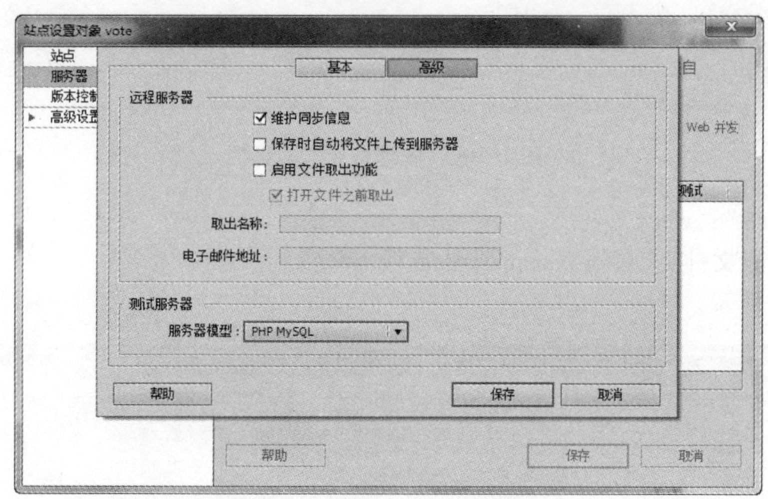

图 7-13　设置“高级”选项卡

6）单击“保存”按钮，返回“服务器”设置对话框，再单击选择“测试”复选框，如图 7-14 所示。

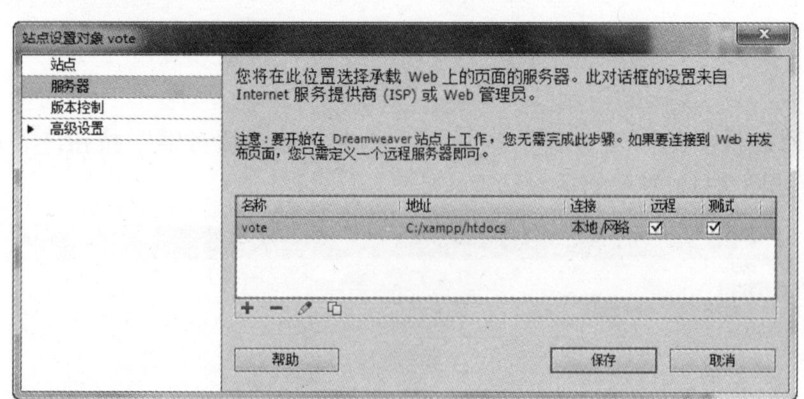

图 7-14　设置服务器参数

单击“保存”按钮，则完成站点的定义设置。在 Dreamweaver CC 中就已经拥有了刚刚所设置的站点 vote。单击“完成”按钮，关闭“管理站点”对话框，这样就完成了 Dreamweaver CC 测试投票管理系统网页的网站环境设置。

7.2.3 设置数据库连接

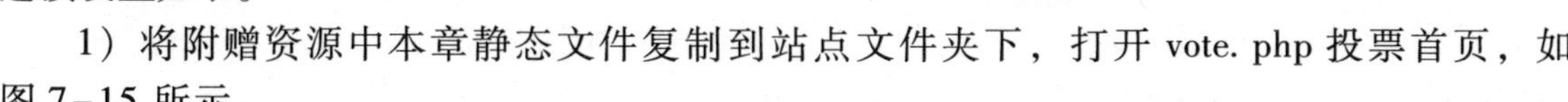

完成了站点的定义后，接下来就是投票系统网站与数据库之间的连接。网站与数据库的连接设置如下。

1）将附赠资源中本章静态文件复制到站点文件夹下，打开 vote. php 投票首页，如图 7-15 所示。

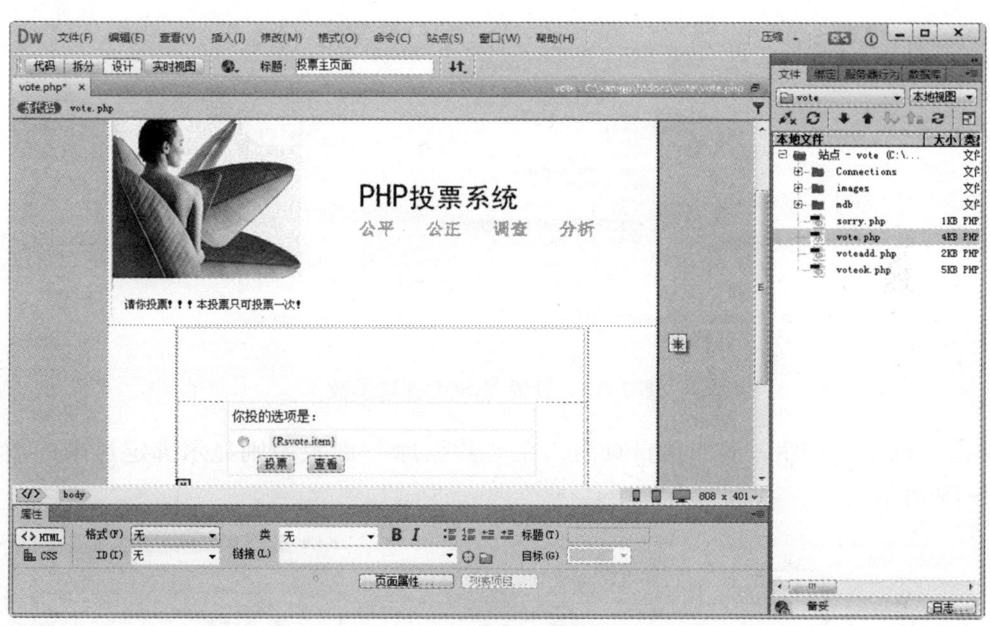

图 7-15　打开网站首页

2）单击选择菜单栏上的“窗口”→“数据库”命令，打开“数据库”面板。在“数据库”面板，单击选择“+”按钮，并在打开的菜单中选择“MySQL 连接”命令，如图 7-16 所示。

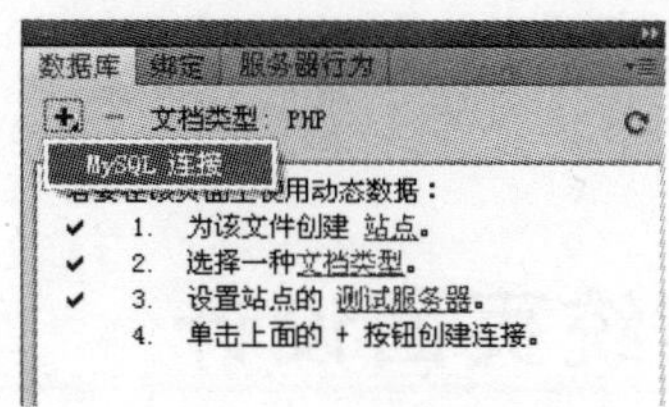

图 7-16　选择 MySQL 连接

3）在“MySQL 连接”对话框中，输入“连接名称”为 vote，“MySQL 服务器”名为 localhost，“用户名”为 root，密码为空，如图 7-17a 所示。选择所要建立连接的数据库名称，可以单击“选取”按钮浏览 MySQL 服务器上的所有数据库。选择刚建立的范例数据库 vote，具体的设置内容如图 7-17b 所示。

4）单击“测试”按钮，测试与 MySQL 数据库的连接是否正确，如果正确则会出一个消息框，如图 7-18 所示，这表示数据库连接设置成功。

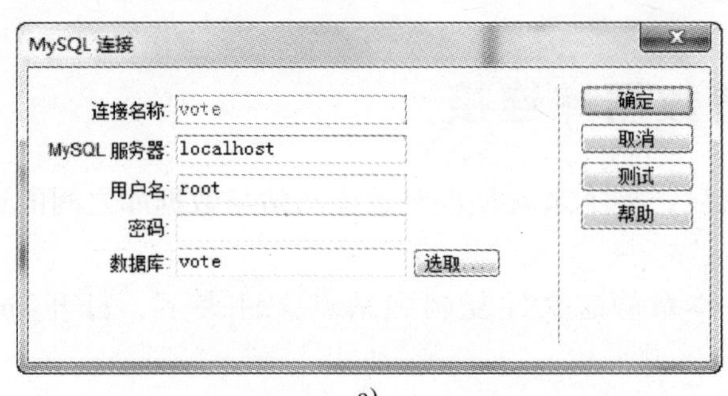

a)

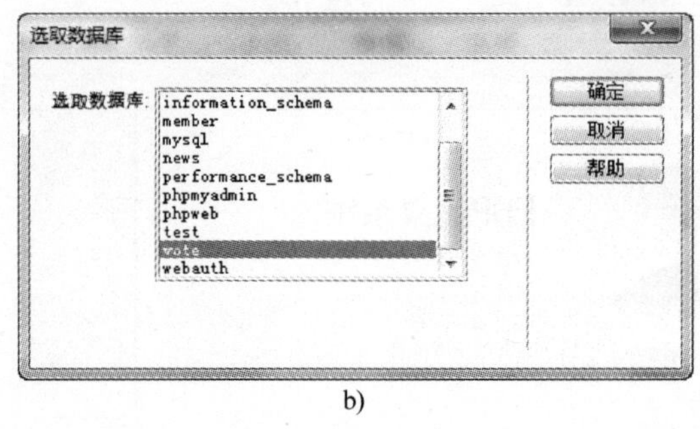

b)

图 7-17 设置 MySQL 连接参数

单击“确定”按钮，返回编辑页面，在“数据库”面板中则显示绑定过来的数据库，如图 7-19 所示。

图 7-18 设置成功

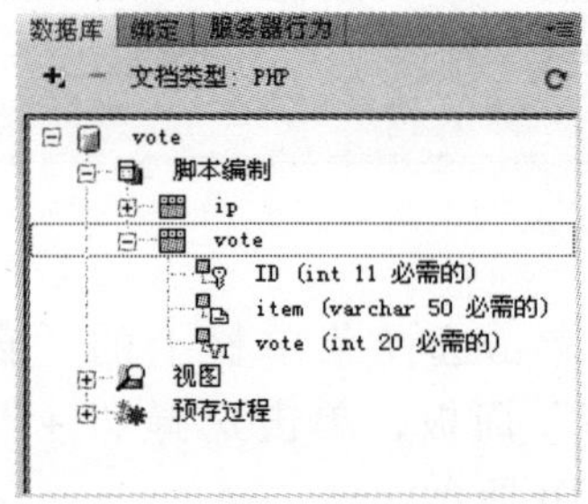

图 7-19 绑定的数据库

Section 7.3 投票管理系统页面设计

在投票管理系统中，需要重点设计的页面是开始投票页面 vote. php 和投票结果页面 voteok. php。计算投票页面 voteadd. php 是一个动态页面，没有相应的静态页面效果，只有累加投票次数的功能。

7.3.1 开始投票页面设计

开始投票页面 vote. php 主要是用来显示投票的主题和投票的内容，让用户进行投票，

然后传递到 voteadd. php 页面进行计算。

详细的操作步骤如下。

1）打开刚创建的 vote. php 页面，输入网页标题“开始投票页面”，执行菜单“文件”→“保存”命令，将网页保存。

2）在刚创建背景图像的单元格中，执行菜单“插入记录”→“表单”→“表单”命令，再执行菜单“插入”→“表格”命令，在表单中插入一个 3 行 2 列的表格，并在表格中执行菜单“插入”→“表单”→“单选按钮”，插入一个单选按钮，然后在“属性”面板中选择单选按钮，将它命名为 ID，如图 7–20 所示。

图 7–20　设置“单选按钮”名称

3）执行菜单“插入”→“表单”→“按钮”命令，插入两个按钮。一个是用来提交表单的按钮，命名为“投票”；另外一个是用来查看投票结果的按钮，命名为“查看”。效果如图 7–21 所示。

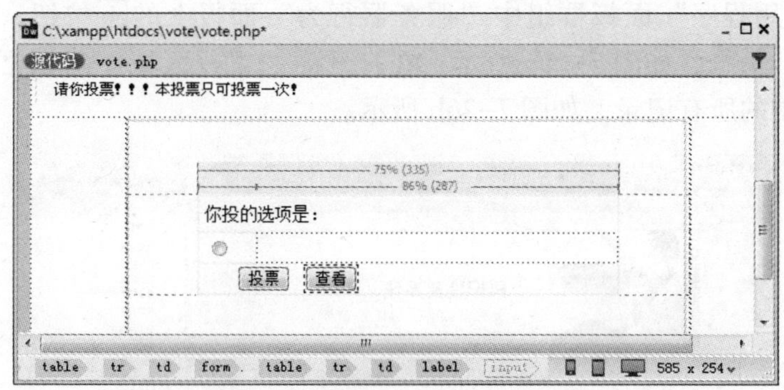

图 7–21　插入两个按钮效果图

4）单击“应用程序”面板群组中“绑定”面板上的 + 按钮，在弹出的菜单中，选择“记录集（查询）”命令，在打开的“记录集”对话框中，输入设定值，如图 7–22 所示。

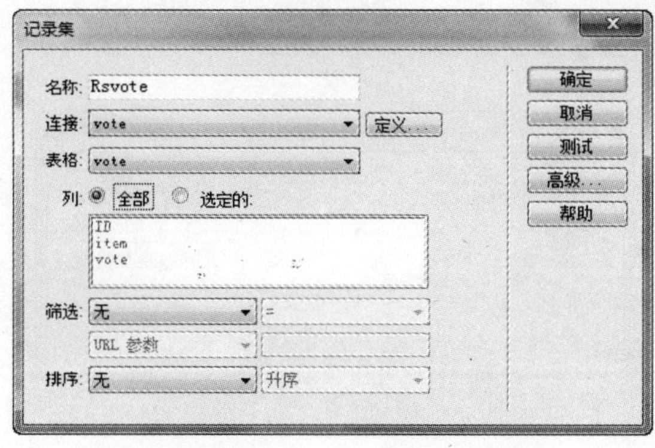

图 7–22　设置“记录集”对话框

5）绑定记录集后，将记录集中的字段插入至vote. php 网页的适当位置，如图 7-23 所示。

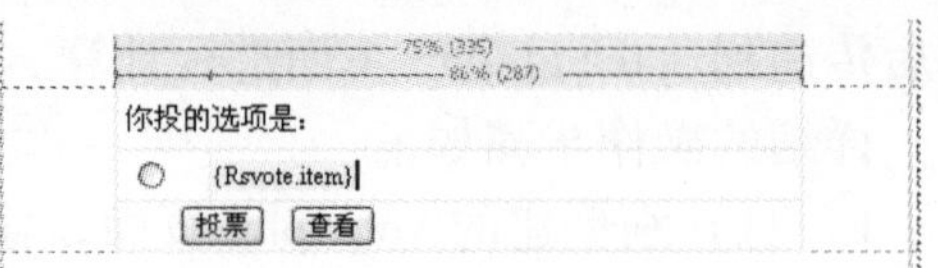

图 7-23　记录集的字段插入至 vote. php 网页

6）单击“单选按钮”将字段 ID 绑定到单选按钮上，绑定后在“单选按钮”的属性面板中的“选定值”中添加了插入 ID 字段的相应代码为<?php echo $row_Rsvote['ID']; ?>，如图 7-24 所示。

7）加入“服务器行为”中“重复区域”的命令，单击 vote. php 页面中的表格，如图 7-25 所示。

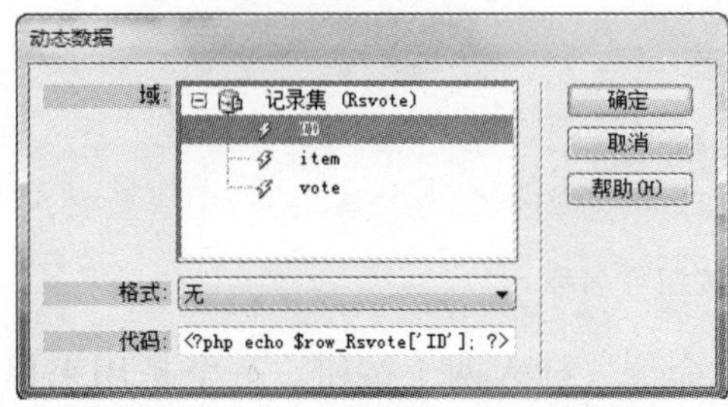

图 7-24　插入字段到单选按钮

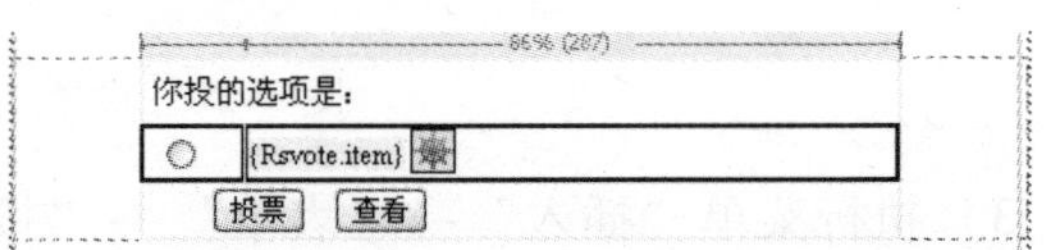

图 7-25　选择要重复的区域

8）单击“应用程序”面板群组中“服务器行为”面板上的+按钮，在弹出的菜单中选择“重复区域”命令，如图 7-26a 所示，在打开的“重复区域”对话框中，设定一页显示 Rsvote 记录集中的所有记录，如图 7-26b 所示。

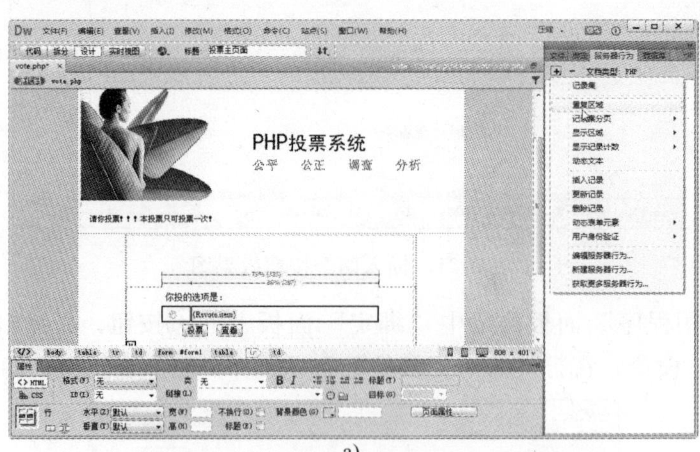

a)

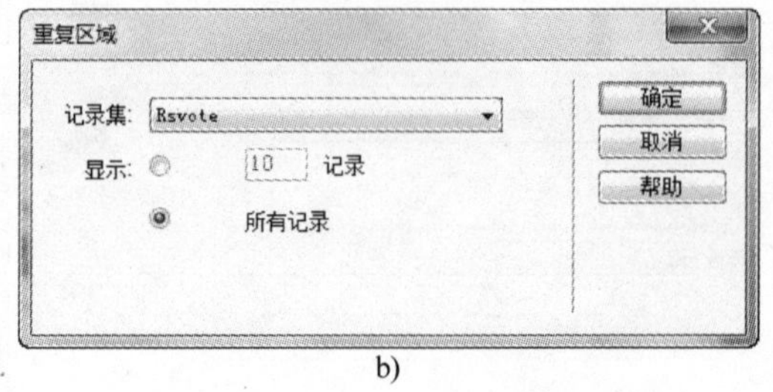

b)

图 7-26　设置“重复区域”对话框

9）单击“确定”按钮回到编辑页面，会发现先前所选取要重复的区域左上角出现了一个“重复”的灰色标签，这表示已经完成设置，如图7-27所示。

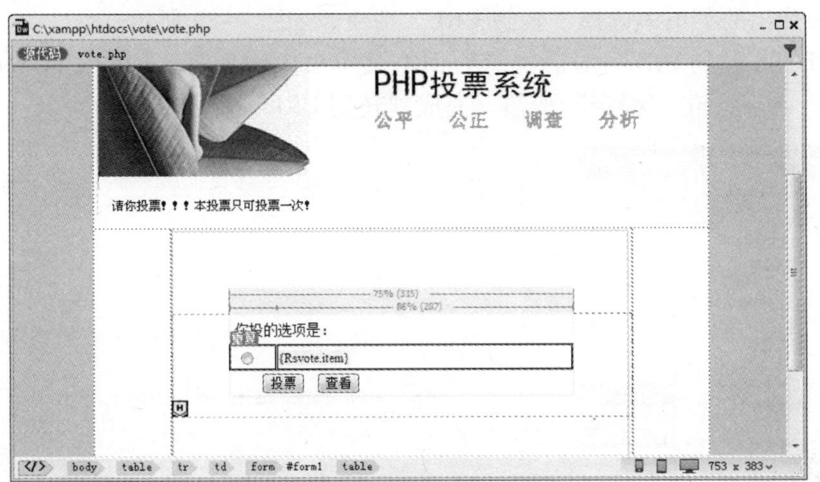

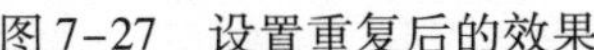
图7-27 设置重复后的效果

10）在vote.php页面中，将鼠标放在表格中，在“标签选择器”上单击<form>标签，并在“属性”面板设置表单<form1>的“动作”为设置投票数据增加的页面voteadd.php。“方法”为POST，如图7-28所示。

图7-28 设置表单动作

重点说明：PHP $_GET 变量和 $_POST 变量。

1）$_GET 变量。$_GET 变量是一个数组，内容是由 HTTP GET 方法发送的变量名称和值。$_GET 变量用于收集来自 method="get" 的表单中的值。从带有 GET 方法的表单发送的信息，对任何人都是可见的（会显示在浏览器的地址栏），并且对发送的信息量也有限制（最多100个字符）。在使用 $_GET 变量时，所有的变量名和值都会显示在 URL 中。所以，在发送密码或其他敏感信息时，不应该使用这个方法。不过，正因为变量显示在 URL 中，因此可以在收藏夹中收藏该页面。在某些情况下，这是很有用的。

2）$_POST 变量。$_POST 变量是一个数组，内容是由 HTTP POST 方法发送的变量名称和值。$_POST 变量用于收集来自 method="post" 的表单中的值。从带有 POST 方法的表单发送的信息对任何人都是不可见的（不会显示在浏览器的地址栏），并且对发送信息的量也没有限制。

这里顺便提一下表单的验证问题，应该在任何时候对用户输入可以进行验证。客户端的验证速度更快，并且可以减轻服务器的负载。但任何一个流量很高以至于不得不担心服务器资源的站点，有必要担心站点的安全性。如果表单访问的是数据库，就非常有必要采用服务器端的验证。在服务器验证表单的一种好的方式是把表单传给它自己，而不是跳转到不同的页面。这样用户就可以在同一张表单页面得到错误信息，用户也就更容易发现错误了。

11）单击页面中的“查看”按钮，选择“标签（input）”面板，单击“行为”面板下的+按钮，在弹出的菜单中选择“转到 URL”命令，如图 7-29 所示。

12）打开的“转到 URL”对话框，在 URL 文本框中输入要转到的文件 voteok. php，如图 7-30 所示，然后单击“确定”按钮，完成“转到 URL”设置。

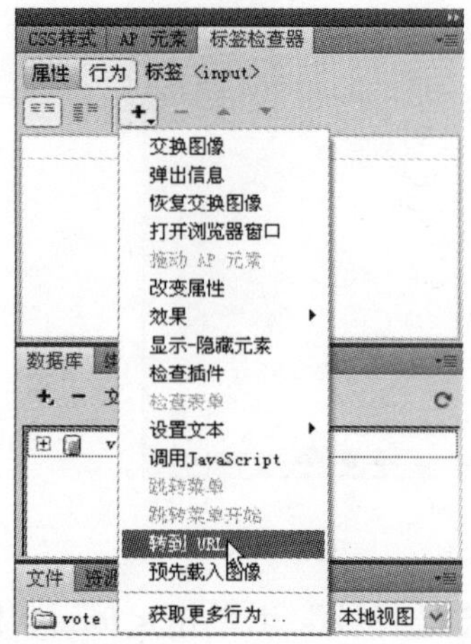

图 7-29　选择“转到 URL”命令

图 7-30　输入“转到 URL”的文件地址

7.3.2 计算投票页面设计

计算投票页面 voteadd. php，主要方法是接收 vote. php 所传递过来的参数，然后再进行累加计算。计算投票页面 voteadd. php 只用于后台计算用，希望投票者在成功投票之后转到投票结果页面 voteok. php，只要加入代码 header("location:voteok. php");到 voteadd. php 页面就可以完成对 voteadd. php 页面的制作。本小节核心代码如下：

```
<meta http-equiv="Content-Type" content="text/html; charset=utf-8" />
<?php
if (empty($_POST['ID'])){
        echo "您没选择投票的项目";
        exit(0);
    }//判断是否选择了返岗票的选项
  else
  {

 $ID = strval($_POST['ID']);
//赋值 ID 变量为上一页传递过来的 ID 值
 $conn = mysql_connect("localhost","root","admin");
//建立数据库连接
if (!$conn)
  {
```

```
    die('数据库连接出错:'. mysql_error());
    }
  //如果数据库连接出错,显示错误
  mysql_select_db("vote", $conn);
  //查询 vote 数据
  mysql_query("UPDATE vote SET vote = vote + 1 WHERE ID = '". $ID. "'");
  //根据 ID 更新数表 vote,并自动加一
  mysql_close($conn);

  header("location:voteok.php");
    //转到 voteok.php
  }
```

重点提示：UPDATE 语句用于在数据库表中修改数据。

语法

```
UPDATE table_name
SET column_name = new_value
WHERE column_name = some_value
```

注释：SQL 对大小写不敏感，UPDATE 与 update 等效。

为了让 PHP 执行上面的语句，必须使用 mysql_query()函数。该函数用于向 SQL 连接发送查询和命令。

如果手写代码感觉到困难，请打开第 2 章对 PHP 和 MySQL 数据库的操作章节，进行详细的对照应用。在手写代码的时候切勿心烦，只有细心地写好每一行代码，方可以实现其功能，否则会经常出错。

7.3.3 显示投票结果页面设计

显示投票结果页面 voteok.php 主要是用来显示投票总数结果和各投票的比例结果，静态页面设计效果如图 7-31 所示。

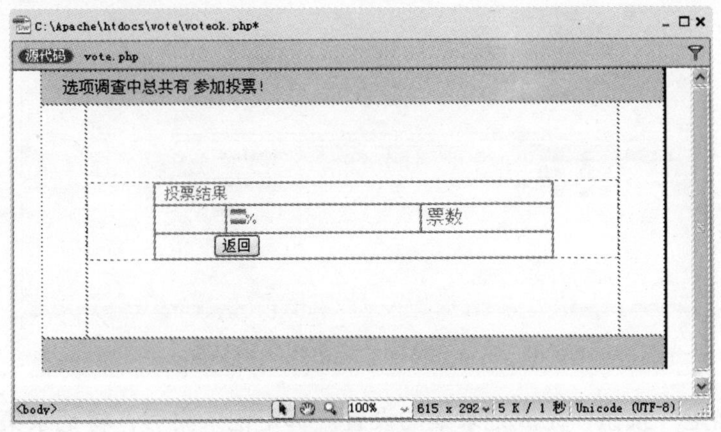

图 7-31 显示结果页面设计效果

1）单击“应用程序”面板群组中“绑定”面板上的⊞按钮，在弹出的菜单中，选择“记录集（查询）”命令，在打开的“记录集”对话框中，设置如图 7-32 所示。

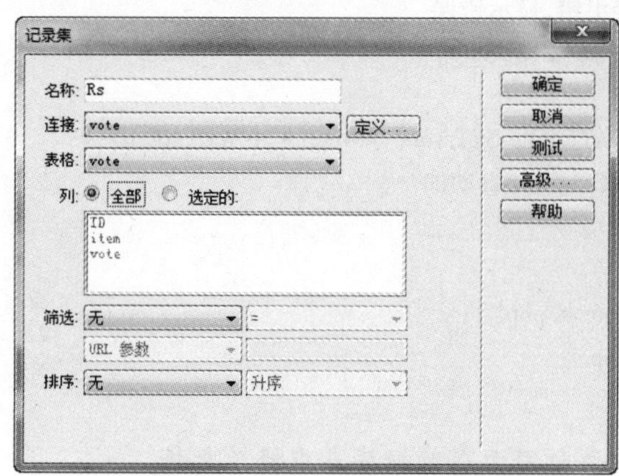

图 7-32　设置“记录集”对话框

2）再次单击“应用程序”面板群组中“绑定”面板上的⊞按钮，接着在弹出的菜单中，选择“记录集（查询）”命令，在打开的“记录集”对话框中，单击“高级”按钮，进入高级编辑窗口，并在 SQL 对话框中加入以下代码：

```
SELECT sum(vote) as sum
//选择 vote 字段进行计算合计,函数 sum()用于计算总值
FROM vote
//从数据表 vote 中取出数据
```

如图 7-33 所示。

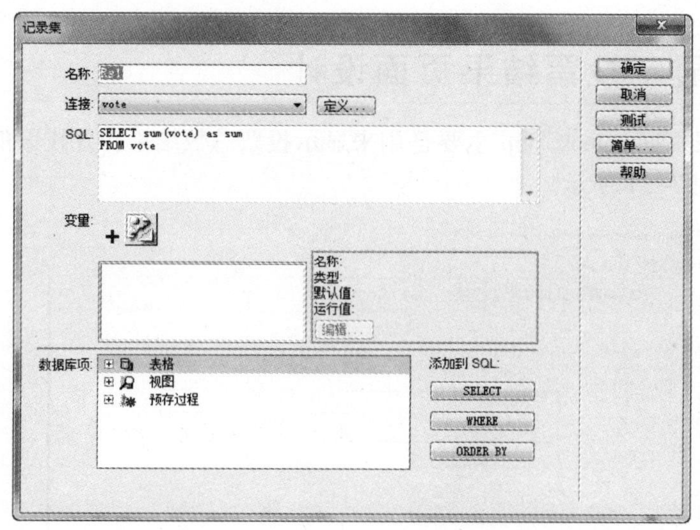

图 7-33　设置“记录集”对话框

3）单击“确定”按钮，完成记录集的设置。绑定记录集后，将记录集中的字段插入至 voteok. php 网页中的适当位置，如图 7-34 所示。

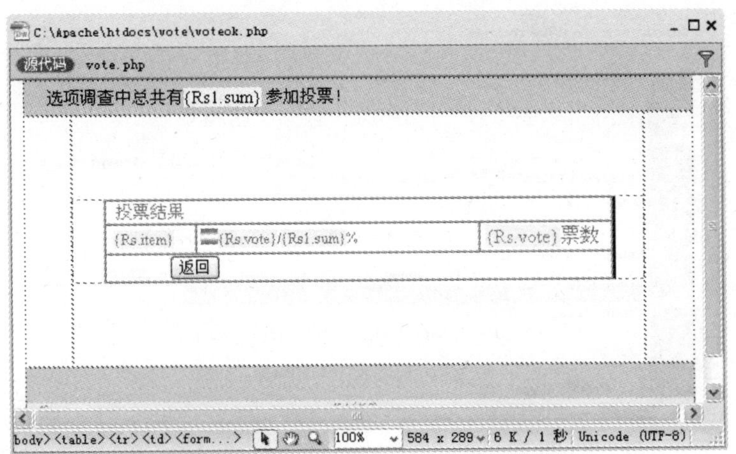

图 7-34 字段的插入至 voteok. php

4）单击代码按钮，进入“代码”视图编辑页面，在“代码”视图编辑页面中找到如下代码：

```
<?php echo $row_Rs['vote']; ?>/<?php echo $row_Rs1['sum']; ?>
//相应百分比的代码
```

按下面步骤修改此段代码。

● 去掉“/”前面的? >的“/”和后面的<?php echo，得到代码：

```
<?php echo $row_Rs['vote']/ $row_Rs1['sum'] ?>
```

● 把<?php echo 和% >之间的代码用（）把它给括上，得到代码：

```
<?php echo ( $row_Rs['vote']/ $row_Rs1['sum'])?>%
```

● 在代码后面加入 * 100，得到代码：

```
<?php echo ( $row_Rs['vote']/ $row_Rs1['sum']) *100?>%
```

● 在代码前面加入 round，在 * 100 前面加入小数点保留位数 4，并用（）括上，得到代码：

```
<?php echo round(( $row_Rs['vote']/ $row_Rs1['sum']),4) *100?>%
```

5）代码修改之后，因为控制网页中的长度也是用到这段代码，所以将这段代码进行复制，然后再单击按钮，切换到“代码”窗口，选择<img>中的 width 的值将其代码进行粘贴，因为在图案中没有用到小数点的设置，所以将代码前面 round 和保留位数 4 删除，得到代码为：

```
width =" <?php echo round(( $row_Rs['vote']/ $row_Rs1['sum']),4) *100?>"
```

这样，图像就可以根据比例的大小进行宽度的缩放，设置如图 7-35 所示。

6）单击 设计 按钮，回到“设计”编辑窗口，加入“服务器行为”面板中“重复区域”的命令，选择 voteok. php 页面中需要重复的表格，如图 7-36 所示。

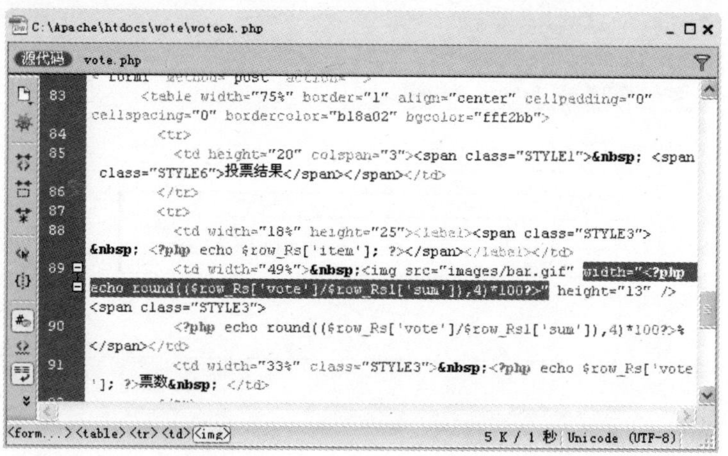

图 7-35　设置图像的缩放

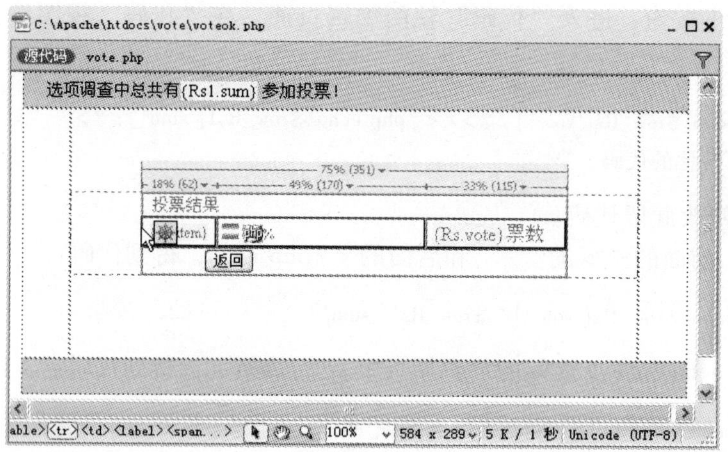

图 7-36　选择要重复的区域

7）单击“应用程序”面板群组中“服务器行为”面板上的[+]按钮，在弹出的菜单中选择“重复区域”命令，在打开的“重复区域”对话框中，设定显示 Rs 记录集中的所有记录，如图 7-37 所示。

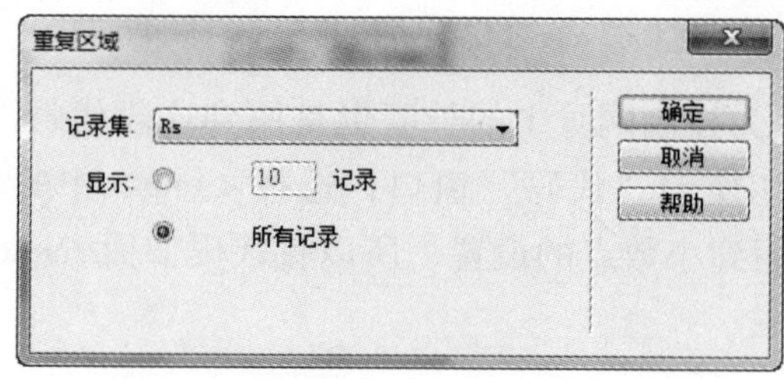

图 7-37　设置“重复区域”对话框

8）单击“确定”按钮回到编辑页面，会发现先前所选取要重复的区域左上角出现了一个“重复”的灰色标签，这表示已经完成设置。

9）单击页面中的“返回”按钮，选择“标签（input）”面板，再单击“行为”面板上的按钮，在弹出的菜单中选择“转到 URL”选项，在打开的“转到 URL”对话框中的 URL 文本框输入要转到的文件“vote. php”，如图 7-38 所示。

图 7-38　输入“转到 URL”的文件地址

10）单击“确定”按钮，完成显示投票结果页面 voteok. php 的设置。测试浏览效果如图 7-39 所示。

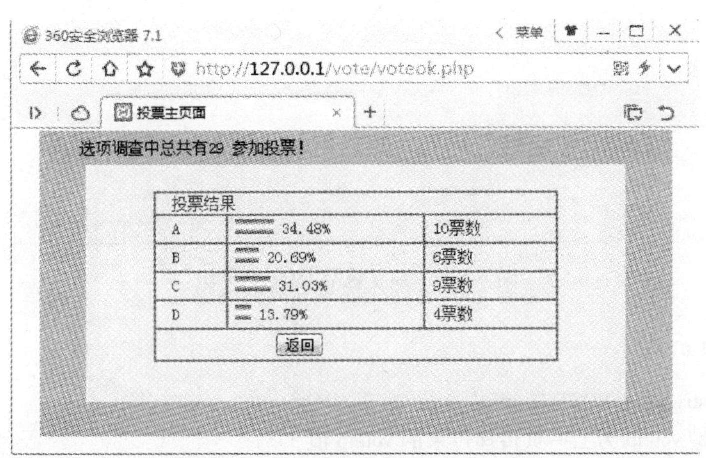

图 7-39　显示投票结果页面的效果

7.3.4　防止页面刷新设计

一个投票管理系统要求公平、公正的投票，不允许进行多次投票，所以在设计投票开始系统时，有必要加入防止页面刷新的功能。

实现该功能的详细操作步骤如下。

1）打开开始投票页面 vote. php，把鼠标放在表单中，执行菜单“插入”→“表单”→“隐藏域”命令，插入一个隐藏字段 voteip。

2）单击隐藏域图标，打开“属性”面板。设置隐藏域的值为 <?php echo $_SERVER ['REMOTE_ADDR'];?>。

//取得用户 IP 地址

如图 7-40 所示。

图 7-40　设置“隐藏域”值

3）将实现防止刷新的程序放到 voteadd. php 页面里面，打开前面制作的计算投票页面 voteadd. php，在相应的位置加入代码，如图 7-41 所示。

```
C:\xampp\htdocs\vote\voteadd.php
<meta http-equiv="Content-Type" content="text/html; charset=utf-8" />
<?php
if (empty($_POST['ID'])){
        echo "您没选择投票的项目";
        exit(0);
    }//判断是否选择了返回票的选项
    else
    {

$voteip=strval($_POST['voteip']);
//赋值变量voteip为上一页传递过来的voteip值
$con = mysql_connect("localhost","root","");
//建立数据库连接
if (!$con)
  {
  die('数据库连接出错: ' . mysql_error());
  }
  //如果数据库连接出错，显示错误
mysql_select_db("vote", $con);
//查询vote数据库
$sql=mysql_query("select * from ip where voteid='".$voteip."'");
```

图 7-41　加入防止刷新的代码

具体的代码分析如下：

```
$voteip = strval( $_POST['voteip'] );
//赋值变量 voteip 为上一页传递过来的 voteip 值
$con = mysql_connect("localhost","root","admin");
//建立数据库连接
if (!$con)
  {
  die('数据库连接出错:'. mysql_error());
  }
  //如果数据库连接出错,显示错误
mysql_select_db("vote", $con);
//查询 vote 数据库
$sql = mysql_query("select * from ip where voteid ='". $voteip. "'");
//以 voteid = voteip 为条件查询数据表 ip
$info = mysql_fetch_array( $sql);
//从结果集中取得一行作为关联数组 info
if( $info = = true)
//如果值为真,说明数据库中有 IP 地址,已经投过票
{
```

```
        header("location:sorry.php");
        //转到 voteok.php
        exit;

    }
    else
    {
        mysql_query("INSERT INTO ip (voteid) VALUES ('". $voteip."')");
        //如果没有则将 ip 地址插入到 ip 数据表中
        }
    mysql_close($con);
```

4）完成防止页面刷新设置。当用户再次投票时，系统可以根据 IP 的唯一性进行判断。当用户再次投票的时候，将转到投票失败页面 sorry.php，sorry.php 页面设计如图 7-42 所示。

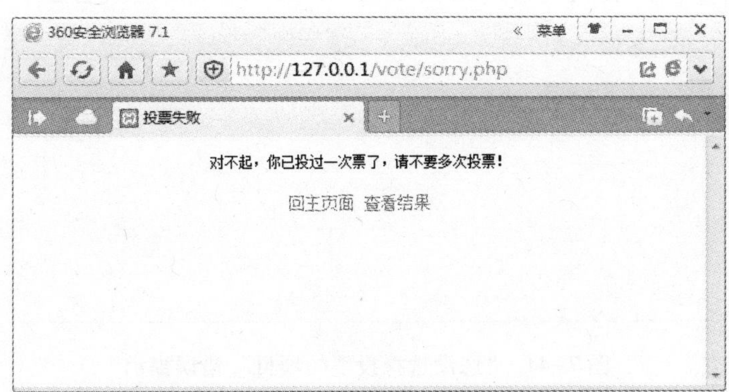

图 7-42　投票失败页面效果

在 sorry.php 页面有两个页面链接，“回主页面”链接到 vote.php，“查看结果”链接到 voteok.php。

Section 7.4 投票管理系统测试

投票管理系统设计完成以后，可以对设计的系统进行测试，按下〈F12〉键或打开浏览器输入 http://127.0.0.1/ vote/vote.php，即可开始进行测试。测试步骤如下。

1）打开 Dreamweaver 中的 vote.php 文件，按下〈F12〉键或打开 http://127.0.0.1/ vote/ vote.php，即看到开始投票页面效果，投票后跳转的结果页面如图 7-43 所示。

2）不选择任何选项，单击“投票”按钮，则打开提示“您没选择投票的项目”，如图 7-44 所示。

3）单击投票项“单选按钮”项中的其中一项，再单击“投票”按钮，开始投票。

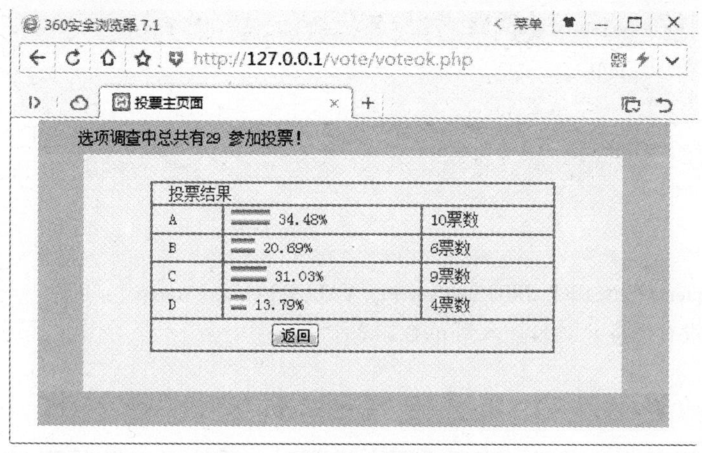

图 7-43　打开的开始投票页面

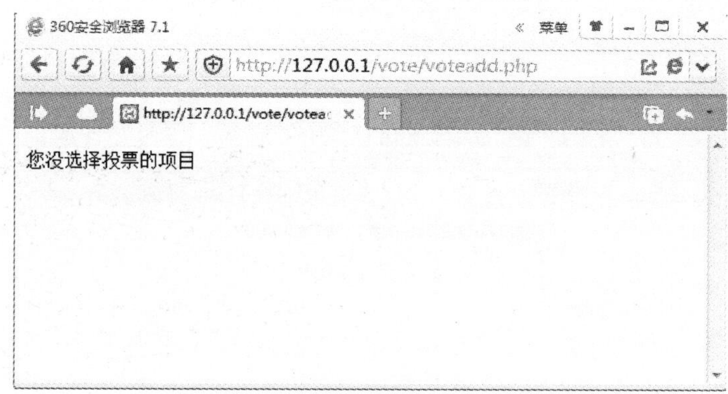

图 7-44　“您没选择投票的项目”错误提示

4）单击“投票”按钮后，打开的页面不是 voteadd. php，因为 voteadd. php 只是计算投票数的一个统计数字页面，打开的页面是显示投票结果页面 voteok. php，voteok. php 页面是 voteadd. php 转过来的一个页面，效果如图 7-45 所示 A 项的参数已经增加，说明投票成功。

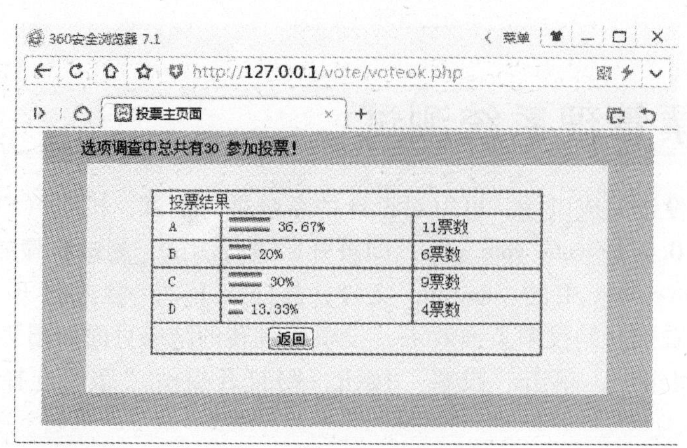

图 7-45　显示投票结果页面效果

5）单击“返回”按钮，回到投票页面 vote. php 中。

6）当用户再次投票时，将打开投票失败页面 sorry. php。

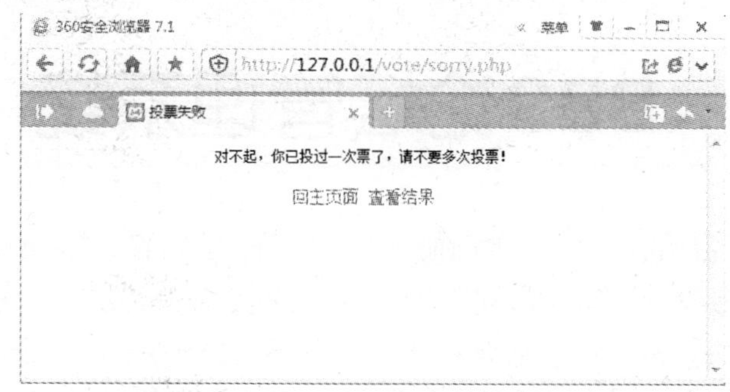

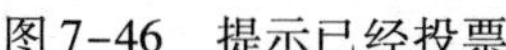
图 7-46 提示已经投票

经过上面的测试，说明该管理投票系统的所有功能已经开发完毕。用户可以根据需要修改投票的选择项，经过修改后的投票系统可以适用于任何大型网站的开发与建设。

第 8 章　BBS论坛管理系统

BBS（Bulletin Board Service，公告牌服务）是一种基于 Internet 的信息服务系统。它提供了公共电子白板，每个用户都可以在上面发布信息或提出看法。本章将学习使用 PHP 实现 BBS 论坛的开发方法。BBS 论坛通常按不同的主题划分为很多个版块，按照版块或者栏目的不同，可以由管理员设立不同的版主，版主可以对自己的栏目或版块进行删除、修改或锁定等操作。

从入门到精通

主要掌握以下知识点：

- 掌握 BBS 论坛系统的功能页面规划
- 建立 BBS 论坛系统的数据库
- BBS 论坛系统中新增主题、删除主题、回复主题的方法
- BBS 论坛系统后台管理功能的开发

8.1 系统的整体设计规划

BBS 主要功能是通过在计算机上运行服务软件，允许用户使用终端程序，通过 Internet 来进行连接，实现用户消息之间的交互功能。系统的开发比较复杂，需要经过前期的系统规划。本章要开发的 BBS 论坛管理系统页面的功能与文件名称如表 8-1 所示。

表 8-1　BBS 论坛系统网页设计表

需要制作的主要页面	页 面 名 称	功　　能
BBS 论坛管理系统主页面	index. php	显示主题和回复情况的页面
讨论主题内容页面	content. php	主要显示讨论主题和回复内容的页面
新增讨论主题页面	bbs_add. php	增加讨论主题的页面
回复讨论主题页面	bbs_reply. php	对讨论主题进行回复的页面
后台版主登录入口页面	admin_login. php	管理员登录入口页面
后台版主管理页面	admin. php	对论坛进行管理主要页面
删除讨论页面	del_title. php	删除讨论主题的页面
删除回复页面	del_reply. php	删除讨论回复内容的页面
修改讨论主题页面	upd_title. php	修改讨论主题的页面

下面要制作的 BBS 论坛管理系统的网页及网页结构如图 8-1 所示。

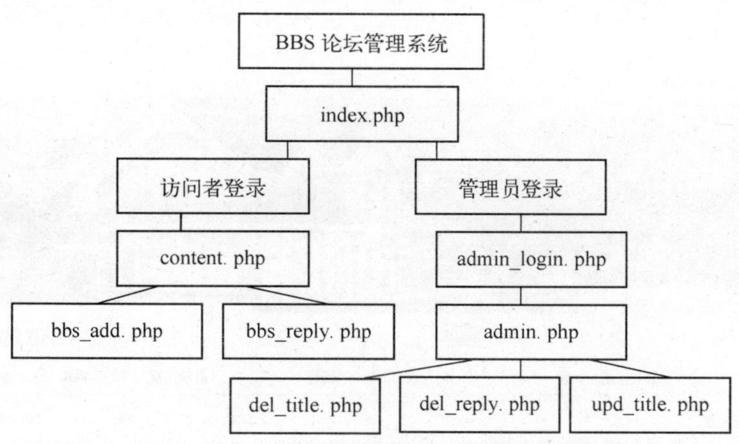

图 8-1　BBS 论坛管理系统结构图

8.1.1 页面整体设计规划

介绍了 BBS 论坛管理系统的整体设计规划，在本地站点上建立站点文件夹 bbs。将要制作的系统文件如图 8-2 所示。

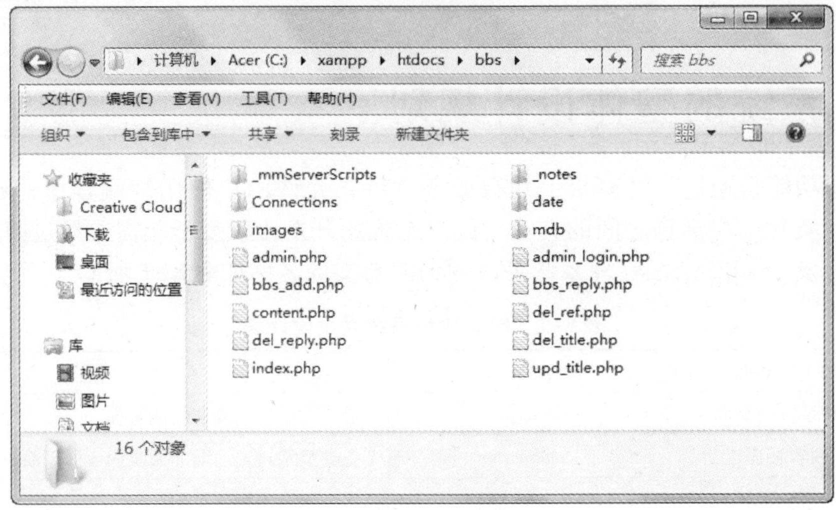

图 8-2　站点规划文件

8.1.2　页面美工设计

BBS 论坛管理系统的界面要求简洁明了，尽量不要使用过多的动画和大图片，这样可以提高 BBS 论坛的访问速度。要制作的首页面和详细内容页面效果如图 8-3 和图 8-4 所示。

图 8-3　首页的美工效果

重点提示：初学者在设计制作过程中，可以打开附赠资源中的源代码（code 文件夹），找到本章的 images 文件夹，其中有已经编辑好的图片。

图 8-4　详细内容页面效果

Section 8.2　数据库设计与连接

制作 BBS 论坛管理系统的数据库需要根据开发的系统大小而定，下面要设计用于 BBS 讨论主题的信息表 bbs_main，用于回复内容的信息表 bbs_ref，最后还需要建立一个管理员进行管理的信息表 admin。

8.2.1　数据库设计

首先建立一个名称为 bbs 的数据库，并在里面建立管理员管理信息表 admin、讨论主题信息表 bbs_main 和回复主题信息表 bbs_ref，这 3 个数据表将作为任何数据的查询、新增、修改与删除的后端支持。

制作的步骤如下。

1）在 phpmyAdmin 中建立数据库 bbs，单击 数据库 命令，打开本地的“数据库”管理页面，在“新建数据库”文本框中输入数据库的名称 bbs，单击后面的数据库类型下拉列表框，在弹出的下拉菜单中选择 utf8_general_ci 选项，单击“创建”按钮，返回“常规设置”页面，在数据库列表中就已经建立了 bbs 的数据库，如图 8-5 所示。

2）单击左边的 bbs 数据库将其连接上，打开“新建数据表”页面，分别输入数据表名 admin、bbs_main 以及 bbs_ref，即创建 3 个数据表，如图 8-6 所示。

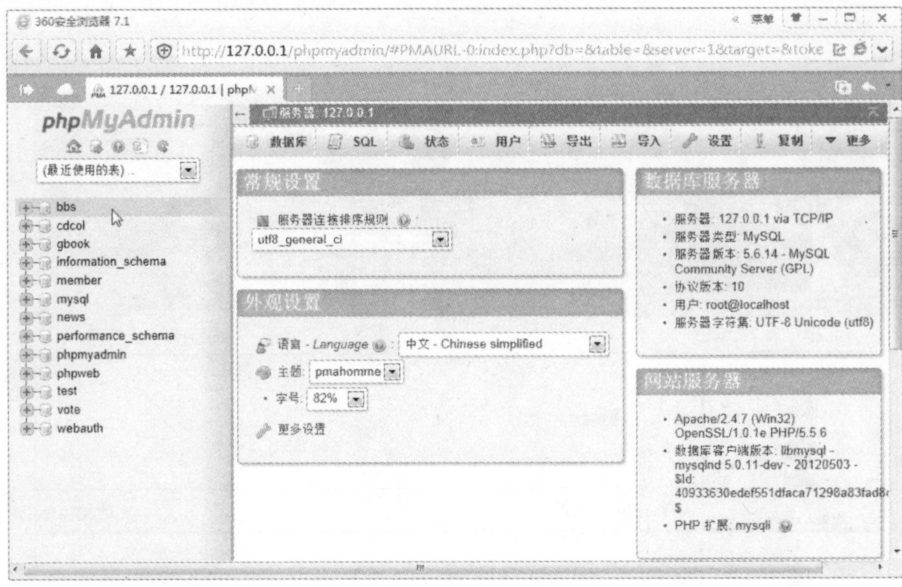

图 8-5　开始建数据表

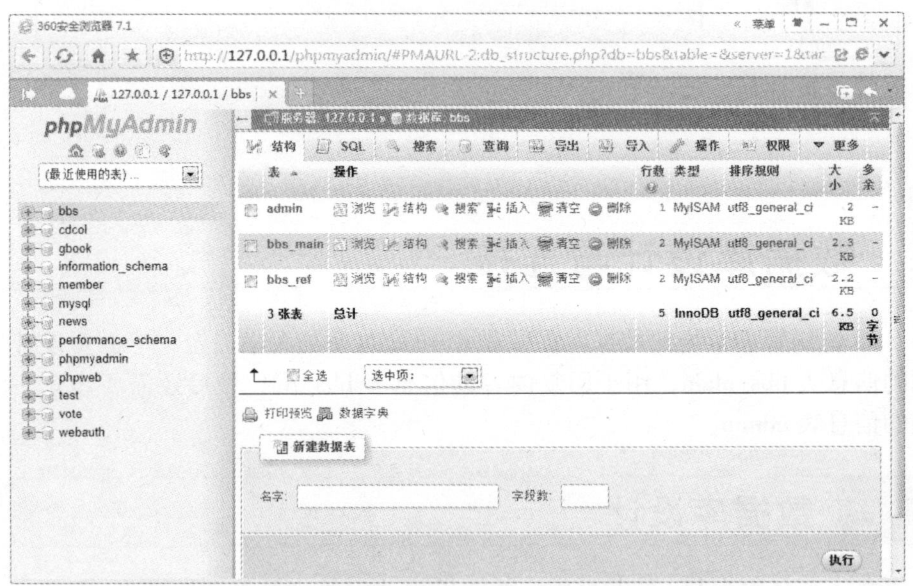

图 8-6　创建 3 个数据表

3）bbs_main 是用于存储论坛的主题表，输入数据名并设置相关数据（如图 8-7 所示），对访问者的留言内容做一个全面的分析，设计 bbs_main 的字段结构如表 8-2 所示。

表 8-2　讨论主题信息表 bbs_main

字 段 名 称	数 据 类 型	字 段 大 小
bbs_ID	INTEGER	11
bbs_title	VARCHAR	20
bbs_content	TEXT	

（续）

字段名称	数据类型	字段大小
bbs_name	VARCHAR	20
bbs_time	VARCHAR	20
bbs_face	VARCHAR	20
bbs_sex	VARCHAR	20
bbs_email	VARCHAR	20
bbs_url	VARCHAR	20
bbs_hits	INTEGER	11

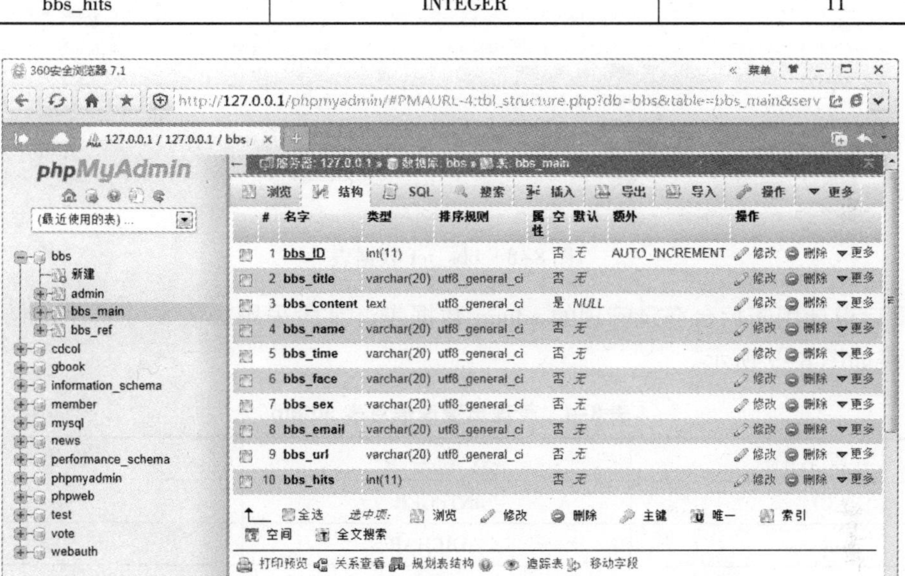

图 8-7 bbs_main 数据表

4）回复主题信息表 bbs_ref 字段采用如表 8-3 所示的结构。设计后的数据表如图 8-8 所示。

表 8-3 回复主题信息表 bbs_ref

字段名称	数据类型	字段大小
bbs_main_ID	INTEGER	11
bbs_ref_ID	INTEGER	自动编号
bbs_ref_name	VARCHAR	20
bbs_ref_time	VARCHAR	20
bbs_ref_content	TEXT	
bbs_ref_sex	VARCHAR	20
bbs_ref_url	VARCHAR	20
bbs_ref_email	VARCHAR	20

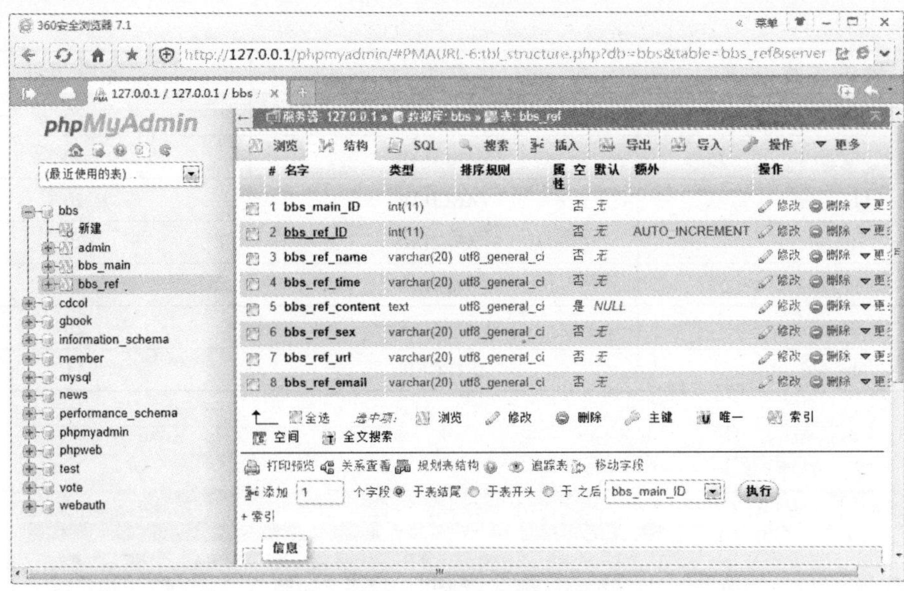

图 8-8　bbs_ref 数据表

5）最后设计用于后台登录管理的 admin 数据表，字段采用如表 8-4 所示的结构。设计后的数据表如图 8-9 所示。

表 8-4　管理员管理信息表 admin

字段名称	数据类型	字段大小
ID	INTEGER	11
username	VARCHAR	20
password	VARCHAR	20

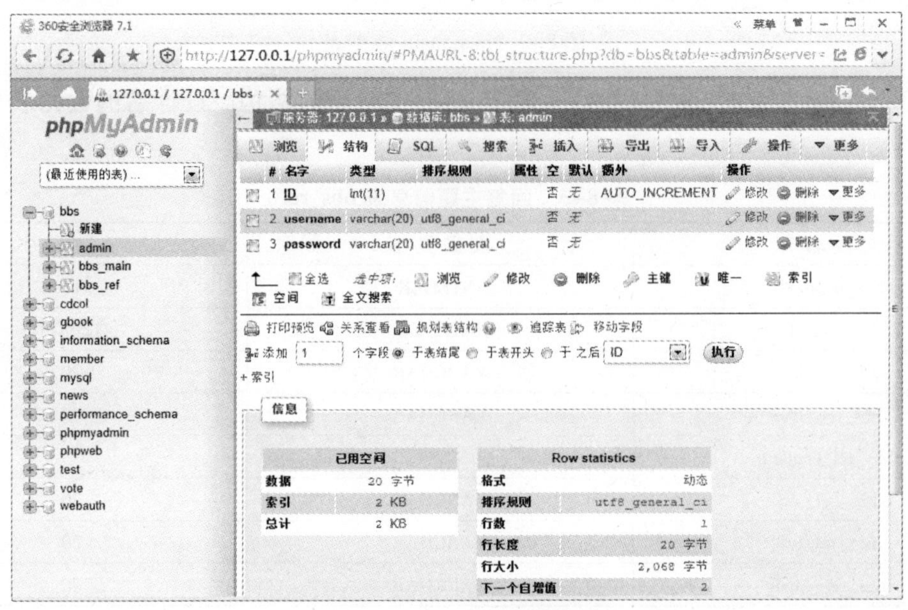

图 8-9　后台管理 admin 表

数据库创建完毕后，在后台管理数据表 admin 里输入用户名和密码，以方便后面登录查询使用。

8.2.2 定义 bbs 站点

在 Dreamweaver CC 中创建一个“论坛管理系统”网站站点 bbs，由于这是 PHP 数据库网站，因此必须设置本机数据库和测试服务器，主要的设置如表 8-5 所示。

表 8-5 站点设置的基本参数

站 点 名 称	bbs
本机根目录	C:\xampp\htdocs\bbs
测试服务器	C:\xampp\htdocs\
网站测试地址	http:/127.0.0.1/bbs/
MySQL 服务器地址	C:\xampp\mysql\data\bbs
管理账号/密码	root/空白
数据库名称	bbs

创建 bbs 站点具体操作步骤如下。

1）首先在 C:\xampp\htdocs 路径下建立 bbs 文件夹，如图 8-10 所示，本章所有建立的网页文件都将放在该文件夹下。

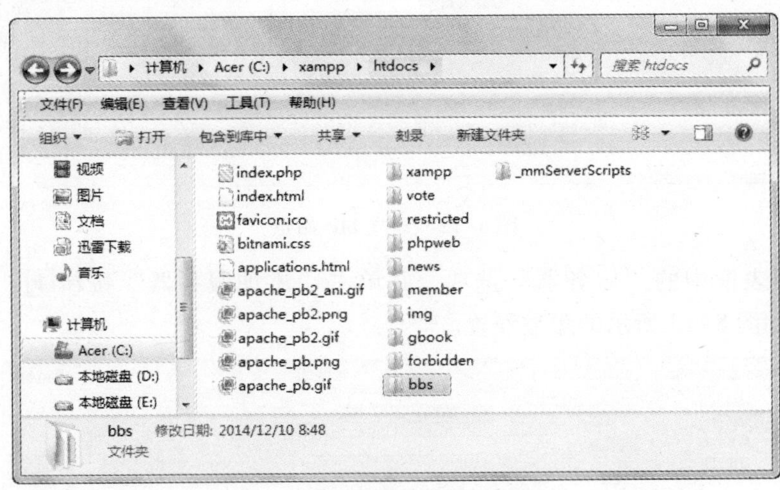

图 8-10 建立站点文件夹 bbs

2）运行 Dreamweaver CC，选择菜单栏中的“站点”→“管理站点”命令，打开“管理站点”对话框，如图 8-11 所示。

3）对话框的上边是站点列表框，其中显示了所有已经定义的站点。单击下边的“新建站点，”按钮，打开“站点设置对象”对话框，进行如下参数设置。

- “站点名称”：bbs。
- “本地站点文件夹”：C:\xampp\htdocs\bbs\。

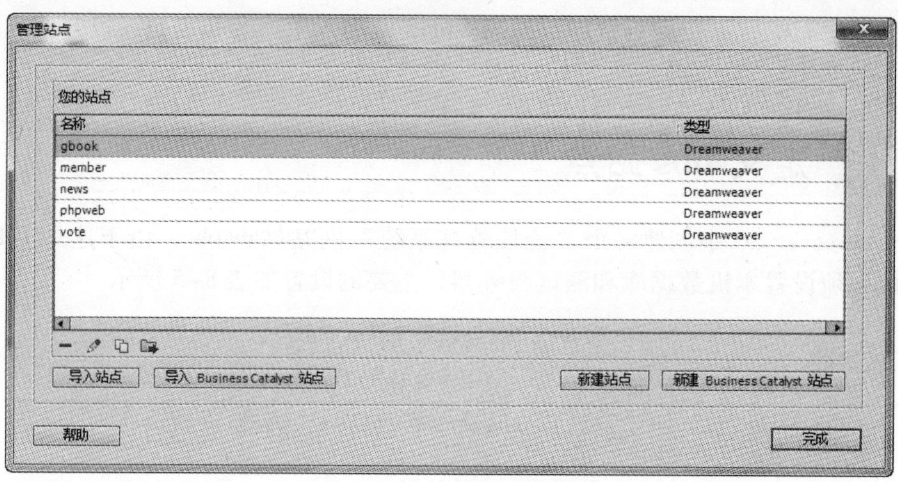

图 8-11 “管理站点”对话框

如图 8-12 所示。

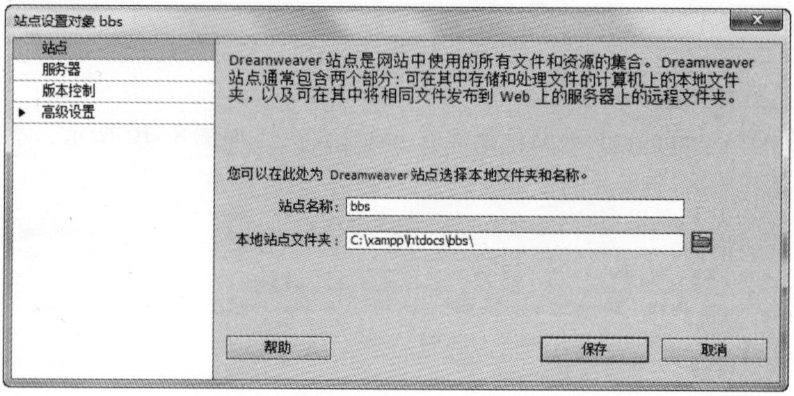

图 8-12 建立 bbs 站点

4）单击列表框中的“服务器”选项，并单击“添加服务器”按钮，打开“基本”选项卡，进行如图 8-13 所示的参数设置。

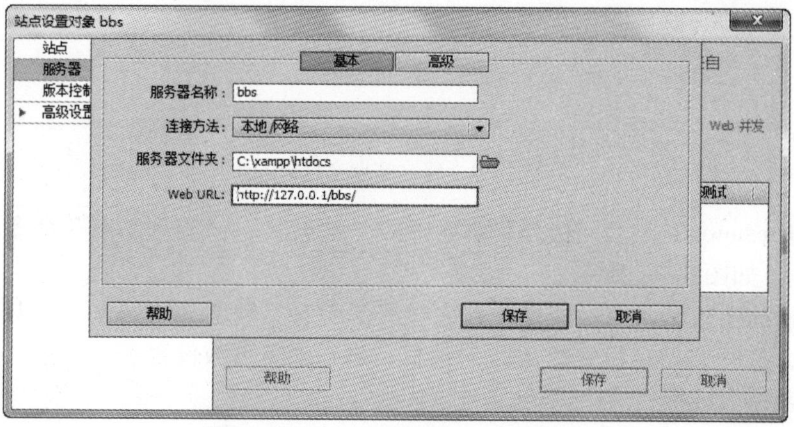

图 8-13 设置“基本”选项卡

- “服务器名称”：bbs。
- “连接方法”：本地/网络。
- “服务器文件夹”：C:\xampp\htdocs\。
- “Web URL”：http://127.0.0.1/ bbs/。

5）设置后再单击“高级”选项卡，打开“高级”服务器设置对话框。单击“维护同步信息”复选框，在“服务器模型”下拉列表项中选择PHP MySQL来表示是使用PHP开发的网页，其他的保持默认值，如图8-14所示。

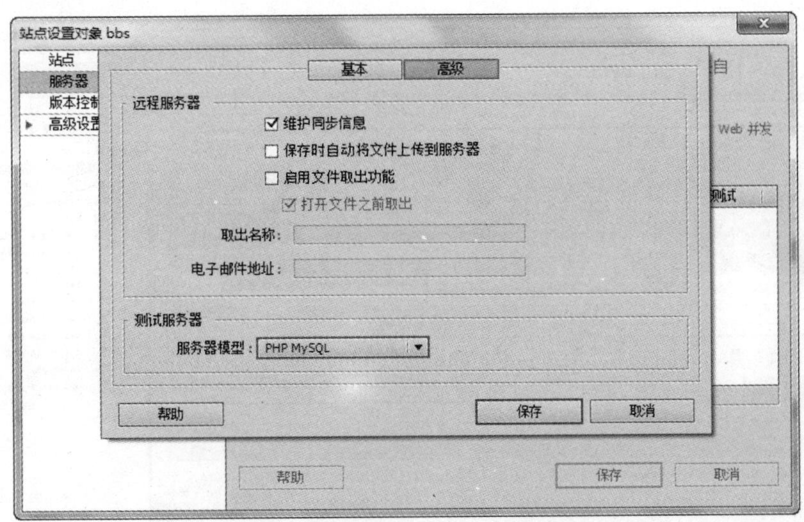

图8-14 设置“高级”选项卡

6）单击“保存”按钮，返回“服务器”设置对话框，再单击选择“测试”复选框，如图8-15所示。

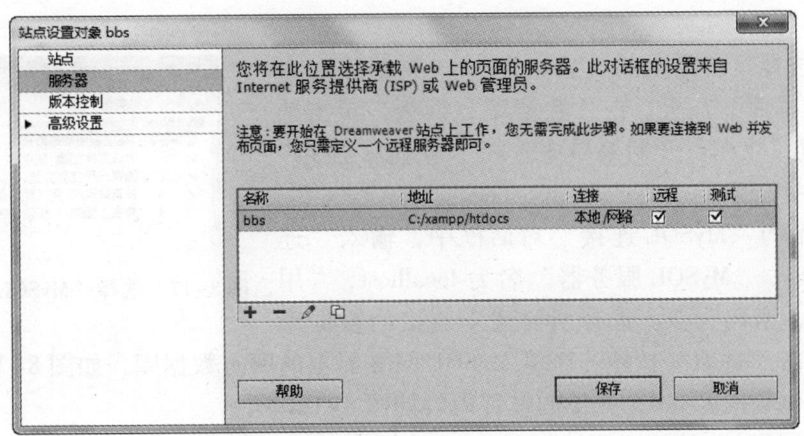

图8-15 设置“服务器”参数

单击“保存”按钮，则完成站点的定义设置。在Dreamweaver CC中就已经拥有了刚才所设置的站点bbs。单击“完成”按钮，关闭“管理站点”对话框，这样就完成了Dreamweaver CC测试论坛管理系统网页的网站环境设置。

8.2.3 设置数据库连接

完成了站点的定义后，接下来就是 BBS 论坛管理系统网站与数据库之间的连接。网站与数据库的连接设置如下。

1）将附赠资源中本章文件复制到站点文件夹下，打开 BBS 论坛首页 index. php，如图 8-16 所示。

图 8-16 打开论坛首页

2）单击选择菜单栏上的“窗口”→“数据库”命令，打开“数据库”面板。在“数据库”面板，单击选择“+”按钮，并在打开的菜单中选择“MySQL 连接”命令，如图 8-17 所示。

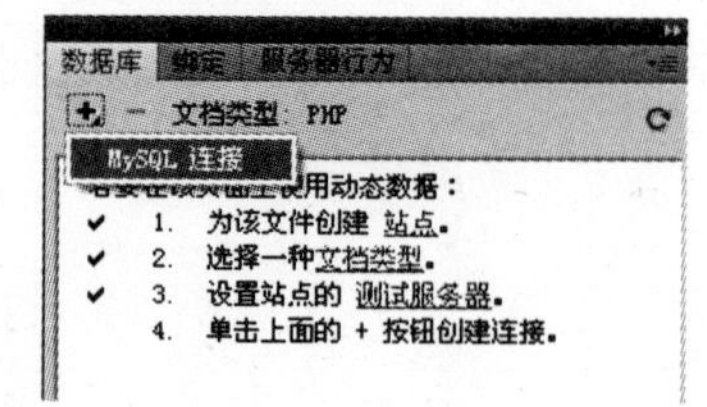

图 8-17 选择“MySQL 连接”命令

3）在弹出的“MySQL 连接”对话框中，输入“连接名称”为 bbs，“MySQL 服务器”名为 localhost，“用户名”为 root，密码为空。选择所要建立连接的数据库名称，可以单击“选取”按钮，浏览 MySQL 服务器上的所有数据库，如图 8-18a 所示。选择刚建立的范例数据库 bbs，具体的设置内容如图 8-18b 所示。

4）单击“测试”按钮，测试与 MySQL 数据库的连接是否正确，如果正确，则会出一个消息框，如图 8-19 所示，这表示数据库连接设置成功。

单击“确定”按钮，则返回编辑页面，在“数据库”面板中则显示绑定过来的数据库，如图 8-20 所示。

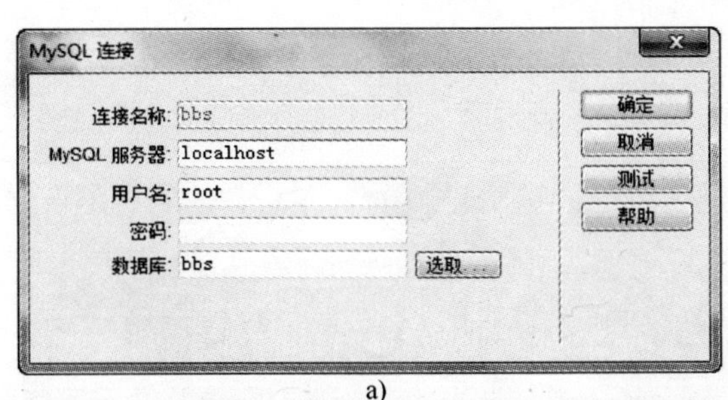

a)

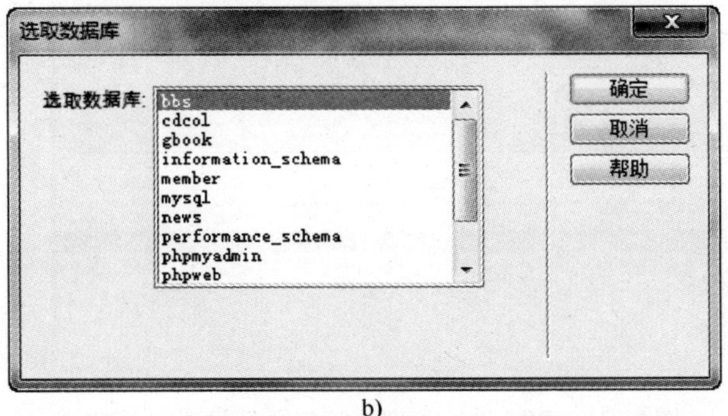

b)

图 8-18 设置 MySQL 连接参数

图 8-19 设置成功

图 8-20 绑定的数据库

Section 8.3 BBS 论坛管理系统主页面设计

在 Dreamweaver 中定义站点，建立数据库连接后，就可以进入 PHP 网页页面的设计阶段。首先制作最重要的首页 index. php，index. php 页面主要显示所有的讨论主题和最新回复的一些信息。

8.3.1 BBS 论坛管理系统主页面

BBS 论坛管理系统的主页面 index. php 显示所有的讨论主题、每个主题的点击数、回复数以及最新回复时间。访问者可以单击要阅读的标题链接至详细内容，管理员单击“管理”图标进入管理页面。系统主页面 index. php 的静态页面设计如图 8-21 所示。

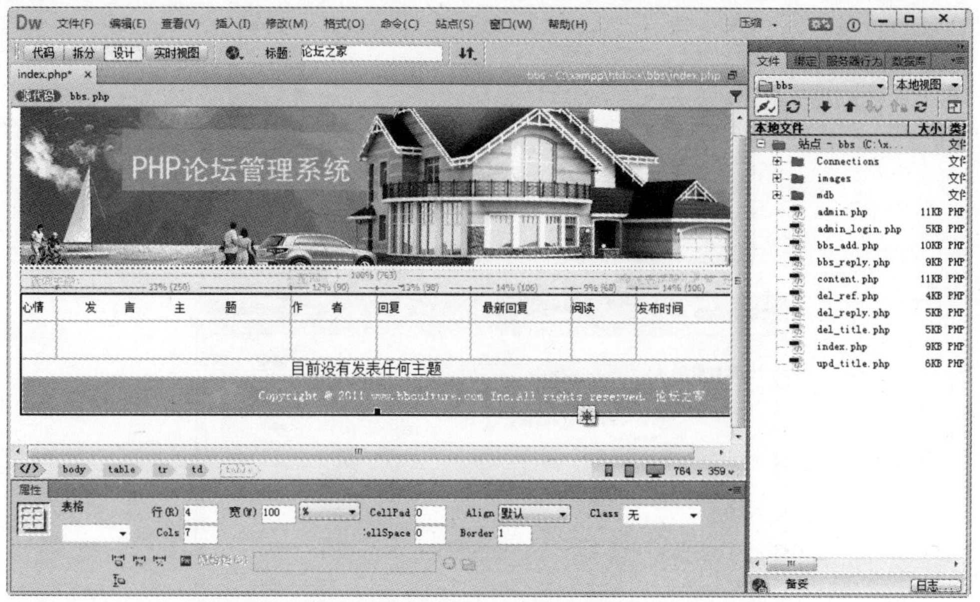

图 8-21　BBS 论坛管理系统主页面静态设计效果

详细的操作步骤如下。

1）单击“应用程序”面板群组中“绑定”面板上的+按钮，在弹出的菜单中选择“记录集（查询）”命令，在弹出的对话框中进行如下设置。

- 在“名称”文本框中输入 rs_bbs 作为该记录集的名称。
- 从“连接”下拉列表框中，选择数据源连接对象 bbs。
- 从“表格”下拉列表框中，选择使用的数据库表对象为 bbs_main。
- 在“列”栏中选择“全部”单选按钮。

完成的设置情况如图 8-22 所示。

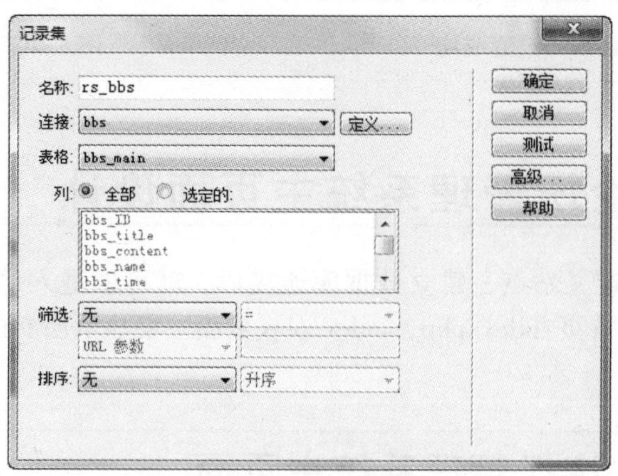

图 8-22　设置“记录集”对话框

2）再单击“高级”按钮，进入记录集高级设定的页面，将现有的 SQL 语句改成以下的 SQL 语法，如图 8-23 所示。

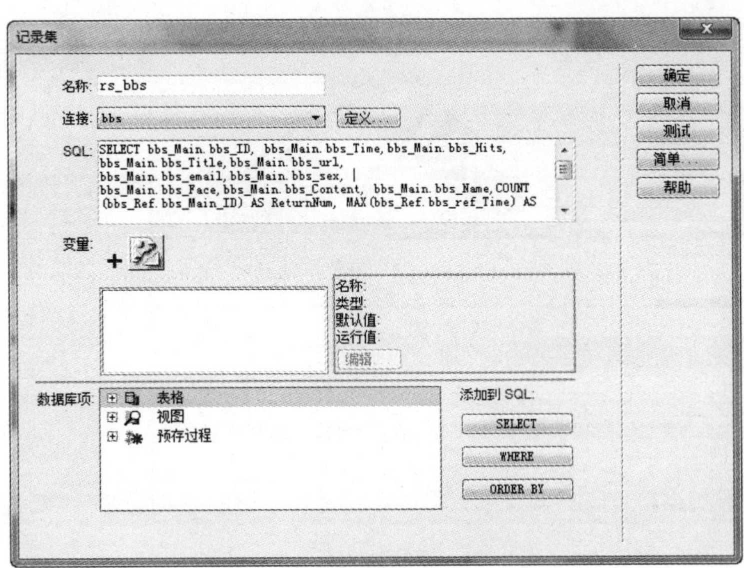

图 8-23 改写 SQL 语句

```
01. SELECT
02. bbs_Main. bbs_ID,
03. bbs_Main. bbs_Time, bbs_Main. bbs_Hits
04. bbs_Main. bbs_Title, bbs_Main. bbs_url,
    bbs_Main. bbs_email, bbs_Main. bbs_sex,
    bbs_Main. bbs_Face, bbs_Main. bbs_Content,
05. bbs_Main. bbs_Name,COUNT(bbs_Ref. bbs_Main_ID) AS ReturnNum,
06. MAX(bbs_Ref. bbs_ref_Time) AS LatesTime
07. FROM
08. bbs_Main LEFT OUTER JOIN bbs_Ref ON
09. bbs_Main. bbs_ID = bbs_Ref. bbs_Main_ID
10. GROUP BY bbs_Main. bbs_ID
```

程序说明：

第一条 bbs_ref 数据表中的记录可以通过 bbs_main_ID 字段关联到 bbs_main 数据表中的 bbs_ID 字段。因为 bbs_ref 数据表中对应的数据可能不存在，bbs_main 数据表并非一定有对应回复的话题，所以 LEFT JOIN 将接合关系中的两个数据表分成左右两个数据表，其中左边数据表在经过接合后，不管右边数据表是否存在，仍然会将资料全部列出。简单地说，就是不管讨论主题 bbs_main 是否有任何的回复 bbs_ref，都可以使用 LEFT JOIN 将数据表 bbs_main 中的所有讨论主题显示出来。

另外，GROUP BY 语句是针对 bbs_main 数据表中的 bbs_ID 字段，第 2 ~ 6 行的意思是取出 bbs_main 数据表中的特定字段内容。同时将 bbs_ref 中的关联字段取出，获得 bbs_time 和 bbs_ID 的两个字段内容。bbs_ref_time 字段取所有记录当中时间最新回复的那一条用来显示。而 bbs_ID 字段则用 COUNT 计算有多少人回复的数目。

3）绑定记录集后，将记录集的字段插入至 index. php 网页中的适当位置，如图 8-24 所示。

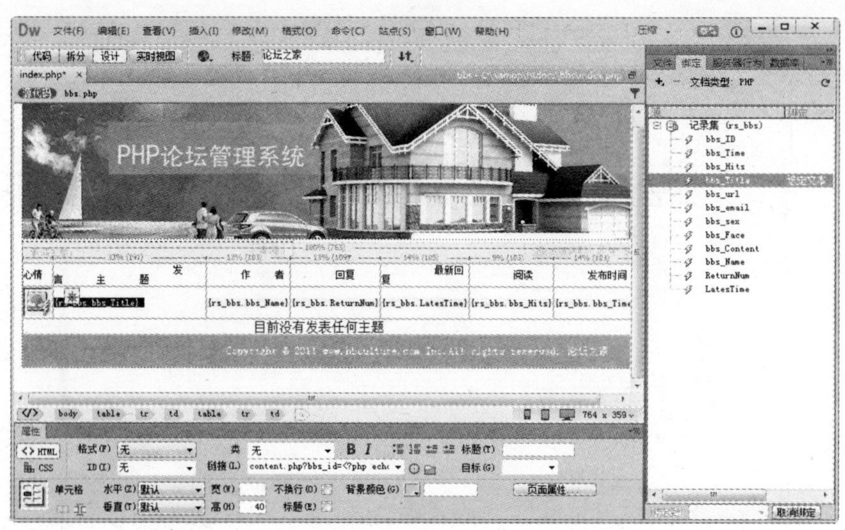

图 8-24　字段插入至 index. php

4）插入字段后，把光标放入到“心情”下面的单元格里，然后再执行菜单栏“插入”→“图像”命令，打开“图像”对话框任意插入一张图片，然后在“属性”面板中设置 Scr（源）为空，如图 8-25 所示。单击“确定”按钮，插入一个图像占位符。

图 8-25　图像“占位符”对话框

5）在置 Scr（源）文本框中设置为 <?php echo $row_rs_bbs['bbs_Face']; ?>，表示调用动态的数据值，并将宽和高的值清空，如图 8-26 所示。

图 8-26　选择字段

6）单击“确定”按钮，完成记录集的绑定。接下来进行显示区域的设置，首先，选取记录集有数据时要显示的数据表格，如图 8-27 所示。

心情	发言 主题	作者	回复	最新回复	阅读	发布时间
	{rs_bbs.bbs_Title}	{rs_bbs.bbs_Name}	{rs_bbs.ReturnNum}	{rs_bbs.LatesTime}	{rs_bbs.bbs_Hits}	{rs_bbs.bbs_Time}

图 8-27　选择要显示的数据表格

7）单击“服务器行为”面板上的 + 按钮，在弹出的下拉菜单中，选择“显示区域”→“如果记录集不为空则显示区域”选项，在打开的“如果记录集不为空则显示区域”对话框中，单击“确定”按钮回到编辑页面，会发现先前所选取要显示的区域左上角出现了“如果符合此条件则显示”字样，这表示已经完成设置，如图 8-28 所示。

图 8-28 完成显示设置

8）选择没有发布主题数据时要显示的文字“目前没有发表任何主题”，根据前面的操作方法，将区域设定成“如果记录集为空则显示区域”，如图 8-29 所示。

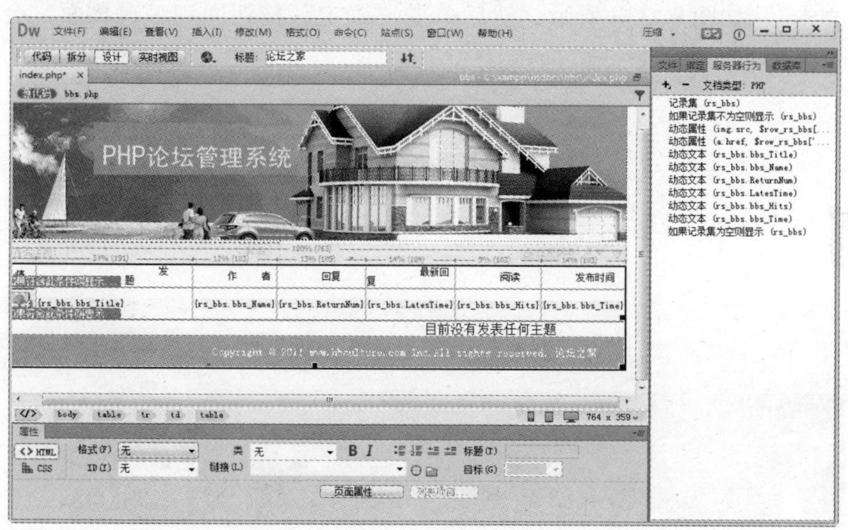

图 8-29 选择没有数据时的显示

9）加入“服务器行为”中“重复区域”的设置，单击 index. php 页面中要重复的记录列，如图 8-30 所示。

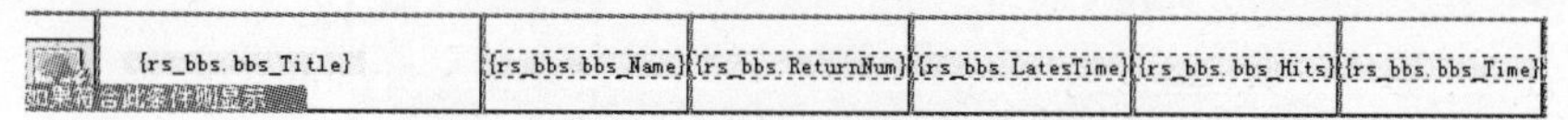

图 8-30 选择要重复显示的记录列

10）单击“应用程序”面板群组中“服务器行为”面板上的+按钮，在弹出的菜单列表中，选择“重复区域”命令，在打开的“重复区域”对话框中，设置显示的记录数为 20，如图 8-31 所示。

11）单击“确定”按钮，回到编辑页面，会发现先前所选取要重复的区域左上角出现了一个“重复”的灰色标签，这表示已经完成设置。

12）单击“确定”按钮回到编辑页面，当记录集超过一页，就必须要有［上一页］、［下一页］等按钮或文字，让访问者可以实现翻页的功能，这就是“记录集导航条”的功能。“记录集导航条”按钮位于“插入”工具栏的“数据”中，因此将“插入”工具栏由“常用”切换成“数据”类型，单击“记录集导航条”工具按钮，如图8-32所示。

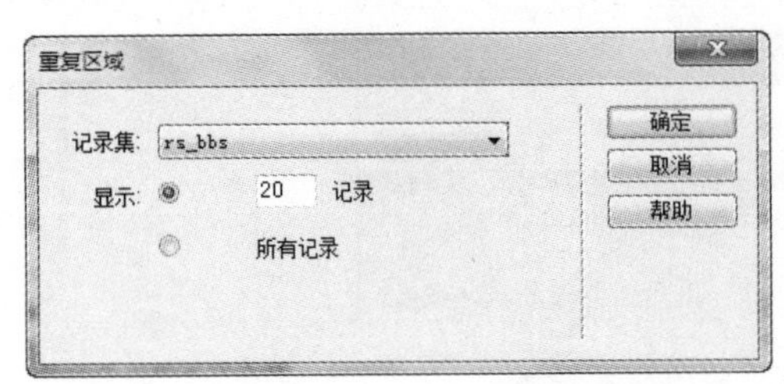

图8-31　选择一次可以显示的记录数

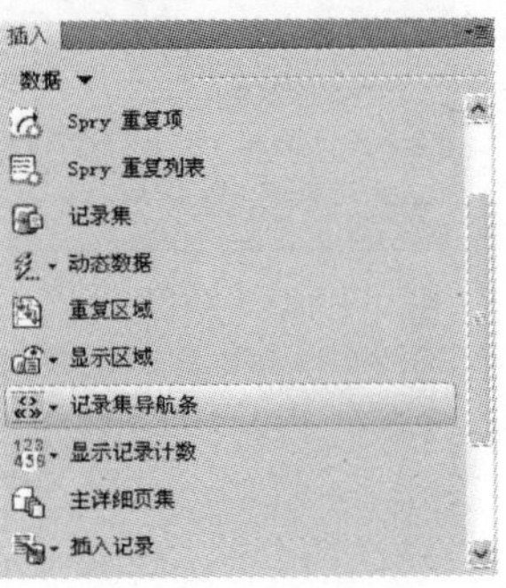

图8-32　选择“记录集导航条”

13）在打开的“记录集导航条”对话框中，选取要导航条的记录集并设置导航条的显示方式为“文本”，如图8-33a所示，然后单击“确定”按钮回到编辑页面，会发现页面出现该记录集的导航条，如图8-33b所示。

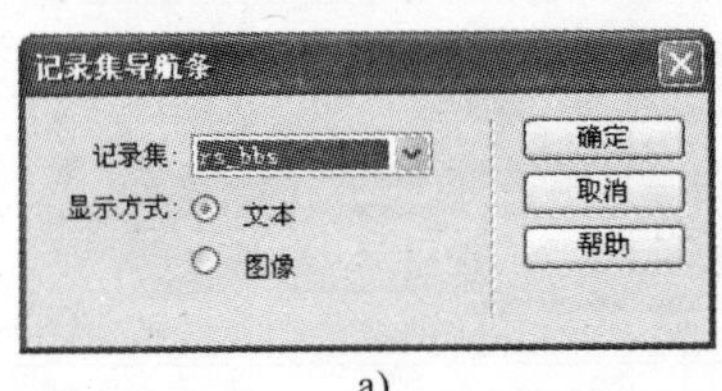

a)

b)

图8-33　添加“记录集导航条”

a）“记录集导航条”对话框　b）“记录集导航条”对话框

14）在“讨论主题”上加入“转到详细页面”的设置，用来显示特定主题的详细内容及相关的回复。选取编辑页面中的 rs_bbs. bbs_Title 字段，如图 8-34 所示。

图 8-34　选择字段

15）在“属性”面板中找到建立链接的部分，并单击“浏览文件”图标，在弹出的“选择文件”对话框中选择用来显示详细记录信息的页面 content. php，设置如图 8-35 所示。

图 8-35　选择链接文件

16）单击“参数”按钮，设置超级链接要附带的 URL 参数的名称与值 content. php? bbs_id =< ? php echo $row_rs_bbs['bbs_ID']; ? >。将参数名称命名为 bbs_id，如图 8-36 所示。

图 8-36　“动态数据”属性设置

17）完成“转到详细页面”的设置，在 index. php 页面中有两个链接图示“管理”与“发表话题”，必须设定其链接网页，如表 8-6 所示。

表 8-6　按钮链接的页面表

按 钮 名 称	链 接 页 面
管理	admin_login. php
发表话题	bbs_add. php

8. 3. 2　搜索主题功能制作

在 index. php 这个页面上加入搜索的功能，该页面上的功能设计如图 8-37 所示。

查询主题： [ ] 查询

图 8-37　搜索主题设计

制作步骤如下。

1）将查询主题的文本域命名为 keyword。设置如图 8-38 所示。

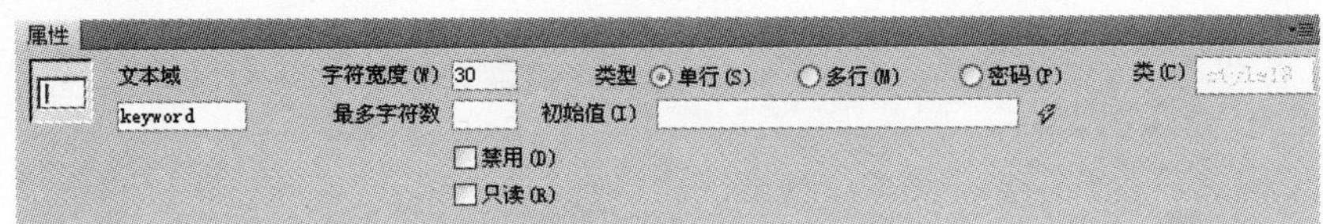

图 8-38　设置 keyword 文本域名

2）将之前建立的记录集 rs_bbs 做一些更改，打开记录集，并进入“高级”设定对话框。在原有的 SQL 语句中 GROUP BY bbs_Main. bbs_ID 前面，加入一段查询功能的语句：

```
WHERE bbs_Title like '%". $keyword. "%'
```

SQL 语句将变成如图 8-39 所示。

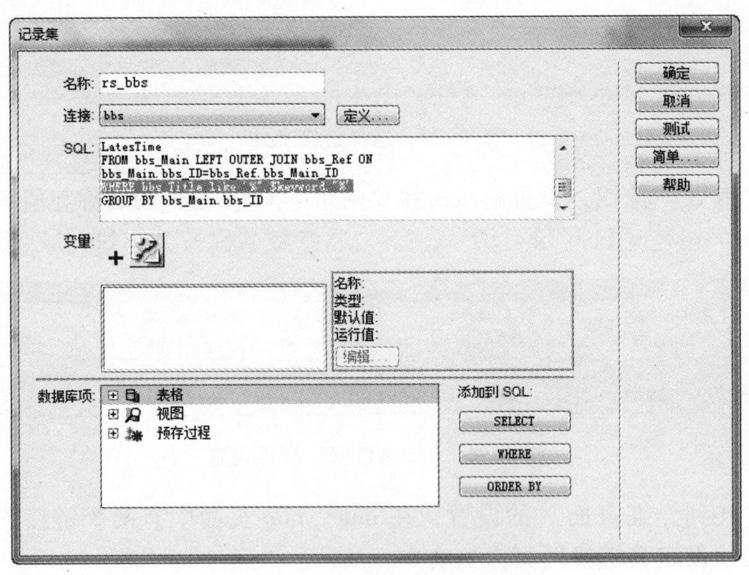

图 8-39　修改 SQL 语句

3）再切换到代码设计窗口。在 rs_bbs 记录集绑定的代码中加入代码：

```
$keyword = $_POST[keyword]; //定义 keyword 为表单中"keyword"的请求变量
```

如图 8-40 所示，完成设置。

4）以上的设置完成后，系统主页面 index. php 就有查询功能了，可以按下〈F12〉键至浏览器，测试一下是否能正确地查询并显示。index. php 页面会显示所有网站中的讨论主题，如图 8-41 所示。

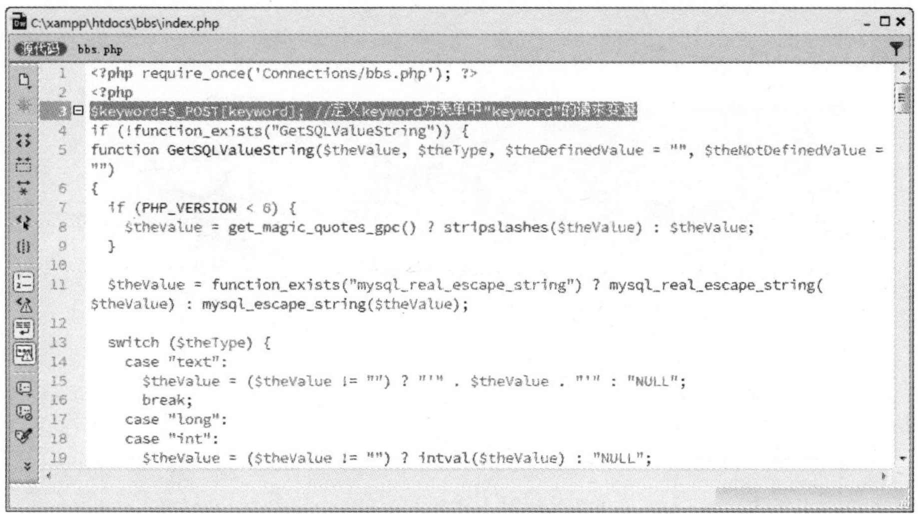

图 8-40 加入代码

图 8-41 主页面讨论主题的浏览效果

Section 8.4 访问者页面的设计

供论坛访问者使用的页面有讨论主题内容页面 content. php 和回复讨论页面 bbs_reply. php。下面就开始这两个页面的制作。

8.4.1 讨论主题内容页面

讨论主题内容页面 content. php 是实现讨论主题的详细内容页面。这个页面会显示讨论主题的详细内容与所有回复者的回复内容，其静态页面设计如图 8-42 所示。

图 8-42　讨论主题内容页面设计效果

详细的操作步骤如下。

1）在 content. php 这个页面中，要同时显示讨论主题与回复主题的内容，因此需要把两个记录集进行合并，一次取得这两个数据表中的所有字段，根据主题页面传送过来的 URL 参数 bbs_ID 进行筛选。

2）单击“应用程序”面板群组中“绑定”面板上的＋按钮，在弹出的菜单中，选择“记录集（查询）”命令，在打开的“记录集”对话框中单击“高级”按钮，进入记录集高级设定的对话框，将现有的 SQL 语句改成如下的 SQL 语句，如图 8-43 所示。

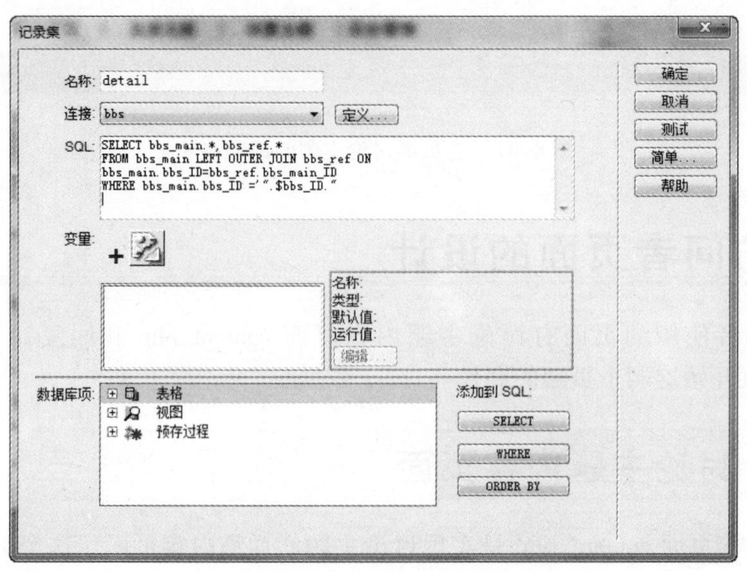

图 8-43　改写 SQL 语句

```
01. SELECT
02. bbs_main. * ,bbs_ref. *
03. FROM
04. bbs_main LEFT OUTER JOIN bbs_ref ON bbs_main. bbs_ID =
bbs_ref. bbs_main_ID
05   WHERE bbs_main. bbs_ID  ='". $bbs_ID. "'
```

重点说明：同样用 LEFT OUTER JOIN 关联 bbs_main 和 bbs_ref 中的字段，取得两个数据表中的相关数据。并且用 WHERE 语句，筛选 bbs_main 数据表中的 bbs_ID 字段值等于 $bbs_ID 变量值。

3）上图中设置了一个名为 $bbs_ID 的变量值，即是首页传递过来的参数，因此在该页自动生成的 PHP 代码中的第一行加入如下的变量赋值。

```
$bbs_ID = strval( $_GET['bbs_id'] ) ;
```

4）在设定记录集绑定后，先把记录集 detail 中的字段插入到页面上，再分别插入两个图像占位符，两个图像占位符分别绑定发布人性别形象 bbs_sex 字段和回复人性别形象 bbs_ref_sex 字段，其结果如图 8-44 所示。

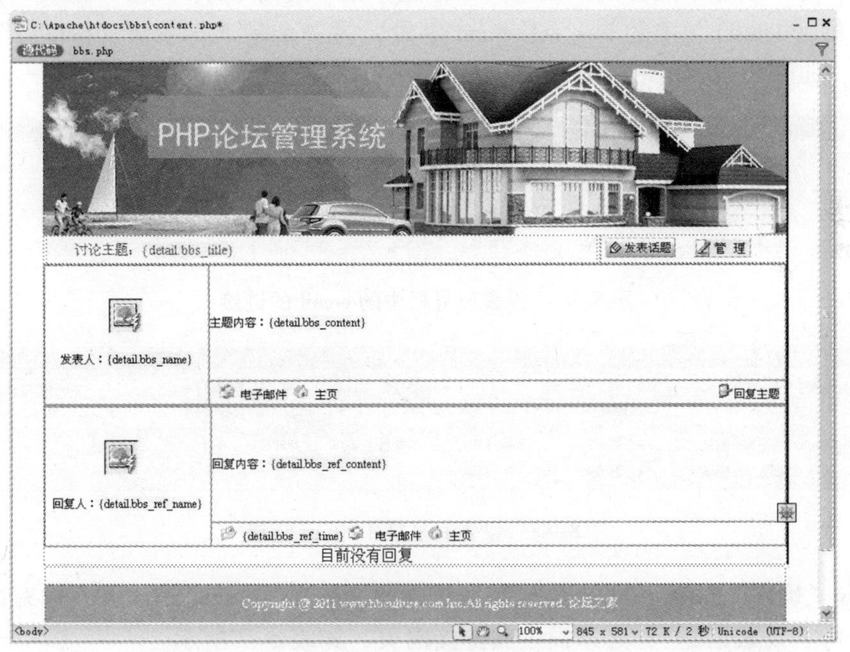

图 8-44　detail 中的字段插入

5）单击选择主题表格中的文字“电子邮件”，然后单击“属性”面板中的“链接”文本框后面的“浏览文件”按钮，打开“选择文件”对话框，在该对话框中选择“数据源”单选按钮，然后在“域”列表框中，选择“记录集（detail）”中的 bbs_email 字段，并且在 URL 链接前面加上“mailto:”，如图 8-45 所示。

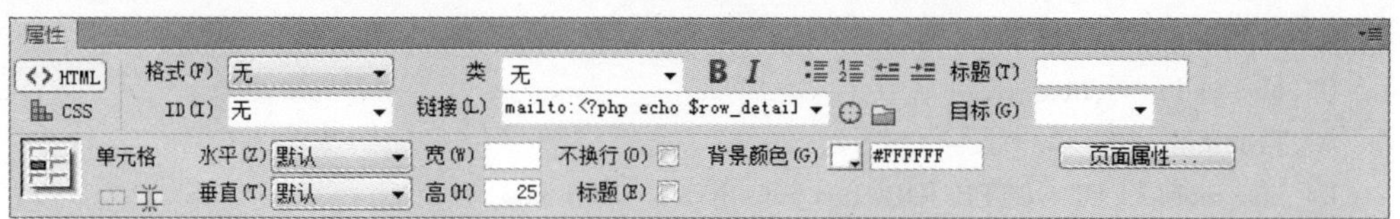

图 8-45　设置主题栏中的 email 的链接

6）单击选择主题表格中的文字“主页”，单击“属性”面板中“链接”文本框后面的“浏览文件”按钮，打开“选择文件”对话框，在该对话框中选择“数据源”单选按钮，然后在“域”列表框中，选择“记录集（detail）”中的 bbs_url 字段，并且在 URL 链接前面加上 http://，如图 8-46 所示。

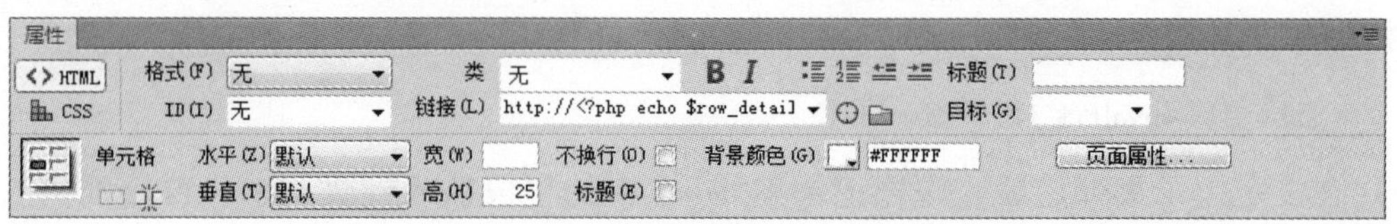

图 8-46　设置主题栏中的 url 链接

7）用第 5、6 步骤中的方法，设置回复主题中的“电子邮件”和“主页”的链接。一个是“记录集（detail）”中的 bbs_ref_email 字段，另一个是“记录集（detail）”中的 bbs_ref_url 字段，如图 8-47 和图 8-48 所示。

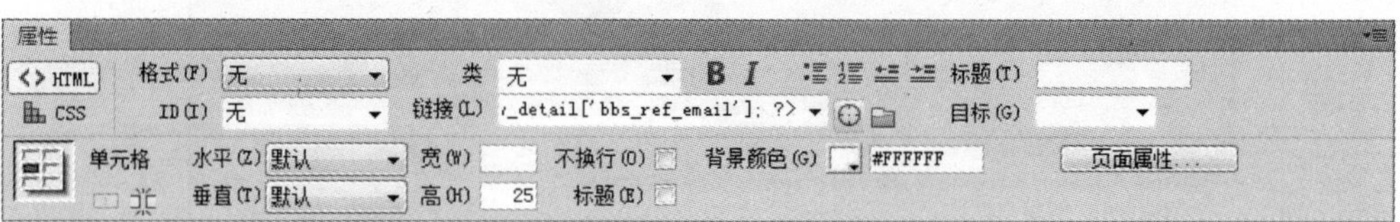

图 8-47　设置回复栏中的 email 的链接

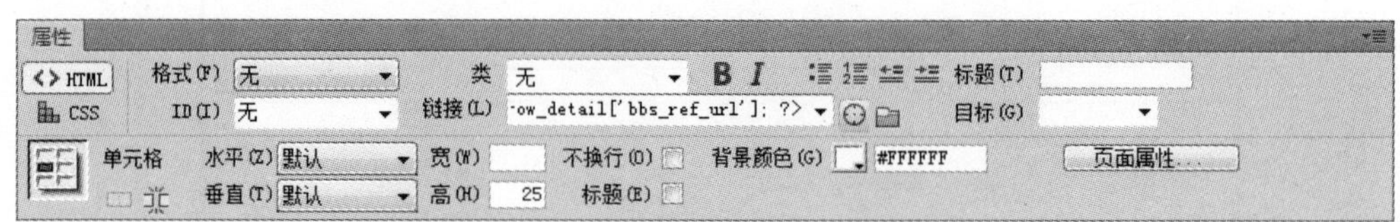

图 8-48　设置回复栏中的 url 链接

8）单击“确定”按钮，完成数据源的绑定设置，在 content.php 页面中有两个链接图示“管理”与“发表话题”，必须设定其链接网页，如表 8-7 所示。

表 8-7　按钮与链接页面表

按 钮 名 称	链 接 页 面
管理	admin_login.php
发表话题	bbs_add.php

9）选择文字“回复主题”，在“属性”面板中找到建立链接的部分，并单击“浏览文件”图标，在弹出的对话框中选择用来显示详细记录信息的页面 content.php，设置如

图 8-49 所示。

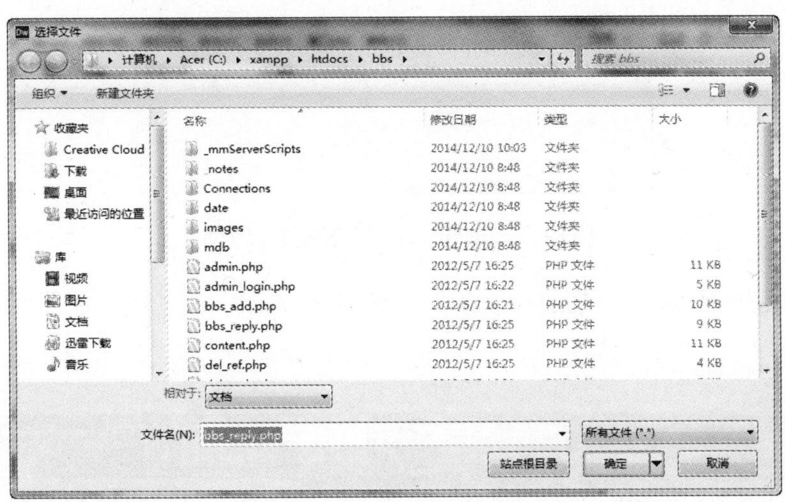

图 8-49 选择链接文件

10）单击“参数”按钮，设置超级链接要附带的 URL 参数的名称与值 bbs_reply. php?bbs_ID =< ?php echo$row_detail['bbs_ID']; ? >。将参数名称命名为 bbs_ID，设置如图 8-50 所示。

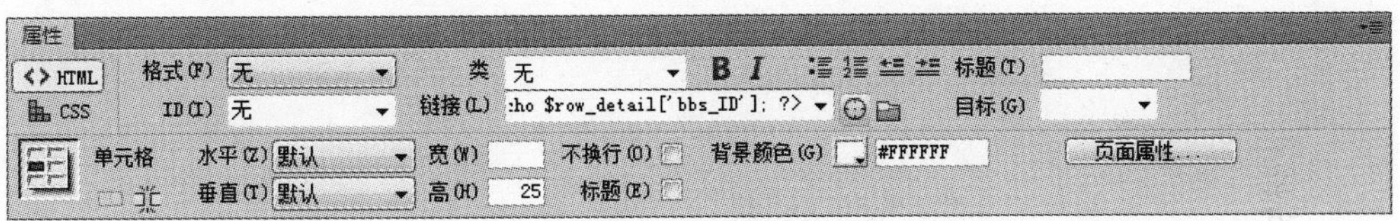

图 8-50 “动态数据”对话框

11）加入“服务器行为”中“重复区域”的设定，单击 content. php 页面中要重复的表格，如图 8-51 所示。

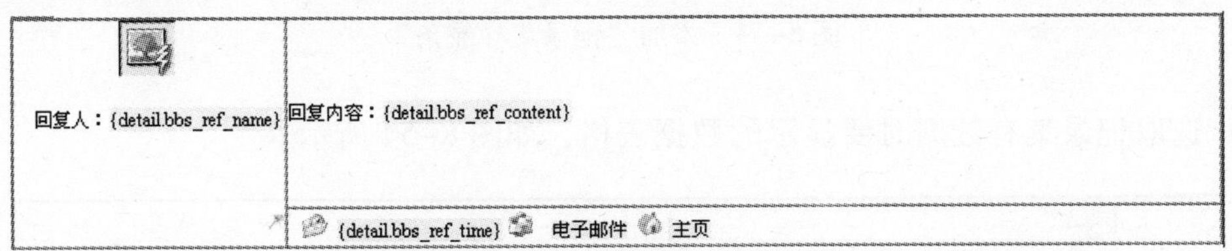

图 8-51 选择要重复的表格

12）单击“应用程序”面板群组中“服务器行为”面板上的 按钮，在弹出的菜单中，选择“重复区域”命令，在打开“重复区域”对话框中，设置显示的记录数为 5 条，如图 8-52 所示。单击“确定”按钮，回到编辑页面，会发现先前所选取要重复的区域左上角出现了一个“重复”的灰色标签，这表示已经完成设置。

13）插入“记录集导航条”功能，单击 工具按钮，在打开的“记录集导航条”对话框中，选取要导航条的记录集以及导航条的显示方式，然后单击“确定”按钮回到编辑页

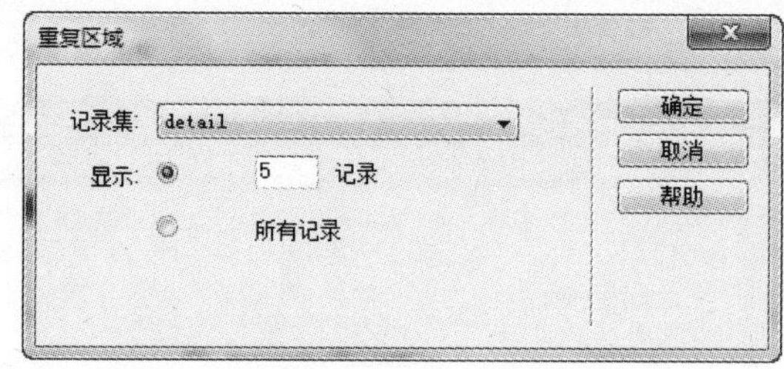

图 8-52　选择一次可以显示的记录数

面，会发现页面出现了该记录集的导航条，如图 8-53 所示。

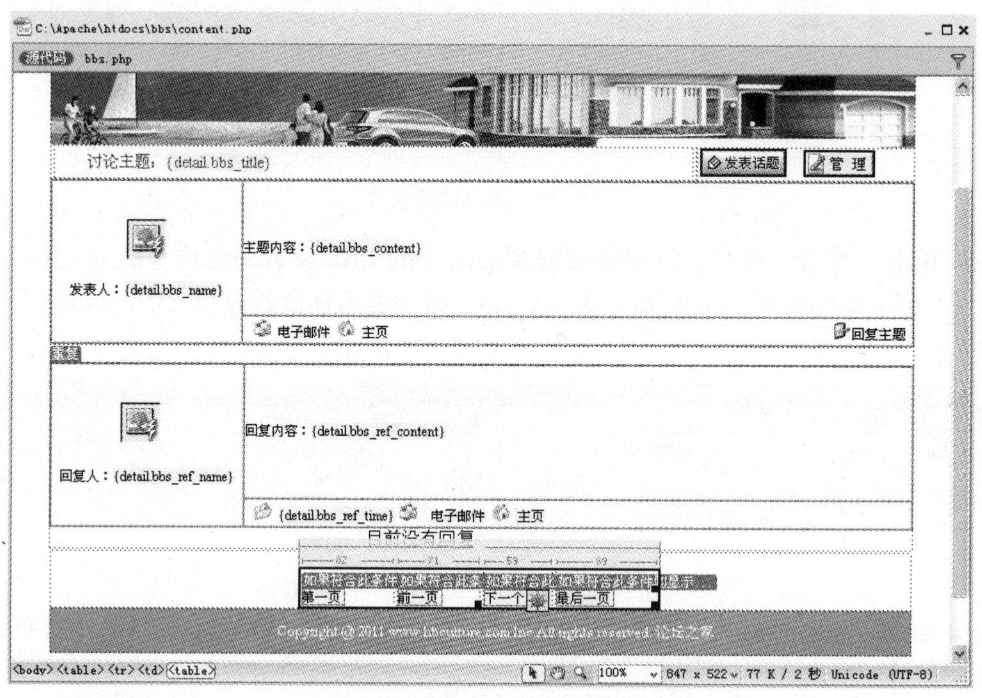

图 8-53　添加“记录集导航条”

14）选取记录集有数据时要显示的数据表格，如图 8-54 所示。

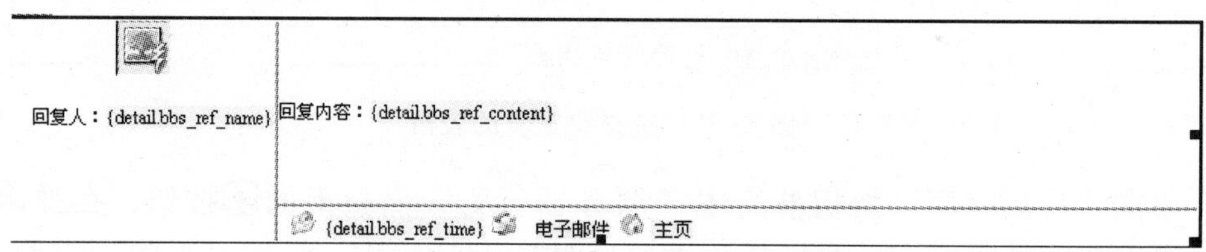

图 8-54　选择要显示的数据表格

15）单击“服务器行为”面板上的按钮，在弹出的菜单中选择“显示区域”→“如果记录集不为空则显示区域”命令，在打开的“如果记录集不为空则显示区域”对话框中，选择“记录集”下拉列表框中的“detail”选项，单击“确定”按钮回到编辑页面，会发现先前所选取要显示的区域左上角出现了一个“如果符合此条件则显示…”的灰色卷标，这表示已经完成设置，如图 8-55 所示。

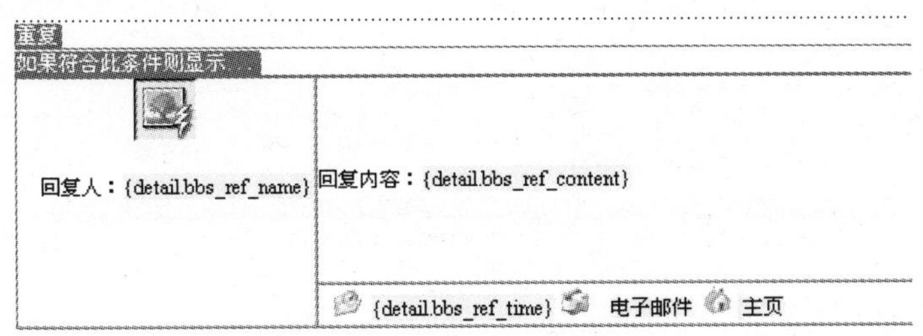

图 8-55 完成设置后的效果

16）选择没有回复数据时要显示的文字“目前没有回复”，根据前面的步骤，将下面区域设定成“如果记录集为空则显示区域”，如图 8-56 所示。

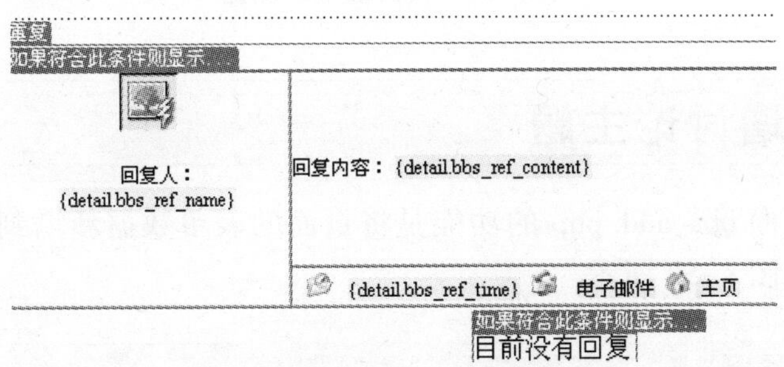

图 8-56 选择没有数据时的显示

8.4.2 设置点击次数

在 BBS 论坛系统主页面中设置了文章阅读统计功能，当访问者点击标题进入查看内容时，阅读统计数目就要增加一次。其主要的方法是更新数据表 bbs_main 里的 bbs_hits 字段来实现。

详细操作步骤如下。

1）实现的方法很简单，打开 content. php 页面，在代码的第 50 行加入一行更新的 SQL 语句：mysql_query("UPDATE bbs_main SET bbs_hits = bbs_hits + 1 WHERE bbs_ID ='". $bbs_ID. "'");

代码说明如下：

```
01. UPDATE bbs_main                  //更新 bbs_main 数据表
02. SET bbs_hits = bbs_hits + 1      //设置 bbs_main 数据表中的 bbs_hits 中字段自动加 1
03. WHERE bbs_ID ='". $bbs_ID. "'    // bbs_ID 的值等于$bbs_ID 变量中的值
```

2）加入的代码位置如图 8-57 所示。

```
  $pageNum_detail = $_GET['pageNum_detail'];
}
$startRow_detail = $pageNum_detail * $maxRows_detail;

mysql_select_db($database_bbs, $bbs);
$query_detail = "SELECT bbs_main.*,bbs_ref.* FROM bbs_main LEFT OUTER JOIN bbs_ref ON
bbs_main.bbs_ID=bbs_ref.bbs_main_ID WHERE bbs_main.bbs_ID ='".$bbs_ID."' ";
$query_limit_detail = sprintf("%s LIMIT %d, %d", $query_detail, $startRow_detail, $maxRows_detail);
$detail = mysql_query($query_limit_detail, $bbs) or die(mysql_error());
$row_detail = mysql_fetch_assoc($detail);

mysql_query("UPDATE bbs_main SET bbs_hits = bbs_hits + 1 WHERE bbs_ID = '".$bbs_ID."'");



if (isset($_GET['totalRows_detail'])) {
  $totalRows_detail = $_GET['totalRows_detail'];
} else {
  $all_detail = mysql_query($query_detail);
  $totalRows_detail = mysql_num_rows($all_detail);
}
$totalPages_detail = ceil($totalRows_detail/$maxRows_detail)-1;
```

图 8-57　代码加入的位置

8.4.3　新增讨论主题

新增讨论主题页面 bbs_add.php 的功能是将页面的表单数据新增到站点的 bbs_main 数据表中，页面设计如图 8-58 所示。

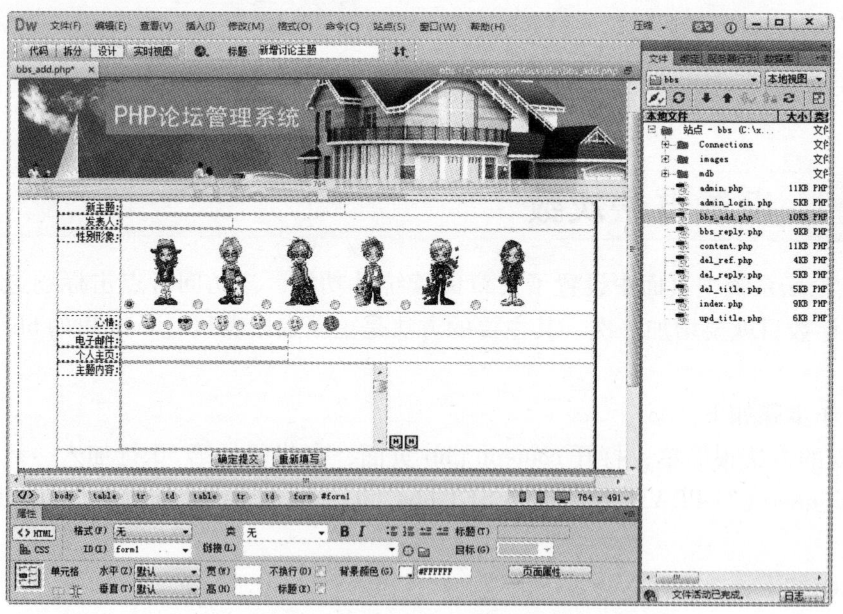

图 8-58　新增讨论主题页面效果

详细操作步骤如下。

1）在 bbs_add.php 页面设计中，表单 form1 中的文本域和文本区域设置如表 8-8 所示。这里要注意性别形象和心情的单选按钮都要在属性面板中定义其值。

表 8-8　表单 form1 中的文本域和文本区域设置方法表

意　义	文本（区）域/按钮名称	方法/类型
表单	form1	POST
新主题	bbs_title	单行
发表人	bbs_name	单行
性别形象	bbs_sex	单选按钮
心情	bbs_face	单选按钮
电子邮件	bbs_email	单行
个人主页	bbs_url	单行
主题内容	bbs_content	多行
提交的时间	bbs_time	< ?php date_default_timezone_set('Asia/Shanghai'); echo date("Y-m-d");? > 获取提交时时间
阅读次数	bbs_hits	初始值为 0
确定提交	Submit1	提交表单
重新填写	Submit2	重设表单

2）在 bbs_add. php 编辑页面，单击“服务器行为”面板上的⊞按钮，在弹出的菜单中，选择“插入记录”命令，在“插入记录”的对话框设置如下。

- 从“连接”下拉列表框中选择 bbs 作为数据源连接对象。
- 从“插入表格”下拉列表框中选择 bbs_main 作为使用的数据库表对象。
- 在“插入后，转到”文本框中设置记录成功添加到表 bbs_main，然后再转到 index. php 网页。
- 在“列”的列选对话框中，将网页中的表单对象和数据库中表 bbs_main 中的字段一一对应起来。

设置完成后该对话框如图 8-59 所示。

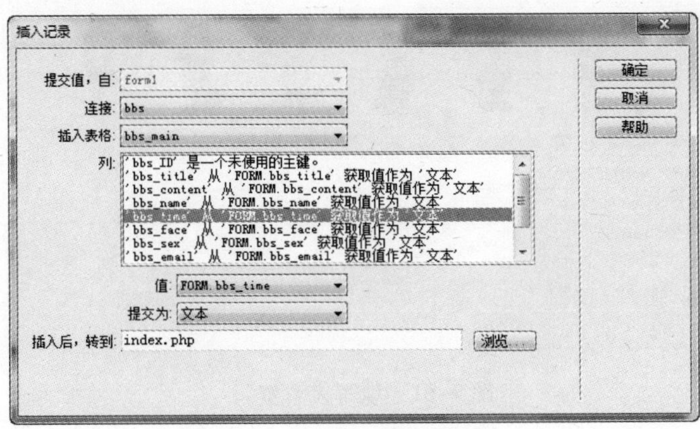

图 8-59　设定“插入记录”

3）选择表单执行菜单栏上“窗口”→“行为”命令，打开“行为”面板，单击“行为”面板中的⊞按钮，在弹出的菜单中，选择“检查表单”命令，打开“检查表单”对话框，设置“值”和“可接受”范围。如文本 bbs_email“值”设置为“必需的”，“可接受”

为“电子邮件地址”，如图 8-60 所示。

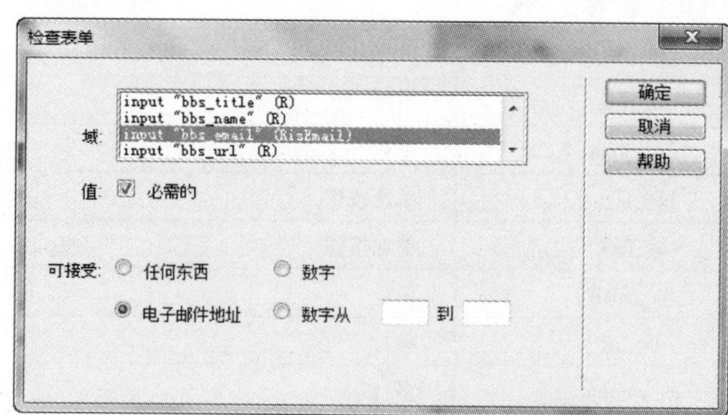

图 8-60 “检查表单”对话框

4）单击“确定”按钮，回到编辑页面，完成 bbs_add. php 页面插入记录的设置。

5）按下〈F12〉键至浏览器测试一下。首先打开 bbs_add. php 页面再填写表单，填写表单资料如图 8-61 所示。

图 8-61 填写表单资料

6）填写资料完成以后，单击“确定提交”按钮，将此资料发送到 bbs_main 数据表中。页面将返回到 BBS 讨论系统主页面 index. php，如图 8-62 所示，表示发布新主题成功。

图 8-62　发表新主题成功

8.4.4　回复讨论主题

回复讨论主题页面 bbs_reply. php 的设计与讨论主题内容页面的制作相似，回复主题是将表单中填写的数据插入到 bbs_ref 数据表中，页面设计效果如图 8-63 所示。

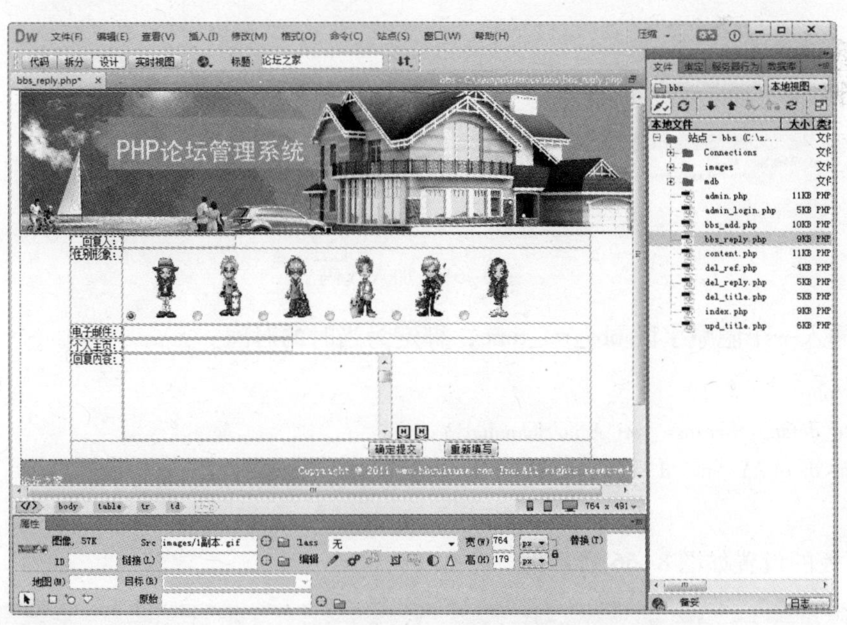

图 8-63　回复讨论主题页面设计效果

1）由于在讨论主题内容页面 content. php 中，设定有传递参数 bbs_ID（主题编号）会传递到这一页面，因此必须先将这个参数绑定到一个命名为 bbs_main_ID 的隐藏域中。在页面上插入以下隐藏域，并命名为 bbs_main_ID，并定义其值为

```
<?php echo $bbs_main_ID  ?>
```

如图 8-64 所示。

图 8-64　设置隐藏域 bbs_main_ID 的值

2）然后再单击 代码 按钮，切换到代码窗口，将如下的代码加入到第 1 行：

```
<?php
$bbs_main_ID = strval($_GET['bbs_ID']);
?>
```

如图 8-65 所示。

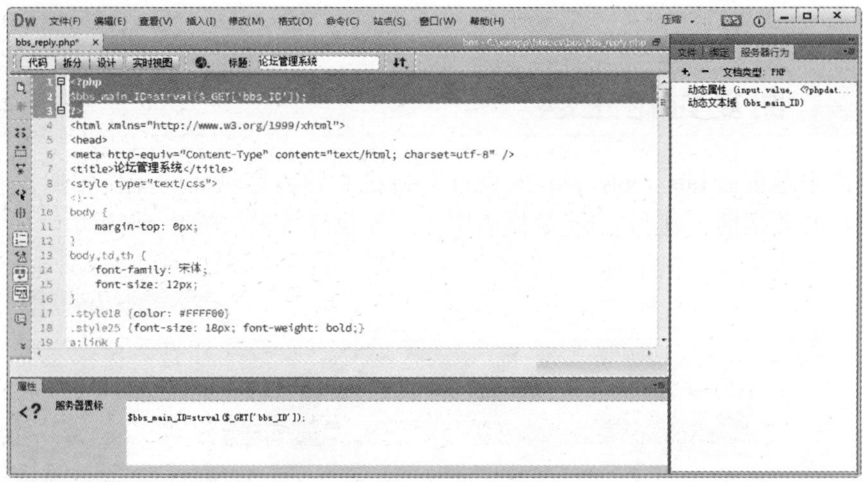

图 8-65　加入代码

3）再插入一个隐藏字段 bbs_ref_time，绑定为当时的时间。

```
<?php
date_default_timezone_set('Asia/Shanghai');
echo date("Y - m - d");
?>
```

属性面板的设置如图 8-66 所示。

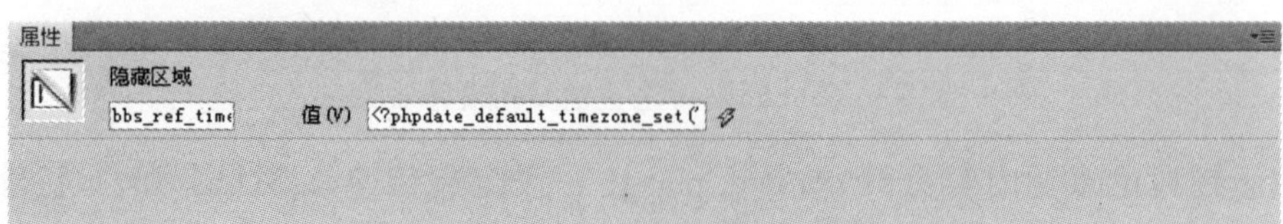

图 8-66　设置隐藏区域值

4）在 bbs_reply. php 编辑页面，单击“应用程序”面板群组中“服务器行为”面板中的按钮，在弹出的菜单中，选择“插入记录”命令，在“插入记录”的设定对话框中设置如下。

- 从“连接”下拉列表框中选择 bbs 作为数据源连接对象。
- 从“插入表格”下拉列表框中选择 bbs_ref 作为使用的数据库表对象。
- 在“插入后，转到”文本框中设置记录成功添加到表 bbs_ref，然后再转到 index. php 网页。
- 在“列”的选项中，将网页中的表单对象和数据库中表 bbs_ref 中的字段一一对应起来。

设置完成后，该对话框如图 8-67 所示。

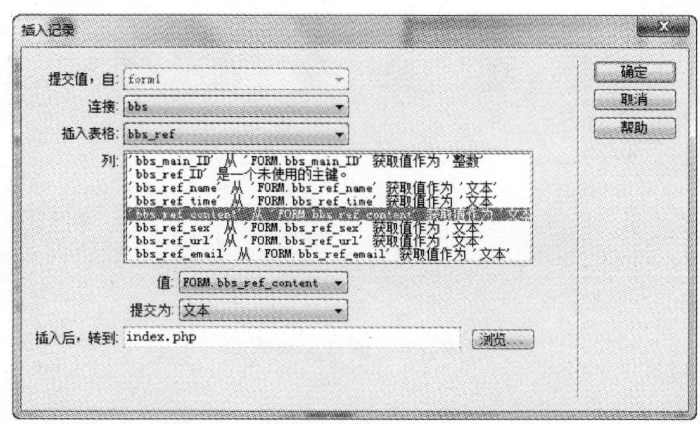

图 8-67　设置“插入记录”对话框

5）选择表单执行菜单“窗口”→“行为”命令，打开“行为”面板，单击“行为”面板中的按钮，在弹出的菜单中，选择“检查表单”命令。打开“检查表单”对话框，设置文本域的“值”为“必需的”，“可接受”为“任何东西”，其中 bbs_ref_email 字段为“电子邮件地址”，如图 8-68 所示。

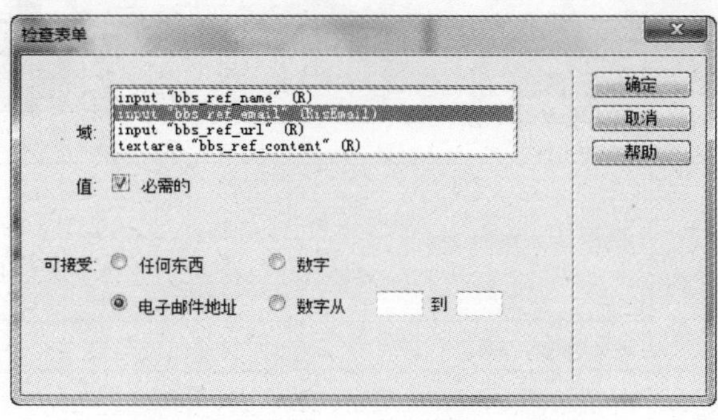

图 8-68　设置“检查表单”对话框

6）单击“确定”按钮，回到编辑页面，这样就完成了 bbs_reply. php 页面插入记录的设计。

7）按下〈F12〉键至浏览器测试。首先打开首页面，选择其中任意一个讨论主题，进入 content. php 页面，在 content. php 页面单击“回复主题”，转到回复讨论主题 bbs_reply. php 页面，在 bbs_reply. php 页面填写表单，填写表单资料如图 8-69 所示。

图 8-69　填写表单资料

8）填写资料完成以后，单击“确定提交”按钮，将此资料发送到 bbs_ref 数据表中。页面将返回到 BBS 讨论区系统内容页面 index. php，再单击主题后可以看到回复，如图 8-70 所示，表示回复主题成功。

图 8-70　回复主题成功

Section

8.5 后台管理设计

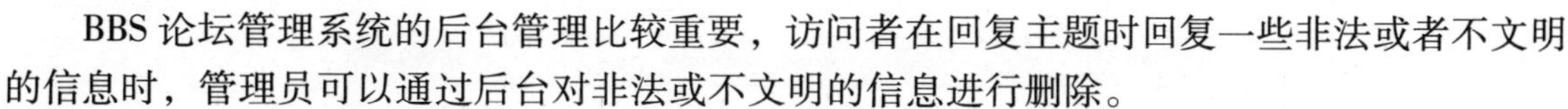

BBS 论坛管理系统的后台管理比较重要，访问者在回复主题时回复一些非法或者不文明的信息时，管理员可以通过后台对非法或不文明的信息进行删除。

8.5.1 后台管理登录

由于管理页面是不允许网站访问者进入的，必须受到权限管理，可以利用管理员账号和管理密码来判别是否有此用户，设计如图 8-71 所示。

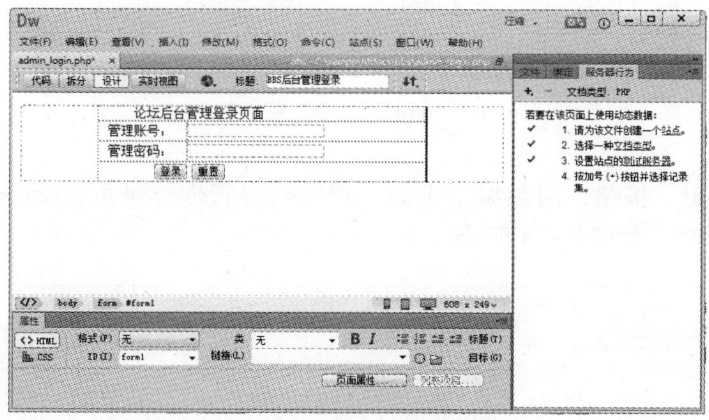

图 8-71 “BBS 后台管理登录页面”设计

其详细操作步骤如下。

1）打开后台管理登录页面 admin_login. php，单击“应用程序”面板群组中“服务器行为”面板上的⊞按钮，在弹出的菜单中选择“用户身份验证/登录用户”的命令，在打开“登录用户”对话框中，设置为如果不成功将返回 BBS 论坛系统主页面 index. php，如果成功将转向后台管理管理页面 admin. php，设置如图 8-72 所示。

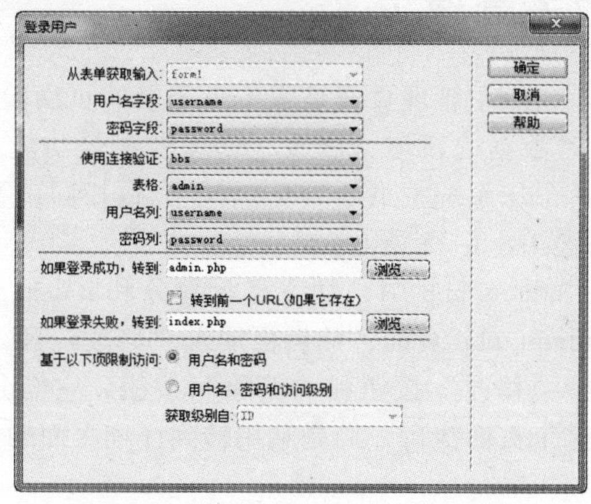

图 8-72 设置“登录用户”对话框

2）选择表单，执行菜单“窗口”→“行为”命令，打开“行为”面板，单击“行为”面板中的[+]按钮，在弹出的菜单中，选择“检查表单”命令，打开“检查表单”对话框，设置 username 和 password 文本域的“值”都为“必需的”，“可接受”为“任何东西”，如图 8–73 所示。

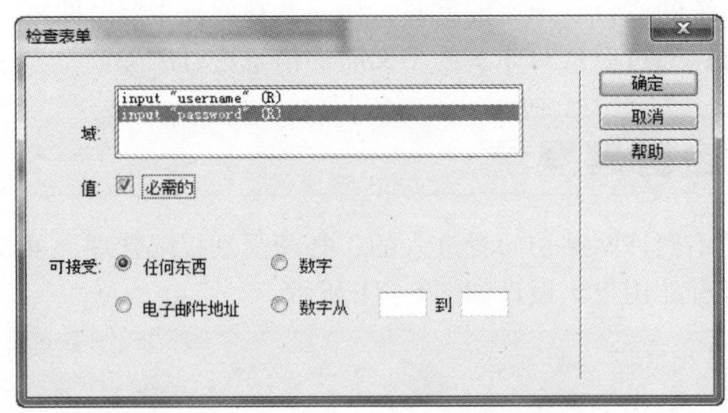

图 8–73　设置“检查表单”对话框

3）单击“确定”按钮，回到编辑页面，现在后台管理登录页面 admin_login. php 的设计与制作都已经完成，如图 8–74 所示。

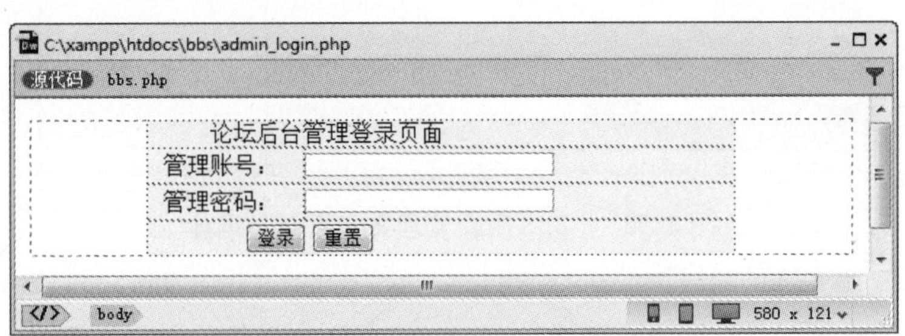

图 8–74　设置完毕的版主登录页面

8. 5. 2　后台版主管理

BBS 论坛管理系统的后台版主管理页面是版主由登录的页面验证成功后所转到的页面。这个页面主要为版主提供对数据的新增、修改、删除内容等功能。后台版主管理页面 admin. php 的内容设计与 BBS 论坛系统主页面 index. php 大致相同，不同的是加入可以转到所编辑页面的链接。页面效果如图 8–75 所示。

1）后台版主管理页面 admin. php 中，动态显示部分和 index. php 是一样的，所以可以直接将 index. php 保存为 admin. php 页面，然后再加入“修改”和“删除”的两列表格。每个讨论主题后面都各有一个“修改”按钮和“删除”按钮，它们分别是用来修改和删除某个讨论主题的，但不是在这个页面执行，而是利用转到详细页面的方式，另外打开一个页面进行相应的操作。

图 8-75 后台版主管理页面的设计效果

2）单击 admin.php 页面中的“删除”按钮，在“属性”面板中设置“链接”如图 8-76 所示：

```
del_title.php?bbs_ID=<?php echo$row_rs_bbs['bbs_ID']; ?>
```

图 8-76 设置“链接”属性

3）单击 admin.php 页面中的“修改”按钮，在“属性”面板中设置“链接”如图 8-77 所示：

```
upd_title.php?bbs_ID=<?php echo$row_rs_bbs['bbs_ID']; ?>
```

图 8-77 设置“链接”属性

4）由于讨论区的管理权限是属于版主的，因此必须设定本页面“限制对页访问”的服务器行为。单击“服务器行为”面板上的➕按钮，在弹出的菜单中，选择“用户身份验证”→“限制对页的访问”命令，打开“限制对页的访问”对话框，选择“用户名和密码”单选按钮，如果访问被拒绝页面，将转向 admin_login.php，如图 8-78 所示。

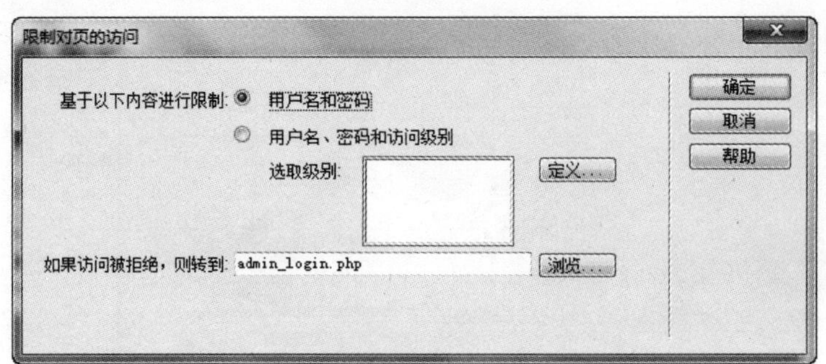

图 8-78　限制对页面的访问设置

8.5.3　删除讨论页面

删除讨论页面 del_title.php 的功能不只是要删除所指定的主题，还要将与此主题相关的回复留言从资料表 bbs_ref 中删除。页面设计效果如图 8-79 所示。

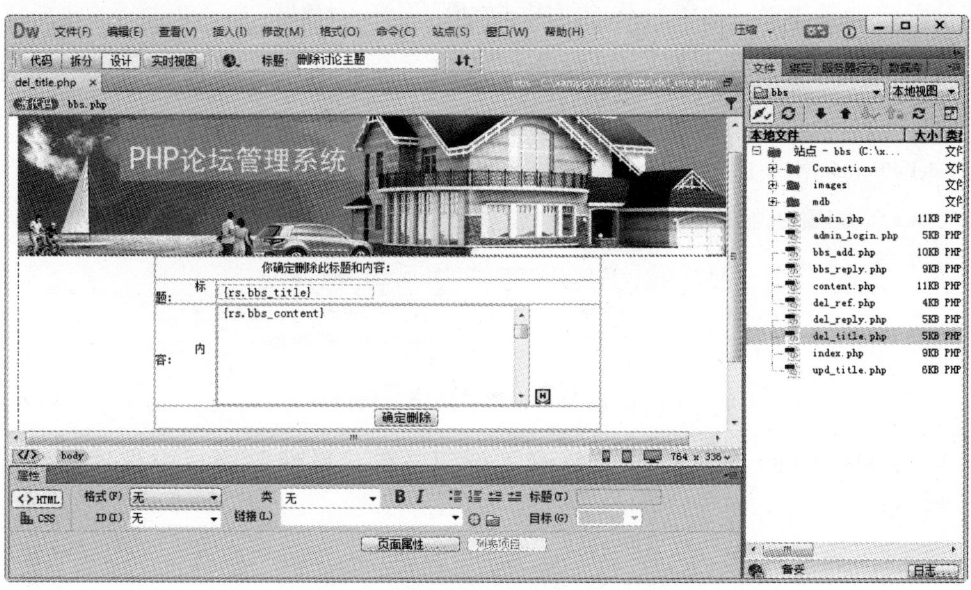

图 8-79　删除讨论页面的设计效果

详细操作步骤如下。

1）打开删除讨论页面 del_title.php，单击“应用程序”面板群组中“绑定”面板上的 ⊞ 按钮，在弹出的菜单中，选择“记录集（查询）”的命令，在打开的“记录集”对话框中单击“高级”按钮，进入记录集高级设定的页面，将现有的 SQL 语句改成以下的 SQL 语句，如图 8-80 所示。

```
SELECT bbs_main. * ,bbs_ref. *
FROM bbs_main LEFT OUTER JOIN bbs_ref ON   bbs_main. bbs_ID = bbs_ref. bbs_main_ID
WHERE bbs_main. bbs_ID  ='". $bbs_ID. "'
```

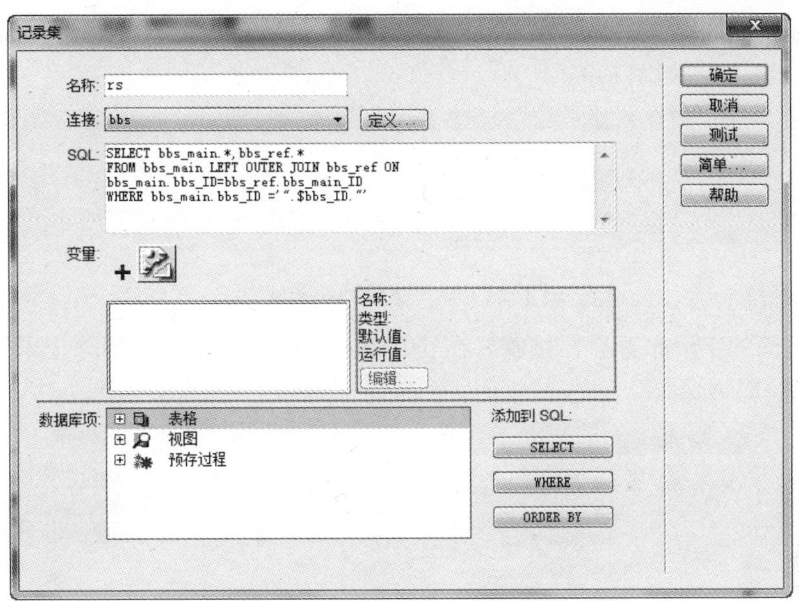

图 8-80 改写 SQL 语句

2）上图中设置了一个名为 $bbs_ID 的变量值，即是 admin. php 传递过来的参数，因此在该页自动生成的 PHP 代码中的第 1 行加入如下的变量赋值。

```
$bbs_ID = strval($_GET['bbs_ID']);
```

3）在设定完记录集绑定后，把 rs 记录集中的字段插入到 del_title. php 页面上，如图 8-81 所示。

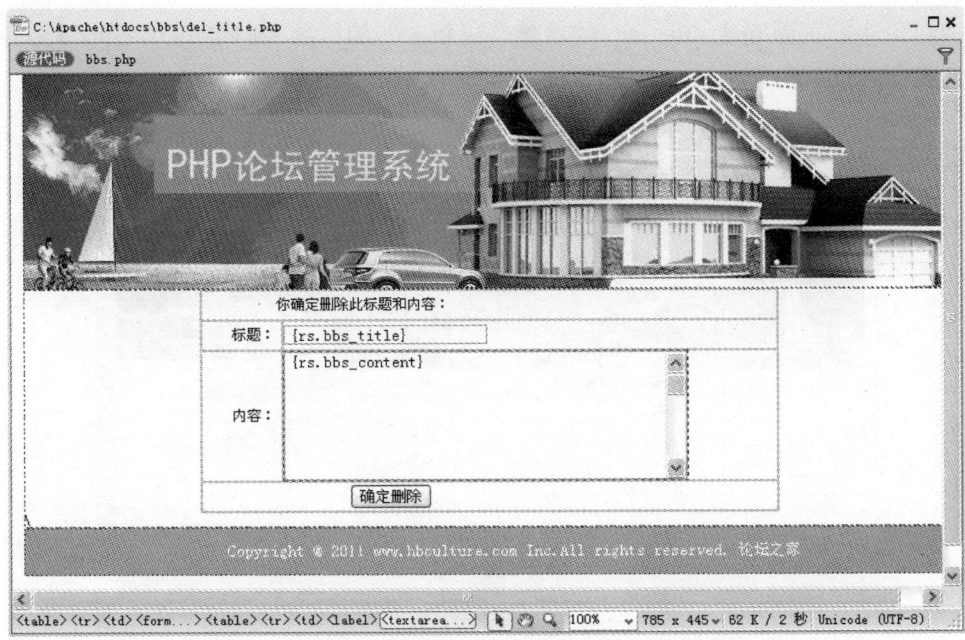

图 8-81 字段插入至 del_title. php 中

4）在页面中插入一个隐藏字段 bbs_ID，将这个变量绑定至删除讨论页面 del_title. php 中的隐藏区域 bbs_ID，如图 8-82 所示。

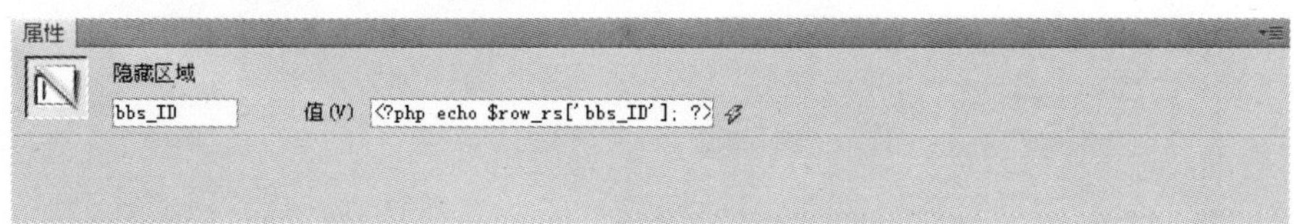

图 8-82　插入字段到隐藏域中

5）完成页面的字段布置后，接着要在 del_title. php 页面加入“删除记录”的设置，具体的设置如图 8-83 所示。

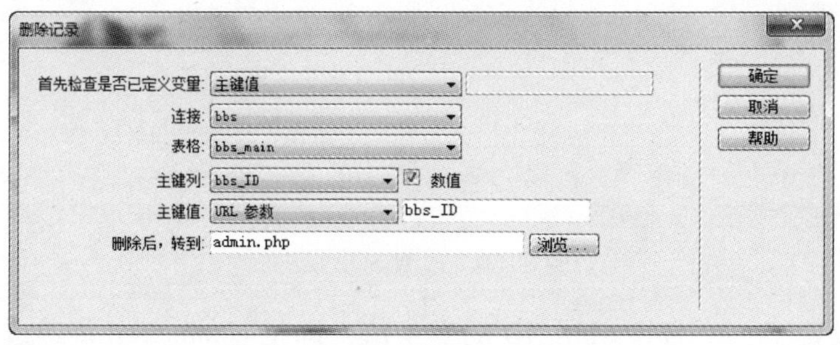

图 8-83　设置“删除记录”对话框

单击“确定”按钮，完成删除讨论页面的设置。

8.5.4　修改讨论主题

修改讨论主题页面 upd_title. php 的功能是更新主题的标题和内容到 bbs_main 数据表中，页面设计如图 8-84 所示。

图 8-84　修改讨论主题页面效果

操作步骤如下。

1）打开修改讨论主题页面 upd_title. php，单击“绑定”面板上的按钮，在弹出的菜单中，选择“记录集（查询）”命令，在打开的“记录集”对话框中，单击“高级”按钮，进入记录集高级设定页面，将现有的 SQL 语句改成以下的 SQL 语句，如图 8-85 所示：

```
SELECT bbs_main. * ,bbs_ref. *
FROM bbs_main LEFT OUTER JOIN bbs_ref ON   bbs_main. bbs_ID = bbs_ref. bbs_main_ID
WHERE bbs_main. bbs_ID  ='". $bbs_ID. "'
```

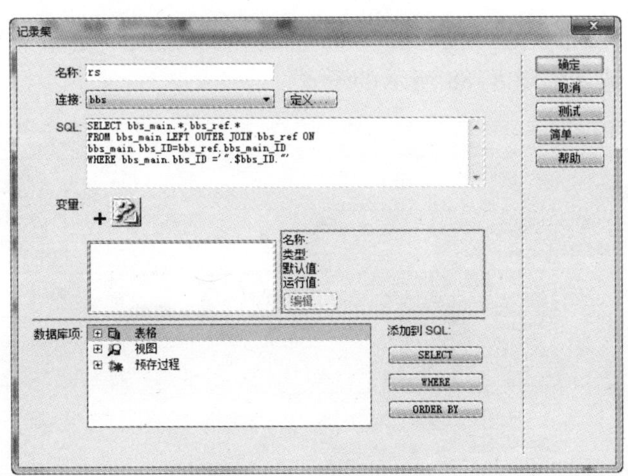

图 8-85　改写 SQL 语句

2）图 8-91 中设置了一个名为 $bbs_ID 的变量值，即是 admin. php 传递过来的参数，因此在该页自动生成的 PHP 代码中的第一行加入如下的变量赋值。

```
$bbs_ID = strval($_GET['bbs_ID']);
```

3）在设定完记录集绑定后，把记录集 rs 中的字段插入到 upd_title. php 页面上，如图 8-86 所示。

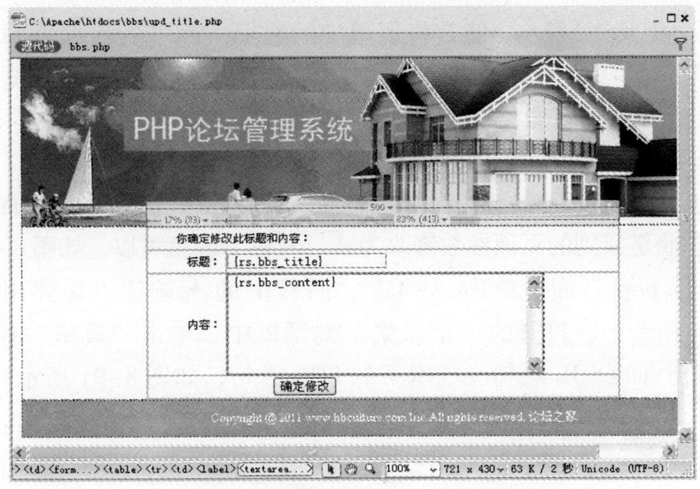

图 8-86　字段插入至 upd_title. php 中

4）在页面中插入一个隐藏字段 bbs_ID，将这个变量绑定至修改讨论主题页面 upd_title. php 中的隐藏域 bbs_ID，如图 8-87 所示。

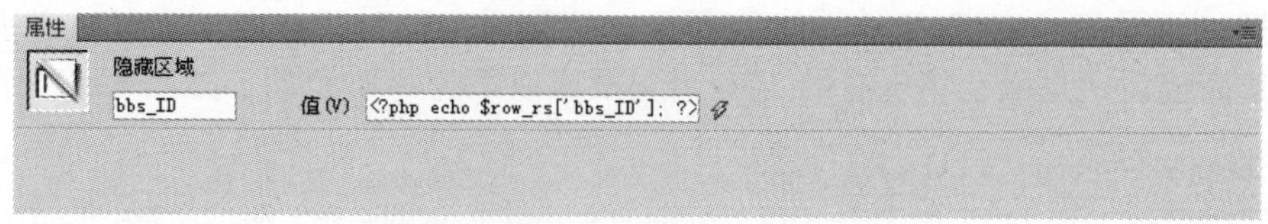

图 8-87 插入字段到隐藏区域中

5）完成页面的字段布置后，接着要在 upd_title. php 加入"更新记录"的设置。在"更新记录"对话框中，输入如图 8-88 所示的设置。

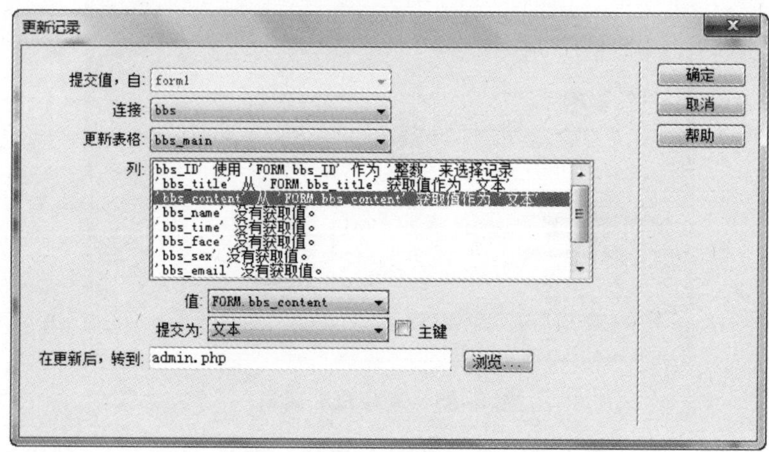

图 8-88 设置"更新记录"对话框

6）单击"确定"按钮，完成修改讨论主题页面的设置。

8.5.5 删除回复页面

删除回复页面 del_reply. php 功能是将表单中的数据从网站的数据表 bbs_ref 中删除。其主要目的是，管理员对一些不文明和非法的回复信息进行删除。其页面设计效果如图 8-89 所示。

其详细的操作步骤如下。

1）打开后台版主管理页面 admin. php 单击标题，进入 del_reply. php 页面。实现此功能时，只要在标题的属性栏将链接到的页面参数修改为 del_reply. php 就可以，如图 8-90 所示。

2）在 del_reply. php 页面，单击"绑定"面板上的⊞按钮，在弹出的菜单中，选择"记录集（查询）"命令，在打开的"记录集"对话框中，单击"高级"按钮，进入记录集高级设定页面，将现有的 SQL 语句改成以下的 SQL 语句，如图 8-91 所示。

```
SELECT bbs_main. * ,bbs_ref. *
FROM bbs_main LEFT OUTER JOIN bbs_ref ON  bbs_main. bbs_ID = bbs_ref. bbs_main_ID
WHERE bbs_main. bbs_ID  ='". $bbs_ID. "'
```

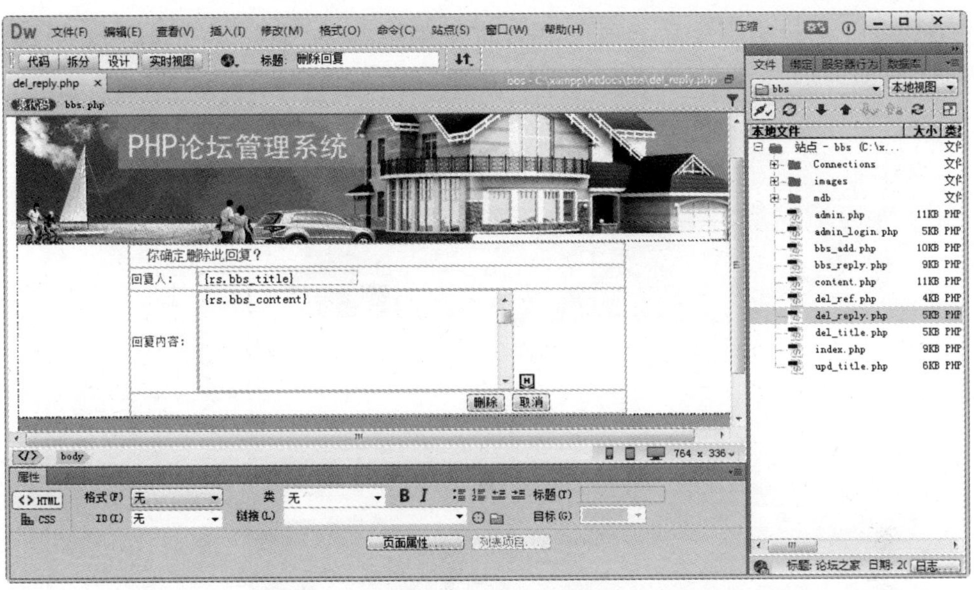

图 8-89　del_reply. php 页面的设计效果

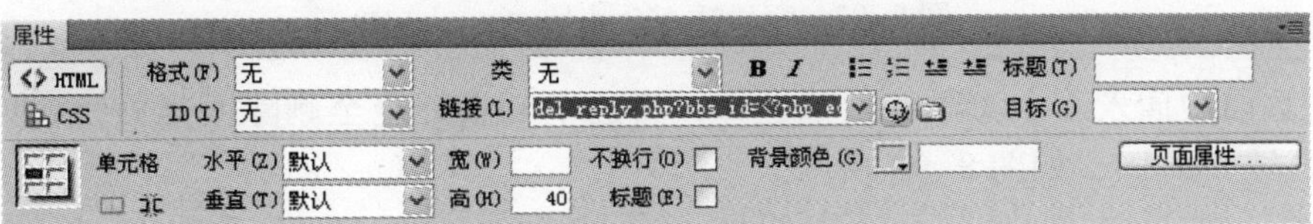

图 8-90　属性链接设置

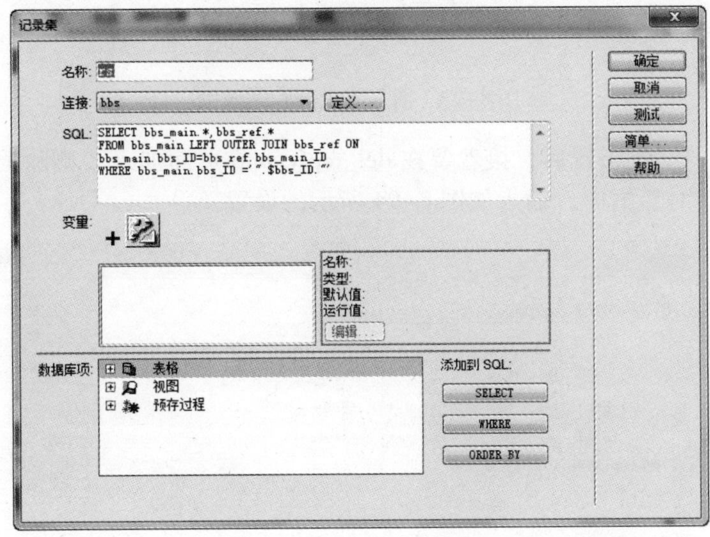

图 8-91　改写 SQL 语句

3）在该页自动生成的 PHP 代码中的第 1 行加入如下的变量赋值。

```
$bbs_ID = strval($_GET['bbs_ID']);
```

4）在设定完记录集绑定后，把记录集 rs 中的字段插入到 del_reply. php 页面上，如图 8-92 所示。

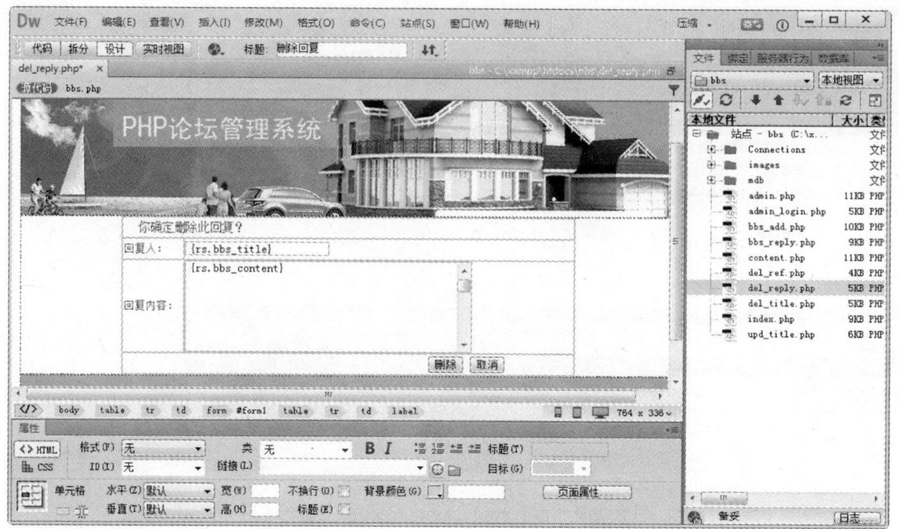

图 8-92　字段插入至 del_reply. php 中

5）在页面中插入一个隐藏字段 bbs_ID，将这个变量绑定至删除回复页面 del_reply. php 中的隐藏区域 bbs_ID，如图 8-93 所示。

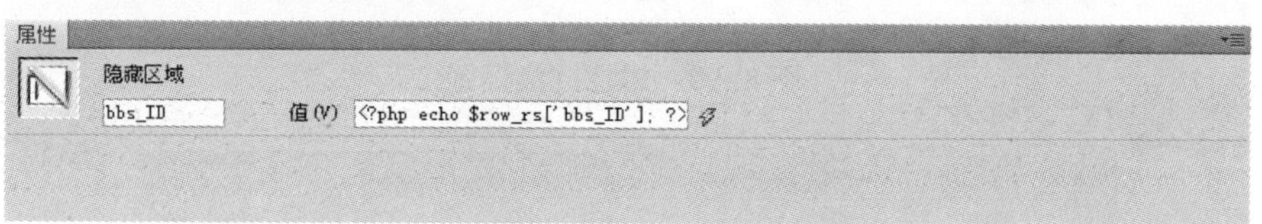

图 8-93　插入字段到隐藏域中

6）完成页面的字段布置后，接着要在 del_reply. php 页面加入“删除记录”的设定，只要在“删除记录”对话框中，输入如图 8-94 所示的设置。

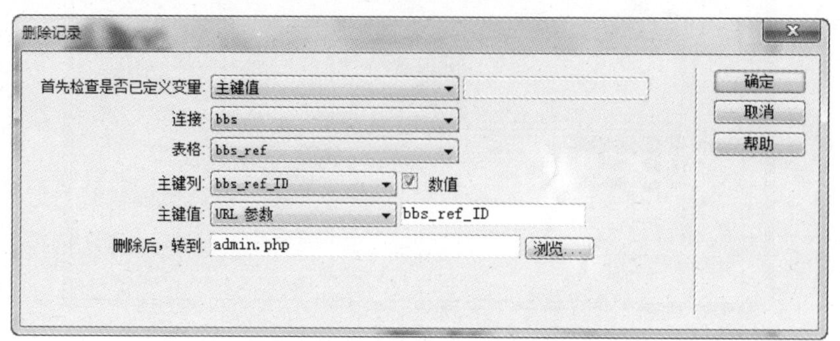

图 8-94　设置“删除记录”对话框

到这里就完成了 BBS 论坛系统的开发制作，读者可以凭借学习到的知识来做一个个性化的论坛，通过加入更多的技术，可以完成更强大的 Web 程序。

第9章 PHP网上购物系统前台

本章介绍一个使用 PHP 开发的大型电子商务网站的建设实例。网上购物系统是由专业网络技术公司开发，是拥有产品发布、订单处理、购物车等功能组合而成的复杂动态系统。它必须拥有会员系统、查询系统、购物流程、会员服务、后台管理等功能模块，从技术角度来说，主要是通过购物车实现电子商务功能。本章主要介绍使用 PHP 进行网上购物系统前台开发的方法，将系统地介绍网上购物系统的设计、数据库的规划以及常用的几个功能模块前台的开发方法。

从入门到精通

主要掌握以下知识点：

- 网上购物系统的功能分析与模块设计
- 网上购物系统数据库的设计搭建
- 购物车首页的设计
- 商品相关动态页面设计
- 商品结算功能设计
- 订单查询功能设计

Section 9.1 网上购物系统分析与设计

网上购物系统是一个比较庞大的系统，拥有会员系统、查询系统、购物流程、会员服务、后台管理等功能模块。为了能系统化地介绍使用 PHP 建设电子商务网站的过程，本章将模拟一个实用的购物网站的建设过程为例，来详细介绍网站想拥有一个网上购物系统必须做哪些具体工作。

9.1.1 购物系统分析

商务实用型网站是在网络上建立一个虚拟的购物商场，让访问者在网络上购物。网上购物以及网上商店的出现，避免了挑选商品的烦琐过程，让人们的购物过程变得轻松、快捷、方便，适合现代人快节奏的生活需求，同时又能有效地控制“商场”运营的成本，开辟了一个新的销售渠道。本实例是使用 PHP + MySQL 直接用手写程序完成的实例，完成的首页如图 9-1 所示。

图 9-1　开发设计的网上购物系统首页效果

对于该网站的功能说明如下。

1）采取会员制保证交易的安全性。

2）开发了强大的搜索以及高级查询功能，能够快捷地找到感兴趣的商品。

3）会员购物流程：浏览、将商品放入购物车、去收银台。每个会员有自己专用的购物车，可随时订购自己中意的商品、结账完成购物。购物的流程是指导编写购物车系统程序的主要依据。

4）完善的会员中心服务功能：可随时查看账目明细、订单明细。

5）设计会员价商品展示，能够显示企业近期所促销的一些会员价商品。

6）人性化的会员与网站留言以及产品评价系统，可以方便会员与网站管理员之间的沟通。

7）后台管理使用本地数据库，保证购物订单被安全、及时、有效地处理。强大的统计分析功能，便于管理员及时了解财务状况、销售状况。

9.1.2 功能模块分析

通过对系统功能的分析，得到网站的网上购物系统主要由如下功能模块组成。

1）前台网上销售模块。指客户在浏览器中所看到的、可直接与店主面对面的销售程序，包括浏览商品、订购商品、查询订购、购物车等功能。

2）后台数据录入模块。前台所销售商品的所有数据，其来源都是后台所录入的数据。

3）后台数据处理功能模块。它是相对于前台网上销售模块而言，网上销售的数据都放在销售数据库中，对这部分的数据进行处理，是后台数据处理模块的功能。

4）用户注册功能模块。用户不一定立即就要买东西，可先注册，任何时候都可以来买东西。用户注册的好处在于买完东西后无须再输入一大堆个人信息，只需将账号和密码输入就可以了。

5）订单号模块。客户购买完商品后，系统自动分配一个购物号码给客户，以方便客户随时查询账单处理情况，了解实时的物流信息。

6）会员留言模块。客户能及时反馈信息，管理员能在后台实现回复的功能，真正做到处处为顾客着想。

9.1.3 网站整体规划

在制作网站之前，首先要把设计好的网站内容放置在本地计算机的硬盘上，为了方便站点的设计及上传，设计好的网页都应存储在一个目录下，再用合理的文件夹来管理文档。在本地站点中应该用文件夹来合理构建文档的结构。首先为站点创建一个主要文件夹，然后在其中再创建多个子文件夹，最后将文档分类存储到相应的文件夹下。读者可以打开附赠资源中的素材，看第 9 章的站点文档结构及文件夹结构，设计完成的结构如图 9–2 所示。

图 9–2　网站文档及文件夹结构

从站点规划的文件夹及完成的页面出发，分别对需要设计的页面功能分析如表 9-1 所示。

表 9-1　站点规划的页面功能分析

网站前台文件	主 要 功 能
addgouwuche. php	添加订购的商品到购物车 gouwuche. php 页面
agreereg. php	同意注册页面
bottom. php	网站底部版权
changeuser. php	用户注册信息更改页面
changeuserpwd. php	更改登录密码页面
chkuser. php	登录身份验证页面
chkusernc. php	检查昵称是否被用文件
conn/conn. php	conn 文件夹下的数据库连接文件
deleteall. php	删除用户处理页面
finddd. php	订单查询页面
findpwd. php	找回密码功能的页面
serchorder. php	查找到商品显示页面
function. php	系统调用的常用函数
gouwuche. php	购物车页面
gouwusuan. php	收银台结算页面
highsearch. php	高级查找页面
index. php	网站购物车首页
left. php	用户及公告系统
logout. php	用户退出页面
lookinfo. php	详细商品信息
openfindpwd. php	找回密码问题答案页面
reg. php	用户注册开始页面
removegwc. php	购物车移除指定商品页面
savechangeuserpwd. php	更改用户密码页面
savedd. php	保存用户订单页面
savepj. php	保存商品评价页面
savereg. php	保存用户注册信息
saveuserleaveword. php	保存用户留言页面
showdd. php	显示详细订单页面
showfenlei. php	商品分类显示页面
gonggao. php	显示详细公告内容页面
gonggaolist. php	公告罗列分页显示页面
showhot. php	热门商品页面
shownewpr. php	最新商品页面

（续）

网站前台文件	主 要 功 能
showpp. php	商品销售排行页面
showpl. php	商品评论分页显示页面
showpwd. php	用户找回的密码页面
showtuijian. php	推荐商品页面
top. php	网站顶部导航条
usercenter. php	会员中心页面
userleaveword. php	发表留言页面

从上面的分析统计来看，该网站前台共由 41 个页面组成，几乎涉及了动态网站建设所有的功能设计。

Section 9.2 购物系统数据库设计

网上购物系统的数据库也是比较庞大的，在设计的时候需要从使用的功能模块入手，可以分别创建不同命名的数据表，命名的时候也要与使用的功能命名相配合，方便后面相关页面设计制作时的调用。MySQL 数据库的制作方法在前面的章节中也介绍过很多次，本章节将要完成的数据库命名为 db_shop，在数据库中建立 8 个不同的数据表，如图 9-3 所示。

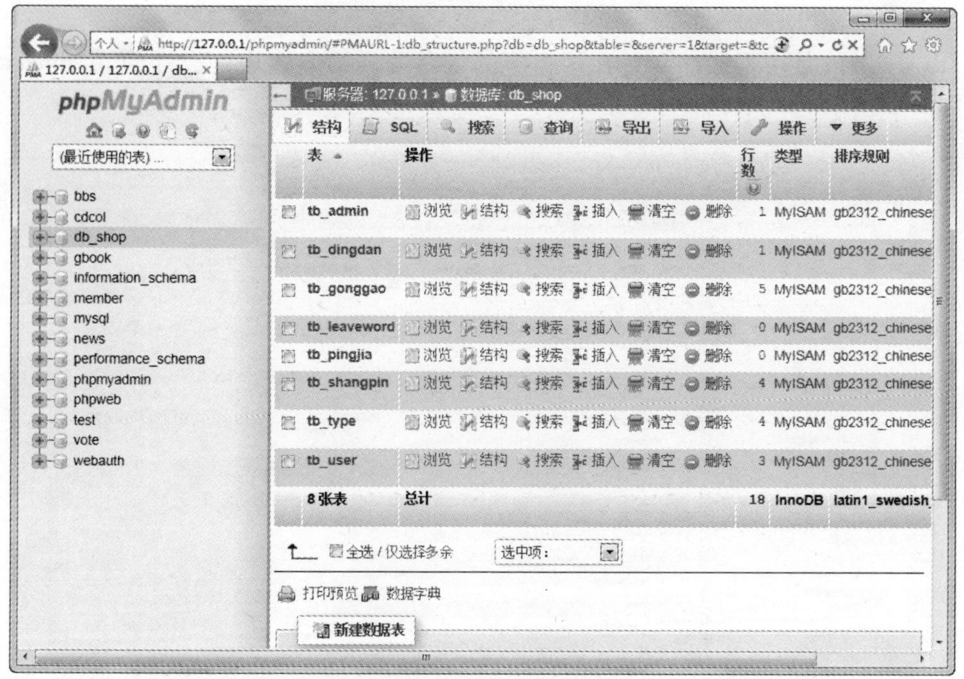

图 9-3 建立的 db_shop 数据库

9.2.1 设计数据表

数据库 db_shop 里是根据开发网站的几大动态功能来设计不同数据表的，本实例需要创建 8 个不同的数据表。下面分别介绍这些数据表的功能及设计的字段要求。

1）tb_admin 是用来储存后台管理员的信息表，设计的 tb_admin 数据表，如图 9-4 所示。其中 name 是管理员名称，pwd 是管理员密码。

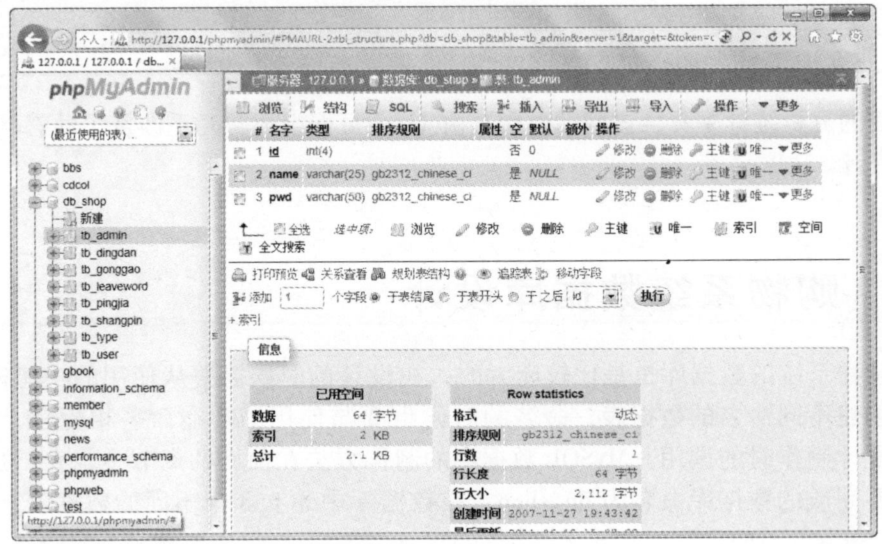

图 9-4　后台管理者表 tb_admin

2）tb_dingdan 是用来储存会员在网上下的订单的详细内容表，设计的 tb_dingdan 数据表，如图 9-5 所示。

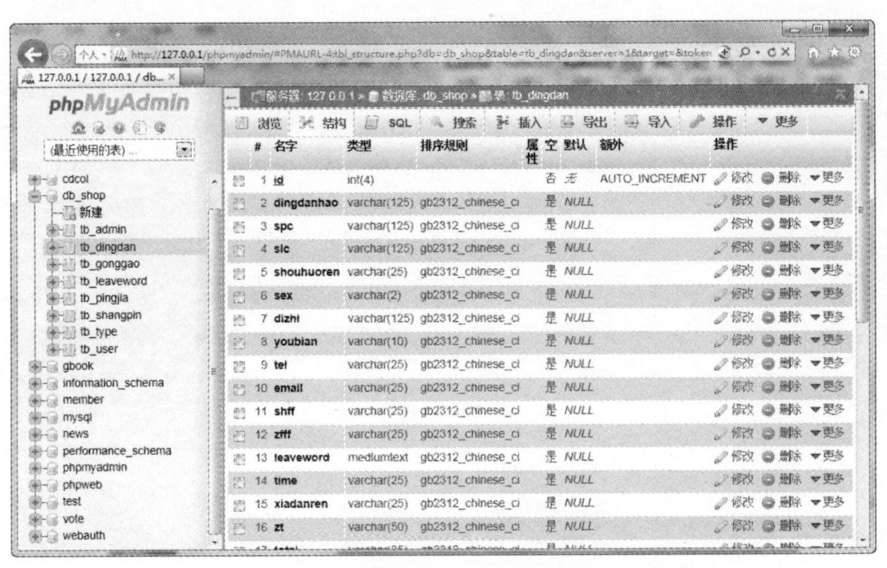

图 9-5　用户订单表 tb_ dingdan

3）tb_gonggao 是用来保存网站公告的信息表，设计的 tb_gonggao 数据表，如图 9-6 所示。

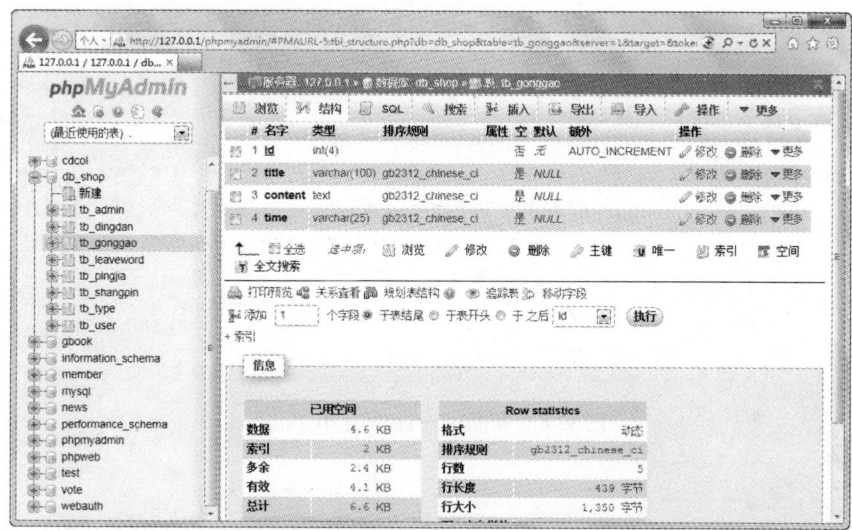

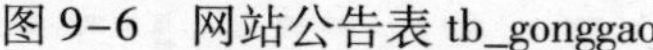

图 9-6 网站公告表 tb_gonggao

4）tb_leaveword 是用户给网站管理者留言的数据表，设计的 tb_leaveword 数据表，如图 9-7 所示。

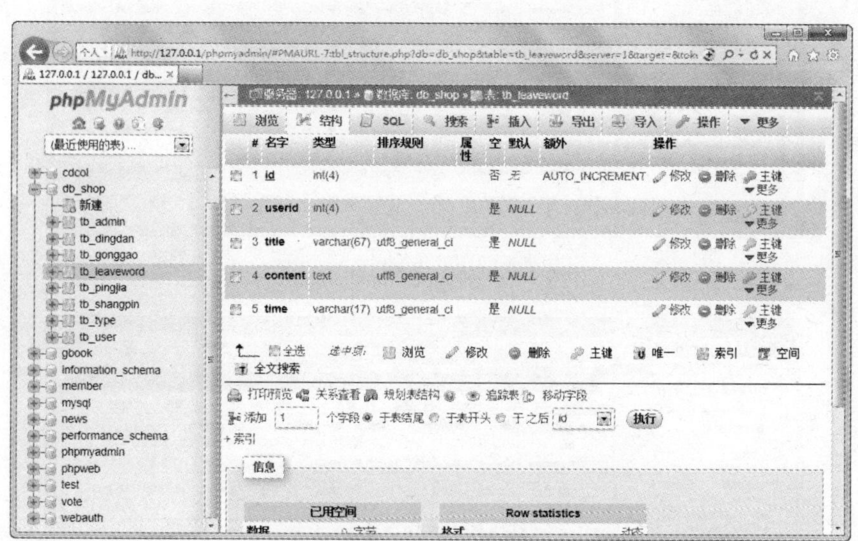

图 9-7 用户留言表 tb_leaveword

5）tb_pingjia 是用户对网上商品的评价表，设计的 tb_pingjia 数据表，如图 9-8 所示。

6）tb_shangpin 是商品表，购物系统中核心的产品发布，定购时的结算都要调用该数据表的内容，设计的 tb_shangpin 数据表，如图 9-9 所示。

7）tb_type 是商品的分类表，设计的 tb_type 数据表，如图 9-10 所示。

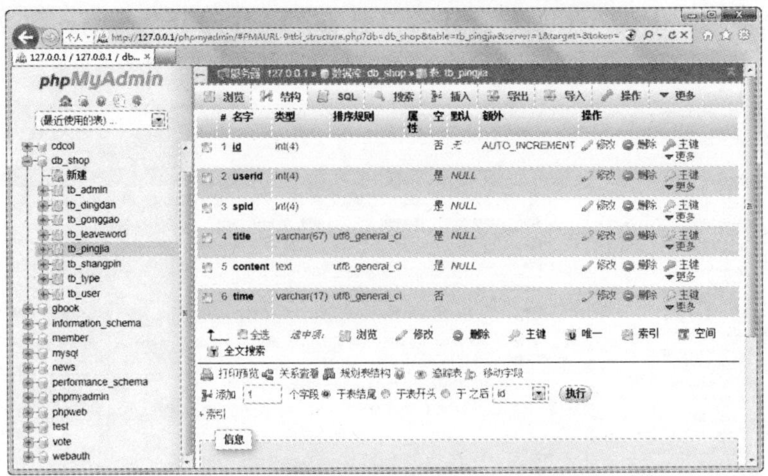

图 9-8　商品用户评价表 tb_pingjia

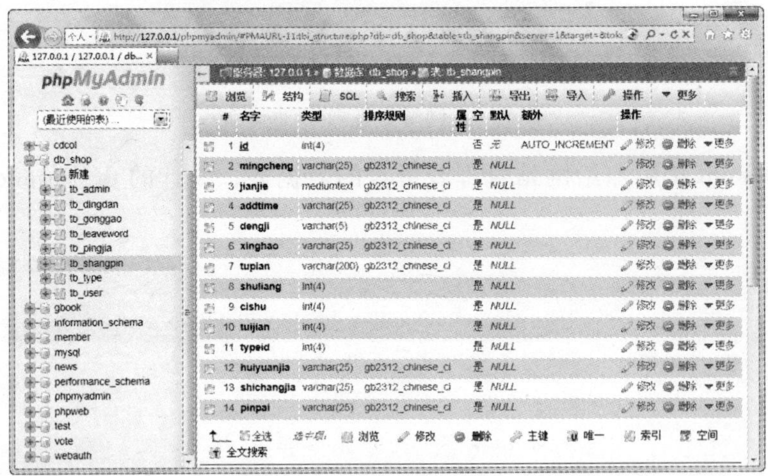

图 9-9　商品表 tb_shangpin

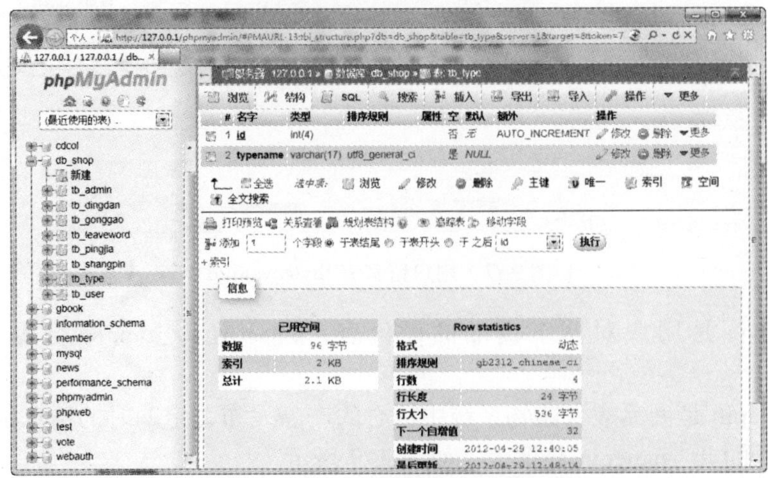

图 9-10　商品分类表 tb_type

8）tb_user 是用来保存网站会员注册用的数据表，设计的 tb_user 数据表，如图 9-11 所示。

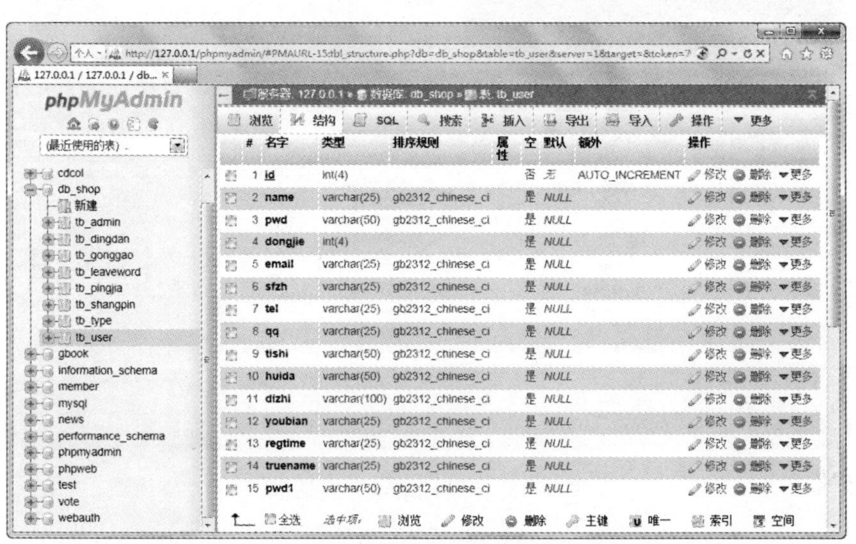

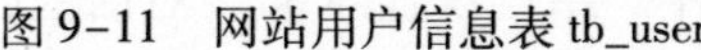
图 9-11 网站用户信息表 tb_user

上面设计的数据表属于比较复杂的数据表，数据表之间主要通过产品的类别 ID 关联，建立网站所需要的主要内容信息，都能储存在数据库里面。

9.2.2 定义购物车站点

定义购物车系统站点的具体操作步骤如下。

1）首先在 C:\xampp\htdocs 路径下建立 shop 文件夹，如图 9-12 所示，本章所有建立的 PHP 程序文件都将放在该文件夹下。

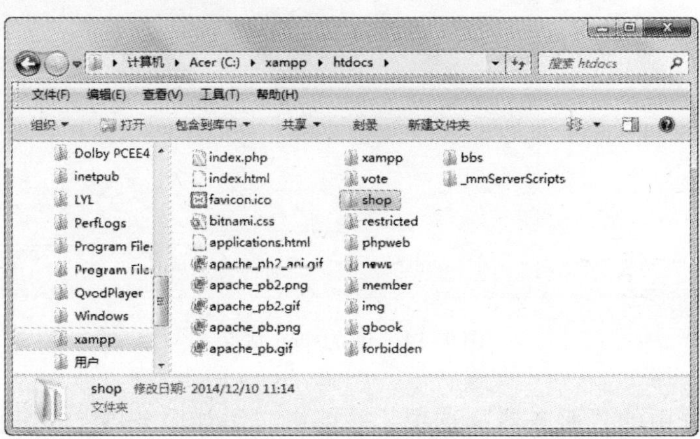

图 9-12 建立站点文件夹 shop

2）打开 Dreamweaver CC，选择菜单栏中的“站点”→“管理站点”命令，打开“管理站点”对话框，如图 9-13 所示。

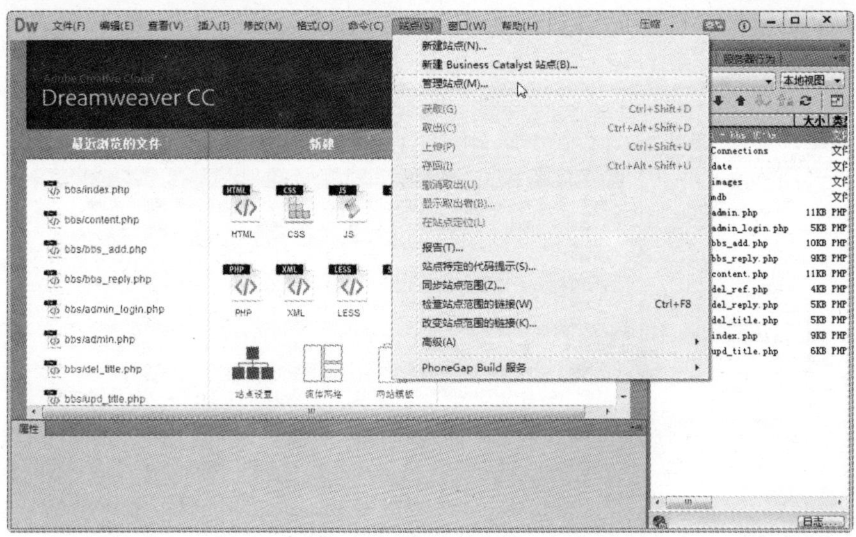

图 9-13 “管理站点”对话框

3）单击“新建”按钮，打开“站点设置对象”对话框，进行如下参数设置。

- “站点名称”：shop。
- “本地站点文件夹”：C:\xampp\htdocs\shop。

如图 9-14 所示。

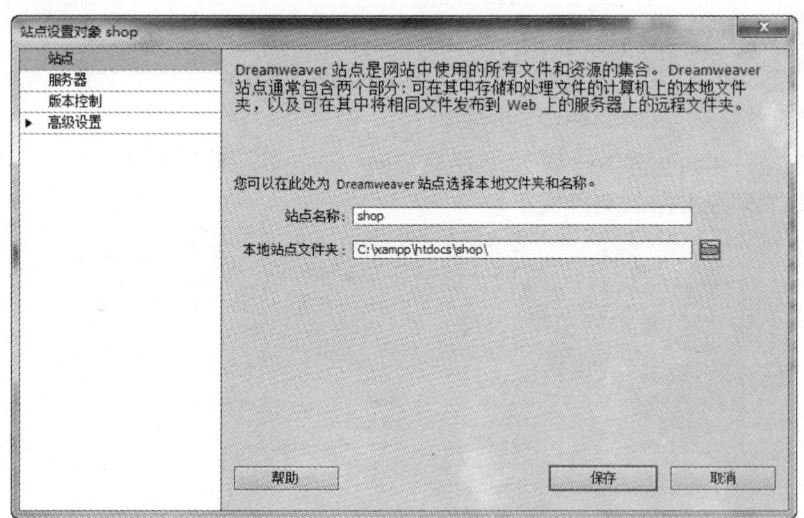

图 9-14 建立 shop 站点

4）单击列表框中的“服务器”选项，并单击“添加服务器”按钮，打开“基本”选项卡，进行如图 9-15 所示的参数设置。

- “服务器名称”：shop。
- “连接方法”：本地/网络。
- “服务器文件夹”：C:\xampp\htdocs\。

● “Web URL”：http://127.0.0.1/shop/。

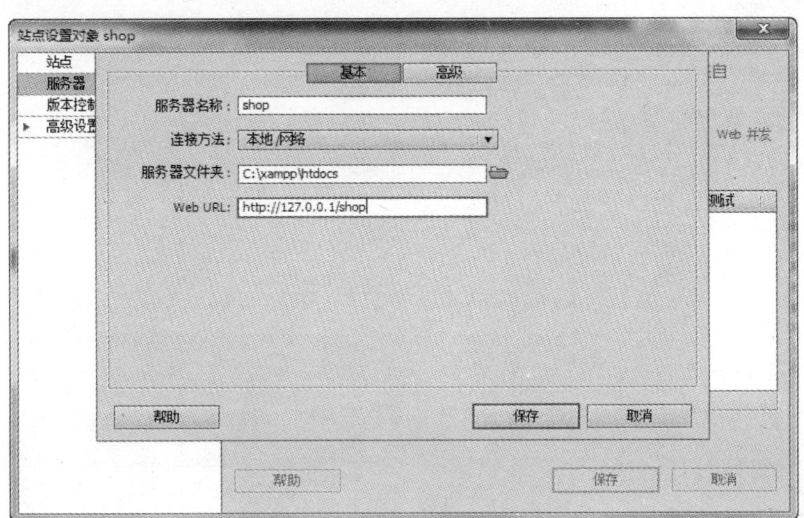

图9-15　设置“基本”选项卡

5）设置后再单击“高级”选项卡，打开“高级”服务器设置对话框，单击“维护同步信息”复选框，在“服务器模型”下拉列表项中，选择PHP MySQL表示是使用PHP开发的网页，其他的保持默认值，如图9-16所示。

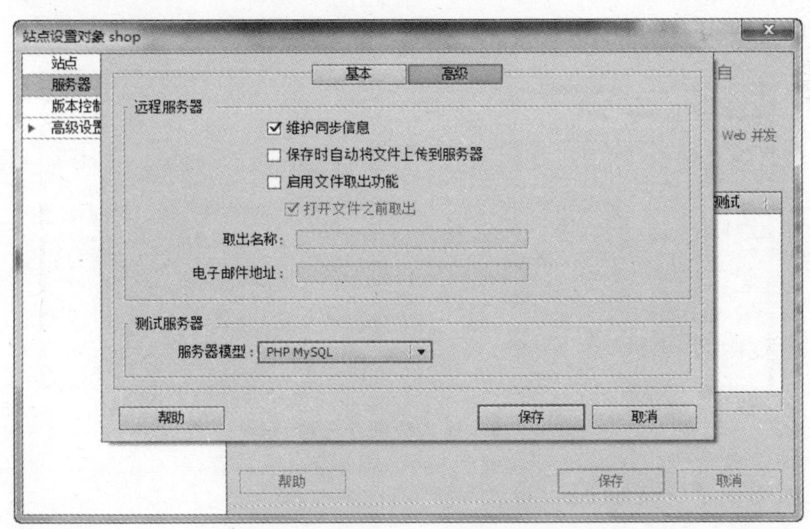

图9-16　设置“高级”选项卡

6）单击“保存”按钮，返回“服务器”设置对话框，再单击选择“测试”复选框，如图9-17所示。

单击“保存”按钮，则完成站点的定义设置。完成Dreamweaver CC测试shop网页的网站环境设置。

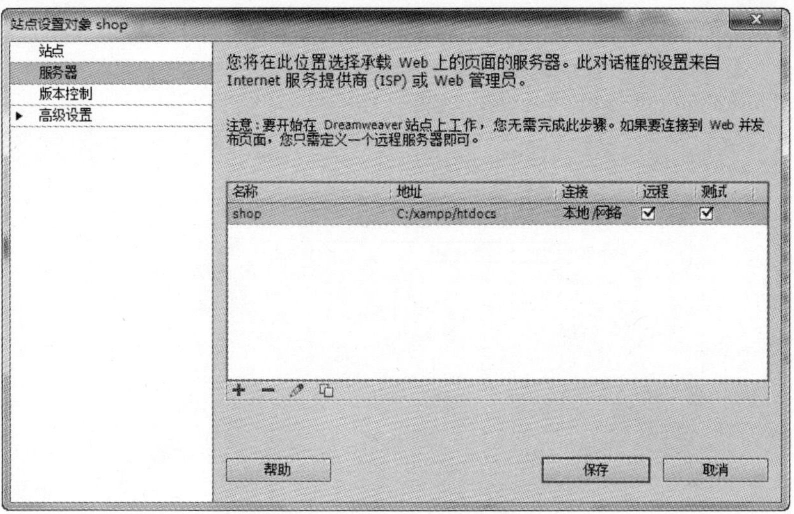

图 9-17　设置“服务器”参数

9.2.3　数据库连接

数据库设计之后，需要将数据库连接到网页上，这样网页才能调用数据库和储存相应的信息。用 PHP 开发的网站，一般将数据库连接的程序代码文件命名为 conn. php。在站点文件夹创建 conn. php 空白页面，按如图 9-18 所示输入数据库连接代码。

C:\xampp\htdocs\shop\conn\conn.php

```
<?php
     $conn=mysql_connect("localhost","root","") or die(
"数据库服务器连接错误".mysql_error());
     mysql_select_db("db_shop",$conn) or die("数据库访问错误".
mysql_error());
     mysql_query("set character set gb2312");
     mysql_query("set names gb2312");
?>
```

图 9-18　输入数据库连接代码

对于本连接的程序说明如下：

```
<?php
    $conn = mysql_connect("localhost","root","admin") or die("数据库服务器连接错误". mysql
_error());
//设置数据库连接,本地服务器,用户名为 root,密码为 admin,如果连接错误调用 mysql_error()
函数。
    mysql_select_db("db_shop",$conn) or die("数据库访问错误". mysql_error());
//连接 db_shop 数据库,如果连接错误调用 mysql_error()。
     mysql_query("set character set gb2312");
```

```
    mysql_query("set names gb2312");
//设置数据库的字体为 gb2312 即中文简体。
    ?>
```

读者使用时如果需要更改数据库名称，只需要将该页面中的 db_shop 做相应的更改即可实现，同时用户名和密码和在本地安装的用户名和密码要保持一致。

Section

9.3 网站首页动态功能

对于一个网站系统来说，需要一个主页面来给用户进行注册、搜索需要订购的商品、网上浏览商品等操作。实例的首页 index. php 主要由 font. css、top. php、left_menu. php、bottom. php 等共 4 个二级页面组合而成。本小节介绍包括 index. php 在内的 5 个页面的设计。

9.3.1 网站的样式表

任何网站如果想达到美观的效果，都是要经过专业的网页布局设计。实例按传统的电子商务网站布局方式进行布局，文字样式的美化设计是使用样式表来直接设计的，实例的样式表保存在 css 文件夹下。

1）运行 Dreamweaver CC 软件，打开制作到这一步的站点文件夹。执行菜单“文件”→“新建”命令，打开“新建文档”对话框，选择“空白页”选项卡中“页面类型”下拉列表框中的 CSS，然后单击“创建”按钮创建新页面，如图 9-19 所示。在网站 css 目录中新建一个名为 font. css 的网页并保存。

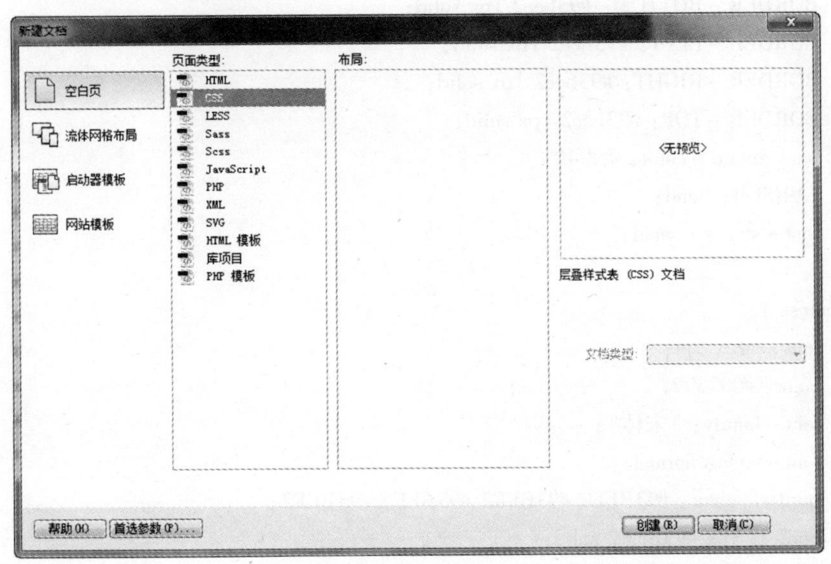

图 9-19 创建 css 文件

2）进入代码视图窗口，将里面所有的默认创建代码删除，然后加入如下代码：

```
A:link {
  COLOR: #006699; TEXT - DECORATION: none
}
A:visited {
  COLOR: #006699; TEXT - DECORATION: none
}
A:active {
  COLOR: #006699; TEXT - DECORATION: none
}
A:hover {
  COLOR: #000000
}
BODY {
  margin - top: 0px;
}
TD,TH {
  FONT - SIZE:12px; COLOR: #006699;
}
//网页的链接及基础属性。
. buttoncss {
    font - family: "Tahoma", "宋体";
    font - size: 9pt; color: #003399;
    border: 1px #003399 solid;
    color:006699;
    BORDER - BOTTOM: #93bee2 1px solid;
    BORDER - LEFT: #93bee2 1px solid;
    BORDER - RIGHT: #93bee2 1px solid;
    BORDER - TOP: #93bee2 1px solid;
    background - color: #e8f4ff;
    CURSOR: hand;
    font - style: normal;
}
. inputcss {
    font - size: 9pt;
    color: #003399;
    font - family: "宋体";
    font - style: normal;
    border - color: #93BEE2 #93BEE2 #93BEE2 #93BEE2;
    border: 1px #93BEE2 solid;
}
. inputcssnull {
    font - size: 9pt;
    color: #003399;
```

```
        font - family: "宋体";
        font - style: normal;
        border: 0px #93BEE2 solid;
    }
.scrollbar{
    SCROLLBAR - FACE - COLOR: #FFDD22;
    FONT - SIZE: 9pt;
    SCROLLBAR - HIGHLIGHT - COLOR: #69BC2C;
    SCROLLBAR - SHADOW - COLOR: #69BC2C;
    SCROLLBAR - 3DLIGHT - COLOR: #69BC2C;
    SCROLLBAR - ARROW - COLOR: #ffffff;
    SCROLLBAR - TRACK - COLOR: #69BC2C;
    SCROLLBAR - DARKSHADOW - COLOR: #69BC2C

    }
.scrollbar{
    SCROLLBAR - FACE - COLOR: #FFDD22;
    FONT - SIZE: 9pt;
    SCROLLBAR - HIGHLIGHT - COLOR: #69BC2C;
    SCROLLBAR - SHADOW - COLOR: #69BC2C;
    SCROLLBAR - 3DLIGHT - COLOR: #69BC2C;
    SCROLLBAR - ARROW - COLOR: #ffffff;
    SCROLLBAR - TRACK - COLOR: #69BC2C;
    SCROLLBAR - DARKSHADOW - COLOR: #69BC2C

    }
    //网页表单对象的样式设置
```

通过上面样式文件的建立，可以将整个网站的样式统一，起到美化整个网站的效果。

9.3.2 建立导航

导航频道是网站建设中很重要的部分，通常情况下，一个网站的页面会有几十个，更大型一点的可能会达到几千个甚至几万个，每个页面都会有导航栏。但是，在网站后期维护或者需要更改的时候，这个工作量就会变得很大。所以为了方便，通常都会把导航栏开发成单独的一个页面，然后让每个页面都单独调用它。这样当需要变更的时候，只要修改导航栏这一个页面，其他的页面自动就被更新了。实例创建的带搜索功能的导航频道，如图 9-20 所示。

这里制作的步骤如下。

1）在 Dreamweaver CC 中执行菜单“文件”→“新建”命令，打开“新建文档”对话框，选择“空白页”选项卡中“页面类型”下拉列表框中的 PHP 选项，在“布局”下拉列表框中选择“无”选项，然后单击“创建”按钮创建新页面，在网站根目录下新建一个名

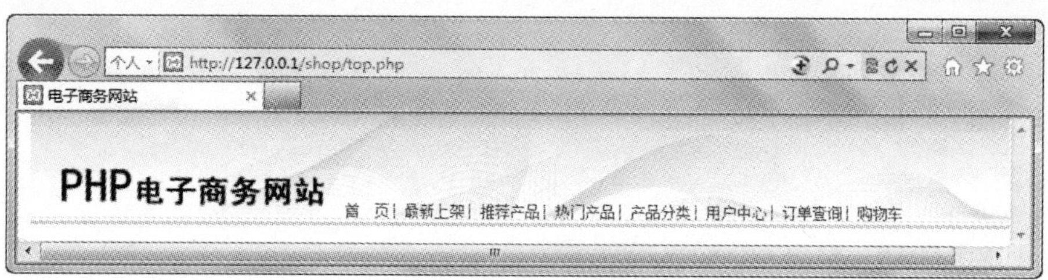

图 9-20 搜索导航频道

为 top. php 的网页并保存。

2）再单击“显示代码视图”选择代码按钮，进入代码视图窗口，将里面所有的默认创建代码删除，然后加入如下代码：

```
<html>
<head>
<meta http-equiv="Content-Type" content="text/html; charset=gb2312">
<title>电子商务网站</title>
<link rel="stylesheet" type="text/css" href="css/font.css">
</head>
<body>
<table width="766" border="0" align="center" cellpadding="0" cellspacing="0" background
="images/bannerdi.gif">
  <tbody>
    <tr>
      <td width="231" height="85"> </td>
      <td width="535" align="left"><p> </p>
        <p> </p>
      <p><a href="index.php"> 首 页</a>| <a href="shownewpr.php">最新上架</a>|
<a href="showtuijian.php">推荐产品</a>| <a href="showhot.php">热门产品</a>| 
<a href="showfenlei.php"> 产品分类</a>| <a href="usercenter.php">用户中心
</a>| <a href="finddd.php"> 订单查询</a>| <a href="gouwuche.php">购
物车</a> </p></td>
    </tr>
  </tbody>
</table>
```

最后保存制作的页面，按下〈F12〉快捷键，即可以在 IE 浏览器中看到和原来一样的导航效果。

9.3.3 登录、新闻及搜索

在 index. php 页面中的“产品信息”栏目里面，如果不加入动态功能，则只能显示原来设计的静态文字。如果想调用建立的 shop 数据库中“新闻表”里面的新闻数据，并且能够显示最新的 10 条信息，如何用 PHP 进行连接和处理呢?

下面就详细介绍该功能的开发办法，制作步骤如下。

1）为了能够实现页面的调用，需要首先打开数据库 db_shop 文件，然后再打开 tb_gonggao 数据表，加入一些数据，如图 9-21 所示。

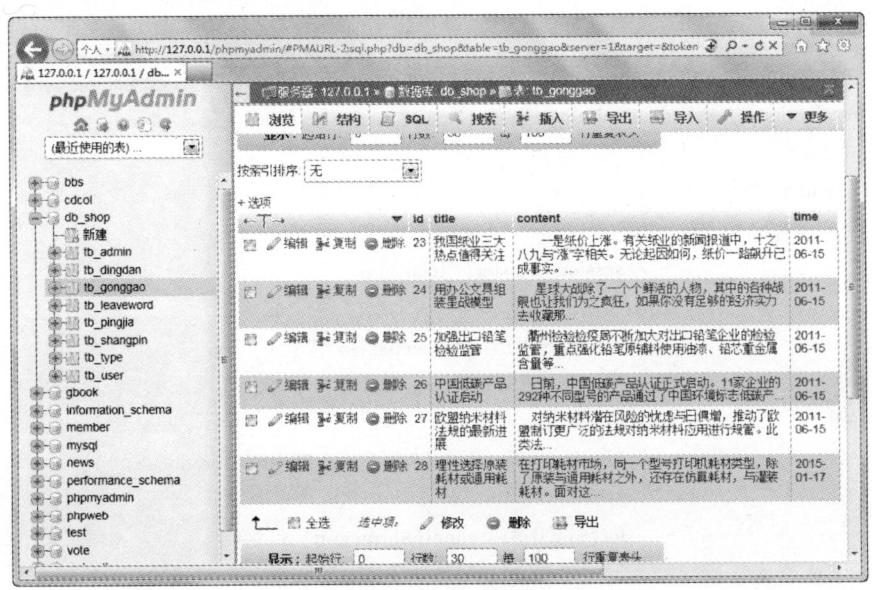

图 9-21 加入数据

2）创建 left_menu. php 页面，然后在 < head > 代码之前，加入调用数据库链接页面 conn. php 的命令，如下：

```
<?php include("Conn/conn. php");?>
```

我的购物车主要实现登录后能显示登录的用户名，并显示购物车的实时情况，实现的 PHP 代码如下：

```
<table width="209" border="0" cellspacing="0" cellpadding="0">
    <tr>
    <td><img src="images/carttop. jpg" width="209" height="46" /></td>
    </tr>
    <tr>
    <td>
    <table width="100%" border="0" cellspacing="0" cellpadding="0">
    <tr>
    <td><font color="#FF3300">
     <?php
        if($_SESSION[username]!=""){
            echo "用户:$_SESSION[username],欢迎您!";
                }
                else
                {echo "用户:游客,欢迎您! <br>  请先登录,后购物";}
```

```
?>
</font></td>
</tr>
<tr>
<td>
<table width="209" border="0" align="center" cellpadding="0" cellspacing="0">
<form action="gouwuche.php" method="post" name="form1" id="form1">
<tr>
<td>
<?php
    //session_register("total");
    if($_GET[qk]=="yes"){
        $_SESSION[producelist]="";
            $_SESSION[quatity]="";
    }
      $arraygwc=explode("@",$_SESSION[producelist]);
      $s=0;
      for($i=0;$i<count($arraygwc);$i++){
            $s+=intval($arraygwc[$i]);
      }
    if($s==0){
            echo "<tr>";
    echo"  您的购物车为空!";
    echo"</tr>";
        }
    else{
?>
      <?php
      $total=0;
      $array=explode("@",$_SESSION[producelist]);
        $arrayquatity=explode("@",$_SESSION[quatity]);
          while(list($name,$value)=each($_POST)){
                for($i=0;$i<count($array)-1;$i++){
                    if(($array[$i])==$name){
                        $arrayquatity[$i]=$value;
                    }
                }
          }
      $_SESSION[quatity]=implode("@",$arrayquatity);

        for($i=0;$i<count($array)-1;$i++){
              $id=$array[$i];
              $num=$arrayquatity[$i];
```

```
                                    if($id!="" ){
                                     $sql = mysql_query( "select * from tb_shangpin where id ='". $
id. "'",$conn);
                                    $info = mysql_fetch_array($sql);
  $total1 =$num *$info[huiyuanjia];
                                    $total +=$total1;
                                    $_SESSION["total"] =$total;
                             ?>
 
                                 <?php
                                    }
                                     }
                              ?>
购物车总计:<?php echo$total;?>元
            <br>
               <a href="gouwusuan.php">去收银台</a>  <a href="gou-
wuche.php?qk=yes">清空购物车</a>
                                   <?php
                              }
                             ?>
                          <?php
         if($_SESSION[username]!="" ){
             echo "  <a href='logout.php'>注销离开</a>";
         }
         ?></br>
                 </td>
                     </tr>
                  </form>
                 </table>
```

然后简单地设计一下功能的显示效果，设计完成后编辑文档窗口，如图 9-22 所示。

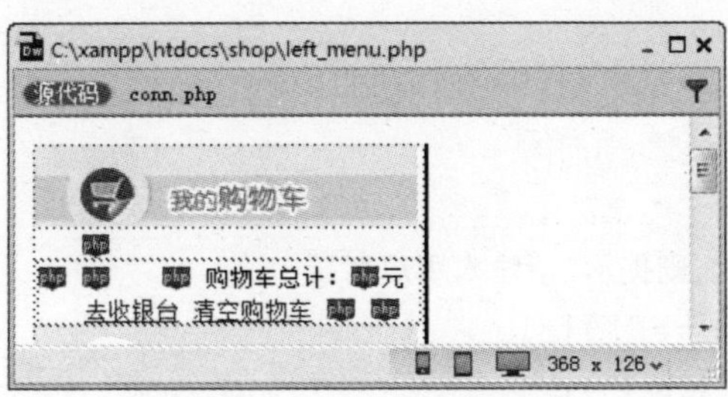

图 9-22　设计购物车

3）在“用户系统”的显示界面上，给用户提供了登录、注册以及找回密码的功能，具体的注册和找回密码的功能将在下一节介绍，这里重点介绍使用 PHP 实现验证码随机调用

并显示为数字的功能程序如下：

```
<?php
  $num = intval(mt_rand(1000,9999));
//使用到了 mt_rand()函数调用介于 1000～9999 的任意一个数字。
  for($i = 0;$i < 4;$i ++ ){
echo " <img src = images/code/". substr(strval($num),$i,1). ". gif > ";
  }
//调用 images/code/文件夹下的随机字母图片,并显示成 4 位数。
?>
```

该程序能够实现如图 9-23 所示的随机显示图片验证码数字的效果。

图 9-23　显示验证码效果

4）用户输入用户名和密码，并单击“提交”按钮后，要将输入的数据传递到 chkuser. php 页面进行登录验证。代码如下：

```
<form name = "form2" method = "post" action = "chkuser. php" onSubmit = "return chkuserinput
(this)" >
```

该段代码包含了两个意思，第一个 action = "chkuser. php" 意思是转到 chkuser. php 页面进行验证；第二个 onSubmit = "return chkuserinput(this)" 意思是直接调用 JavaScript 的 chkuserinput(this)进行数据输入的验证，即通常在提交表单时，要验证一下输入的数据是否为空，输入的数据格式是否符合要求，调用的程序如下：

```
<script language = "javascript" >
function chkuserinput(form){
   if(form. username. value == "" ){
  alert("请输入用户名!");
  form. username. select();
  return(false);
}
//如果用户名没输入,则提示“请输入用户名!”
if(form. userpwd. value == "" ){
  alert("请输入用户密码!");
  form. userpwd. select();
  return(false);
}
//如果用户密码没输入,则提示“请输入用户密码!”
```

```
if(form.yz.value == ""){
  alert("请输入验证码!");
  form.yz.select();
  return(false);
}
//如果用户验证码没有输入,则提示"请输入验证码!"
  return(true);
}
   </script>
```

5）在主页的“行业新闻”显示的数据要实现的效果是调出新闻的标题，在单击标题时能打开详细页面，调出5条数据。下面将所有的代码列出。

```
<?php
$sql = mysql_query("select * from tb_gonggao order by time desc limit 0,5",$conn);
//按时间顺序从 tb_gonggao 数据表中调用 5 条数据
$info = mysql_fetch_array($sql);
if($info == false){
  ?>
<tr>
<td height="20" align="center">暂无新闻公告! </td>
</tr>
//如果没有数据则显示为"暂无新闻公告!"
<?php
}
else{
   do{
  ?>
<tr>
  <td height="20"><div align="center">
  <table width="180"  border="0" align="center" cellpadding="0" cellspacing="0">
  <tr>
<td width="16" height="5"><div align="center"><img src="images/circle.gif" width="11" height="12"></div></td>
  <td width="164" height="24"><div align="left"> <a href="gonggao.php?id=<?php echo $info[id];?>">
<?php
echo substr($info[title],0,24);
  if(strlen($info[title])>24){
echo "…";
  }//调用新闻标题并控制显示的字符数为 24,如果标题比较长则显示为…
  ?>
</a> </div></td>
</tr>
```

```
</table>
</div> </td>
</tr>
<?php
}
while($info = mysql_fetch_array($sql));
}
?>
```

6）在浏览器中浏览到制作的调用数据的结果，具体效果如图 9-24 所示。

图 9-24 “最新新闻”的效果

说明：

如此轻易就实现了数据库的调用、查询以及显示操作，读者会发现 PHP 动态网页的开发并不是很难，只需要掌握简单的代码即可以实现。在下面的所有其他功能区域都是采用调用、条件查询、绑定显示、关闭数据库这样一个相同的操作步骤来实现的。

7）最下面的“站内搜索”功能开发是将查询文本框放置到一个表单内，在单击“搜索”时提交到 serchorder. php 页面进行搜索并显示结果页面，单击“高级”按钮时提交到 highsearch. php 页面进行高级的搜索，该程序主要嵌入在 <form> 表单之内，代码如下：

```
<form name="form" method="post" action="serchorder.php">
  <tr>
<td width="500" height="30" valign="middle"> <div align="center">
<input type="text" name="name" size="15" class="inputcss" style="background-color:#fff" onMouseOver="this.style.backgroundColor='#ffffff'" onMouseOut="this.style.backgroundColor='#e8f4ff'">
<input type="hidden" name="jdcz" value="jdcz">
<input name="submit" type="submit" class="buttoncss" value="搜索">
<input name="button" type="button" class="buttoncss" onClick="javascript:window.location='highsearch.php';" value="高级">
</div> </td>
</tr>
</form>
```

此时 left_meau. php 页面和新闻模块就开发完毕了，保存以方便其他页面嵌套使用。

9.3.4 产品的动态展示

网站实现在线购物，一般都是通过用户自身登录、浏览、订购、结算这样的流程来实现的，所以在首页上制作产品的动态展示功能非常重要。实例在首页上设计了“推荐产品”、“最新上架”以及“热门产品”3个显示区域，下面就介绍产品展示区域的实现方法。

1）对于上述的3个显示区域，在使用程序开发之前，首先要在Dreamweaver CC中设计好最终的网页效果。实例设计的3个展示区域如图9-25所示，每个区域显示最新发布的两款产品信息，将产品的图片、价格、数量全部展示出来，并加入“购买”和显示“详细”的按钮。

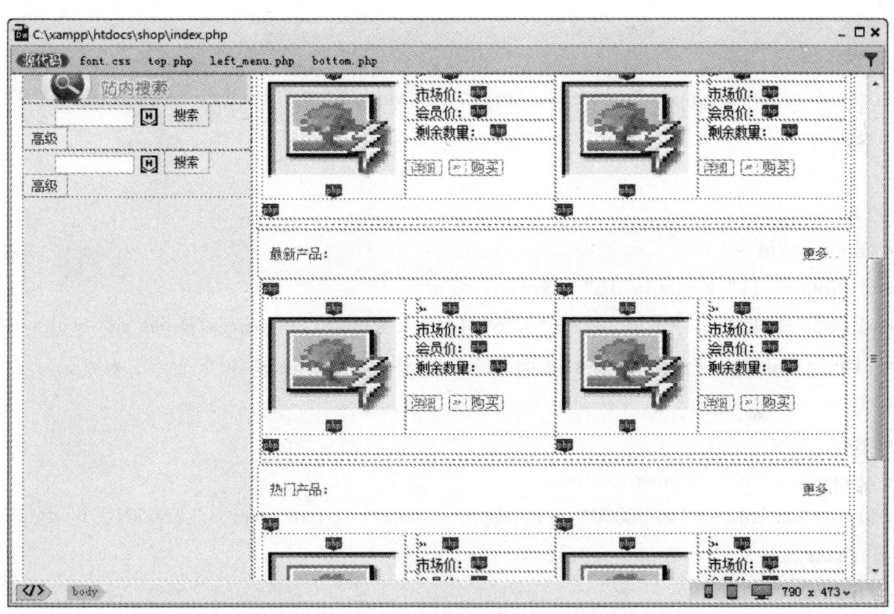

图9-25 设计产品展示的区域效果

2）3个区域的程序实现的方法是一样的，只是按条件查询出的数据结果不一样。这里介绍“推荐产品”区域的代码实现方法如下：

```
<table width="550" border="00" align="center" cellpadding="0" cellspacing="0">
<tr>
<td width="555" height="110"><table width="530" height="110" border="0" align="center" cellpadding="0" cellspacing="0">
<tr>
<td width="265">
<?php
  $sql=mysql_query("select * from tb_shangpin where tuijian=1 order by addtime desc limit 0,1");//按tuijian=1的值调用数据
  $info=mysql_fetch_array($sql);
  if($info==false){
```

```
    echo "本站暂无推荐商品!";
   }//如果没有数据,则显示为"本站暂无推荐商品!"
   else{
   ?>
    <table width="270"  border="0" cellspacing="0" cellpadding="0">
  <tr>
  <td width="130" rowspan="5"><div align="center">
  <?php
     if(trim($info[tupian]=="")){
   echo "暂无图片";
 }//如果没有产品图片,则显示为"暂无图片"
 else{
   ?>
    <img src="<?php echo$info[tupian];?>" width="80" height="80" border="0">
    <?php
      }
   ?>
  </div></td>
  <td width="11" height="16"> </td>
  <td width="124"><font color="FF6501"><img src="images/circle.gif" width="10" height
="10"> <?php echo$info[mingcheng];?></font></td>
  </tr>
  <tr>
  <td height="16"> </td>
  <td><font color="#000000">市场价:</font><font color="FF6501"><?php echo$info
[shichangjia];?> </font></td>
  </tr>
  <tr>
  <td height="16"> </td>
  <td><font color="#000000">会员价:</font><font color="FF6501"><?php echo$info
[huiyuanjia];?> </font></td>
  </tr>
  <tr>
  <td height="16"> </td>
  <td><font color="#000000">剩余数量:</font><font color="13589B"> <?php
   if($info[shuliang]>0)
   {
     echo$info[shuliang];
   }
   else
   {
     echo "已售完";
   }
```

```
  ?>
</font></td>
    </tr>
  <tr>
<td height="30" colspan="2"><a href="lookinfo.php?id=<?php echo$info[id];?>"><img src="images/b3.gif" width="34" height="15" border="0"></a> <a href="addgouwuche.php?id=<?php echo$info[id];?>"><img src="images/b1.gif" width="50" height="15" border="0"></a>    </td>
  </tr>
</table>
<?php
  }
  ?>
</td>
  <td width="265">
  <?php
  $sql=mysql_query("select * from tb_shangpin where tuijian=1 order by addtime desc limit 1,1");
  $info=mysql_fetch_array($sql);
  if($info==true)
  {
  ?>
    <table width="270"  border="0" cellspacing="0" cellpadding="0">
  <tr>
  <td width="130" rowspan="5"><div align="center">
  <?php
    if(trim($info[tupian]=="")){
  echo "暂无图片";
}
else{
  ?>
  <img src="<?php echo$info[tupian];?>" width="80" height="80" border="0">
<?php
    }
  ?>
</div></td>
<td width="11" height="16"> </td>
<td width="124"><font color="FF6501"><img src="images/circle.gif" width="10" height="10"> <?php echo$info[mingcheng];?></font></td>
</tr>
<tr>
<td height="16"> </td>
<td><font color="#000000">市场价:</font><font color="FF6501"><?php echo$info[shichangjia];?> </font></td>
```

```
</tr>
<tr>
<td height="16"> </td>
<td><font color="#000000">会员价：</font><font color="FF6501"><?php echo $info[huiyuanjia];?></font></td>
</tr>
<tr>
<td height="16"> </td>
<td><font color="#000000">剩余数量：</font><font color="13589B">
<?php
  if($info[shuliang]>0)
  {
    echo $info[shuliang];
  }
  else
  {
    echo "已售完";
  }
  ?>
</font></td>
</tr>
<tr>
<td height="30" colspan="2"><a href="lookinfo.php?id=<?php echo $info[id];?>"><img src="images/b3.gif" width="34" height="15" border="0"></a> <a href="addgouwuche.php?id=<?php echo $info[id];?>"><img src="images/b1.gif" width="50" height="15" border="0"></a> </td>
</tr>
</table>
   <?php
     }
  ?>
</td>
</tr>
</table></td>
</tr>
<tr>
<td height="10" background="images/line1.gif"></td>
</tr>
</table>
```

3）按上述的程序实现方法，将另外两个产品展示的功能设计完成，最后可以实现的效果如图 9-26 所示。

图 9-26　首页的商品展示效果

9.3.5 底部版权页面

底部版权页面是一个静态的页面，制作非常简单。在 Dreamweaver CC 中进行直接排版设计即可，完成的效果如图 9-27 所示。

图 9-27　版权页面的设计效果

以上网站的首页制作全部结束，如果需要快速建立首页，可以直接参考附赠资源中完成的页面，查看代码，可以方便地完成网上购物系统首页的设计与制作。

Section 9.4 会员系统功能

网站的会员系统的首页可以让用户完成登录或注册。当输入用户名和密码后，单击“提交”按钮，即转到 chkuser. php 页面进行判断是否成功登录。当单击“注册”文字链接时，将会打开网站的会员注册页面 agreereg. php 进行注册。单击“找回密码”会弹出找回密码的 Windows 对话窗口。下面就介绍会员系统的开发方法。

9.4.1 会员登录判断

会员在首页输入用户名和密码后，单击“提交”按钮，只有用户名、密码、验证码全部正确才可以登录成功，如果发生错误就需要显示相关的错误信息，所有的功能都要用 PHP 进行分析判断。创建一个空白 PHP 页面，并命名为 chkuser. php。

在该页面中加入如下的代码：

```
<?php
include("conn/conn.php");//调用数据库连接
 $username=$_POST[username];
 $userpwd=md5($_POST[userpwd]);
 $yz=$_POST[yz];
 $num=$_POST[num];
if(strval($yz)!=strval($num)){
   echo "<script>alert('验证码输入错误!');history.go(-1);</script>";
   exit;
}//如果验证码错误,则提示“验证码输入错误!”,并且返回登录页面
class chkinput{
   var $name;
   var $pwd;
   function chkinput($x,$y){
      $this->name=$x;
      $this->pwd=$y;
}
 function checkinput(){
 include("conn/conn.php");
 $sql=mysql_query("select * from tb_user where name='".$this->name."'",$conn);
 $info=mysql_fetch_array($sql);
      if($info==false){
              echo "<script language='javascript'>alert('不存在此用户!');history.back();
</script>";
             exit;
         }//如果数据库里不存在该用户名,则显示“不存在此用户”,并返回
         else{
             if($info[dongjie]==1){
                         echo "<script language='javascript'>alert('该用户已经被冻结!');histo-
ry.back();</script>";
                     exit;
                 }//如果用户已经在后台被冻结,则显示“该用户已经被冻结!”,并返回
             if($info[pwd]==$this->pwd)
                {
                 session_start();
```

```
                $_SESSION[username] =$info[name];
                    session_register("producelist");
                    $producelist = "";
                    session_register("quatity");
                      $quatity = "";
                    header("location:index.php");
                    exit;
                }
            else {
                echo "<script language='javascript'>alert('密码输入错误!');history.back();
</script>";
                exit;
            }//如果用户密码错误,则显示"密码输入错误!",并返回
        }
    }
}

    $obj = new chkinput(trim($username),trim($userpwd));
    $obj ->checkinput();
?>
```

该段程序，首先判断验证码、用户名以及密码是否是正确的代码，如果不正确，则显示相应的错误信息；如果全部正确，则登录成功并返回登录的首页。

9.4.2 会员注册功能

会员注册功能并不只是简单的一个网页就能实现，它需要同意协议以及判断用户是否已存在，写入数据等细节步骤如下。

1）单击“注册”文字链接时，将会打开网站的会员注册页面 agreereg. php，该页面制作的效果如图 9-28 所示。该页面的内容是必不可少的，提示给网站管理员，为避免日后与注册用户发生纠纷，需要提前将网站所提供的具体服务和约束等内容，放到注册信息里面，这样可以有效地保护自己的利益。

2）单击“同意”按钮后，就打开具体的注册用户信息填写内容页。该页面制作也比较简单，只需要以数据库中 tb_user 数据表的字段名为准，在注册页面分别创建相应的文本框即可，如图 9-29 所示。

3）其中的技术难点在于“查看昵称是否已用”功能，在输入用户昵称时，需要单击该按钮，检查数据库中是否已存在该用户昵称。实现的方法代码如下：

```
<script language = "JavasCript">
  function chknc(nc)
  {
windows.open("chkusernc.php?nc = " + nc,"newframe","width = 200,height = 10,left = 500,top =
```

```
200,menubar = no,toolbar = no,location = no,scrollbars = no,location = no");
  }//单独打开 Windows 窗口通过调用 chkusernc. php 页面进行判断
</script>
```

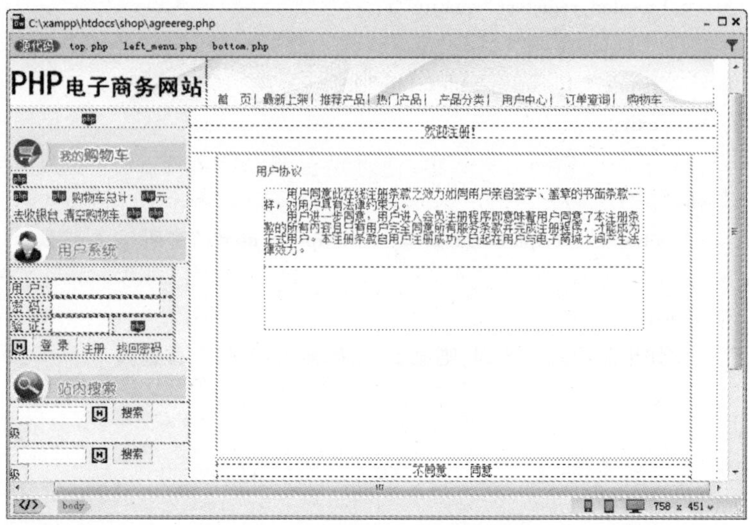

图 9-28　同意网站里的服务条款

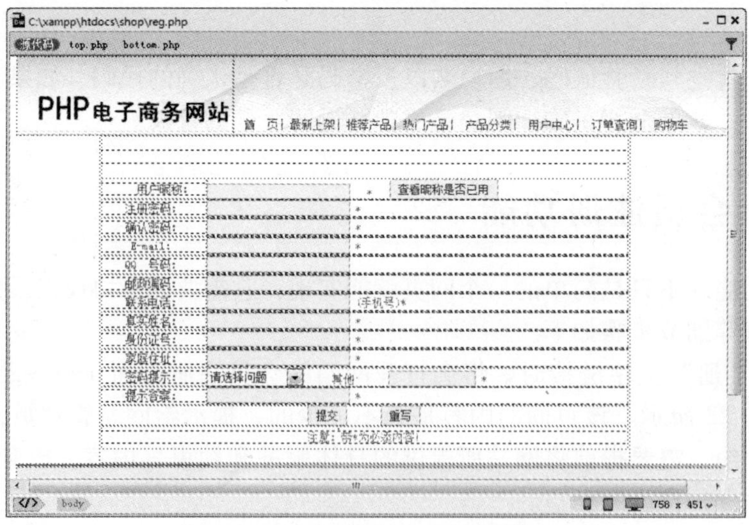

图 9-29　用户填写注册信息的页面

所以嵌套的实际判断页面是 chkusernc. php，该页面的代码如下：

```
<?php
$nc = trim($_GET[nc]);
?>
<?php
include("conn/conn. php");
?>
```

```
<html>
<head>
<title>
昵称重用检测
</title>
<link rel="stylesheet" type="text/css" href="css/font.css">
</head>
<body topmargin="0" leftmargin="0" bottommargin="0">
<table width="200" height="100" border="0" align="center" cellpadding="0" cellspacing=
"0" bgcolor="#eeeeee">
  <tr>
    <td height="50"><div align="center">
  <?php
      if($nc=="")
      {
        echo "请输入昵称!";
      }
      else
      {
        $sql=mysql_query("select * from tb_user where name='".$nc."'",$conn);
        $info=mysql_fetch_array($sql);
            if($info==true)
            {
              echo "对不起,该昵称已被占用!";
            }
            else
            {
                echo "恭喜,该昵称没被占用!";
            }
        }
    ?>
    </div></td>
  </tr>
  <tr>
    <td height="50"><div align="center"><input type="button" value="确定" class=
"buttoncss" onClick="window.close()"></div></td>
  </tr>
</table>
</body>
```

4）在单击“提交”按钮时，还要实现所有的字段检查功能，调用 JavaScript 程序进行检查的代码如下：

```
<script language="JavaScript">
```

```
function chkinput(form)
{
  if(form.usernc.value == "")
  {
    alert("请输入昵称!");
    form.usernc.select();
    return(false);
  }
  if(form.p1.value == "")
  {
    alert("请输入注册密码!");
    form.p1.select();
    return(false);
  }
  if(form.p2.value == "")
  {
    alert("请输入确认密码!");
    form.p2.select();
    return(false);
  }
  if(form.p1.value.length < 6)
  {
    alert("注册密码长度应大于6!");
    form.p1.select();
    return(false);
  }
  if(form.p1.value != form.p2.value)
  {
    alert("密码与重复密码不同!");
    form.p1.select();
    return(false);
  }
  if(form.email.value == "")
  {
    alert("请输入电子邮箱地址!");
    form.email.select();
    return(false);
  }
  if(form.email.value.indexOf('@') < 0)
  {
    alert("请输入正确的电子邮箱地址!");
    form.email.select();
    return(false);
```

```
    }
if(form.tel.value == "")
{
   alert("请输入联系电话!");
   form.tel.select();
   return(false);
   }
if(form.truename.value == "")
   {
    alert("请输入真实姓名!");
    form.truename.select();
    return(false);
    }
if(form.sfzh.value == "")
   {
    alert("请输入身份证号!");
    form.sfzh.select();
    return(false);
    }
if(form.dizhi.value == "")
   {
    alert("请输入家庭住址!");
    form.dizhi.select();
    return(false);
    }
if(form.tsda.value == "")
   {
    alert("请输密码提示答案!");
    form.tsda.select();
    return(false);
    }
if((form.ts1.value == 1)&&(form.ts2.value == ""))
   {
  alert("请选择或输入密码提示答案!");
  form.ts2.select();
  return(false);
  }
return(true);
}
</script>
```

该段程序是验证表单时经常使用的方法，读者可以重点浏览并掌握其功能，在其他系统的开发中也经常被使用到。

5）在验证表单没问题后，才将表单的数据传递到 savereg. php 页面进行数据表的插入记录操作，也就是实质上的保存用户注册信息的操作。具体的代码如下：

```
<?php
session_start();
include("conn/conn.php");
$name =$_POST[usernc];
$pwd1 =$_POST[p1];
$pwd = md5($_POST[p1]);
$email =$_POST[email];
$truename =$_POST[truename];
$sfzh =$_POST[sfzh];
$tel =$_POST[tel];
$qq =$_POST[qq];
if($_POST[ts1] ==1)
  {
  $tishi =$_POST[ts2];
  }
else
  {
  $tishi =$_POST[ts1];
  }
$huida =$_POST[tsda];
$dizhi =$_POST[dizhi];
$youbian =$_POST[yb];
$regtime = date("Y-m-j");
$dongjie =0;
$sql = mysql_query("select * from tb_user where name ='".$name."'",$conn);
$info = mysql_fetch_array($sql);
if($info ==true)
  {
    echo "<script>alert('该昵称已经存在！');history.back();</script>";
    exit;
  }
  else
  {
mysql_query("insert into tb_user (name,pwd,dongjie,email,truename,sfzh,tel,qq,tishi,huida,
dizhi,youbian,regtime,pwd1) values ('$name','$pwd','$dongjie','$email','$truename','$sfzh','$tel',
'$qq','$tishi','$huida','$dizhi','$youbian','$regtime','$pwd1')",$conn);//按字段对应相应的数据
    session_register("username");
    $username =$name;
      session_register("producelist");
    $producelist ="";
```

```
        session_register("quatity");
        $quatity = "";
    echo "<script>alert('恭喜,注册成功!');window.location='index.php';</script>";
    }//插入数据后显示注册成功,并返回首页 index.php
?>
```

通过以上几个步骤的程序编写才能完成一个会员注册的功能，一般的会员注册都是这样的一个逻辑实现过程。

9.4.3 找回密码功能

会员在使用过程中忘记密码也是经常遇到的事情，在实例中单击“找回密码”文字链接，将打开相应的窗口实现找回密码的功能，具体的实现步骤如下。

1）在制作的 left_menu. php 页面中加入 JavaScript 的验证代码，实现的功能是单击“找回密码”链接时，打开 openfindpwd. php 页面进行验证，代码如下：

```
<script language="javascript">
    function openfindpwd(){
windows.open("openfindpwd.php","newframe","left=200,top=200,width=200,height=100,
menubar=no,toolbar=no,location=no,scrollbars=no,location=no");
    }
</script>
```

2）使用 Dreamweaver 设计出找回密码的页面如图 9-30 所示，只需要一个简单的对话窗口，输入昵称并进行判断即可。

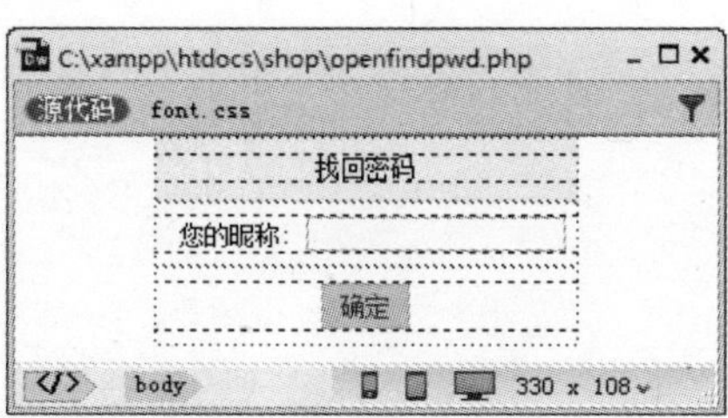

图 9-30　找回密码的页面

3）在输入需要找回密码的昵称之后，单击“确定”按钮需要进行表单验证，判断是否为空，如果不为空则指向 findpwd. php 页面显示“密码提示”，输入提示的答案，如图 9-31 所示。

```
<script language="javascript">
function chkinput(form)
{
    if(form.nc.value=="")
    {
     alert("请输入您的昵称!");
```

```
        form.nc.select();
        return(false);

        }
    return(true);
    }
</script
```

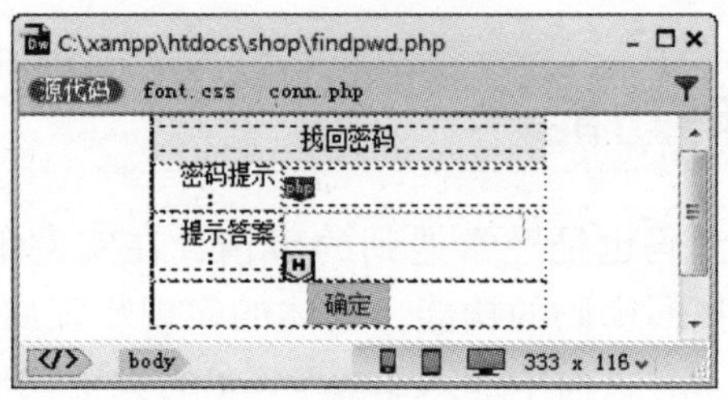

图 9-31　密码提示页面

4）输入“提示答案”之后，再单击“确定”按钮，也要进行表单验证，并转向最终显示密码的页面 showpwd.php，验证的代码如下：

```
<script language="javascript">
  function chkinput(form)
  {
    if(form.da.value=="")
  {
    alert('请输入密码提示答案！');
    form.da.select();
    return(false);
  }
    return(true);
  }
 </script>
  <form name="form2" method="post" action="showpwd.php" onSubmit="return chkinput
(this)">
```

5）showpwd.php 的页面比较简单，只需要查询数据库，把符合条件的数据显示出来，即把昵称和密码显示在页面上即可，如图 9-32 所示。

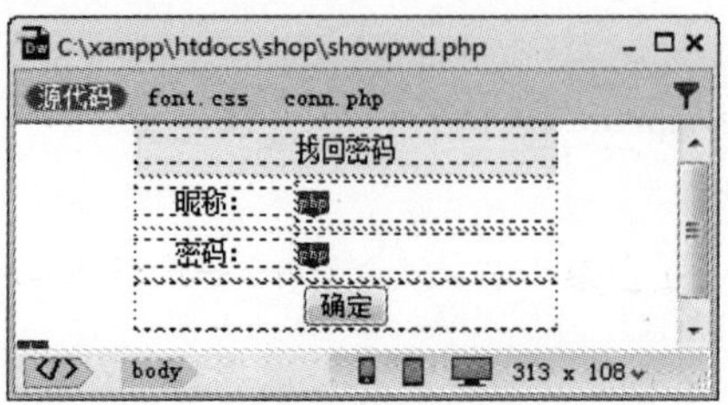

图 9-32　最终的显示密码页面

Section

9.5 新闻公告系统

网站的“新闻公告”在首页及各个页面显示标题，当单击相应的标题时，打开详细的显示内容页面 gonggao. php。与网站的新闻信息相关的页面，一共有 2 个，gonggao. php 用于显示具体的信息内容，另一个是用于单击首页的“更多> >”文字链接时，打开所有的信息标题页面的 gonggaolist. php。

9.5.1 信息标题列表

所有的信息标题页面 gonggaolist. php 制作的效果如图 9-33 所示。

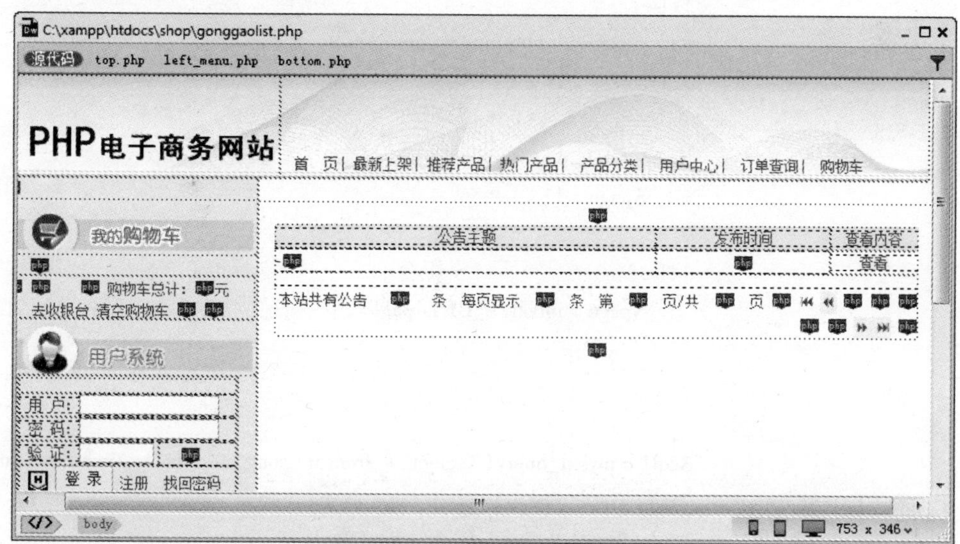

图 9-33 所有信息标题页面效果

该页面的编写程序部分如下所示：

```
<?php
    $sql = mysql_query("select count( * ) as total from tb_gonggao",$conn);
    $info = mysql_fetch_array($sql);
    $total = $info[total];
    if($total ==0)
    {
        echo "本站暂无公告!";
    }//调用 tb_gonggao 数据,如果没有则显示“本站暂无公告!”
    else
    {
    ?>
        <table width = "530" border = "0" align = "center" cellpadding = "0" cellspacing = "0" >
```

```
<tr bgcolor = "#EEEEEE" >
  <td width = "296"  height = "20" > <div align = "center" >公告主题 </div > </td >
  <td width = "136" > <div align = "center" >发布时间 </div > </td >
  <td width = "68" > <div align = "center" >查看内容 </div > </td >
</tr >
<?php
  $pagesize = 20;
        if ($total <= $pagesize){
            $pagecount = 1;
            }
            if(($total%$pagesize)!=0){
                $pagecount = intval($total/$pagesize) + 1;

            }else{
                $pagecount = $total/$pagesize;

            }
            if(($_GET[page]) == ""){
                $page = 1;

            }else{
                $page = intval($_GET[page]);


            }

            $sql1 = mysql_query("select * from tb_gonggao order by time desc limit ".($
page - 1) *$pagesize.",$pagesize ",$conn);
            while($info1 = mysql_fetch_array($sql1))
            {
        ?>
<tr >
  <td height = "20" > <div align = "left" > - <?php echo$info1[title];?> </div > </td >
  <td height = "20" > <div align = "center" > <?php echo$info1[time];?> </div > </td >
  <td height = "20" > <div align = "center" > <a href = " gonggao. php?id = <?php echo$
info1[id];?>" >查看 </a > </div > </td >
</tr >
<?php
}
?>
<tr >
    <td height = "20"  colspan = "3" >  
        <div align = "right" >本站共有公告  
            <?php
```

```
echo$total;
?>
 条  每页显示  <?php echo$pagesize;?> 条  第  <?php
echo$page;?> 页/共  <?php echo$pagecount; ?> 页
        <?php
            if($page>=2)
            {
            ?>
        <a href="gonggaolist.php?page=1" title="首页"><font face="webdings">9 </font>
</a> <a href="gonggaolist.php?id=<?php echo$id;?>&amp;page=<?php echo$page-1;?>"
title="前一页"><font face="webdings"> 7 </font></a>
        <?php
            }
            if($pagecount<=4){
                for($i=1;$i<=$pagecount;$i++){
            ?>
        <a href="gonggaolist.php?page=<?php echo$i;?>"><?php echo$i;?></a>
        <?php
                }
            }else{
            for($i=1;$i<=4;$i++){
            ?>
        <a href="gonggaolist.php?page=<?php echo$i;?>"><?php echo$i;?></a>
        <?php }?>
        <a href="gonggaolist.php?page=<?php echo$page-1;?>" title="后一页"><font
face="webdings"> 8 </font></a> <a href="gonggaolist.php?id=<?php echo$id;?>&amp;
page=<?php echo$pagecount;?>" title="尾页"><font face="webdings">: </font></a>
        <?php }?>
            </div></td>
        </tr>
      </table>
    <?php
      }

    ?></td>
  </tr>
</table>
```

该页面的技术难点在于新闻标题的分页显示功能，在显示的标题太多时，一般都要使用上述的分页显示功能，实现按页显示记录。

9.5.2 显示详细内容

具体信息量显示页面，通常包括显示所要显示信息的标题、时间以及出处，制作的具体效果如图 9-34 所示。

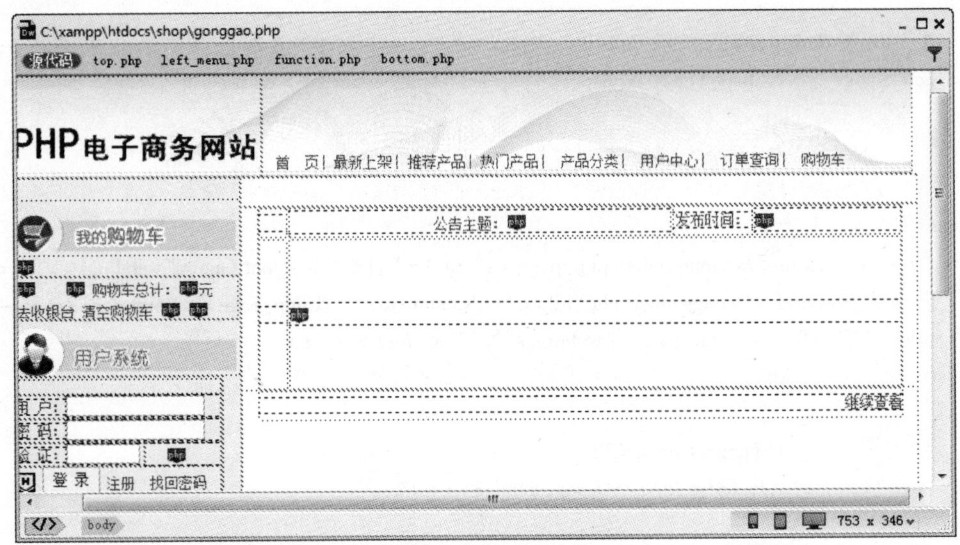

图 9-34 详细新闻页面

该页面的编写程序部分如下所示：

```
<table width="530"  border="0" align="center" cellpadding="0" cellspacing="1">
<?php
    $id=$_GET[id];
$sql=mysql_query("select * from tb_gonggao where id='".$id."'",$conn);
$info=mysql_fetch_array($sql);
    include("function.php");
  ?>
<tr>
<td width="24" height="25" bgcolor="#FFFFFF"><div align="center"></div></td>
<td width="315" bgcolor="#FFFFFF"><div align="center">公告主题:<?php echo unhtml($
info[title]);?></div></td>
<td width="66" bgcolor="#FFFFFF"><div align="center">发布时间:</div></td>
<td width="120" bgcolor="#FFFFFF"><div align="left"><?php echo$info[time];?></div>
</td>
</tr>
<tr>
<td height="125" bgcolor="#FFFFFF"><div align="center"></div></td>
<td height="125" colspan="3" bgcolor="#FFFFFF"><div align="left"><?php echo unhtml
($info[content]);?></div></td>
  </tr>
</table>
```

通过上述两个页面的设计，新闻公告系统的前台部分即开发完成。

9.6 产品的订购功能

购物车系统主要由网上产品订购与后台结算这两个功能组成，实例中与购物车相关的产品显示的页面就包括一个“购买”的功能按钮。其中主要包括 index. php、用于显示产品详细信息的页面 lookinfo. php，“最新上架”频道页面 shownewpr. php，“推荐产品”频道页面 showtuijian. php，“热门产品”频道页面 showhot. php，“产品分类”频道页面 showfenlei. php、产品搜索结果页面 serchorder. php。下面分别介绍除首页以外的页面实现的功能。

9.6.1 产品介绍页面

产品介绍页面 lookinfo. php 是用来显示商品细节的页面。细节页面要能显示商品所有的详细信息，包括商品价格、商品产地、商品单位及商品图片等，同时要显示是否还有剩余产品以及放入购物车等功能，实例还加入了“商品评价”。

1）由所需要建立的功能出发，可以建立如图 9-35 所示的动态页面。在页面中，PHP 代码图标代表加入动态命令实现该功能。

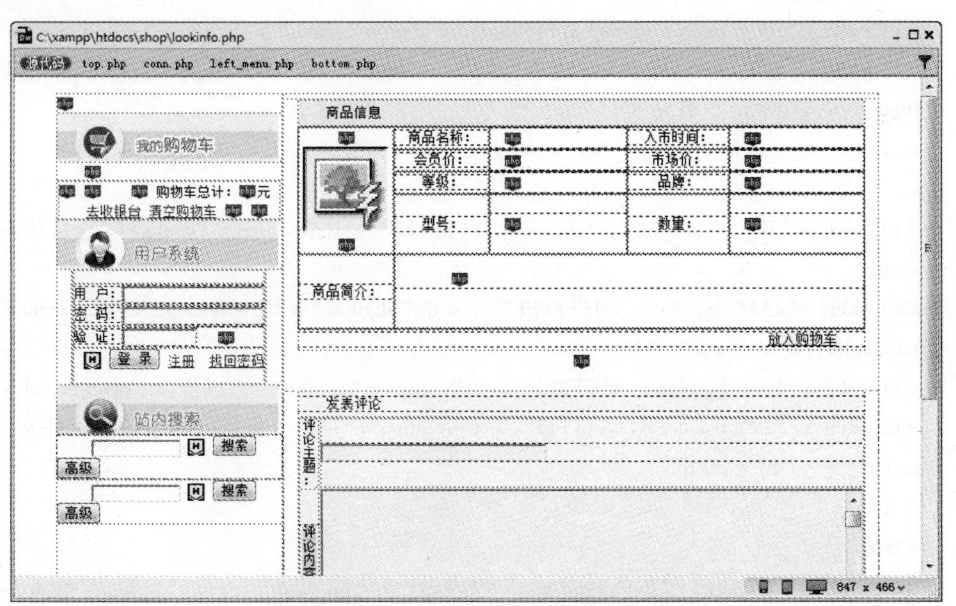

图 9-35 产品介绍动态页面

2）该模块的程序分析如下，其中对购物车的订购代码进行了加粗说明：

```
<?php
$sql = mysql_query("select * from tb_shangpin where id =". $_GET[id]. "",$conn);
$info = mysql_fetch_object($sql);
?>
```

```
<tr>
<td width="89" height="80" rowspan="4" align="center" valign="middle" bgcolor=
"#FFFFFF"><div align="center">
                <?php
    if($info->tupian==""){
  echo "暂无图片";
}
else
{
  ?>
 <a href="<?php echo$info->tupian;?>" target="_blank"><img src="<?php echo$info->
tupian;?>" alt="查看大图" width="80" height="80" border="0"></a>
<?php
     }
  ?>
</div></td>
<td width="92" height="20" align="left" bgcolor="#FFFFFF"><div align="center">商品名
称:</div></td>
<td width="134" bgcolor="#FFFFFF"><div align="left"> <?php echo $info->
mingcheng;?></div></td>
<td width="100" bgcolor="#FFFFFF"><div align="center">入市时间:</div></td>
<td width="129" bgcolor="#FFFFFF"><div align="left"> <?php echo $info->ad-
dtime;?></div></td>
</tr>
<tr>
<td height="20" align="left" bgcolor="#FFFFFF"><div align="center">会员价:</div>
</td>
<td width="134" bgcolor="#FFFFFF"><div align="left"> <?php echo $info->
huiyuanjia;?></div></td>
<td width="100" bgcolor="#FFFFFF"><div align="center">市场价:</div></td>
<td width="129" bgcolor="#FFFFFF"><div align="left"> <?php echo$info->shich-
angjia;?></div></td>
</tr>
<tr>
<td height="20" align="left" bgcolor="#FFFFFF"><div align="center">等级:</div></td>
<td width="134" bgcolor="#FFFFFF"><div align="left"> <?php echo $info->
dengji;?></div></td>
<td width="100" bgcolor="#FFFFFF"><div align="center">品牌:</div></td>
<td width="129" bgcolor="#FFFFFF"><div align="left"> <?php echo $info->pin-
pai;?></div></td>
</tr>
<tr>
```

```
<td height="20" align="left" bgcolor="#FFFFFF"><div align="center">型号:</div></td>
<td width="134" bgcolor="#FFFFFF"><div align="left"> <?php echo $info->xing-
hao;?></div></td>
<td width="100" bgcolor="#FFFFFF"><div align="center">数量:</div></td>
<td width="129" bgcolor="#FFFFFF"><div align="left"> <?php echo $info->shu-
liang;?></div></td>
</tr>
<tr>
<td width="89" height="69" bgcolor="#FFFFFF"><div align="center">商品简介:</div>
</td>
<td height="69" colspan="4" bgcolor="#FFFFFF" valign="top"><div align="left"><br>
    <?php echo $info->jianjie;?></div></td>
</tr>
</table></td>
</tr>
</table>
<table width="530" height="20" border="0" align="center" cellpadding="0" cellspacing="0">
<tr>
<td><div align="right"><a href="addgouwuche.php?id=<?php echo $info->id;?>">放入
购物车</a>   </div></td>//单击"放入购物车"传递产品的 Id 号并到 addgou-
wuche.php 去结算
</tr>
</table>
<?php
if($_SESSION[username]!="")
{
?>
<form name="form1" method="post" action="savepj.php?id=<?php echo $info->id;?>" on-
Submit="return chkinput(this)">
<table width="530" border="0" align="center" cellpadding="0" cellspacing="0">
  <tr>
<td height="25" bgcolor="#EEEEEE"><div align="center" style="color: #FFFFFF">
<div align="left">  <span style="color: #000000">发表评论</span></div>
  </div></td>
  </tr>
  <tr>
  <td height="150" bgcolor="#999999"><table width="530" border="0" align="center"
cellpadding="0" cellspacing="1">
<script language="javascript">
    function chkinput(form)
{
  if(form.title.value=="")
  {
```

```
    alert("请输入评论主题!");
  form.title.select();
 return(false);
   }
   if(form.content.value=="")
   {
    alert("请输入评论内容!");
 form.content.select();
 return(false);
   }
   return(true);
 }
   </script>
   <tr>
 <td width="80" height="25" bgcolor="#FFFFFF"><div align="center">评论主题:</div>
 </td>
 <td width="467" bgcolor="#FFFFFF"><div align="left">
 <input type="text" name="title" size="30" class="inputcss" style="background-color:#e8f4ff"
onMouseOver="this.style.backgroundColor='#ffffff'" onMouseOut="this.style.backgroundColor=
'#e8f4ff'">
 </div></td>
 </tr>
 <tr>
 <td height="125" bgcolor="#FFFFFF"><div align="center">评论内容:</div></td>
 <td height="125" bgcolor="#FFFFFF"><div align="left">
 <textarea name="content" cols="70" rows="10" class="inputcss" style="background-color:#e8f4ff"
onMouseOver="this.style.backgroundColor='#ffffff'" onMouseOut="this.style.backgroundColor=
'#e8f4ff'"></textarea>
 </div></td>
 </tr>
 </table></td>
   </tr>
 </table>
   <table width="530" height="25" border="0" align="center" cellpadding="0" cellspacing=
"0">
     <tr>
 <td><div align="center">
 <input name="submit2" type="submit" class="buttoncss" value="发表">
   <a href="showpl.php?id=<?php echo $_GET[id];?>">查看该商品评论
 </a></div></td>
 </tr>
 </table>
 </form>
```

```
<?php
}
?>
```

3）在上面的代码中，产品的展示只是数据的查询及显示的功能，核心在于“发表评论”。在单击“发表”按钮时是传递到 savepj. php 页面保存评价的，其页面的代码如下：

```
<?php
include("conn/conn. php");
$title =$_POST[title];
$content =$_POST[content];
$spid =$_GET[id];
$time = date("Y - m - j");
session_start();
$sql = mysql_query("select * from tb_user where name ='". $_SESSION[username]. "'",$conn);
$info = mysql_fetch_array($sql);
$userid =$info[id];
mysql_query("insert into tb_pingjia (userid,spid,title,content,time) values ('$userid','$spid','$title',
'$content','$time') ",$conn);
echo " <script >alert('评论发表成功！');history. back(); </script >";
?>
```

9.6.2 最新上架频道

单击导航条中的“最新上架”链接到页面 shownewpr. php，该页面主要是显示数据库中最新上架的商品。

1）首先，完成静态页面的设计，该页面完成后的效果如图 9-36 所示。

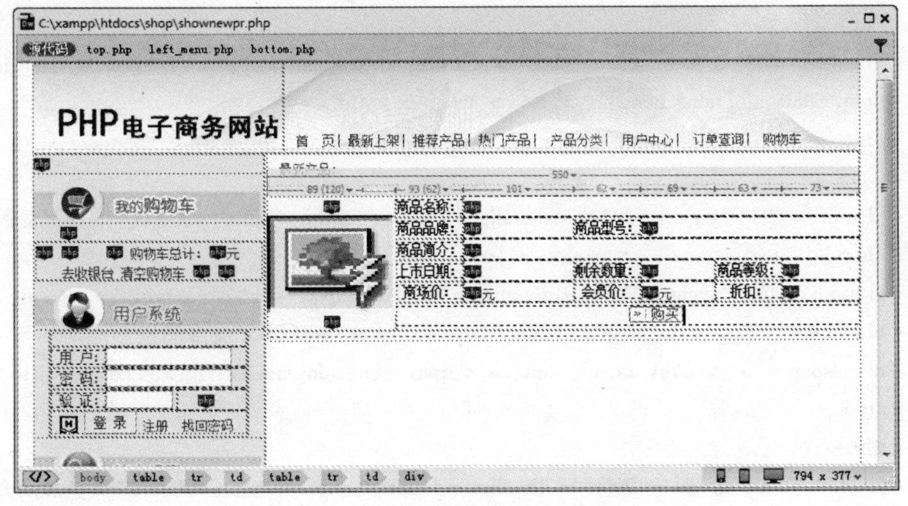

图 9-36 最新上架的静态页面效果

2）代码主要核心部分如下所示：

```
<table width="550" height="70" border="0" align="center" cellpadding="0" cellspacing="0">
<?php
$sql=mysql_query("select * from tb_shangpin order by addtime desc limit 0,4",$conn);
//从产品表中调出最新加入的4条产品信息
$info=mysql_fetch_array($sql);
if($info==false){
echo "本站暂无最新产品!";
}
else{
do{
?>
<tr>
<td width="89"rowspan="6"><div align="center">
<?php
if($info[tupian]==""){
echo "暂无图片!";
}
else{
?>
<a href="lookinfo.php?id=<?php echo$info[id];?>"><img border="0" src="<?php echo$
info[tupian];?>" width="80" height="80"></a>
<?php
}
?>
</div></td>
<td width="93" height="20"><div align="center" style="color:#000000">商品名称:</div>
</td>
<td colspan="5"><div align="left"><a href="lookinfo.php?id=<?php echo$info[id];?>">
<?php echo$info[mingcheng];?></a></div></td>
</tr>
<tr>
<td width="93" height="20"><div align="center" style="color:#000000">商品品牌:</div>
</td>
<td width="101" height="20"><div align="left"><?php echo$info[pinpai];?></div></td>
<td width="62"><div align="center" style="color:#000000">商品型号:</div></td>
<td colspan="3"><div align="left"><?php echo$info[xinghao];?></div></td>
</tr>
<tr>
<td width="93" height="20"><div align="center" style="color:#000000">商品简介:</div>
</td>
<td height="20" colspan="5"><div align="left"><?php echo$info[jianjie];?></div>
```

```
</td>
</tr>
<tr>
<td height="20"><div align="center" style="color: #000000">上市日期:</div></td>
<td height="20"><div align="left"><?php echo$info[addtime];?></div></td>
<td height="20"><div align="center" style="color: #000000">剩余数量:</div></td>
<td width="69" height="20"><div align="left"><?php echo$info[shuliang];?></div>
</td>
<td width="63"><div align="center" style="color: #000000">商品等级:</div></td>
<td width="73"><div align="left"><?php echo$info[dengji];?></div></td>
</tr>
<tr>
<td height="20"><div align="center" style="color: #000000">商场价:</div></td>
<td height="20"><div align="left"><?php echo$info[shichangjia];?>元</div></td>
<td height="20"><div align="center" style="color: #000000">会员价:</div></td>
<td height="20"><div align="left"><?php echo$info[huiyuanjia];?>元</div></td>
<td height="20"><div align="center" style="color: #000000">折扣:</div></td>
<td height="20"><div align="left"><?php echo (@ceil(($info[huiyuanjia]/$info[shich-
angjia])*100))."%";?></div></td>
</tr>
<tr>
<td height="20" colspan="6" width="461"><div align="center">   
 <a href="addgouwuche.php?id=<?php echo$info[id];?>"><img src="images/b1.gif"
width="50" height="15" border="0" style=" cursor:hand"></a></div></td>
</tr>
<tr>
<td height="10" colspan="7" background="images/line1.gif"></td>
</tr>
<?php
}while($info=mysql_fetch_array($sql));
}
?>
</table>
```

9.6.3 推荐产品频道

单击导航条中的“推荐产品”链接到页面 showtuijian.php，该页面主要是显示数据库中推荐的商品。

1）首先，完成静态页面的设计，该页面完成后的效果如图 9-37 所示。

2）推荐产品的功能和最新上架频道功能基本上一样，不同的地方在于推荐时从数据库查询的代码不一样，主要核心的不同部分如下所示：

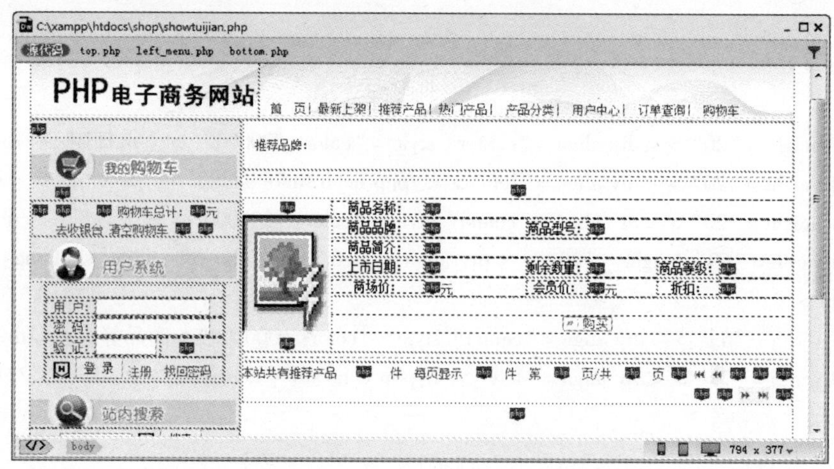

图 9-37　推荐产品的静态页面效果

```
<?php
    $sql = mysql_query("select count( * ) as total from tb_shangpin where tuijian = 1 ",$conn);
//从 tb_shangpin 数据表中查询出 tuijian = 1 的商品
    $info = mysql_fetch_array($sql);
    $total = $info[total];
    if($total == 0)
    {
      echo "本站暂无推荐产品!";
    }
    else
    {

 ?>
```

9.6.4　热门产品频道

单击导航条中的“热门产品”链接到页面 showhot.php，该页面主要是显示数据库中热门的商品。

1）首先，完成静态页面的设计，该页面完成后的效果如图 9-38 所示。

2）热门产品的功能主要核心不同部分如下所示：

```
<?php
    $sql = mysql_query("select * from tb_shangpin order by cishu desc limit 0,10",$conn);
//从 tb_shangpin 数据表中查询出 10 条的热门产品
      $info = mysql_fetch_array($sql);
      if($info == false)
        {
          echo "本站暂无热门产品!";
```

```
        }
        else
        {
            do
                {
?>
```

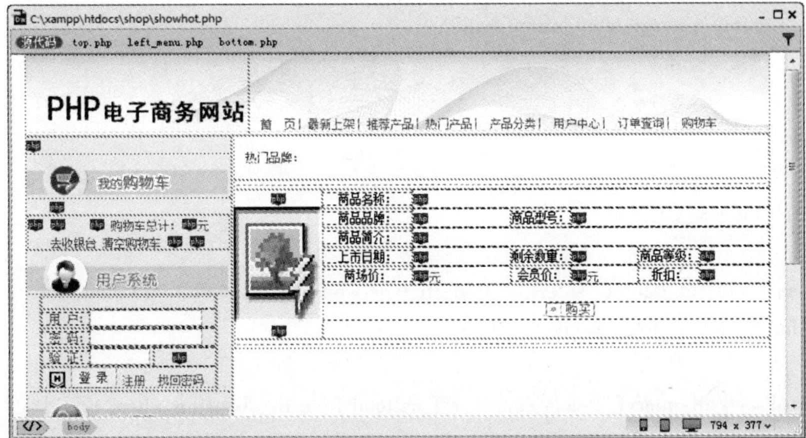

图 9-38　热门产品的静态页面效果

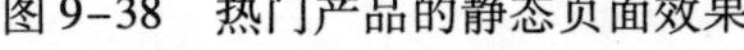

9.6.5 产品分类频道

单击导航条中的“热门产品”链接到页面 showfenlei. php，该页面按商品的分类显示不同的商品。

1）首先，完成静态页面的设计，该页面完成后的效果如图 9-39 所示。

图 9-39　分类的静态页面效果

2）分类的功能主要核心不同部分如下所示：

```
<?php
    if($_GET[id]=="")
    {
        $sql=mysql_query("select * from tb_type order by id desc limit 0,1",$conn);
//从 tb_type 数据表中查询出所有的商品分类
        $info=mysql_fetch_array($sql);
        $id=$info[id];
    }
    else
    {
        $id=$_GET[id];
    }
    $sql1=mysql_query("select * from tb_type where id=".$id."",$conn);
    $info1=mysql_fetch_array($sql1);

    $sql=mysql_query("select count(*) as total from tb_shangpin where typeid='".$id."'order by
addtime desc ",$conn);
    $info=mysql_fetch_array($sql);
    $total=$info[total];
    if($total==0)
    {
        echo "<div align='center'>本站暂无该类产品！</div>";
    }
    else
    {
  ?>
```

9.6.6 产品搜索结果

一般的大型网站都没有搜索功能，在首页中要设置商品搜索功能。输入搜索的商品名称，单击搜索按钮后，要打开的页面就是这个商品搜索结果页面 serchorder.php。

1）由上面的功能分析出发，设计好的商品搜索结果页面如图 9-40 所示。

2）相关的程序代码分析如下：

```
<?php
 $jdcz=$_POST[jdcz];
 $name=$_POST[name];
 $mh=$_POST[mh];
 $dx=$_POST[dx];
 if($dx=="1"){
 $dx=">";
```

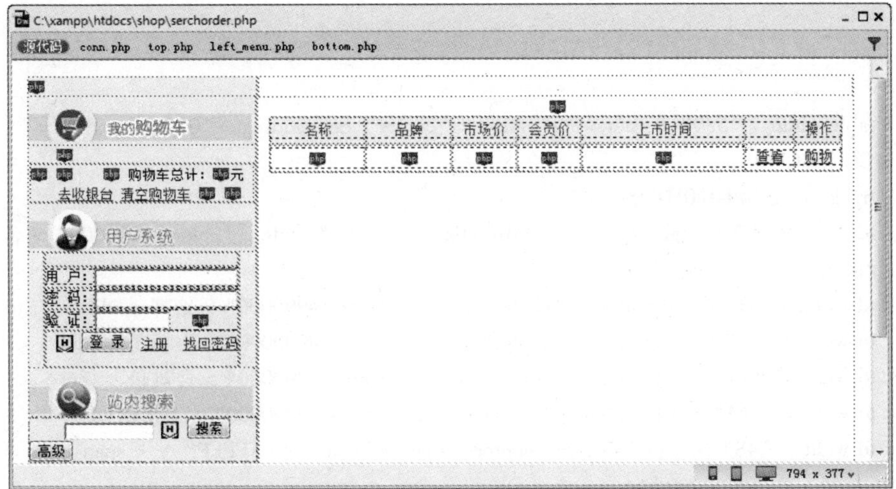

图 9-40　产品搜索结果页面

```
}
elseif($dx == " -1"){
  $dx = " <";
  }
else{
  $dx = " =";
  }
  $jg = intval($_POST[jg]);
  $lb =$_POST[lb];
if($jdcz!= ""){
  $sql = mysql_query("select * from tb_shangpin where mingcheng like '%". $name. "%'order by ad-
dtime desc",$conn);//按分类名称查询 tb_shangpin 数据表
}
else
{
  if($mh == "1"){
 $sql = mysql_query("select * from tb_shangpin where huiyuanjia $dx". $jg. " and typeid ='". $lb. "'
and mingcheng like '%". $name. "%'",$conn);
}//按会员价查询 tb_shangpin 数据表
else{
 $sql = mysql_query("select * from tb_shangpin where huiyuanjia $dx". $jg. " and typeid ='". $lb. "'
and mingcheng ='". $name. "'",$conn);
}
}
 $info = mysql_fetch_array($sql);
  if($info == false){
  echo "<script language ='javascript'>alert('本站暂无类似产品!');history. go(-1);</script>";
```

```
}
else{
?>
<table width="530" border="0" align="center" cellpadding="0" cellspacing="1" bgcolor=
"#CCCCCC">
<tr bgcolor="#F0F0F0">
<td width="92" height="25"><div align="center" style="color:#990000">名称</div>
</td>
<td width="83"><div align="center" style="color:#990000">品牌</div></td>
<td width="62"><div align="center" style="color:#990000">市场价</div></td>
<td width="62"><div align="center" style="color:#990000">会员价</div></td>
<td width="161"><div align="center" style="color:#990000">上市时间</div></td>
<td width="48"><div align="center" style="color:#FFFFFF"><span class="style1">
</span></div></td>
<td width="42"><div align="center" style="color:#990000">操作</div></td>
</tr>
<?php
do{
?>
<tr bgcolor="#FFFFFF">
<td height="25"><div align="center"><?php echo$info[mingcheng];?></div></td>
<td height="25"><div align="center"><?php echo$info[pinpai];?></div></td>
<td height="25"><div align="center"><?php echo$info[shichangjia];?></div></td>
<td height="25"><div align="center"><?php echo$info[huiyuanjia];?></div></td>
<td height="25"><div align="center"><?php echo$info[addtime];?></div></td>
<td height="25"><div align="center"><a href="lookinfo.php?id=<?php echo$info[id];?>">
查看</a></div></td>
<td height="25"><div align="center"><a href="addgouwuche.php?id=<?php echo$info
[id];?>">购物</a></div></td>
</tr>
<?php
}while($info=mysql_fetch_array($sql));
}
?>
</table></td>
</tr>
</table>
```

到这里，就完成了与商品相关动态页面的设计，可以实现网站产品的前台展示和订购的功能。

Section 9.7 网站的结算功能

网站的核心技术，就在于产品的展示与网上订购、结算功能，在网站建设中这部分知识统称为“购物车系统”。购物车最实用的功能就是可进行产品结算，通过这个功能，用户在选择了自己喜欢的产品后，可以通过网站确认所需要的产品，输入联系方式，提交后写入数据库，方便网站管理员进行售后服务，这也就是购物车的主要功能。

9.7.1 订单的统计

addgouwuche. php 页面在前面的代码中经常用到，就是单击“购买”图标按钮后，需要调用的页面，主要是实现统计订单数量的功能页面。该页面完全是 PHP 代码，如图 9-41 所示。

C:\xampp\htdocs\shop\addgouwuche.php

源代码 conn. php

```
<?php
session_start();
include("conn/conn.php");
if($_SESSION[username]==""){
  echo "<script>alert('请先登录后购物!');history.back();</script>";
  exit;
 }
$id=strval($_GET[id]);
$sql=mysql_query("select * from tb_shangpin where id='".$id."'",$conn);
$info=mysql_fetch_array($sql);
if($info[shuliang]<=0){
   echo "<script>alert('该商品已经售完!');history.back();</script>";
   exit;
 }
  $array=explode("@",$_SESSION[producelist]);
  for($i=0;$i<count($array)-1;$i++){
      if($array[$i]==$id){
          echo "<script>alert('该商品已经在您的购物车中!');history.back();</script>";
          exit;
      }
    }
  $_SESSION[producelist]=$_SESSION[producelist].$id."@";
  $_SESSION[quatity]=$_SESSION[quatity]."1@";
  header("location:gouwuche.php");
?>
```

图 9-41　addgouwuche. php 页面的设计

代码分析如下：

```
<?php
session_start();
include("conn/conn.php");
if($_SESSION[username]==""){
  echo "<script>alert('请先登录后购物！');history.back();</script>";
  exit;
 }//判断是否已经登录
$id=strval($_GET[id]);
$sql=mysql_query("select * from tb_shangpin where id='".$id."'",$conn);
$info=mysql_fetch_array($sql);
if($info[shuliang]<=0){
  echo "<script>alert('该商品已经售完！');history.back();</script>";
  exit;
 }//判断是否还有产品
```

```
    $array = explode("@",$_SESSION[producelist]);
    for($i =0;$i < count($array) -1;$i ++){
    if($array[$i] ==$id){
        echo "<script>alert('该商品已经在您的购物车中!');history.back();</script>";//判
断是否重复购买
        exit;
      }
    }
    $_SESSION[producelist] =$_SESSION[producelist].$id."@";
    $_SESSION[quatity] =$_SESSION[quatity]."1@";
    header("location:gouwuche.php");//实现统计累加的功能并进行转向
?>
```

说明：

session是在PHP编程技术中，占有非常重要分量的函数。由于网页是一种无状态的链接程序，因此无法得知用户的浏览状态。必须通过session变量记录用户的有关信息，供用户再次以此身份对服务器提出要求时做出确认。

9.7.2 清空订单

在购物车订购过程中，通过单击“删除”或“清空购物车”文字链接，能够调用removegwc.php页面，通过里面的命令清空购物车中的数据统计，设计的PHP代码如图9-42所示。

清除订单的代码如下：

```
<?php
session_start();
$id =$_GET[id];
$arraysp = explode("@",$_SESSION[producelist]);
$arraysl = explode("@",$_SESSION[quatity]);
for($i =0;$i < count($arraysp);$i ++){
    if($arraysp[$i] ==$id){
    $arraysp[$i] ="";
    $arraysl[$i] ="";
    }
}
$_SESSION[producelist] = implode("@",$arraysp);
$_SESSION[quatity] = implode("@",$arraysl);
header("location:gouwuche.php");
?>
```

通过上面的命令可以清空购物车里的订单，并返回gouwuche.php重新进行订购。

```
<?php
session_start();
$id=$_GET[id];
$arraysp=explode("@",$_SESSION[producelist]);
$arraysl=explode("@",$_SESSION[quatity]);
for($i=0;$i<count($arraysp);$i++){
   if($arraysp[$i]==$id){
      $arraysp[$i]="";
      $arraysl[$i]="";
    }
 }
$_SESSION[producelist]=implode("@",$arraysp);
$_SESSION[quatity]=implode("@",$arraysl);
header("location:gouwuche.php");
?>
```

图 9-42　removegwc. php 页面

9.7.3　购物车信息

用户登录后选择商品放入购物车，单击首页上的“去收银台”文字链接，则打开订单用户信息确认页面 gouwusuan. php，在该页面中需要输入收货人的详细信息，设置的结果如图 9-43 所示。

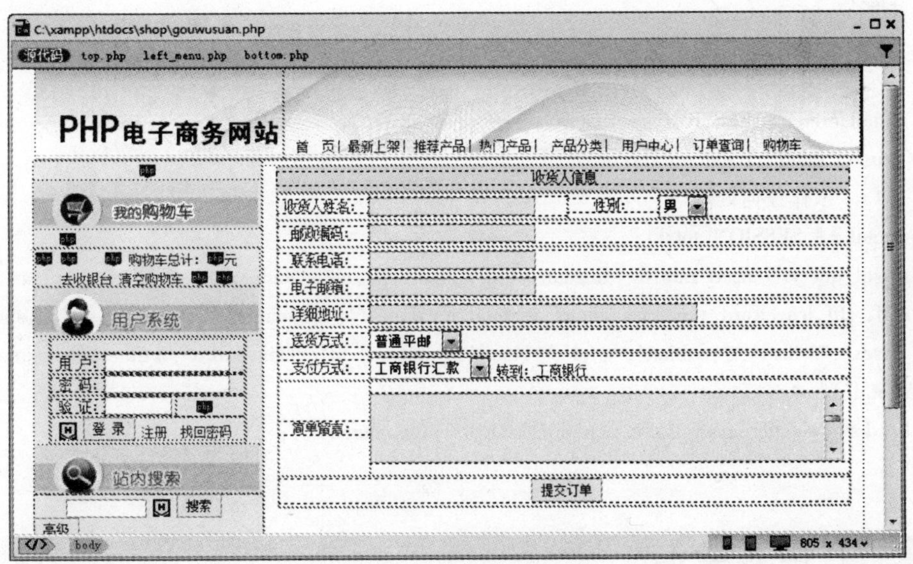

图 9-43　订单确认页面

9.7.4　生成订单

单击“提交订单”按钮后，则调用 savedd. php 页面。该页面的功能是把订单写入数据库后返回 gouwusuan. php 页面，具体代码如下：

```
<?php
session_start();
include("conn/conn.php");
$sql = mysql_query("select * from tb_user where name ='".$_SESSION[username]."'",$conn);
$info = mysql_fetch_array($sql);
$dingdanhao = date("YmjHis").$info[id];
$spc =$_SESSION[producelist];
$slc = $_SESSION[quatity];
$shouhuoren =$_POST[name2];
$sex =$_POST[sex];
$dizhi =$_POST[dz];
$youbian =$_POST[yb];
$tel =$_POST[tel];
$email =$_POST[email];
$shff =$_POST[shff];
$zfff =$_POST[zfff];
if(trim($_POST[ly]) =="") {
  $leaveword ="";
 }
 else{
  $leaveword =$_POST[ly];
}
$xiadanren =$_SESSION[username];
$time = date("Y-m-j H:i:s");
$zt ="未作任何处理";
$total =$_SESSION[total];
mysql_query("insert into tb_dingdan(dingdanhao,spc,slc,shouhuoren,sex,dizhi,youbian,tel,email,
shff,zfff,leaveword,time,xiadanren,zt,total) values ('$dingdanhao','$spc','$slc','$shouhuoren',
'$sex','$dizhi','$youbian','$tel','$email','$shff','$zfff','$leaveword','$time','$xiadanren','$zt',
'$total')",$conn);
header("location:gouwusuan.php?dingdanhao=$dingdanhao");
?>
```

9.7.5 订单查询

用户在购物的时候，还需要知道自己在近期一共购买了多少商品。单击导航条上的“订单查询”命令，打开查询输入的页面 finddd.php，在查询文本域中输入客户的订单编号或者下订单人姓名，都可以查到订单的处理情况，方便与网站管理员的沟通。订单查询功能和首页上的商品搜索功能设计方法是一样的，需要在输入的查询页面设置好连接库的连接，设置查询输入文本域，建立查询命令。具体的设计分析同前面的搜索功能模块设计相同，完成的效果如图 9-44 所示。

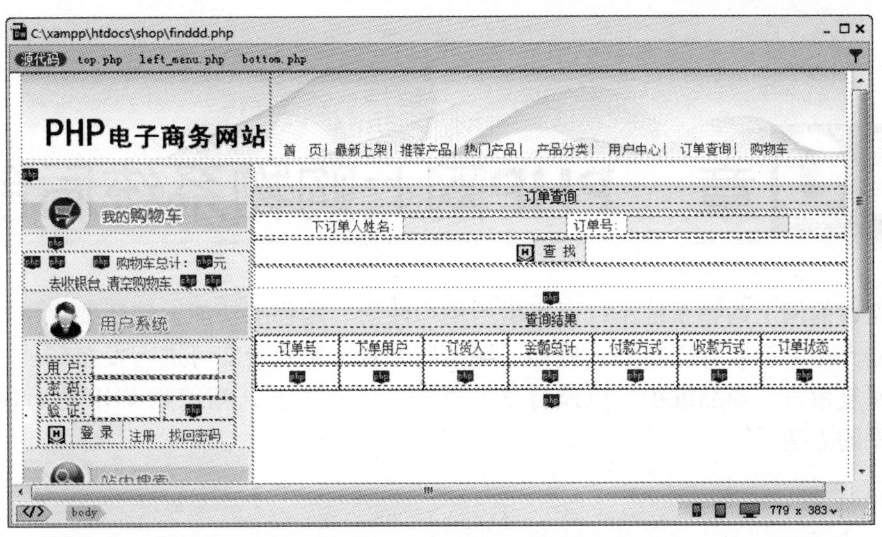

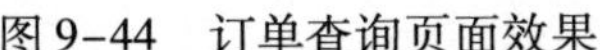
图 9-44 订单查询页面效果

通过本章的介绍，整个购物系统网站前台的动态功能的核心部分都已经介绍完，其他一些小功能页面这里就不做具体的介绍，用户在使用时，可以根据自己的需求对网站进行一定的完善和更改，达到自己的使用要求。

第10章 PHP网上购物系统后台开发

一个完善的网上购物系统不仅要提供给用户注册、购物的功能，它还要提供给网站所有者一个功能齐全的后台管理功能，例如，网站所有者登录后台即可进行发布新公告、会员注册管理、回复留言、商品维护，以及订单的管理。本章主要介绍使用 PHP 进行网上购物系统后台开发的方法。

从入门到精通

主要掌握以下知识点：

- 购物系统后台的架构设计
- 后台登录的商品管理功能
- 后台的用户管理功能
- 后台的订单管理功能
- 后台的信息管理功能

Section 10.1 购物系统后台的架构设计

购物车后台管理系统是整个网站建设的难点，它包括了几乎所有的常用 PHP 处理技术，实例的后台主要要实现“商品管理”、“用户管理”、“订单管理”、“信息管理”4 大功能模块。和网站前台的制作方法一样，在进行具体的功能开发之前，首先要进行一个后台的需求整体规划。

10.1.1 后台整体规划

本实例将所有制作的后台管理页面放置在 admin 文件夹下，和单独设计一个网站一样，需要建立一些常用的文件夹，如用于连接数据库的文件夹 conn、用于放置网页样式表的文件夹 css，放置图片的文件夹 images，以及用于放置上传产品图片的文件夹 upimages。设计完成的整体文件夹及文件如图 10-1 所示。

图 10-1　网站后台文件结构

对需要设计的页面功能分析如表 10-1 所示。

表 10-1　购物系统后台页面功能分析

网站后台文件	主 要 功 能
addgonggao. php	增加新公告的页面
addgoods. php	增加商品信息的页面
addleibie. php	增加商品类别的页面
admingonggao. php	增加商品公告的页面
changeadmin. php	管理员信息变更页面
changegoods. php	商品信息变更页面

（续）

网站后台文件	主 要 功 能
changeleaveword. php	会员留言变更页面
chkadmin. php	管理员登录验证页面
conn/conn. php	数据库连接文件页面
default. php	后台登录后的首页
deleted. php	删除订单的页面
deletefxhw. php	删除商品信息页面
deletegonggao. php	删除公告信息页面
deletelb. php	删除商品大类页面
deleteleaveword. php	删除用户留言页面
deletepingjia. php	删除商品评论页面
deleteuser. php	删除用户信息页面
dongjieuser. php	冻结用户处理页面
editgonggao. php	编辑公告内容页面
editgoods. php	编辑商品信息页面
editleaveword. php	编辑用户留言页面
editpinglun. php	编辑用户评论页面
edituser. php	编辑用户信息页面
finddd. php	订单查询页面
function. php	调用的常用函数
index. php	后台用户登录
left. php	展开式树状导航条
lookdd. php	查看订单页面
lookleaveword. php	查看用户留言页面
lookpinglun. php	查看用户评论页面
lookuserinfo. php	查看用户信息页面
orderdd. php	执行订单页面
saveaddleibie. php	保存新增商品大类页面
savechangeadmin. php	保存用户信息变更页面
savechangegoods. php	保存经修改商品信息
saveeditgonggao. php	保存经修改公告内容
savenewgonggao. php	保存新增公告信息
savenewgoods. php	保存新增公告信息
saveorder. php	保存执行订单页面
showdd. php	打印订单的功能页面
showleibie. php	商品大类显示页面
top. php	后台管理的顶部文件

从上面的分析统计看到该网站后台总共由 42 个页面组成，从开发的难易度来看并不比前台的开发简单。

10.1.2 登录管理流程

后台的功能开发和网站的前台功能开发并不大一样，前台除了功能的需求之外，还需要讲究更多的网页布局即网站的美工设计，后台的开发则主要重视功能的需求开发，而网页美工可以放到其次，因为使用后台的就是网站所有者那么一两个人。本小节将介绍网站后台从登录到可实现的管理具体有哪些流程，以方便读者更容易了解后面小节的内容。

1）对于网站所有者需要登录后台进行网上购物系统的管理，由于涉及很多商业机密，所以需要设计登录用户确认页面，通过输入唯一的用户名和密码来登录后台进行管理。本网上购物系统为了方便使用，只需要在首页用户系统中直接输入“用户名”（admin）和“密码”（admin），登录的地址为：http://127.0.0.1/shop/admin/login.php，如图 10-2 所示。

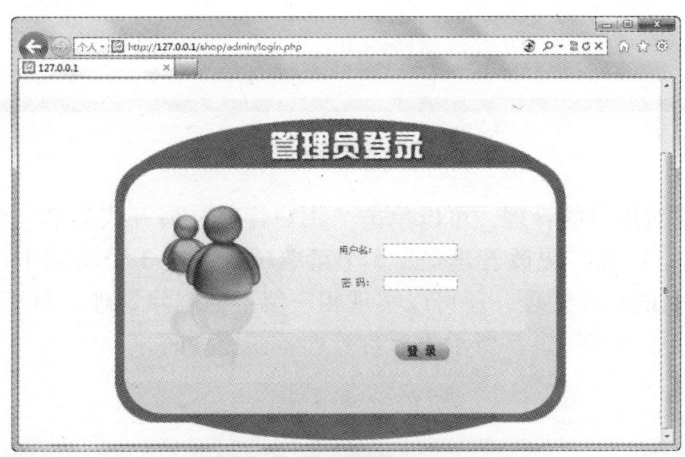

图 10-2 后台管理登录页面

2）单击“登录”按钮即可以登录后台的首页进行全方位的管理，如图 10-3 所示。

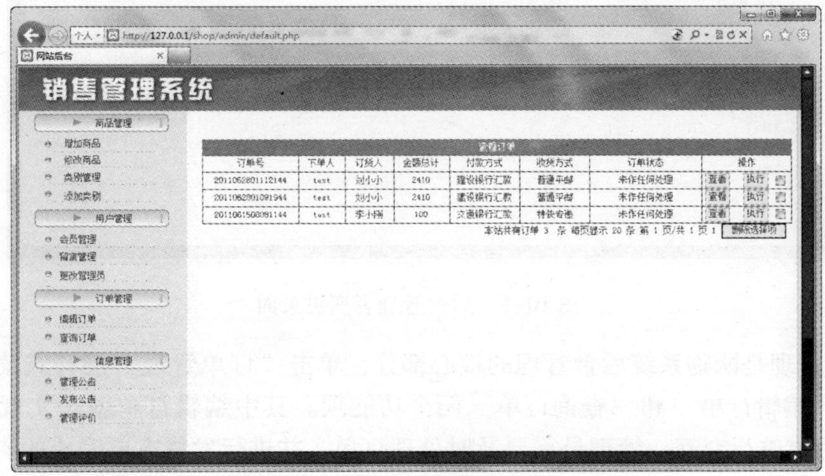

图 10-3 后台管理主界面

3）单击左边树状管理菜单中的“商品管理”，可以展开包含“增加商品”“修改商品”“类别管理”“添加类别”4 个功能菜单项，通过这 4 个功能，主要实现商品的添加、修改管理。如图 10-4 所示为增加商品页面。

图 10-4　增加商品页面

4）如果想实现对用户的管理，可以单击“用户管理”展开式菜单，里面包括了“会员管理”“留言管理”，以及“更改管理员”3 个菜单项，在这 3 个功能中，后台管理者不但可以实现对注册会员的删除管理，还可以实现相应留言的删除管理，对于后台登录的 admin 身份也可以进行变更。如图 10-5 所示为后台管理者变更页面。

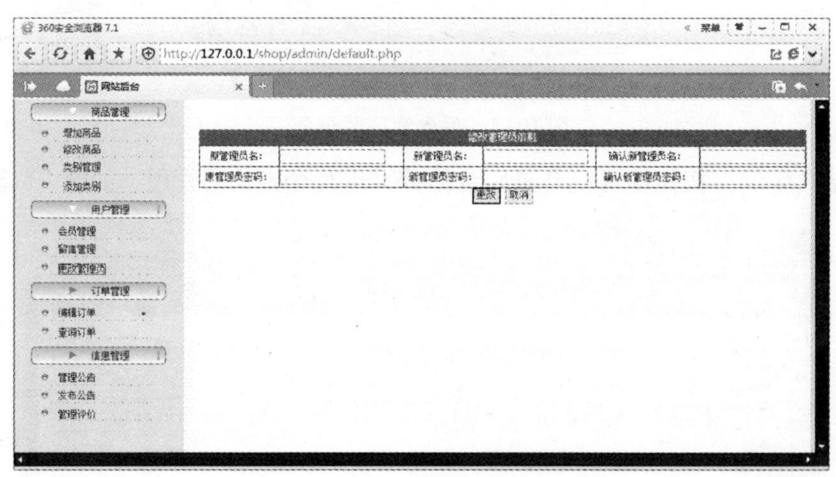

图 10-5　后台管理者变更页面

5）订单管理是购物系统后台管理的核心部分，单击“订单管理”展开式菜单项，可以看到包括了“编辑订单”和“查询订单”两个功能项。其中编辑订单就是实现前台会员下订单后与管理员进行交互，管理员需要及时处理订单，并进行发货方要完成的购物交易的环节。编辑订单的页面如图 10-6 所示。

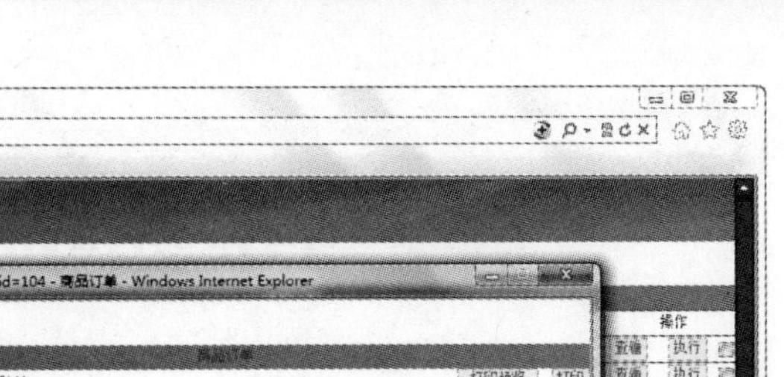

图 10-6　编辑订单页面

6）单击“信息管理”展开式菜单，其中包括了“管理公告”“发布公告”以及“管理评价”3 个功能。通过这 3 个功能，能够实现整个网站的即时新闻发布、公告修改以及商品评论的编辑修改功能，如图 10-7 所示。

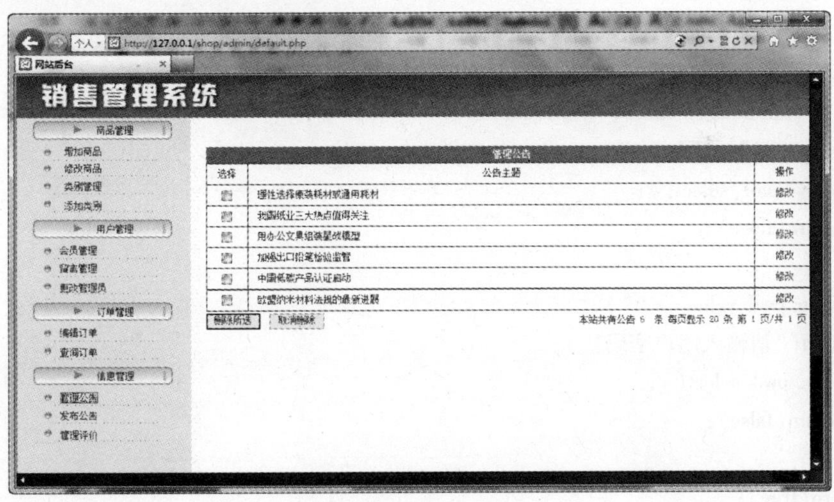

图 10-7　管理公告页面

上述的后台管理系统从登录到各功能的管理页面来看，后台管理功能非常流畅，能够提供非常便利的网站管理后台前提是需要网站设计者与管理员沟通到位，问清需求后，方可规划出实用的网站后台。

10.1.3 后台登录的设计

一般后台管理员在进行后台管理时都需要先进行身份验证。实例用于登录的页面如图 10-8 所示，在单击“登录”按钮后，确认后台登录管理身份的动态文件为 chkadmin. php。

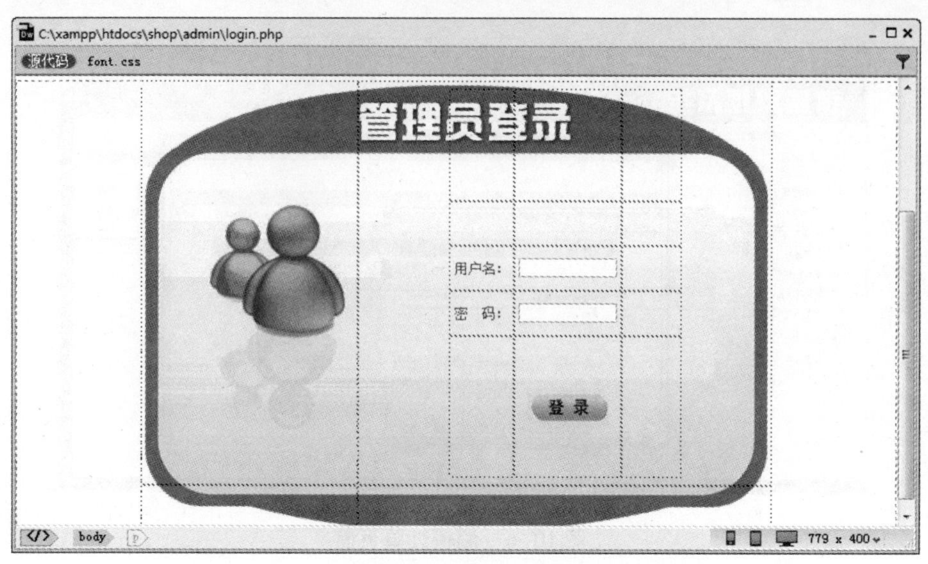

图 10-8 后台管理员登录静态效果

1）该页面制作比较简单，主要的功能代码如下：

```
<script language = "JavaScript" >
  function chkinput(form) {
    if(form.name.value == "") {
  alert("请输入用户名!");
  form.name.select();
  return(false);
}
if(form.pwd.value == "") {
  alert("请输入用户密码!");
  form.pwd.select();
  return(false);
}
return(true);
  }//单击登录按钮进行表单的验证
</script>
<form name = "form1" method = "post" action = "chkadmin.php" onSubmit = "return chkinput(this)" >
//通过验证后,转到 chkadmin.php 进行判断
```

2）chkadmin.php 是判断管理员身份是否正确的页面，使用 PHP 编写的程序如下：

```
<?php
  class chkinput{
    var$name;
    var$pwd;
    function chkinput($x,$y)
```

```
        {
         $this -> name =$x;
         $this -> pwd =$y;
        }
    function checkinput()
        {
          include("conn/conn.php");
$sql = mysql_query("select * from tb_admin where name ='".$this -> name."'",$conn);//从数据
表 tb_admin 调出数据
          $info = mysql_fetch_array($sql);
          if($info == false)
            {
                 echo "<script language ='javascript'>alert('不存在此管理员!');history.back();
</script>";
                 exit;
            }//如果不存在,则显示为"不存在此管理员"
          else
            {
                 if($info[pwd] ==$this -> pwd){
                        header("location:default.php");
                 }//如果正确,则登录 default.php 页面
               else
            {
                  echo "<script language ='javascript'>alert('密码输入错误!');history.back();
</script>";
                 exit;
              }
        }
    }
}
    $obj = new chkinput(trim($_POST[name]),md5(trim($_POST[pwd])));
    $obj -> checkinput();
?>
```

10.1.4 树状菜单的设计

后台管理的导航菜单是一个树状的展开式菜单，分为二级菜单，在单击一级菜单时可以实现二级菜单的展开和合并的操作，在 Dreamweaver 中设计的样式如图 10-9 所示。

而实现动态的展开和合并是使用 JavaScript 实现的，核心的代码如下：

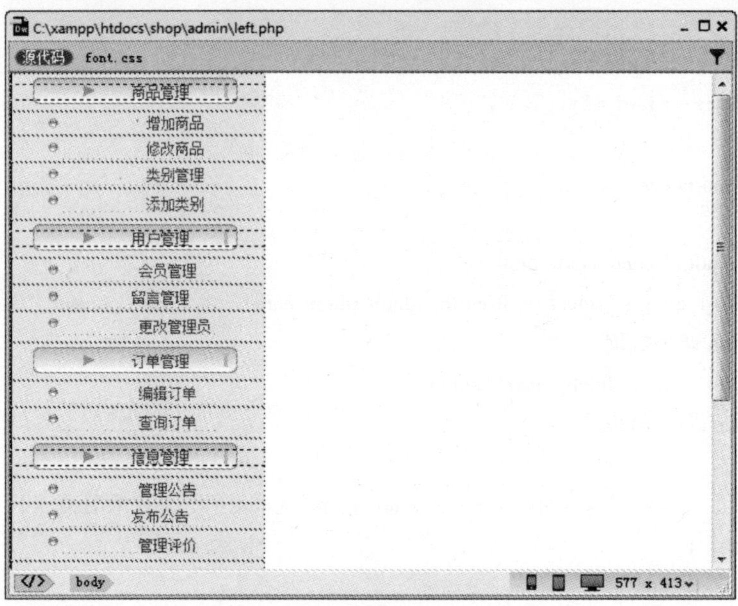

图 10-9　树状导航菜单

```
<script language = "JavaScript" >
  function openspgl( ) {
    if( document. all. spgl. style. display == "none" ) {
  document. all. spgl. style. display = "" ;
  document. all. d1. src = "images/point3. gif" ;
}
else{
  document. all. spgl. style. display = "none" ;
  document. all. d1. src = "images/point1. gif" ;
}
  }
  function openyhgl( ) {
    if( document. all. yhgl. style. display == "none" ) {
  document. all. yhgl. style. display = "" ;
  document. all. d2. src = "images/point3. gif" ;
}
else{
  document. all. yhgl. style. display = "none" ;
  document. all. d2. src = "images/point1. gif" ;
}
  }
  function openddgl( ) {
    if( document. all. ddgl. style. display == "none" ) {
  document. all. ddgl. style. display = "" ;
  document. all. d3. src = "images/point3. gif" ;
}
```

```
else{
  document.all.ddgl.style.display = "none";
  document.all.d3.src = "images/point1.gif";
}
  }
  function opengggl(){
    if(document.all.gggl.style.display == "none"){
  document.all.gggl.style.display = "";
  document.all.d4.src = "images/point3.gif";
}
else{
  document.all.gggl.style.display = "none";
  document.all.d4.src = "images/point1.gif";
}
  }
</script>
```

上述的代码经常应用于网站的动态菜单设计，读者可以将其应用于其他的网站，甚至是网站的前台菜单。

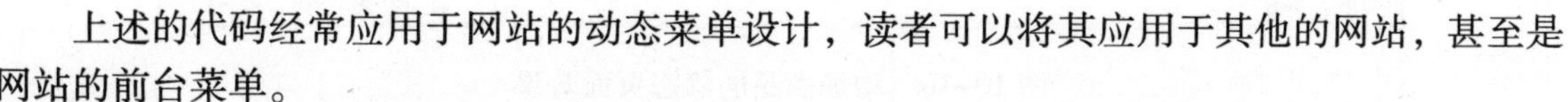

Section 10.2 商品管理功能

根据需求，商品管理功能页面包括了增加商品（addgoods.php）、修改商品（editgoods.php）、类别管理（showleibie.php）、添加类别（addleibie.php）4 个功能页面。本小节就介绍这几个商品管理功能页面程序实现方法。

10.2.1 增加商品功能

在前台展示的所有产品都是从后台进行商品发布的，供商品发布的字段要与数据库中保存商品的设计字段一一对应。实例所设计的增加商品静态页面 addgoods.php 效果如图 10-10 所示。

1）addgoods.php 的程序核心代码如下。

```
<script language = "JavaScript">
function chkinput(form)
{
  if(form.mingcheng.value == "")
    {
      alert("请输入商品名称!");
  form.mingcheng.select();
  return(false);
    }
```

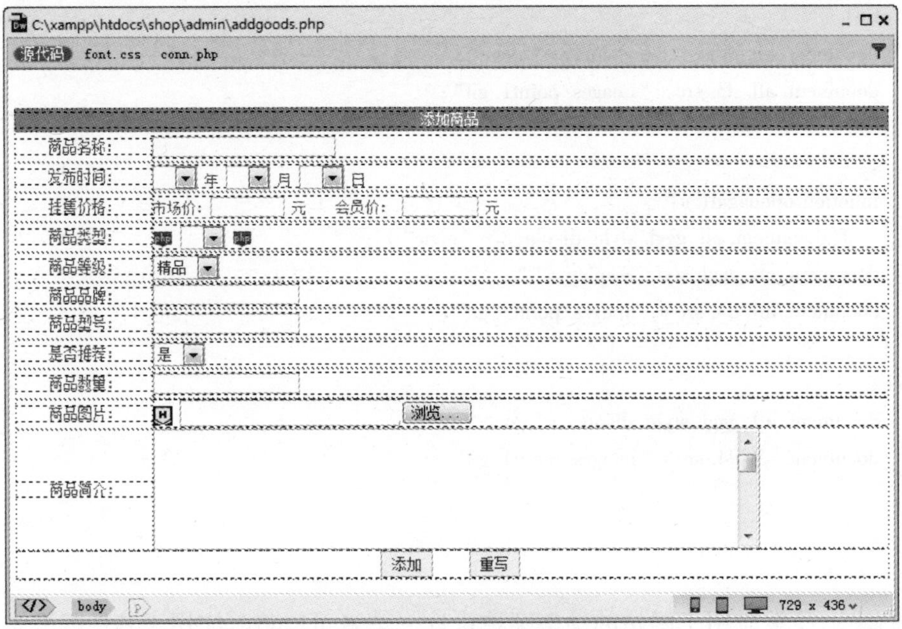

图 10-10　增加商品的静态页面效果

```
 if(form.huiyuanjia.value == "")
    {
       alert("请输入商品会员价!");
form.huiyuanjia.select();
return(false);
    }
 if(form.shichangjia.value == "")
    {
       alert("请输入商品市场价!");
form.shichangjia.select();
return(false);
    }
 if(form.dengji.value == "")
    {
       alert("请输入商品等级!");
form.dengji.select();
return(false);
    }
    if(form.pinpai.value == "")
    {
       alert("请输入商品品牌!");
form.pinpai.select();
return(false);
    }
```

```
    if(form.xinghao.value == "")
    {
      alert("请输入商品型号!");
form.xinghao.select();
return(false);
    }
    if(form.shuliang.value == "")
    {
      alert("请输入商品数量!");
form.shuliang.select();
return(false);
    }
    if(form.jianjie.value == "")
    {
      alert("请输入商品简介!");
form.jianjie.select();
return(false);
    }
    return(true);
}
    </script>//进行表单验证
    <form name="form1" enctype="multipart/form-data" method="post" action="savenewgoods.php" onSubmit="return chkinput(this)">//验证后提交 savenewgoods.php 页面进行处理
```

2） savenewgoods.php 是实现将发布的商品信息保存到数据库的文件，代码如下。

```
<?php
include("conn/conn.php");
if(is_numeric($_POST[shichangjia]) == false || is_numeric($_POST[huiyuanjia]) == false)
  {
    echo "<script>alert('价格只能为数字!');history.back();</script>";
    exit;
  }
if(is_numeric($_POST[shuliang]) == false)
  {
    echo "<script>alert('数量只能为数字!');history.back();</script>";
    exit;
  }
$mingcheng = $_POST[mingcheng];
$nian = $_POST[nian];
$yue = $_POST[yue];
$ri = $_POST[ri];
$shichangjia = $_POST[shichangjia];
```

```
$huiyuanjia =$_POST[ huiyuanjia ];
$typeid =$_POST[ typeid ];
$dengji =$_POST[ dengji ];
$xinghao =$_POST[ xinghao ];
$pinpai =$_POST[ pinpai ];
$tuijian =$_POST[ tuijian ];
$shuliang =$_POST[ shuliang ];
$upfile =$_POST[ upfile ];
if( ceil( ($huiyuanjia/$shichangjia) * 100) <=80)
 {
    $tejia =1;
 }
 else
 {
    $tejia =0;
 }
function getname($exname) {
  $dir ="upimages/";//列出产品图片的上传目录
  $i =1;
   if( !is_dir($dir) ) {
        mkdir($dir,0777);
   }
   while(true) {
        if( !is_file($dir. $i. ".". $exname) ) {
       $name =$i. ".". $exname;
        break;
   }
  $i ++;
  }
   return $dir. $name;
}
$exname = strtolower( substr($_FILES['upfile']['name'], ( strrpos ($_FILES['upfile']['name'],'.')
+1)));
$uploadfile = getname($exname);
move_uploaded_file($_FILES['upfile']['tmp_name'], $uploadfile);
if(trim($_FILES['upfile']['name']!= ""))
  {
   $uploadfile ="admin/". $uploadfile;
}
else
  {
   $uploadfile ="";
  }
```

```
$jianjie =$_POST[jianjie];
$addtime =$nian. " - ". $yue. " - ". $ri;
mysql_query("insert into tb_shangpin(mingcheng,jianjie,addtime,dengji,xinghao,tupian,typeid,shichangjia, huiyuanjia,pinpai,tuijian,shuliang,cishu) values('$mingcheng','$jianjie','$addtime','$dengji', '$xinghao','$ uploadfile','$ typeid','$ shichangjia','$ huiyuanjia','$ pinpai','$ tuijian','$ shuliang', '0')",$conn);
echo "<script> alert('商品". $mingcheng. "添加成功!'); window. location. href ='addgoods. php'; </script>";
?>//上传成功转向 addgoods. php 页面
```

上述 PHP 的程序编写中，核心在于产品图片的上传功能。

10.2.2 修改商品功能

在商品发布后，如果发现发布的商品信息有错误，可以通过单击“修改商品”功能来进行商品信息的调整。在后台中单击“修改商品”，打开的是 editgoods. php 页面。

1）使用 Dreamweaver 制作的静态页面效果如图 10-11 所示。

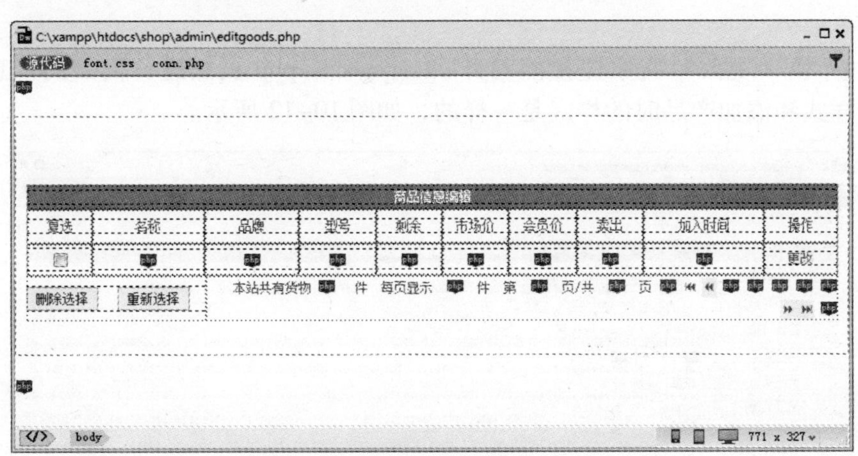

图 10-11 修改商品静态页面效果

2）在该页面中可以选择“复选”复选框，再单击“删除选项”按钮实现商品删除的操作，链接到 deletefxhw. php 进行删除操作。deletefxhw. php 是从数据库中删除该商品信息，使用的代码如下。

```
<?php
include("conn/conn. php");
while(list($name,$value) = each($_POST))
  {
 $sql = mysql_query("select tupian from tb_shangpin where id ='". $value. "'",$conn);
   $info = mysql_fetch_array($sql);
   if($info[tupian]!="")
   {
```

```
    @ unlink(substr($info[ tupian ],6,(strlen($info[ tupian ]) -6)));
  }
 $sql1 = mysql_query("select * from tb_dingdan ",$conn);
  while($info1 = mysql_fetch_array($sql1))
  {  $id1 =$info1[ id ];
     $array = explode("@",$info1[ spc ]);
     for($i =0;$i < count($array);$i ++ ){
          if($array[$i] ==$value)
{
  mysql_query("delete from tb_dingdan where id ='". $id1. "'",$conn);
}
         }
  }
       mysql_query("delete from tb_shangpin where id ='". $value. "'",$conn);
  mysql_query("delete from tb_pingjia where spid ='". $value. "'",$conn);
  }
 header("location:editgoods. php");
?>
```

3）通过单击“更改”文字链接能打开 changegoods. php 页面进行商品的信息变更，该页面设计的样式和添加产品时的样式是一样的，如图 10-12 所示。

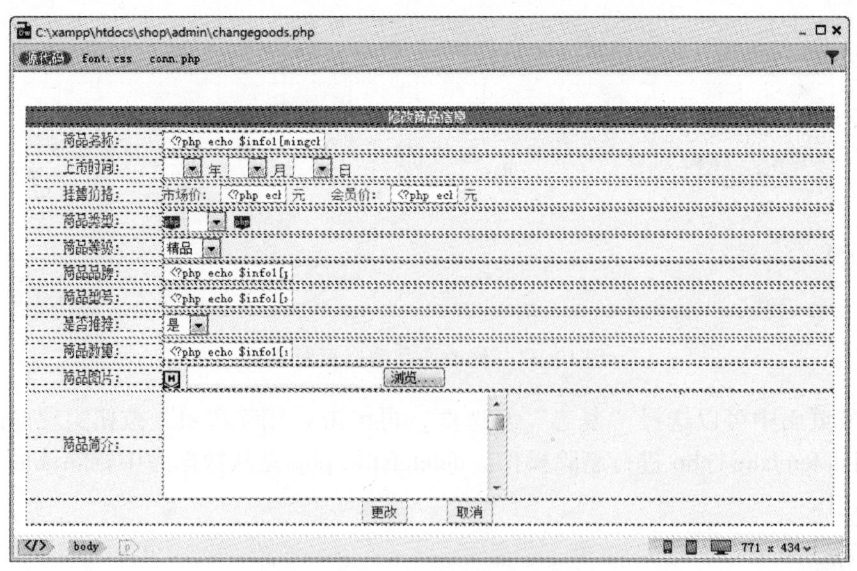

图 10-12　商品的信息变更页面

4）在编辑商品信息之后，单击“更改”按钮提交表单到 savechangegoods. php 页面进行数据库的更新操作，核心代码如下。

```
<meta http-equiv="Content-Type" content="text/html; charset=gb2312">
<?php
include("conn/conn. php");
```

```
$mingcheng = $_POST[mingcheng];
$nian = $_POST[nian];
$yue = $_POST[yue];
$ri = $_POST[ri];
$shichangjia = $_POST[shichangjia];
$huiyuanjia = $_POST[huiyuanjia];
$typeid = $_POST[typeid];
$dengji = $_POST[dengji];
$xinghao = $_POST[xinghao];
$pinpai = $_POST[pinpai];
$tuijian = $_POST[tuijian];
$shuliang = $_POST[shuliang];
//$upfile = $_POST[upfile];

 if(ceil(($huiyuanjia/$shichangjia) * 100) <= 80)
 {
     $tejia = 1;
 }
 else
 {
     $tejia = 0;
 }
if($upfile != "")
{
 $sql = mysql_query("select * from tb_shangpin where id = ". $_GET[id]. "",$conn);
 $info = mysql_fetch_array($sql);
@ unlink(substr($info[tupian],6,(strlen($info[tupian]) - 6)));
}

function getname($exname){
   $dir = "upimages/";
   $i = 1;
   if(!is_dir($dir)){
       mkdir($dir,0777);
   }

   while(true){
       if(!is_file($dir. $i. ".". $exname)){
       $name = $i. ".". $exname;
       break;
   }
   $i ++;
   }
```

```
    return $dir. $name;
}

$exname = strtolower( substr($_FILES['upfile']['name'],(strrpos($_FILES['upfile']['name'],'.')
+1)));
$uploadfile = getname($exname);
move_uploaded_file($_FILES['upfile']['tmp_name'],$uploadfile);
$uploadfile = "admin/". $uploadfile;
$jianjie =$_POST[jianjie];
$addtime =$nian. " - ". $yue. " - ". $ri;
mysql_query ( " update tb _shangpin set mingcheng ='$mingcheng', jianjie ='$jianjie', addtime =
'$addtime', dengji ='$dengji', xinghao ='$xinghao', tupian ='$uploadfile', typeid ='$typeid', shich-
angjia ='$shichangjia',huiyuanjia ='$huiyuanjia',pinpai ='$pinpai',tuijian ='$tuijian',shuliang ='$shu-
liang'where id = ". $_GET[id]. "",$conn);
echo " <script>alert('商品". $mingcheng. "修改成功!');history. back();;</script>";
?>
```

更新数据库主要应用到了 update 这个数据库更新命令。

10.2.3 删除类别功能

商品的类别提供了删除功能，通过选择“操作”复选框再单击“删除选项”即可以将类别从数据库中删除。该功能首页为 showleibie. php。

1）使用 Dreamweaver 设计的该页面的静态效果如图 10-13 所示。该页面主要实现从类别的数据表中查询出相应的数据绑定到该页面。

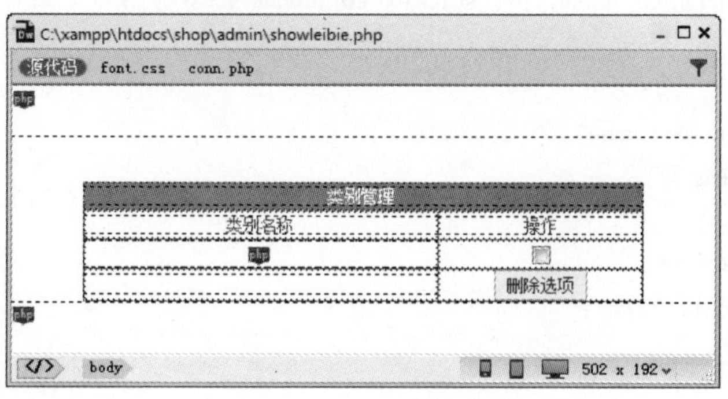

图 10-13 删除类别页面

2）选择相应的类别复选框，再单击“删除选项”，提交表单到 deletelb. php 动态页面进行删除。在删除时，要把相关联的商品信息也一并删除，即通过商品的 ID 同时删除 tb_type 和 tb_shangpin。实现删除类别的代码如下。

```
<?php
include("conn/conn. php");
```

```
while(list($name,$value) = each($_POST)) {
 mysql_query("delete from tb_type where id ='". $value. "'",$conn);//删除类别
 mysql_query("delete from tb_shangpin where id ='". $value. "'",$conn);//删除类别下的商品
 }
 header("location:showleibie. php");//删除成功,则转向 showleibie. php 页面
?>
```

10.2.4 添加类别功能

电子商务网站的商品是多种多样的，在后台要设置商品分类的功能。在实际的网站开发中经常有一级分类、二级分类，甚至三级分类都有，这些还涉及菜单的二级联动问题。本实例只建立了一级分类，管理员可以在后台直接添加一级的分类，添加类别功能的主页面是 addleibie. php。

1）使用 Dreamweaver 设计 addleibie. php 页面的静态效果如图 10-14 所示。

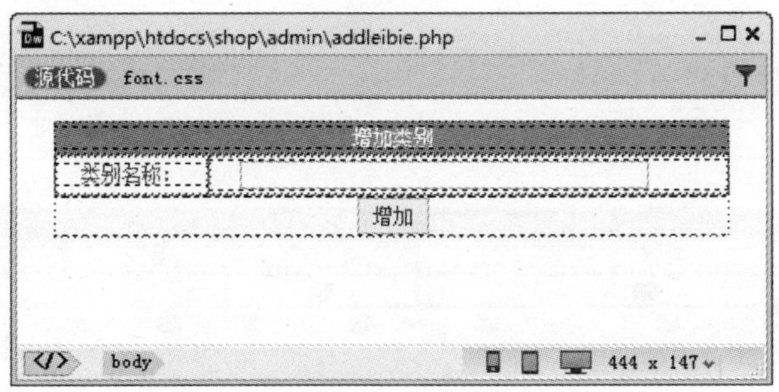

图 10-14 添加类别页面的静态效果

2）在单击“增加”按钮的时候，要先进行表单验证，再提交到 saveaddleibie. php 页面，进行插入数据库的操作。该页面的代码如下。

```
 $leibie =$_POST[leibie];
include("conn/conn. php");
 $sql = mysql_query("select * from tb_type where typename ='". $leibie. "'",$conn);
 $info = mysql_fetch_array($sql);
if($info!= false) {
 echo" <script > alert('该类别已经存在！');window. location. href ='addleibie. php'; </script > ";
exit;
}//判断类别是否存在
mysql_query("insert into tb_type(typename) values ('$leibie')",$conn);
echo" <script > alert('新类别添加成功！');window. location. href ='addleibie. php'; </script > ";
?>//添加成功指向 addleibie. php
```

在编写的时候要充分考虑到类别是否已经存在，因此需要加入一个判断环节。

Section

10.3 用户管理功能

用户管理功能与前台的用户注册功能互相呼应，对于一个购物网站来说，一个完善的用户管理系统一定要有一个功能比较强大的用户后台管理，实例中制作了“会员管理”、“留言管理”、“更改管理员”3 个菜单项，本小节就介绍这几个小功能的实现方法。

10.3.1 会员管理功能

会员的管理功能主要是指能够在后台实现会员的删除，对一些会员能够实现“冻结”的操作，保留会员的信息但禁止其在前台进行购物及发言。会员管理功能的首页为 edituser. php，制作的详细步骤如下。

1）使用 Dreamweaver 设计的会员管理页面如图 10-15 所示。

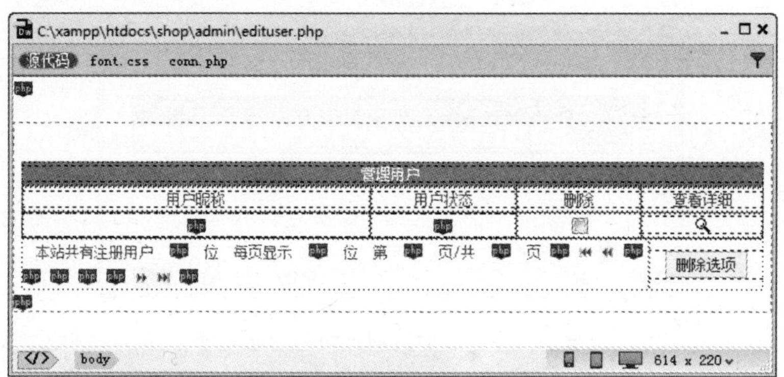

图 10-15 会员管理页面

2）选择“删除”复选框，再单击“删除选项”时，能够提交表单到 deleteuser. php 动态页面，即可实现会员数据删除的操作。该页面的程序如下。

```
<?php
include("conn/conn.php");
while(list($name,$value) = each($_POST))
   {
      mysql_query("delete from tb_user where id = ".$value."",$conn);
mysql_query("delete from tb_pingjia where userid = ".$value."");
mysql_query("delete from tb_leaveword where userid = ".$value."",$conn);
   }
header("location:edituser.php");
?>
```

注意：

在删除会员的时候，同样要注意删除数据库中 tb_user、tb_pingjia、tb_leaveword 这 3 个数据表中所有关联的数据，删除成功后要返回会员管理主页面。

3）在单击“查看详细”链接后，将打开对用户信息“冻结”和“解冻”的页面 lookuserinfo. php，该查看用户信息的页面如图 10-16 所示。

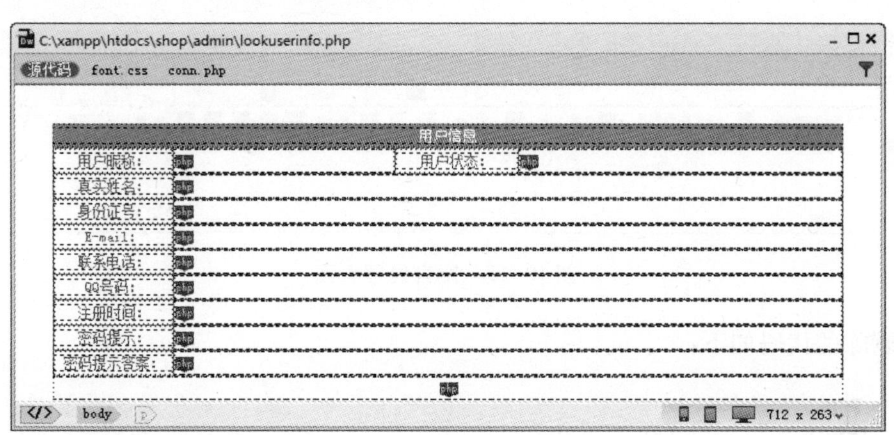

图 10-16 查看用户信息页面

编写实现对用户信息“冻结”和“解冻”的程序其实非常简单，只要赋值为 0 或者 1 来区分是否冻结，在查询会员信息的时候就能够按查询是 0 或者是 1 来给会员权限。代码如下：

```
<?php
$sql = mysql_query("select * from tb_user where id = ".$id."",$conn);
$info = mysql_fetch_array($sql);
 if($info[dongjie] == 0)
   {
      echo "冻结该用户";
   }
  else
   {
      echo "解除冻结";
   }
?>
```

10.3.2 留言管理功能

当会员在购物时遇到问题，可以直接通过留言功能和管理员进行沟通，后台管理员要及时浏览会员的留言并进行相应的处理，对于一些没用的留言可以直接删除。用于留言管理的页面是 lookleaveword. php。

1）制作的留言处理页面 lookleaveword. php 效果如图 10-17 所示。

2）该页面主要是从数据库中查询所有的留言并显示在网页中，在选择“删除”复选框，再单击“删除选项”时，提交表单信息至 deleteleaveword. php 页面进行删除数据的操

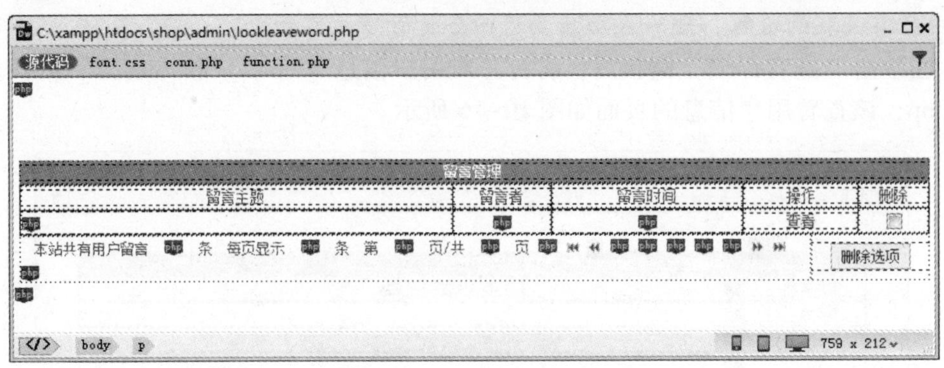

图 10-17　留言处理页面

作。实现删除的代码如下：

```
<?php
include("conn/conn.php");
while(list($name,$value) = each($_POST))
{
    mysql_query("delete from tb_leaveword where id ='".$value."'",$conn);
}
header("location:lookleaveword.php");
?>//删除成功返回 lookleaveword.php
```

10.3.3 更改管理员功能

网站开发者在开发时一般使用的用户名和密码都是 admin，在提交给网站管理员时，为了安全起见，管理员要能够实现后台管理员的用户名和密码的修改。实现该功能的页面是 changeadmin.php。

1）制作的更改管理员页面 changeadmin.php 的效果如图 10-18 所示。

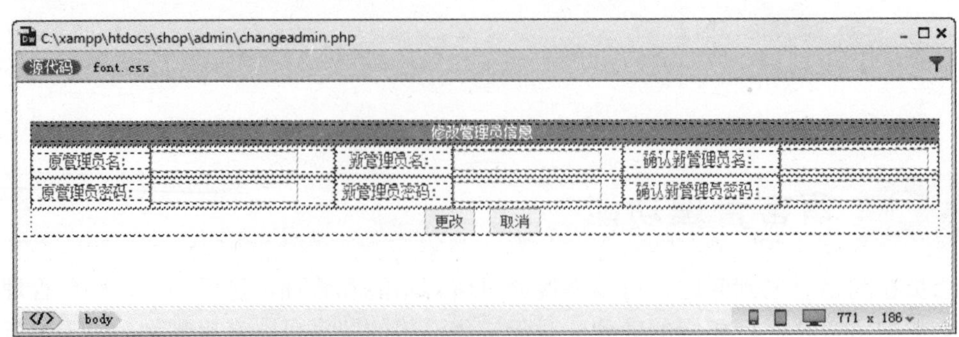

图 10-18　网站管理员后台修改页面

2）输入新旧管理员的用户名和密码，再单击“更改”按钮，可以提交表单进行验证，然后提交到 savechangeadmin.php 进行数据更新的操作。实现的代码如下：

```
<?php
$n0 = $_POST[n0];
$n1 = $_POST[n1];
$p0 = md5($_POST[p0]);
$p1 = trim($_POST[p1]);
include("conn/conn.php");
  $sql = mysql_query("select * from tb_admin where name ='".$n0."'",$conn);
  $info = mysql_fetch_array($sql);
  if($info == false)
    {
      echo "<script>alert('不存在此用户!');history.back();</script>";
      exit;
    }
    else
    {
    if($info[pwd] == $p0)
  {
  if($n1!= "")
    {
  mysql_query("update tb_admin set name ='".$n1."'where id =".$info[id]." ",$conn);
  }
  if($p1!= "")
    {
      $p1 = md5($p1);
      mysql_query("update tb_admin set pwd ='".$p1."'where id =".$info[id]."",$conn);
    }
  }
  else
  {
    echo "<script>alert('原密码输入错误!');history.back();</script>";
        exit;
  }
    }
echo "<script>alert('更改成功!');history.back();</script>";
?>
```

该程序首先对管理员的用户名进行验证，判断正确后才进行数据更新，并显示更新成功。

Section 10.4 订单管理功能

订单管理功能是购物网站的重点，对于网站管理员而言，一定要及时登录后台对订单进行管理并及时发货。实例在登录后台时把订单管理的功能放到了默认打开的页面，主要包括了“编辑订单”和“查询订单”2 个小功能。下面就分别做介绍。

10.4.1 编辑订单功能

所谓的编辑订单是指管理员在登录后台后，对会员提交的订单进行“已收款”“已发货”“已收货”等验证，同时要及时打印出网上订单并提交给公司进行发货处理。编辑订单的主页是 lookdd. php。

1）设计的 lookdd. php 页面的效果如图 10-19 所示。该页面只有简单的订单信息功能，只要从数据库中查询订单进行显示即可。

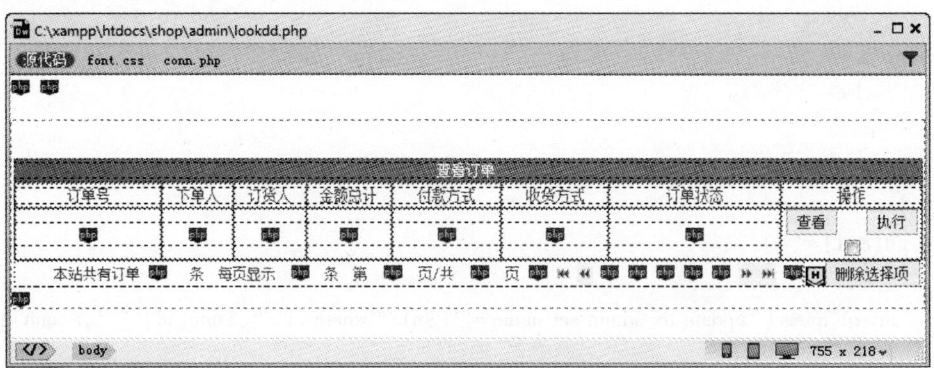

图 10-19　编辑订单页面

2）设计的第二步就是实现单击“查看”按钮时，能调出订单的详细内容 showdd. php 页面，并能进行打印。制作的效果如图 10-20 所示。

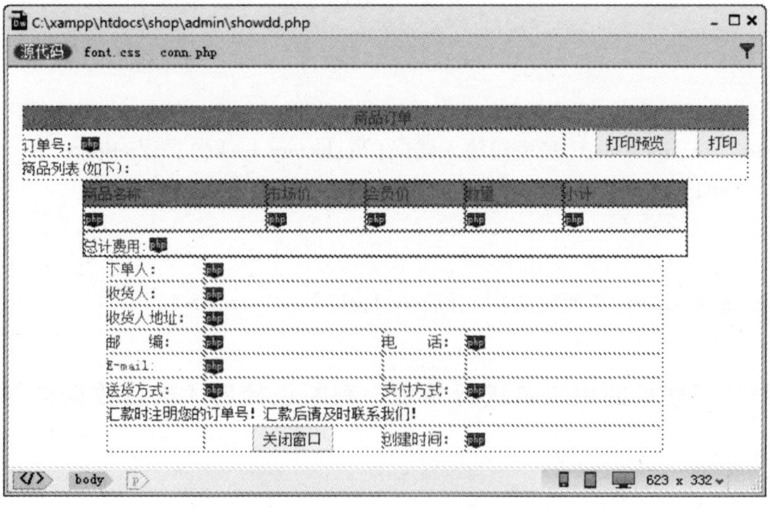

图 10-20　订单详细内容页面

showdd. php 页面中调用函数实现打印的功能，具体的代码如下：

```
<html>
<head>
<meta http-equiv="Content-Type" content="text/html; charset=gb2312">
<title>商品订单</title>
<link rel="stylesheet" type="text/css" href="css/font.css">
<style type="text/css">
<!--
@media print{
div{display:none}
}
.style3 {color: #990000}
-->
</style>
</head>
<?php
  include("conn/conn.php");
  $id=$_GET[id];
  $sql=mysql_query("select * from tb_dingdan where id='".$id."'",$conn);
  $info=mysql_fetch_array($sql);
  $spc=$info[spc];
  $slc=$info[slc];
  $arraysp=explode("@",$spc);
  $arraysl=explode("@",$slc);
?>
<body topmargin="0" leftmargin="0" bottommargin="0">
<p> </p>
<table width="600" border="0" align="center" cellpadding="0" cellspacing="0">
  <tr align="center" bgcolor="#FFCF60">
    <td height="20" colspan="2" bgcolor="#0099FF">商品订单</td>
  </tr>
  <tr>
    <td width="448" height="20">订单号:<?php echo$info[dingdanhao];?></td>
    <td width="152"><div align="right">
  <script>
  function prn(){
  document.all.WebBrowser1.ExecWB(7,1);
  }
  </script>//实现打印预览的功能
  <object ID='WebBrowser1' WIDTH=0 HEIGHT=0 CLASSID='CLSID:8856F961-340A
-11D0-A96B-00C04FD705A2'></object>
<input type="button" value="打印预览" class="buttoncss" onClick="prn()"> 
<input type="button" value="打印" class="buttoncss" onClick="window.print()"></div>
</td>//实现打印的功能
```

```
    </tr>
    <tr>
      <td height="20" colspan="2">商品列表(如下):</td>
    </tr>
  </table>
  <table width="500" height="60" border="0" align="center" cellpadding="0" cellspacing="0">
    <tr>
      <td bgcolor="#666666"><table width="500" border="0" align="center" cellpadding="0" cellspacing="1">
        <tr bgcolor="#0099FF">
          <td width="153" height="20">商品名称</td>
          <td width="80">市场价</td>
          <td width="80">会员价</td>
          <td width="80">数量</td>
          <td width="101">小计</td>
        </tr>
    <?php
   $total=0;
    for($i=0;$i<count($arraysp)-1;$i++){
  if($arraysp[$i]!=""){
      $sql1=mysql_query("select * from tb_shangpin where id='".$arraysp[$i]."'",$conn);
      $info1=mysql_fetch_array($sql1);
  $total=$total+=$arraysl[$i]*$info1[huiyuanjia];
    ?>
    <tr bgcolor="#FFFFFF">
          <td height="20"><?php echo$info1[mingcheng];?></td>
          <td height="20"><?php echo$info1[shichangjia];?></td>
          <td height="20"><?php echo$info1[huiyuanjia];?></td>
          <td height="20"><?php echo$arraysl[$i];?></td>
          <td height="20"><?php echo$arraysl[$i]*$info1[huiyuanjia];?></td>
      </tr>
  <?php
      }
    }
   ?>
        <tr bgcolor="#FFFFFF">
          <td height="20" colspan="5">
            总计费用:<?php echo$total;?>
            </td>
          </tr>
      </table></td>
    </tr>
  </table>
```

```
<table width="460" border="0" align="center" cellpadding="0" cellspacing="0">
  <tr>
    <td width="81" height="20">下单人：</td>
    <td colspan="3"><?php echo$info[xiadanren];?></td>
  </tr>
  <tr>
    <td height="20">收货人：</td>
    <td height="20" colspan="3"><?php echo$info[shouhuoren];?></td>
  </tr>
  <tr>
    <td height="20">收货人地址：</td>
    <td height="20" colspan="3"><?php echo$info[dizhi];?></td>
  </tr>
  <tr>
    <td height="20">邮  编：</td>
    <td width="145" height="20"><?php echo$info[youbian];?></td>
    <td width="66">电  话：</td>
    <td width="158"><?php echo$info[tel];?></td>
  </tr>
  <tr>
    <td height="20">E-mail：</td>
    <td height="20"><?php echo$info[email];?></td>
    <td height="20"> </td>
    <td height="20"> </td>
  </tr>
  <tr>
    <td height="20">送货方式：</td>
    <td height="20"><?php echo$info[shff];?></td>
    <td height="20">支付方式：</td>
    <td height="20"><?php echo$info[zfff];?></td>
  </tr>
  <tr>
    <td height="20" colspan="4"><span class="inputcssnull">汇款时注明您的订单号！汇
款后请及时联系我们！</span></td>
  </tr>
  <tr>
    <td height="20"> </td>
    <td height="20"><div align="center"><input type="button" onClick="window.close()"
value="关闭窗口" class="buttoncss"></div></td>
    <td height="20">创建时间：</td>
    <td height="20"><?php echo$info[time];?></td>
  </tr>
</table>
```

```
</body>
</html>
```

3）要实现订单的网上处理，单击“执行”按钮即可以打开 orderdd. php 页面，进行订单的处理。其中包括了“已收款”“已发货”“已收货”3 个复选框，对其进行相应的处理，如图 10-21 所示。

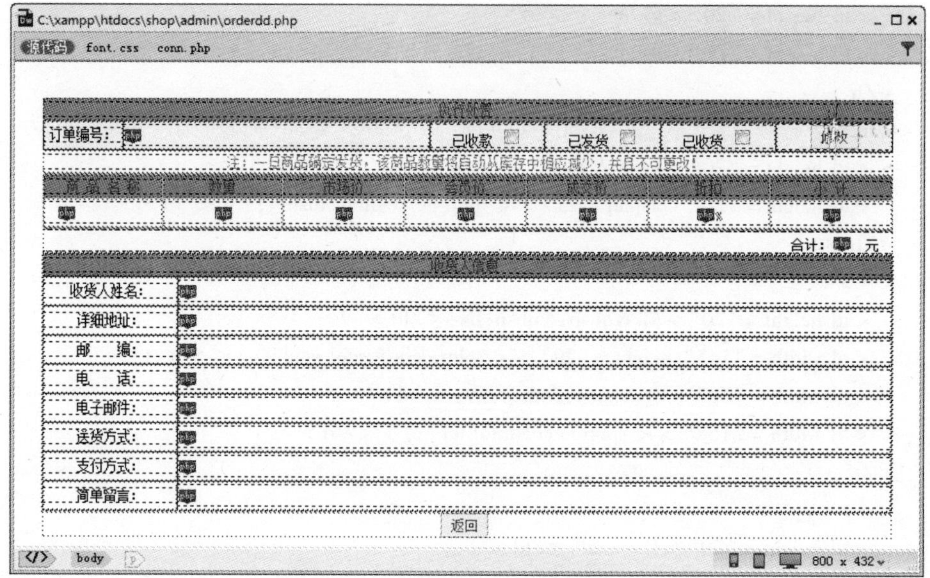

图 10-21　执行订单页面

4）单击“修改”按钮即提交表到 saveorder. php 进行修改数据的保存，具体的代码如下。

```
<?php
$ysk =$_POST[ysk]. " ";
$yfh =$_POST[yfh]. " ";
$ysh =$_POST[ysh]. " ";
$zt = "";
if($ysk!= " "){
   $zt. =$ysk;
}
if($yfh!= " "){
   $zt. =$yfh;
}
if($ysh!= " "){
   $zt. =$ysh;
}
if(($ysk == " ")&&($yfh == " ")&&($ysh == " ")){
      echo " <script>alert('请选择处理状态！');history. back(); </script>";
exit;
```

```
}
include("conn/conn.php");
$sql3 = mysql_query("select * from tb_dingdan where id ='". $_GET[id]. "'",$conn);
$info3 = mysql_fetch_array($sql3);
if(trim($info3[zt]) == "未作任何处理"){
$sql = mysql_query("select * from tb_dingdan where id ='". $_GET[id]. "'",$conn);
$info = mysql_fetch_array($sql);
$array = explode("@",$info[spc]);
$arraysl = explode("@",$info[slc]);

for($i =0;$i < count($array);$i ++){
$id =$array[$i];
    $num =$arraysl[$i];
        mysql_query("update tb_shangpin set cishu = cishu +'". $num. "',shuliang = shuliang -'". $num. "'
where id ='". $id. "'",$conn);
    }
  }
mysql_query("update tb_dingdan set zt ='". $zt. "'where id ='". $_GET[id]. "'",$conn);
header("location:lookdd.php");
?>
```

通过上述4个步骤的设计，后台的订单编辑功能即开发完成。

10.4.2 查询订单功能

在网站运营一段时间后，网上的订单会越来越多，也经常会遇到会员查询订单的事情，网站管理员同样也需要一个订单后台查询功能，才能方便地找到相应的订单。实例查询和显示的结果是在同一个页面，即 finddd. php。

1）制作的 finddd. php 页面效果如图 10-22 所示。

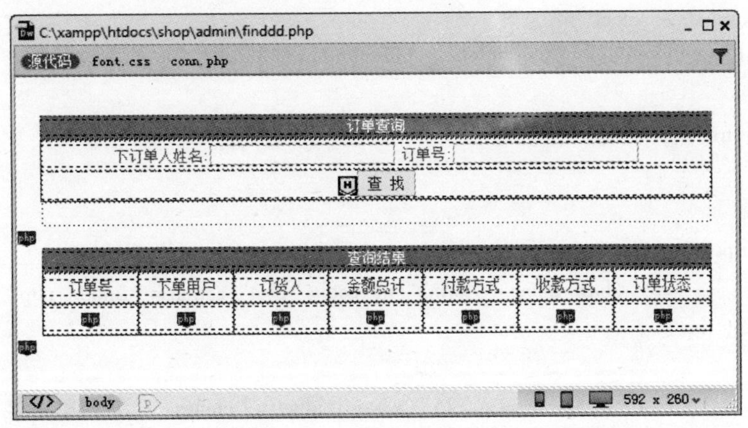

图 10-22 查询订单页面

2）核心程序如下。

```
<html>
<head>
<meta http-equiv="Content-Type" content="text/html; charset=gb2312">
<title>订单查询</title>
<link rel="stylesheet" type="text/css" href="css/font.css">
</head>
<?php
  include("conn/conn.php");
?>
<body topmargin="0" leftmargin="0" bottommargin="0">
<p> </p>
<table width="550" border="0" align="center" cellpadding="0" cellspacing="0">
        <tr>
          <td height="20" bgcolor="#0099FF"><div align="center" style="color:
#FFFFFF">订单查询</div></td>
        </tr>
        <tr>
          <td height="50" bgcolor="#555555"><table width="550" height="50" border=
"0" align="center" cellpadding="0" cellspacing="1">
            <tr>
              <td bgcolor="#FFFFFF">
  <table width="550" height="50" border="0" align="center" cellpadding="0" cellspacing="0">
  <script language="javascript">
    function chkinput3(form)
{
  if((form.username.value=="")&&(form.ddh.value==""))
    {
      alert("请输入下订单人或订单号");
  form.username.select();
  return(false);
    }
  return(true);

}
  </script>
                <form name="form3" method="post" action="finddd.php" onSubmit="return
chkinput3(this)">
<tr>
                  <td height="25"><div align="center">下订单人姓名：<input type=
"text" name="username" class="inputcss" size="25">
订单号：<input type="text" name="ddh" size="25" class="inputcss"></div></td>
```

```
                    </tr>
                    <tr>
                      <td height="25">
                        <div align="center">
        <input type="hidden" value="show_find" name="show_find">
                            <input name="button" type="submit" class="buttoncss" id="but-
ton" value="查 找">
                        </div></td>
                    </tr>
        </form>
                  </table></td>
                </tr>
              </table></td>
            </tr>
  </table>
          <table width="550" height="20" border="0" align="center" cellpadding="0" cellspac-
ing="0">
            <tr>
              <td> </td>
            </tr>
          </table>
    <?php
      if($_POST[show_find]!=""){
        $username=trim($_POST[username]);
    $ddh=trim($_POST[ddh]);
    if($username==""){
        $sql=mysql_query("select * from tb_dingdan where dingdanhao='".$ddh."'",$conn);
    }
    elseif($ddh==""){
        $sql=mysql_query("select * from tb_dingdan where xiadanren='".$username."'",$conn);
    }
    else{
        $sql=mysql_query("select * from tb_dingdan where xiadanren='".$username."'and dingdan-
hao='".$ddh."'",$conn);
    }
    $info=mysql_fetch_array($sql);
    if($info==false){
        echo "<div algin='center'>对不起,没有查找到该订单! </div>";
    }
    else{
    ?>
    <table width="550" border="0" align="center" cellpadding="0" cellspacing="0">
            <tr>
```

```
        <td height = "20" bgcolor = "#0099FF" > <div align = "center" style = "color:
#FFFFFF" >查询结果 </div> </td>
      </tr>
      <tr>
        <td height = "50" bgcolor = "#555555" > <table width = "550" height = "50" border =
"0" align = "center" cellpadding = "0" cellspacing = "1" >
          <tr>
            <td width = "77" height = "25" bgcolor = "#FFFFFF" > <div align = "center" >订
单号 </div> </td>
            <td width = "77" bgcolor = "#FFFFFF" > <div align = "center" >下单用户 </div>
</td>
            <td width = "77" bgcolor = "#FFFFFF" > <div align = "center" >订货人 </div>
</td>
            <td width = "77" bgcolor = "#FFFFFF" > <div align = "center" >金额总计 </div>
</td>
            <td width = "77" bgcolor = "#FFFFFF" > <div align = "center" >付款方式 </div>
</td>
            <td width = "77" bgcolor = "#FFFFFF" > <div align = "center" >收款方式 </div>
</td>
            <td width = "77" bgcolor = "#FFFFFF" > <div align = "center" >订单状态 </div>
</td>
          </tr>
<?php
  do{
?>
          <tr>
            <td height = "25" bgcolor = "#FFFFFF" > <div align = "center" > <?php echo$info
[dingdanhao];?> </div> </td>
            <td height = "25" bgcolor = "#FFFFFF" > <div align = "center" > <?php echo$info
[xiadanren];?> </div> </td>
            <td height = "25" bgcolor = "#FFFFFF" > <div align = "center" > <?php echo$info
[shouhuoren];?> </div> </td>
            <td height = "25" bgcolor = "#FFFFFF" > <div align = "center" > <?php echo$info
[total];?> </div> </td>
            <td height = "25" bgcolor = "#FFFFFF" > <div align = "center" > <?php echo$info
[zfff];?> </div> </td>
            <td height = "25" bgcolor = "#FFFFFF" > <div align = "center" > <?php echo$info
[shff];?> </div> </td>
            <td height = "25" bgcolor = "#FFFFFF" > <div align = "center" > <?php echo$info
[zt];?> </div> </td>
          </tr>
<?php
  }while($info = mysql_fetch_array($sql));
```

```
?>
            </table></td>
          </tr>
        </table>
      <?php
    }
  }
?>
</body>
</html>
```

Section

10.5 信息管理功能

信息管理功能是指在网站后台实现新闻、用户的商品评价等相关的管理操作，本实例制作了管理公告、发布公告、管理评价 3 个功能，通过这 3 个功能，能够实现整个网站的即时公告发布、公告修改，以及商品评论的编辑修改功能。

10.5.1 管理公告功能

管理公告功能是指可以在后台对发布的公告进行修改和删除。管理公告的页面为 admingonggao. php。

1）制作的管理公告页面 admingonggao. php 效果如图 10-23 所示。

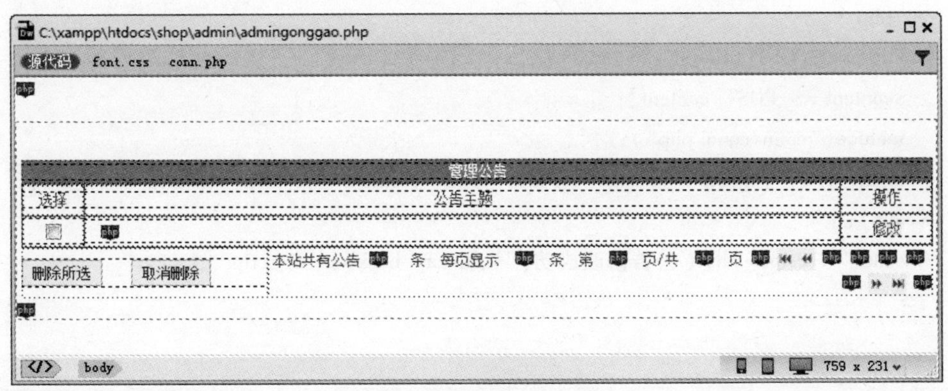

图 10-23　管理公告页面

2）选择"选择"复选框，再单击"删除所选"按钮，可以提交表单到 deletegonggao. php，进行删除公告的操作，代码如下。

```
<?php
include("conn/conn.php");
  while(list($name,$value)=each($_POST))
```

```
    {
      mysql_query("delete from tb_gonggao where id ='". $value. "'",$conn);
    }
  header("location:admingonggao. php");
?>
```

3）单击“修改”文字链接，可以打开 editgonggao. php 页面进行公告的编辑操作，该页面如图 10-24 所示。

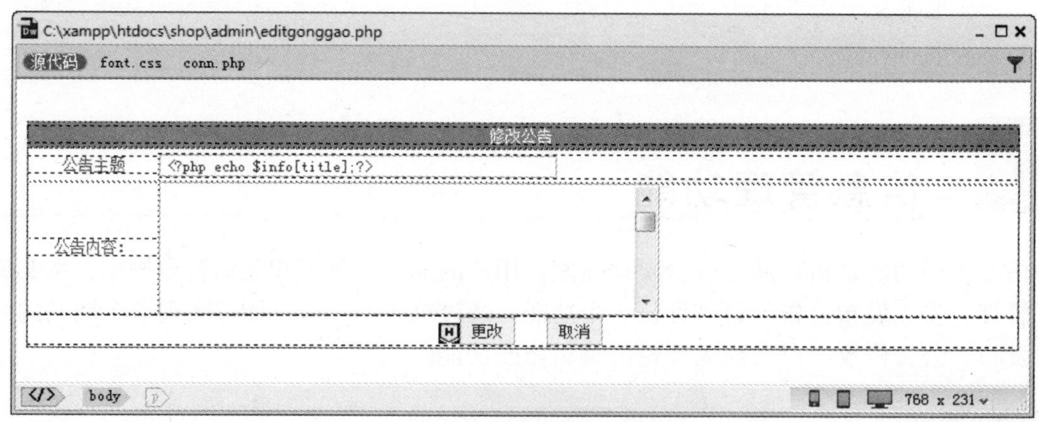

图 10-24　修改公告页面

4）输入修改的公告主题和公告内容，再单击“更改”按钮，可以提交表单到 saveedit-gonggao. php，进行内容的更新操作，更新的代码如下：

```
<?php
  $title =$_POST[title];
  $content =$_POST[content];
  include("conn/conn. php");
  mysql_query("update tb_gonggao set title ='$title',content ='$content'where id ='". $_POST[id]. "'",
$conn);
  echo "<script>alert('公告修改成功！');history. back();</script>";
?>
```

10.5.2 发布公告功能

用于添加新的公告的页面是 addgonggao. php，实现的方法就是采集公告的字段进行数据的插入操作。本小节就介绍添加新公告的具体方法。

1）添加新公告页面 addgonggao. php 如图 10-25 所示。

2）录入完主题和内容，单击“添加”按钮，可以提交表单进行验证，并提交到 savenewgonggao. php 页面，进行新公告的保存操作。实现的代码如下：

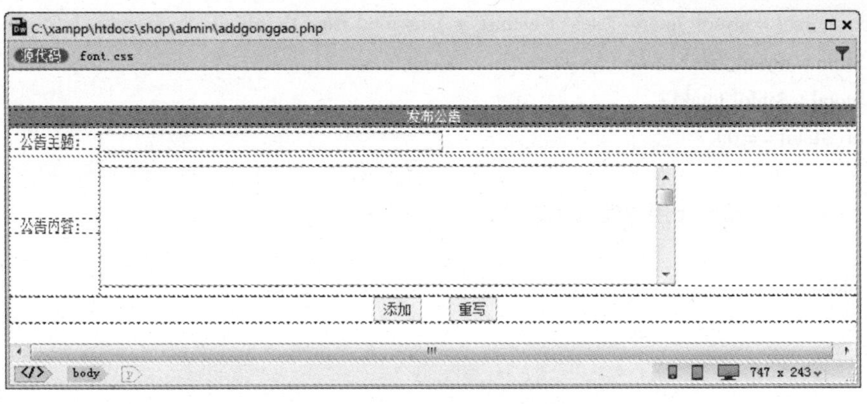

图 10-25 添加新公告页面

```
<?php
include("conn/conn.php");
$title=$_POST[title];
$content=$_POST[content];
$time=date("Y-m-j");
mysql_query("insert into tb_gonggao (title,content,time) values ('$title','$content','$time')",
$conn);
echo "<script>alert('公告添加成功!');history.back();</script>";
?>
```

10.5.3 管理评价功能

后台的最后一个功能是管理评价功能，通过管理可以将商品的一些负面信息进行删除操作。管理评价功能的页面是 editpinglun.php，制作的方法如下。

1）编辑用户评价页面 editpinglun.php 的效果如图 10-26 所示。

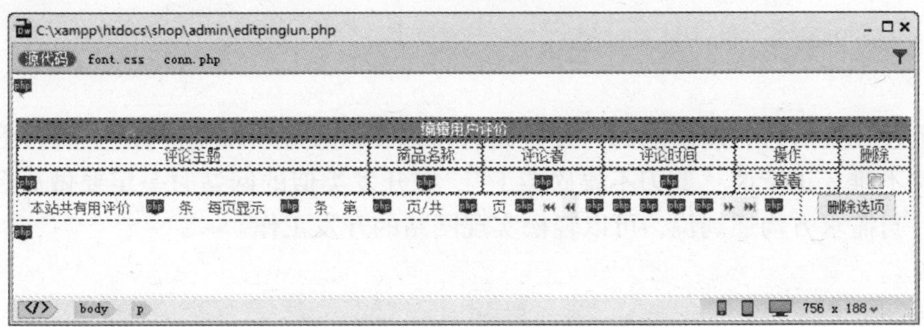

图 10-26 编辑用户评价页面

2）通过单击"查看"文字链接，能打开 Windows 窗口显示评价的详细内容，实现的代码如下。

```
<?php
    include("conn/conn.php");
```

```
        $sql = mysql_query("select count( * ) as total from tb_pingjia ",$conn);
    $info = mysql_fetch_array($sql);
    $total = $info[total];
    if($total ==0)
    {
      echo "本站暂无用户发表评论!";
    }
    else
    {

?>
   <script language = "javascript" >
   function openpj(id)
   {
window.open("lookpinglun.php?id =" + id,"newframe","width = 500,height = 300,top = 100,left =
200,menubar = no,toolbar = no,location = no,scrollbar = no,status = no");

   }
  </script>
```

3）选择“删除”复选框，再单击“删除选项”按钮，可以提交表单至删除评价的页面 deletepingjia.php，该页面的代码如下：

```
<?php
include("conn/conn.php");
while(list($name,$value) = each($_POST))
{
    $id =$value;
     mysql_query("delete from tb_pingjia where id =".$id."",$conn);
}
header("location:editpinglun.php");
?>
```

通过上述几大后台管理功能的开发，读者可以发现使用 PHP 进行网上后台管理系统的开发其实并不难。正所谓“磨刀不误砍柴工”，在开发类似的网站时一定要做后台开发前的架构设计，与需求方沟通到位，可以轻松实现网站的开发工作。